*Die Natur ist das einzige Buch,
das auf allen Blättern großen Gehalt bietet.*

Johann Wolfgang v. Goethe
(1787, im Alter von 38 Jahren)

Geophänologie

und die kontinuierliche meßtechnische Erfassung der Hauptpotentiale des Systems Erde

- Band 3 -

Heinz Schmidt-Falkenberg
unter Mitwirkung von
Josef M. Kellndorfer

herausgegeben von
Wolf Tietze

Projekte-Verlag

Prof. Dr.-Ing. Dr. rer.nat. h.c. *Heinz Schmidt-Falkenberg*
Honorarprofessor entpfl. an der Universität in Karlsruhe.
Leiter a.D. des Forschungsbereichs Photogrammetrie und Fernerkundung im Deutschen Geodätischen Forschungsinstitut (Abteilung II in Frankfurt am Main).

Dipl.-Geograph Dr. rer.nat. *Josef M. Kellndorfer*
Woods Hole Research Center, Woods Hole, Massachusetts, USA

Impressum

1. Auflage
Herausgeber: Dr. rer.nat. Wolf Tietze
Satz und Druck: Buchfabrik JUCO GmbH - Halle (Saale) - www.jucogmbh.de

© Projekte-Verlag 188, Halle (Saale) 2005 • www.projekte-verlag.de

ISBN   3-938227-99-0
Preis: 75,00 EURO

Inhaltsverzeichnis

Die Zusammenstellungen der Satellitenmissionen mit Bezug zum jeweils genannten Thema sind besonders gekennzeichnet durch ▼

9	**Meerespotential**	977
9.1	Landfläche/Meeresfläche, globale Flächensummen	979
	Die Begriffe Nordpolarmeer und Südpolarmeer	
9.1.01	Veränderlichkeit des Meeresspiegels und der Land/Meer-Verteilung	983

Pegelmessungen, Satellitenaltimetrie - Veränderlichkeit des Meeresspiegels - Bildet sich im Meeresspiegel der Meeresgrund ab? -Aktuelle Modelle des Erdschwerefeldes und des Meeresspiegels

9.2	Meerespotential und ozeanische Dynamik	1002

Grundgleichungen zur Beschreibung der ozeanischen Dynamik - Zentralkraft und Coriolis-Kraft - Gezeitenkräfte - Druckgradientenkraft - Reibungskraft - Hydro-thermodynamische Gleichungssysteme zur Beschreibung der Wasserbewegungen im Meer - Wärmeabstrahlung an tätigen Oberflächen des Meeres - Windfeld über dem Meer (Seegangsmessung) - Oberflächennahe ozeanische Strömungssysteme - Globale Wasserzirkulation im Meer - Begriffe zur Wasserzirkulation und Luftzirkulation in den Grenzschichten Meer-Atmosphäre und Land-Atmosphäre - Bildung von Tiefenwasser bei Grönland - Generelle Wasserzirkulation und Wassereigenschaften im Atlantik - Bildung von Bodenwasser in der Antarktis - Wasserzirkulation und Wassereigenschaften im Pazifik

9.2.01	Satelliten-Erdbeobachtungssysteme (vorrangig zur Meerbeobachtung)	1051

Satelliten mit Systemen zur Altimetermessung ▼ - Satelliten mit Sensoren zum Erfassen von Strahlungsreflexion, vorrangig jener, die sich an tätigen Oberflächen des Meeres vollzieht ▼ - Satelliten mit Sensoren zum Erfassen von Ultrarot-Strahlungsemission, vorrangig jener, die von tätigen Oberflächen des Meeres ausgeht ▼

9.3	Unterscheidbare Großlebensräume im Meer	1056

Biodiversität (Begriff) - Lebensraum und Lebensgemeinschaft (Begriffe) - Zur Gliederung des Meeres - Durchlichtete Wasserschicht (photische und euphotische Zone) - Benthos (Benthon) - Definition von Plankton, Nekton, Benthos, Bakterien, Viren, organische Moleküle und Gliederung von „Organismen" entsprechend ihrer Größe - Grundsätzliches zur biologischen Systematik - Grenze zwischen Pflanze und Tier - Nomenklatur

9.3.01 Großlebensraum Flachsee (Litoral) 1070
Leben an der Grenze zwischen Flachsee und Land - Leben am Meeresgrund der Flachsee: Pflanzenwelt (Phytobenthos) - Photosynthese-Pigmente im Pflanzenreich, Hauptpigment Chlorophyll a - Korallenriffe - Können Riffe die Erde aufheizen? - Riffe aus Bakterien - Leben am Meeresgrund der Flachsee: Tierwelt (Zoobenthos) - Leben am Meeresgrund der Flachsee (Phytobenthos und Zoobenthos) - Eis-Lebensgemeinschaften, Eisalgen - Leben in den Wasserschichten der Flachsee - Lebensgemeinschaften und Biomasse der Flachsee

9.3.02 Großlebensraum Hochsee (Pelagial) 1090
Leben in den Wasserschichten der Hochsee: Pflanzenwelt - Planktonalgen der Hochsee - Giftalgen - Nährstoffkonzentrationen an ozeanischen Fronten, Chlorophyllkonzentrationen im Oberflächenwasser, Farbe der Meeresoberfläche ▼ - Marine Emissionen von biogenem Schwefel - Leben in den Wasserschichten der Hochsee: Tierwelt - Nekton in der Hochsee (Flachsee und Tiefsee) - Leben in den Wasserschichten der Hochsee - Lebensgemeinschaften und Biomasse der Hochsee - Metall-Spurenkonzentrationen im Meerwasser und im Plankton, insbesondere im Zooplankton

9.3.03 Großlebensraum Tiefsee (Abyssal) 1117
Formen des Zusammenlebens von Tieren (Begriffe) - Unterwasserfahrzeuge zur Erkundung der Tiefsee - Leben in den Wasserschichten der Tiefsee - Leben an Kontinentalhängen der Tiefsee - Tiefwasserkorallen, Tiefwasserriffe - Leben an hydrothermalen Quellen der Tiefsee - Leben an Schlammvulkanen der Tiefsee - Leben unter extremen Bedingungen - Wasserzirkulation durch die ozeanische Kruste - Sedimente am Meeresgrund - Sedimentation und benthisches Leben - Lebensgemeinschaften und Biomasse der Tiefsee

9.4 Zur zoologischen Systematik. Wie die genannten Tiergruppen in der zoologischen Systematik eingeordnet sind 1148
Gliederfüßer (Arthropoda) - Wurmförmige Tiere - Schwämme (Porifera) - Weichtiere (Mollusca) - Nesseltiere (Cnidaria) - Manteltiere (Chordata) - Stachelhäuter (Echinodermata) - Wurzelfüßer (Rhizopoda) - Knochenfische

9.5 Die Polarmeere als Lebensraum 1161

9.5.01 Das Nordpolarmeer als Lebensraum 1162
Zur Erforschung des Nordpolarmeeres - Grenzen von Großformen des Meeresgrundes als Grenzen entsprechender Meeresteile - Wasserzirkulation und Sedimentation - Besiedlung der Schelfe und Kontinentalhänge des Nordpolarmeeres - Eis-Lebensgemeinschaften, Eisalgen - Phytoplankton-Biomasse, Primärproduktion -

Zooplankton-Biomasse
9.5.02 Das Südpolarmeer als Lebensraum 1188
Zur Erforschung des Südpolargebietes (Antarktisvertrag, deutsche Antarktisstationen) - Großformen und Besiedlung des Meeresgrundes - Eis-Lebensgemeinschaften, Eisalgen - Phytoplankton-Biomasse - Zooplankton-Biomasse - Nekton-Biomasse, Fische im Südpolarmeer
9.6 Meerespotential und Kreislaufgeschehen 1207
Phytoplankton - Methanhydrat am Meeresgrund - Kohlenstoff- und Stickstoffflüsse im Bereich Meer/Atmosphäre - Carbonat-Silicat-Kreislauf

10 **Atmosphärenpotential** 1217
Zur generellen vertikalen Struktur der gegenwärtigen Atmosphäre - Zusammensetzung der gegenwärtigen Erdatmosphäre - Wasserdampf in der Erdatmosphäre
10.1 Aerosolteilchen 1230
Aerosol in Polargebieten - Beobachtungen von Raumfahrzeugen aus
10.2 Wolkenfelder, Eigenschaften und Wirkungen 1240
Wolken, Gase und die Abschirmwirkung der Atmosphäre - Treibhauseffekt - Zum Einfluß des menschlichen Handelns auf den Treibhauseffekt
10.3 Satelliten-Erdbeobachtungssysteme (vorrangig zur Atmosphärenbeobachtung) 1251
Geostationäre Satelliten zur Wettervorhersage ▼ - Satelliten auf polnahen Umlaufbahnen zur Wettervorhersage ▼ - Satelliten mit speziellen Sensoren zur Atmosphärenbeobachtung ▼ - Satelliten mit Sensoren zur Aerosolerfassung ▼ - Satelliten mit Sensoren zur Ozonerfassung ▼ - Systeme, die von der Landfläche oder vom Ballon aus Atmosphärenparameter messen
10.4 Atmosphärenpotential und globales Kreislaufgeschehen 1260
Grundgleichungen zur Beschreibung der atmosphärischen Dynamik - Globale atmosphärische Zirkulation - Wirbelstürme - Ozon in der Atmosphäre ▼ - Abschirmung und biologische Wirkung der von der Sonne ausgehenden UV-Strahlung - Zur Gliederung der UV-Strahlung - Durch UV-Strahlung hervorgerufene biologische Effekte - Die atmosphärische Ozonschicht als Schutzschild gegen „schädigende" UV-Strahlung - Spurenelemente und Aerosolteilchen in der Atmosphäre (Schadstoffbelastung)
10.5 Klima- und weitere Umwelt-Rekonstruktionen für vergangene Zeitabschnitte der Erdgeschichte 1291
Klimaschwankungen in der Kreidezeit - Schwarzschiefer - Umwelt-

Rekonstruktionen anhand von Sedimentbohrkernen und Eisbohrkernen - Wechselwirkung zwischen Schließung/Öffnung von Meeresverbindungen und dem Verlauf von Meeresströmungen - Rekonstruktion der globalen Meerwasser-Zirkulation in vergangenen Kalt- und Warmzeiten - Nordatlantische und arktische Oszillation - Warum fallen in der Übergangszeit von einer Warm- zur Kaltzeit erhebliche Schneemengen? - Welchen Einfluß haben methanproduzierende Mikroben auf das Klima im System Erde? - Vulkanausbrüche und Klima - Plötzliche und allmähliche Klima-Veränderungen

Literaturverzeichnis 1319

Personen- und Stichwortverzeichnis 1401

9 Meerespotential

Globale Flächensumme
ca 361 000 000 km²
?

Die Meeresfläche der Erde umfaßt heute ca 361 Millionen km², dies sind 71% der Oberfläche des mittleren Erdellipsoids (Abschnitt 2.4). Welche Teile der Antarktisfläche der Meeresfläche darüber hinaus zuzuordnen sind, ist ungeklärt. Im Vergleich zur Landfläche hat das Meer somit eine sehr große Reaktionsfläche und ist mithin von erheblicher Bedeutung für das Klima und das biogene Geschehen im System Erde (GIERLOFF-EMDEN 1980). Die Benennungen *Meer* und *Ozean* werden hier als Synonyme benutzt.

Das Wasser im System Erde befindet sich zum größten Teil (ca 94 %) im Meer, ein weiterer Teil ist als Eis gebunden (ca 2 %), und der Rest (ca 4 %) verteilt sich auf die Bereiche Grundwasser, Bodenwasser, Oberflächenwasser sowie auf die Atmosphäre und die Biosphäre (Abschnitt 7.6.02). Die Hauptmenge des Wasserumsatzes erfolgt über dem Meer, wie aus dem globalen Wasserkreislauf ersichtlich ist. Der größte Teil des über dem Meer verdunsteten Wassers fällt als Niederschlag wieder auf das Meer zurück. Nur eine vergleichsweise kleine Menge des Wassers wird zwischen Meer und Land ausgetauscht.

Bisher ist ungeklärt, woher das Wasser im System Erde stammt und wie das Meer entstand beziehungsweise die Meeresteile entstanden. Allgemein anerkannt ist, daß die ältesten bisher aufgefundenen Sedimentgesteine, also solche, die sich am Grund von Gewässern aus erodiertem Material ablagerten, ca $4 \cdot 10^9$ Jahre alt sind. Solche Ablagerungen gelten als Indiz dafür, daß es bereits ca 4 Milliarden Jahre vor der Gegenwart im System Erde fließendes Wasser und mithin Meeresteile gab (Abschnitt 7.1.01).

Das Vorhandensein von Wasser wird als eine wesentliche Voraussetzung für die Entwicklung von Leben im System Erde angesehen (Abschnitte 7.1.01 und 7.1.02). So sollen die Stoffwechselspuren im Isua-Gestein in Grönland bezeugen, daß es zur Zeit ihrer Entstehung (ca 3,8 Milliarden Jahre vor der Gegenwart) bereits lebende

Zellen gab. Cyanobakterien leisteten vermutlich mittels oxigener Photosynthese einen wesentlichen Beitrag zur Sauerstoffanreicherung in der Erdatmosphäre. Die Benennung Photosynthese kennzeichnet biologische Prozesse (in der Natur), die *lichtabhängig* ablaufen. Im Gegensatz dazu kennzeichnet die Benennung Chemosynthese biologische Prozesse (in der Natur), die *lichtunabhängig* ablaufen. Untersuchungsergebnisse über hydrothermale Tiefseequellen bestätigen, daß an den Tiefseequellen die photosynthetische Primärproduktion ersetzt ist durch eine vorwiegend chemosynthetische Primärproduktion (Abschnitt 7.1.02 und 9.3.03). Im Meer sollen ca 40 % der Primärproduktion stattfinden. Es spielt danach und im Hinblick auf die vergleichsweise sehr große Reaktionsfläche offenbar eine tragende Rolle in den globalen geochemischen Stoffkreisläufen.

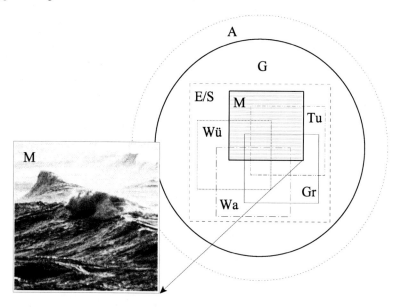

Bild 9.1
Das Meerespotential (M) und die Verknüpfungen (im Sinne der Mengentheorie) zwischen dem Meerespotential und den anderen Hauptpotentialen des Systems Erde.

ICSU-*Weltdatenzentrum*
In Bremen wurde 2000 das "Weltdatenzentrum für Marine Umweltwissenschaften" (WDC-MARE) in Abstimmung mit ICSU (International Council for Science) eingerichtet. In Deutschland ist es das erste ICSU-Weltdatenzentrum (AWI 2000/2001).

9.1 Landfläche/Meeresfläche, globale Flächensummen

Das Meer der Erde kann gegliedert werden in die Meeresteile: Atlantik und Nebenmeere, Indik und Nebenmeere, Pazifik und Nebenmeere. Man spricht in diesem Zusammenhang auch von Atlantischer Ozean, Indischer Ozean, Pazifischer Ozean (Großer Ozean, Stiller Ozean). Die Bilder 9.2 und 9.3 geben eine Übersicht.

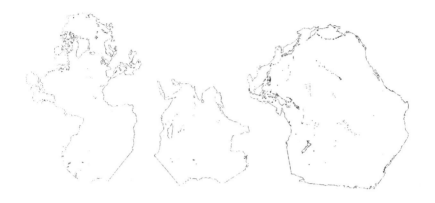

Bild 9.2
Atlantik und Nebenmeere, Indik und Nebenmeere, Pazifik und Nebenmeere nach K.H. WAGNER 1971 (siehe auch GIERLOFF-EMDEN 1980, S.22 I).
■ = 1 Million km² = 10^6 km²

Meeresteilflächen (in Millionen km²)

1957	1959	1967	1987	Meeresteile
			82,217	Atlantik
			1,943	Karibisches Meer
			1,544	Golf von Mexiko
			12,333	Hudsonbai
			14,056	Nordpolarmeer
			0,422	Ostsee
			0,575	Nordsee
			0,461	Schwarzes Meer
			2,505	Mittelmeer
106	106,463	106,5	116,056	**Atlantik und Nebenmeere**
			73,481	Indik
			0,438	Rotes Meer
75	74,917	74,9	73,919	**Indik und Nebenmeere**
			165,384	Pazifik
			2,318	Südchinesisches Meer
			1,248	Ostchinesisches Meer
			0,404	Gelbes Meer
			1,008	Japanisches Meer
			1,528	Ochotskisches Meer
			2,269	Beringmeer
180	179,679	179,7	174,159	**Pazifik und Nebenmeere**
361	361,059	361,1	364,134	**Meeresflächensumme des Systems Erde**

Bild 9.3
Die Flächen der großen Meeresteile und die Meeresflächensumme der Erde zu verschiedenen Zeitpunkten und nach verschiedenen Autoren.
Quelle: 1957 BERTELSMANN
       1959 ENZYKLOPÄDIE
       1967 VIOLET
       1987 KNAUR

Die Begriffe Nordpolarmeer und Südpolarmeer

Entsprechend den Ausführungen im Abschnitt 4 (Eis-/Schneepotential) ist es sinnvoll, die Begriffe *Nordpolarmeer* und *Südpolarmeer* zu verwenden, obwohl diesen Meeren (auch als Nebenmeeren) oftmals eine Eigenständigkeit abgesprochen wird. Die bisher vorgeschlagenen Abgrenzungen für diese Meere sind nicht allgemein akzeptiert. Teile des Nordpolarmeeres werden vielfach als zum Atlantik und zum Pazifik gehörig, Teile des Südpolarmeeres vielfach als zu allen drei in Bild 9.2 genannten großen Meeresteilen gehörig angesehen. Eine Übersicht über die verschiedenen Auffassungen gibt unter anderen GIERLOFF-EMDEN (1980, 1982). Obwohl strittig, werden die Begriffe hier dennoch benutzt, da sie dem Leser (gedanklich) eine schnelle Zuordnung mancher Aussagen zu diesen Meeresgebieten ermöglicht.

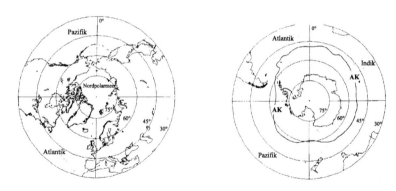

Bild 9.4
Generelle Übersicht über das Nordpolarmeer und das Südpolarmeer.
AK = antarktische ozeanische Konvergenz (kurz: antarktische Konvergenz)

Zur Begrenzung des Südpolarmeeres
Der antarktische "Kontinent" ist von einem nahezu konzentrischen Wassermassenring umgeben, dem *antarktischen ozeanischen Zirkumpolarstrom*. Seine Fronten zum Äquator hin sind nach Bild 9.39: a) die subtropische Front und b) die subantarktische Front. Die "subantarktische Front" dürfte dabei als Synonym für die "antarktische ozeanische Konvergenz" (kurz: antarktische Konvergenz) gelten können, eine Benennung, die um 1950 gebräuchlich war und in KOOPMANN (1953) ausführlich behandelt ist. Noch in STÄBLEIN (1983) ist gesagt, daß die ozeanische antarktische Konvergenz ein relativ lagekonstanter, ca 40 km breiter oberflächennaher ringförmiger Meeresteil sei, wo das kalte, salzarme antarktische oberflächennahe Wasser unter das wärmere, salzreichere Wasser der umgebenden Meere abtaucht. In diesem Meeresteil ändern

sich sprunghaft der Salzgehalt und die Wassertemperatur (um ca 4°C). Der Verlauf der antarktischen ozeanischen Konvergenz entspreche etwa dem Verlauf der 10°C Februar-Isotherme. Diese antarktische ozeanische Konvergenz wurde vielfach als Grenze des Südpolarmeeres und damit der Antarktis angesehen. Heute ist wohl davon auszugehen, daß die *Grenze der Antarktis* entweder durch die subtropische ozeanische Front oder durch die subantarktische ozeanische Front definiert ist.

Zur Begrenzung des Nordpolarmeeres

Bild 9.5
Spezielle Übersicht über das Nordpolarmeer.

Die Grenze des Nordpolarmeeres kann verschiedenartig festgelegt werden. Eine allgemein anerkannte Festlegung gibt es derzeit nicht. Auf der Seite des Pazifik kann die engste Stelle der *Beringstraße* als Grenze gelten. Ob es sinnvoll ist, den Meeresteil *Beringmeer* in den Begriff Nordpolarmeer noch mit einzuschließen, bleibt zunächst offen. Nach DIERCKE WELTATLAS (1988) kann der Verlauf der 10°C-Juli-Isotherme zur Begrenzung herangezogen werden. Auf der Seite des Atlantik ist die Begrenzung ebenfalls offen. Die *Barentssee* gilt meist als zum Nordpolarmeer gehörig. Der *Framstraße* kommt besondere Bedeutung zu. Sie ist der Weg für den Haupttransport von Meereis aus dem Nordpolarmeer (Abschnitt 4.3.01). Die Zuordnung von *Grönlandsee*, *Norwegensee* und *Islandsee* (*Europäisches Nordmeer*) bleibt zunächst offen. Das Nordpolarmeer wird auch *Arktisches Meer* genannt.

983

Im Vergleich zum Grenzsaum des Südpolarmeeres ist der Grenzsaum des Nordpolarmeeres weniger scharf; sein Aufbau ist diskontinuierlich und starken Schwankungen unterworfen. Die *Polarfront des Nordpolarmeeres* weist eine stärkerer Differenz der Wasseroberflächentemperatur auf, als die *Polarfront des Südpolarmeeres*.

9.1.01 Veränderlichkeit des Meeresspiegels und der Land/Meer-Verteilung

Die *Meeresoberfläche* ist in der Regel keine *glatte* Fläche, wie das allgemein bei der Benennung Spiegel unterstellt wird. Durch eine Vielzahl unterschiedlicher Einflüsse (sowohl periodischer, als auch aperiodischer Art, die sich außerdem überlagern können) wird sie in Bewegung gehalten und ändert daher ständig mehr oder weniger stark ihre Form. Im Gegensatz zur (momentanen) Meeresoberfläche kennzeichnet die Benennung **Meeresspiegel** eine aus einer *Mittelbildung* hervorgegangene und dementsprechend geglättete Oberfläche. Da die Mittelbildung unterschiedlich erfolgen kann, sollte sie jeweils erläutert werden. Im allgemeinen wird das Mittel aus *Zeitreihen* von Beobachtungsdaten gewonnen. So kann die Mittelbildung durch einen Beobachtungszeitabschnitt von 10 (oder mehr) Tagen repräsentiert werden, oder durch ein diesbezügliches Jahresmittel, oder durch eine andere Vorgehensweise (etwa Nutzung des *Median*, des mittleren Wertes einer der Größe nach geordneten Beobachtungsreihe, der Mehrgitterbildung mit Interpolation und anderes). Doch auch diese Oberfläche zeigt nach bisheriger Erkenntnis eine hohe Veränderlichkeit mit sehr unterschiedlichen räumlichen und zeitlichen Ausprägungen. Verlagerungen und Volumenänderungen der Wassermassen sind offensichtlich mehr oder weniger stark daran beteiligt.

● Die derzeitige Gesamtwassermenge im System Erde
wird auf ca $1,64 \cdot 10^9$ km^3 geschätzt,
wovon sich ca $1,35 \cdot 10^9$ km^3 im **Meer** befinden sollen (WILHELM 1987).
Ob diese Meereswassermenge im erdgeschichtlichen Ablauf als unverändert gelten kann, ist ungeklärt. Einige Wissenschaftler vertreten die Auffassung, daß die dem Meer zur Verfügung stehende Wassermenge, bestehend aus Meerwasser und in Eisdecken gebundenem Wasser, sich vermutlich seit dem Kambrium (also seit rund $550 \cdot 10^6$ Jahren) nicht wesentlich geändert hat (ZEIL 1990). Veränderungen (Schwankungen) der Höhenlage des Meeresspiegels, die sich durch *wechselnden Füllungsgrad* des Meerwasserbeckens ergeben, werden *eustatische* Meeresspiegelschwankungen genannt (KELLETAT 1989). Als Ursachen dafür sind denkbar (ZEIL 1990):
a) Änderungen der Gesamtmenge des irdischen Oberflächenwassers (Zunahme durch vulkanische Exhalationen, Abnahme durch chemische Bindung)
b) Änderungen im Fassungsvermögen der Meeresbecken (wegen Auffüllen durch

Sedimente, tektonischen Umgestaltungen)
c) Änderungen der Verteilung des Wassers zwischen Meer und Land (wegen Wachsen und Schwinden von Gletschern und Seen sowie großen Eisdecken).

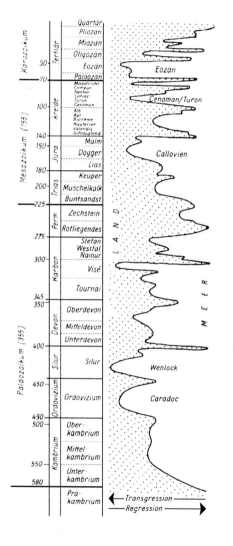

Bild 9.6
Veränderlichkeit der Land/Meer-Verteilung im Zeitabschnitt bis 580 Millionen Jahre (580 $\cdot 10^6$ Jahre) vor der Gegenwart nach STILLE, SCHMIDT-THOMÉ und andere. Quelle: HOHL et al. 1985 S.173, verändert

Neben der Veränderlichkeit des Meeresspiegels besteht (teilweise unabhängig von der vorgenannten) eine Veränderlichkeit der Land/Meer-Verteilung. Beispielsweise kann eine *Landflächenabnahme* (mit entsprechender Meeresflächenzunahme) sich ergeben durch Senken des Landes und/oder Steigen des Meeresspiegels. Eine *Landflächenzunahme* (mit entsprechender Meeresflächenabnahme) kann sich ergeben durch Heben des Landes und/oder Fallen des Meeresspiegels. Das langsame, langandauernde Senken und Heben der *Geländeoberfläche* mit dem darunter liegenden Gelände (Erdkruste, Teilen des Erdkernmantels), die sogenannte *Epirogenese*, wird außerdem durch zeitlich schneller verlaufende Krustenbewegungen unterbrochen (der sogenannten

Orogenese oder *Tektogenese*), wobei die unter der Geländeoberfläche sich vollziehenden Massenverlagerungen vielfach auch Erschütterungen hervorrufen, die als *Erdebeben* fühlbar sind.
Höhenverschiebungen des Meerespiegels wirken sich besonders an der *Küste* beziehungsweise am *Strand* aus. Die Summe aller Küstenlinien im System Erde soll gegenwärtig ca 504 000 km betragen (GIERLOFF-EMDEN 1999). Es gilt
Transgression (Verschieben der Küstenlinie landwärts)
= *positive Strandverschiebung* = *Landflächenabnahme*
Regression (Verschieben der Küstenlinie seewärts)
= *negative Strandverschiebung* = *Landflächenzunahme*
Höhenverschiebungen des Meeresspiegels und Änderungen der Land/Meer-Verteilung im System Erde werden offensichtlich durch das Zusammenwirken mehrerer Ursachen veranlaßt. Nach heutiger Kenntnis können sie kurzfristig oder längerfristig in regelmäßigen (periodischen) oder unregelmäßigen (aperiodischen) zeitlichen Abständen auftreten. Kurzfristige Schwankungen werden vor allem durch die *Gezeiten* des Systems Erde bewirkt (Abschnitt 3.1.01). Längerfristige Änderungen können sich ergeben durch das Wachsen und Schwinden großer *Eismassen* im System Erde (Abschnitt 4.4) sowie durch die *Plattentektonik* (Abschnitt 3.2.01). Gesteinsverwitterung (Abschnitt 3.3.01) und Erosion (Abschnitt 3.3.02) wirken zwar im allgemeinen auch längerfristig, doch ist ihr Einfluß in dem hier angesprochenen Bereich vergleichsweise gering. Einen erheblichen Einfluß auf die Änderungen der Land/Meer-Verteilung im erdgeschichtlichen Ablauf haben nach heutiger Kenntnis vermutlich jene *Kräfte im Erdinnern* die es vermögen, ganze Kontinente zu heben oder zu senken. Herausragendes Beispiel für den Einfluß der Plattentektonik ist die Indisch-australische Platte, die sich gegen die Eurasische Platte bewegt und das Himalaja-Gebirge auftürmt. Auch die Anden wachsen empor, dadurch, daß sich die Nazca-Platte unter die Südamerikanische Platte schiebt. Doch wie kommt es dazu, daß (nach geologischen Befunden) das südliche Afrika heute mehr als 1500 m höher liegt als vor ca 20 Millionen Jahren, obwohl in dem Gebiet seit fast 400 Millionen Jahren keine Plattenkollision stattfand und dagegen die indonesische Inselwelt aus den höchsten Erhebungen eines versunkenen Kontinents besteht? Nach heutiger Erkenntnis, sind die Ursachen dieser vertikalen Bewegungen im Erdinnern zu suchen (GURNIS 2001). Gesteinsströme im Erd(kern)mantel heben und senken offenbar ganze Kontinente, große Landmassen und den sie umgebenden Meeresgrund. Es wird vielfach davon ausgegangen, daß die sogenannte *Konvektion* im Erdkernmantel die horizontale Bewegung der Platten ingangsetzt und daß resultierende Kräfte auch vertikale Bewegungen der vorgenannten Art veranlassen. Nach GURNIS liegen inzwischen hinreichende Belege dafür vor,
● daß die *stärksten* Fluktuationen des Meeresspiegels und der Land/Meer-Verteilung in der Vergangenheit sehr wahrscheinlich auf vertikale Bewegungen einzelner Kontinente zurückzuführen sind.

Seismische Tomographie
Um 1980 entwickelten der us-amerikanische Geophysiker Adam DZIEWONSKI und Mitarbeiter die sogenannte seismische Tomographie, bei der aus tausenden von Erdbeben erdweit die seismischen Geschwindigkeiten ermittelt und daraus eine Karte der *Temperatur* und *Dichte* vom globalen Erdkernmantel erstellt werden kann. Eine solche Karte des Erdkernmantels (enthalten in GURNIS 2001) zeigt beispielsweise, daß sich unter dem südlichen Afrika und dem Südatlantik ein riesiges aufsteigendes pilzförmiges Paket heißen Gesteins (engl. "African Superplume") befindet. Unter Nordamerika und Indonesien dagegen erstrecken sich Scheiben aus kaltem, absinkendem Material (das teilweise abgetauchter ozeanischer Kruste entstammt).

Erdinneres und Erdschwerefeld
In einer unregelmäßigen Struktur des Erdschwerefeldes manifestieren sich Dichte- und Massenunregelmäßigkeiten und mithin auch gewisse Prozesse, die im Erdinnern ablaufen, wie beispielsweise die sogenannte Konvektion im Erdkernmantel (Mantelkonvektion) und ihre Verbindung zur Plattentektonik. Neben den Bohrungen in die Erdkruste (Abschnitt 3.2.04) sind das Schwerefeld, das Magnetfeld und seismische Geschwindigkeiten einige Signale aus dem Erdinnern, die als Datenbasis für diesbezügliche Modelle dienen können.

Jede Änderung der Stoffströme im Erdinnern wirkt sich auf das *Gravitationsfeld* beziehungsweise *Schwerefeld* des Systems Erde aus und führt zu Verformungen des *Geoid*. Das Erfassen der Schwankungen des Erdschwerefeldes im Zeitablauf soll vor allem mit Hilfe der Satellitenmissionen CHAMP, GRACE und GOCE verbessert werden (Abschnitt 2.1.02). Beabsichtigt ist, im Zwei-Wochen-Abstand globale Schweredatensätze zu erstellen. Bei CHAMP besteht das Meßprinzip in der Beobachtung und Analyse von Bahnstörungen, die der Satellit beim Erdumlauf im Erdschwerefeld erfährt. Der Satellit selbst fungiert also als Schweresensor. Im Vorhaben "USArray" ist geplant, daß 400 bewegliche Seismometer 5-10 Jahre lang den Erdkernmantel bis in ca 1000 km Tiefe erkunden mit einer geometrischen Auflösung von ca 80 km (GURNIS 2001).

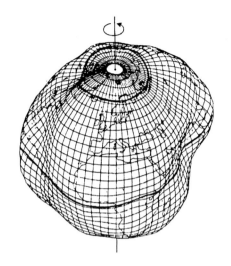

Bild 9.7
Geoiddarstellung nach KAHLE (siehe GIERLOFF-EMDEN 1999). Die Abweichungen von einer regelmäßigen geometrischen Form (Kugel, Ellipsoid) sind überhöht dargestellt.

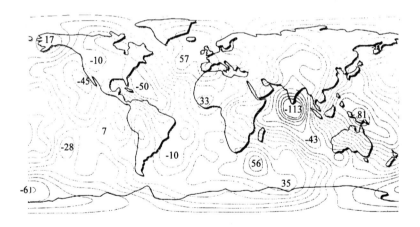

Bild 9.8
Geoiddarstellung nach C. A. WAGNER und F. J. LERCH 1977 (siehe BROCKHAUS 1999). Die Isolinien geben die Abweichung des Geoids vom mittleren Erdellipsoid an (Geoidundulationen) mit einer Äquidistanz von 10 m. Bei den Zahlenangaben (in m) bedeuten positive Werte: das Geoid verläuft über dem Erdellipsoid; und negative Werte: das Geoid verläuft unter dem Erdellipsoid.

In *Geoid-Erhöhungen* (positive Werte) liegt die Schwerebeschleunigung über dem Mittelwert, ist also stark. Vermutlich besteht hier im Erdinnern ein Massenüberschuß. In *Geoid-Vertiefungen* (negative Werte) liegt die Schwerebeschleunigung unter dem Mittelwert. Vermutlich besteht hier ein Massendefizit. Die Unterschiede in der Schwerkraft weisen somit auf eine unregelmäßige Massenverteilung im Erdinnern (vor allem im Erdkernmantel) hin.

Analyse von Sedimentschichten und Fossilien früherer Küstenbereiche
Wie schon gesagt, zeigen sich Meeresspiegelschwankungen unmittelbar vor allem im Küstenbereich, im Grenzraum zwischen Land und Meer. Zur Bestimmung der (Höhen-) Änderungen des Meeresspiegels in der Erdgeschichte wurden daher vielfach *alte Strandterrassen* untersucht, die heute teils über, teils unter dem Meeresspiegel liegen.

Bild 9.9
Zum Verlauf der Sedimentation bei (Höhen-) Änderungen des Meeresspiegels.
Quelle:
REY/CUBAYNES (1999), verändert

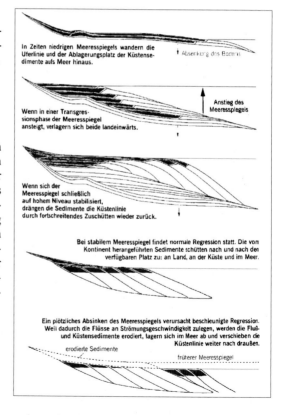

Nach diesem Modell lagern sich Sedimentschichten in Form mehr oder weniger schiefer Prismen ab. Aus deren Gestalt und mineralischer Zusammensetzung werden die Schwankungen des Meeresspiegels rekonstruiert. Entsprechend der Gesteinsart und dem Fossilienbefund werden unterschieden:

Flußsedimente
Küstensedimente
Meeressedimente

Schwächen der dargelegten Vorgehensweise sind: die zeitliche Datierung ist schwierig, wenn die Strandterrassen morphologisch nicht mehr hinreichend gut erhalten sind; die zeitliche Zuordnung geographisch weit auseinanderliegender liegender Strandterrassen ist schwierig und anderes mehr. Ob methodische Weiterentwicklungen zu besseren Ergebnissen führen werden, vor allem bezüglich *globaler* Aussagen, ist noch offen. Bild 9.9 skizziert eine solche Weiterentwicklung, bei der das "Hin und Her" der Sedimente sowie der Fossilienbefund analysiert und daraus Aussagen zum Auf und Ab des Meeresspiegels abgeleitet werden.

Als Indikatoren für Phasen des niedrigen und hohen Meeresspiegels sind mikroskopisch kleine Fossilien geeignet. REY/CUBAYNES benutzten *Foraminiferen*, einzellige Tiere mit Kalkgehäuse, die am Meeresgrund leben (bezüglich biologischer Systematik siehe Abschnitt 9.4). Sie sind in alten Sedimenten im allgemeinen zahlreich zu finden und charakterisiert durch große Formenvielfalt sowie die Fähigkeit, die Form über Generationen hinweg den Umweltbedingungen anzupassen, und zwar reversibel.

Bleibt noch anzumerken, daß durch ein rasches Sinken des Meeresspiegels einige Meeresteile zu Binnenseen werden können, wobei der Nährstoffeintrag vom Land her zunimmt und die Wassertiefe absinkt. Im Küstenbereich ist der Meeresgrund im allgemeinen lichtdurchfluteter und unruhiger. Im Gegensatz dazu können bei einem Meeresspiegelanstieg Verbindungen zwischen verschiedenen Meeresteilen entstehen, wobei der Verlauf der Strömungen sich ändert, der Nährstoffeintrag vom Land her abnimmt, die Wasserschicht zunimmt und anderes.

Pegelmessungen, Satellitenaltimetrie

Pegelmessungen und Satellitenaltimetrie sind heute gebräuchliche Verfahren zur Bestimmung des Meeresspiegels und seiner Schwankungen im Zeitablauf. Zur Bestimmung der aktuellen *Höhenlage* des Meeresspiegels und der nachfolgenden *höhenmäßigen Änderungen* werden in der Regel Wasserstandsregistrierungen an *Küstenpegeln* durchgeführt und (besonders bei globalen Aufgabenstellungen) die *Satellitenaltimetrie* eingesetzt. In Europa erfolgten die ersten Pegelmessungen zur Bestimmung von Höhenänderungen des Meeresspiegels vor rund 300 Jahren: Amsterdam 1682, Kronstadt 1703, Venedig 1732, Stockholm 1774, Wismar 1848, Warnemünde 1855 (LIEBSCH 1997, WEBER 1994). Die Satellitenaltimetrie ermöglicht eine *flächenhafte* Erfassung der Oberfläche des Meeresspiegels, nicht nur eine punkthafte, wie etwa bei den vorgenannten Pegelmessungen. Sie ermöglicht darüberhinaus eine *globale* Erfassung innerhalb eines vergleichsweise kurzen Meßzeitabschnittes. Während der Satellitenmission GEOS-3 (Start 1975) wurden Altimeterdaten *erstmals* global flächendeckend aufgezeichnet. Wichtige Altimetermissionen sind in Bild 9.13 aufgewiesen.

Pegelmessungen

Zur Bestimmung der Höhe beziehungsweise von Höhenänderungen des Meeresspiegels werden vielfach Wasserstandmessungen an Küstenpegeln durchgeführt. Da das Meßobjekt, die Meeresoberfläche, sich in ständiger Bewegung befindet, ist demzufolge schon die einzelne Pegelablesung mit einer Unsicherheit (Beobachtungsfehler) behaftet, die je nach dem eingesetzten Verfahren unterschiedlich groß sein kann.

Der Begriff Meeresspiegel bezieht sich definitionsgemäß nicht auf eine einzelne Pegelablesung, sondern auf den *Mittelwert* der Datenreihe, die sich als Ergebnis von Beobachtungen in einem mehr oder weniger langen Zeitabschnitt ergeben hat. Die Benennung Meeresspiegel kennzeichnet in diesem Fall den mittleren Wasserstand des Meeres in einer gewissen (Meeres-) *Umgebung* der Meßstelle für einen bestimmten Zeitabschnitt. Bild 9.10 zeigt ein Beispiel.

Pegel geben Auskunft über den Wasserstand. Lautet die Pegelablesung $(0+\Delta h)$ so kann dies bedeuten: (a) Der Meeresspiegel ist um den Betrag Δh angestiegen oder (b) der Meeresspiegel ist gleich hoch geblieben, aber das Land (mit der darauf befindlichen Pegeleinrichtung) ist um den Betrag Δh abgesunken. Um eine Entscheidung für (a) oder (b) treffen zu können sind mithin zusätzliche Daten erforderlich. Früher versuchte man Zusatzdaten oder zumindest eine hinreichende Entscheidungsgrundlage zu gewinnen durch Nivellements vom Pegelpunkt aus ins Landesinnere zu Höhenpunkten, die keine Höhenveränderung zeigten. Heute kann beispielsweise durch permanente GPS-Messungen beziehungsweise regelmäßige Wiederholungsmessungen eine eindeutige *Trennung* von säkularen Meeresspiegelveränderungen und vertikalen Erdkrustenbewegungen erreicht werden.

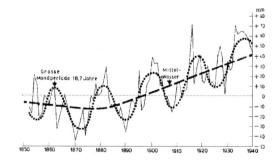

Bild 9.10
Pegel von *Marseille*.
Datenreihe (jährliche Mittelwerte) für den Zeitabschnitt 1852-1936/1940.
Quelle: BACHMANN (1965), verändert.

Nach BACHMANN stiegen die Mittelwasser(-ablesungen) am Pegel von Marseille von 1940-1961 ständig weiter an, durchschnittlich um 0,8 mm/Jahr. Die erkennbare *Mondperiode* von 18 Jahren sei auch an Pegeln in anderen Staaten festgestellt worden.

991

Erfassung von Küstenpegeln in einem einheitlichen Höhenbezugssystem:
GLOSS, EOSS
Besteht eine geodätische Verbindung zwischen den an den Küsten des Meeres eingerichteten Pegeln (etwa koordinatenmäßig durch x,y,z und t), dann sind, bei hinreichender Anzahl und bestimmter Verteilung der Pegel, sinnvolle *globale* Aussagen zur Höhe des Meeresspiegels und zu Meeresspiegelschwankungen möglich. Eine Verbindung im vorgenannten Sinne ist heute herstellbar, etwa mittels GPS-Technologie. GLOSS (*Global* Sea Level Observation System) umfaßt, erdweit etwa gleichmäßig verteilt, ca 300 Küstenpegel in einem einheitlichen Höhensystem. Der relativ große Abstand zwischen diesen Pegeln kann jedoch über 100 km betragen. Zum Überprüfen regionaler Aspekte ist allerdings eine Verdichtung dieses Pegelpunktfeldes erforderlich. Für Europa ist EOSS (*European* Sea Level Observing System) in Arbeit (RICHTER 1998). In diesem Zusammenhang sei noch vermerkt, daß *Monatsmittelwerte* und *Jahresmittelwerte* über den Meerespiegel gespeichert werden beim PSMSL (Permanent Service for Mean Sea Level) am Proudman Oceanographic Laboratory in Großbritannien. PSMSL sammelt Daten von mehr als 1 700 global verteilten Pegelstationen. Pegeldaten in Form von *Tagesmittelwerten* speichert ferner UHSLC (University of Hawaii Sea Level Center). Die Pegel regionaler Bezugssysteme sind im Abschnitt 2.3 behandelt, beispielsweise der Pegelbezug des Europäisches Höhen-Punktfeldes EUVN. Zwischen den Pegeln von Amsterdam und New York besteht eine Höhendifferenz von 50-60 cm (nach ARABELOS 1999, Hinweis in MÜLLER 2001).

Satellitenaltimetrie
über dem Meer und Überwachung des Meerespiegels
Im Vergleich zu Landoberflächen wird der vom Satelliten ausgesandte Radarimpuls von Meeresoberflächen besonders gut reflektiert. Die Satellitenaltimetrie wird daher vorrangig zur Erfassung der Meeresoberfläche eingesetzt, die ja rund 2/3 der Oberfläche des mittleren Erdellipsoids umfaßt (die Landoberfläche mithin nur 1/3). Die Benennung Altimetrie (lat. altus = hoch, tief und griech. metrik = Maß, Strecke) steht allgemein für Höhenmessung und Satellitaltimetrie für Höhenmessung vom Satelliten aus zur Meer/Land-Oberfläche mittels Radarimpuls. Das Altimeter im Satelliten sendet einen Impuls (etwa mit Frequenzen im Ku- und C-Band: 13,5 GHz und 5 GHz) in Richtung Erde aus, wobei die Ausrichtung senkrecht zum Erdellipsoid mittels Sternkamera erfolgt. Dieser Impuls wird an der Meeresoberfläche reflektiert und verformt sowie abgeschwächt im Satelliten wieder empfangen. Aus der Laufzeit Δt läßt sich die Höhe H_{alt} des Satelliten über der Meeresoberfläche prinzipiell ermitteln aus $H_{alt} = c \cdot \Delta t / 2$ mit c als Ausbreitungsgeschwindigkeit der Radarwelle (Lichtgeschwindigkeit). Im realen Fall wirken verschiedene störende (fehlererzeugende) Einflüsse auf den Vorgang ein, so daß der genannten mathematischen Beziehung ein bestimmter Fehlerhaushalt zuzuordnen ist, der die Abweichungen vom (gewählten) mathematischem Modell beschreibt. Durch geeignete Maßnahmen

(Kalibrierung und anderes) lassen sich diese Abweichungen unter Umständen beseitigen. Die geometrischen Zusammenhänge verdeutlichen die Bilder 9.11 und 9.12.

Bild 9.11
Geometrische Zusammenhänge bei der Satelliten-Altimetermessung. Quelle: BAUMGARTNER (2001), verändert. Die Meerestopographie H ergibt sich aus H = h - N. Sie wird verschiedentlich auch "Oberflächenauslenkung" genannt. Die Meerestopographie umfaßt größenordnungsmäßig Beträge von 1-2 m über oder unter dem Geoid (MÜLLER 2001).

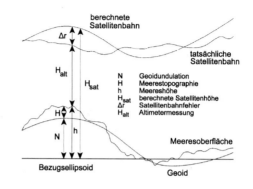

Aus Laufzeit, Intensität und Form des reflektierten Radarimpulses läßt sich außer der Entfernung des Satelliten von der Meeresoberfläche auch der momentane Seegang in Form von *Wellenhöhe* und *Windgeschwindigkeit* an der Meeresoberfläche bestimmen (SEEBER 1989). Schließlich können aus der Gesamtheit der (global) vorliegenden Daten *Zeitreihen* von Meeresmodellen aufgestellt und hinsichtlich ihrer Veränderung analysiert werden. Die altimetrische Höhe h der Meeresoberfläche über dem Bezugsellipsoid ergibt sich (in der Darstellung nach BAUMGARTNER 2001) aus

$$h = \left(H_{sat} - \Delta r\right) - \left(H_{alt} + v\right)$$

H_{sat} = Satellitenhöhe (berechnete Satellitenhöhe)
H_{alt} = gemessene Altimeterentfernung (Altimetermessung)
Δr = radialer Satellitenbahnfehler (Differenz zwischen tatsächlicher und berechneter Satellitenbahn). Die Beträge sollen etwa zwischen ± 30 cm und ± 2 m liegen, für die Satellitenmission TOPEX/Poseidon wird ein Betrag von 3-4 cm genannt (siehe BAUMGARTNER 2001)
v = Korrekturterm (wegen: instrumentenbedingter Ungenauigkeiten des Altimeters, Störungen des Radarimpulses beim Lauf durch die Atmosphäre, Beträge, die aus der Reflexion an der momentanen Meeresoberfläche resultieren). Der Betrag des Korrekturterms liegt bei heutigen Verfahren (nach Angaben verschiedener Autoren) in der Regel unter ± 5 cm.

Bild 9.12
Geometrische Zusammenhänge bei der Satelliten-Altimetermessung.

Wegen der *Abplattung* des Bezugsellipsoids ist bei der Berechnung von H_{sat} ein Korrekturterm C zu berücksichtigen (RUMMEL 1993) der sich ergibt aus

$$C = \frac{R}{8} \cdot \left(1 - \frac{R}{r}\right) \cdot e^4 \cdot \sin^2 \varphi$$

φ = geographische Breite
e = Exzentrizität
C variiert größenordnungsmäßig zwischen 0 und 5 m.

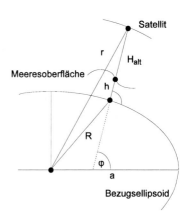

Zur Genauigkeit von Geoid und Meerestopographie
Ein hochgenaues Modell des globalen Erdgravitationsfeldes (Erdschwerefeldes) ermöglicht das Geoid genauer zu bestimmen und damit zugleich die Meerestopographie besser als bisher zu erfassen. Sind Meereshöhen H über eine einheitliche globale Höhenbezugsfläche (Geoid) ozeanübergreifend verfügbar, ermöglicht dies fundierte Aussagen über die Dynamik des Meeres und damit auch über das Klima des Systems Erde. Beispielsweise können Oberflächenströmungen im Meer erkannt und in Verbindung mit anderen Zustandsgrößen des Meerwassers (wie Temperatur und Salzgehalt) Wärme- und Stofftransporte berechnet oder abgeschätzt werden. Von den neueren Satelliten-Schwerefeldmissionen CHAMP, GRACE und GOCE (Abschnitt 2.1.02) wird eine solche angestrebte Verbesserung des Erdschweremodells erwartet. Der *globale* Geoid-Fehler wird geschätzt auf ± 1-2 m (nach RUMMEL 1993, Hinweis in BAUMGARTNER 2001), oder auf ca ± 60 cm (nach ARABELOS 1999, Hinweis in MÜLLER 2001). Verschiedentlich wurde versucht, durch Kombination verschiedener Satelliten-Altimetermissionen (etwa solcher ab 1985) bessere Ergebnisse zu erzielen (BAUMGARTNER 2001). Die Meereshöhen H haben größenordnungsmäßig Beträge von 1-2 m über oder unter dem Geoid (MÜLLER 2001).

|Zur Genauigkeit von Satellitenbahnen|
Die Erdumlaufbahn eines Satelliten hat (nach dem 1. Keplerschen Gesetz) die Form einer Ellipse, wobei in einem Brennpunkt der Ellipse das Geozentrum liegt. Die Satellitenbahn kann in einem erdfesten geozentrischen Koordinatensystem bestimmt werden, etwa mit Hilfe von DORIS (Doppler Orbitography and Radiopositioning Integrated by Satellite), PRARE (Precise Range And Rate Equipment), GPS (Global Postioning System). Mit DORIS läßt sich die Bahn bis auf ca 3-4 cm genau bestimmen. Die tatsächliche Bahn eines Satelliten weicht von der Keplerbahn ab, da auf

den Satelliten einwirkende Kräfte seinen Lauf in unterschiedliche Richtungen lenken und beschleunigen. Die auf Satelliten einwirkenden Kräfte lassen sich wie folgt gruppieren (LELGEMANN/CUI 1999): *Erdgravitationsfeld* (Abschnitt 2.1.02), *Drittkörpergravitation* unter Einschluß der durch sie hervorgerufenen *Gezeiten* (Landgezeiten, Meeresgezeiten, Abschnitt 3.1.01) und *Oberflächenkräfte* beziehungsweise Akzelerometerkräfte (die mittels eines Akzelerometers im Satelliten direkt gemessen werden können (Luftwiderstand, Sonnenstrahlungsdruck, Erdalbedo...).

Historische Anmerkung

Bild 9.13
Bisherige und in naher Zukunft geplante Satelliten-Altimetermissionen. nach Daten von BAUMGARTNER (2001) und DGFI (2003). Werden alle Daten der Satellitenaltimetrie ab 1985 benutzt, kann eine globale

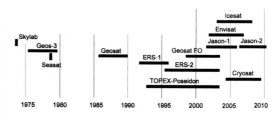

Meeresgrundkarte mit einer geometrischen Auflösung von ca 4 km erstellt werden (BRAUN/MARQUARDT 2001). Geosat FO = Geosat Follow-On.

Mittels Satellitenaltimetrie kann der Meeresspiegel schnell, (einigermaßen) genau und (nahezu) *global* meßtechnisch erfaßt werden. Im Hinblick auf die große flächenhafte Ausdehnung des Meeres ist die Anzahl der bestehenden Pegelstationen an den Küsten und die im offenen Meer betriebenen Tiefseepegel als klein zu bezeichnen. Die *punkthafte* Erfassung der Meeresoberfläche durch wenige Meßpunkte ergibt kaum eine hinreichende empirische Grundlage für ein aussagekräftiges *globales* Meereshöhenmodell. Im Vergleich zu Pegelmessungen bietet die Satellitenaltimetrie wesentliche Vorteile. Diese Technologie ermöglicht zunächst eine *flächenhafte* Erfassung der Meeresoberfläche und darüberhinaus eine globale Erfassung innerhalb eines vergleichsweise kurzen Meßzeitabschnittes. Außerdem erfolgen alle Messungen mit demselben Meßsystem. Bezüglich Altimetermessungen über *Meereis* (in den Polargebieten) siehe Abschnitt 4.3.01.

Während der Satellitenmission GEOS-3 (Start 1975) wurden Altimeterdaten *erstmals* global flächendeckend aufgezeichnet (SCHÖNE 1997, LIEBSCH 1997). Mit der Satellitenmission GEOSAT erreichte die Radaraltimetrie eine neue Qualität: so unter anderem durch genauere Bestimmung der Satellitenumlaufbahnen, durch engere räumliche Überdeckung (160 km Spurabstand am Äquator), durch bessere zeitliche Überdeckung (alle 17 Tage über den gleichen geographischen Ort) (ANZENHOFER 1998).

Wie zuvor schon gesagt, wird beim Radarverfahren (aktives System) ein Mikrowellenimpuls (Radarimpuls) vom Satelliten nadirwärts ausgestrahlt, an der Meeresoberfläche reflektiert und am Satelliten wieder empfangen. Das Reflexionsverhalten der Radarwellen wird dabei durch den Zustand der oberflächennahen Wasserschicht und die Eindringtiefe der Radarwellen ins Wasser bestimmt. Der vom Satelliten ausgesandte Impuls überdeckt auf dem Meer eine etwa kreisähnliche Fläche (engl. Footprint), deren Radius von der Flughöhe abhängig ist und meist einige Kilometer beträgt (Abschnitt 9.2). Die gemessene Flughöhe des Satelliten bezieht sich daher auf das räumliche Mittel dieses kreisähnlichen Ausschnittes der momentanen Meeresoberfläche. In Küstennähe kann der kreisähnliche Ausschnitt auch Landflächen einschließen, die dem reflektierten Altimetersignal einen anderen Inhalt geben, als reine Meeresoberflächenausschnitte, was zu falschen Deutungen führen kann (Behebung eventuell durch Wasser/Land-Masken). Ähnliches gilt auch bei Treibeis-Oberflächen. Die mit Hilfe der Satellitenaltimetrie bestimmten *ellipsoidischen Höhen h* des Meeresspiegels sind bezüglich ihrer Genauigkeit den Höhenangaben aus Pegelmessungen nahezu gleichwertig, denn der Gesamtfehlerhaushalt der Satellitenaltimetrie liegt heute unter einem Betrag von ± 5 cm. Der Fehlerhaushalt beschreibt Abweichungen vom jeweils zugrundegelegten mathematischen Modell. Systematische Abweichungen lassen sich gegebenenfalls durch Kalibrierung beseitigen. Ein Vergleich beider Meßverfahren im Ostsee-Gebiet ergab eine Differenz bezüglich der Höhenangaben von ± 3 cm (LIEBSCH 1997). Erläuterungen zu den verschiedenen Arten von Höhensystemen sind im Abschnitt 2.1.02 enthalten.

Veränderlichkeit des Meeresspiegels

Sogenannte *Gebrauchshöhen* (Abschnitt 2.1.02) beziehen sich bei globalen Aufgabenstellungen auf eine Fläche, die durch das Erdschwerefeld bestimmt ist, beispielsweise auf das globale Geoid. Der *Nullpunkt* dieser Höhen liegt dann in *der* Äquipotentialfläche (Niveaufläche), die als *Geoid* aus der Niveauflächenschar des Erdschwerefeldes ausgewählt wurde. Dieser Nullpunkt ist als langfristiger Mittelwert von Pegelregistrierungen damit zugleich am *Meeresspiegel* orientiert.

> Der **Meeresspiegel**, also die *mittlere* Meeresoberfläche, formt sich jedoch nicht nur nach dem Erdschwerefeld aus, sondern wird zusätzlich vor allem durch Temperaturschwankungen, Luftdruckschwankungen und Strömungen verändert.

Ein Meeresspiegel, auf den nur das Schwerefeld der Erde einwirkt, würde sich zu einer *Äquipotentialfläche* dieses Schwerefeldes ausformen (Abschnitt 2.1.02). Es gäbe keine Wasserströmungen. Der Meeresspiegel würde sich in jedem Punkt wagerecht zur senkrechten Lotrichtung ausrichten. Es gibt jedoch eine Reihe von Kräften, die die Wassermassen in Bewegung setzten, Strömungen und Zirkulationen auslösen. Neben der Gravitationskraft der Erde sind es vor allem Mond und Sonne, die mit ihrer Gravitationskraft ein Druckfeld sowohl in den Meeres-Wasserschichten als auch in den Landschichten erzeugen und so Gezeiten auslösen (Abschnitt 3.1.01). Ferner haben Einfluß die senkrecht zur Meeresoberfläche gerichtete Druckkraft der Atmosphäre, die tangential zur Meeresoberfläche gerichtete Schubkraft des Windes, die sich durch Reibung von der Atmosphäre auf die Meeresoberfläche überträgt. Schließlich hat Einfluß das Erwärmen der Atmosphäre und der oberen Wasserschichten des Meeres durch Sonnenenergie: warme Medien dehnen sich aus und haben deshalb geringen Druck und geringe Dichte. Verdunstung, Niederschlag, Gefrieren und Schmelzen der Eisschichten in den Polargebieten führen zu Änderungen des Salzgehaltes des Meeres. Temperatur- und Salzgehaltänderungen erzeugen Dichteänderungen, die thermohaline Strömungen auslösen. Andere Kräfte erzeugen beispielsweise untermeerische Erdbeben und Vulkanismus, die seismische Wellen auslösen. Sind Wassermassen durch solche Kräfte in Bewegung geraten, wirken auf sie sogenannte sekundäre Kräfte, wie die Corioliskraft der Erde und Reibungskräfte, etwa zwischen Land und Wasser, Wasser und Wasser, Wasser und Meeresgrund (BAUMGARTNER 2001).

Sich *bewegende* Wassermassen werden also infolge der Corioliskraft abgelengt und Kontinente verhindern eine ungestörte Bewegung, so daß vielfältige Strömungen und Wasserzirkulationen entstehen. Die zuvor angesprochenen Kräfte und Vorgänge bedingen mithin *stark zeitabhängige* Abweichungen des *Meeresspiegels* vom *Geoid*. Diese Abweichungen werden, wie zuvor dargelegt, *Meerestopographie* genannt.

> Die **Meerestopographie** liefert nach dem Gesagten Erkenntnisse über zahlreiche dynamische Prozesse, insbesondere über Massenverlagerungen im System Erde. Sie kann um so genauer bestimmt werden, je genauer das Geoid bekannt ist (Bild 9.11). Sie ermöglicht ferner den geometrischen Zusammenschluß der bisher bestehenden regionalen (nationalen) Land-Höhensysteme auf den einzelnen Kontinenten und über Kontinentgrenzen hinweg.
> **Geoid** und **Meeresspiegel** sind danach grundlegende Bezugsflächen zur (mathematischen) Fixierung und Beschreibung der Dynamik im System Erde.

Zur Abschätzung der Veränderlichkeit des Meeresspiegels beziehungsweise der Meerestopographie ist es erforderlich, diese zu modellieren, also mathematischphysikalisch zu beschreiben.

Nach bisheriger Erkenntnis zeigt die Veränderlichkeit des Meeresspiegels sehr unterschiedliche *räumliche* und *zeitliche* Ausprägungen. *Verlagerungen* und *Volumenänderungen* der Wassermassen sind offensichtlich mehr oder weniger stark daran beteiligt. Außer den Gezeiten des Systems Erde und weiteren Deformationseffekten (Abschnitt 3.1.01), insbesondere den Meeresgezeiten mit den unterschiedlichen Gezeitenhüben, führt besonders die unterschiedliche Stärke der Sonneneinstrahlung im Sommer und im Winter zu einer relativ schnellen Erwärmung beziehungsweise Abkühlung der Wassermassen in der (oberen) Deckschicht bis zu ca 200 m Wassertiefe (bis zur sogenannten Thermokline), wodurch entsprechende saisonale Höhenänderungen des Meeresspiegels möglich sind. Ergebnisse der Satellitenaltimetrie haben gezeigt, daß beiderseits des Äquators die hochstehende Sonne die Wassermassen aufheizt und diese dadurch mehr als 14 cm über die Bezugsfläche angehoben werden. Diese Wassermassen müssen abfließen. Im Atlantik fließen sie zum Golf von Mexiko und dann weiter (als Golfstrom) nach Nordost. Sie heizen letztlich auch den europäischen Kontinent auf (BROCKHAUS 1999).

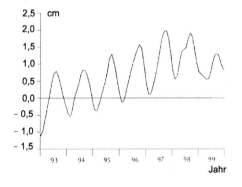

Bild 9.14
Jahresgang des globalen Meeresspiegels im Zeitabschnitt 1993-1999 nach Altimeterdaten des Satelliten TOPEX-Poseidon. Quelle: SCHRÖTER/WENZEL (2001), verändert.

Als Ergebnis einer Analyse dieser mehr als 7-jährigen *Zeitreihe von Meereshöhenmodellen* aus Daten der Topex/Poseidon-Satellitenmission ergab sich (BOSCH et al. 2001, BAUMGARTNER 2001), daß der Meeresspiegel im jährlichen Rhythmus schwingt, wobei *maximale* Wasserstände auf der Nordhalbkugel im Spätsommer (September), auf der Südhalbkugel ein 1/2 Jahr später auftreten. Neben diesen jährlichen *globalen* Schwankungen seien besonders die *regionalen* Variationen bemerkenswert, insbesondere in den Meeresgebieten der großen westlichen Randströmungen (Golfstrom im Nordatlantik, Kuroshio im Nordwestpazifik sowie vor der argentinischen Küste), jedoch auch jene am Agulhasstrom (Südspitze Afrikas), auf einem schmalen Äquatorband im Ostpazifik, östlich der Philippinen und von Neuguinea sowie im Indik. Ob es sich hierbei um aperiodische oder periodische Vorgänge handelt, bedarf noch weiterer Daten-Zeitreihen. Der ebenfalls festgestellte *globale Anstieg* des Meeresspiegels von + 1,6 mm/Jahr kann (noch) nicht als hinreichend gesichert gelten (BOSCH et al. 2001). Der Betrag sei zumindest konsistent mit unabhängigen Ergebnissen, beispielsweise aus Messungen an 636 global verteilten Pegeln (Mareographen), wo sich ein leichter Anstiegs-Trend von 1-2 mm/Jahr ergab (BRETTERBAUER 2003, POCK 1995, EMERY/AUBRY 1991 und andere).

Der *globale Jahresgang* der Meeresspiegelveränderlichkeit wird nach SCHRÖTER/WENZEL (2001), neben der Ausdehnung des Wassers bei Temperaturanstieg, vorrangig durch den *Süßwasserkreislauf* verursacht. Das über dem Meer verdunstete Wasser kehrt als Niederschlag und über die Flüsse in das Meer zurück. Schnee und Eis, sowie ein wechselnder Grundwasserspiegel dienen dabei als Zwischenspeicher und verzögern den Rückfluß ins Meer. Die komplexen Wechselwirkungen von Atmosphäre, Hydrosphäre und Kryosphäre mit anthropogenen und kosmischen Einwirkungen seien jedoch noch weitgehend unbekannt (BRETTERBAUER 2003). Eine Erderwärmung führe zwar zu erhöhter Verdunstung und vermehrten Niederschlägen, besonders in polnahen Gebieten. Diese Niederschläge fallen in Grönland und in der Antarktis in Form von Schnee. Doch seien die Bilanzen der grönländischen und antarktischen Eismassen noch nicht hinreichend sicher bestimmt. Schließlich sei zu bedenken, daß die Alpengletscher zwar stark zurückweichen, die Gletscher in Norwegen dagegen wachsen.

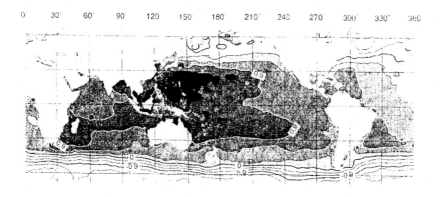

Bild 9.15
Mittlere Meerestopographie, gebildet als Differenz zwischen den über 7,5 Jahre (Oktober 1992-Februar 2000) gemittelten Meereshöhen und einem "mittlerem" Geoid, berechnet aus dem Schwerefeldmodell EGM 96. Quelle: DGFI (2002), verändert. Die Werteangaben bedeuten: − 0.9 = 0,90 m unter dem 0-Wert, + 0.9 = 0,90 m über dem 0-Wert.

Abschätzung von Wassermassenverlagerungen (Wasserzirkulation)
Die mittels Satellitenaltimetrie ermittelten regionalen Höhenänderungen des Meeresspiegels können, wie zuvor gesagt, durch Volumenänderung der Meerwassermenge und durch Verlagerung von Wassermassen verursacht sein. Die Ozeanographie hat über viele Jahrzehnte Meerwasser-Vertikalprofile bezüglich Temperatur und Salzgehalt gesammelt und in sogenannten "Klimatologien" aufbereitet. Aus den Profildaten läßt sich die Dichte des Meerwassers und eine "dynamische Höhe" für den oberen Profilpunkt herleiten, die die Änderung des Wasserstands bezogen auf einen Standard-Ozean anzeigt. In der 1994 von S. LEVITUS veröffentlichten Klimatologie sind für jeden Monat Mittelwerte der dynamischen Höhen bezogen auf eine angenommene Wassertiefe (einem fraglichen "level-of-no-motion") angegeben (beispielsweise auf eine Wassertiefe von 2000 m). Werden die Änderungen dieser dynamischen Höhen von den Änderungen der altimetrisch bestimmten Höhen abgezogen und wird angenommen, daß damit die Volumenänderung sachgemäß berücksichtigt wurde, dann beschreiben die verbleibenden Höhenänderungen die *Verlagerung* von Wassermassen (BOSCH et al. 2001) beziehungsweise die zugehörige Wasserzirkulation. Die aus Massenverlagerungen im System Erde resultierenden Einflüsse auf die Erdrotation, insbesondere auf die Tageslänge und die Polbewegung, sind im Abschnitt 3.1.01 beschrieben.

|Wechselwirkungen zwischen Wassermassenverlagerungen und Geoid|
Die vorgenannten Massenverlagerungen können Auswirkungen auf die Form des Erdschwerefeldes und somit auf die Form des globalen Geoids haben sowie auf die räumliche Veränderlichkeit des Geozentrums (Abschnitt 3.1.01). Nach den zuvor genannten Untersuchungsergebnissen von BOSCH et al. (2001) führten die ozeanischen Massenverlagerungen zu folgenden Beträgen (a) für die Schwankungen des Geozentrums in x,y,z: kleiner ± 1,2 cm, wobei sich auffällige Extremwerte in x,y im Winter 1997/1998 zeigten, offensichtlich in Zusammenhang stehend mit dem aufgetretenen starken El Nino-Ereignis, (b) für die Geoidänderungen: maximale Amplitude 15 mm. Die Veränderlichkeit des Geozentrums ist im Abschnitt 3.1.01 erläutert. Die Frage, ob das Wachsen und Schwinden großer Eismassen auf die Form des globalen Geoids hat, ist im Abschnitt 4.4 angesprochen.

Von Wissenschaftlern in USA (NASA) und in Belgien (Sp. 2/2003) wird angenommen, daß das globale Geoid hinsichtlich seiner Form nahe des Äquator nicht mehr "abnimmt", sondern seit ca **1997** "zunimmt". Da sich seit dem letzten Eiszeitmaximum wegen der Eisentlastung in den hohen geographischen Breiten Hebungen vollziehen (in Teilen Skandinaviens und Canadas um bis zu 1cm/Jahr), habe der Äquatorbauch laufend abgenommen. Nunmehr habe sich vorrangig durch veränderte Meeresströmungen beziehungsweise Wassermassenverlagerungen dieser Trend umgekehrt. Es zeige sich verstärkt eine Wassermassenverlagerung vom Südpazifik in die Tropen. In Äquatornähe liege der Wasserstand derzeit bis zu 32 cm über dem Normalpegel. Vom Satelliten GRACE (Abschnitt 2.1.03) werden weitere diesbezügliche Einsichten erhofft.

|Wassermassenverlagerungen und sekundäre Magnetfelder im Meer|
Es wird vermutet, daß die Bewegungen des elektrisch gut leitenden Meerwassers durch das Erdmagnetfeld elektrische Ströme ins Meer induzieren, die sekundäre (regionale) Magnetfelder erzeugen. Diese seien wahrscheinlich um 4-5 Größenordnungen kleiner als das Primärfeld. Mit Hilfe des Satelliten CHAMP (Abschnitte 2.1.03 und 4.2.07) sei es erstmals gelungen, die extrem schwache *magnetische* Signatur der Gezeitenströmungen im Meer zu messen (Sp. 3/2003).

Bildet sich im Meeresspiegel der Meeresgrund ab?

Globale Meeresgrundkarte

Wie zuvor dargelegt, bewirkt eine Reihe von Kräften unterschiedliche Abweichungen der *momentanen Meeresoberfläche* vom Geoid oder vom Bezugsellipsoid. Mit Hilfe der Satellitenaltimetrie läßt sich die Gestalt der globalen Meeresoberfläche nunmehr *erstmals flächenhaft* (nicht nur punkthaft) in einem vergleichsweise kurzen Zeitabschnitt meßtechnisch erfassen. Aus einer geeigneten Mittelbildung der mehrmals erfaßten globalen Meeresoberfläche ergibt sich der *globale Meeresspiegel* für den zur Mittelbildung benutzte Zeitabschnitt. Er ist in der Regel durch eine Vielzahl von entsprechenden *mittleren Meereshöhen* h oder durch die *mittlere Meerestopographie* H repräsentiert. Zwischen einem solchen meßtechnisch bestimmten Meeresspiegel und dem allgemein schwer zugänglichen *Meeresgrund* besteht offensichtlich eine starke Korrelation.

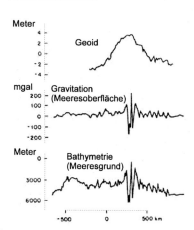

Bild 9.16
Beispiel für die Abbildung des Meeresgrundes im Meeresspiegel (Profil über den westindischen ozeanischen Rücken) nach STEWART 1985. Die Kurve der Gravimetrie entspricht offensichtlich weitgehend derjenigen der Bathymetrie (Meerestiefenmessung). Die Einheit der Beschleunigung Gravitation beziehungsweise Schwere im SI-System ist m/s^2. Veraltet, aber noch in Gebrauch ist die Einheit Gal (nach GALILEI). Für Umrechnungen gilt: 1 Gal = 10^{-2} m/s^2, mGal = mgal = 10^{-5} m/s^2 und μGal = 10^{-8} m/s^2. 15 mgal entsprechen einer Aufwölbung/Einmuldung der Meeresoberfläche von ca 25 m.

Die globale *momentane Meeresoberflächengestaltung* erfährt Veränderungen kurzfristiger, jahreszeitlicher, jährlicher und langfristiger Art. Werden solche zeitabhängigen Anteile reduziert, verbleibt nach heutigem Kenntnisstand jedoch noch immer eine *quasistationäre Meeresoberflächen-*

gestaltung erhalten, die unterschiedliche Abweichungen zum globalen Geoid oder zum globalen Bezugsellipsoid zeigt. Offensichtlich wird diese quasistationäre Meeresoberflächengestaltung durch genähert gleichbleibende ozeanographische, meteorologische und andere Einflüsse bewirkt (die zu Strömungen und zu sogenannten Oberflächenneigungen führen). Einen wesentlichen Einfluß in diesem Zusammenhang übt offensichtlich die Gravitation aus. Über Gelände-Erhebungen ist sie erhöht, so daß sich Wasser dort auftürmt, während es sich über Gelände-Senken (wegen geringerer Gravitation) eindellt (einmuldet).

Die Erkundung und Vermessung des Meeresgrundes mittels Radaraltimetrie einschließlich bisheriger Ergebnisse hat in mehreren Veröffentlichungen zusammenfassend dargestellt GIERLOFF-EMDEN (1993, 1996, 1999, 2001). Dort sind auch Ausschnitte aus den globalen Meeresgrundkarten von HAXBY (1978, 1987, SEASAT), MARKS et al. (1992, GEOSAT) und KNUDSEN/ANDERSEN (1994, 1995, ERS-1) wiedergegeben. Werden alle seit ca 1985 gewonnenen Daten der Satelliten-Altimetrie verwendet, kann eine *globale Meeresgrundkarte* mit einer (horizontalen) geometrischen Auflösungs von ca ± 4 km erstellt werden (BRAUN/MARQUARDT 2001). Eine historische Übersicht über die Erkundung und Vermessung der untermeerischen Geländeoberfläche, des Meeresgrundes, bis 1955 ist im Abschnitt 3.1 enthalten.

Aktuelle Modelle des Erdschwerefeldes und des Meeresspiegels

Modell ⇒	EIGEN-1S	TEG4	GRIM5-C!	EGM96
Herausg. durch:	GFZ	CSR	GFZ	NASA/NIMA
Jahr:	2001	2001	1999	1998
Modelltyp:	nur CHAMP-Daten	nur Sat.-Daten (+ CHAMP)	Sat. + terr. Daten	Sat.+Altimet. +terr. Daten
max. Grad/Ordnung	119*	200	120*	360
GM (10^9 m^3/s^2)	398600,4415	desgl.	desgl.	desgl.
A (m)	6378136,46	6378136,3	6378136,46	6378136,3
Gezeit.Syst.	tide-free	zero-tide	tide-free	tide-free
Epoche	1997.0	1986.0	1997.0	1986.0

Bild 9.17
Daten einiger aktueller *Schwerefeldmodelle* nach DGFI (2003). Siehe hierzu auch die vom GFZ inzwischen herausgegebenen weiteren EIGEN-Modelle (Abschnitt 2.1.03).
* = hier gilt der maximale Grad nur für einige Ordnungen. CSR = Center for Space Research, University of Texas in Austin/USA.

Modell	Jahr	Auflösung	Satelliten-Mission	Autor(en)
MSS93A	1995	6 x 6	Geosat, ERS-1	A+G
OSU-MSS	1995	3,75 x 3,75	T/P, ERS-1, Geosat	Yi
-	1996	3,75 x 3,75	T/P, ERS-1	Cazenave...
CSR98	1998	3,75 x 3,75	T/P, ERS-1/2, Geos.	T+K
CLS-SHOM98.2	1998	3,75 x 3,75	T/P, ERS-1/2, Geos.	Le Traon...
KMS01	2001	3,75 x 3,75	T/P, ERS-1/2, Geos.	K+A
GSFC00.1	2001	2 x 2	T/P, ERS-1/2, Geos.	Wang
CLS-01-MSS	2002	2 x 2	T/P, ERS-1/2, Geos.	H+S

Bild 9.18
Aktuelle Modelle der *mittleren Meeresoberfläche* (des Meeresspiegels) nach DGFI (2003). Die Auflösung ist in Minuten (′) angegeben. Nicht alle Modelle haben einen Namen. Ferner bedeuten: A+G = Anzenhofer+Gruber, T+K = Tabley+Kim, K+A = Knudsen+Anderson, H+S = Hernandez+Schaeffer. Bei den Satelliten-Missionen kennzeichnet T/P = TOPEX-Poseidon.

9.2 Meerespotential und ozeanische Dynamik

Das Meerespotential ist in den anderen ökologischen Hauptpotentialen mehr oder weniger stark eingebunden, insbesondere auch im globalen Kreislaufgeschehen.

Grundgleichungen zur Beschreibung der ozeanischen Dynamik

Modelle zur Beschreibung sowohl der ozeanischen als auch der atmosphärischen Dynamik basieren auf sogenannte Grundgleichungen. Die Grundgleichungen für die Bewegungsvorgänge im Meer sind vorrangig die Erhaltungsgleichungen für Impuls, Masse und Energie in einem geschlossenen System, bezogen auf eine Volumen- oder Masseneinheit. Die Grundgleichungen der *atmosphärischen* Dynamik sind im Abschnitt 10.4 erläutert.

Das hydro-thermodynamische Gleichungssystem zur Beschreibung der *ozeanische* Dynamik umfaßt vielfach die Navier-Stokes-Bewegungsgleichung, sowie Gleichungen zur Darstellung der Massenerhaltung (Kontinuitätsgleichung) und der Energieerhaltung (erster Hauptsatz der Thermodynamik) einschließlich weiterer Grundgleichungen.

Die *Navier-Stokes-Bewegungsgleichung* in einem *Inertialsystem* kann geschrieben werden in der Form (DIETRICH et al. 1975/1992)

$$\frac{dV}{dt} = -\frac{1}{\rho} \cdot \mathrm{grad}\ p + F(\Phi) + F(G) + F(R)$$

V ist dabei der Geschwindigkeitsvektor im Inertialsystem. Die einzelnen Terme auf der rechten Seite der Gleichung kennzeichnen die Druckgradientenkraft (mit ρ = Dichte und p = Druck), die Gravitationskraft der Erdmasse $F(\varphi)$, die Gezeitenkräfte $F(G)$, die Reibungskraft $F(R)$. Die genannten Kräfte werden nachfolgend gesondert beschrieben. Wird die Reibungskraft $F(R)$ in der oben genannten Gleichung vernachlässigt, folgt daraus die *Euler-Bewegungsgleichung*. Die jeweiligen Beschleunigungen können sich auf ein einzelnes Wasserteilchen beziehen (Langrange-Beschreibungsweise) oder auf das Bewegungsfeld als Funktion von Raum und Zeit (Euler-Beschreibungsweise). Eine Transformationsgleichung für den Übergang von der L- zur E-Beschreibungsweise für eine beliebige Eigenschaft eines Teilchens ist in DIETRICH et al. (1975/1992) enthalten. Die Benennungen der Bewegungsgleichungen und Beschreibungsweisen beziehen sich auf den französischen Physiker Ludwig NAVIER (1785-1836), den irischen Mathematiker und Physiker George Gabriel STOKES (1819-1903), den italienischen Mathematiker Joseph Louis LAGRANGE (1736-1813), den schweizerischen Mathematiker und Physiker Leonhard EULER (1707-1783).

Ozeanische Messungen werden in der Regel relativ zu Punkten oder Richtungen durchgeführt, die an der Geländeoberfläche der *Erde* vermarkt und deren Koordinaten in einem *rotierenden Koordinatensystem* ausgewiesen sind. In einem solchen System gilt die zuvor angegebene Gleichung erst dann, wenn die Beschleunigung dV^*/dt (Inertialsystem) in die Beschleunigung dv^*/dt (rotierendes System) überführt wird. Die diesbezügliche Transformation ergibt (wie nachfolgend dargestellt)

$$\frac{d^2 r^*}{dt^2} = \frac{d'^2 r^*}{dt^2} + 2 \cdot \left[\frac{dr^*}{dt} \times \omega^*\right] - \left(\left[r^* \times \omega^*\right] \times \omega^*\right)$$

oder in etwas anderer Schreibweise mit Ω = Winkelbeschleunigung der Erde und r = Ortsvektor (x,y,z)

$$\frac{dv^*}{dt} = \frac{dV^*}{dt} + 2 \cdot \left[v^* \times \Omega^*\right] - \left(\left[r^* \times \Omega^*\right] \times \Omega^*\right)$$

Das Zeichen . bedeutet Vektor, das Zeichen x Vektorprodukt. Der dritte Term auf der rechten Seite der Gleichung steht für die *Zentralbeschleunigung* im *rotierenden* System (siehe dort). Der zweite Term steht für die *Coriolis-Beschleunigung* im *rotierenden* System (siehe dort). Der erste Term steht für die durch *äußere Kräfte* verursachte und deshalb sowohl im rotierenden, als auch im Inertialsystem bestehende Beschleunigung. Die Beschleunigung im rotierenden System dv^*/dt ergibt sich also aus der durch äußere Kräfte bewirkten Beschleunigung dV^*/dt, sowie aus der Coriolis-Beschleunigung und der Zentralbeschleunigung. Die durch äußere Kräfte bewirkte Beschleunigung kann als eine *resultierende* Beschleunigung angenommen werden, die sich beispielweise aus dem Zusammenwirken jener Kräfte ergeben kann, die in der Navier-Stokes-Bewegungsgleichung genannt sind. Die Massenerhaltung ist durch die sogenannte Kontinuitätsgleichung gegeben. Die Energieerhaltung ergibt sich aus dem Hauptsatz der Thermodynamik. Die zuvor angesprochenen Grundgleichungen stellen insgesamt ein *gekoppeltes, partielles, nichtlineares Differentialgleichungssystem* dar, daß weitgehend jene dynamische Prozesse beschreibt, die die ozeanischen Bewegungsvorgänge bestimmen. Zur Lösung eines solchen Gleichungssystems sind in der Regel (weitere) Vereinfachungen und Eingrenzungen erforderlich: etwa analytisches Integrieren ersetzen durch numerisches Integrieren oder getrennte horizontale, vertikale und zeitliche Diskretisierung, und anderes. Formelhafte Darstellungen der ozeanischen Dynamik enthalten beispielsweise DIETRICH et al. (1975/1992), ANZENHOFER (1998), GARBRECHT (2002). Garbrecht behandelt speziell den Impuls- und Wärmeaustausch zwischen der Atmosphäre und dem *eisbedeckten* Meer.

Von den Kräften, die an einem Flüssigkeitsteilchen angreifen und die eine globale Wasserzirkulation im Meer auslösen, erhalten beziehungsweise beeinflussen kommt der *Gravitationskraft* eine herausragende Bedeutung zu. Sie wirkt vor allem durch einen Anteil, der die Anziehungskraft der gesamten Erdmasse auf ein einzelnes Flüssigkeitsteilchen umfaßt, also der *Gravitationskraft der Erdmasse* F(φ), und durch einen Anteil, der sich vorrangig aus der Anziehungskraft von Erdmond und Sonne ergibt, also den *Gezeitenkräften* F(G). Als weitere bedeutsame Kräfte gelten sodann die *Druckgradientenkraft* F(D) und die *Reibungskraft* F(R). Ein *starrer* Körper verändert definitionsgemäß seine Form nicht, wenn eine äußere Kraft auf ihn einwirkt. Ein *deformierbarer* Körper (beispielsweise Flüssigkeit) verändert seine Form bei einer solchen Einwirkung. Aus dem sich dabei ergebenden Spannungszustand im betrachteten Volumenelement resultieren die Druckgradientenkraft und die Reibungskraft (DIETRICH et al. 1975/1992). *Innere* Druckkräfte beruhen vorrangig auf Dichteunterschiede, die durch horizontale Unterschiede in *Temperatur* und *Salzgehalt* des Meerwassers aufrechterhalten werden, sowie auf horizontale Druckunterschiede, die sich aus einem *windbedingten* Anstau des Meerwassers ergeben. *Äußere* Druckkräfte beruhen auf Luftdruckänderungen in der über der Meeresoberfläche liegenden Atmosphäre. Wasser hat eine gewisse Zähigkeit. Eine Wasserschicht, die über eine darunterliegende hinweggleitet, übt entsprechend ihrer dynamischen Zähigkeit und ihrem vertikalen Geschwindigkeitsgefälle auf diese eine tangentiale Schubspannung aus. Als Reibungskraft kann dann gelten beispielsweise die Differenz der Schubspannungen, die an den gegenüberliegenden Seiten des betrachteten Volumenelements angreifen (DIETRICH et al. 1975/1992). Weiterhin wirksam auf die globale Wasserzirkulation im Meer sind außerdem Vorgänge, die durch die Begriffe *Turbu-*

lenz und *Vermischung* im Innern des Meeres gekennzeichnet werden können. Ferner bestehen eine Reihe von *Wechselwirkungen* an der Grenzfläche zwischen Meer und Atmosphäre. Das kreislaufähnliche Geschehen an dieser Grenzfläche läßt sich kennzeichnen durch die Begriffsfolge: Wärmeumsatz ⇨ Wind ⇨ Meeresströmung ⇨ Wärmeumsatz (ANZENHOFER 1998). Die Erde beschreibt in einem Jahr eine Umlaufbahn um die Sonne, wobei die Rotationsachse der Erde nicht senkrecht zur Erdbahnebene steht, sondern mit ihr einen Winkel von ca 66°33' einschließt. Diese schiefe Stellung der Rotationsachse verursacht eine unterschiedliche Dauer von Tag und Nacht sowie den Wechsel der Jahreszeiten (Abschnitt 3.1.01). Entsprechend dem Umlauf ergibt sich eine Variation der Sonnendeklination, also des Höhenwinkels zwischen Äquator und Sonne, und somit eine unterschiedliche *Wärmeeinstrahlung* auf die Erde mit charakteristischen Jahresgängen. Der jahreszeitlich unterschiedliche Sonnenstand führt dementsprechend im Meer zu einem Energie- beziehungsweise Wärmeungleichgewicht zwischen tropischen und polaren Meeresteilen. Da die Wassertemperatur an der Meeresoberfläche meist höher ist als die Lufttemperatur der darüberliegenden Atmosphäre, wird die vom Meer aufgenommene Energie größtenteils an die Atmosphäre abgegeben. Die Wärmeflüsse in der Atmosphäre sowie die Land/Meer-Verteilung im System Erde bestimmen mit der aus der Erdrotation hervorgehenden Coriolis-Kraft ein globales *Windsystem*, das wiederum treibende Kraft der globalen Meeresströmungen ist, die ihrerseits durch Wärmetransport Energien von den Tropen und Subtropen in kältere Regionen abführen und somit das kreislaufähnliche Geschehen erneut beginnen lassen. Bedeutsam für die globale Wasserzirkulation im Meer ist schließlich auch die *Meeresgrundtopographie* sowie die *Meerestiefe* (Länge einer Wassersäule).

|Gravitationskraft der Erdmasse und Erdrotation|
Wie eingangs gesagt, kommt bei der globalen Wasserzirkulation im Meer der Gravitationskraft eine herausragende Bedeutung zu. In den folgenden Ausführungen wird zunächst jener *Anteil* betrachtet, der sich aus der Gravitationskraft der Erdmasse und ihrer Rotation ergibt. Er kann gekennzeichnet werden durch die Zentralkraft und die Coriolis-Kraft. Bevor auf diese Kräfte näher eingegangen wird, bedarf es einer grundsätzlichen Vorbemerkung.

Kräfte gelten als Ursache jeder Änderung des Bewegungszustandes eines Körpers, wobei unterschieden werden kann zwischen Kräften bei der *Translation* und Kräften bei der *Rotation*. Bei einer Translationsbewegung gilt zunächst die bekannte Beziehung: Kraft = Masse · Beschleunigung ($F = m \cdot a$). Die Masse m ist dabei durch zwei Eigenschaften charakterisiert: *Trägheit* (ein Körper ändert nur unter äußerer Krafteinwirkung seinen Bewegungszustand) und *Schwere* (zwischen ihm und anderen Körpern wirken anziehende Gravitationskräfte). Diese Aussage gilt nicht nur für Körper (also stofflicher Materie), sondern für alle Materieformen (etwa Strahlungs- oder sonstige Felder) (KUCHLING 1984). Masse ist mithin die Eigenschaft jeder Materie, träge und schwer zu sein. Als *Gewichtskraft* eines Körpers wird die auf ihn im

Schwerefeld eines Weltraumkörpers einwirkende Schwerkraft verstanden. Sie wird auch *Gewicht* oder *schwere* Masse des Körpers genannt (BREUER 1994). Ein Körper der Erde von der Masse m erfährt durch die Gewichtskraft G eine Beschleunigung, die als *Fallbeschleunigung* g bezeichnet wird. Es gilt (entsprechend der zuvor angegebenen Gleichung) G = m · g. Da zwischen der trägen und der schweren Masse aller Körper erfahrungsgemäß das gleiche Verhältnis besteht, werden beide Massen meist gleichgesetzt (also träge Masse eines Körpers gleich seiner schweren Masse) (WESTPHAL 1947) und vereinfacht nur von der *Masse* m gesprochen. Zu beachten ist jedoch, daß das Gewicht zweier Körper mit der gleichen trägen Masse unter dem Einfluß *unterschiedlicher* Gravitationskräfte verschieden ist (BREUER 1994). Die Masse m eines Körpers ist von dessen Geschwindigkeit v abhängig. Es gilt $m = m_0 / \sqrt{(1 - v^2/c^2)}$. Die kleinste Masse, die im Ruhezustand, ist die *Ruhemasse* m_0. Solange die Geschwindigkeit v gegenüber der Lichtgeschwindigkeit c sehr klein ist, kann diese Abhängigkeit vernachlässigt werden. Als Dichte ϱ eines Körpers mit dem Volumen V gilt ϱ = m / V.

Ein räumlich ausgedehnter Körper (*starrer* Körper) wird vielfach als punktförmig, als *Massenpunkt* angenommen, wenn seine Abmessungen im Rahmen der anstehenden Betrachtungen als hinreichend klein angesehen werden dürfen. Die Kennzeichen der *Bewegung* eines Körpers (Massenpunktes) sind bekanntlich die *Geschwindigkeit* und die *Beschleunigung*. Jede Bewegung, bei der die Geschwindigkeit und/oder die Richtung der Geschwindigkeit nicht konstant ist, gilt als *beschleunigte* Bewegung. Eine krummlinige Bewegung (etwa eine Kreisbewegung) ist daher stets eine beschleunigte Bewegung.

Zentralkraft und Coriolis-Kraft

Ohne äußere Krafteinwirkung verharrt ein Körper im Zustand der Ruhe oder der geradlinig gleichförmigen Bewegung. Diese Eigenschaft aller Körper wird Beharrungsvermögen oder Trägheit genannt. Wirkt eine äußere Kraft auf einen Körper ein, so erfährt er eine Beschleunigung, Deformation oder Änderung der Bewegungsrichtung (BREUER 1994). Alle Folgen können gleichzeitig eintreten. Wenn F die Kraft ist, die auf einen Körper beschleunigend wirkt, und m die Masse des beschleunigten Körpers, dann ergibt sich die erzielte *Beschleunigung* a erfahrungsgemäß aus a = F / m oder in vektorieller Schreibweise $a^* = F^* / m$. Wird eine Masseneinheit eingeführt (m = 1), dann verursacht eine äußere Kraft pro Masseneinheit eine dem Kraftvektor gleichgerichtete Beschleunigung dV^*/dt, so daß gilt $a^* = dV^*/dt = F^*$. In dieser Gleichung ist V^* der Geschwindigkeitsvektor in einem *Inertialsystem*, einem Koordinatensystem das ruht oder sich gegenüber einem ruhenden System mit konstanter Geschwindigkeit bewegt. Ozeanische Messungen werden in der Regel relativ zu Punkten oder Richtungen durchgeführt, die an der Geländeoberfläche der *Erde* vermarkt und deren Koordinaten in einem *rotierenden Koordinatensystem* ausgewiesen sind. In einem solchen System gilt die zuvor angegebene Gleichung erst dann, wenn die Beschleunigung dV*/dt (Inertialsystem) in die Beschleunigung dv*/dt (rotierendes System) überführt wird.

Zentralkraft, Zentralbeschleunigung
Die Erde ist ein rotierendes System. Bei jeder Drehbewegung der *Erdkugel* führen die nicht im Kugelmittelpunkt liegenden Punktmassen oder Massenpunkte eines starren Körpers eine Bewegung auf einer Kreisbahn aus. Gleiches gilt für die Bewegung einer Punktmasse im Abstand r > 0 um eine Drehachse. Eine Bewegung dieser Art wird Zentralbewegung genannt.

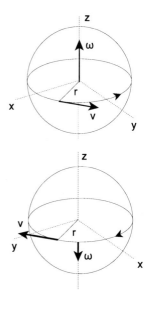

Bild 9.19
Orientierung von Bahngeschwindigkeit und Winkelgeschwindigkeit.

Die *Bahngeschwindigkeit* ist ein Vektor v* tangential zum Bahnradius r. Die Bahnradien schließen einen Zentriwinkel α ein. Die *Winkelgeschwindigkeit* ω* ist ein axialer Vektor senkrecht auf der Kreisbahnebene. Seine Länge bestimmt den Betrag der Drehgröße. Der Drehsinn der Winkelgeschwindigkeit folgt aus der Festlegung, daß die Pfeilspitze bei einer *Rechtsdrehung* im Sinne einer Schraubenbewegung vorwärts zeigt (KUCHLING 1986). Dementsprechend wird bei 3-dimensionalen Koordinatensystemen (x,y,z) unterschieden: *Rechtssystem* (oben, ω zeigt in Richtung + z), *Linkssystem* (unten, ω zeigt in Richtung − z) (KE 1959). Die x-Achse und die y-Achse sind dabei jeweils so angeordnet, daß die x-Achse (bei einer gedachten Drehung) auf dem kürzesten Wege in die y-Achse übergeht.

Der Massenpunkt auf der Kreisbahn erfährt eine *Bahnbeschleunigung*, da die Bahngeschwindigkeit (Vektor v*) ständig die Richtung ändert. Diese Bahnbeschleunigung wird auch *Zentralbeschleunigung, Radialbeschleunigung* oder *Normalbeschleunigung* genannt. Hier wird die Benennung Zentralbeschleunigung benutzt.

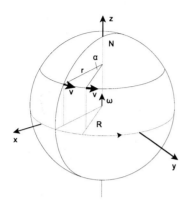

Bild 9.20
Die Zentralbeschleunigung
$a(r) = v^2 / r = \omega^2 \cdot r$
ändert nur die Richtung der Bahngeschwindigkeit v, nicht deren Betrag.

Der Vektor *Zentralbeschleunigung* liegt in der Kreisbahnebene und zeigt in Richtung Kreismittelpunkt (Drehzentrum). Um diese Beschleunigung zu bewirken und damit die Kreisbewegung des Massenpunktes aufrechtzuerhalten, bedarf es einer dauernd auf den Kreismittelpunkt hin gerichteten Kraft, die am Massenpunkt angreift. Sie wird *Zentralkraft* genannt oder auch *Zentripetalkraft, Ziehkraft, Radialkraft*. Der Vektor Zentralkraft steht (wie der Vektor Zentralbeschleunigung) senkrecht zur Richtung des Vektors Geschwindigkeit. Demnach leistet die am rotierenden Massenpunkt angreifende Zentralkraft keine Arbeit und bewirkt keine Änderung seiner kinetischen Energie. Sie ändert lediglich die Richtung seiner Geschwindigkeit. Die für die dargelegte Kreisbewegung erforderliche Zentralkraft liefert die *Schwerkraft* der Erde, die alle Körper in Richtung Erdmittelpunkt zu ziehen versucht und beschrieben ist durch diese Richtung (*Lotrichtung*) sowie der Größe der *Fallbeschleunigung* (Abschnitt 2.1.02). Der radial zum Drehzentrum hin gerichteten, von ihm ausgehenden und am rotierenden Massenpunkt angreifenden Zentralkraft $F(2) = -(m \cdot \omega^2 \cdot r^*)$ entspricht eine radial entgegengesetzt gerichtete, gleichgroße, vom Massenpunkt ausgehende und am Drehzentrum angreifende Kraft, die das Drehzentrum radial nach außen zu ziehen sucht (WESTPHAL 1947). Sie wird *Fliehkraft* genannt oder *Zentrifugalkraft*. Die Fliehkraft F (3) geht also vom rotierenden Massenpunkt aus, ist mithin eine Trägheitskraft. Hinsichtlich Vorzeichen gilt dementsprechend: $F(3) = -F(2) = -m \cdot [\omega^* \cdot v^*] = +(m \cdot \omega^2 \cdot r^*)$. Das Zeichen * bedeutet Vektor beziehungsweise Vektorprodukt. Bild 9.21 gibt eine Übersicht.

Bild 9.21
Wirkung von Erddrehung und
Gravitation. N = Nordpol,
R = Radius der Erdkugel
φ = geographische Breite
r = R · cos φ, m = Masse
v = Bahngeschwindigkeit
ω = Winkelgeschwindigkeit
F (1) = *Schwerkraft*
F (2) = *Zentralkraft*
F (3) = *Fliehkraft*

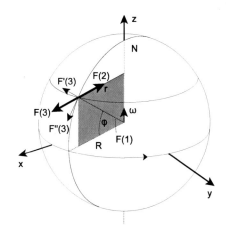

Fliehkräfte erlebt nur der mitbewegte Beobachter. Der außenstehende Beobachter muß eine nach innen gerichtete Zentralkraft fordern, die das Objekt von seiner geradlinigen Bewegung abbringt und auf eine Kreisbahn zwingt. Genau dieses macht die Gravitationskraft. Würde diese Kraft aufgehoben, würde das Objekt tangential weiterfliegen. Zentralkraft und Fliehkraft sind gleich groß, aber entgegengerichtet. Die Fliehkräfte verhalten sich wie R : r. Wird die zu R gehörige Fliehkraft gleich 1 gesetzt, so ist die zu r gehörige Fliehkraft (Vektorlänge) F (3) = r / R.

Gemäß Bild 9.21 und dem Zuvorgesagten gelten die Beziehungen:
● Zentralbeschleunigung
 $a(r) = v^2 / r = \omega^2 \cdot r$
und in vektorieller Schreibweise
 $a^*(r) = -[\,[r^* \ast \omega^*] \ast \omega^*\,]$
Die Dichte eines Körpers ist $\varrho = m/V$ (mit m = Masse des Körpers, V = Volumen des Körpers). Wird eine Volumeneinheit eingeführt (V = 1), dann folgt aus der Zentralbeschleunigung nach Multiplikation mit der auf diese Volumeneinheit bezogenen Dichte ϱ die
● Zentralkraft (pro Volumeneinheit)
 $F(2) = \varrho \cdot v^2 / r \qquad = \varrho \cdot \omega^2 \cdot r$
   $= \varrho \cdot v^2 / R \cdot \cos\varphi \quad = \varrho \cdot \omega^2 \cdot R \cdot \cos\varphi$
und in vektorieller Schreibweise
 $F^*(2) = \varrho \cdot [\omega^* \ast v^*] = -(\varrho \cdot \omega^2 \cdot r^*)$
● Fliehkraft (pro Volumeneinheit)
 $F(3) = \varrho \cdot v^2 / r \qquad = \varrho \cdot \omega^2 \cdot r$
   $= \varrho \cdot v^2 / R \cdot \cos\varphi \quad = \varrho \cdot \omega^2 \cdot R \cdot \cos\varphi$
und in vektorieller Schreibweise
 $F^*(3) = -F^*(2) \qquad\qquad = +(\varrho \cdot \omega^2 \cdot r^*)$

Für den Betrag der *Fliehkraft* in der Ebene der geographischen Breite φ ergeben sich
in der Äquatorebene mit φ = 0° (cos 0° = 1):   F (3) (Ä) = ϱ · R · ω²
an den Polen mit φ = 90° (cos 90° = 0): F (3) (P) = 0
Die Fliehkraft nimmt mithin vom Äquator nach den Polen hin ab. Nur am Äquator ist die Fliehkraft der Schwerkraft genau entgegengesetzt und infolge des größten Abstandes von der Drehachse der Erde am größten (erreicht aber nur ca 1/300 der Schwerkraft). An den Polen ist die Fliehkraft = 0. Die *tangentiale* Komponente der Fliehkraft in der Meridianebene zeigt in Richtung Äquator und hat den Betrag: F" (3) = F (3) · sin φ = ϱ · R · ω² · sin φ · cos φ. F" (3) verschwindet mithin am Äquator sowie an den Polen und hat in der geographischen Breite φ = 45° (wegen sin φ = cos φ = 1/2 · √2) den größten Betrag (= ϱ · R · ω² / 2).

Coriolis-Kraft, Coriolis-Beschleunigung
Zu den Trägheitskräften bei der Rotation gehört neben der Fliehkraft die *Coriolis-Kraft*, so benannt nach dem französischen Physiker Gustav CORIOLIS (1792-1843), der sie 1835 erkannte. Jeder Körper (Massenpunkt), der sich in einem *rotierenden* Bezugssystem *relativ* zu diesem (mit der Geschwindigkeit v*) bewegt, erfährt diese Trägheitskraft.

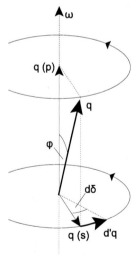

Bild 9.22
Mit der Winkelgeschwindigkeit ω rotierendes Bezugssystem. In diesem System ist ein Vektor q dargestellt, der mit dem System rotiert, dessen Richtung φ und Betrag jedoch beliebig angenommen wurde.

Die nachstehende Ableitung der Gleichung folgt einem Gedankengang von ROEDEL (1994). Von einem Betrachter im *Inertialsystem* aus gesehen ergeben sich bei einer infinitesimalen (ins unendlich Kleine gehenden) Drehung des rotierenden Systems um einen Winkel d'δ (wie aus dem Bild unmittelbar ersichtlich) die folgenden Beziehungen
d'q (p)   = 0
d'q (s)   = q (s) · d'δ = q · sin φ · d'δ und
wegen ω   = d'δ / dt gilt ebenfalls
d'q (p) /dt   = 0
d'q (s) /dt   = q · ω · sin φ.
Da diese zeitliche Ableitung von q* sowohl auf q* selbst als auch auf ω* senkrecht steht, ist die Definition des Vektorprodukts erfüllt, so daß zugleich gilt
d'q* /dt   = - (q* ٭ ω*)
Das Zeichen * bedeutet Vektor beziehungsweise Vektorprodukt.

Die Gleichung beschreibt den durch die *Rotation des Systems* bedingten Anteil an der zeitlichen Änderung des Vektors q^*. Ein weiterer Anteil ergibt sich aus der zeitlichen Änderung dq^*/dt des Vektors q^* *relativ* zum rotierenden System, so daß (entsprechend der Addition der Anteile) folgt

$d'q^*/dt \quad = dq^*/dt - (q^* * \omega^*)$

Wird diese Beziehung auf den *Ortsvektor* $r = (x,y,z)$ angewendet, ist zu schreiben:

$d'r^*/dt = dr^*/dt - (r^* * \omega^*)$

(Bezüglich der Differentiationen bezieht sich d'/dt auf ein *Inertialsystem* und d/dt auf das darin befindliche *rotierende* System)

Um die *relative* Bewegung im rotierenden System zu erhalten, ist erneut nach der Zeit abzuleiten:

$$\frac{d'^2 r^*}{dt^2} = \frac{d}{dt}\left(\frac{d'r^*}{dt}\right) - \left[\frac{d'r^*}{dt} \times \omega^*\right]$$

$$= \frac{d^2 r^*}{dt^2} - 2 \cdot \left[\frac{dr^*}{dt} \times \omega^*\right] + \left(\left[r^* \times \omega^*\right] \times \omega^*\right)$$

und diese Gleichung nach der im rotierenden System auftretenden Beschleunigung aufzulösen, wobei sich ergibt (ROEDEL 1994):

$$\frac{d^2 r^*}{dt^2} = \frac{d'^2 r^*}{dt^2} + 2 \cdot \left[\frac{dr^*}{dt} \times \omega^*\right] - \left(\left[r^* \times \omega^*\right] \times \omega^*\right)$$

Auf der rechten Seite der Gleichung steht der *mittlere Term* für die
● Coriolis-Beschleunigung
$a_C = 2 \cdot v \cdot \omega$
und in vektorieller Schreibweise
$a^*_C = 2 \cdot [v^* * \omega^*]$
Nach Multiplikation mit der Dichte ϱ folgt aus der Coriolis-Beschleunigung die
● Coriolis-Kraft (pro Volumeneinheit)
$F_C = 2 \cdot \varrho \cdot v \cdot \omega$
und in vektorieller Schreibweise
$F^*_C = 2 \cdot \varrho \cdot [v^* * \omega^*]$
Das Zeichen * bedeutet Vektor beziehungsweise Vektorprodukt. Ferner steht für den Geschwindigkeitsvektor des sich relativ zum rotierenden System bewegenden Massenpunktes $v^* = dr^*/dt$ (mit r^* = Ortsvektor, beschrieben durch x,y,z).

Der *erste Term* auf der rechten Seite der abgeleiteten Gleichung steht für die durch äußere Kräfte verursachte (und deshalb auch im Inertialsystem bestehende) Beschleunigung. Der *dritte Term* der abgeleiteten Gleichung steht für die Zentralbeschleunigung mit dem Betrag $a(r) = r \cdot \omega^2$ (siehe zuvor).

|Zur Wirkung der Coriolis-Kraft im oberflächennahen Raum der Erdkugel|
Wie zuvor dargelegt, wirkt auf einen Körper (Massenpunkt), der sich in einem rotierenden Bezugssystem relativ zu diesem bewegt, die Coriolis-Kraft. Die Erde ist ein rotierendes System, deshalb kann die Coriolis-Kraft erkennbaren (und eventuell meßbaren) Einfluß haben bei *Strömungen in der Atmosphäre*, beispielsweise beim Einströmen von Luftmassen in ein Gebiet mit niedrigem Luftdruck (Tiefdruckgebiet) oder beim Abströmen von Luftmassen aus einem Gebiet mit hohem Luftdruck (Hochdruckgebiet), sowie bei *Strömungen im Meer*.

Bei atmosphärischen Strömungen ist in der Regel nur die Komponente von F_C von Interessse, die etwa parallel zur Land/Meer-Oberfläche liegt (Horizontalkomponente). Die dazu senkrechte Komponente (Vertikalkomponente) sei gegenüber der Schwerebeschleunigung vernachlässigbar (ROEDEL 1994). Generell wird diese Aussage auch beim Betrachten der Strömungen im Meer als zutreffend angenommen (DIETRICH et al. 1975/1992).

Bild 9.23/1
Bahnkurve eines Körpers, der sich auf einer *rotierenden Scheibe* in Richtung des Durchmessers bewegt (Verhältnisse in einem *Rechtssystem*: ω^* zeigt in Richtung + z).
Infolge der wirkenden Coriolis-Kraft ergeben sich hier Rechts-Abweichungen von der Durchmesserrichtung

Bei Bewegung von *außen* nach innen kommt der Körper von Gebieten höherer in Gebiete niedriger Bahngeschwindigkeit. Infolge der wirkenden Coriolis-Kraft eilt er der Bewegung der Scheibe voran (er weicht nach rechts von der geradlinigen Bahn ab). Bei einer Bewegung von *innen* nach außen kommt er in Gebiete höherer Bahngeschwindigkeit und bleibt deshalb hinter der Bewegung der Scheibe zurück.

Bild 9.23/2
Bahnkurve eines Körpers, der sich auf einer *rotierenden Scheibe* in Richtung des Durchmessers bewegt (Verhältnisse in einem *Linkssystem*: ω^* zeigt in Richtung − z).
Infolge der wirkenden Coriolis-Kraft ergeben sich hier Links-Abweichungen von der Durchmesserrichtung.

An der *Oberfläche der Erdkugel* wirkt die Coriolis-Kraft sinngemäß. Jeder auf der Oberfläche der *Nordhalbkugel* mit der Geschwindigkeit v sich bewegende Körper (Massenpunkt) erfährt eine *Rechtsabweichung* von der geradlinigen Richtung. Symmetrisch zur Äquatorebene (auf der Südhalbkugel) gelten zwar die gleichen Beziehungen, anstelle von + ω ist hier jedoch – ω zu setzen. Dementsprechend zeigt der axiale Vektor ω* in Richtung der Rotationsachse nach *Süden* und jeder auf der *Südhalbkugel* sich bewegende Körper erfährt mithin eine *Linksabweichung* von der geradlinigen Richtung.

Bild 9.23/3
Wirkungsrichtungen der Coriolis-Kraft im oberflächennahen Raum der Erdkugel (Nord- und Südhalbkugel). Beispiel: Beeinflussung der Windsysteme. Quelle: BREUER (1994), verändert

Die Luftbewegungen in der Erdatmosphäre sind vom hohen zum niedrigen Luftdruck gerichtet und werden infolge von Coriolis-Kraft und Reibung so abgelenkt, daß sie nicht in Richtung des Druckgefälles wehen, sondern mehr oder weniger senkrecht dazu. Jede Luftströmung wird in diesem Sinne auf der Nordhalbkugel nach rechts, auf der Südhalbkugel nach links abgelenkt.

Bei Betrachtung der Wirkungen der Coriolis-Kraft ist es sinnvoll, die Komponenten dieser Kraft in den Koordinatenrichtungen x,y,z gesondert zu bewerten. Dabei ist es zweckmäßig, zunächst die Winkelgeschwindigkeit der Erde in zwei Komponenten zu zerlegen. Als Zeichen für die Winkelgeschwindigkeit dient in der Regel ω, im Zusammenhang mit der Erde wird oftmals Ω benutzt. Gemäß Bild 9.26 kann der Vektor Ω zerlegt werden in die Komponenten Ω(1) und Ω(2). Die in der geographischen Breite φ senkrecht auf der Kugeloberfläche stehende Komponente (azimutal oder horizontal wirksame Komponente, WESTPHAL 1947) hat den Betrag $\Omega(1) = \Omega \cdot \sin \varphi$. Die auf der Komponente Ω(1) senkrecht stehende Komponente (vertikal wirksame Komponente) hat den Betrag $\Omega(2) = \Omega \cdot \cos \varphi$. Die azimutal oder horizontal wirksame Komponente Ω(1) hat ihren größten Betrag an den Polen ($\varphi = 90°$, $\sin \varphi = 1$) und verschwindet am Äquator ($\varphi = 0°$, $\sin \varphi = 0$). Bei der vertikal wirksamen Komponente Ω(2) ist es umgekehrt.

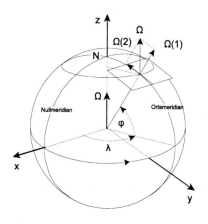

Bild 9.24
Zerlegung des Vektors für die Winkelgeschwindigkeit der Erde Ω^* in zwei Komponenten.

Für den Betrag der Coriolis-Kraft gilt (wie zuvor dargelegt) $F_C = 2 \cdot \varrho \cdot v \cdot \omega$ beziehungsweise $F_C = 2 \cdot \varrho \cdot v \cdot \Omega$. Die parallel zur Oberfläche der Erdkugel (horizontal) wirksame Komponente der Coriolis-Kraft hat demnach den Betrag $F_{C,H} = 2 \cdot \varrho \cdot v \cdot \Omega(1)$ $= 2 \cdot \varrho \cdot v \cdot \Omega \cdot \sin \varphi$. Dabei gilt unverändert, daß die Coriolis-Kraft senkrecht auf der Richtung der Geschwindigkeit v steht, mit der sich der Körper relativ zum rotierenden System bewegt. In einem rechtwinkligen (cartesischen) Koordinatensystem x, y, z (wie im Bild 9.26 angegeben) gilt auf der *Nordhalbkugel* für die einzelnen Komponenten der Coriolis-Kraft

$$F_{C,x} = 2 \cdot \Omega \cdot \varrho \cdot (\cos \varphi \cdot v_z + \sin \varphi \cdot v_y)$$
oder vereinfacht $= 2 \cdot \Omega \cdot \varrho \cdot \sin \varphi \cdot v_y$
$$F_{C,y} = -2 \cdot \Omega \cdot \varrho \cdot \sin \varphi \cdot v_x$$
$$F_{C,z} = 2 \cdot \Omega \cdot \varrho \cdot \cos \varphi \cdot v_x$$

Generell ist die Vertikalkomponente $F_{C,z}$ der Coriolis-Kraft gegenüber der Gravitationskraft sehr klein (sie stehen im Verhältnis $10^{-7} : 1$). Die Vertikalkomponente kann daher meist vernachlässigt werden. Da ferner die Vertikalgeschwindigkeit v_z sehr viel kleiner ist als die Horizontalgeschwindigkeit (sowohl im Meer als auch in der Atmosphäre), wird in $F_{C,x}$ meist auch der Term $\cos \varphi \cdot v_z$ vernachlässigt (DIETRICH et al. 1975/1992, ROEDEL 1994).

Gezeitenkräfte

Wie eingangs gesagt, kommt bei der globalen Wasserzirkulation im Meer der Gravitationskraft eine herausragende Bedeutung zu. Nachdem zuvor jener Anteil betrachtet wurde, der sich aus der Gravitationskraft der Erdmasse und ihrer Rotation ergibt, ist nun jener *Anteil* zu behandeln, der aus Gezeitenkräften resultiert. Die Gezeiten des Systems Erde und weitere Deformationseffekte, die auf die Orientierung und die

Rotation der Erde einwirken, sind im Abschnitt 3.1.01 erläutert. Gesondert sind dort auch die *Meeresgezeiten* (Ozeangezeiten) und die dadurch bedingten variablen *ozeanischen Aufflasteffekte* genannt. Das gesamte Gezeitenpotential, das auf einen Punkt der Land/Meer-Oberfläche wirkt, ergibt sich aus der Summe der Einzelkomponenten, der sogenannten *Partialditen*. Nach heutiger Erkenntnis haben Erdmond und Sonne den größten Einfluß auf die im System Erde wirksamen Gezeitenkräfte, wobei die diesbezüglichen mathematischen Gleichungssysteme (siehe beispielsweise DACH 2000) zeigen, daß die Gezeiten Perioden aufweisen müssen. So verursachen etwa Variationen in der Umlaufbahn des Mondes um die Erde neben den ganz- und halbtägigen Perioden noch weitere Perioden.

Wäre die Geländeoberfläche der Erde vollständig von einem hinreichend tiefen, homogenen Meer bedeckt und würde der Erdkörper nicht rotieren sowie nicht von anderen Weltraumkörpern beeinflußt, dann würde sich diese Wasseroberfläche entsprechend einer Äqipotentialfläche des Erdschwerefeldes ausrichten (Geoid). Ein gezeitenerzeugendes Potential bewirkt jedoch, daß die Wasseroberfläche von einer solchen ungestörten Äquipotentialfläche abweicht und eine Gezeitenwelle bildet, die durch zwei Maxima gekennzeichnet ist und sich auf der Oberfläche des Erdinnern (Geländeoberfläche) von Ost nach West bewegt. Beim *minimalen* Abstand zwischen Erde und Erdmond (beziehungsweise Sonne) ergibt sich aus den mathematischen Gleichungssystemen, daß sich die Äqipotentialfläche *maximal* um 0,44 m (0,16 m) heben und um 0,22 m (0,08 m) senken kann. Real werden im System Erde (bei Springflut) allerdings Hebungen beziehungsweise Senkungen von mehr als 10 m beobachtet (Abschnitt 3.1.01). Die realen Wasserbewegungen im Meer sind mithin komplexer als es die zuvor gemachten Annahmen ergeben. Als Ursachen dafür können genannt werden (DACH 2000):

- Das Land, das aus der Wasserfläche herausragt, stört die gleichmäßige Ausbreitung der Gezeitenwellen.
- Die Geschwindigkeit, mit der sich eine Welle ausbreiten kann, ist auch abhängig von der jeweiligen Wassertiefe.
- Angeregt durch Gezeitenbeschleunigungen kommt es in weitgehend umgrenzten Meeresbecken zu Resonanzeffekten.
- Die Erdrotation führt zur Coriolisbeschleunigung, die auf die Meeresströmung Einfluß nimmt.

|Globale Meeresgezeitenmodelle|

Bei den Meeresgezeiten wird allgemein das Steigen und Fallen des Wasserstandes *Gezeit* und das Hin- und Herströmen der Wassermassen *Gezeitenstrom* genannt. Das Steigen heißt *Flut* (Steig- oder Flutdauer), das Fallen heißt *Ebbe* (Ebb- oder Falldauer). Die Dauer einer *Tide* setzt sich zusammen aus Steig- und Falldauer. Zur Darstellung der Meeresgezeiten sind zahlreiche Modelle entwickelt worden.

Modell	Auflösung	Gültigkeit	Quelle/Autor
SCHW80	1°·1°	77,5°S - 89,5°N	1980 Schwiderski
CR91	1°·1,5°	68°S - 68°N	1990 Cartwright/Ray
			1991 Cartwright/Ray (1)
FES94	0,5°·0,5°	85°S - 89,5°N	1994 LeProvost et al.
FES95.2.1	0,5°·0,5°	85°S - 89,5°N	1998 LeProvost et al. (2)
CSR3.0	0,5°·0,5°	78,5°S - 89,5°N	1996 Eanes/Bettapur (2)
OMCT			1998 Thomas/Sündermann
GOT99.2			1999 Ray (2)

Bild 9.25
Globale Meeresgezeitenmodelle (Auswahl).
(1) unter Mitbenutzung von Daten des Satelliten GEOSAT
(2) unter Mitbenutzung von Daten des Satelliten TOPEX/POSEIDON
Eine übersichtliche Beschreibung einiger der genannten Modelle ist enthalten in DACH (2000). Verschiedentlich wurde auch das (einfache) Meeresmodell MIT (Massachusetts Institute of Technology) genutzt.

|Modellierung von Auflastdeformationen|
Wird die Erdkruste mit einer Masse belastet (die auf eine bestimmte Grundfläche bezogen ist), dann kommt es zu *vertikalen* und *horizontalen* Auflastdeformationen. Mithin verursachen die variablen Wassermassen des Meeres Deformationen der Erdkruste. Auch die variablen Luftmassen der Atmosphäre bewirken solche Auflastdeformationen. Die Modellierung solcher Auflastdeformationen ist beispielsweise in DACH (2000) angesprochen.

Allgemeines zu den gezeitenerzeugenden Kräften, historische Anmerkung

Die Gezeitenerscheinungen im System Erde sind, wie schon gesagt, wesentlich durch die gezeitenerzeugende Kräfte von *Erdmond* und *Sonne* bestimmt, dabei ist die Gezeiteneinwirkung der Sonne etwa halb so groß, wie die des Erdmondes.
Der **Erdmond** dreht sich einmal um seine Drehachse in derselben Zeit, in der er sich um die Erde bewegt (etwas mehr als 27 Tage). Diese Bewegung kann als gebundene Rotation bezeichnet werden. Der Erdmond wendet der Erde entsprechend dieser Bewegung immer die gleiche Halbkugel zu („Vorderseite"). Seine „Rückseite" ist von der Erde aus also nicht einsehbar. Die Entfernung des Erdmondes von der Erde beträgt maximal ca 406 000 km, minimal ca 363 500 km. Gegenwärtig führen drei Meßstationen Lasermessungen zum Erdmond durch: Grasse (Frankreich), McDonald (USA), Wettzell (Deutschland) (DGK 2003, S.169). Die *Entfernung Erde-Erdmond*

kann mit einer Genauigkeit von ca ± **1,5 cm** bestimmt werden. Beim LLR (Lunar Laser Ranging) werden kurze Laserpulse von der Meßstation auf der Erde ausgesandt, von Reflektoren auf dem Mond reflektiert und von Empfangsteleskopen auf der Erde wieder empfangen. Beobachtungsgröße ist die Signallaufzeit. Die Reflektoren wurden während der Apollo-Mission und unbemannter sowjetischer Missionen im Zeitabschnitt 1969-1973 auf dem Erdmond aufgestellt. Die Äquatorebene des Erdmondes liegt nicht in der Ebene der Mondbahn. Die Neigung der Mondbahnebene gegen die Erdbahnebene (Ekliptik) beträgt etwas mehr als ca 5°. Der Radius des Erdmonds beträgt ca 1 738 km. Die Bewegung des Erdmondes erfolgt nicht um den Erdmittelpunkt, sondern *Erde und Erdmond bewegen sich um ihren gemeinsamen Schwerpunkt*, der noch innerhalb jenes Erdkörperteils liegt, der durch die Land/Meer-Oberfläche begrenzt ist. Der gemeinsame Schwerpunkt ist um ca 3/4 des Erdradius in Richtung Erdmond versetzt. Beide Weltraumkörper laufen entgegen dem Urzeiger, astronomisch gesprochen also „rechtläufig" um den gemeinsamen Schwerpunkt. Erde und Erdmond führen mithin, in der (früher gebräuchlichen) Sprache der Himmelsmechanik gesagt, eine „Revolution ohne Rotation" um ihren gemeinsamen Schwerpunkt aus.

Im Vergleich zur Schwerkraft der Erde sind die gezeitenerzeugende Kräfte, die auf die Erde einwirken, klein. Es ist sinnvoll, sie in vertikale und horizontale Komponenten zu zerlegen. Die vertikale Komponente wirkt in Richtung Schwerkraft und ändert diese maximal nur um ca 1/9 000 000 (DIETRICH et al. 1975/1992). Für die Gezeitenerscheinungen im Meer ist sie mithin bedeutungslos. Die horizontale Komponente hat nach Dietrich et al. die gleiche Größenordnung, wie andere Kräfte, die im Meer in gleicher Richtung wirken.

Bild 9.26
Verteilung der (aus der Theorie abgeleiteten) horizontalen Komponente der gezeitenerzeugenden Kraft für den Sonderfall, daß der Mond in der Äquatorebene im Zenit von Z steht. Alle Kraftvektoren des Kräftesystems konvergieren auf der dem Erdmond zugewandten Seite in Z (Zenit) und der ihm abgewandten Seite in N (Nadir). Der Pfeil am Pol gibt den Drehsinn der Erdrotation an. Quelle: DIETRICH et al. (1975/1992)

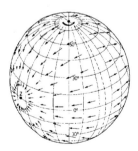

Bild 9.27
Gezeitenerzeugende Kraft, resultierend aus Anziehungskraft und Fliehkraft (Meridianebene).
Quelle: DIETRICH et al. (1975/1992)

Die gezeitenerzeugende Kraft ist die Differenz zwischen Anziehungskraft und Fliehkraft. Beide Kräfte sind vorrangig abhängig vom Abstand der Erde von Erdmond und Sonne.

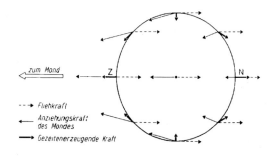

|Historische Anmerkung|
Daß zwischen dem sichtbaren Steigen und Fallen der Meeresoberfläche und dem täglichen scheinbaren (!) Umlauf des Erdmondes um die Erde ein Zusammenhang besteht, wurde schon in der Antike angenommen und zwar nicht nur von den Seefahrern und Küstenbewohnern, sondern ebenso von den Gelehrten dieser Zeit. Auch Gelehrte des Mittelalters befaßten sich mit dem Phänomen Ebbe und Flut, wie etwa der spanische Bischof Isidor von Sevilla (um 560-636) und besonders der angelsächsische Benediktinermönch BEDA VENERABILIS (um 672/673-735). Alle Bemühungen vor Johannes KEPLER (1571-1630) und Isaac NEWTON (1642-1727) hatten zwar zur Erkenntnis geführt, daß ein Zusammenhang zwischen Erdmond und Ebbe/Flut (im System Erde) bestehe, doch ohne Kenntnis der Planetenbewegungen und des Gravitationsgesetzes fehlte für weitere Erklärungen die theoretische Grundlage. Das durch Newton gewonnene Verständnis von Erde und Erdmond als ein im Gleichgewicht von Anziehungs- und Fliehkräften rotierendes *Zwei-Körper-System* bot eine tragfähige Grundlage, die zur Erkenntnis führte: Erde und Erdmond bewegen sich um den gemeinsamen Schwerpunkt, der im Erdkörperteil unter der Land/Meer-Oberfläche liegt, aber nicht mit dem Erdschwerpunkt identisch ist. Das vorgenannte Gleichgewicht von Anziehungs- und Fliehkräften gilt nur für die Gesamtheit der beiden Kräfte im System Erde/Erdmond, es gilt nicht für einzelne Punkte der Land/Meer-Oberfläche. In dieser Tatsache liegt der Ursprung der gezeitenerzeugenden Kräfte. Da alle Punkte der Land/Meer-Oberfläche bei der Drehung der Erde um den gemeinsamen Schwerpunkt Erde/Erdmond die gleiche Bahn beschreiben, ist die Fliehkraft auf der Land/Meer-Oberfläche der Erde überall gleich groß und gleich gerichtet. Die Anziehungskräfte dagegen haben verschiedene Richtungen und verschiedene Größen, je nach der jeweiligen Entfernung der Punkte auf der Land/Meer-Oberfläche vom Erdmond. Auf der mondzugewandten Erdhälfte überwiegt die Anziehungskraft, auf der mondabgewandten Erdhälfte überwiegt die Fliehkraft (Bild 9.27). Die tägliche

Drehung der Erde um ihre Drehachse hat also keinen Einfluß auf die Entstehung der gezeitenerzeugenden Kräfte, sie bewirkt lediglich, daß sich das Kräftesystem ständig verlagert. Für einen Beobachter auf der Land/Meer-Oberfläche tritt periodisch jeweils nach Ablauf eines halben Mond- oder Sonnentages die gleiche gezeitenerzeugende Kraft auf.

Da die Erde sich einmal täglich um ihre Drehachse dreht, läuft ein Punkt der Land/Meer-Oberfläche im Laufe eines Tages unter beiden Gezeitenbergen hindurch (dem mondzugewandten und dem mondabgewandten Gezeitenberg). Die Bewegung des Mondes erfolgt jedoch nicht über dem Erdäquator, sondern schräg dazu. Außerdem ist seine Bahn nicht kreis-, sondern ellipsenförmig. Ferner ist der Einfluß der Sonne zu berücksichtigen, der die Gezeitenkräfte teils verstärkt (Spring-Tide), teils abschwächt (Nipp-Tide). Die Berechnung der gezeitenerzeugenden Kräfte ist mithin recht komplex. 1738 stellte die Pariser Akademie der Wissenschaften die (nach heutiger Kenntnis nicht lösbare) Preisaufgabe, ein wissenschaftliches Verfahren für die globale Vorhersage der Gezeiten zu entwickeln, an der sich die schweizerischen Mathematiker Daniel BERNOULLI (1700-1782) und Leonhard Euler (1707-1783), der Schotte Colin MACLAURIN (1698-1746) und andere beteiligten (SAUER 2004). Die Lösungsvorschläge der Genannten basierten zwar auf der Newton-Gravitationstheorie, doch entsprachen viele Annahmen (wie etwa erdumspannendes Meer) nicht der Realität. Schließlich erzeugt die Erddrehung wegen der Trägheit der Wassermassen die Corioliskraft (siehe dort), die großräumige Wasserströmungen westwärts ablenkt. Eine hinreichende Gezeitenvoraussage für die Seeschifffahrt war zu dieser Zeit daher nicht gegeben. Der französische Mathematiker und Astronom Pierre Simon LAPLACE (1749-1827) faßte erstmals das Gezeitenphänomen nicht mehr als statisches Problem von Druckunterschieden auf, sondern als dynamisches Problem von erzwungenen Wellen (SAUER 2004). Der englische Wissenschaftsphilosoph William WHEWELL (1794-1866) stellte die Gezeiten nicht mehr als erdumlaufende Wellen dar, sondern als kreisläufige sogenannte *amphidromishe* Schwingungssysteme (beispielsweise enthält die Nordsee drei solche amphidromischen Systeme).

Um die Gezeitenvorhersage für die Seeschifffahrt nutzbar zu machen veröffentlichte 1833 der englische Physiker John William LUBBOCK (1803-1865) Tabellen mit diesbezüglichen Parametern. Der englische Physiker William THOMSON (1824-1907), später Lord KELVIN, nutzte die vom französischen Mathematiker Jean Baptiste Joseph BARON DE FOURIER (1768-1830) entwickelte harmonische Analyse auf das Gezeitenphänomen an, was das maschinelle Berechnen von Gezeitendaten ermöglichte. Kelvin entwarf 1872/1873 erstmals eine *Analog-Gezeitenrechenmaschine* mit zunächst 10 später mit 24 Tidengetrieben. Deutschland baute 1915/1916 (in Potsdam) nach dem Prinzip von Kelvin eine erste Gezeitenrechenmaschine mit 20 Tidengetrieben zur Vorausberechnung der Gezeiten, die die Tidenkurve des jeweiligen Hafens in 20 Teiltiden zerlegte. Eine zweite deutsche Gezeitenrechenmaschine mit 62 Tidengetrieben (Teiltiden) wurde 1939 gebaut, war erdweit die größte ihrer Art, bis 1968 im Dienst und wurde sodann von einem elektronischen Lochstreifenrechner abgelöst (SAUER 2004). Auch in der DDR ist 1955 eine Analog-Gezeitenrechenmaschine mit 34 Tidengetrieben (Teiltiden) gebaut worden.

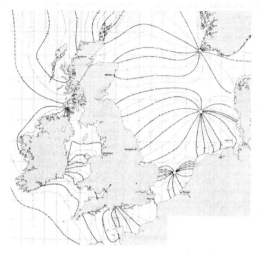

Bild 9.28
Das amphidromische System in der Nordsee. Die Isolinien verbinden die Punkte mit gleichem mittleren Hochwasserzeitunterschied gegen den Durchgang des Erdmonds durch den Meridian von Greenwich (Linien gleichen Hochwassereintritts). In jedem System umkreist die Gezeitenwelle einen gezeitenlosen Mittelpunkt (Drehtide, Amphidromie). Quelle: Bundesamt für Seeschifffahrt und Hydrographie, Hamburg, Rostock, verändert, aus SAUER (2004).

Druckgradientenkraft

Eingangs war bereits gesagt worden daß ein *deformierbarer* Körper (beispielsweise Flüssigkeit) seine Form verändert, wenn eine äußere Kraft auf ihn einwirkt. Aus dem sich dabei ergebenden Spannungszustand im betrachteten Volumenelement resultieren die Druckgradientenkraft und die Reibungskraft (DIETRICH et al. 1975/1992). *Innere* Druckkräfte beruhen vorrangig auf Dichteunterschiede, die durch horizontale Unterschiede in *Temperatur* und *Salzgehalt* des Meerwassers aufrechterhalten werden, sowie auf horizontale Druckunterschiede, die sich aus einem *windbedingten* Anstau des Meerwassers ergeben. *Äußere* Druckkräfte beruhen auf Luftdruckänderungen in der über der Meeresoberfläche liegenden Atmosphäre.

Als statischer Druck p in einer bestimmten Wassertiefe h gilt jene Kraft pro Flächeneinheit, die das Gewicht der Wassersäule in dieser Tiefe ausübt: $p = \varrho' \cdot g \cdot h$. Dabei steht ϱ' für die mittlere Dichte der Wassersäule in situ und g für die Schwerebeschleunigung. Für die Dynamik im Meer ist der Druckgradient $G = -dp/dn$ bedeutungsvoll, wobei n senkrecht zur isobaren Fläche gegen den höheren Druck gerichtet ist (DIETRICH et al. 1975/1992). Da der Druck, wie zuvor angegeben, die Kraft pro Flächeneinheit darstellt, kennzeichnet der Druckgradient eine Kraft pro Volumeneinheit. Seine Komponente senkrecht zur Niveaufläche steht näherungsweise im

Gleichgewicht mit der Schwerkraft. Seine Komponente parallel zur Niveaufläche ist zwar im Vergleich zur vorgenannten Komponente sehr klein, sie ist aber dennoch wesentlich für die Strömungen im Meer. Sie bildet das *innere* Kräftefeld des Meeres. Das soeben beschriebene *innere* Druckfeld ist lediglich ein Teil des Gesamtdruckfeldes des Meeres. Ein weiterer Teil ist das *äußere* Druckfeld, also jenes, das durch äußere Kräfte (Luftdruckänderungen, Wind) aufrechterhalten wird.

Unter der Wirkung eines Druckgradienten erfährt Wasser mithin eine Kraft pro Volumeneinheit von $F^*(p) = -\,\text{grad}\,p$ beziehungsweise eine Beschleunigung von $dv^*/dt = -(1/\varrho)\cdot\text{grad}\,p$. Kraft und Beschleunigung sind dem Druckgradienten entgegengerichtet. Es steht p für Druck und $F^*(p)$ für die auf eine Volumeneinheit bezogene Druckgradientenkraft.

Reibungskraft

Wasser besitzt, wie eingangs gesagt, eine gewisse Zähigkeit. Dementsprechend übt eine Wasserschicht, die über eine darunter liegende hinweggleitet, eine tangentiale Schubspannung auf diese aus. Strömungen im Meer sind kaum *laminar* (glatt), sondern fast immer ungeordnet oder *turbulent*. Den mittleren Strömungen sind mehr oder weniger ungeordnete Bewegungen verschieden großer Wasserballen überlagert, wodurch räumlich starke Unterschiede der Geschwindigkeit auftreten. Der Wasseraustausch im Meer erfolge außerdem meist durch solche Wasserballen, weniger durch Moleküle (DIETRICH et al. 1975/1992). Die bedeutsamste Grenzfläche in diesem Sinne ist die *Meeresoberfläche*, auf die der *Wind* eine tangentiale Schubspannung ausübt. Wegen der großen Bedeutung des *Reibungsfaktor* c_p für die winderzeugten Meeresströmungen, für das Entstehen und Aufrechterhalten der Oberflächenwellen sowie für die Verdunstung gab es intensive Bemühungen bezüglich der Bestimmung dieses Faktors. Vielfach wird der Wert $c_p = 1{,}2 \cdot 10^{-3}$ benutzt (DIETRICH et al. 1975/1992). Als tangentiale Schubspannung T, die der Wind auf die Meeresoberfläche ausübt, folgt dann

$$T = 1{,}5 \cdot 10^{-6} \, |W| \, W_{(10)} \cdot \text{g}/\text{cm} \cdot \text{sec}^2$$

wobei W steht für die Windgeschwindigkeit in cm/sec in 10 m Höhe über der Meeresoberfläche. Die *Turbulenz* wird hierbei lediglich eingebracht als Wirkung auf die mittleren Verhältnisse. Ein wichtiges Ergebnis bisheriger Turbulenz-Theorien ist, daß die Energie E der turbulenten Bewegung mit wachsender Wellenzahl k, also mit kleiner werdenden Turbulenz-Wasserballen abnimmt, ausgedrückt durch die 5/3-Potenz-Beziehung

$$E \sim k^{-5/3}$$

Ein Ergebnis, das durch Messungen im Meer bestätigt sei (DIETRICH et al. 1975/1992).

Hydro-thermodynamische Gleichungssysteme zur Beschreibung der Wasserbewegungen im Meer

Modelle zur Beschreibung sowohl der ozeanischen als auch der atmosphärischen Strömungen und Zirkulationen basieren weitgehend auf dem Prinzip der Erhaltung von Impuls, Energie und Masse in einem geschlossenen System. Die auf eine Volumen- oder Masseneinheit bezogenen diesbezüglichen *partiellen nichtlinearen Differentialgleichungen* bestehen vielfach aus den Navier-Stokes-Bewegungsgleichungen, dem ersten Hauptsatz der Thermodynamik für thermische Energie und der Kontinuitätsgleichung (GARBRECHT 2002). Zu ihrer Lösung (Integration) über Raum und Zeit werden meist stark vereinfachende Annahmen gemacht.

Die *Navier-Stokes-Bewegungsgleichung* in einem *Inertialsystem* kann geschrieben werden in der Form (DIETRICH et al. 1975/1992)

$$\frac{dV}{dt} = -\frac{1}{\rho} \cdot \mathrm{grad}\, p + F(\Phi) + F(G) + F(R)$$

V ist dabei der Geschwindigkeitsvektor im Inertialsystem. Die einzelnen Terme auf der rechten Seite der Gleichung kennzeichnen die Druckgradientenkraft, die Gravitationskraft der Erdmasse $F(\varphi)$, die Gezeitenkräfte $F(G)$, die Reibungskraft $F(R)$. Die genannten Kräfte wurden zuvor beschrieben. Wird die Reibungskraft $F(R)$ vernachlässigt, folgt daraus die *Euler-Bewegungsgleichung*. Die jeweiligen Beschleunigungen können sich auf ein einzelnes Wasserteilchen beziehen (Langrange-Beschreibungsweise) oder auf das Bewegungsfeld als Funktion von Raum und Zeit (Euler-Beschreibungsweise). Eine Transformationsgleichung für den Übergang von der L- zur E-Beschreibungsweise für eine beliebige Eigenschaft eines Teilchens ist in DIETRICH et al. (1975/1992) enthalten. Die Benennungen der Bewegungsgleichungen und Beschreibungsweisen beziehen sich auf den französischen Physiker Ludwig NAVIER (1785-1836), den irischen Mathematiker und Physiker George Gabriel STOKES (1819-1903), den italienischen Mathematiker Joseph Louis LAGRANGE (1736-1813), den schweizerischen Mathematiker und Physiker Leonhard EULER (1707-1783).

Wie zuvor schon gesagt, werden ozeanische Messungen in der Regel relativ zu Punkten oder Richtungen durchgeführt, die an der Geländeoberfläche der *Erde* vermarkt und deren Koordinaten in einem *rotierenden Koordinatensystem* ausgewiesen sind. In einem solchen System gilt die zuvor angegebene Gleichung erst dann, wenn die Beschleunigung dV^*/dt (Inertialsystem) in die Beschleunigung dv^*/dt (rotierendes System) überführt wird. Die zuvor durchgeführte diesbezügliche Transformation hatte ergeben (siehe dort)

$$\frac{d^2r^*}{dt^2} = \frac{d'^2r^*}{dt^2} + 2 \cdot \left[\frac{dr^*}{dt} \times \omega^*\right] - \left(\left[r^* \times \omega^*\right] \times \omega^*\right)$$

oder in etwas anderer Schreibweise mit Ω = Winkelbeschleunigung der Erde und r = Ortsvektor (x,y,z)

$$\frac{dv^*}{dt} = \frac{dV^*}{dt} + 2 \cdot \left[v^* \times \Omega^*\right] - \left(\left[r^* \times \Omega^*\right] \times \Omega^*\right)$$

Das Zeichen . bedeutet Vektor, das Zeichen x Vektorprodukt. Der dritte Term auf der rechten Seite der Gleichung steht für die *Zentralbeschleunigung* im *rotierenden* System (siehe zuvor). Der zweite Term steht für die *Coriolis-Beschleunigung* im *rotierenden* System (siehe zuvor). Der erste Term steht für die durch *äußere Kräfte* verursachte und deshalb sowohl im rotierenden, als auch im Inertialsystem bestehende Beschleunigung. Die Beschleunigung im rotierenden System dv*/dt ergibt sich also aus der durch äußere Kräfte bewirkten Beschleunigung dV*/dt, sowie aus der Coriolis-Beschleunigung und der Zentralbeschleunigung. Die durch äußere Kräfte bewirkte Beschleunigung kann als eine *resultierende* Beschleunigung angenommen werden, die sich beispielweise aus dem Zusammenwirken jener Kräfte ergeben kann, die in der Navier-Stokes-Bewegungsgleichung genannt sind.

Wärmeabstrahlung an tätigen Oberflächen des Meeres

Als *tätige Oberfläche* gilt auch hier jene Fläche, an der sich ein bestimmter Hauptstrahlungsumsatz und damit Energieumsatz vollzieht (Abschnitt 4.2.04). Vorrangig wird hier somit die Temperatur *nahe* der Meeresoberfläche betrachtet (Meeresoberflächentemperatur). Die Temperatur der tieferen Wasserschichten und der hydrothermalen Quellgebiete ist gesondert behandelt. Da das Meer und die Atmosphäre eine gemeinsame Grenzfläche haben, bestehen zwischen beiden Medien vielfache Wechselwirkungen. An der Grenzfläche (über die "Grenzschicht") findet ein Austausch von Bewegung, Wärme, Wasser, Salzen und Gasen statt. Zwar wird das Windsystem der Atmosphäre letzlich durch die Sonnenenergie angetrieben, doch hat das Meer offenkundig einen wesentlichen Einfluß auf das Windsystem. Nach DIETRICH et al. (1975/1992) bildet die Kondensationswärme des verdunsteten Meerwassers in den inneren Tropen den wichtigsten Antrieb der atmosphärischen Zirkulation. Gleichzeitig liefert das Meer zusätzlich Kondensationskerne durch das Aerosol. Da das Windsystem einen Teil der Bewegungsenergie (in Form von Schubspannung) an das oberflächennahe Wasser abgibt, treibt es damit das ozeanische Strömungssystem an. Wasser und Luft sind im rotierenden System Erde in turbulenter Bewegung, die vorrangig durch unterschiedliche Erwärmung aufrechterhalten wird.

Temperaturmessung
Die *Meeresoberflächentemperatur* (engl. Sea Surface Tempearture, SST) kann bestimmt werden durch unmittelbare Messungen von Schiffen aus und mit Hilfe von Bojen. Bei dieser Vorgehensweise ist eine Meßgenauigkeit von ca ± 0,01 °C erreichbar (DIETRICH et al. 1975/1992) und es sind auch vertikale Temperaturprofile bestimmbar. Etwa ab 1960 erfolgen diesbezügliche Messungen auch von Satelliten aus. Die Summe ultraroter Strahlung (infraroter Strahlung), die vom Sensor gemessen wird setzt sich zusammen aus Anteilen der Meeresoberfläche und der Atmosphäre. Der Anteil Meeresoberfläche umfaßt dabei den Betrag der Emission des Meeres und den Betrag der Reflexion der einfallenden Sonnenstrahlung an der Meeresoberfläche. Bei Schiffs- und Bojenmessungen befinden sich die Meßgeräte im Meerwasser. Die so gemessene Temperatur wird vielfach als "bulk"-Temperatur bezeichnet (engl. bulk,). Die mittels Satelliten bestimmte "skin"-Temperatur (engl. skin,) kennzeichnet dagegen die Temperatur einer 1 mm dicken Meeresoberflächenschicht. Wegen der hohen Absorption im Meerwasser gelangt bei Nutzung von Wellenlängen um 8-12 µm nur Strahlung aus einer dünnen Oberflächenschicht direkt in die Atmosphäre (DIETRICH et al. 1975/1992). Die diesbezüglichen Meßsysteme in Satelliten lassen sich gruppieren in

Gruppe 1 (gA bis ca 1 km)
Beispiel AVHRR (Advanced Very High Resolution Radiometer) mit visuellen und ultraroten (infraroten) Spektralbändern (3-12 µm). Weitere Sensoren: MODIS.
Gruppe 2 (gA größer 1 km)
Beispiel HIRS/MSU (High Resolution Infrared Sounder / Microwave Sounding Unit). Die vom Meer emittierte Strahlung wird in ultraroten Spektralbändern (3-15 µm) und in mehreren Mikrowellenbereichen (6-60 GHz) gemessen.
Gruppe 3 (geringe geometrische Auflösung, daher nahezu unbeeinflußt von Wolken und Atmosphäreneffekten)
Beispiel SMMR (Scanning Multichannel Microwave Radiometer). Messungen im Mikrowellenbereich (6-40 GHz).
Gruppe 4 (hohe zeitliche Auflösung)
Beispiel VAS (Visible-infrared spin-scan radiometer Atmospheric Sounder). Befindet sich auf geostationären Satelliten.

Modelle der Meerestemperatur
Das US. National Meteorological Center (NMC) in Washington veröffentlicht Wochen- und Monatsmodelle der globalen Meerestemperatur (ab ca 1985), teilweise als Kombination von Schiffs-/Bojen-Daten und Satellitendaten, teilweise nur Satellitendaten (ANZENHOFER 1998). Die Satellitenmodelle zeigen dabei durchschnittlich eine 0,5 °C niedrigere Temperatur an. Die Wochenmodelle haben eine geometrische Auflösung von 1Grad des geographischen Koordinatennetzes. Ihre Genauigkeit betrage ± 0,5 °C. Zum Nachweis der Eisbedeckung werden die Eis-Monatsmodelle des Glaciological Data Center in Boulder/Colorado verwendet.

Wärmehaushalt und Wärmeflüsse

Für die obere Schicht des Meeres läßt sich der Wärmehaushalt nach ESBEN-SEN/KUSHNIR 1981 wie folgt darstellen

$$F_\Sigma = F_S \cdot (1 - \alpha_W) - F_I - F_L - F_H - F_T$$

Der Buchstabe F kennzeichnet generell den Wärmefluß, definiert als Wärmemenge pro Einheitsfläche. Der Term F_S (1 - α_W) beschreibt den einfallenden Wärmefluß von der Sonne, abzüglich der von tätigen Oberflächen reflektierten Sonnenstrahlung. Die einfallende Sonnenstrahlung F_S ist örtlich und zeitlich sehr unterschiedlich (Tages- und Jahreszeit, geographische Breite) und erfährt beim Durchlaufen der Atmosphäre eine Abschwächung (Abschnitt 4.2.06). F_I kennzeichnet den nach oben gerichteten Wärmefluß, der die langwellige Abstrahlung des Meeres und der Atmosphäre umfaßt (thermische Strahlung). F_L stellt den latenten Wärmefluß dar und F_H bezeichnet den fühlbaren Wärmefluß. F_T beschreibt den Wärmefluß durch Wärmetransport der Meeresströmungen. Weitere Wärmeflüsse (wie etwa durch Reibung oder chemische Prozesse) sind betragsmäßig wesentlich kleiner und können daher meist vernachlässigt werden. Der Gesamtwärmeumsatz F_Σ muß global Null ergeben, wenn keine prinzipiellen Erwärmung des Systems angenommen wird.

Regional zeigen die einzelnen Wärmekomponenten meist erhebliche Unterschiede. Als größter Wärmefluß zwischen Meer und Atmosphäre gilt der latente, beziehungsweise der durch Verdunstung bedingt. ANZENHOFER (1998) verweist darauf, daß Spitzen der Verdunstung erreicht werden, wenn die Luft über dem Wasser nicht mit Wasserdampf gesättigt ist und hohe Windstärken vorherrschen. Da in den Tropen die Luft stärker mit Wasserdampf gesättigt ist als in den Subtropen, ergebe sich bei fast gleicher Sonneneinstrahlung in den Subtropen ein stärkerer Wärmefluß als in den Tropen.

Bezüglich der Austauschprozesse zwischen Meer und Atmosphäre sei noch angemerkt, daß Meerwasser etwa 800mal dichter ist als die Atmosphäre. Die Durchschnittsdichte von Meerwasser wird vielfach mit ca 1,025 Tonnen/m^3 angenommen, die Durchschnittsdichte der Erdatmosphäre mit ca 0,0013 Tonnen/m^3. Dieser große Dichteunterschied (Massenunterschied) zwischen Wasser und Luft bedingt zugleich eine große Differenz hinsichtlich der Wärmekapazität. Beispielsweise habe eine 2,5 m dicke Meerwasserschicht dieselbe Wärmekapazität wie die gesamte Atmosphärentiefe (ANZENHOFER 1998). Die große Wärmekapazität des Meeres führe dazu, daß die im Sommer vermehrt einfallende Wärmemenge gespeichert wird (vorrangig in der oberen Deckschicht bis ca 100 m Wassertiefe) und im Winter wieder abgegeben werde. Dieser Meerestemperatur-Zyklus verlaufe um ca 3 Monate zeitversetzt zum Zyklus der Atmosphäre.

Windfeld über dem Meer (Seegangsmessung)

Die Wechselwirkungen zwischen Meer und Atmosphäre umfassen auch den Austausch von Bewegung. Dieser Austausch erfolgt unmittelbar. Durch seine an der Meeresoberfläche wirksame Schubspannung läßt der Wind Oberflächenwellen entstehen, die sich zum *Seegang* steigern können (mit Brechern und anderem). Die integrierende Wirkung des Windes kann daher zur Hauptantriebskraft der ozeanischen Oberflächenströmung werden. Die meisten traditionellen Verfahren der *Seegangsmessung* liefern nur Wellenhöhe und Periode (DIETRICH et al. 1975/1992).

Bestimmung des Windfeldes vom Satelliten aus
Das *globale Windfeld* kann durch *Windgeschwindigkeit* und *Windrichtung* beschrieben werden. Bis 1973 waren diesbezügliche Daten nur aus Schiffs- und Bojenmessungen zur verfügbar, mit entsprechend unzureichender räumlicher und zeitlicher Überdeckung des Meeres. Auf dem Raumfahrzeug SKYLAB (Start 1973) ist *erstmals* ein satellitengetragenes Windmeßgerät eingesetzt worden, ein sogenanntes *Windscatterometer*. In folgenden Satellitenmissionen (wie SEASAT 1978, ERS-1 1991 und andere) kamen inzwischen verbesserte Systeme zu Einsatz. Das Meßprinzip des Windscatterometers basiert auf der Annahme, daß Änderungen der Radarrückstreuung sich ergeben durch windbedingte Kräuselungen an der Meeresoberfläche und daher ein Zusammenhang zwischen zurückgestreutem Radarsignal und Windgeschwindigkeit herstellbar ist.

Bestimmung der Wellenhöhe vom Satelliten aus
Der Vorgang kann in Anlehnung an ANZENHOFER (1998) etwa wie folgt skizziert werden: In der Radaraltimetrie schickt das im Satelliten befindliche Altimeter einen Impuls senkrecht auf die Meeresoberfläche. Entsprechend der Form des Signals erreicht der Impuls dort zunächst den Nadirpunkt. Das Altimeter mißt sodann in einem Empfangsfenster die erste zurückkommende Energie. Die maximale Energierückstrahlung ergibt sich, wenn das Signalende die Meeresoberfläche berührt. Läuft das Signal durch die Meeresoberfläche hindurch, kann von dort keine Energie mehr zurückgesendet werden. Es formt sich ein Kreisring. Die am Satelliten ankommende Energie fällt entsprechend ab (Plateau genannt). Die zugehörige Energie-Kurve zeigt eine ansteigende Flanke, die solange steil anwächst, solange die Reflexionsfläche sich vergrößert. Verringert sich die Reflexionsfläche, fällt die empfangene Energie entsprechend ab. Die Signalaufzeichnung endet mit dem ankommenden Signalende. Die Steilheit der Flanke (der Kurve) ist von der Glattheit der Meeresoberfläche abhängig. Eine ruhige Meeresoberfläche reflektiert das Signal mit einer sehr steilen Flanke zurück. Bei unruhiger Meeresoberfläche entstehen Mehrfachreflexionen, die zu einer abgeflachten Flanke führen. Aus der Steilheit der Flanke läßt sich die Wellenhöhe ableiten, denn die zurückgestrahlte Energie ist abhängig von Oberflächenrauhigkeit. Da diese der Wind verursacht, kann die empfangene Energiemenge mit der

Windgeschwindigkeit in Beziehung gesetzt werden. Bild 9.29 gibt eine Übersicht zum Gesagten.

Bild 9.29 Radarsignalrückstreuung an der Meeresoberfläche. Zusammenhänge zwischen abgestrahltem und empfangenem Radarsignal. Quelle: AN-ZENHOFER (1998)

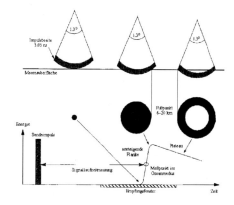

Oberflächennahe ozeanische Strömungssysteme

Wie zuvor dargelegt, würde ein globaler Meeresspiegel, auf den nur das Schwerefeld der Erde einwirkt, sich zu einer Äquipotentialfläche dieses Schwerefeldes ausformen. Es gäbe keine Wasserströmungen. Der Meeresspiegel würde sich in jedem Punkt wagerecht zur senkrechten Lotrichtung ausrichten. Es gibt jedoch eine Reihe von Kräften, die die Wassermassen in *Bewegung* setzten, Strömungen und Zirkulationen auslösen, wie etwa das wechselnde Zusammenspiel der Gravitationskräfte von Erde, Erdmond und Sonne, die wechselnde Druckkraft der Erdatmosphäre, die wechselnde Schubkraft des Windes, Dichteänderungen des Meerwassers und andere Kräfte.

Eine ozeanische Wassermasse läßt sich kennzeichnen durch Angaben über Temperatur, Salzgehalt, Nährstoffgehalt und Konzentration gelöster Gase. Diese Eigenschaften nimmt die Wassermasse vorrangig an der Meeresoberfläche an durch Wärme- oder Gasaustausch mit der darüber liegenden Atmosphäre sowie durch Niederschlag und Verdunstung (Wassermassenbildung). Beim Absinken der Wassermasse in tiefere Bereiche des Meeres geht der Kontakt zur Atmosphäre verloren und ihre Eigenschaften verändern sich nunmehr vorrangig durch Mischung mit anderen Wassermassen oder Teilen von diesen. Allerdings sollen ca 75% der Meeresfläche eine Oberflächenschicht von warmen Wasser und geringer Dichte aufweisen. Diese sogenannte Warmwassersphäre wirke im Sinne eines Deckels, denn der Austausch mit der darunter liegenden Kaltwassersphäre mit größerer Dichte sei wegen der stabilen Schichtung gering (KLATT 2002). In polaren Gebieten reiche die Kaltwassersphäre jedoch oftmals bis an die Meeresoberfläche heran. Durch Abkühlung (bewirkt von kalten arktischen Luftströmungen) und/oder Salzeintrag (aufgrund von Eisbildung) würde die Dichte einer Wassermasse so weit erhöht, daß eine instabile

Schichtung entsteht und das Oberflächenwasser bis zu einer Tiefe absinkt, in der eine gleiche Dichte vorliegt. Zur Kompensation dieser Vertikalbewegung sei *oberflächennah* eine Horizontalbewegung **in** und in der *Tiefe* eine Horizontalbewegung **aus** dem Wassermassenbildungsgebiet erforderlich. Das so entstehende Strömungssystem wird (entsprechend dem Antriebsmechanismus) *thermohaline Zirkulation* genannt. Bevor auf die globale (3-dimensionale) Wasserzirkulation im Meer eingegangen wird, sollen zunächst die *oberflächennahen* Strömungssysteme betrachtet werden.

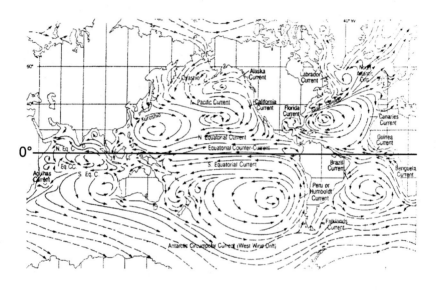

Bild 9.30
Generelles System der *globalen* Oberflächenströmungen nach BROWN et al. 1995. Die Darstellung basiert auf eine große Anzahl von (inhomogenen) Einzelmessungen über einen langen Zeitabschnitt. Kurzperiodische Strömungen sind daher herausgefiltert (nicht enthalten). Die Darstellung ist entlang stark befahrener Schiffsrouten zuverlässiger als in den übrigen Regionen. Im Nordatlantik und im Nordpazifik laufen die großen Strömungssysteme im Uhrzeigersinn, im Südatlantik, Südpazifik und Südindik im Gegenuhrzeigersinn. Quelle: BAUMGARTNER (2001), verändert

Eine solche (traditionelle) *punkthafte* Erfassung der stark zeitabhängigen Meerestopographie hat offensichtlich eine geringere Aussagkraft als die (heute mögliche) *flächenhafte* homogene Erfassung der sich ändernden Meerestopographie etwa mittels Satellitenaltimetrie in einem vergleichsweise sehr kurzen Meßzeitabschnitt (Abschnitt 9.1.01).

1 = Kanarenstrom (kalt), 2 = Nord-Äquatorialstrom (warm), 3 = Süd-Äquatorialstrom (warm),
4 = Brasilstrom (warm)
5 = Bengalenstrom (kalt)
←......................

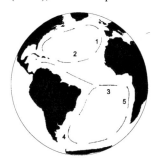

1 = Norwegenstrom
2 = Strömungssystem Canadisches Becken (kalt), 3 = Grönlandstrom (kalt) ▲

....

←
1 = Süd-Äquatorialstrom (warm),
2 = Agulhasstrom, 3 = Somalistrom,
4 = Südwestmonsun-Strömung, 5 = Antarktischer Zirkumpolarstrom (kalt)

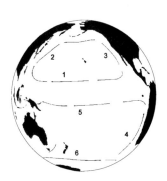

1 = Nord- ▲
Äquatorialstrom

..................→ (warm)
1= Antarktischer Zirkumpolarstrom, auch Westwinddrift genannt (kalt)
2 = Ostwinddrift (kalt). Diese Wassermassen laufen *nicht* zirkumpolar. Äqua-

(Bild 9.31)

2 = Japanstrom (Kuro Schio) (warm), 3 = Kalifornienstrom (kalt), 4 = Humboldtstrom (kalt), 5 = Südtorialstrom (warm)

Bild 9.31 gibt eine Übersicht zur generellen Einteilung der oberflächennahen ozeanischen Strömungssysteme in den einzelnen Meeresteilen der Erde. Die Daten für die dort dargestellten Srömungspfeile und die Benennungen entstammen Sp 1/1998 (Spezialheft über die dynamische Welt der Ozeane).

Globale Wasserzirkulation im Meer

Die zuvor aufgezeigten oberflächennahen ozeanischen Strömungssysteme sind Teile der globalen Wasserzirkulation im Meer. Die Bilder 9.32/1-2 skizzieren ein Schema dieser Zirkulation.

Bild 9.32/1
Modell der globalen Wasserzirkulation im Meer nach GORDON 1986 und BROECKER 1991 (inzwischen verschiedentlich modifiziert).
Helles Band
= warmes Wasser.
Dunkles Band
= kaltes, salzreiches Wasser.

BROECKER (1996) beschreibt sein Modell etwa wie folgt: Im Atlantik fließt warmes oberflächennahes Wasser nordwärts. Bei Grönland wird es von arktischen Luftströmungen gekühlt und sinkt deshalb zum Meeresgrund ab. Von dort strömt es dann bis weit in den Südatlantik. Da es aber wärmer und somit weniger dicht ist als das dort vorhandene sehr kalte oberflächennahe Wasser, steigt es zur Meeresoberfläche auf. Teilweise fließt es nun als Oberflächenwasser nach Norden zurück, teilweise strömt es weiter bis zur Antarktis. Dieser Teil wird dort bis fast zum Gefrierpunkt abgekühlt und sinkt wieder zum Meeresgrund ab, wo es ein Reservoir an Kaltwasser bildet, das zum dichtesten des Systems Erde zählt und zungenähnlich nordwärts in die angrenzenden Meeresteile (Pazifik, Indik) abfließt beziehungsweise in den

Atlantik zurückfließt. Im Pazifik und im Indik wird die meeresgrundnahe (bodennahe) kalte Nordströmung durch eine südwärts gerichtete Bewegung von oberflächennahem wärmerem Wasser ausgeglichen. Im Atlantik stößt diese Strömung bald auf den Südstrom des Tiefenwassers und wird von ihm gestoppt. Tiefenwasser bildet sich nur im Nordatlantik. Als Grund wird angenommen, daß im Atlantik das Oberflächenwasser etwas salzhaltiger ist als im Pazifik und Indik. Durch die Anordnung der großen Gebirgsketten in Nord- und Südamerika, Europa und Afrika entstehen atmosphärische Zirkulationsmuster die bewirken, daß sich die Luft beim Bewegen über dem Atlantik mit Feuchtigkeit anreichert. Die Verdunstung macht die oberen Wasserschichten salzreicher und dichter. Werden sie im Nordatlantik zusätzlich abgekühlt, sinken sie ab und beginnen eine globale Zirkulation, die das Salz wieder verteilt. Es wird angenommen, daß die Zirkulationsströmung im Atlantik etwa das hundertfache Fördervolumen des Amazonas beträgt. Mit ihr ist ein gewaltiger Wärmetransport verbunden, denn das nordwärts fließende Wasser ist im Mittel 8 Grad wärmer als das südwärts strömende. Es erwärmt die arktischen Luftmassen über dem Nordatlantik.

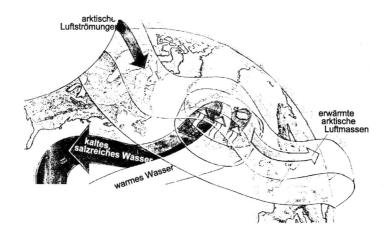

Bild 9.32/2
Konvektionszelle bei Grönland nach BROECKER (1996). Nach diesem Modell verteilt ein globales Strömungssystem, ähnlich einem Förderband, kaltes salzreiches Tiefenwasser, das hier bei Grönland entsteht, in alle Meeresteile des Systems Erde. Zum Ausgleich dieses Abflusses strömt warmes Oberflächenwasser im Atlantik nordwärts. Die von diesem Strom transportierte Wärme hat wesentliche Auswirkungen auf das Klima der angrenzenden Regionen. Durch sie werden die arktischen Luftmassen

erwärmt, was insbesondere für Nordeuropa anomal milde Temperaturen bringt. Neben der großen Konvektionszelle bei Grönland existiere noch eine kleinere im antarktischen Bereich.

Die beschriebene Zirkulation sei störanfällig. In den hohen nördlichen geographischen Breiten übertrifft die Zufuhr an Wasser durch Niederschläge und einmündende Flüsse die Verdunstung. Der Salzgehalt der oberflächennahen Wasserschichten hängt dann davon ab, wie schnell das Förderband das Süßwasser abführt. Neuere ozeanographische Messungsergebnisse lassen vermuten, daß die *Tiefenwassererneuerung*, der Antrieb der globalen Wasserzirkulation auf der nördlichen Halbkugel, sich verlangsamt (AWI 1998/1999 S.11).

Bezüglich der *Konvektionsströmungen* sei noch angemerkt, daß sie zu den wichtigsten Transportmechanismen im System Erde gehören, die nicht nur im Meer, sondern auch im Erdinnern (Mantelkonvektion) und in der Atmosphäre zu finden sind. Man versteht sie bisher nur ansatzweise; mathematisch werden sie durch nichtlineare Gleichungen beschrieben, die in der Regel nicht analytisch (nur numerisch) lösbar sind.

Wechselwirkungen
zwischen strömendem Meerwasser und Erdmagnetfeld
Daß strömendes Meerwasser in Wechselwirkung zum Erdmagnetfeld steht konnte erstmals anhand von Daten des Satelliten CHAMP aufgezeigt werden (KÖRKEL 2003). Die aufgezeichneten Signale ergeben sich aus Ladungsträgern im Meerwasser (hydratisierte Ionen), die dessen Bewegung folgen und dabei ein Magnetfeld erzeugen.

Bild 9.33
Erdmagnetfeld nach Daten des Satelliten CHAMP, gemessen in 430 km Höhe über der Land/Meer-Oberfläche. Quelle: KÖRKEL (2003)

Zur Benennung unterschiedlicher Wassermassen
Im Zusammenhang mit der Wasserzirkulation im Meer wird vielfach unterschieden: Oberflächenwasser, Flachwasser, Tiefenwasser, Bodenwasser. Da diese Benennungen nicht nur in der Ozeanographie sondern auch in der Hydrologie, Hydrogeographie und Bodenkunde (siehe beispielsweise BAUMGARTNER/LIEBSCHER 1990, WILHELM 1987, SCHACHTSCHABEL et al. 1989) ebenfalls, jedoch meist in einem anderen Sinne benutzt werden, wird hier grundsätzlich der Benennungsteil "ozeanisch" der Benennung der einzelnen Wasserarten vorangestellt:
    ozeanisches Oberflächenwasser (oberflächennahes Wasser),
    ozeanisches Tiefenwasser,
    ozeanisches Bodenwasser.

Die Benennung "Bodenwasser" (hier ozeanisches Bodenwasser) wird beibehalten, da sie sich im Sprachgebrauch der Ozeanographen und anderer eingebürgert hat, obgleich damit meist das Wasser *im* Boden und nicht *über* dem Boden gekennzeichnet wird. Die Benennungen Meer und Ozean gelten hier, wie schon gesagt, als Synonyme.

Begriffe zur Wasserzirkulation und Luftzirkulation in den Grenzschichten Meer-Atmosphäre und Land-Atmosphäre

Nicht nur der Wind erzeugt Wasserbewegungen im Meer, sondern vor allem auch die Temperaturunterschiede und Salzgehaltunterschiede. Sehr gebräuchlich ist in diesem Zusammenhang die Benennung *thermohaline Zirkulation*.

Im Vergleich zum Wasser an einer *Kältequelle* nimmt das Wasser an einer *Wärmequelle* eine geringere Dichte an, wird also leichter und breitet sich oberflächlich in Richtung Kältequelle aus. Entsprechend wird Wasser unterhalb der Wärmequelle aufsteigen und unterhalb der Kältequelle absteigen und sich bei der anschließenden Ausbreitung in den tieferen Wasserschichten durch Wärmeleitung und Vermischung erwärmen. Die eben skizzierte *thermische Zirkulation* ist wenig leistungsfähig wegen der langsamen Energieübertragung bei Vermischung und Wärmeleitung (DIETRICH et al. 1975/1992).

Aus großräumiger Betrachtung des Wasserhaushalts des Meeres ist bekannt, daß Meeresregionen mit angereichertem und andere mit erniedrigtem *Salzgehalt* sich an der Oberfläche gegenüberliegen. Regionen mit angereichertem Salzgehalt, mit Verdunstungsüberschuß und Eisbildung, nehmen die Stellung einer Kältequelle ein. Regionen mit erniedrigtem Salzgehalt, mit Niederschlagsüberschuß, Eisschmelze und Eintrag von Festlandswasser (Süßwasser), nehmen die Stellung einer Wärmequelle ein. Es gibt mithin neben der thermischen auch eine *haline Zirkulation* im Meer.

Wenn in den einzelnen Meeresregionen beide Zirkulationen gleichsinnig verlaufen, verstärkt sich ihre Wirkung, verlaufen sie entgegengerichtet, schwächen sie sich.

Im Zusammenhang mit der vertikalen Gliederung des Meeres werden oftmals unterschieden (GIERLOFF-EMDEN 1980):
(a) Die obere *Grenzfläche* des Meeres (die *Meeresoberfläche*).
(b) Diese Grenzfläche liegt in einer *Grenzschicht*, in der sich vorrangig die Wechselwirkungen zwischen Meer und Atmosphäre vollziehen. Die Grenzschicht umfaßt die homogene *Deckschicht* und die *Prandtl-Schicht*. Die Deckschicht, vom Seegang durchbewegt und jahreszeitabhängig, reicht nach unten bis zu einer jahreszeitabhängigen Sprungschicht bis zu deren Oberfläche die winderzeugten Wellen reichen.
(c) Im Meer können unterschiedliche Sprungschichten unterschieden werden, wie etwa die *Jahreszeitliche Sprungschicht* und die *Hauptsprungschicht* (GIERLOFF-EMDEN 1980). Da der Aufbau des Wasserkörpers dynamischen Charakter hat, ändern sich diese Schichten ständig. Generelle Tiefenangaben zu den genannten Schichten zeigt nachfolgendes Bild.

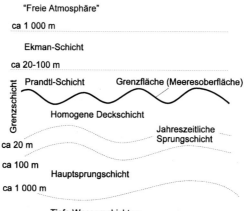

Bild 9.34
Generelle vertikale Gliederung des Wasserkörpers im Meer nach GIERLOFF-EMDEN (1980) und der darüber liegenden Schichten in der Atmosphäre nach ROEDEL (1994). Für den Wasserkörper gilt allgemein: die *Temperatur* nimmt mit zunehmender Wassertiefe ab. *Salzgehalt, Dichte* und *Druck* nehmen mit zunehmender Wassertiefe zu (die *Photische Zone* reiche bis ca 100 m Wassertiefe, siehe hierzu Abschnitt 9.3).

Die Dichte des Meerwassers ist weitgehend abhängig von den Parametern Temperatur, Salzgehalt und Druck im Wasserkörper. Da der Salzgehalt im offenen Meer (Hochsee) nur geringe Schwankungen zeigt, wird die Dichteverteilung in erster Näherung oftmals durch die Temperaturverteilung dargestellt.
  Sprungschichten der Temperatur
werden *Thermoklinen* genannt, wobei sich die Temperatur auf 10 m Wassertiefe um 0,2° C ändert (GIERLOFF-EMDEN 1980). Generell läßt sich sagen: In hohen geographisches Breiten sind jahreszeitlich Thermoklinen ausgebildet, in mittleren geographischen Breiten sind jahreszeitlich und permanent Thermoklinen ausgebildet, in niedrigen geographischen Breiten sind permanent Thermoklinen ausgebildet. Linien, die Punkte gleicher Temperatur miteinander verbinden heißen *Isothermen*. Die diesbezüglichen Punkte können im Meeres- oder im Luftraum liegen
  Sprungschichten des Salzgehaltes
werden *Haloklinen* genannt. Linien, die Punkte gleichen Salzgehaltes miteinander verbinden heißen *Isohalinen*.

Sprungschichten des Druckes werden *Pyknoklinen* genannt. Linien, die Punkte gleichen Druckes miteinander verbinden heißen *Isobaren*. Linien, die Punkte gleicher Wassertiefen miteinander verbinden heißen *Isobathen*.

In der „freien", durch das Gelände unbeeinflußten Atmosphäre, besteht eine geostrophische Strömung. Als deren Folge ist beiderseits der Land/Meer-Oberfläche eine Grenzschicht ausgebildet, eine vorrangig durch Reibung bestimmte Schicht, in der die Strömungsgeschwindigkeit von Null an der Land/Meer-Oberfläche bis zur Geschwindigkeit des geostrophischen Windfeldes ansteigt. Diese Grenzschicht wird auch „Planetare Grenzschicht" genannt und reicht bis ca 1 000 m Höhe (ROEDEL 1994). In der untersten Teilschicht beiderseits) der Land/Meer-Oberfläche wird die Dynamik durch die molekulare Viskosität und bei stärkeren Geländeformen durch den Staudruck an Strömungshindernissen bestimmt. Die Dicke dieser *Molekularviskosen Schicht* liegt in der Größenordnung Millimeter. Sie heißt auch „laminare Grenzschicht" (BAUMGARTNER et al. 1990). Der über dieser Schicht liegende turbulente Bereich der Grenzschicht wird unterteilt in die *Prandtl-Schicht* und die *Ekman-Schicht*. Die „Grenzschicht" ist mithin unterschiedlich definiert und wird vielfach noch weiter unterteilt, teilweise für Land (Gelände/Luft) und Meer (Wasser/Luft) unterschiedlich (DIETRICH et al. 1975/1992).

Das Wort „laminar" kennzeichnet Strömungen, deren einzelne Flüssigkeits- oder Gasfäden parallel zueinander verlaufen

---

Bildung von Tiefenwasser bei Grönland
Wasserzirkulation und Wassereigenschaften
im Europäischen Nordmeer (Framstraße, Grönlandsee)

Nach dem zuvor beschriebenen Modell der globalen Wasserzirkulation im Meer liegt östlich von Grönland eine Meeresregion, in der kaltes salzreiches *Tiefenwasser* entsteht, das, gemäß dem dargestellten "Förderband", letztlich in alle Meeresteile des Systems Erde geleitet wird. Den Meeresteilen Framstraße und Grönlandsee im Europäischen Nordmeer (Bild 9.5) kommt hierbei besondere Bedeutung zu. Die Bilder 9.35/1 und 9.35/2 geben zunächst eine Übersicht über die Zirkulation der Wassermassen an der Meeresoberfläche sowie der tiefen Wassermassen. Die Abkürzungen in diesen Bildern haben folgende Bedeutung:

deutsch		engl.
Westspitzbergenstrom	WSC	West Spitzbergen Current
Ostgrönlandstrom	EGC	East Greenland Current
Norwegenstrom	NAC	Norwegian Atlantic Current
Norwegischer Küstenstrom	NCC	Norwegian Coastal Current
Nodkapstrom	NKC	North Kap Current
Ostspitzbergenstrom	ESC	East Spitzbergen Current
Atlantischer Rückstrom	RAC	Return Atlantic Current
Transpolardrift (polarer Zweig)	TPDP	
Transpolardrift (sibirischer Zweig)	TPDS	
Jan Mayen Strom	JMC	Jan Mayen Current
Ostislandstrom	EIC	East Iceland Current
Bodenwasser aus Nansenbecken	EBDW	Eurasian Basin Deep Water
Tiefenwasser aus Amundsenbecken	CBDW	Canadian Basin Deep Water
Arktisches Tiefenwasser	ADW	Arctic Deep Water
Grönlandsee-Tiefenwasser	GSDW	Greenland Sea Deep Water
Islandsee-Tiefenwasser	ISDW	Iceland Sea Deep Water
Norwegensee-Tiefenwasser	NSDW	Norwegian Sea Deep Water
Dänemarkstraße-Ausstromwasser	DSOW	Denmark Strait Overflow Water

Oberflächenzirkulation der Wassermassen

Der Meeresteil *Framstraße* hat heute eine Schlüsselfunktion beim Austausch von Wassermassen zwischen Nordpolarmeer und Nordatlantik. Der Meeresteil ist benannt nach dem Schiff *Fram* (siehe Abschnitt 9.3). Mit einer Schwellentiefe von 2 600 m ist die Framstraße alleinige Tiefenwasserverbindung des Nordpolarmeeres zu allen anderen Meeresteilen des Systems Erde. Nach der von WINKLER (1999) gegebenen Übersicht ist Oberflächenzirkulation der Wassermassen in der Framstraße geprägt durch die beiden meridional und entgegengesetzt verlaufenden Strömungssysteme *Westspitzbergenstrom* (WSC) und *Ostgrönlandstrom* (EGC). Der entlang der Westküste von Spitzbergen nordwärts strömende Westspitzbergenstrom wird gespeist durch einströmendes Atlantikwasser. Diese Wassermasse fließt als *Norwegenstrom* (NAC) nordwärts entlang des norwegischen Kontinentalrandes. Der Norwegenstrom teilt sich dann auf in den ostwärts driftenden *Nordkapstrom* (NKC) und in den Westspitzbergenstrom. Die nordwärts fließenden Atlantikwassermassen erhalten schließlich Zuwachs durch den Zustrom von kaltem, dichtem Bodenwasser vom Barentsschelf, das vor allem im Winter von der Schelfkante abfließt und in (sogenannte intermediäre) Tiefen von 500-800 m absinkt.

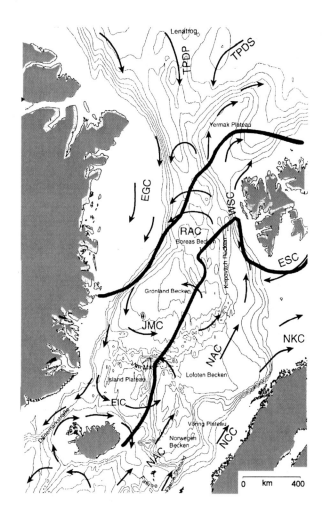

Bild 9.35/1 Zirkulation des Wassers an der Meeresoberfläche (Oberflächenzirkulation). Von WINKLER (1999) erstellt nach Angaben verschiedener Autoren, verändert

Die Wassermassen des Westspitzbergenstroms sinken sodann in der nördlichen Framstraße auf intermediäre Tiefen ab und driften als Teilströme in das Nordpolarmeer. Es konnte festgestellt werden, daß der an der Schelfkante nördlich von Spitzbergen driftende Teilstrom durch Abkühlung und Vermischung mit arktischen Wassermassen sich bereits nach ca 600 km Drift vollständig in sogenanntes *arkti-*

sches Zwischenwasser umgewandelt hat. Der größte Teil des Westspitzbergenstroms rezirkuliert in der zentralen Framstraße und schichtet sich in einer Tiefe von 150-800 m in die polaren Wassermassen des südwärts strömenden Ostgrönlandstroms ein. Diese Komponente des Ostgrönlandstroms wird *Atlantischer Rückstrom* (RAC) genannt. Er besteht vermutlich aus zyklonalen Wirbeln, die sich unregelmäßig an der Westseite des Westspitzbergenstroms bilden.

Die beiden Hauptströme der Transpolardrift, der polare (TPDP) und der sibirische (TPDS) Zweig, fließen als Ostgrönlandstrom ins Europäische Nordmeer, wobei ein Teil des mit dem Ostgrönlandstrom südwärts fließenden Wassers des Atlantischen Rückstroms seine zyklonale Zirkulation fortsetzt und schließlich als *Jan Mayen Strom* (JMC) dem Westspitzbergenstrom Wassermassen wieder zuführt. Der westliche Teil des Ostgrönlandstroms bewegt sich weiterhin südwärts, wird aber teilweise als *Ostislandstrom* (EIC) rezirkuliert. Ein anderer Teil des Ostgrönlandstroms fließt durch den Meersteil Dänemarkstraße in den westlichen Nordatlantik.

|Daten zum Westspitzbergenstrom|
Er führt als Ausläufer des Golfstroms (beziehungsweise des Nordatlantischen Stroms) relativ warmes, salzreiches Wasser heran. Temperaturen am Nordkap Norwegens: im Sommer zwischen 10-12° C, im Winter um 5° C.

|Daten zum Ostgrönlandstrom|
Er ist ca 110-120 km breit, reicht bis in Tiefen von ca 150 m und bringt mit großer Geschwindigkeit (im Winter bis zu 50 m/s) und erheblicher Transportleistung große Massen kaltes, salzarmes Wasser aus dem Nordpolarmeer. Nach dem Binnenstrom Amazonas ist der Ostgrönlandstrom wegen seiner Eisbedeckung der zweitgrößte Süßwasserstrom des Systems Erde (nach HOLLAND 1978, siehe HARDER 1996).

|Ozeanische Fronten|
Verschiedenartige warme und kalte Wassermassen führen mehr oder weniger zu konstanten Wasserkonvergenzzonen, die durch ausgeprägte Dichte-, Salinitäts- und Temperaturgradienten gekennzeichnet sind. Bewegen sich solche Wassermassen, ergeben sich im Grenzbereich Phänomene, die, wie bei der Bewegung unterschiedlicher Luftmassen in der Atmosphäre, als *Fronten* bezeichnet werden. Fronten von größerer Ausdehnung nennt man meist *ozeanische Fronten*. Fronten können sich durch Schaumstreifen an der Meeresoberfläche und durch unterschiedliche Form der Wellen anzeigen. Hohe Nährstoffkonzentrationen im Grenzbereich der beiden Wassermassen locken nicht nur Scharen von Seevögeln an, sondern ermöglichen auch, bei ausreichenden Lichtverhältnissen und hinreichender Stabilisierung der Wassersäulen, ein schnelles und starkes Wachstum des Phytoplanktons.

Die ozeanischen Fronten im *Nordpolarmeer* prägt wesentlich der Eisfluß durch die Framstraße, der starke saisonale Schwankungen zeigt. Die minimale Ausdehnung des Eisfeldes im August/September entspreche dem Verlauf der *arktischen ozeanischen*

Polarfront, die maximale Ausdehnung im Februar/März der *ozeanischen arktischen Front* (WINKLER 1999). Beide Fronten (Polarfront und Arktikfront) sind durch starke schwarze Linien im Bild 9.35/1 dargestellt. Ausführungen zu den ozeanischen Fronten im *Südpolarmeer* sind im Abschnitt 9.5 enthalten. Angaben zur Eisbedeckung der Polarmeere enthält Abschnitt 4.3.01.

Zirkulation der Tiefen- und Bodenwassermassen
Im Europäischen Nordmeer sind südwärts gerichtete Tiefenwasserströme vorherrschend (Bild 9.35/2). Nach der von WINKLER (1999) gegebenen Übersicht fließt vom Nordpolarmeer Bodenwasser aus dem Nansenbecken (EBDW) sowie Tiefenwasser aus dem Amundsenbecken (CBDW) zusammengefaßt als *Arktisches Tiefenwasser* (ADW) durch die Framstraße in das Grönlandseebecken. Diese Wassermasse und die durch starke Abkühlung absinkenden Oberflächenwasser ergeben das *Grönlandsee-Tiefenwasser* (GSDW). Dieses Tiefenwasser fließt in südliche Richtungen und erhält dabei Zufuhr von salzreichem, kaltem Bodenwasser, das im Barentschelfmeer durch Meereis- und Salzlakenbildung entsteht. Außerdem kommt auch noch *Islandsee-Tiefenwasser* (ISDW) hinzu. Teile des so entstandenen *Norwegensee-Tiefenwassers* (NSDW) sowie des Grönlandsee-Tiefenwassers strömen entweder durch die Framstraße nordwärts und erneuern das Tiefenwasser des Eurasischen Beckens oder verlassen durch die Dänemarkstraße das Europäische Nordmeer um weiter an der globalen Wasserzirkulation teilzunehmen (Bild 9.35/2).

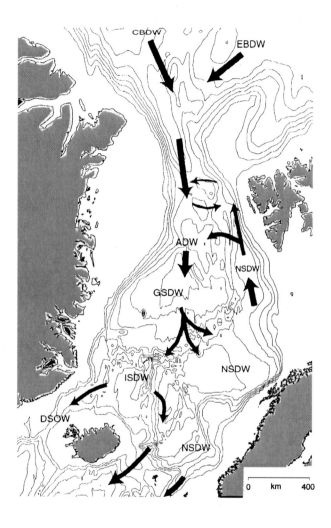

Bild 9.35/2
Zirkulation der Tiefenwassermassen. Von WINKLER (1999) erstellt nach Angaben verschiedener Autoren, verändert

Generelle Wasserzirkulation und Wassereigenschaften im Atlantik

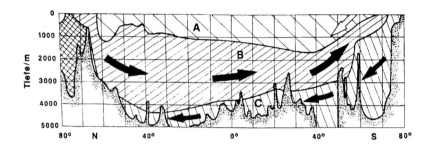

Bild 9.36
Vertikalschnitt der generellen Wasserzirkulation im Atlantik nach DIETRICH.
A = warme Wasseroberschicht
B = kaltes ozeanisches Tiefenwasser
C = kaltes ozeanisches Bodenwasser
Quelle: AUGSTEIN (1990), verändert

Bildung von Bodenwasser in der Antarktis
Wasserzirkulation und Wassereigenschaften im Südpolarmeer

Wie zuvor bereits angedeutet, entsteht auch in der Antarktis (vermutlich) durch Konvektions- und Vermischungsvorgänge der Wassermassen kaltes und dichtes Wasser, das *ozeanische Bodenwasser*, insbesondere an der Schelfkante der Antarktis. Als Meeresteile, in denen eine solche Bodenwasserbildung stattfinden kann, konnten inzwischen ermittelt werden das *Rossmeer*, das *Weddellmeer*, die *Prydz-Bay* und der Meeresteil vor der *Adelie-Küste* (SCHODLOK 2002). Die neu gebildeten Bodenwassermassen werden meist nach ihren Bildungsgebieten benannt. Durch Vermischung dieser Wassermassen mit dem Zirkumpolaren Tiefenwasser (CDW) entstehe Antarktisches Bodenwasser (in unterschiedlichen Formen). Es wird angenommen, daß das Antarktische Bodenwasser (AABW), global betrachtet, die dichteste Wassermasse des Meeres ist. Als Abkürzungen für wichtige Wassermassen sind gebräuchlich:

deutsch		engl.
Antarktischer Zirkumpolarstrom	ACC	Antarktic Circumpolar Current
Antarktisches Oberflächenwasser	AASW	Antarctic Surface Water
	ASW	Antarctic Surface Water
	SW	Surface Water
Winterwasser	WW	Winter Water
Zirkumpolares Tiefenwasser	CDW	Circumpolar Deep Water
oberes CDW	UCDW	Upper Circumpolar Deep Water
unteres CDW	LCDW	Lower Circumpolar Deep Water
Warmes Tiefenwasser	WDW	Warm Deep Water
Nordatlantisches Tiefenwasser	NADW	North Atlantic Deep Water
Antarktisches Zwischenwasser	AAIW	Antarctic Intermediate Water
Antarktisches Bodenwasser	AABW	Antarctic Bottom Water

Oberflächenzirkulation der Wassermassen
Bevor auf die Zirkulation und die Eigenschaften der Tiefen- und Bodenwassermassen eingegangen wird, folgt zunächst eine Übersicht über die *oberflächennahen* Wassermassen im Südpolarmeer, dessen Definition und Begrenzung im Abschnitt 9.1 angesprochen ist. Einige, den antarktischen "Kontinent" nahezu konzentrisch (zirkumpolar) umgebenden Wassermassenringe sind namentlich gekennzeichnet worden, wie etwa der *Antarktische ozeanische Zirkumpolarstrom* (kurz: Antarktischer Zirkumpolarstrom). Dieser Ringstrom ist gekennzeichnet durch Wassermassen, die sich *rechtsdrehend* ("ostwärts") bewegen.

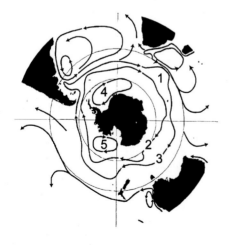

Bild 9.37
Oberflächennahe Strömungen im Südpolarmeer nach RINTOUL et al. 2001.
1 Antarktischer ozeanischer Zirkumpolarstrom (engl. Antarctic Circumpolar Current)
2 Antarktische ozeanische Polarfront (Polar Front)
3 Subantarktische ozeanische Front (Subantarctic Front)
4 Weddellmeerwirbel (Weddell Gyre)
5 Rossmeerwirbel (Ross Gyre)
Quelle: BRIX (2001)

Bild 9.38
Oberflächennahe Strömungen im Südpolarmeer nach GLOERSEN et al. 1992 mit Angaben zum Winter- und Sommer-Meereis.
Quelle: HOFMANN (1999)

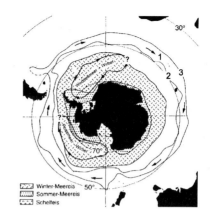

Den Antarktischen ozeanischen Zirkumpolarstrom charakterisieren ausgeprägte *ozeanische Fronten*, Meeresteile mit starken horizontalen Gradienten, die Wassermassen unterschiedlicher Temperatur voneinander trennen, und die zugleich hohe Strömungsgeschwindigkeiten aufweisen. Diese Fronten sind biologisch meist sehr produktiv. Sie zeigen eine räumliche und zeitliche Dynamik. Sie mäandrieren und vielfach schnüren sich an den Ausbuchtungen Zellen ab (Wirbel), die nach Temperatur, Salzgehalt, Bewegungsrichtung, Vertikalbewegung und Produktivität eine gewisse Anomalie im umgebenden Wasser darstellen. Bezüglich der Vertikalbewegung von Wasser sind sie Meeresteile erhöhter Dynamik. Benennungen und Definitionen der Fronten sind nicht einheitlich, teilweise liegen Doppelbenennungen vor (GEIBERT 2001). Die Fronten ermöglichen eine Gliederung des antarktischen ozeanischen Zirkumpolarstroms.

Bild 9.39
Gliederung des Antarktischen ozeanischen Zirkumpolarstroms und Kennzeichnung einiger *ozeanischer Fronten* im Südpolarmeer nach ORSI et al. 1995. Es bedeuten:
1 Subtropische Front
2 Subantarktische Front
3 antarktische Polarfront
4 südliche Front des Zirkumpolarstroms
5 südliche Grenze des Zirkumpolarstroms

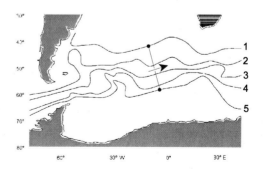

Die südliche Grenze des Zirkumpolarstroms ist im Bild benannt, die nördliche Grenze des Zirkumpolarstroms bildet nach dieser Definition die Subtropische Front. Der Bereich zwischen Subantarktischer Front und Antarktischer Polarfront wird gelegentlich auch "Polarfrontzone" genannt.

|Westwinddrift, Ostwinddrift|
Angetrieben oder verstärkt durch vorherrschenden *Westwind*, bewegen sich die Wassermassen des Antarktischen ozeanischen Polarstroms *rechtsdrehend*, oftmals als "*ostwärts*" bezeichnet, um den antarktischen "Kontinent". Vielfach wird in diesem Zusammenhang die Benennung *Westwinddrift* benutzt. Das Stromband des antarktischen ozeanischen zirkumpolaren Wasserringes, die Westwinddrift, beginnt mit Wassermassen (die vom Äquator her kommen) im Bereich zwischen *Subantarktischer Front* und *Antarktischer Polarfront* und erstreckt sich polwärts bis zu einer oberflächennahen Strömung in entgegengesetzter Richtung (*linksdrehend* oder in "westlicher" Richtung), die vom vorherrschenden *Ostwind* angetrieben und daher *Ostwinddrift* genannt wird. Die Strömungsdivergenz (Westwinddrift/Ostwinddrift) wird vereinzelt auch als *Antarktische Divergenz* bezeichnet. Da die Westwinddrift im Vergleich zur Ostwinddrift groß ist, wird sie gelegentlich untergliedert in einen nördlichen und einen südlichen Bereich, getrennt durch eine "südliche Polarfront". Verschiedentlich wird der Übergang von der Westwind- zur Ostwinddrift auch "kontinentale Wassergrenze" genannt (siehe METZ 1996 S.15). Die Wassermassen der Ostwinddrift laufen *nicht* in einem geschlossenen Ring um den antarktischen "Kontinent", da der westwärts fließende Wasserstrom in die großen Wasserwirbel des Weddellmeeres und des Rossmeeres aufgenommen wird und über weite Strecken als deren südliche Flanken aufgefaßt werden kann. Als Benennungen für diese Wasserwirbel werden hier benutzt:

|Weddellmeerwirbel, Rossmeerwirbel|
Der Weddellmeerwirbel (oftmals kurz Weddelwirbel genannt) wird im Süden durch Ostwinde, weiter nördlich durch die dort vorherrschenden Westwinde angetrieben. Im Weddellmeerwirbel gibt es drei Oberflächenwassermassen, die unterschiedliche Temperaturen und Salzgehalte haben: *subantarktisches Oberflächenwasser*, *antarktisches Oberflächenwasser* und das sogenannte *Winterwasser* (0-200 m Wassertiefe). Das Weddellmeer gilt als ein wichtiges Quellgebiet des *Antarktischen Bodenwassers*. Der Rossmeerwirbel wird ebenfalls oftmals kurz Rosswirbel genannt. Nahe der Küste fließt der

|antarktische Küstenstrom|
Er folgt etwa der Küstenlinie und ist ebenfalls linksdrehend gerichtet. Im Zusammenhang mit der Winddrift sei noch angemerkt, daß eine windgetriebene Oberflächenströmung des Meeres mit einem zeitlichen Verzug auf eine Änderung der Windrichtung reagiert und daß (nach EKMAN 1902) die Bewegung des Wassers an der

Oberfläche um 45° abweichend von der Windrichtung verläuft, wegen der Corioliskraft auf der Südhalbkugel nach links, auf der Nordhalbkugel nach rechts. Die Geschwindigkeit der Wasserbewegung betrage etwa 1,5% der Windgeschwindigkeit (GIERLOFF-EMDEN 1980 S. 618, I).

|nordatlantisches Tiefenwasser|
Dieses Wasser steigt südlich der geographischen Breite 40° S auf eine Wassertiefe von 3000-2000 m an und gelangt im Meeresteil Argentinisches Becken unter den Einfluß des Antarktischen ozeanischen Zirkumpolarstroms. Durch Mischung beider Wassermassen entsteht im Zirkumpolarstrom das *zirkumpolare Tiefenwasser*, das die größte einheitliche Wassermasse des Südpolarmeeres sei (HOFMANN 1999).

Drift von Eisbergen und Zuführung von Süßwasser
An der antarktischen Küste entstehen Eisberge, wenn aus dem Inland abfließende Eismassen am Eisrand abbrechen. Mit Geschwindigkeiten bis zu 15 km pro Tag können die Eisberge mehre Jahre driften, bis sie durch Zerbrechen und Schmelzen dem Meer als Süßwasser zugeführt werden. Bei kleinen Wassertiefen ist es möglich, daß die Eisberge auf dem Meeresgrund auflaufen und mehrere Jahre festliegen. Sind sie ausreichend abgeschmolzen oder in kleinere Eisberge zerfallen, setzen sie ihre Drift fort. Dem Weddellmeer wird auf diese Weise eine Süßwassermenge von ca 410 Gt pro Jahr zugeführt (FAHRBACH et al. 2001). Vom Driftschema der Eisberge hängt mithin ab, wo die Niederschläge auf den antarktischen Eiskappen als Süßwasser ins Meer eingebracht werden. Diese Wassermengen bestimmen zusammen mit dem Niederschlag über dem Meer sowie dem Schmelzen und Gefrieren des Meereises den *Salzgehalt* des Meerwassers. Eine Abnahme des Salzgehaltes kann auf die großräumige Absinkbewegung des Wassers einwirken, die in den polaren und subpolaren Meeresteilen vielfach vorliegt.

Bei hinreichender Größe der Eisberge erfolgt das Erfassen ihrer Driftwege mit Hilfe von Satellitenbildaufzeichnungen. Interessierende kleinere Eisberge können mit Sendern bestückt und ihre Driftdaten sodann von Satelliten aufgezeichnet und weitergeleitet werden.

Radarrückstreuverhalten von antarktischem Eis
Das Radarrückstreuverhalten von arktischem und antarktischem Eis sei unterschiedlich (AWI 1998/1999). Für das antarktische Eis sei diesbezüglich bestimmend die sommerliche Schneemetamorphose und das Aufeis auf dem Meereis. Die sommerlichen Rückstreukoeffizienten seien in der Antarktis höher als die winterlichen, da sowohl der Volumenstreuanteil durch das poröse, salzlose Eis als auch der Oberflächenstreuanteil aufgrund erhöhter Rauhigkeit an der Schnee-/Eisgrenze im Som-

mer erhöht sind. An Zeitreihen der Radarrückstreukoeffizienten konnte das sommerliche Auftreten von Aufeis auf mehrjährigem Eis rund um die antarktische Küste aufgezeigt werden. Ein Vergleich von Hubschrauber-Laseraltimeter-Daten mit SAR-Daten des ERS-2 ließ erkennen, daß aus den Rückstreueigenschaften eines Meeresteils eine Aussage über die Häufigkeit vorhandener Preßeisrücken in diesem Teil abgleitet werden kann.

Zirkulation der Tiefen- und Bodenwassermassen,
Ausbreitung des Antarktischen Bodenwassers
Wichtigstes Bildungsgebiet für die bodennahen (meeresgrundnahen) Wassermassen, die sich in den Atlantik hinein ausbreiten, ist das *Weddellmeer*. Als Hauptwassermassen des Weddellmeeres gelten:

AASW	Antarktisches Oberflächenwasser
WW	Winterwasser
WDW	Warmes Tiefenwasser
LSSW	Salzarmes Schelfwasser (engl. Low Salinity Shelf Water) oder Östliches Schelfwasser (ESW)
HSSW	Salzreiches Schelfwasser (High Salinity Shelf Water) oder Westliches Schelfwasser (WSW)
ISW	Schelfeiswasser (Ice Shelf Water)
WSDW	Weddelmeer-Tiefenwasser (Weddell Sea Deep Water)
WSBW	Weddellmeer-Bodenwasser (Weddell Sea Bottom Water)

Angaben zu den definierenden Parametern (Salzgehalt und Temperatur) dieser Hauptwassermassen sind in KLATT (2002) enthalten. Zirkulation und Veränderung der Eigenschaften des Wassers im Weddellmeer vollziehen sich etwa wie folgt (KLATT 2002, GEIPERT 2001, FAHRBACH et al. 2001): Kaltes Winterwasser (WW), mit Temperaturen unter - 1,8°C, bildet die typische Deckschicht im Innern des Weddellmeeres, mit einer Dicke von 50-100 m. Im Sommer sei WW vom Antarktischen Oberflächenwasser (AASW) überdeckt, das aufgrund der Erwärmung und des Aussüßens infolge der Meereisschmelze entsteht.

Unter der kalten Deckschicht existiere (salzreiches, zirkumpolares) warmes Tiefenwasser (WDW beziehungsweise LCDW) mit Temperaturen >0°C bis hinab in eine Tiefe von ca 1 500 m, das sich als sogenannter *Weddellmeerwirbel* rechtsdrehend bewegt. An den Rändern des Wirbels sei die Deckschicht dicker und das Wasser wärmer als im Innern, was im östlichen Bereich stärker ausgeprägt sei, als im westlichen. In Wassertiefen >500 m zeige sich eine zweigeteilte Struktur des Wirbels. Es kann ein westlicher und ein östlicher Wirbel unterschieden werden.

Unterhalb vom WDW befindet sich Weddellmeer-Tiefenwasser (WSDW), das im

Ost-Weddellmeer bis zum Meeresgrund reicht, während sich im West- und Nord-Weddellmeer unterhalb von WSDW noch das Weddellmeer-Bodenwasser (WSBW) befindet. Diese bodennahe Wasserschicht bestehe aus *neugebildetem ozeanischen Bodenwasser* mit Temperaturen unter - 7°C. Der größte Teil der Wassersäule des Wirbels bestehe jedoch aus Bodenwasser mit Temperaturen zwischen - 0,7°C und 0°C. Dieses bildet sich teilweise durch Vermischung mit benachbarten Wassermassen und teilweise durch tiefreichende Konvektion im eisfreien Weddellmeer (beispielsweise in Polinjas). Auf die Bildung von Tiefen- und Bodenwassermassen haben die Schelfwassermassen erheblichen Einfluß. Hinsichtlich der Bildung von Bodenwasser sind drei mögliche Prozesse in der Diskussion: Forster-Carmack-Prozess, ISW-Prozess (Mischung von WDW mit ISW) und Konvektion im eisfreien Meer (KLATT 2002).

Der *Haupteinstrom* von Wassermassen in den Weddellmeerwirbel erfolgt nach bisherigen Erkenntnissen (siehe beispielsweise GEIBERT 2001) vom Antarktischen Zirkumpolarstrom (ACC) aus. Das einströmende Zirkumpolaren Tiefenwassers (CDW) in den Wirbel teilt sich nahe Maud Rise (Maud-Kappe) in eine nordwärts gerichtete Komponente (die den östlichen Wirbel speist) und in eine südwestwärts gerichtete Komponente (die den westlichen Wirbel speist). Da das einströmende Wasser eine Beimischung von Nordatlantischem Tiefenwasser (NADW) enthält, ist die CDW/NADW-Mischung vergleichsweise salzreich.

Bild 9.40
Haupteinstrom von Wassermassen in den Weddellmeerwirbel nach ORSI et al. 1993.

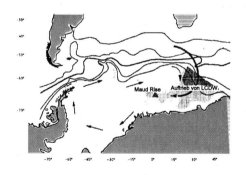

Als Ausgangsbasis aller im Wirbel entstehenden Wassermassen gilt mithin das Zirkumpolare Tiefenwasser (CDW) beziehungsweise die CDW/NADW-Mischung, insbesondere die Mischung LCDW/NADW, welche sich durch Kontakt mit Atmosphäre und Schelfeis, durch Meereisbildung und Süßwasserzufuhr aufteilt a) in einen salzärmeren, kälteren Teil (AASW) und b) in einen salzreicheren kälteren Teil (WSDW/WSBW). Alle so entstehenden Wassermassen des Wirbels seien salzärmer als (ihre Ausgangsbasis) CDW/NADW beziehungsweise LCDW/NADW, was aus dem Süßwassereintrag an der Meeresoberfläche durch Niederschlag und Schmelzen von Schelfeis und Eisbergen erklärbar sei. Ebenfalls seien alle so entstehenden Wassermassen im Wirbel kälter als ihre Ausgangsbasis. Dies offenbare die Bedeutung des Wirbels für den Wärmeaustausch zwischen Atmosphäre und Meer, da fehlende Wärme in der Regel an die Umgebung abgegeben wurde. Den *Hauptausstrom* von im Weddellmeer gebildeten Tiefen- und Bodenwasser in den Atlantik und Indik hinein zeigen die Bilder 9.41 und 9.42/1. Zum besseren Verständnis der Vorgänge ist im Bild 9.42/2 die Zirkulation des Oberflächenwassers aufgezeigt.

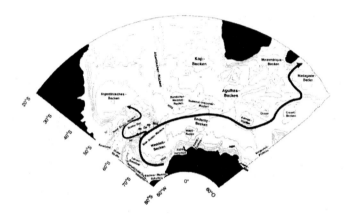

Bild 9.41
Hauptausstrom von im Weddellmeer gebildeten Tiefen- und Bodenwasser in den Atlantik und in den Indik hinein nach HAINE et al. 1998, LOCAMINI et al. 1993 (KLATT 2002).

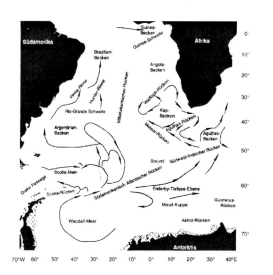

Bild 9.42/1
Zirkulation des *Bodenwassers* im Südatlantk und im atlantischen Sektor des Südpolarmeeres nach verschiedenen Autoren. Quelle: SCHUMACHER (2001), verändert. Die Meeresbecken Guinea-Becken, Brasilien-Becken, Angola-Becken, Kap-Becken, Agulhas-Becken, Argentinien-Becken und die Enderby-Tiefesee-Ebene haben Wassertiefen größer 5000 m.

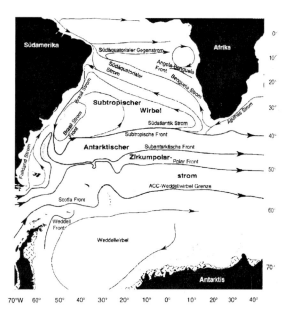

Bild 9.42/2
Zirkulation des *Oberflächenwassers* und Lage der ozeanischen Fronten im Südatlantik und im atlantischen Sektor des Südpolarmeeres nach PETERSON und STRAMMA 1991. Quelle: SCHUMACHER (2001), verändert.

Wie zuvor schon gesagt, sind die Hauptbildungsgebiete des Antarktischen Bodenwassers (AABW) das Weddellmeer, das Rossmeer, die Prydz-Bay und der Meeresteil vor der Adelie-Küste. Das in diesen Meeresteilen beziehungsweise im gesamten Südpolarmeer gebildete Antarktische Bodenwasser breite sich sodann in alle angrenzenden Meeresteile aus, also in den Atlantik, den Indik und den Pazifik. Nach derzeitiger Auffassung (SCHODLOK 2002) wird das gesamte ozeanische Bodenwasser des *Pazifik* im Südpolarmeer gebildet, wobei das Rossmeer als Hauptbildungsgebiet gilt. Die Ausbreitungswege der Wassermassen in der Tiefsee werden dabei maßgeblich durch die Topographie des Meeresgrundes bestimmt. Das ozeanische Bodenwasser im Indik-Sektor des Südpolarmeeres beziehungsweise im *Indik*, insbesondere des Australisch-Antarktischen Meeresbeckens, sei eine Mischung von Wassermassen aus dem Meeresteil vor der Adelie-Küste und Wassermassen des Rossmeeres. Im *Atlantik* (Südatlantik) seien alle Meeresbecken unterhalb von 4 000 m Tiefe mit AABW gefüllt. Das Wasser breite sich nordwärts vom Antarktischen Zirkumpolarstrom (ACC) aus und dringe in die Becken östlich und westlich des atlantischen ozeanischen Rückens vor. Als wichtigstes Bildungsgebiet dieser bodennahen Wassermassen gilt (wie zuvor dargelegt) das Weddellmeer.

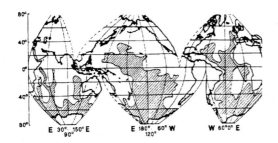

Bild 9.43
Ausbreitung des Antarktischen ozeanischen *Bodenwassers* (schraffiert) in die angrenzenden Meere nach EMERY und MEINCKE 1986. Quelle: AWI (1991), verändert

---

Wasserzirkulation und Wassereigenschaften im Pazifik

El Nino-Phänomen
Das Klima an den Küsten des Pazifik bestimmt weitgehend das sogenannte El Nino-Phänomen. Vergleichbar einer Umwälzpumpe treiben im Winter Passatwinde das im Sommer erwärmte Oberflächenwasser nordwärts und westwärts und ermöglichen so das Aufsteigen von kaltem Tiefenwasser vor der Küste Südamerikas. Etwa alle 3-7 Jahre wird dieses Kreislaufgeschehen unterbrochen. Die Folge ist, Kälte liebende Fische und Mollusken sterben, heftige Regenfälle führen auf dem Land zu Erdrutschen und anderes. Auf der Gegenseite des Pazifik dagegen fehlt die Feuchtigkeit, Australien besispielsweise wird von Dürre und Buschfeuern bedrängt. Diese Klimaa-

nomalie wird El-Nino genannt (el Nino, das Kind, auch im Sinne von Christkind), da die Anomalie erstmals an Weihnachten in Peru beobachtet und erkannt worden ist. Die Frage, seit wann es dieses Phänomen gibt, wird derzeit etwa wie folgt beantwortet: Im Zeitabschnitt zwischen 7 050 bis 3 850 v.Chr. bestand ein vergleichsweise warmes und stabiles Klima. El Nino trat in diesem Zeitabschnitt äußerst selten auf. Im folgenden Zeitabschnitt bis ca 850 v.Chr. trat die Klimaanomalie zwar häufiger auf, jedoch in größeren zeitlichen Abständen. Erst nach 850 v.Chr. stellten sich kurze Oszillationen nach heutigem Muster ein (LINSMEIER 2002).

9.2.01 Satelliten-Erdbeobachtungssysteme
(vorrangig zur Meerbeobachtung)

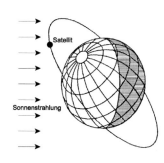

Abkürzungen
H = 35 900 km
äquatoriale Umlaufbahn = geostationärer Satellit

Für die polnah und zwischenständig umlaufenden Satelliten gilt:
H =
Höhe der Satelliten-Umlaufbahn über der Land/Meer-Oberfläche der Erde
sU = sonnensynchrone Umlaufbahn
I = Inklination der Umlaufbahn-Ebene (Winkel zwischen Äquator-Ebene und Umlaufbahn-Ebene)

ÄÜ = Ortszeit des Äquator-Überfluges (auf der Tagseite) bei Nord-Süd-Überflug oder "absteigend" (engl. decending), Süd-Nord-Überflug oder "aufsteigend" (engl. ascending)
AM = ante meridian, lat. vormittags. (AM-Umlaufbahn)
PM = post meridian, lat. zwischen Mittag und Mitternacht. (PM-Umlaufbahn)

gA = geometrische Auflösung (im Nadirbereich)
λ = Wellenlänge
A = Altimeter-Meßgenauigkeit ("innere" Genauigkeit des bestimmten Punktes)
F = Reflexionsfläche, kreisähnlicher Ausschnitt der momentanen Meeresoberfläche, der den Radarimpuls reflektiert (engl. Footprint)
Die von Sensor-System abgestrahlten Mikrowellen können horizontal (H) oder vertikal (V) *polarisiert* sein. Beim Empfang kann das Sensor-System wiederum auf

horizontale oder vertikale Polarisation eingestellt sein. Dadurch sind vier Kombinationen der Polarisation abgestrahlter und empfangener Mikrowellen möglich: HH, VV, HV, VH.
Bezüglich der Abkürzungen DORIS und andere siehe Abschnitt 2.1.02.

Satelliten mit Systemen zur Altimetermessung

Im Vergleich zu Landoberflächen wird der vom Satelliten ausgesandte Radarimpuls von Meeresoberflächen besonders gut reflektiert. Die Satellitenaltimetrie wird daher vorrangig zur Erfassung der Meeresoberfläche eigesetzt, die ja rund 2/3 der Oberfläche des mittleren Erdellipsoids umfaßt.

Start	Name der Satellitenmission und andere Daten
1973	**Skylab** (USA) H = 435 km, I = 130°, *erstmals* Radaraltimeter und Windscatterometer in einem Satelliten eingesetzt, A = ± 1 m
1975	**GEOS-3** (USA) H = 840 km, I = 115°, Sensor: Radaraltimeter 13,9 GHz, A = ± 0,5 m
1978	**SEASAT** (Abschnitt 4.3.01) Sensor: Radaraltimeter, A = ± 0,1 m, *erstmals* ein SAR-System in einem Satelliten eingesetzt
1985	**GEOSAT** (Geodetic Satellite) (USA, Navy) H = 780 km, I = 108,0°, Sensor: Radaraltimeter 13,5 GHz, A = ± 0,07 m, F = ca 9 km, *Bahnverfolgung* durch Doppler, Messungsende 1989
1991	**ERS-1** (Abschnitt 8.1) Sensor: Radaraltimeter MWR/2, *Bahnverfolgung* durch Laser und (nach Start ausgefallen) PRARE Messungsende 1996
1992	**TOPEX/Poseidon** (TOPEX = Topography Experiment) reine Altimetermission, Poseidon = Premier Observatoire Spatial Etude Intensive Dynamique Ocean et Nivosphere) (USA, NASA: Frankreich, CNES), H = 1 336 km, I = 66,04°, A = ± 0,02 m, F = 2-12 km, Exzentrizität e = 0,000 095, TOPEX-Radaraltimeter (2 Frequenz-Altimeter): 13,6 GHz, Ku-Band (Wellenlänge ca 2 cm) und 5,3 GHz, C-Band (Wellenlänge ca 5 cm), Poseidon-Radaraltimeter (1 Frequenz-Altimeter): 13,65 GHz, ferner sind an Bord: GPSDR = Global Positioning System Demonstration Receiver, *Bahnverfolgung* durch DORIS (Meßgenauigkeit zwischen 0,5-1,0 mm/s), SLR (Meßgenauigkeit zwischen 0,5-5 cm), GPS (Meßgenauigkeit ca 50 cm), der radiale Bahnfehler beträgt nach TAPLEY et al. 1994 ca 3-4 cm (BAUMGARTNER 2001), ferner ist an Bord Topex Mikrowellen Radiometer (TMR) zur Bestim-

	mung des Wasserdampfgehalts in der Troposphäre entlang des Altimeterimpulses, Datenaufbereitung und -bezug durch *Aviso* (Archiving, Validation and Interpretation of Satellites Oceanographic data) in Toulouse, Frankreich, erfaßbares Gebiet bis 66° N/S, Rückkehr zum gleichen Meßpunkt nach ca 10 Tagen, geplante Ozean-Altimetrie-Mission 1992-2004
1995	**ERS-2** (Abschnitt 8.1) Sensor: Radaraltimeter MWR/3, *Bahnverfolgung* durch Laser, PRARE
1998	**GFO** (Geosat-Follow-On) (USA, Navy) Sensor: GMR/2, 5,3 GHz und 13,575 GHz, H = 800 km, I = 108°, A = ± 0,04 m, *Bahnverfolgung* durch Laser und (fehlerhaft) GPS
?	POEM (Europa, ESA) Radaraltimeter (RA-2) 2 Frequenzen
2001	**JASON-1** (Frankreich, USA) Nachfolger von Topex/Poseidon, Sensoren: JMR/3, TRSR, LRA Radaraltimeter, Poseidon 2 und DORIS (Frankreich), H = 1 336 km, I = 66°, A = ± 0,03 m, *Bahnverfolgung* durch Laser und DORIS, geplante Ozean-Altimetrie-Mission 2001-2006
2002	**ENVISAT** (Abschnitt 8.1) Sensor: Radaraltimeter MWR/2, *Bahnverfolgung* durch Laser und DORIS
? 2004	**ICESat** (Abschnitt 4.3.01), geplant: Eis-Altimeter-Mission 2004-2008
?	**EOS** Alt. (USA) Radaraltimeter
? 2006	**JASON-2**
? 2004	**CRYOSat** (Abschnitt 4.3.01) geplant: Eis-Altimeter-Mission 2004-2007

Bild 9.44
Wichtige Satelliten-Altimetermissionen zur Überwachung des Meeresspiegels. Quelle: The Earth Observer (USA, EOS, 2003), DGFI (2003), BOSCH et al. (2001), BAUMGARTNER (2001) und andere.

Satelliten mit Sensoren zum Erfassen von Strahlungsreflexion
vorrangig jener, die sich an tätigen Oberflächen des Meeres vollzieht

Start	Name der Satellitenmission und andere Daten
1978	**NIMBUS-7** (USA, NASA) H = 955 km, sU, I = 99,3°, Sensor: CZCS (Coastal Zone Color Scanner), 6 Kanäle (siehe Meeresfarbe), gA = 800 m
1979	**COSMOS-1076** (UdSSR, Russland) H = 634 km, I = 82,5°
1980	**COSMOS-1151** (UdSSR, Russland) H = 650 km, I = 82,5°
1986	**COSMOS-1766** (UdSSR, Russland) H = 662 km, I = 82,5°, Sensoren: DGTS, MSU-M, SLR, TFPMS
1987	**MOS** (Marine Observation Satellite) (Japan) H = 909 km, sU, ÄÜ = 10.00 Uhr, Sensoren: MESSR, MSR, VTIR
1988	**COSMOS-1869** (UdSSR, Russland) H = 663 km, I = 82,5°, Sensoren: wie 1766
? 1990	**MOS-1B**
1996	**IRS-P3** (Indian Remote Sensing Satellite) (Indien, Deutschland) H = 817 km, Sensoren: abbildendes Spektrometer MOS (Modular Optoelectronic Scanner), besteht aus zwei Spetrometern: MOS-A (4 Kanäle für Atmosphärenmessungen in Sauerstoff-Absorptionsbande 755-768 nm), gA = 2,8 km, MOS-B (13 Kanäle zur Meererkundung 0,4-1,01 μm), gA = 0,7 km, MOS-C (CCD-Kamera 0,4-0,75 μm), gA = 300 m, Mission 2004 beendet
1997	**OrbView-2** (USA) Sensor: SeaWiFS (Sea-viewing Wide Field-of-View Sensor), H = 705 km, I = 98,2°, ÄÜ = 12,00 Uhr
1999	**QuikScat** (USA, NASA) Sensoren: SeaWinds, H = 803 km, I = 98,6°, ÄÜ = 10.15 Uhr
? 2002	**OrbView-3** (USA)
2002	**Midori II** (Japan) Sensoren: SeaWinds, AMSR, GLI, ILAS-2 (Japan), POLDER (Frankreich), H = 803 km, I = 98,6°, ÄÜ = 10.15 Uhr
2002	**ENVISAT** (Abschnitt 8.1) Sensoren: abbildendes Spektrometer MERIS (Medium Resolution Imaging Spectrometer) 0,40-1,05 μm, gA = 250 m (oder 1000 m)
? 2008	**Aquarius** (USA) globale Messung des Meerwasser-Salzgehaltes, Missionsdauer 3 Jahre ?

Bild 9.45
Satellitenmissionen beziehungsweise Sensoren vorrangig zur *Meerbeobachtung*.
Quelle: The Earth Observer (USA, NASA, EOS, 2004), DLR (2001), GURNEY et al. (1993) und andere

Satelliten mit Sensoren zum Erfassen von Ultrarot-Strahlungsemission vorrangig jener, die von tätigen Oberflächen des Meeres ausgeht

Meer und Atmosphäre haben eine gemeinsame Grenzfläche. Zwischen beiden Medien bestehen vielfache Wechselwirkungen. Das nachstehende Bild nennt wichtige Satellitenmissionen zum Erfassen der Wärmeabstrahlung des Meeres.

Start	Name der Satellitenmission und andere Daten
1970	**NIMBUS-4** (USA) H ca 1240 km, THIR (Temperature Humidity Infrared Radiometer) 6,75-11,5 µm
ab 1977	**METEOSAT-1...7** (Abschnitt 10.3) Sensor: VAS (VISSR, Visible Infrared Spin Scan Radiometer, and Atmospheric Sounder), 6 Thermalkanäle: 10,5-12,5 µm, gA = 5 km
ab 1977	**GMS-1...4**, (Abschnitt 10.3) Sensor: Kanal: 10,5-12,5 µm, gA = 5 km
1978	**HCMM** (Heat Capacity Mapping Mission) (USA,NASA) H = 620 km, HCMR (Heat Capacity Mapping Radiometer) 10,5-12,5 µm
ab 1979	**NOAA -6...8** (USA) H = ca 820 km, AVHRR/1, Kanal: 10,3-11,3 µm, gA = ca 1 km
1985	**LANDSAT-5** (Abschnitt 8.1) TM, Kanal: 10,4-12,5 µm, gA = 120 m
ab 1984	**NOAA-9...12...14?** (USA) H = ca 820 km, AVHRR/2, Kanal: 10,3-11,3 µm und teilweise 11,4-12,4 µm, gA = ca 1 km
1987	**MOS** (siehe zuvor) Sensor VTIR: 4 Kanäle 0,5-12,5 µm, gA = 1-3 km
? 1990	**MOS-1B**
1995	**ADEOS-1** (Abschnitt 8.1) Sensor: OCTS (*Ocean* Color and Temperature Scanner) 0,41-12,5 µm, gA = 700 m
? 1998	**ADEOS-2** (Abschnitt 8.1)
1999	**LANDSAT-7** (Abschnitt 8.1) Sensor: ETM, Kanal: 10,4-12,5 µm, gA = 60 m
2000	**TERRA** (Abschnitt 8.1) Sensor: MODIS-N/T (Moderate Resolution Imaging Spectroradiometer, Nadir/Tilt), MODIS-N: 36 Kanäle im Bereich 0,40-14,38 µm, gA = 250-850 m
2002	**AQUA** (vorher EOS PM-1) (USA) ÄÜ = 13.30 Uhr (Nord-Süd-Überflug), Sensoren: MODIS (Moderate Resolution Imaging Spectroradiometer), CERES (2) (Clouds and the Earth's Radiant Energy System), AIRS (Atmospheric Infrared Sounder), AMSU-A (Advanced Microwave Sounding Unit), HSB (Humidity Sounder Brazil), AMSR-E (Advanced Microwave Scanning Radiometer, Japan), H =

705 km, I = 98,2°

Bild 9.46 Satelliten mit Sensoren zum Aufzeichnen von Wärmeabstrahlung. Quelle: The Earth Observer (USA, EOS, 2003, 2002), GURNEY et al (1993) und andere

9.3 Unterscheidbare Großlebensräume im Meer

Das Meer ist vor allem charakterisiert durch den **Wasserkörper** und das *Gelände*, auf dem der Wasserkörper liegt. Die Oberfläche des Geländes kann gegliedert werden in die Teile: übermeerische Geländeoberfläche, Gezeiten-Geländeoberfläche und untermeerische Geländeoberfläche. Die untermeerische Geländeoberfläche ist ständig, die Gezeiten-Geländeoberfläche zeitweilig vom Wasser bedeckt. Die Definitionen von Gelände und Geländeoberfläche sind im Abschnitt 3.1 enthalten. Die untermeerische Geländeoberfläche mit zugehörigem (darunterliegendem) Gelände ergeben den **Meeresgrund**.

Pflanzen
leben im Meer nur in der durchlichteten Wasserschicht, deren Tiefenausdehnung von der Wasseroberfläche bis zu einer Wassertiefe von ca 200 m reichen kann.

Tiere
leben in allen Wassertiefen, auch in den Tiefseegräben mit Wassertiefen von >10 000 m.

Die Vielfalt der Tierformen im Meer ist größer als an Land. Nach NYBRAK-KEN/WEBSTER (1998) sind auf der *Stammebene* von 33 Tierstämmen 30 im Meer vertreten. Von den restlichen 3 Stämmen ist 1 Stamm rein landlebend, die 2 übrigen leben parasitisch (oder symbiotisch) im Innern anderer Tiere. Dagegen sind 15 Stämme rein meerlebend. Auf der *Artenebene* bestehen ungekehrte Verhältnisse. Etwa folgende Annahmen werden gemacht: an landlebenden Arten sind ca 5 000 000 - 50 000 000 beschrieben, an meerlebenden Arten bisher nur ca 250 000. Diese Zahl dürfte sich erheblich vergrößern, wenn das Leben am Tiefseemeeresgrund besser als bisher erfaßt ist. Nach WÄGELE (2001) kommen auf der *Stammebene* von 34 bekannten Tierstämmen 29 im Meer vor. Von diesen seien 14 Stämme rein meerlebend. Auf der Artenebene seien 10-15% der zur Zeit bekannten Arten marin (meerlebend), die restlichen 85-90% landlebend.

Biodiversität (Begriff)

Benennung und Begriff sind derzeit stark auch in der Allgemeinsprache im Gebrauch, jedoch oftmals mit unterschiedlichem Inhalt. Schon im Altertum (ARISTOTELES, PLUTARCH, PLINIUS) und danach im Mittelalter beschäftigten sich Wissenschaftler (Gelehrte) mit der (biologische) Artenvielfalt. Der Beginn der klassischen Biodiversitätsforschung wird vielfach mit Carl v. LINNE (Carolus LINAEUS) und seinem Werk "Systema Natura" in Verbindung gebracht. Mit den von ihm beschriebenen 6 691 Pflanzenarten und 4 162 Tierarten hatte er jedoch nur einen kleinen Teil der Artenanzahl erfaßt, die heute für *beschriebene* Pflanzen und Tiere angesetzt wird, nämlich ca 1,5 Millionen (NAUMANN 2001). Die global insgesamt vorhandenen *rezenten* Arten werden heute größenordnungsmäßig auf ca 5-20 Millionen Pflanzen- und Tierarten geschätzt. Benennung und Begriff Biodiversität sollte jedoch nicht begrenzt sein auf *Artendiversität*. Nach WÄGELE (2001)
● sollte der Begriff *Biodiversität* umfassen
die Vielfalt der Arten, die Vielfalt der Ökosysteme
und innerhalb eines Ökosystems
die genetische Vielfalt und die biologische Vielfalt.

Lebensraum und Lebensgemeinschaft (Begriffe)

Der Begriff Lebensgemeinschaft wird hier benutzt im Sinne von: Lebewesen, die einen bestimmten (dreidimensionalen) Raum besiedeln (Lebensraum) und aufeinander einwirken beziehungsweise voneinander abhängig sind. Die Struktur des Lebensraumes kann dabei sehr unterschiedlich und zeitabhängig sein. Dies kommt auch in den Benennungen zum Ausdruck, wie Biotop, Ökotop, Habitat, Standort, Kompartiment...

Zur Gliederung des Meeres

Das Meer läßt sich in drei große Lebensräume gliedern: Flachsee, Hochsee, Tiefsee. Als Grundlage für Definitionen verschiedener Begriffe zur Gliederung des Meeres in Großlebensräume dient oftmals das statistische Profil der globalen Meeresstruktur (Bild 9.47). Die *Flachsee* reicht von der Küstenlinie bis zum Beginn des Kontinentalhanges; sie geht dann in die *Hochsee* über. Ab der Wassertiefe ca 200 m beginnt die *Tiefsee*. Das im Bild 9.47 dargestellte Profil der allgemeinen Meeresstruktur ist eine Häufigkeitskurve. Statistisch gesehen liegt die Oberkante des Kontinentalhanges in ca 200 m Wassertiefe. Im Einzelfall kann sie zwischen ca 60 m und ca 500 m Wassertiefe liegen (GIERLOFF-EMDEN 1980, S.34). In Teilen der Antarktis, beispielsweise im Weddellmeer, liegt sie sogar bei ca 600 m Wassertiefe.

Flachsee (Litoral, Schelfmeer)
Der Lebensraum *Flachsee* reicht von der Küstenlinie bis zum Beginn des Kontinentalhanges. Der Lebensraum Flachsee (mit zugehörigem Meeresgrund) wird auch gekennzeichnet durch die Benennungen *Litoral* (CZIHAK et al. 1992) oder *Schelfmeer*. Alle diese Benennungen werden hier als Synonyme benutzt. Die meisten Pflanzen der Flachsee sind am Meeresgrund verankert beziehungsweise festgewachsen, wie etwa die Grün-, Braun- und Rotalgen. In den tropischen Gezeitengebieten sind vor allem die Mangroven vertreten: Baumarten mit Atem- und Stelzwurzeln (Sonneratia, Rhizophora, Avicennia...), die bei Flut nur mit ihren Kronen aus dem Wasserkörper herausragen. Eine Besonderheit existiert in der Sargasso-See (Nordatlantik), in der die tropische Braunalge Sargassum *treibt*. Sie stammt von Pflanzen, die in der Flachsee Mittelamerikas am steinigen Meeresgrund wachsen, losgerissen wurden und sich nun vegetativ vermehren (CZIHAK et al. 1992). Außer der Flora existiert in der Flachsee auch eine umfangreiche Fauna.

Hochsee (Pelagial)
Der Lebensraum *Hochsee* umfaßt die küstenferne durchlichtete Wasserschicht (bis ca 200 m Wassertiefe); ihm ist kein Meeresgrund zugeordnet. Der Lebensraum wird auch gekennzeichnet durch die Benennungen *Pelagial* (CZIHAK et al. 1992) oder durchlichtete Wasserschicht im "offenen" Meer, in der "offenen" See, im "freien" Wasser. Alle diese Benennungen werden hier als Synonyme benutzt. In der obersten durchlichteten Wasserschicht existiert besonders viel Leben. Hier produziert das *Phytoplankton* neue Biomasse (Primärproduktion), von der mehr oder weniger alle anderen Glieder der Nahrungskette zehren, einschließlich des Zooplanktons und vieler anderer Tiere. Das Phytoplankton in der Hochsee umfaßt vorwiegend Planktonalgen, vorrangig Diatomeae, Peridinales und Coccolithophorales (CZIHAK et al. 1992).

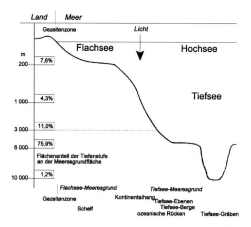

Bild 9.47
Großlebensräume im Meer: Flachsee, Hochsee, Tiefsee. Die Daten für das statistische Profil der globalen Meeresstruktur einschließlich der zugehörigen %-Angaben entstammen HEINRICH/HERGT (1991) S.124.

Tiefsee (Abyssal)
Der Lebensraum *Tiefsee* (mit zugehörigem Meeresgrund) beginnt unterhalb der durchlichteten Wasserstufe (etwa ab 200 m Wassertiefe); er wird auch gekennzeichnet durch die Benennung *Abyssal* (CZIHAK et al. 1992). Die genannten Benennungen werden hier als Synonyme benutzt. Die Tiefsee ist der größte und bisher nur wenig bekannte Lebensraum im Meer (wie auch der Erde). Wegen Lichtmangel fehlen photoautotrophe Pflanzen (Bild 7.32). Die Wassertemperaturen in den Tiefseebecken sind niedrig und relativ gleichbleibend, der Wasserdruck nimmt mit der Tiefe zu. Zum Leben in der Tiefsee gibt es noch keine umfassenden Aussagen: die Tiefseeforschung begann etwa 1850, doch wesentliche Fortschritte ermöglichte erst die Entwicklung der *Tiefseefernerkundung* (etwa ab 1950) und schließlich der Einsatz einer Kombination von Forschungsschiff und unbemanntem beziehungsweise bemanntem Unterwasserfahrzeug (etwa ab 1977). Ausführungen hierzu und besonders zur Fernerkundung der ozeanischen Rücken enthält Abschnitt 3.2.01.

Durchlichtete Wasserschicht (photische und euphotische Zone)

Die Durchlichtung des Wasserkörpers, die Eindringtiefe des Lichts in den Wasserkörper, ist von mehreren Parametern abhängig, wie etwa vom Einfallswinkel des Lichts (der wiederum abhängig ist vom Tages- und Jahresgang der Sonne, von der geographischen Breite des Einstrahlungsortes, von der Wellenbewegung der Meeresoberfläche). Sie ist auch abhängig von der an der Wasseroberfläche ankommenden Strahlungsintensität, von den in der Wassersäule jeweils vorhandenen gelösten Substanzen und Partikeln (die Licht absorbieren oder streuen). Die Durchlichtung reicht im klaren Wasser der Subtropen ca 100 m tief, wegen des Trübstoffgehalts im Nordatlantik ca 40 m, in der Nordsee ca 25 m und in Küstennähe wenige Dezimeter. UV-Strahlung und langwellige Strahlung dringen weniger tief in den Wasserkörper ein, als blaugrünes Licht (HEINRICH/HERGT 1991, S.125). Die Durchlichtung ist mithin je nach Meeresteil, Jahreszeit oder sonstigen Einwirkungen unterschiedlich. Beobachtungen von Tiefseeforschern ergaben: ab Erreichen von ca 200 m Tiefe beim Auftauchen mit einem Unterwasserfahrzeug aus der dunklen Tiefsee erschien das Wasser in einem blassen Grünschimmer... (EDMOND/V.DAMM 1983). Im Zusammenhang mit der durchlichteten Wasserschicht wird auch von *photischer* Zone beziehungsweise *euphotischer* Zone gesprochen, in Unterscheidung zu *aphotischer* (lichtloser) Zone. Als *euphotische Zone* gilt diejenige Wasserschicht, in der aufgrund der Lichteinstrahlung durch Photosynthese eine Produktion pflanzlicher Substanz möglich ist (CZIHAK et al. 1992, S.767).

Neustal, Pleustal, Neuston, Pleuston
Ein bestimmter Saum beiderseits der Grenze zwischen Atmosphäre und Flachsee/Hochsee wird vielfach als eigenständiger Lebensraum betrachtet und außerdem

nochmals unterteilt in die Lebensräume *Neustal* (Luftschicht+Wasserschicht 0-30 cm Tiefe oder nach AWI 1990 S.150: 0-10 cm) und *Pleustal* (nur Wasserschicht?). Die dort lebenden Organismen nennt man entsprechend Neuston beziehungsweise Pleuston. Als *Neuston* gelten beispielsweise die Wasserläufer (etwa Halobates micans, Hydrometra stagnorum), die Mückenlarven (Culex), die Libellenlarven, die Zooflagellaten (Codosiga botrytis). Das *Pleuston* umfaßt an Treibholz gebundene oder mit besonderen Körperfortsätzen ausgestattete Organismen (beispielsweise Velella), die von Wind und Strömung angetrieben, auf der Wasseroberfläche treiben (siehe HEINRICH/HERGT 1991 und andere).

Benthos (Benthon)

Bestimmte Organismen leben ständig oder überwiegend am Meeresgrund, als *Benthos*. Benthisches Leben existiert sowohl am Flachsee-Meeresgrund als auch am Tiefsee-Meeresgrund. Der Flachsee-Meeresgrund wird allgemein (der oder das) *Schelf* genannt. Bezüglich der Benennung *Benthos* wäre es sinnvoller, dafür die Benennung *Benthon* zu gebrauchen in Unterscheidung zu *Plankton* und *Nekton*, sowie auch in Unterscheidung zu *Neuston* und *Pleuston*. Da Benthos sprachlich stark eingebürgert ist, wird es hier ebenfalls benutzt, aber nur im Sinne von: benthisches Leben der Organismen. Auf die Definitionen von Benthos, Epifauna, Infauna und anderer Begriffe in diesem Zusammenhang wird später eingegangen

Mißverständliche Benennungen und Definitionen (in der bisherigen Literatur)
Die zuvor skizzierte Terminologie basiert wesentlich auf die neueren Auffassungen von Biologie, Geologie und Geographie, wie dargelegt in CZIHAK et al. (1992) S.834, ZEIL (1990) S.58, GIERLOFF-EMDEN (1980) S.32 I; sie ist nicht allgemein akzeptiert. Zu abweichenden Auffassungen, beispielsweise über die Obergrenze der Tiefsee, fehlen meist einsichtige Begründungen. Um ein Zurechtfinden in der Literatur zu erleichtern, sind nachfolgend einige Benennungen aufgeführt, für die es unterschiedliche Definitionen gibt; der Gebrauch dieser Benennungen mithin zu Mißverständnissen führen kann. Sie sollten daher ohne zuvorgegebene Definition nicht mehr benutzt werden. Als *Beispiel für diese mißverständlichen Benennungen* wird eine der zahlreichen Gebrauchsformen aufgezeigt, wie sie in HEINRICH/HERGT (1991) S.124-125 ausgewiesen ist:

Der Wasserbereich des Meeres sei das Pelagial mit folgender
vertikaler Gliederung des Wasserkörpers des Meeres:

0-200 m	Epipelagial
200-1000 m	Mesopelagial
1000-3000 m	Bathypelagial
3000-6000 m	Abyssopelagial
6000-≥10000 m	Hadopelagial

Der Bodenbereich des Meeres sei das Benthal, mit folgender
vertikaler Gliederung des Meeresgrundes:

0-200 m	Litoral
200-1000 m	Benthal
1000-6000 m	Abyssal
6000-≥10000 m	Hadal

Nach allgemeinem Sprachverständnis würden sich demzufolge Pelagial und Benthal in einer gemeinsamen Grenzfläche berühren: leben Tiere, die beispielsweise auf dem Meeresgrund wandern, dann im Benthal oder im Pelagial? Definitionen dieser Art sind eher verwirrend als hilfreich. Wir verzichten auf den Gebrauch dieser unklaren Begriffe und benutzen hier das zuvor skizzierte Begriffssystem.

**Definition von
Plankton, Nekton, Benthos, Bakterien, Viren, organische Moleküle und
Gliederung von "Organismen" entsprechend ihrer Größe**

Frei schwebende oder schwimmende Organismen, die *keinen* unmittelbaren Bezug zum Meeresgrund haben und *nicht* über eine bedeutende aktive Fortbewegungseinrichtung verfügen, heißen **Plankton**, *aktive* Schwimmer (etwa Fische) bezeichnet man als **Nekton**. Der Teil der Organismen, der ständig oder überwiegend am Meeresgrund lebt, wird meist **Benthos** genannt. Pflanzen beziehungsweise Tiere leben im Meer mithin *planktisch* oder *nektisch* oder *benthisch*. Im Hinblick auf die Benennungen Plankton und Nekton wäre es sinnvoller, die Benennung *Benthon* (statt Benthos) zu benutzen.

● Plankton (Begriffe)

Die Gesamtheit aller planktisch lebenden Organismen heißt *Plankton*. Ein einzelner Organismus wird oftmals als *Plankter* bezeichnet. Entsprechend den in der Biologie postulierten Naturreichen kann das Plankton gegliedert werden in die Bereiche

Phytoplankton = planktisch lebende Pflanzen.
Zooplankton = planktisch lebende Tiere.
Mykoplankton = planktisch lebende Pilze.

Im Hinblick auf die gleitende Grenze zwischen Pflanze und Tier (und Pilz?) ist es sinnvoll gesondert auszuweisen das

Bakterioplankton = planktisch lebende Bakterien.

Im Sinne der biologischen Systematik stellen das Plankton wie auch die zuvor genannten Planktonbereiche keine Einheit dar; sie umfassen in der Regel unterschiedliche Kategorien dieser Systematik.

Organismen können ihr ganzes Leben lang planktisch leben:
Holoplankter
oder nur als Larve planktisch leben:
Meroplankter.

Das Plankton kann nach der Organismen-Größe gegliedert werden. Die Gliederung (GIESE et al. 1996 S.17) in

Mikroplankton 0,2 - 200 µm
Mesoplankton 200 - 2000 µm
Makroplankton 2000...
Megaplankton ...20 000 µm und größer

ist nicht allgemein anerkannt (gelegentlich wird Mesoplankton auch Metaplankton genannt). Eine weitergehende Gliederung (HEINRICH/HERGT 1991 S.119) ist

Ultraplankton <10 µm
Nanoplankton 10-50 µm
Mikroplankton 50-500 µm
Makroplankton 500-2000 µm
Megaplankton >2000 µm

Die Benennung Ultraplankton kennzeichnet die Zusammenfassung |Femtoplankton + Picoplankton|. Bakterien gehören beispielsweise dem Pico- und Nanoplankton an. Die größten Einzeller sind demnach dem Mesoplankton zuzuordnen. Die Quallen (als größte Plankter) gehören mithin dem Megaplankton an. Eine allgemein anerkannte Gliederung für das Plankton fehlt bisher. Für Umrechnungen gilt:

● Benthos (Begriffe), Epifauna, Infauna

Zum Benthos oder Benthon (gr. benthos, Tiefe).gehören alle Organismen, die ständig oder überwiegend am Meeresgrund leben, entweder
  sessil (verankert, festgewachsen) oder
  vagil (kriechend, zeitweilig schwimmend).
Ferner wird unterschieden zwischen
  Epifauna
der Benthos-Biomasse *über* dem Meeresgrund (über der Meeresgrundoberfläche) und
  Infauna
der Benthos-Biomasse *unter* dem Meeresgrund (unter der Meeresgrundoberfläche). Um Mehrdeutigkeit zu vermeiden erscheint es zweckmäßig, von *benthisch lebenden* Organismen zu sprechen. Die Gesamtheit aller benthisch lebenden Organismen heißt Benthos.

Entsprechend den in der Biologie postulierten Naturreichen kann das Benthos gegliedert werden in die Bereiche:
  Phytobenthos   = benthisch lebende Pflanzen.
  Zoobenthos   = benthisch lebende Tiere.
  Mykobenthos   = benthisch lebende Pilze.
Im Hinblick auf die gleitende Grenze zwischen Pflanze und Tier (und Pilz ?) ist es sinnvoll gesondert auszuweisen das
  Bakteriobenthos = benthisch lebende Bakterien.
Im Sinne der biologischen Systematik stellen das Benthos wie auch die zuvor genannten Benthosbereiche keine Einheit dar, sie umfassen in der Regel unterschiedliche Kategoerien dieser Systematik.

Das Benthos kann nach der Organismen-Größe gegliedert werden. Die Gliederung in
  Mikrobenthos $<|30-64|$ µm Maschenweite (des Fangnetzes)
  Meiobenthos   von $|30-64|$ bis $|500-1000|$ µm
  Makrobenthos $>|500-1000|$ µm
ist umstritten. Eine allgemein anerkannte Gliederung für das Benthos fehlt bisher (SEILER 1999). Die vorstehenden Angaben beziehen sich vorrangig auf das *Zoobenthos*.

● Bakterien, Viren, organische Moleküle

Partikelgröße (in μm)	Benennung	
1000-100	große *einzellige* Organismen	Pflanzen und Tiere
100-10	kleine *einzellige* Organismen	einfachste Pflanzen und Tiere
10-1	Bakterien	einzellige Kleinlebewesen
1 - 0,1	Viren	Lebendes?
< 0,1	organische Moleküle	Lebendes?

Bild 9.44
Gliederung *organischer* Einheiten entsprechend ihrer Größe. Partikelgrößen nach HOYLE (1984). Für Umrechnungen gilt:
1 Millimeter = 1 mm
1 Mikrometer = 1 μm = 0,001 mm
1 Nanometer = 1 nm = 0,001 μm
1 Picometer = 1 pm = 0,001 nm
1 Femtometer = 1 fm = 0,001 pm

|Bakterien|
sind einzellige Kleinlebewesen ohne sogenannten echten Zellkern. Sie bilden das Organismenreich der Procaryotae. Siehe die nachfolgenden Ausführungen über die prokaryotische Zelle und die Prokaryonta (Eubakterien, Cyanobakterien und Archaebakterien).

|Viren|
sind biologische Strukturen mit folgenden gemeinsamen Merkmalen. Sie enthalten als genetische Information DNA oder RNA und bedürfen zum Wachsen und Teilen Wirtszellen. Sie sind nicht zellig gebaut und zu eigener Energiegewinnung und anderen Lebensäußerungen nicht fähig. Nur wenn es ihnen gelingt, in eine lebende Zelle einzudringen und dort als Parasiten an deren Stoffwechsel teilzunehmen, können sie neue Viruspartikel erzeugen. Außer menschen- und tierparasiteren Viren sind auch pflanzenparasitere Viren bekannt. Bakterienspezifische Viren werden auch *Bakteriophagen* genannt (CZIHAK et al. 1992, PSCHYREMBEL 1990). Der heutige Stand der Virusforschung ist im Abschnitt 7.1.02 skizziert.

|Organische Moleküle|
Es kann unterschieden werden zwischen "anorganischen" und "organischen" Molekülen. Lebende Organismen bestehen aus einer relativ kleinen Anzahl von organischen

Molekülen, wie Alkoholen, Fettsäuren, Aminosäuren und Purinen, die ihrerseits komplexe Strukturen aufbauen können, wie Kohlenwasserstoffe, Eiweiße, Fette, Nukleinsäuren und Lignin (MASON/MOORE 1985). Wegen der Fähigkeit des Kohlenstoffs, komplizierte Kettenverbindungen bilden zu können, zeigen auch die im Kosmos befindlichen organischen Moleküle eine große Vielfalt (UNSÖLD/BASCHEK 1991). Die Benennung *Biomoleküle* kennzeichnet in diesem Zusammenhang vielfach jene organischen Moleküle, die zur "Selbstorganisation" fähig sind. Ob darin auch die Fähigkeiten Stoffwechsel und Selbstreproduktion einzuschließen sind, ist nicht hinreichend geklärt, denn meist wird davon ausgegangen, daß erst die *Zelle* alle Eigenschaften des Lebenden aufweist, nämlich die Merkmale Stoffwechsel, Wachstum, Bewegung, Vermehrung und Vererbung (CZIHAK et al. 1992). Weitere Ausführungen zur Zelle enthält der nachfolgende Abschnitt. Ausführungen über Eigenschaften und Ursprung des Lebens sind im Abschnitt 7.1.01 enthalten.

Grundsätzliches zur biologischen Systematik

Als kleinste Einheit, in der sich sämtliche Grundfunktionen des Lebensgeschehens nachweisen lassen, gilt nach heutiger biologischer Erkenntnis die **Zelle**. Sie wird als *Elementarorganismus* aufgefaßt, als eine Einheit, die unter geeigneten Umweltbedingungen für sich lebens- und vermehrungsfähig ist (CZIHAK et al. 1992). Heute tritt die zelluläre Phase in zwei Organisationsstufen auf:
 (1) die **prokaryotische Zelle**
ist typisch für die meist einzelligen Bakterien und Cyanobakterien;
 (2) die **eukaryotische Zelle**
ist typisch für vielzellige Organismen (Tiere, Pflanzen, Pilze), aber auch für Einzeller (beispielsweise zahlreiche Algenarten) (KANDLER 1987). Da die Zellen der Prokaryota (Eubakterien, Cyanobakterien und Archaebakterien) wesentlich kleiner und einfacher gebaut sind als jene der Eukaryota, stellt man sie daher als *Protocyten*, den komplexer gebauten und größeren *Eucyten* der Eukaryota gegenüber (CZIHAK et al. 1992).

Obwohl keineswegs allgemein akzeptiert, wird in der biologischen Systematik das Pflanzenreich vielfach wie folgt gegliedert (WEBERLING in CZIHAK et al. 1992):

Pflanzenreich

Prokaryota
mit der *Gruppe:*
Schizobionta (Spaltpflanzen) (ca 3 600 Arten)
Diese wird gegliedert in die *Abteilungen:*
I Archaebacteriophyta, Archaebakterien (ca 100-200 Arten)
II Eubacteriophyta, Bakterien (ca 4 000 Arten)
III Cyanophyta, Blaualgen* (*Klasse* 1: Cyanophyceae, Blaualgen*, Cyanobakterien) (* Die Cyanobakterien wurden früher Blaualgen genannt)

Eukaryota
mit den *Gruppen:*
Phycobionta, Algen
Mycobionta, Pilze
Bryobionta, Moose
Cormobionta, Cormophyten
Die Pilze (Mycobionta) gelten heute, aufgrund biochemischer Untersuchungsergenisse, verschiedentlich als drittes *Naturreich*: als **Pilzreich** (neben dem Pflanzen- und dem Tiereich).

Die **Algen** (Phycobionta) werden gegliedert in die *Abteilungen:*
IV Chlorophyta (ca 11 000 Arten)
V Euglenophyta (ca 800 Arten)
VI Dinophyta (ca 1 000 Arten)
VII Chromophyta (ca 13 000 Arten)
VIII Rhodophyta (ca 4 000 Arten)

Die **Pilze** (Mycobionta) werden gegliedert in die *Abteilungen*:
IX Myxomycophyta, Schleimpilze (ca 600 Arten)
X Oomycota, Algenpilze
XI Eumycota, Echte Pilze (ca 60 000 Arten)
XII Lichenes, Flechten (ca 20 000 Arten)

Die **Moose** (Bryobionta) werden gegliedert in die *Abteilungen*:
XIII Bryophyta, Moose (ca 26 000 Arten)

Die **Gefäßpflanzen, Cormophyten** (Cormobionta)
werden gegliedert in die *Abteilungen*:
XIV Pteridophyta, Farnpflanzen (ca 12 000 Arten)
XV Spermatophyta, Samenpflanzen (ca 250 800 Arten)

Kontroverse Auffassungen bestehen auch über die biologische Systematik des Tierreichs, das wie folgt gegliedert werden kann (WEBERLING in CZIHAK et al. 1992):

Tierreich

Protozoa, Einzeller
Abteilung: Cytomorpha
Stamm: Flagellata, Geißeltierchen
Klasse:
Mastigophora
mit den *Ordnungen:*
  Chrysomonadina Phytomonadina
  Dionoflagellata   Protomonadina
  Euglenoidea   Polymastigina

Stamm: Rhizopoda, Wurzelfüßer
Klasse:
Amoebina, Wechseltierchen
Testacea, Schalenamöben
Foraminifera, Kammerlinge
Heliozoa, Sonnentierchen
Radiolaria, Strahlentierchen
Stamm: Sporozoa, Sporentierchen
Klasse: -
mit den *Ordnungen:* Gregariniada
        Coccidia
          Cnidosporidia
Stamm: Ciliatoidea = Protociliata

Abteilung: Cytoidea
Stamm: Cilliata, Wimpertierchen
Klasse:
Euciliata
mit den *Ordnungen:* Holotricha Peritricha
        Spirotricha
Suctoria, Sauginfusorien

Metazoa, Vielzeller
mit verschiedenen ...Abteilungen...Stämmen...Klassen...Ordnungen...

Grenze zwischen Pflanze und Tier

Die zuvor gegebene Übersicht über die biologische Systematik des Pflanzenreichs und des Tierreichs bezieht sich in den detaillierteren Aussagen vorrangig auf Einzeller. In bestimmten Einzellergruppen ist die Grenze zwischen Pflanze und Tier nach heutiger Erkenntnis *gleitend* (CZIHAK et al. 1992). Ein Vergleich von pflanzlichen und tierischen Gewebezellen offenbare zwar Unterschiede, zeige aber auch eine große Anzahl fundamentaler Übereinstimmungen zwischen Pflanzen-, Pilz- und Tierzellen. Beispiel: die *Flagellatenzelle*; unter den frei schwimmenden Einzellern gebe es solche, die dem Pflanzenreich und andere, die dem Tierreich zuzuordnen sind. Die **Phytoflagellaten** sind mit Chloroplasten (photosynthetisch aktive Plastiden) ausgestattet und nehmen in der Regel nur gelöste Nahrung auf (*Osmotrophie*), während die **Zooflagellaten** keine Plastiden haben und Nahrungspartikel "fressen", durch Phagocytose aufnehmen (*Phagotrophie*). Seit der Geburt der Erde haben sich in diesem System unzählige Arten von Organismen gebildet; sogar heute noch werden bisher unbekannte Arten lebend gefunden, die grundlegend anders aufgebaut sind, als die bisher bekannten Arten: beispielsweise *einzellige Algen*, die Merkmale vereinen, die bisher nur den Prokaryoten (auch Prokaryonten) *oder* nur den Eukaryoten (auch Eukaryonten) zugeordnet wurden; sowie *wurmähnliche Organismen*, die an Hydrothermalquellen leben (siehe Abschnitt 9.2.03).

Nomenklatur

Hinsichtlich Terminologie in der biologischen Systematik sei noch angemerkt, daß hier "natürliche" Gruppen von Organismen meist als Sippen, als **Taxa** (Einzahl Taxon) bezeichnet werden. Als "natürlich" gelten in diesem Zusammenhang die Eigenschaften: mehr oder minder isomorph (gleichgestaltet) und isoreagent (gleich reagierend). Dem Taxon **Art** wird meist ein Basisrang zuerkannt. Die Benennungsweise der Organismen mit *lateinischen* Namen ist durch *internationale Nomenklaturregeln* festgelegt (botanische Nomenklatur vereinbarungsgemäß unabhängig von zoologischer Nomenklatur). Die *systematischen Kategorien* werden durch bestimmte Namen-Endungsformen wie folgt gekennzeichnet (CZIHAK et al 1992):

    Pflanzenreich
(Auswahl einiger Kategorien aus der Gliederung der botanischen Nomenklatur)
Abteilung (phylum, divisio):   ...**phyta**
                        bei den Pilzen   ...**mycota**
Klasse (classis):
             bei den Algen   ...**phyceae**
             bei den Pilzen   ...**mycetes**

bei den Flechten ...lichenes
bei den Gefäßpflanzen ...opsida oder ...atae

Art (species):
Der Name muß eine *binäre* Form haben (beispielsweise für eine bestimmte Art des Gänseblümchens: *Bellis perennis*); oftmals wird auch der Autor genannt, der die betreffende Art erstmals beschrieben hat, also *Bellis perennis* L. (für LINNE). Die binäre Nomenklatur geht auf Carl v.LINNE zurück, der sie ab 1753 angewandt hat.

Tierreich
(Auswahl einiger Kategorien aus der Gliederung der zoologischen Nomenklatur)
(Beispiel: Gemeine Stechmücke)

Vielzeller:	Metazoa	
Abteilung:	Eumetazoa	
Stamm:	Gliederfüßler	Arthropoda
Klasse:	Insekten	Insecta
Ordnung:	Zweiflügler	Diptera
Art:	Gemeine Stechmücke	Culex pipiens

Abkürzungen für einige systematische Kategorien des **Pflanzenreichs**:

(A)	= Abteilung		(F)	= Familie
(UA)	= Unterabteilung		(G)	= Gattung
(K)	= Klasse		(UG)	= Untergattung
(UK)	= Unterklasse		(Ar)	= Art
(O)	= Ordnung			

Abkürzungen für einige systematische Kategorien des **Tierreichs**:

(A)	= Abteilung		(UO)	= Unterordnung
(UA)	= Unterabteilung		(F)	= Familie
(S)	= Stamm		(G)	= Gattung
(Gr)	= Gruppe		(Ar)	= Art
(US)	= Unterstamm		(*)	= Zuordnung hier zunächst offen
(K)	= Klasse			
(UK)	= Unterklasse			
(O)	= Ordnung			

Die angegebenen Reihenfolgen kennzeichnen zugleich die Rangfolgen: von...(A)(= hoher Rang)..........nach (Ar)(= niedriger Rang)...der systematischen Kategorie. Höherrangige Taxa werden auch *Grobtaxa* genannt.

Die botanische Nomenklatur ist vereinbarungsgemäß unabhängig von der zoologischen Nomenklatur. Hier werden für beide Nomenklaturen einheitliche Abkürzungen benutzt, die jedoch nach dem jeweils angesprochenen Reich (Pflanzenreich oder Tierreich) unterschiedliche Bedeutung haben, auch bezüglich der Rangfolge (wie aus vorstehender Darstellung ersichtlich).

9.3.01 Großlebensraum Flachsee (Litoral)

Der Lebensraum Flachsee reicht von der Küstenlinie bis zum Beginn des Kontinentalhanges. An der Küste durchdringen sich die Lebensgemeinschaften des *Süß-, Brack- und Salzwassers*. Der heutige Flächenanteil der Flachsee an der Gesamtmeeresfläche der Erde beträgt ca 8%. Die Flachsee-Sedimentfläche beträgt mithin maximal nur ca 8% der gesamten Meeres-Sedimentfläche. Dennoch ist das Sediment am Meeresgrund der Flachsee von besonderem Interesse, weil mehr als 9/10 aller Sedimente früherer Zeiten in geringen Wassertiefen entstanden (ZEIL 1990). Hatten die früheren Meere der Erde durchweg nur eine geringe Wassertiefe? Die Sedimente am Meeresgrund sind im Abschnitt 9.3.03 zusammenfassend dargestellt. Die folgenden Ausführungen umfassen sowohl das Leben an der Grenze zwischen Flachsee und Land, als auch das Leben in der Flachsee (im Schelfmeer).

Die Biomasse der Flachsee setzt sich etwa wie folgt zusammen

> Biomasse der Flachsee
> = *Phytobenthos*-Biomasse der Flachsee
> + *Zoobenthos*-Biomasse der Flachsee
> + *Phytoplankton*-Biomasse der Flachsee
> + *Zooplankton*-Biomasse der Flachsee
> + *Neuston*-Biomasse der Flachsee
> + *Pleuston*-Biomasse der Flachsee
> + *Nekton*-Biomasse der Flachsee

Definitionen von Neuston-Biomasse, Pleuston-Biomasse, Nekton-Biomasse, Zooplankton-Biomasse, Zoobenthos-Biomasse, Zoo-Biomasse des Meeres, Zoo-Biomasse des Landes sind im Abschnitt 9.3.02 enthalten.

Leben an der Grenze zwischen Flachsee und Land

Umfassende Ausführungen zum Begriff Küste sind enthalten in LOUIS/FISCHER (1979) und GIERLOFF-EMDEN (1980). Das Leben von Flora und Fauna an der Küste, an der Grenze zwischen Flachsee und Land, wird durch zahlreiche Vorgänge geprägt. In bestimmten Küstenbereichen sind es vor allem *Ebbe und Flut* die wesentlich auf den Bestand und die Weiterentwicklung der ansässigen Lebensgemeinschaften einwirken. Der *Tidenhub* an den verschiedenen Gezeiten-Küsten reicht von wenigen Zentimetern bis zu 10-12 m (beispielsweise an der Küste der Bretagne, Frankreich) bis über 16 m (beispielsweise in der Fundy Bay, Neuschottland, Canada). In diesem Zusammenhang werden vielfach folgende Lebensräume unterschieden: Spritzwasserzone, Gezeitenzone, Schelfmeer. Die

|Spritzwasserzone| (auch Supralitoral genannt)
liegt oberhalb der mittleren Hochwasserlinie und kommt nur unregelmäßig mit Meerwasser in Kontakt (GIESE et al. 1996). Besonders an Steilküsten ist dies ein extremer Lebensraum mit hohen Anforderungen an Tiere und Pflanzen: beispielsweise wegen starker Salzkonzentrationen, Gefahr der Austrocknung bei wenigem Wasser der Meeresgischt, Aussüßung durch Regen, hohe Temperaturen durch steil einfallende Sonnenstrahlung und anderes. Vorteilhaft ist, daß meist viel abgestorbenes organisches Material ans Ufer gespült wird, das als Nahrung dienen kann. Die

|Gezeitenzone| (auch Eulitoral genannt)
ist die Zone mit wechselndem Wasserstand, schließt unterhalb der Spritzwasserzone an diese an und reicht somit von der mittleren Hochwasserlinie (seewärts) bis zur mittleren Niedrigwasserlinie. Zahlreiche Pflanzen und Tiere haben sich diesem ständig wechselnden Wasserstand angepaßt. Das

|Schelfmeer| (auch Sublitoral genannt)
beginnt unterhalb der mittleren Niedrigwasserlinie und reicht bis zur Oberkante des Kontinentalhanges (HEINRICH/HERGT 1991 S.125).

Zur Struktur der Besiedlung dieses Bereichs
Die Besiedlung der vorgenannten Lebensräume zwischen Flachsee und Land ist vor allem geprägt von Ebbe und Flut sowie vom Wellengang, der bei aufgepeitschter See sehr starke Kräfte entfalten kann. In der Regel bewohnen verschiedene Pflanzen und Tiere bestimmte Höhenstreifen der Gezeitenzone. Hauptvertreter der Tiere sind Napf- und Strandschnecken, Seepocken und Muscheln (NYBAKKEN/WEBSTER 1998). Ein Schema der Besiedlung der Felsküsten in den europäischen Breiten zeigt Bild 9.48.

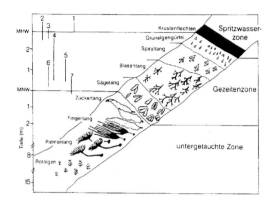

Bild 9.48
Schema der Besiedlung der Felsküsten in den europäischen Breiten mit gemäßigtem Klima nach SIEGEL (in GIESE et al. 1996 S.46).
Es kennzeichnen:
MHW
= mittleres Hochwasser,
MNW
= mittleres Niedrigwasser.

Genannt sind nur die Hauptvertreter der Pflanzen und Tiere in den einzelnen Tiefenbereichen. Die Zahlen (mit Angabe des Tiefenbereichs) bedeuten:
1 = Strandassel, Ligia oceanica; Strandflöhe, Orchestia specs., Talitrus specs.
2 = Strandschnecken (mehrere Arten)
3 = Rauhe Strandschnecke, Littorina saxatilis
4 = Stumpfe Strandschnecke, Littorina abtusata
5 = Seepocke, etwa Balanus balanoides
6 = Gemeine Strandschnecke, Littorina littorea
7 = Miesmuschel, Mytilus edulis

Leben am Meeresgrund der Flachsee: Pflanzenwelt (Phytobenthos)

Gemäß der zuvor gegebenen Definition beginnt die Flachsee (das Schelfmeer) unterhalb der mittleren Niedrigwasserlinie und reicht bis zur Oberkante des Kontinentalhanges. Nachfolgend soll zunächst das *benthische* Leben der Pflanzen im Schelfmeer skizziert werden.

Die Pflanzenwelt in *unmittelbarer* Küstennähe war zuvor skizziert worden. Seewärts, weiter ins Meer hinaus, schließen sich daran an die sogenannten "ozeanischen Urwälder": die
- Tangdickichte (Tankwälder, Seetankwälder) auch Kelpdickichte (Kelpwälder) genannt und die
- Korallenriffe.

Dies seien zwar zwei gegensätzliche Ökosysteme, jedoch ähneln sie sich insofern, als beide viel Sonnenlicht benötigen und deshalb nur bis Wassertiefen von ca 30 m wachsen (NYBAKKEN/WEBSTER 1998). Außerdem dominieren in beiden Ökosystemen Organismen, die als Grundgerüst für weitere Bewohner gelten: die riesigen *Braunalgen* und die riffbildenden *Korallen*. Unterschiede bestehen vorrangig in der bevorzugten Temperatur. Kelpwälder mögen warmes Wasser, etwa zwischen 6-15° C. Korallenriffe sind fast nur in den Tropen beheimatet, wo die Wassertemperatur nicht unter 18° C fällt.

Die Tangwälder (Seetangwälder) werden auch Kelpwälder genannt. Die Benennung ist abgeleitet aus dem Namen der aus Braualgen gewonnenen Asche, dem früher als Jodquelle und Dünger eingesetztem *Kelp*. Das Blätterdach des Riesenkelp (oder Birnentang), das an der Wasseroberfläche treibt, wird beispielsweise bis zu 60 m lang und hat teilweise einen 30 m hohen, am Meeresgrund verankerten Stiel (NYBAKKEN/WEBSTER 1998). Der Riesenkelp (Macrocistis pyrifera) ist vorrangig im Nordpazifik beheimatet. Weitere Ausführungen zu den Braunalgen und zu den Algen insgesamt sind in nachfolgenden Abschnitten enthalten.

Korallenriffe entstehen in tropischen Meeresteilen. Die Kolonien bildenden Blumentiere (Korallentiere, Korallpolypen), die das Grundgerüst aus Kalk aufbauen, benötigen zum Leben warmes, vom Sonnenlicht durchflutetes Wasser, denn sie leben in Symbiose mit Photosynthese betreibenden einzelligen Algen (NYBAKKEN/WEBSTER 1998).

Phytobenthos, Algen und Seegräser

In globaler Sicht setzt sich die Meeresvegetation vor allem aus *Algen* und *Seegräsern* zusammen. Algen sind zwar zur Photosynthese befähigt, entwickeln während ihres Wachsens aber keine Blätter und auch keine Blüten im üblichen Sinne. Haben Algen deutlich erkennbare Formen, bezeichnet man sie meist als *Großalgen* oder *Makroalgen*. Die Großalgen gehören, wenn sie planktisch leben, zum *Phytoplankton*. Ihre größte Entfaltung zeigen sie jedoch als Pflanzen am Meeresgrund, als benthisch lebende Algen. In dieser Lebensform gehören sie dem *Phytobenthos* an.

Die am Meersgrund verankerten Algen und das Seegras sind die *Primärproduzenten* in diesem ständig mit Wasser bedeckten Lebensraum. Nach SIEGEL (in GIESE et al. 1996 S.36) läßt sich die Besiedlung des Schelfmeeres durch benthisch lebende Pflanzen etwa wie folgt charakterisieren: Im flachen Wasser dominieren *Algen*, insbesondere die großen Braunalgentange. Eine Tiefe bis ca 1 m bevorzugt der bis 2 m langgestreckte, flächige Zuckertang (Laminaria saccharina); etwas tiefer findet man den bis 1 m großen Fingertang (Laminaria digitata) und den Palmentang (Laminaria hyperborea). Je nach geographischer Region endet die Besiedlung des Meeresgrundes mit Tangen meist bei 8-10 m Tiefe, in klaren Meeresteilen, beispielsweise vor Norwegen, bei >20 m Tiefe. In größeren Tiefen sind nur noch kleine buschartige Rotalgen vertreten, die zur Photosynthese nur wenig Licht benötigen. Im Schutz der Laminarien (oder auch auf ihnen) leben Vertreter fast aller Tiergruppen. Die zuvor skizzierte generelle Form der Besiedlung gilt für alle Schelfmeere der Erde mit kaltgemäßigtem Klima. Beispielsweise findet man vor der kanadischen Atlantikküste ebenfalls Laminarienwiesen oder an der kalifornischen bis kanadischen Pazifikküste die Laminaria-Tangwälder mit den bis 30 m hohen Macrocystis-Arten.

Während die Großalgen wohl felsige Lebensräume bevorzugen, findet man *Seegraswiesen* vielfach auf lockerem Sandboden. Seegräser sind die einzigen Blütenpflanzen des Meeres. Sie bilden dichte Wiesen, wenn der Meeresgrund weich und nährstoffreich ist und er hinreichend viel Licht erhält. Seegraswiesen sind in der Gezeitenzone und in der Flachsee beheimatet. Sie besitzen Eigenschaften, die sie zu einem sehr geeigneten Lebensraum für zahlreiche Meerestierarten machen. Abgesehen von den polnahen Meeresteilen sind Seegraswiesen erdweit verbreitet (WILMANNS 1989). Zosteraceae leben in den Breiten mit gemäßigtem Klima beiderseits des Äquator; in Mitteleuropa vorrangig im Wattenmeer. Die häufigste Art im Mittelmeer ist das Neptungras (Posidonia oceanica); je nach Lichtverhältnissen wächst es in Wassertiefen bis rund 40 m. Es kann bis zu 7 000 Blätter/m^2 bilden und damit ca 10-14 l/m^2 Sauerstoff freisetzen (SONNTAG in GIESE et al. 1996).

Warmwasser- und Kaltwasser-Großalgen, Temperaturgrenzen
Marine Großalgen leben nur nahe der Küste (sie werden daher auch Küstenalgen genannt). Wie zuvor dargelegt, sind diese auf felsigem Meeresgrund oder an anderen Hartsubstraten festgewachsene Pflanzen von brauner, roter und grüner Farbe (Braunalgen, Rotalgen, Grünalgen). Die größten Formen erreichen die Braunalgen (>15m), die kleinsten finden sich bei Grünalgen. Obwohl die globale Flächensumme der Küstengewässer nur ca 2,2 Mio. km^2 umfaßt (0,6% der Meeresfläche), ist ihr Beitrag zur globalen Kohlenstoff-Produktion des Meeres beachtlich hoch (ca 5%); die Makroalgen, zusammen mit den Seegräsern, sind sehr wahrscheinlich mit einem großen Anteil daran beteiligt. Man kann Warmwasser- und Kaltwasser-Makroalgen unterscheiden.

Arten in den *Tropen*
wachsen nur bei Temperaturen zwischen 20 und 30°C und sterben unter 14 und über 35°C ab. Arten aus polaren und kaltgemäßigten Zonen zeigen oft sogar bei Temperaturen um 0°C optimale Wachstums- und Reproduktionsraten.

Arten der *Arktis* haben bei Temperaturen über 15-20°C nicht mehr die Fähigkeit zu wachsen oder sich fortzupflanzen. Auch die obere Überlebenstemperatur liegt nur bei ca 20°C. Arten der *Antarktis* sind ausgesprochene Kaltwasser-Makroalgen. Beispielsweise ist das Wachsen und Fortpflanzen von Braunalgen dort nur bei Temperaturen unter 5°C gewährleistet; oberhalb von 11-13°C sterben sie bereits ab (AWI 1993).

Sind die Großalgen von zunehmender UV-Strahlung bedroht?
Aufgrund ihrer hohen Energie kann UV-Strahlung (Abschnitt 10.4) Schäden in lebenden Zellen verursachen. Bei Pflanzen sind besonders die an der Photosynthese beteiligten Proteine betroffen. Ferner kann die Erbsubstanz (DNA) sowie die Zellfeinstruktur durch diese Strahlung geschädigt werden. Pflanzen vermögen sich zwar vor den negativen Strahlungseinflüssen in vielfältiger Weise zu schützen (beispielsweise durch verstärktes Erzeugen UV absorbierender Substanzen), doch muß in den Summenparametern eine gewisse Balance zwischen den negativen Einflüssen und den Schutz- und Reparaturmechanismen erhalten sein, damit Wachstum und Fortpflanzung der einzelnen Organismen funktionstüchtig bleiben. Wird das Wachstum durch UV-Strahlung behindert, läßt die Vitalität des Organismus nach oder er stirbt ab. Kann sich der Organismus in bestimmten Wassertiefen wegen dorthin gelangter schädigender UV-Strahlung nicht mehr fortpflanzen, wird er hier ausgeschlossen und in tieferliegendes Wasser beziehungsweise in tiefer liegende Meeresgrund-Gebiete verdrängt (WIENCKE/SCHREMS 2001). Die *obere* Vorkommensgrenze von Großalgen ist mithin auch vom Einfluß schädigender UV-Strahlung abhängig. Sollte der stratosphärische Ozonabbau signifikant ansteigen, werden entsprechend der verstärkten UV-Einstrahlung bestimmte Algenarten in tiefer liegende Meeresgrund-Gebiete verdrängt und die Struktur der Algenwälder wird sich dabei verändern.

Verschiedentlich wird angenommen, daß ca 5 % der globalen ozeanischen Primärproduktion von Großalgen und Seegräsern erbracht wird, obwohl ihr Lebensraum nur 0,5 % der Meeresfläche betrage (WIENCKE/SCHREMS 2001).

Zur botanischen Systematik der Algen
Grundsätzliches zur biologischen Systematik ist im Abschnitt 9.3 enthalten. Die Algen sind dort etwa wie folgt eingeordnet:

Pflanzenreich

Prokaryota
mit der *Gruppe:*
Schizobionta
Diese wird gegliedert in die *Abteilungen:*

I Archaebacteriophyta, Archaebakterien
II Eubacteriophyta, Bakterien
III Cyanophyta, Blaualgen*
     (*Klasse* 1: Cyanophyceae, Blaualgen*, Cyanobakterien)
     (* Die Cyanobakterien wurden früher Blaualgen genannt)

Eukaryota
mit den *Gruppen:*
    Phycobionta, ● **Algen**
    Mycobionta, Pilze
    Bryobionta, Moose
    Cormobionta, Cormophyten
Die Pilze (Mycobionta) gelten heute, aufgrund biochemischer Untersuchungsergebnisse, verschiedentlich als drittes *Naturreich*: als **Pilzreich** (neben dem Pflanzen- und dem Tierreich).

Algen-Abteilungen nach WEBERLING (in CZIHAK et al. 1992)
Chlorophyta mit den *Klassen:*
    Chlorophyceae_**Grünalgen**
    Conjugatophyceae_**Jochalgen**
    Charophyceae_**Armleuchteralgen**
Euglenophyta
Dinophyta
Chromophyta mit den *Klassen:*
    Chrysophyceae
    Xanthophyceae (Heterocontae)
    Bacillariophyceae_**Diatomeen, Kieselalgen**
    Phaeophyceae_**Braunalgen** (Tange)
Rhodophyta mit der *Klasse:*
    Florideophyceae_**Rotalgen**

Algen-Abteilungen nach VAN DEN HOEK und Mitarbeiter 1995 (SCHRIEK 2000)
Glaucophyta
Rhodophyta mit den *Klassen*
    Bangiophyceae
    Florideophyceae_**Rotalgen**
Hetrokontophyta mit den *Klassen*
    Chrysophyceae
    Parmophyceae
    Sarcinochrysidophyceae

Xanthophyceae
Eustigmatophyceae
Bacillariophyceae_**Diatomeen, Kieselalgen**
Raphidophyceae
Dictyochophyceae
Phaeophyceae_**Braunalgen** (Tange)
Oomycetes
Haptophyta
Cryptophyta
Dinophyta
Euglenophyta
Chlorarachniophyta
Chlorophyta mit den *Klassen*
Prasinophyceae
Chlorophyceae_**Grünalgen**
Ulvophyceae
Chladophorophyceae
Bryopsidophyceae
Dasycladophyceae
Trentepohliophyceae
Pleurastophyceae
Klebsormidiophyceae
Zygnematophyceae
Charophyceae_**Armleuchteralgen**

Photosynthese-Pigmente im Pflanzenreich, Hauptpigment Chlorophyll a

Im Zusammenhang mit der biologischen Systematik des Pflanzenreichs ist hier von besonderem Interesse das Vorkommen von *Photosynthese-Pigmenten* in diesem Reich. An der Photosynthese sind zwar stets mehrere Pigmente beteiligt, doch als Hauptpigment immer vertreten ist das Chlorophyll a. Es kommt bei allen zur Photosynthese befähigten Pflanzen vor. Bei einigen photosynthetisierenden Bakterien ist es allerdings nicht vertreten. Alle höheren Pflanzen enthalten neben Chlorophyll a auch Chlorophyll b, bei einigen Algengruppen ist das Chlorophyll b durch das geringfügig abgewandelte Chlorophyll c ersetzt. Nach CZIHAK et al. (1992) kommen im Pflanzenreich die im Bild 9.49 genannten Photosynthese-Pigmente vor.

Allen Photosynthese-Pigmenten ist gemeinsam, daß sie eine größere Anzahl (etwa 11) von konjugierten Doppelbindungen aufweisen; diese Eigenschaft macht diese Moleküle zu *Farbstoffmolekülen* (THROM 1993). Die *Algen* können in diesem Zusammenhang wie folgt beschrieben werden:

Blaugrüne Algen (Cyanophyceae, Blaualgen*)
enthalten in ihren Zellen neben Chlorophyll (dem grünen Farbstoff) auch blaue Farbstoffe (Phycocyanine) und erscheinen deshalb blaugrün, schwärzlichgrün oder violett.

Grünalgen (Chlorophyceae)
zeigen keine einheitliche Farbgebung.

Jochalgen (Conjucatophyceae)
enthalten in ihren Zellen nur Chlorophyll.

Armleuchteralgen (Charophyceae);
erscheinen frischgrün.

Kieselalgen (Spaltalgen, Diatomeen) (Bacillariophyceae).
Von wenigen farblosen Arten abgesehen, enthalten die Zellen neben Chlorophyll einen gelbbraunen Farbstoff (Diatomin).

Braunalgen (Tange) (Phaeophyceae)
enthalten in ihren Zellen neben Chlorophyll braune Farbstoffe (Phykophaein, Fucoxanthin) und erscheinen deshalb heller oder dunkler gelbraun.

Rotalgen (Blütentange) (Florideophyceae)
enthalten in ihren Zellen neben Chlorophyll rote Farbstoffe (überwiegend Phykoerythrin, auch Phycocyanin) und erscheinen daher rosen- oder braunrot, gelegentlich auch violett oder bläulich gefärbt.

Geißelalgen (Phytoflagellaten,
in Unterscheidung zu Zooflagellaten, siehe zoologische Systematik, Abteilung Cytomorpha).

Bacteriophyta Rhodospirillaceae (Nichtschwefel-Purpurbakterien) Chromatiaceae (Schwefel-Purpurbakterien) Chlorobiaceae Chloroflexaceae Halobacteria (Archaebacteria)	(Bacteriochlorophylle: a,b,c,d,e) a+b+Carotinoide c+d+e+(a)+Carotinoide c+(a)+Carotinoide Bacteriorhodopsin				

	Chlorophylle			Carotinoide	Phycobiline
	a	b	c		
Cyanobakterien (ca 2 000 Arten)	+	-	-	+	+
Algen:					
Chlorophyta (ca 11 000 Arten)	+	+	-	+	-
Euglenophyta (ca 800 Arten)	+	+	-	+	-
Dinophyta (ca 1 000 Arten)					
Chromophyta (ca 13 000 Arten)					
Chrysophyceae	+	-	+	+	-
Phaeophyceae	+	-	+	+	-
Rhodophyta (ca 4 000 Arten)	+	-	-	+	+
Pilze:					
Myxomycophyta (ca 600 Arten)					
Oomycota					
Eumycota (ca 60 000 Arten)					
Lichenes (ca 20 000 Arten)					
Moose:					
Bryophyta (ca 26 000 Arten)	+	+	-	+	-
Cormophyten:					
Pteridophyta (Farnpflanzen)	+	+	-	+	-
Spermatophyta (Samenpflanzen)	+	+	-	+	-
Pyrrhophyta ????	+	-	+	+	-

Bild 9.49
Vorkommen von Photosynthese-Pigmenten im Pflanzenreich nach CZIHAK et al. (1992) S.115 und 936

Korallenriffe

Die *Skelette* (Haut-Skelette) von Korallpolypen und gewissen Hydromedusen werden *Korallen* genannt. Nach der Beschaffenheit des Skeletts lassen sich unterscheiden: Hornkorallen und Kalkkorallen. Verschiedentlich werden aber auch die *lebenden* Korallpolypen und gewisse *lebende* Hydromedusen als *Korallen* bezeichnet (WAHRIG 1986). Wie die Korallen in der zoologischen Systematik eingeordnet sind, ist im Abschnitt 9.4 dargelegt. Sie gehören dem Stamm Cnidaria (Nesseltiere) an und bilden die Klasse Anthozoa (Korallpolypen, Blumentiere, Korallentiere).

Korallenriffe werden biologisch erschaffen; wachsen im Zeitablauf vom Meeresgrund zur Meeresoberfläche empor. Typische Riffbildner (Riffkorallen) sind *Steinkorallen*, *Sandkorallen* und kalkbildende *Rotalgen* (HEINRICH/HERGT 1991). Außer den *Hornkorallen* sind auch die in der Karibik vertretenen *Feuerkorallen* zu nennen. *Hartkorallen* sind in allen Wassertiefen des Meeres anzutreffen, jedoch nur die tropischen koloniebildenden Arten bauen in der Flachsee Riffe. Im Verdauungstrakt dieser Arten befinden sich (als sogenannte Zooxanthellen) photosynthetisch aktive einzellige Algen aus der Gruppe der Dinoflagellaten, die ihnen Nahrung liefern. Diese Symbiose ermöglicht den kleinen stockbildenden Tieren eine rasche Kalkabscheidung und somit den Aufbau von Riffen (NYBAKKEN/WEBSTER 1998). Die meisten Riffkorallen (Korallpolypen) leben, mit Grünalgen vergesellschaftet, im klaren Wasser, damit hinreichend Sonnenlicht die Zooxanthellen erreichen kann. Es wird angenommen, daß das Sonnenlicht bis zu einer Wassertiefe von 30-70 m wirksam sein kann. Die Wassertemperatur muß mindestens 20° C betragen (Tropen, Subtropen). Es können drei Rifftypen unterschieden werden: *Saumriffe* (um Inseln), *Barriereriffe* (küstenparallel), *Atolle* (ringförmig um abgesunkene Inseln) (HEINRICH/HERGT 1991). Das *Große Barriereriff* an der Küste von Australien hat eine Länge von ca 2 300 km und bedeckt eine Fläche von ca 200 000 km^2. Das Riff setzt sich zusammen aus ca 3 000 kleineren Riffen, in denen mehr als 400 Korallenarten leben (MARSHALL 1998). Korallenriffe wachsen ca 0,1-3 cm/Jahr. Gegen das Wachstum wirken die Erosion und gewisse Tierarten (Korallenfresser und Kalkzerstörer). Gegenwärtig halten sich Korallenriffe fast nur im Bereich zwischen 30° nördlicher und südlicher Breite, wobei der Formenreichtum in dieser Zone sehr unterschiedlich ist. Im karibischen Raum sind nur 22, im indopazifischen Raum 100-200 Arten am Riffbau beteiligt (ZEIL 1990). Eine kartographische Übersicht über die gegenwärtig existierenden Korallenriffe ist enthalten in SCHUMACHER/VAN TREECK 1998), wo auch Hinweise zur *Erhaltung* der Riffe gegeben werden.

|Flachwasser- und Tiefwasserkorallen|
Die benthisch lebenden Korallen oder Blumentiere umfassen ca 5000 Arten (FREIWALD 2003). Als Hohltiere mit nesselbewehrten Fangtentakeln bilden sie Kalkskelette. Bei zahlreichen Arten entstehen aus einzelnen Tieren (Polypen) Tierstöcke, doch nur ein Teil dieser Arten vermag Riffe aufzubauen. Die zuvor beschriebenen *Flachwasserkorallen* leben in Symbiose mit Photosynthese treibenden Algen, von

denen sie ihre Nährstoffe erhalten und die sie andererseits mit Stoffwechselprodukten versorgen. Etwa 120 Arten, darunter ca 30 stockbildende, leben nicht in solcher Symbiose. Zu Ihnen zählen die *Tiefwasserkorallen* (siehe dort), die bis in 6000 m Wassertiefe verbreitet sind.

Können Riffe die Erde aufheizen?

Der Kohlendioxidgehalt der Lufthülle (die CO_2-Konzentration in der Atmosphäre) zeigt während des Ablaufs der Erdgeschichte wiederholt beachtliche Schwankungen. Im Bildteil rechts unten des Bildes 9.** ist der Verlauf dieser Schwankungen während der vergangenen 160 000 Jahre vor der Gegenwart angezeigt. Am Höhepunkt der letzten Eiszeit (Kaltzeit) vor ca 20 000 Jahren lag die Konzentration bei ca 180 ppm. Um ca 1750 (am Beginn der Industrialisierung) lag er bei ca 280 ppm. Viele Wissenschaftler sehen in diesem Anstieg der CO_2-Konzentration in der Atmosphäre den Hauptverursacher der Temperaturerhöhung seit dem Ende der letzten Eiszeit. Die Änderung von Menge und Verteilung der Sonneneinstrahlung auf die Erdoberfläche durch Schwankungen der Erdumlaufbahn um die Sonne seien im Vergleich dazu in ihrer Wirkung viel zu gering. Doch woher kam *damals* das in die Atmosphäre eindringende Kohlendioxid?

Die Hauptquelle wird im Meer vermutet, denn schon eine geringe Abgabe von Kohlendioxid aus dem Meer führt zu einer starken Zunahme in der Atmosphäre. Nach VECSEI (2004) und Kollegen haben *Korallen* der tropischen Meeresteile über Jahrtausende hinweg zur Anreicherung des Treibhausgases Kohlendioxid in der Atmosphäre beigetragen. Wie zuvor schon gesagt, sind lebende Riffe eine Art dünner Überzug auf einem harten Skelett aus Kalkstein, das Korallen (Polypen) und mit ihnen zusammenlebende Algen (Zooxanthellen) als Nebenprodukt ihres Wachsens bilden. Der Kalk türmt sich im Laufe der Zeit zu einem mächtigen Sockel auf. Er besteht aus Calciumcarbonat ($CaCO_3$) und bindet mithin pro Calcium-Atom ein Molekül Kohlendioxid. Calcium aus Silikatgestein und seine Abscheidung im Meer *entzieht* der Atmosphäre also Kohlendioxid (CO_2). Wie können dann Korallen (als Gegenteil) bei der Bildung ihres Kalkgerüstes Kohlendioxid *freisetzen* und an die Atmosphäre abgeben? Vecsei verweist darauf, daß bei Verwitterung von Gestein kohlensaures Regenwasser Calcium aus Silikatgestein herauslöst und in Calciumhydrogencarbonat [$Ca(HCO_3)_2$] verwandelt. Gemäß dieser Formel bindet ein Calcium-Atom zwei Moleküle Kohlendioxid. Wenn Korallen und andere Organismen dann das ins Meer gespülte lösliche Calciumhydrogencarbonat als Kalk abscheiden, wird eines der beiden Kohlendioxidmoleküle wieder frei. Es löst sich zunächst im Meerwasser und kann nach kurzer Zeit in die Atmosphäre entweichen. Japanische und französische Wissenschaftler hätten in der Luft über Korallenriffe deutlich erhöhte Kohlendioxidwerte gemessen. Die *heutige* globale Fläche der Korallenriffe der Erde sei erstmals um 1997 hinreichend zuverlässig angegeben worden mit ca 285

000 km². Eine darauf basierende Abschätzung habe ergeben, daß pro Jahr ca 640 Millionen Tonnen Calciumcarbonat abgelagert worden und davon über 280 Millionen Tonnen Kohlendioxid ins Meer freigesetzt worden seien. Auch wenn davon nur ein kleiner Teil in die Atmosphäre gelangt sei, zeige sich damit die Bedeutung der Riffe im Kohlenstoffkreislauf.

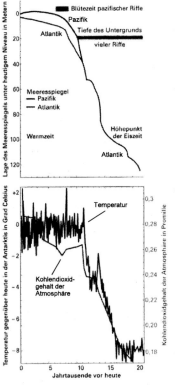

Bild 9.50
Bildteil links zeigt die Änderung der Höhe des Meeresspiegels bezogen auf das heutige Niveau (Angaben in Meter) nach VECSEI (2004).

Bildteil links unten zeigt die Änderung der Temperatur bezogen auf die heutige (mittlere) Temperatur in der Antarktis (Angaben in °C) nach VECSEI (2004). Außerdem ist die Änderung des Kohlendioxidgehalts (CO_2) in der Atmosphäre dargestellt (Angaben in Promille).

Bildteil rechts unten zeigt die Änderung des Kohlendioxidgehalts in der Atmosphäre während der vergangenen 160 000 Jahre (nach Bild 7.132, EK 1991).

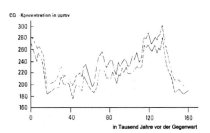

Die letzte Eiszeit (Kaltzeit) endete vor ca 10 000 Jahren. In den vorausgegangenen Jahrtausenden hatte sich die Atmosphäre stark und schnell erwärmt, ihr Kohlendioxidgehalt hatte erheblich zugenommen und das tauende Eis hatte den Meerespiegel ansteigen lassen. Erst dadurch seien die weiten Tieflandregionen überflutet worden, auf denen sich Korallen ansiedeln konnten. Im Pazifik ergab sich im Zeitabschnitt 9000-6000 Jahre eine markante Blütezeit der Riffe. Seither habe sich die *beschriebene* Entwicklung verlangsamt. Nach VECSEI (2004) könnte allein das *Riffwachstum* den gesamten Anstieg des Kohlendioxidgehalts der Luft während der letzten vergangenen 20 000 Jahre erklären (abgesehen von der Entwicklung seit Beginn der Industrialisierung, also seit ca 1750, siehe Bild 7.133). Der *globale Kohlenstoffkreislauf* ist dargestellt im Abschnitt 7.6.03. Bleibt noch anzumerken, daß die prachtvollen und artenreiche marinen Ökosysteme, die Riffe, durch die momentane Aufheizung der Erde akut bedroht sind. Sie bleichen aus und gehen zugrunde, vermutlich weil die Korallentiere die hohen Wassertemperaturen nicht vertragen. Während die Riffe heute mithin Leidtragende der globalen Erwärmung sind, waren sie in der Vergangenheit bedeutende Verursacher dieser Erwärmung (VECSEI 2004).

Riffe aus Bakterien

In Küstengewässern des Schwarzen Meeres sind bei Erkundungen mit dem Unterwasserfahrzeug *Jago* Riffe aus Methan fressenden Mikroorganismen entdeckt worden. Den verkalkten Kern der Riffstruktur umschließen rosafarbene Mikrobenmatten (Sp. 10/2002). Die Erbauer der Riffe im weitgehend sauerstofflosen, aber methanreichen Schwarzen Meer sind Vergesellschaftungen von Bakterien und urtümlichen Archaea, die gemeinsam das Methan mit Sulfat aus dem Meerwasser zu Kohlendioxid oxidieren. Dieses bildet teilweise Carbonat, welches in Form von Kalk ausfällt und so den bis ca 4 m hohen turmartigen Riffstrukturen Stabilität gibt. Methan dient hier mithin als Nährstoff und Energieträger. Eine ähnliche Symbiose methanfressender Bakterien und Archaea besteht an den Oberflächen von Methanhydrat-Lagerstätten in der Tiefsee (Abschnitt 9.3.03). Methanhydrat am Meeresgrund und Methanfahnen im Meer sind im Abschnitt 9.6 angesprochen

Leben am Meeresgrund der Flachsee: Tierwelt (Zoobenthos)

Die Besiedlung am Grund des Schelfmeeres durch Tiere wird hier nur roh skizziert. Den Ausführungen von SIEGEL (in GIESE et al. 1996) folgend, besteht etwa folgende generelle Besiedlungsform: In den Tangwäldern am Grund des Schelfmeeres ist das tierische Leben reichhaltiger als in der Gezeitenzone. Wie bereits vermerkt, leben Vertreter aller Tiergruppen im Schutz der Laminarien oder sogar auf diesen als Parasiten. Der Übergang vom flachen zum tiefen Schelfmeer ist bei Tieren nicht so markant strukturiert wie bei Pflanzen. Im Gegensatz zu Pflanzen leben Tiere, auch benthisch lebende Tiere, in allen Tiefen der Flachsee. Die sehr hohe Anzahl der in der Flachsee lebenden Tierarten ließe sich nach SIEGEL nicht einmal auflisten, denn beschreiben. Häufige Tiergruppen sind unter anderem: Schwämme, Nesseltiere, Vielborster (Borstenwürmer), Weichtiere, Gliederfüßer, Stachelhäuter. Wie diese Tiergruppen in der zoologischen Systematik eingeordnet sind, ist im Abschnitt 9.4

dargelegt.

Eine Gliederung des *Benthos* nach der Organismen-Größe ist im Abschnitt 9.3 enthalten. Das *Zoobenthos* kann ebenfalls nach der Organismen-Größe gegliedert werden. Die Gliederung (DIERCKE 1985) in
Mikro-Zoobenthos
Meso-Zoobenthos
Makro-Zoobenthos   2-20 mm
Mega-Zoobenthos   > 20 mm
ist nicht allgemein anerkannt. Anstelle von Meso-Zoobenthos wird gelegentlich auch Meio-Zoobenthos gesagt.

Leben am Meeresgrund der Flachsee (Phytobenthos und Zoobenthos)

Leben am Meeresgrund der Flachsee			
	Primärproduktion: *Photosynthese grüner Pflanzen* (Bild 7.25) **Produzenten:**	**Konsumenten:**	
	Phytobenthos (Benthosalgen, Seegraswiesen, Eisalgen...)	Pflanzenfresser, Räuber, Aasfresser (Zoobenthos, Zooplankton, Nekton...)	
Import ⇒ ⇐ Export	**Beitrag dieser Organismen zum Sediment:** ◆ mineralischer Anteil ◆ organische Verbindungen - partikuläres organisches Material (>0,4 mm) - gelöstes organisches Material (<0,4 mm)		Export ⇒ ⇐ Import
	Lebensspuren im Sediment: Die Tierwelt hinterläßt Lebensspuren im Sediment: Ruhespuren, Fährten, Freßspuren, Wohnbauten, Bohrlöcher.		

Bild 9.51
Nahrungskettenglieder und Sedimentation in diesem Lebensraum der Flachsee. Import und Export erfolgen in Form von Strömungsfracht.

Eis-Lebensgemeinschaften, Eisalgen

Das Meereis ist das Substrat für zahlreiche Organismen wie etwa Eisbären, Robben, Pinguine, Vögel. Sie leben "auf" dem Eis, nutzen es als Rastplatz und zur Aufzucht ihres Nachwuchses. Daneben gibt es Lebensgemeinschaften, die "im" und "am" Eis leben, wie Bakterien, Pflanzen und wirbellose Tiere. Sie werden meist als *Eis-Lebensgemeinschaften* bezeichnet. Ihre Lebensräume sind die soleerfüllten Hohlräume, die bei der Bildung von Meereis zwischen und innerhalb der Eiskristalle entstehen, sowie die Unterseiten und Ränder des Eises (Bild 9.51). Die Lebensbedingungen in den soleerfüllten Hohlräumen (sie werden auch Solekanälchen oder Salzlakunen genannt) ergeben sich vor allem durch die herrschenden Umweltverhältnisse während der Eisbildung und durch die jeweiligen Materialeigenschaften des Eises. Die Eis-Lebensgemeinschaften setzen sich vorrangig zusammen aus Bakterien, Algen, Einzellern und wirbellosen Tieren.

Die im Meereis lebenden Algen sind vorrangig Kieselalgen (Diatomeen). Im Gegensatz zu den planktisch lebenden Algen (*Planktonalgen*) werden alle im und am Eis lebenden Algen als *Eisalgen* bezeichnet, auch wenn sie einen Teil ihres Lebens in der eisfreien Wassersäule verbringen. Die Algen sind an sehr niedrige Lichtintensitäten adaptiert und beginnen am Frühjahrsanfang (noch vor dem Phytoplankton) mit dem Wachsen, wodurch sie die Vegetationsperiode in den Polarmeeren verlängern und so die saisonalen Schwankungen im Nahrungsangebot für die dort lebenden höheren Trophiestufen dämpfen. In den Randzonen der Eisbedeckung sind die Eisalgen besonders produktiv, da hier, wegen geringerer Eisdicken und Schneeauflagen das Lichtangebot besser ist; ihr Wachsen setzt hier früher ein und erreicht höherer Wachstumsraten als im Innern des Eisfeldes. Die Eisalgen bilden einen beträchtlichen Teil der Algenbiomasse in den Polarmeeren, insbesondere im Winter, wenn das Algenwachstum im eisfreien Wasser wegen Lichtmangel weitgehend zum Erliegen kommt. ● Nach neueren Schätzungen stellen die Eisalgen
bis zu 30 % der Jahresmenge pflanzlicher Biomasse
in den Polarmeeren (bmbf 1996).
Sie spielen damit eine wesentliche Rolle im gesamten Nahrungsgefüge, da sie als Primärproduzenten am Anfang der Nahrungskette stehen.

Eisalgen und der Ablauf physikalischer Prozesse im Meereis
Umweltfaktoren wirken auf die im Eis eingeschlossenen Algen ein. Andererseits können aber auch die Algen die jeweilige Konstellation dieser physikalischen Faktoren modifizieren. Durch Absorption von Licht und dessen Umwandlung in Wärme nehmen die Algen Einfluß auf die im Eis eintreffende Strahlung und damit auf den Wärmehaushalt im Eis. Ferner führt starkes Algenwachstum im Eis zur Verringerung des Strahlungsangebots in den darunter liegenden Eisschichten sowie zu einer zuneh-

menden Selbstbeschattung der Algen mit entsprechend herabgesetzter Primärproduktion. *Modellrechnungen* (AWI 1993, S.132) mit einem eindimensionalen thermodynamischen Eismodell und angekoppeltem Strahlungsmodell zeigten deutlich ein erhöhtes Schmelzen an der Eisunterseite, wenn Algen in den *unteren Eisschichten* vorhanden sind. Ist dort eine große Biomasse vorhanden, dann verteilt sich diese beim Abschmelzen des Eises in das Meer und verstärkt dort das Leben (in wenigen cm Eis befindet sich mitunter ebensoviel Biomasse wie in mehreren 100 m Wassersäule). Die im Eis geparkten Zellen werden unter bestimmten Umständen so auch zum "Saatgut" für Algenblüten im Wasser. Algen können mithin, durch erhöhte Absorption kurzwelliger Strahlung, ihren Lebensraum im Eis zerstören beziehungsweise die Zerstörung durch physikalische Prozesse beschleunigen. Die Modellrechnungen deuten ferner an, daß Algenanreicherungen in den *oberen Eisschichten*, durch Absorption kurzwelliger Strahlung die Albedo stark verringern sowie das Eis und die im Eis eingeschlossene Sole erwärmen und dadurch lokal die Porosität des Eises erhöhen, falls beim Eis nur eine geringe Schneeauflage vorliegt. Mit steigender Porosität sinkt die Eisfestigkeit, wobei die Porosität definiert ist als Verhältnis des sole- und luftgefüllten Porenraumes zum Gesamtvolumen. Bleibt noch anzumerken, daß die Benennung *Umwelt* wird hier gemäß Abschnitt 1.4 benutzt wird im Sinne von "geschlossenes System und dessen Umwelt".

Eis-Lebensgemeinschaften in den polaren Meeren
Bereits 1847 berichtete HOOKER über organisches Leben im Meereis der *Antarktis* und 1853 EHRENBERG über solches im Meereis der *Arktis*. Nach 1950 ermöglichten (nach BARTSCH 1989) methodische Weiterentwicklungen erstmals die Quantifizierung der Leistungen und Anforderungen dieser Organismen; es wurden Biomasse- und Primärproduktion bestimmt sowie die Reaktionen auf Änderungen vorrangig wirksamer Umweltparameter (wie Licht und Salinität) geprüft. Eine erste zusammenfassende Übersicht über die Eis-Lebensgemeinschaften, ihre Geschichte, Entdeckung und Erforschung, gab HORNER (1985). Die Artenzusammensetzung ähnelt nach KIRST (1992) eher den benthisch lebenden Populationen als den planktisch lebenden. Eisalgengesellschaften beständen vorrangig aus pennaten und zentrischen Diatomeen (Kieselagen), weniger häufig seien Dinoflagellaten, Bakterien und Protozoa (einzellige Tiere). Coccolithen, die sonst reichlich im Plankton anwesend sind, gebe es im Eis praktisch nicht.

Das Meereis in der *Arktis* kann infolge seiner längeren Lebensdauer mehrere Meter dick werden. Die Ausdehnung des Eisfeldes im Nordpolarmeer schwankt etwa zwischen 14 $\cdot 10^6$ km^2 (im Nordwinter) und 7 $\cdot 10^6$ km^2 (im Nordsommer). Das Meereis in der *Antarktis* wird etwa ein bis zwei Meter dick (Packeis). Die Ausdehnung des Eisfeldes im Südpolarmeer schwankt etwa zwischen 20 $\cdot 10^6$ km^2 (im Südwinter) und 4 $\cdot 10^6$ km^2 (im Südsommer) (bmbf 1996). Siehe hierzu auch Abschnitt 4.1.

Sowohl im Nordpolarmeer als auch im Südpolarmeer kommt den Eisalgen eine besondere Bedeutung zu (siehe die Abschnitte 9.4 und 9.5). Wie bereits gesagt, besiedeln diese Mikroalgen (gemeinsam mit speziell angepaßter Begleitfauna, die sich meist direkt von der Eisalgenflora ernährt) die Unterseite, aber auch das Innere des Meereises. Die Eisunterseite erscheint bei einer Eisalgenbesiedlung meist wie ein bräunlicher Rasen; dies zeigt sich auch an den vom fahrenden Schiff aufgeworfenen Eisschollen. Entsprechend der Besiedlung tritt die bräunliche Färbung der Eisunterseite in der Regel fleckenhaft auf. Zu Brauneis und grünes Eis siehe Abschnitt 4.3.01.

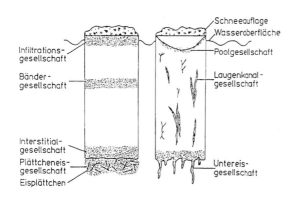

Bild 9.52 Verteilungsschema der verschiedenen Eisalgengesellschaften in der Eissäule. *Links*: Mehrjähriges Eis (in der Arktis vorherrschend). *Rechts*: Einjähriges Eis (in der Antarktis vorherrschend) nach HORNER et al. 1989, KIRST 1992. Während der Eisschmelze bilden sich auf den Eisschollen Schmelzwassertümpel, die von den ansässigen Lebensgemeinschaften oft grünbraun gefärbt sind. Quelle: KIRST (1992)

Primärproduktion

Eine Abschätzung des Beitrages der Eisalgen zur gesamten Primärproduktion in einem bestimmten Gebiet ist schwierig. In der Küstenregion des Beaufortmeeres der Arktis sollen sie bis zum Schmelzen des Eises (im Juni) zur Gesamtproduktion im System Erde ca 2/3 beitragen (HORNER/SCHRADER 1982), im zentralen Nordpolarmeer wesentlich weniger (HEMPEL 1982, 1987); im Weddellmeer in der Antarktis ca 1/5 (ACKLEY et al. 1979).

Leben in den Wasserschichten der Flachsee

In den Wasserschichten der Flachsee sind Pflanzen- und Tierwelt vertreten, mithin vor allem Phytoplankton, Zooplankton, Nekton. Die in der Flachsee überwiegend vertretenen *Planktonalgen* sind etwa auch jene, die in der Hochsee leben (siehe dort).

Generelle Übersicht zum Leben in der durchlichteten Wasserschicht der Flachsee

	Leben in der durchlichteten Wasserschicht der Flachsee	
	Primärproduktion: *Photosynthese grüner Pflanzen* (Bild 7.25)	
	Produzenten: **Konsumenten:**	
	Phytoplankton — Pflanzenfresser, Räuber... (Planktonalgen, Eisalgen...) (Zooplankton, Nekton...)	
Import ⇒ ⇐ Export	**Beitrag dieser Organismen zum Sediment** in Form von Sinkfracht: ◆ mineralischer Anteil ◆ organische Verbindungen - partikuläres organisches Material - gelöstes organisches Material	Export ⇒ ⇐ Import

Bild 9.53
Nahrungskettenglieder und Sedimentation in diesem Lebensraum. Import und Export erfolgen in Form von Strömungsfracht.

Lebensgemeinschaften und Biomasse der Flachsee

Lebensgemeinschaften in der Flachsee (im Litoral)			
Benthos-Lebensgemeinschaften	Nekton-Lebensgemeinschaften	Meereis-L.	Neuston-L. Pleuston-L.
◆ Leben am Meeresgrund der Flachsee (Flora und Fauna)	◆ Saisonal in der Flachsee lebende Nekton-Lebensgemeinschaften (Horizontalwanderer)	siehe dort	siehe dort
	◆ Ständig in der Flachsee lebende Nekton-Lebensgemeinschaften		
	Beitrag der Nekton-Lebensgemeinschaften, der Meereis-Lebensgemeinschaften und der Neuston-, Pleuston-Lebensgemeinschaften **zum Nahrungsangebot für die Benthos-Lebensgemeinschaften** (in Form von Sinkfracht)		
Lebensspuren im Sediment	**Beitrag der Flachsee-Organismen zum Sediment**		

Bild 9.54
Leben in der Flachsee.

Verläßliche Daten zur Biomasse der Flachsee sind bisher kaum verfügbar.

9.3.02 Großlebensraum Hochsee (Pelagial)

Im küstenfernen "freien" Wasser der durchlichteten Wasserstufe, im "offenen" Meer, im Pelagial (gr. pelagos: das hohe Meer), in der *Hochsee* haben die Organismen keine unmittelbare Beziehung zum Meeresgrund, dennoch gibt es dort Flora und Fauna, entweder passiv treibend (als Phyto- beziehungsweise Zoo-Plankton) oder aktiv schwimmend (als Nekton).

An *Pflanzen* (Primärproduzenten) sind in der Hochsee überwiegend *Planktonalgen* verbreitet (einzellige Algen, die dem Bakterioplankton beziehungsweise dem Phytoplankton zugeordnet werden).

● Um 1990 wurde angenommen,
daß das Meer insgesamt (Flachsee, Hochsee und Tiefsee)
ca $3{,}75 \cdot 10^{10}$ Tonnen/Jahr an gebundenem Kohlenstoff produziert,
wovon nur 1/10 000 in Fischfleisch umgesetzt wird (CZIHAK et al. 1992).
Phytoplantonblüten (dichte Ansammlungen von einzelligen Planktonalgen) treten meist nur in begrenzten Bereichen auf. Es ist bisher nicht hinreichend geklärt, warum dies so ist (bmbf 1996). Um Photosynthese betreiben zu können, benötigen Algen neben Licht und Nährsalzen auch Kohlendioxid (CO_2). Bisher ist nicht hinreichend beantwortbar, inwieweit durch einen globalen Anstieg der CO_2-Konzentration in der Atmosphäre die *marine Primärproduktion* angeregt oder verstärkt wird. Wäre dies der Fall, dann würde ein großer Teil des freigesetzten Kohlendioxids in Algenzellen gebunden und nach deren Absterben zum Meeresgrund absinken. Dies wäre einer der Wege, über den Kohlenstoff ins Meeressediment gelangen kann und so dem globalen Kohlenstoff-Kreislauf für längere Zeit entzogen würde.

Die Biomasse der Hochsee setzt sich etwa wie folgt zusammen

Biomasse der Hochsee
= *Phytoplankton*-Biomasse der Hochsee
+ *Zooplankton*-Biomasse der Hochsee
+ *Neuston*-Biomasse der Hochsee
+ *Pleuston*-Biomasse der Hochsee
+ *Nekton*-Biomasse der Hochsee
+ *Bakterioplankton*-Biomasse der Hochsee

Leben in den Wasserschichten der Hochsee: Pflanzenwelt

Bakterioplankton, Phytoplankton, Planktonalgen
Meeresbakterien leben mehr oder weniger in allen Meeresteilen der Erde wie etwa die einzelligen Algen. Sie sind Anfangsglieder der Nahrungskette beziehungsweise des komplexen Nahrungsgefüges, in dem Kleinkrebse, Fische und Wale das organische Algenmaterial umsetzen. Die im Meer planktisch lebenden Bakterien stellen, entsprechend der zuvor gegebenen Gliederung, das *Bakterioplankton* dar. Im globalen Gesamtplankton des Meeres gilt das Bakterioplankton als dominant hinsichtlich der *Anzahl* der Organismen. Die Größe der Bakterienzellen liegt zwischen 0,0001-0,02 mm (GIESE et al. 1996). Zuvor (Abschnitt 9.3) war darauf verwiesen worden, daß die Grenze zwischen Pflanze und Tier bei bestimmten Einzellergruppen als gleitend angesehen werden kann. Aus diesem Grunde wäre der Begriff Bakterioplankton für die einzelligen Algen zutreffend. Gelegentlich werden die einzelligen Algen jedoch dem Phyton (gr. phyton, Pflanze) zugeordnet und dementsprechend wird vom *Phytoplankton* gesprochen. Vereinfacht kann daher gesagt werden: Algen, die dem Bakterioplankton beziehungsweise dem Phytoplankton zugeordnet werden, gelten als *Planktonalgen*.

Planktonalgen der Hochsee
● Algen, vor allem einzellige Algen,
erzeugen den größten Teil der gesamten *marinen* Pflanzenproduktion (GIESE et al. 1996 S.20). Als einige charakteristische Vertreter gelten: Panzerflagellaten (Dinophyten), hierzu gehört die Dreihornalge (Ceratium spec.); ferner sind zu nennen die Gattungen Gonyaulax und Gymnodium, die bei Massenvermehrung in manchen Meeresteilen eine Rotfärbung des Wassers herbeiführen (vermutlich verdankt das Rote Meer seinen Namen einer Massenvermehrung der Alge Trichodesmium erythraeum). Wesentlicher Bestandteil des Phytoplanktons seien die einzelligen, unbegeißelten Kieselalgen (Diatomeen), etwa die Hälfte der Biomasse des Phytoplanktons werde von Kieselalgen erzeugt. Nach CZIHAK et al. (1992 S.835) sind in der Hochsee überwiegend die folgenden Planktonalgen verbreitet: Diatomeae, Peridinales und Coccolithophorales. Die vorgenannten Algengruppen gelten als *Mikroalgen*.

Magroalgen gehören größtenteils *nicht* zum Phytoplankton. Nur drei Golfkraut-Arten (Sargassum) sind nicht am Meeresgrund festgewachsen und gelten als Plankter.
● Die Tangmassen der Sargasso-See (Nordatlantik)
stellen eine Biomasse von $7 \cdot 10^6$ Tonnen dar (GIESE et al. 1996 S.19).

|Anmerkung zur botanischen Systematik der Algen|
Die biologische Systematik der Algen ist im Abschnitt 9.3.01 dargestellt. Die in der *Hochsee* überwiegend vertretenen *Planktonalgen* sind in der Systematik etwa wie nachstehend angegeben eingeordnet. Anmerkungen zur botanischen Systematik der

Eisalgen enthält Abschnitt 9.5.02.

Pflanzenreich

Einige **Algen**-Abteilungen (A) mit Klassen (K), Unterklassen (UK) und Ordnungen (O) nach WEBERLING (in CZIHAK et al. 1992) und andere.

(A) Dinophyta (ca 1 000 Arten)
   (K) Dinophyceae
      (O) **Peridinales**

(A) Chromophyta (ca 13 000 Arten)
   (K) Chrysophyceae
      (UK) Haptophycidae
         (O) **Coccolithophorales**, auch Kokkolithophorales (gr. kokkos, Kern), derzeit im Meer vertreten ca 200 Arten:
            Emiliania huxleyi
            Gephyrocapsa oceanica ...
   (K) Bacillariophyceae_ **Diatomeae (Kieselalgen)**
      (O) Centrales
      (O) Pennales
   (K) Phaeophyceae_Braunalgen (Tange)
      (O) Fucales
         Sargassum (Beerentang, von deutschen Seefahrern auch **Golfgraut** genannt)

Zu den sogenannten *Coccolithophoriden* oder *Coccolithophyceen* (Kalkplättchenträger) zählen auch die planktisch lebenden skelett-tragenden einzelligen Algen. Sehr kleine Kalkscheiben panzern die Zelle der Coccolithophorida, die geradezu gesteinsbildend auftritt ("Schreibkreide"). Die nur wenige tausendstel Millimeter großen Kalkalgen sind sehr produktive Kalkbildner im Meer. Sie bilden über weite Meeresteile Algenblüten (dichte Ansammlungen von einzelligen Planktonalgen) und bringen durch anschließendes Absinken zum Meeresgrund beträchtliche Mengen Kalk in die marinen Sedimente ein. Erhebliche Kalkablagerungen (wie etwa die weißen Klippen auf der Insel Rügen oder an der Küste von Dover) sind vorrangig das Werk dieser nur mittels Mikroskop erkennbaren Kalkalgen. Von den heute im Meer vertretenen ca 200 Arten von Coccolithophoriden tragen hauptsächlich zwei Arten (Emiliania huxleyi und Gephyrocapsa oceanica) zur Biomassenproduktion bei (AWI 1998/1999 S.39).

Planktonalgen und globaler Kohlenstoff-Kreislauf
Die einzelligen Planktonalgen kommen überall im Meer vor. Ihr jeweiliger Bestand ist aber von verschiedenen Parametern abhängig, etwa von der Wasserzirkulation im Meer, von der Gestalt der untermeerischen Geländeoberfläche, vom Nährstoffangebot beispielsweise an ozeanischen Fronten. Planktonalgen liefern als Primärproduzenten Nahrung für die anderen im Meer (und am Meeresgrund) lebenden Organismen.

Planktonalgen haben besondere Bedeutung für den globalen Kohlenstoff-Kreislauf, denn im Meer entnehmen die Planktonalgen

● mittels Photosynthese dem Wasser gelöstes Kohlendioxid und wandeln es in organische Substanz um. Das auf diesem Wege dem Meer entnommene Kohlendioxid (CO_2) wird durch Zugang aus der Atmosphäre wieder ergänzt.

● Ein Anstieg der Konzentration von Kohlendioxid in der Atmosphäre veranlaßt, daß in der Oberflächenschicht des Meeres *zusätzlich* Kohlendioxid in Lösung geht.

Absinkende Partikel verfrachten gebundenen Kohlenstoff in die Tiefe. Ein Teil davon erreicht den Meeresgrund und wird im Sediment eingebettet, ist somit dem unmittelbaren Kreislaufgeschehen zunächst entzogen. Der globale Kohlenstoff-Kreislauf ist im Abschnitt 7.6.03 dargestellt, insbesondere auch der Austausch von Kohlendioxid zwischen Atmosphäre und Meer.

In diesem Zusammenhang von besonderem Interesse ist, wie *Partikel* und *Partikelaggregate* entstehen, sich in der oberen Wasserschicht umwandeln und was mit ihnen passiert, während sie absinken und wenn sie am Meeresgrund in Form von "Meeresschnee" ankommen. Partikelaggregate sind für den Stofftransport von oben nach unten insofern beachtenswert, als sie schneller absinken als einzelne Zellen. Außerdem bilden sich nach bisheriger Kenntnis in den Klümpchen Mikrozonen, die Bakterien und kleinste Tiere besiedeln. In diesen Bereichen können biologische Vorgänge schneller ablaufen, als im umgebenden Wasser. Der sogenannte *Partikelregen* findet in allen Meeresteilen statt. Weitere Anmerkungen hierzu sind im Abschnitt 7.6.03 enthalten. Bezüglich des Nord- und des Südpolarmeeres sind neben dem physikalischen Transport besonders der chemische Umsatz in die gelöste Phase von Interesse, denn wenn sich in den Polarmeeren Tiefenwasser und Bodenwasser bildet, kann auch *gelöstes organisches Material* in die Tiefe gelangen und dort weiter verbreitet werden. Schließlich trägt auch der *Kot* von Tieren zum Ausfall von Kohlenstoff aus der durchlichteten Wasserschicht bei. Er ist jedoch nur bei reichlicher Algennahrung von großer Menge, bei niedriger Nahrungskonzentration offenbar gering. Vergleicht man die Chlorophyllverteilung in der Arktis mit der in der Antarktis so zeigt sich, daß die Schelfgebiete der Arktis viel Algen beherbergen, in den entsprechenden Breiten der Antarktis erheblich weniger zu finden sind (SMETACEK 1990). Untersuchungen in der Antarktis haben nach SMETACEK ergeben, daß fast nur große *Kieselalgen* (Diatomeen) Algenblüten erzeugen. Im planktonarmen Wasser finden sich fast nur *Geißelalgen* (Phytoflagellaten), die kleiner als die Kieselalgen sind und stets von vielen kleinen Tieren begleitet werden. Bei den Geißelalgen sei der *Wegfraß* durch

Tiere höher, als bei den Kieselalgenblüten. Dort, wo der Partikelregen reichlich ist, beispielsweise in der Flachsee (Abschnitt 9.3.01), führe dies zu einer reichen benthischen Fauna. Die Menge der Tierbestände am Meeresgrund stehe daher in einem gewissen Zusammenhang mit dem Partikelregen aus der durchlichteten Wasserschicht, der im übrigen, zumindest in der Antarktis, auch einen *Jahresgang* habe.

Kalkbildner im Meer
Zahlreiche Organismen im Meer bauen sich aus Kalk (Calciumcarbonat) Schalen und Skelette. Die bekanntesten Kalkbildner im Meer sind wohl die *Korallen*, die dem Stamm Cnidaria (Nesseltiere) angehören und dort die Klasse Anthozoa bilden (Abschnitt 9.4). Ausführungen über *Korallenriffe* sind im Abschnitt 9.3.01 enthalten.

Zu den bedeutenden Kalkbildnern im Meer zählen jedoch auch die zuvor näher beschriebenen *Coccolithophoriden*. Diese Kalkbildner nutzen bestimmte Eigenschaften des Meerwassers. Obwohl die im Meerwasser gelösten Mengen an Calcium und Carbonat weit über ihren Löslichkeitspunkt liegen, fällt auf rein chemischen Wege kaum Calciumcarbonat aus. Erst durch das biochemische Wirken der Organismen kommt es zum *Fällen* (Ausfällen) von Kalk und zur Bildung von festen Kalkstrukturen (als Schalen und/oder Skelette dieser Organismen). Bleibt das die Organismen umgebende Meerwasser *kalkübersättigt*, findet eine Rücklösung des biogenen Kalks praktisch nicht statt (AWI 1998/1999 S.37). Wird jedoch, bedingt durch den Anstieg der CO_2-Konzentration in der Atmosphäre, dem Meerwasser in zunehmenden Maße Kohlendioxid (CO_2) aus der Atmosphäre zugeführt und in Lösung überführt, dann nimmt der pH-Wert des Meerwassers ab (es wird *saurer*) und es nimmt auch die *Kalkübersättigung* des Meerwassers ab. Auf die Abnahme der Kalkübersättigung reagieren die Coccolithophoriten (zumindest die Arten Emiliania huxleyi und Gephyrocapsa oceanica) mit einer Abnahme ihrer Kalzifizierungsrate. Der Grad der Verkalkung der Zellen nimmt ab, was vermutlich auch zu Veränderungen (Mißbildungen) des Kalkgehäuses führt (AWI 1998/1999 S.39 und 123). Es gilt mithin

- *steigende* CO_2-Konzentration in der Atmosphäre *verringert* die biologische Kalkproduktion im Meerwasser.

Inwieweit dies auf die marinen Kalkbildner insgesamt Rückwirkungen hat, ist noch weitgehend ungeklärt.

Neben der physiologischen und ökologischen Komponente der zuvor beschriebenen Kalkbildung durch Coccolithophoriden ist auch die biogeochemische Komponente beachtenswert. *Fällen* (Ausfällen) von Kalk verändert das Löslichkeitsgleichgewicht im Meerwassercarbonatsystem im Sinne eines Anstiegs des CO_2-Partialdrucks, wodurch das Potential des *Ausgasens* von CO_2 in die Atmosphäre *erhöht* wird. Verringert sich das Ausfällen von Kalk, dann verringert sich auch das Ausgasen von CO_2 in die Atmosphäre. Es gilt mithin

- *abnehmende* Kalkbildung *verstärkt* die Kapazität des Meerwassers, Kohlendioxid (CO_2) aus der Atmosphäre aufzunehmen.

Abnehmende Kalkbildung im Meer bei steigender CO_2-Konzentration in der Atmosphäre wird auch als negative Rückkopplung bezeichnet die besagt: der Anstieg der CO_2-Konzentration in der Atmosphäre kann durch die erhöhte CO_2-Aufnahmefähigkeit des Meeres verlangsamt werden (AWI 1998/1999 S.40).

Nach bisherigen Forschungsergebnissen ist zu vermuten, daß auch die dem *Tierreich* zugehörigen *Korallen* (Anthozoa) und *Kammerlinge* (Foraminifera) ähnlich auf Änderungen der Meerwassercarbonatchemie reagieren wie zuvor für die dem *Pflanzenreich* zugehörigen *Kalkalgen* dargestellt (AWI 1998/1999 S.40). Bezüglich der Grenze zwischen Pflanze und Tier siehe Abschnitt 9.3.

Giftalgen

In Küstengewässern und in der nahen Hochsee kommt es zunehmend zur explosionsartigen Vermehrung Gift produzierender Einzeller. Als Giftalgen werden in diesem Zusammenhang vielfach die Photosynthese treibenden einzelligen Meeresorganismen (Mikroalgen und Cyanobakterien) bezeichnet, die unter bestimmten Umständen massenhaft auftreten und dabei erhebliche Mengen an toxischen Substanzen absondern. Heute sind ca 100 verschiedene solche Arten bekannt und die von ihnen produzierten Gifte umfassen viele, teils sehr verschiedenartige Substanzen mit unterschiedlichen Wirkungen auf den Menschen (SCHUBERT 2004). Bekannt sind inzwischen fünf verschiedene Krankheitsbilder (Vergiftungen), die durch Algentoxine ausgelöst werden können. Toxische Algenblüten sollen in küstennahen Gewässern immer öfter auftreten, wobei vermutlich jene Nährstoffe besonders wirksam werden, die durch menschliche Aktivitäten über Flüsse ins Meer gelangen (Düngemittel, Abwässer, Gülle). Das von den Einzellern produzierte Gift könne Fische töten, fischfressende Vögel, sogar Wale. Das so bewirkte Massensterben kann bedeutsam sein (SCHUBERT 2004). Ein neu entwickelter (Hand-) Biosensor vermag inzwischen (von den ca 100 bekannten Giftalgenarten) die zu den Giftalgen zählenden *Dinoflagellaten* |Alexandrium tamarense| und |Alexandrium ostenfeldii| mit minimalem Aufwand aufspüren. An eine Erweiterung der Nachweismöglichkeiten wird gearbeitet.

Nährstoffkonzentrationen an ozeanischen Fronten, Chlorophyllkonzentrationen im Oberflächenwasser, Farbe der Meeresoberfläche

Nährstoffkonzentrationen an ozeanischen Fronten
Die Gesamtheit der von Organismen zur Ernährung aufgenommenen Substanzen wird *Nahrung* genannt. Die *Nährstoffe* darin sind diejenige Verbindungen, die zur Energiegewinnung und zum Aufbau der Körpersubstanz dienen können. Bewegen sich unterschiedliche Wassermassen, ergeben sich im Grenzbereich Phänomene, die

im Begriff *ozeanische Fronten* zusammengefaßt sind (Abschnitt 9.2). Solche Fronten können sich durch Schaumstreifen an der Meeresoberfläche und durch unterschiedliche Form der Wellen anzeigen. *Hohe Nährstoffkonzentrationen* im Grenzbereich der beiden Wassermassen locken nicht nur Scharen von Seevögeln an, sondern ermöglichen auch, bei ausreichenden Lichtverhältnissen und hinreichender Stabilisierung der Wassersäulen, ein schnelles und starkes Wachstum des Phytoplanktons. Aufgrund von Untersuchungen an der *Arktikfront* und an der *Polarfront* des Nordpolarmeeres (Bild 9.35/1) konnte erkannt werden, daß reiche Nährstoffkonzentrationen nicht nur das Wachstum des Phytoplanktons begünstigen und damit Frontenbereiche recht genau abgrenzen, sondern sie ermöglichen sogar, aufgrund des unterschiedlichen Nährstoffspektrums, eine physikalisch-chemische Charakterisierung dieser Frontensysteme (KATTNER 1987). Im Nordpolarmeer (zumindest in der Framstraße, in der Barentssee und im kanadischen Archipel) sind als Bioindikatoren für solche Aussagen beispielsweise geeignet (DIEL 1991):

Calanus glaciales - seine Anwesenheit spricht für *polares* Wasser
Calanus finmarchicus - seine Anwesenheit spricht für *atlantisches* Wasser.

Besteht eine stabile Deckschicht und fehlt eine vertikale Konvektion, sind die Nährstoffkonzentrationen im Oberflächenwasser in der Regel niedrig.

Besondere Einflüsse auf das Nährstoffangebot
Während Forschungsfahrten mit der *Polarstern* 1989 und 1990 in den Meeresteilen Framstraße, Grönlandsee und Ost-Atlantik wurden zahlreiche Messungen und Probenahmen durchgeführt zur Bestimmung des Salzgehaltes, der Temperatur, des Sauerstoffgehaltes, der Nährstoffkonzentrationen (Nitrat, Phosphat, Silikat) sowie des Chlorophyll a-Gehaltes im Wasserkörper sowie die Eisbedeckung während der Meßzeit festgestellt. Aufgrund der Auswertergebnisse kommt POHL (1992) zu der Auffassung, daß in der **Arktis** die Eisbedeckung und das in den verschiedenen Jahreszeiten zur Verfügung stehende Licht die Primärproduktion und damit die biologischen Aktivitäten auf einen relativ *kleinen Zeitabschnitt* begrenzen. In den subtropischen und tropischen Zonen des **Atlantik** bestehen dagegen über das *ganze Jahr* hinweg nahezu konstante hydrographische und nährstoffchemische Verhältnisse. Da die Lichtverhältnisse in diesen Breiten den regelmäßigen Tageslängen folgen und die Temperaturverhältnisse für das Wachstum der Planktonalgen günstig sind, gibt es hier keine ausgeprägte *Frühjahrsblüte* der Planktonalgen. Die Nährstoffe der durchlichteten Wasserschicht werden genutzt, wenn sie zur Verfügung stehen. Eine Primärproduktion findet in diesen Breiten mehr oder weniger während des ganzen Jahres statt. Die hydrographischen und nährstoffchemischen Messungen erfolgten überwiegend in der Wasserschicht von 0-200 m Tiefe, an einigen Meßpunkten bis zu einer Wassertiefe von >4 000 m. Bei den Messungen im **Atlantik** zeigte sich im Abschnitt *westlich Gibraltar/Iberisches Becken* in der Wasserschicht von 500-1500 m Tiefe eine Zunahme des Salzgehaltes, auch die Temperaturen in diesem Tiefenbereich lagen um ca 4°C höher als in den anderen Abschnitten. Diese

Abweichungen beruhen nach POHL eindeutig auf den Einfluß von salzreicherem und wärmerem Meerwasser, das in Wassertiefen um 500 m bei Gibraltar aus dem **Mittelmeer** ausströmt und im Atlantik langsam in tiefere Wasserschichten absinkt. Dieses Wasser sei ursprünglich sauerstoffgesättigtes Oberflächenwasser, welches aufgrund von Sonneneinstrahlung und Verdunstung seine Dichte ändert und dabei tiefer sinkt. Der dargelegte Vorgang beeinflußt offensichtlich auch die Verteilung der Nährstoffkonzentrationen. Während in den anderen Abschnitten die maximalen Konzentrationen von Phosphat und Nitrat in der Wasserschicht zwischen 500-1000 m Tiefe, die maximalen Konzentrationen von Silikat in der Wasserschicht zwischen 1000-1500 m Tiefe lagen, zeigten sich im Abschnitt westlich Gibraltar/Iberisches Becken die maximalen Konzentrationen für Phosphat und Nitrat in der Wasserschicht zwischen 4000-5000 m, für Silikat in der Wasserschicht zwischen 3000-4500 m Tiefe. Der Austausch von Atlantik- und Mittelmeerwasser ist dargestellt in VAN DER PIEPEN et al. (1987). Dort sind auch für die Meeresteile ost- und westwärts von Gibraltar Chlorophyllkonzentrationen (in Form von Satellitenbildern) aufgezeigt (für die Zeitpunkte 1978 und 1982).

Chlorophyllkonzentrationen im Oberflächenwasser (globale Übersicht)
Der bestimmende Farbstoff der grünen Pflanzen ist das Chlorophyll. Aus den Konzentrationen von Chlorophyll im Meerwasser lassen sich Aussagen ableiten über die Konzentrationen der Planktonalgen (Phytoplankton). Diese wiederum lassen Rückschlüsse zu auf die sogenannte Primärproduktion, denn am Anfang der Nahrungskette im Meer steht vorrangig das Phytoplankton. Es ist fast ausnahmslos die Nahrungsgrundlage des Zooplanktons (beispielsweise der Foraminiferen) und letztlich allen höheren Lebensformen. Mit dem Costal Zone Color Scanner des Satelliten NIMBUS 7 wurden erstmals global und flächenhaft die Chlorophyllkonzentrationen im Oberflächenwasser des Meeres gemessen.

In großen Teilen des Meeres sind die Chlorophyllkonzentrationen im Oberflächenwasser < 0,2 mg Chl / m^3 (veranschaulicht durch die großen nahezu weißen Flächen im Bild 9.55). Wegen dieser Vegetationsarmut werden diese Meeresteile auch "ozeanische Wüsten" genannt.

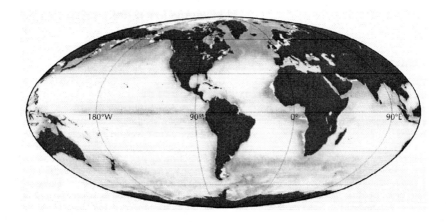

Bild 9.55
Chlorophyll-a-Konzentrationen im Oberflächenwasser. Die Konzentrationen in mg/m³ laufen von ca 0,2 (hellgrau) bis ca 0,7 (dunkelgrau). Messungsergebnisse vom Satelliten OrbView-2 mit SeaWiFS (Sea-viewing Wide Field-of-View *Sensor*) für das Jahr 1998. Quelle: AWI (2000/2001)

Auffällig sind die relativ hohen Konzentrationen im Nordatlantik und Nordpazifik. Im Südpolarmeer sind sie nach diesen Messungsergebnissen vergleichsweise niedrig. Zu bedenken ist allerdings, daß sich die im Südpolarmeer häufig anzutreffenden Chlorophyll-„Wolken" in Wassertiefen von 30-120 m befinden (AWI 2000/2001) und mittels SeaWiFS daher nicht erfaßbar sind.

Farbe der Meeresoberfläche (Meeresfarbe),
Am Vorgang Photosynthese sind stets mehrere Pigmente beteiligt, das Hauptpigment ist jedoch immer das Chlorophyll a, das bei allen zur Photosynthese fähigen Pflanzen vorhanden ist. Phytoplankton hat eine spezielle Absorptionscharakteristik und kann die Farbe der Meerwassers verändern. Erhöht sich die Chlorophyll-Pigmentkonzentration ändert sich die Farbe der Meeresoberfläche von blau nach grün, rot oder gelb (PORTHUN 2000). Verschiedentlich wird angenommen (van der PIEPEN et al. 1987): Chlorophyllkonzentration

$\leq 0{,}1$ mg/m³   = tiefblaues, oligotrophes Wasser
ca 1 mg/m³   = biologisch aktives, grünes Wasser
≥ 10 mg/m³   = eutrophiertes, dunkelgrünes Wasser

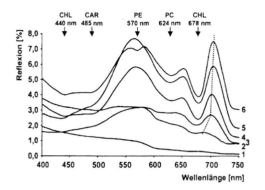

Bild 9.56
Reflexionsspektren mit zunehmender Chlorophyll a-Konzentration nach THIEMANN (2001).
1 = 2 µg/l
2 = 11
3 = 34
4 = 48
5 = 70
6 = 90

Das Bild zeigt Reflexionsspektren von Gewässern, deren spektrale Charakteristik vorrangig durch *Algen-Pigmente* geprägt ist. Je höher die Chlorophyll-Konzentration, je höher ist im Mittel die Reflexion und je stärker sind die *Chlorophyll-Absorptionsbanden* bei 440 nm und 678 nm ausgeprägt. Für das Reflexionsmaximum um 700 nm gibt es mehrere Begründungen: (1) Fluoreszenz, (2) anomale Streuung, verursacht durch die Chlorophyll-Absorption bei 675 nm, (3) Kombination verminderte Chlorophyll-Konzentration und ansteigende Wasser-Absorption (THIEMANN 2001). Im Bild bedeuten CHL = Chlorophyll-Absorptionsbande, CAR = Carotin-Absorptionsbande. Im Zusammenhang mit den spektralen Eigenschaften des Chlorophyll wird zur Bilddatenklassifizierung oftmals der NDVI (Normalised Difference Vegetation Index) ebenso wie bei den spektralen Eigenschaften des Schnees der NDSI (Normalised Difference Snow Index).

Ein erstmals zur Erfassung der Meeresfarbe konzipierter Multispektralscanner war der CZCS (Coastal Zone Color Scanner), eingesetzt im Satelliten NIMBUS 7. Der Sensor hat 6 Kanäle:

|433-453 nm, blau| dient zur Bestimmung der Strahlungsabsorption durch das Chlorophyll, denn dieses besitzt eine spezielle Absorptionscharakteristik. Erhöht sich die Chlorophyll-Pigmentkonzentration verändert sich die Farbe des Wassers (wie zuvor schon gesagt) von blau über grün nach rot oder gelb.
|510-530 nm, grün| dient zur Bestimmung der Konzentration von Chlorophyll.
|540-560 nm, gelb| dient zur Bestimmung der Konzentration von Gelbstoffen.
|660-680 nm, rot| dient zur Bestimmung der Strahlungsabsorption durch Aerosole.
|700-800 nm, ultrarot| dient zur Erfassung von Land und Wolken.
|10,5-12,5 µm| dient zur Erfassung der Oberflächentemperatur.
Monatlich gemittelte Daten der Chlorophyllkonzentration (in mg Chl / m^3) im Oberflächenwasser sind für den Zeitabschnitt Oktober 1978 - Dezember 1986 verfügbar (NASA). Die Mittelwerte beziehen sich auf eine Koordinatennetzfläche von 1° x 1° (PORTHUN 2000).

Beim abbildenden Spektrometer MOS (Modularer Optischer Scanner) ist die Version MOS-B zur Bestimmung von Chlorophyll a, Schwebstoff und Gelbstoff (Wasserinhaltsstoffen) im Einsatz (STAHL/GEGE 2001). Weitere Systeme dieser Art sind: Ocean Color Imager (OCI), Wide Field Sensor (WiFS), Ocean Color Monitors (OCM) und andere. Das ab 1986 entwickelte abbildende Spektrometer ROSIS (Reflective Optics System Imaging Spectrometer) ist bisher nur in Luftfahrzeugen eingesetzt worden. Bei der inzwischen mehrfach verbesserten Version werden alle Elemente (Pixel) einer Bildzeile gleichzeitig aufgezeichnet (sogenanntes Pushbroom-Prinzip). Der Sensor erfaßt pro Abtastzeile gleichzeitig 512 Pixel in 115 Spektralkanälen, die im Spektralbereich 430-860 nm liegen. Der Mittelpunktsabstand zweier benachbarter Pixel in zwei benachbarten Kanälen (Abtastintervall) beträgt 4 nm (THIEMANN et al. 2001).

Start	Name der Satellitenmission und andere Daten
1978	**NIMBUS 7** (Abschnitt 9.2.01), Sensor CZCS (Coastal Zone Color Scanner) mit 6 Kanälen (siehe Text)
ab 1984	**NOAA**-9...12... (Abschnitt 9.2.01)
1996	**IRS-P3** (Abschnitt 9.2.01), Sensor MOS-B
?	******** Sensor MERIS (Medium Resolution Imaging Spectrometer), gA = 300 m
1997	**OrbView-2** (Abschnitt 9.2.01) Sensor: SeaWiFS (? mit 8 Kanälen: 402-422, 433-453, 480-500, 500-520, 545-565, 660-680, 745-785, 845-885 nm)
2001	**PROBA** (Abschnitt 8.1) Hyperspektralmission, Spektralbereich 450-2500 nm
2002	**AQUA** (Abschnitt 9.2.01)
? 2002	**OrbView-3** (Abschnitt 9.2.01)

Bild 9.57
Vorgenannte und weitere Satellitenmissionen. H = Höhe der Stelliten-Umlaufbahn über der Land/Meer-Oberfläche der Erde, gA = geometrische Auflösung. Quelle: SANDAU (2002) und andere

Marine Emissionen von biogenem Schwefel

In Verbindung mit der Photosynthese planktisch und benthisch lebender Pflanzen werden im Meer flüchtige Schwefelverbindungen produziert wie $(CH_3)_2S$ (Dimethylsulfid), CS_2 (Schwefelkohlenstoff, Kohlendisulfid), COS (Carbonsulfid) und CH_3SH (Methylmercaptan), die dann vorrangig als physikalisch gelöste Gase vorliegen und durch turbulenzinduzierten Gasaustausch aus der Oberflächenwasserschicht in die Atmosphäre gelangen (BINGEMER et al. 1987). Nach dem Anteil an der Gesamtmenge ist Dimethylsulfid (DMS) die bedeutendste flüchtige Schwefelverbindung in dieser Wasserschicht, sie wird durch enzymatische Spaltung aus Dimethylsulfoniumpropionat (DMSP) in **Algenzellen** sowie gegebenenfalls durch **bakterielle** Zersetzung von DMSP auch außerhalb der Zellen gebildet. Hauptproduzent von DMS sind jedoch Mikro- und Makroalgen (bezüglich ihrer Einordnung in die biologische Systematik siehe Abschnitt 9.2.01). Die bisher gemessenen Verteilungen des DMS im Meer zeigen, daß diese Schwefelquelle räumlich und zeitlich sehr variabel ist. Es besteht, wie von verschiedenen Autoren nachgewiesen, jedoch eine Korrelation zwischen **DMS** und **Chlorophyll**. Nach BINGEMER et al. (1987) ist DMS diejenige flüchtige aerosolbildende Verbindung, die global ca $0{,}3 \cdot 10^{14}$ g S/Jahr ($\pm 50\%$) an biogenem Schwefel aus dem Meer in die Atmosphäre emittiert. Weitere Ausführungen hierzu im Unterabschnitt: DMS-Produktion durch Phytoplankton und Wolkenbildung (Abschnitt 10.1).

Angaben über die globalen Emissionen von biogenem Schwefel aus *Böden* liegen noch nicht hinreichend vor. Bodenart und Bodentemperatur sind hier wahrscheinlich die wirksamsten Parameter. Offenbar steigt die Emissionsrate an mit zunehmenden Gehalt des Bodens an organischem Material. Der *globale Schwefelkreislauf* im System Erde ist im Abschnitt 7.7.07 dargestellt.

Angaben zum Beitrag der im Südpolarmeer *benthisch lebenden* Pflanzen zur biogenen Schwefelproduktion enthält Abschnitt 9.4.03 mit Hinweisen auf beteiligte Algen. Ihren DMS-Stoffwechsel untersuchte unter anderem KARSTEN (1991). Seine quantitativen Abschätzungen zur Bedeutung dieses Beitrages zur gesamten marinen Schwefelemission in Form von DMS werden nachfolgend skizziert.

Während das **Phytoplankton** die Hauptquelle für DMSP und DMS im Meer darstellt, sind benthisch lebende Makroalgen (vorrangig Grünalgen und einige Rotalgen) beachtenswerte Quellen in Küstennähe. Geht man von einer **Meeres-Primärproduktion** von $30 \cdot 10^9$ Tonnen C/Jahr aus, dann haben daran **Makroalgen und Seegräser** einen Anteil von $2 \cdot 10^9$ Tonnen C/Jahr (6,7%). Da die globale Küstenfläche (Meersgrundfläche Gezeitenzone/Flachsee, die Makroalgen besiedeln, relativ klein ist, erreichen diese Organismen mithin eine extrem hohe Primärproduktionsrate pro Flächeneinheit und Jahr. Meeresgebiete dieser Art, wie beispielsweise das Wattenmeer, zeigen **saisonal** dichte Bestände an Grünalgen (etwa Enteromorpha Ulva); die teilweise 10-20 cm dicken Algenteppiche stellen sicherlich ein riesiges Potential an gespeichertem DMSP dar. Auch wenn diesbezügliche Untersuchungen noch fehlen kann man doch davon ausgehen, daß beim Absterben dieser gewaltigen Biomasse große Mengen an DMSP und DMS freigesetzt werden. Die zumindest regionale Einwirkung sollte mithin nicht unterschätzt werden.

Leben in den Wasserschichten der Hochsee: Tierwelt

Frei schwebende oder schwimmende Organismen, die *keinen* unmittelbaren Bezug zum Meeresgrund haben und *nicht* über eine bedeutende aktive Fortbewegungseinrichtung verfügen, heißen *Plankton*. Planktisch lebende Tiere werden *Zooplankton* genannt. Organismen können ihr ganzes Leben lang planktisch leben (Holoplankter) oder nur als Larven planktisch leben (Meroplankter). Die mit den Meeresströmungen treibenden planktisch lebenden Tiere lassen sich, im Gegensatz zu benthisch lebenden Tieren, meist nicht scharf begrenzten geographischen Regionen zuordnen. Außer der *horizontalen*, besteht auch eine *vertikale* Verteilung des Zooplanktons, die eine Gliederung in verschiedenen Wasser-Tiefenbereiche erforderlich machen kann. Schließlich werden aus verschiedenen Gründen oftmals bestimmte Fangtiefen gewählt.

Hinsichtlich *Gliederung* des Planktons nach der Größe der Organismen siehe Abschnitt 9.3. Das Zooplankton wird nach der Organismen-Größe (Länge) von verschiedenen Autoren unterschiedlich gegliedert.

Zooplankton					
Pico-ZP.	Nano-ZP.	Mikro-ZP.	Meso-ZP.	Makro-ZP.	Quelle
		<1 mm	0,2-20 mm	>15 mm	1978
			1-15 mm		1984
			>200 µm		1989a
	<20 µm	20-200 µm			1989b

Quelle:
1978 SIEBURTH et al., siehe HANNSSEN 1997 S.93
1984 PARSONS et al., siehe HUBOLD 1992 S.31
1989a LENZ, siehe AWI 1989 S.34
1989b BARTHEL, siehe AWI 1989 S.35
Pico- und Nano-Zooplankton werden auch zusammengefaßt und Ultrazooplankton genannt. Zur Bedeutung der Vorsilben Pico-, Nano-, Mikro-, siehe Bilder 4.26 und 9.44. |gr. mesos: mittel-, mitten|, |gr. makros: lang, groß|.

1103

Zum *Mikrozooplankton* können sowohl Einzeller (Protozoa), als auch Vielzeller (Metazoa) gehören. Die Systematik des Tierreichs war zuvor bereits dargelegt worden (Abschnitt 9.3), insbesondere die der Protozoa. Es war auch darauf hingewiesen worden, daß die Grenze zwischen Pflanze und Tier nach heutiger Kenntnis im Bereich der Einzeller gleitend ist.

Das *Makrozooplankton* wird durch Vielzeller gebildet. Im Hinblick auf die Größe des Beitrages zur Biomasse des Zooplanktons sind die **Salpen** wohl eine wichtige oder gar die Hauptkomponente in allen großen Meeresteilen des Systems Erde (Atlantik, Indik, Pazifik). Unter Nennung der speziellen Literatur gibt PIATKOWSKI (1987) folgende Charakteristik dieses Taxons:

Während der sogenannten Salpenblüte stellen die Salpen fast 100% der Biomasse des Zooplanktons. Sie sind offensichtlich sehr effektive Phytoplankton-Filtrierer und können unter Umständen das in einem Meeresteil verfügbare Phytoplankton nahezu vollständig wegfressen, wodurch dann oft eine inverse Relation zwischen der Biomasse der Salpen und der des Phytoplanktons entsteht. Vor allem nach der Phytoplanktonblüte produzieren die großen Salpenmengen enorme Mengen an *Kotballen*, die dann, zusammen mit abgestorbenen Tieren, absinken und so einen bedeutenden Transport organischen Kohlenstoffs in die tieferen Wasserschichten beziehungsweise zum Meeresgrund bewirken, der bis zu 12 mg C/m^2/Tag betragen kann. Anders als beim Krill (siehe auch Abschnitt 9.4.01), der seine hohe Individuendichte dadurch erreicht, daß die einzelnen Tiere sich zu Schwärmen zusammenfinden, entstehen Salpenschwärme durch eine sehr schnelle Individuenvermehrung, die meist dann ausgelöst wird, wenn reichliches Nahrungsangebot vorliegt (also nach dem Beginn der Phytoplanktonblüte). Die Tiere sind aufgrund des schnellen Vermehrungsvorganges meist kettenförmig miteinander verbunden.

Neben den Salpen können in den Zooplankton-Lebensgemeinschaften der großen Meeresteile als vorherrschend gelten (HUBOLD 1992 S.30): **Ruderfußkrebse, Schildkrebse, Flohkrebse, Pfeilwürmer, Weichtiere**. Die genannten Tiergruppen sind in der zoologischen Systematik hervorgehoben (Abschnitt 9.4). Nach CZIHAK et al. (1992) S.835 beträgt die gesamte Produktion des Meeres an gebundenem Kohlenstoff ca 3,75 · 10^{10} Tonnen C/Jahr. Nur 1/10 000 davon wird in Fischfleisch umgesetzt. Die Biomasse des Zooplanktons dürfte mithin klein sein im Vergleich zu jener des Phytoplanktons.

Zur Terminologie der Zoo-Biomasse
Zur Präzisierung der Terminologie werden einige Begriffe der Zoo-Biomasse nachfolgend erläutert:
  |Neuston-Biomasse| der *Flachsee* oder *Hochsee*
= Biomasse der neustisch lebenden Tiere. Der Lebensraum des Neuston umfaßt eine *Luftschicht* und eine *Wasserschicht* (0-30 cm Tiefe ?), die von beiden Seiten her an die Grenzfläche zwischen Atmosphäre und Meer anschließen (Abschnitt 9.3).

|Pleuston-Biomasse| der *Flachsee* oder *Hochsee*
= Biomasse der pleustisch lebenden Tiere. Der Lebensraum des Pleuston umfaßt eine *Luftschicht* und eine *Wasserschicht*, die von beiden Seiten her an die Grenzfläche zwischen Atmosphäre und Meer anschließen (Abschnitt 9.3). Insbesondere umfaßt das Pleuston an Treibholz gebundene oder mit besonderen Körperfortsätzen ausgestattete Organismen (beispielsweise Velella), die von Wind und Strömung angetrieben, auf der Wasseroberfläche treiben.

|Nekton-Biomasse| der *Flachsee, Hochsee,* oder *Tiefsee*
= Biomasse der nektisch lebenden Tiere.

|Zooplankton-Biomasse|der *Flachsee, Hochsee,* oder *Tiefsee*
= Biomasse der planktisch lebenden Tiere.
(Zooplankton in Unterscheidung zu *Phytoplankton* und *Bakterioplankton*)
|Zoobenthos-Biomasse| der *Flachsee* oder *Tiefsee*
= Biomasse der benthisch lebenden Tiere. Eine weitere Unterscheidung kann erfolgen durch die Begriffe *Sessile Zoobentos-Biomasse* und *Vagile Zoobenthos-Biomasse*.
(Zoobenthos in Unterscheidung zu *Phytobenthos* und *Bakteriobenthos*)
Als
|Zoo-Biomasse des Meeres|
kann gelten die Summe der vorgenannten Biomassen, dabei ist jedoch zu beachten, daß gegebenenfalls gesondert ausgewiesen ist: *Mykoplankton, Mykobenthos, Bakterioplankton, Bakteriobenthos.* Diese Biomassen sind dann der vorgenannten Summe hinzuzufügen.
Da es als Gegensatz dazu auch eine
|Zoo-Biomasse des Landes|
gibt, kann in Kurzfassung gesprochen werden von: *Meeres-Zoobiomasse* und *Land-Zoobiomasse.*

Zur Bestimmung der Zoo-Biomasse des Meeres
Die Biomasse kann beispielsweise angegeben werden als Volumen, Feuchtgewicht, Trockengewicht, in Energieeinheiten... Verschiedentlich werden auch abgeleitete Größen benutzt, die einfacher meßbar sind und in einer mehr oder weniger festen Beziehung zur Biomasse stehen, wie etwa die Stickstoff- oder Kohlenstoffmenge. Anstelle von Feuchtgewicht und Trockengewicht wird vielfach auch von Feuchtmasse, Trockenmasse und aschefreier Trockenmasse gesprochen.

Bezüglich der *Zooplankton-Biomasse* können zur Umrechnung benutzt werden (BAMSTEDT 1986, siehe HANNSSEN 1997 S.100):

$$TM = 0{,}13 \cdot FM \quad \text{beziehungsweise} \quad TM = \frac{AFTM}{0{,}9}$$

wobei bedeuten: TM = Trockenmasse, FM = Feuchtmasse, AFTM = aschefreie Trockenmasse.

Zum Abschätzen der Biomasse dienen meist das *Wiegen* etwa der Zooplankton-Trockenmasse nach bestimmten Verfahren oder das *Berechnen* der Biomasse a) aus Länge-Masse-Beziehungen und b) aus mittleren Individualmassen (HANNSSEN 1997):

a) $\quad \text{BM (g/100m}^3) = \dfrac{\sum \text{BM}_{LM}}{n_{LM}} \cdot n_{100}$

b) $\quad \text{BM (g/100m}^3) = \text{BM}_{x'} \cdot n_{100}$

wobei bedeuten:
$\sum \text{BM}_{LM}$ = Summe der errechneten Biomassen
$\text{BM}_{x'}$ = mittlere Individualmasse
n_{LM} = Anzahl der vermessenen Tiere
n_{100} = Anzahl der Tiere pro 100 m^3

Zur Umrechnung von *Kohlenstoff* (C) in aschefreies Trockengewicht (AFTG) kann benutzt werden (PARSONS et al.1984 siehe MUMM 1991 S.20):

$$1 \text{ mg C} = 2 \text{ mg AFTG}$$

Zur Umrechnung von *Chlorophyll a*-Werte in aschefreies Trockengewicht kann benutzt werden (RAYMONT 1980 siehe MUMM 1991 S.19):

$$\dfrac{\text{AFTG}}{\text{Chlorophylla}} \approx \dfrac{35}{1}$$

Bei der Bestimmung der *Zooplankton-Biomasse* sind außerdem noch folgende genauigkeitseinschränkende Faktoren wirksam:
◆ Biologische und physikalische Prozesse (Schwarmbildung, Gezeitenströmungen, Wirbelbildung, Ausbildung von Wasserschichten...) führen meist zu einer *fleckenhaften Verteilung* des Planktons (engl. Patchiness).
◆ Menge und Zusammensetzung des Planktons können sich ändern etwa durch *nichtvorhersagbare plötzliche Ereignisse* (Änderung der Eissituation aufgrund sich ändernder Windrichtung...) sowie durch *saisonale Zyklen* (Vertikalwanderungen...).
Eine zu lange Meßphase (Zeitabschnitt für alle Probenahmen in einem Meeresteil)

bringt somit weitere Unsicherheiten.
- ❖ Die *Maschenweite* der benutzten Fangnetze (beispielsweise 150 µm, 200 µm, 300 µm) bestimmt weitgehend die Fängigkeit der Organismen und das Größenspektrum des Fanges. Kleine Organismen entschlüpfen durch die größeren Netzmaschen, große Organismen können dem Netz entfliehen.

Die vielfach benutzte *Abundanz* kann berechnet werden nach (HANNSSEN 1997):

$$n \; (pro100m^3) = \frac{a}{PT \cdot N \cdot FT} \cdot 100$$

wobei bedeuten:
n (pro 100 m^3) = Individuen pro 100 m^3
a = gezählte Individuen
PT = sortierte Teile der Probe
N = Netzöffnung (m^2)
FT = Fangtiefenintervall (m)

Oft wird auch die *Individuendichte* benutzt:
n Ind. pro m^3 oder n Ind. pro m^2 (mit n = Anzahl der Individuen).

Nekton in der Hochsee (Flachsee und Tiefsee)

Nach der im Abschnitt 9.3 gegebenen Definition umfaßt der Begriff Nekton alle Organismen, die sich *aktiv* schwimmend im Wasser bewegen (gr. nektos: schwimmend). Dementsprechend gehören zum Nekton auch alle größeren Meerestiere, wie etwa die nur wenige cm langen Sardellen bis hin zu den Riesen des Nektons, den Walen. Eine eindeutige Abgrenzung des Nektons gegenüber dem Zooplankton ist jedoch gelegentlich schwierig (GIESE et al. 1996).

Bekannte *Knorpelfische*, die nektisch leben, sind: der Riesenhai, der Walhai, Vertreter des Rochen (beispielsweise Teufelsrochen). Bekannte *Knochenfische*, die nektisch leben, sind: Sardellen, Sardinen, Heringe, Makrelen, Thunfische, Hornhechte, Barrakudas. Knorpelfische (Chondrichthyes) und Knochenfische (Osteichthyes) gehören zu den Wirbeltieren (Vertebrata). Aus dem Bereich der Wirbellosen werden einige Kopffüßer, wie beispielsweise die Riesenkraken, dem Nekton zugeordnet (GIESE et al. 1996).

Wie zuvor vermerkt, gilt als Nekton-Biomasse die Biomasse der nektisch lebenden Tiere in Flachsee, Hochsee und Tiefsee.

Fische sind, wie alle Organismen, *offene Systeme* (Abschnitt 1.4). Sie können sich nur erhalten, entwickeln und Leistungen vollbringen, wenn sie mit ihrer Umgebung

Stoffe austauschen. Eine Untersuchung von Aktivität (Bewegung), Stoffwechsel (Respiration, Sauerstoffverbrauch), Wahrnehmung von Reizen und Verhalten an arktischen und antarktischen Fischen hat gezeigt, daß es einen typischen Polarmeerfisch nicht gibt (ZIMMERMANN 1997). Im Lebensraum Polarmeer zeigt sich ein ebenso breites Spektrum von Aktivitäts- und Lebensformtypen wie in anderen Meeresteilen. Die ausgeprägte Saisonalität der eingestrahlten Lichtenergie bewirkt zwar eine relativ niedrige biologische Gesamtproduktivität in diesen Meeresteilen. Doch trotz dieser eingeschränkten Produktion und den vergleichsweise niedrigen Wassertemperaturen (Antarktis zwischen Gefrierpunkt ca -1,9 °C und 0 °C; Arktis zeigt größere Schwankungen, selten aber werden 5 °C überschritten) hat sich sowohl im Südpolarmeer als auch im Nordpolarmeer eine vielfältige Fischfauna entwickelt. Sie reicht von benthisch lebenden Lauerjägern bis zu hochaktiven nektisch lebenden Jägern, von trägen Fischen, die lange Zeit bewegungslos in einer Art Ruhestarre verbringen bis zu rastlosen Dauerschwimmern. Zum Nekton im Südpolarmeer siehe Unterabschnitt: Nekton, Fische im Südpolarmeer (Abschnitt 9.4).

Leben in den Wasserschichten der Hochsee

	Leben in der durchlichteten Wasserschicht der Hochsee	
	Primärproduktion: *Photosynthese grüner Pflanzen* (Bild 7.25) **Produzenten:**	**Konsumenten:**
	Phytoplankton (Planktonalgen, Eisalgen...)	Pflanzenfresser, Fleischfresser... (Zooplankton, Nekton...)
Import ⇒ ⇐ Export	**Beitrag dieser Organismen zum Sediment** in Form von Sinkfracht ◇ mineralischer Anteil ◇ organische Verbindungen - partikuläres organisches Material (>0,4 mm) - gelöstes organisches Material (<0,4 mm)	Export ⇒ ⇐ Import

Bild 9.58
Nahrungskettenglieder und Sedimentation in diesem Lebensraum.

Sinkfracht
Nur ein kleiner Teil des *partikulären* Materials (vermutlich weniger als 5-10 % der Primärproduktion) sinkt aus der durchlichteten Wasserschicht (aus der euphotischen Zone) in tiefere Wasserschichten ab und nur ca 1 % der in der durchlichteten Wasserschicht erzeugten Biomasse erreicht den Meeresgrund (MÜHLEBACH 1999).
Strömungsfracht
Import und Export erfolgen in Form von Strömungsfracht.

Lebensgemeinschaften und Biomasse der Hochsee

Lebensgemeinschaften in der Hochsee (im Pelagial)			
Neuston- Pleuston- Lebensgemeinschaften	*Plankton-* Lebensgemeinschaften	*Nekton-* Lebensgemeinschaften	*Meereis-* Lebensgemeinschaften
	✧ Phytoplankton-L. ✧ Zooplankton-L.	✧ Saisonal in der Hochsee lebende Nekton-L. (Vertikalwanderer)	siehe dort
		✧ Ständig in der Hochsee lebende Nekton-L.	
Beitrag der Hochsee-Organismen zum Nahrungsangebot für die Tiefsee-Organismen (in Form von Vertikalwanderung und Sinkfracht)			
Beitrag der Hochsee-Organismen zum Sediment (in Form von Sinkfracht)			

Bild 9.59
Leben in der Hochsee.

In der Tierwelt gibt es Tierarten, die *saisonal* in der Hochsee und in der Tiefsee leben. Diese Vertikalwanderer beeinflussen somit die Biomasse der Hochsee beziehungsweise der Tiefsee. Die betreffenden Jahres-Biomassen sind demnach zeitabhängig. Man kann eine mehr horizontale Bewegung und eine mehr vertikale Bewegung der Organismen im Meer unterscheiden. Die |aktive *Vertikalwanderung*| wird auch aktive *vertikale Migration* genannt. Untersuchungen in der Grönlandsee (AWI 1991a, S.58) erbrachten beispielsweise folgende Einsichten in das Verhalten der beiden Arten von **Ruderfußkrebsen**: *Calanus hyperboreus* und *Calanus finmarchicus*. Im Frühjahr und Sommer beweiden die jungen Ruderfußkrebse das Phytoplankton in der oberen Wasserschicht, wachsen heran und bilden große Fettreserven. Der vertikale Abstieg der beiden genannten Arten in größere Tiefen beginnt Ende Juni und ist Ende August abgeschlossen. In den (je nach Entwicklungsstadium) aufgesuchten unterschiedlichen **Tiefen (bis >3 000 m)** verbringen sie dann 6-8 Monate ohne Nahrungsaufnahme bei stark vermindertem Stoffwechsel. Während des Ruhestoffwechsels verlieren die Tiere etwa die Hälfte ihres Gewichts und scheiden Kohlendioxid (CO_2) und Ammonium (NH_4) aus. Vor Anfang der Frühjahrsblüte des Phytoplanktons (in der Grönlandsee im April/Mai) steigen die Ruderfußkrebse dann wieder auf. Bedeutungsvoll erscheint, daß bei diesem Vorgang Kohlenstoff und Stickstoff aus den oberflächennahen Wasserschichten entfernt und in der Tiefsee gespeichert wird. Umgerechnet auf ein Jahr ist der Kohlenstoff-Fluß, bewirkt durch die Vertikalwanderung der Ruderfußkrebse, größer als jener, der durch Sedimentregen bewirkt wird, wobei zu berücksichtigen ist, daß noch andere Zooplankter saisonale Vertikalwanderungen ausführen. Eine ausführliche Darstellung der Lebensweise dominanter Copepoden-Arten in der Framstraße (Calanus finmarchicus, Calanus glaciales, Calanus hyperboreus, Metridia longa) gibt DIEL (1991). Die vorgenannten drei Calanusarten gelten in allen Entwicklungsstadien als überwiegend herbivor (pflanzenfressend), Metrida longa als omnivor (allesfressend). Abgesehen von kürzeren, durch fleckenhafte Verteilung des Phytoplanktons hervorgerufene Hungerperioden müssen Herbivore besonders die jahreszeitliche Schwankung des Nahrungsangebotes bewältigen; im Nordpolarmeer bedeutet das im Extremfall 10-11 Monate ohne Phytoplanktonnahrung. Während die Calanus-Arten im Sommer in der durchlichteten Wasserschicht und im Winter in darunterliegenden Wasserschichten leben, halten sich alle Entwicklungsstadien der Art *Metridia longa* stets in *größere Wassertiefen* auf.

Die in der Framstraße dominanten Arten des Zooplanktons (Calanus finmarchicus, Calanus glaciales, Calanus hyperboreus und Metridia longa) sind nach Untersuchungen anderer Autoren auch im kanadischen Archipel und in der Barentssee dominant (stellen demnach dort den größten Teil der Zoobiomasse). Wie die genannten Tiergruppen in der zoologischen Systematik eingeordnet sind, ist im Abschnitt 9.4 dargelegt.

Zur Biomasse der Hochsee
Verläßliche Daten sind bisher kaum verfügbar. Die Hauptentwicklung des pflanzlichen und tierischen *Planktons* liegt nach ZEIL (1990) im Tiefenbereich 0-40 m. Hier

werden zum Aufbau des Protoplasmas und der Skelette vor allem verbraucht: Phosphor (P), Stickstoff (N), Eisen (Fe), Calciumcarbonat ($CaCO_3$), Siliciumdioxid (SiO_2).

Metall-Spurenkonzentrationen im Meerwasser und im Plankton, insbesondere im Zooplankton.

Bei vielen Vorgängen im Meer (etwa bei biologischen Vorgängen oder beim Ablauf geochemischer Kreisläufe) sind oftmals Metalle in Spurenkonzentrationen beteiligt und zwar in *gelöster* Form und/oder in *partikulär fixierter* Form. Die gelöste Form (Partikeldurchmesser <0,4 μm) kann auftreten in organisch komplexierten Ionen, hydratisierten Ionen, freien Ionen sowie Chlorokomplexen. Bei biologischen Vorgängen können die Metall-Spurenkonzentrationen einmal als *begrenzende Spurenstoffe* wirken, etwa beim Wachstum (hier vor allem Fe, Zn, Cu, Mn, Co, Mo, Ni), oder als *Toxine* (hier vor allem Cu, Hg, Ag, Cr, Cd, Zn, Ni, Pb). Metalle ab einer Dichte über 4,5 g/cm³ heißen *Schwermetalle*, wie etwa Cadmium mit einer Dichte von 8,65 g/cm³. Im allgemeinen bestehen unmittelbare Wechselwirkungen zwischen diesen Metall-Spurenkonzentrationen und den Meerwasserparametern Salzgehalt, pH-Wert, Alkalinität, Nährstoffangebot, Huminsäuren, kolloidalem Material, Chlorophyll, Druck und Temperatur. Eine Analyse der Wechselwirkungen zwischen Meerwasser und Organismen wird oftmals mit Hilfe von Plankton (Phytoplankton, Zooplankton) versucht. Sind Organismen zur Erkennung und Quantifizierung von bestimmten Parametern ihrer Umwelt besonders geeignet, nennt man sie *Bioindikatoren*.

Erst seit Ende 1970 gelang es, durch sehr strenge *Kontaminationskontrollen* vor, während und nach der Probenentnahme aus dem Meer, die *Meßtechnik* so zu verbessern, daß die Ergebnisse der gemessenen Spurenkonzentrationen als nachvollziehbar und somit als realistisch gelten können (POHL 1992). Da das Plankton im Meer nicht gleichmäßig, sondern meist fleckenhaft verteilt ist, sind *repräsentative* Angaben für bestimmte Meeresteile in der Regel nur dann möglich, wenn der Meßpunktabstand hinreichend klein war; dies gilt gleichermaßen für die horizontale und die vertikale Meßrichtung. Ferner ist zu berücksichtigen, daß sowohl das Phytoplankton als auch das Zooplankton (etwa die Copepodengemeinschaften) durch Oberflächenströmungen verdriftet werden; beispielsweise im Nord-Äquatorialstrom und im Süd-Äquatorialstrom mit einer mittleren Geschwindigkeit zwischen 31-37 km/Tag. Als *Oberflächenströmung* gilt nach DIETRICH et al. (1975) die Meeresströmung in der Wasserschicht von 0-100/200 m Wassertiefe; unterhalb 200 m wird von *Tiefseezirkulation* gesprochen. Meistens besteht beim Phyto- und Zooplankton bezüglich Ausdehnung und Intensität auch ein *Jahresgang*. Umfangreiche Untersuchungen über Metallkonzentrationen im *Zooplankton* und Metallkonzentrationen im Meerwasser (in der Framstraße, in der Grönlandsee und im Ostteil des Atlantik) wurden im Rahmen von Meßfahrten mit der *Polarstern* ausgeführt. Erläuterungen zu den 1989 und 1990 ausgeführten Meßfahrten wurden bereits zuvor gegeben.

Metallkonzentrationen im Meerwasser
Primär werden die Metalle Aluminium, Blei, Cadmium, Kupfer, Mangan und Zink wohl über die Atmosphäre und durch die Flüsse sowie durch hydrothermale Aktivitäten innerhalb der ozeanischen Rücken in das Meerwasser eingetragen. Durch Austauschvorgänge zwischen dem Sediment am Meeresgrund und dem darüberliegenden Wasserkörper, vor allem in den Schelfregionen, dürfte ein weiterer Eintrag von Metallkonzentrationen in das Meerwasser erfolgen. Der Metalleintrag in die arktischen Gewässer erfolgt größtenteils durch Süßwasserzuflüsse (etwa vom Land oder etwa durch Kalben von Gletschern), durch atmosphärischen Zugang und durch Vermischung mit zugeflossenen Wassermassen aus der Beringsee. Die Metallkonzentrationen im Meerwasser sind aber auch stark abhängig von den jeweils vorherrschenden hydrographischen Eigenschaften des Meerwassers, dem Nährstoffangebot und dem jeweils vorhandenen Bestand an Chlorophyll a. In den vorstehenden Ausführungen (siehe Abschnitt: Ozeanische Fronten...) war bereits dargelegt worden, daß in *arktischen Gewässern* die ozeanischen Fronten, die Eisbedeckung und die Lichtverhältnisse die Primärproduktion und damit die weiteren biologischen Aktivitäten auf einen relativ kleinen Zeitabschnitt begrenzen, während beispielsweise im subtropischen und tropischen *Atlantik*, wegen der nahezu konstanten hydrographischen Verhältnisse, diese währen des ganzen Jahres möglich sind. Die von POHL (1992) durchgeführten Untersuchungen der, von der *Polarstern* aus, dem Meer entnommenen Proben bezogen sich auf die nachgenannten Metalle: Cadmium (Cd), Blei (Pb), Kupfer (Cu), Zink (Zn) und Nickel (Ni).

Die Untersuchungsergebnisse lassen den Schluß zu, daß sie von zahlreichen Parametern vielfach gleichstark abhängig sind und deshalb regionunabhängige beziehungsweise übergeordnete Aussagen kaum ermöglichen. Dies kommt auch in den Zusammenstellungen der Metallkonzentrationen (arktische Gewässer, Atlantik, Pazifik) zum Ausdruck, die alle bis etwa 1990 verfügbaren Messungsergebnisse verschiedener Autoren aufzeigen. Aus den genannten Gründen werden daher in Bild 9.60 nur die Streuungsbereiche durch Minimum und Maximum verdeutlicht, innerhalb der alle erfaßten Messungsergebnisse liegen. Generell läßt sich sagen, daß die Metallkonzentrationen im Meerwasser (Oberflächenwasser) in arktischen Gewässern höher sind als im Atlantik (und im Pazifik?).

	Cd	Pb	Cu	Zn	Ni
Arktische Gewässer					
Minimum	0,06	0,03	1,4	1,0	2,1
Maximum	0,31	0,23	5,0	5,1	5,9
Atlantik					
Minimum	0,01	0,03	0,7	0,3	2,0
Maximum	0,30	0,32	1,5	2,4	2,7
Pazifik					
Minimum	0,03	? 0,07	? 0,5	? 0,2	?
Maximum	0,06	? 0,07	? 0,5	? 0,2	?

Bild 9.60
Metallkonzentrationen im *Oberflächenwasser* (in nmol/kg). Die von verschiedenen Autoren (einschließlich POHL) in den genannten Meeresteilen zu verschiedenen Jahreszeiten durchgeführten Messungen erfolgten in den nachstehenden Zeitabschnitten: Arktische Gewässer   1981-1991
Atlantik   1983-1991
Pazifik   1976-1981.
Die Angaben Minimum und Maximum für die genannten Meeresteile wurden aus der Gesamtheit der Messungsergebnisse entnommen. Sie vermitteln mithin nur einen groben Überblick über mögliche Streuungsbereiche. Für die marine Fauna und Flora gelten Kupfer und Zink als essentielle, Cadmium und Blei als nichtessentielle Metalle. Quelle: POHL (1992) S.164,167

Metallkonzentrationen im Zooplankton
Bei den fundierten Untersuchungen und Analysen von POHL (1992) dienten zum Nachweis von Metallkonzentrationen im Zooplankton die zu den **Gliederfüßern** gehörenden **Ruderfußkrebse** (Copepoda), da diese in nahezu allen ozeanischen Regionen und sowohl in den oberflächennahen als auch in den tieferen Wasserschichten anzutreffen sind. Ruderfußkrebse führen außerdem vertikale Wanderungen durch (siehe zuvor), sie sind mithin in der Lage auch Dichtesprungschichten des Wasserkörpers zu passieren. In der Nahrungskette gehören sie zu den Anfangsgliedern; sie werden deshalb auch als *Sekundärproduzenten* betrachtet (Hauptnahrungsquelle ist das Phytoplankton); durch sie als Anfangsglieder der Nahrungskette können die Metalle somit auch höhere Trophieebenen erreichen. Unter den Ruderfußkrebsen gibt es freilebende, parasitisch lebende oder in Symbiose lebende Formen. Ihr Außenskelett ist ein Chitinpanzer, ihre Größe (Länge) kann zwischen 1-250 mm liegen.

Calanoida (eine Ordnung der Copepoda) sind freilebend und überwiegend im Meer zu finden (sowohl nahe der Wasseroberfläche, als auch in Wassertiefen bis ca 5000 m); nur wenige Gruppen leben im Süßwasser. Von den Copepoden der Ordnung Calanoida sind im Hinblick auf zu suchende Bioindikatoren von besonderem Interesse die mehr arktischen Copepoden-Arten und die mehr tropischen Copepoden-Arten. Die von POHL durchgeführten Untersuchungen der, von der *Polarstern* aus, dem Meer entnommenen Proben bezogen sich auf die nachgenannten Arten der Ruderfußkrebse (Ordnung Calanoida).

Calanus hyperboreus ist vor allem in den kalten polaren Gewässern beheimatet. Während der Phytoplanktonblüte (im Sommer) leben die Tiere in Wassertiefen zwischen 0-100 m (bei bevorzugten Wassertemperaturen um 1°C). Im Spätsommer beginnt die vertikale Wanderung in die unterschiedlichen Überwinterungstiefen 500-1000 m und 1500-2000 m (siehe auch Abschnitt: Vertikalwanderung von Organismen). Die Tiere sind Pflanzenfresser. Quelle: POHL (1992).

Calanus finmarchicus lebt in vergleichsweise wärmeren Gewässern, beispielsweise im Atlantik etwa ab Spitzbergen äquatorwärts. Die Überwinterungstiefen liegen um 500 m und zwischen 1000-1500 m (siehe auch Abschnitt: Vertikalwanderung von Organismen). Die Tiere sind Pflanzenfresser. Quelle: POHL (1992). Calanus finmarchicus ist im übrigen im Nordpolarmeer geeignet als Bioindikator für atlantisches Wasser im Gegensatz zu polarem Wasser (Bioindikator dafür: Calanus claciales, siehe Abschnitt: Ozeanische Fronten...).

Pontellidae, die etwa 130 existierenden Arten dieser Familie leben vorrangig in subtropischen und tropischen Zonen. Ihre Individuendichte in/an der oberflächennahen Wasserschicht ist, im Vergleich zu anderen Tieren, zu allen Tageszeiten am größten. Sie haben als Schutz gegen ultraviolette Strahlung und zugleich als Schutz (Tarnung) vor Räubern eine kräftige blau-violette Färbung. In den phytoplanktonreichen Schelf- und Wasserauftriebsgebieten überwiegen herbivore Arten (Pflanzenfresser), in anderen Regionen carnivore Arten (Fleischfresser). Am häufigsten treten Pontellide Copepoden in Meeresregionen mit mittlerer Primärproduktivität auf (150-200 mg C/m^2/Tag). Quelle: POHL (1992). Wie die angesprochenen Tiergruppen in die zoologische Systematik eingeordnet sind ist in Abschnitt 9.3 dargelegt. Sind die Copepoden der Familie Pontellidae brauchbare Bioindikatoren zur Abgrenzung von Wassermassen mit unterschiedlichen Eigenschaften? Wie zuvor bereits angedeutet, leben die Copepoden dieser Familie *an* beziehungsweise *in* der oberflächennahen Wasserschicht (etwa zwischen 0-30 cm Wassertiefe) (POHL 1992, S.10). Sie werden deshalb dem *Neuston* zugeordnet (siehe Erläuterungen zu Bild 9.4). Gemäß der hier vorgenommen Gliederung des Meeres in drei Großlebensräume leben diese Organismen an beziehungsweise in der oberflächennahen Wasserschicht der Flachsee oder der Hochsee.

Außer den vorgenannten Ruderfußkrebsen kann nach SCHULZ-BALDES (1987) auch der **Wasserläufer** (Halobates micans) als Bioindikator dienen. Die **Meerwanze** (Halobates) seit das einzige Insekt, daß das offene Meer, die Hochsee, besiedelt. Von den bekannten 39 Arten komme im tropischen und subtropischen Atlantik nur Halobates micans vor. Da die flügellosen Tiere an der Oberfläche des Wassers leben, gehören sie dem *Neuston* an. Sie sind die einzigen *Meeresinsekten*. Für die Untersuchungsergebnisse über die Metallkonzentrationen im Zooplankton gilt mehr oder weniger ebenfalls, daß sie von zahlreichen Parametern vielfach gleichstark abhängig sind. Bild 9.61 zeigt daher wiederum nur die Streuungsbereiche aller bis etwa 1990 verfügbaren Messungsergebnisse auf.

Cd	Pb	Cu	Zn	Tiergruppen
				Zooplankton (allgemein)
8	0	5	50	Minimum
10	10	15	150	Maximum
				Copepoda (allgemein)
0,12	0,1	1,9	60	Minimum
6,63	14,4	20,8	116	Maximum
				Calanus hyperboreus
2,00	0,41	3,9	58,9	Minimum
3,04	0,57	6,2	102,0	Maximum
				Calanus finmarchicus
4,1	0,50	4,29	152	Minimum
8,9	1,95	8,40	207	Maximum
12,1	1,08	5,2	114	**Pontellidae**

Bild 9.61
Metallkonzentrationen im Zooplankton, insbesondere in **Ruderfußkrebsen** (Copepoda) (in µg/g, bezogen auf das *Trockengewicht* der Zooplankton-Organismen). Die von verschiedenen Autoren (einschließlich POHL) in verschiedenen Meeresteilen zu verschiedenen Jahreszeiten durchgeführten Messungen erfolgten etwa im Zeitabschnitt 1973-1991. Die Angaben Minimum und Maximum für die genannten Arten wurden aus der Gesamtheit der Messungsergebnisse entnommen; sie vermitteln mithin nur einen groben Überblick über mögliche Streuungsbereiche. Quelle: POHL (1992) S.180

Ergänzende Aussagen zu einigen Metallkonzentrationen
  Cadmium (Cd)
liegt im Meerwasser (in Spurenkonzentrationen) überwiegend als $CdCl_2^\circ$ und $CdCl_3^-$ vor und wird, obwohl es keine nachweisbare biochemische Funktion hat, zusammen

mit Nitrat und Phosphat in die Phytoplanktonzelle eingebaut.
Mit einer Dichte von 8,65 g/cm^3 gehört Cadmium zu den Schwermetallen. Cadmium und seine Verbindungen sind in größeren Konzentrationen für Mensch, Tier und Pflanze *stark giftig*. Ermittelte Korrelationen zwischen den Cadmiumkonzentrationen im Meerwasser und in Organismen sind nur begrenzt aussagekräftig; es ist erforderlich, bei der Interpretation der Korrelation den Zusammenhang mit der Primärproduktion und der damit verbundenen Cadmiumelimination aus dem Meerwasser zu beachten. Cadmium wird von Tieren im Meer primär mit der Nahrung aufgenommen. Höhere Cadmiumkonzentrationen in den Pontelliden werden auf die Möglichkeit zur ganzjährigen Nahrungsangebot zurückgeführt, während das Nahrungsangebot für die arktischen Copepoden auf einige Wochen im Jahr begrenzt ist, sie daher niedrigere Cadmiumkonzentrationen aufweisen. Die höchsten Cadmiumkonzentrationen fanden sich bei Tieren, die in den oberen Wasserschichten leben (meist herbivore Ernährung), die niedrigsten bei Tieren, die in tieferen Wasserschichten leben (meist carnivore Ernährung). Bei den von POHL untersuchten Tieren im Meer nahmen die Cadmiumkonzentrationen zu gemäß der Reihenfolge: Calanus hyperboreus, Calanus finmarchicus, Pontellidae. Quelle: POHL (1992), PSCHYREMBEL (1990), SCHACHTSCHABEL et al. (1989).

Blei (Pb)
kann im Meerwasser (in Spurenkonzentrationen) vorliegen als Carbonato-, Hydroxo- und Chlorokomplex. Die Aufenthaltszeit in der Oberflächenschicht der Hochsee wird mit ca 2 Jahren, in der Flachsee mit<2 Jahren, die Aufenthaltszeit in der Tiefsee mit mehreren 100 Jahren angenommen. Vermutlich kann das Kreislaufgeschehen in zwei Teile gegliedert werden: ein schneller Kreislaufabschnitt, bei dem das Blei aus der Oberfläche unmittelbar in das Sediment des Meeresgrundes transportiert wird, und ein vergleichsweise langsamer Kreislaufabschnitt, bei dem das Blei an den Lösungs- und den vertikalen Konvektionsprozessen teilnimmt, bevor es im Sediment des Meeresgrundes eingebettet wird. Meereis und Gletschereis haben hohe Bleikonzentrationen. Bei den von POHL untersuchten Tieren im Meer nahmen die Bleikonzentrationen zu gemäß der Reihenfolge: Calanus hyperboreus, Pontellidae, Calanus finmarchicus. Blei wird vermutlich von Tieren im Meer nicht primär durch Nahrung, sondern durch andere Mechanismen des Tieres aufgenommen. Quelle: POHL (1992).

Kupfer (Cu)
gehört zu den wesentlichen Bestandteilen des Meerwassers und kann als $CuCO_3$, $Cu(OH)^+$, als freies Cu^{2+}-Ion und als gelöstes, organisch komplexiertes Kupfer vorliegen. Das Tiefenwasser wird mit gelöstem Kupfer aus dem Sediment angereichert; es nimmt sodann an der Zirkulation des Tiefenwassers teil. Im Schelfmeer vollziehen sich vergleichbare Vorgänge zwischen dem Sediment am Meeresgrund und dem darüberliegenden Wasserkörper. Die Verteilung der Kupferkonzentrationen im Meer wird wohl vorrangig durch biologische Aktivitäten beeinflußt. Ähnlich wie beim Cadmium wird Kupfer während der Primärproduktion durch das Phytoplankton aus dem Meerwasser eliminiert. Quelle: POHL (1992).

Zink (Zn)

liegt im Meerwasser vermutlich vor als Hydroxi-, Carbonato- und Chlorokomplex, sowie als freies Ion. Zinkmangel kann das Wachstum einschränken. Bei Diatomeen wird dadurch die Silikataufnahme eingeschränkt. Die wirksame Konzentrationsgrenze liegt bei 10^{-11} mol $\langle Zn^{2+}\rangle$, darüber wachsen die Algen beispielsweise mit einer maximalen Wachstumsrate. Bei Ionenaktivitäten von 10^{-8} mol $\langle Zn^{2+}\rangle$ wurden toxische Reaktionen beobachtet. Lineare Korrelationen zu den Nährstoffen fanden sich nicht. Meereis und Gletschereis haben hohe Zinkkonzentrationen (5-14 nmol/kg); die Eisschmelze verfrachtet diese (ebenso wie jene des Blei) teilweise in den umgebenden Wasserkörper. Bei den von POHL untersuchten Tieren im Meer nahmen die Zinkkonzentrationen zu gemäß der Reihenfolge: Calanus hyperboreus, Pontellidae, Calanus finmarchicus. Quelle: POHL (1992).

Ob bei den Kupfer- und Zinkkonzentrationen in Tieren eine Korrelation zu ihrer Größe besteht, ist wohl noch ungeklärt. Ebenso ist wohl auch ungeklärt, welchen Einfluß biogene Partikel (etwa Kotpillen) auf die horizontale und vertikale Verteilung der Metallkonzentrationen im Meer haben. Eine Übersicht über einige Teile des hier skizzierten Wirkungsgefüges im Meer gibt Bild 9.62.

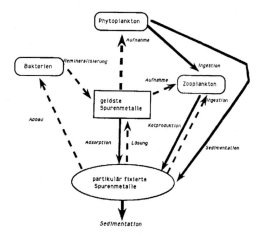

Bild 9.62
Einige Prozeßabläufe in der durchlichteten Wasserstufe des Meeres unter Beteiligung der Metalle und des Zooplankton.
Quelle: POHL (1992)
(Ingestion = Nahrungsaufnahme)

9.3.03 Großlebensraum Tiefsee (Abyssal)

Die Biomasse der Tiefsee ist nach heutiger Kenntnis weitgehend identisch mit der Zoobiomasse, so daß in guter Näherung gesetzt werden kann

Biomasse der Tiefsee
= Zoo-Biomasse der Tiefsee   = *Zooplankton*-Biomasse der Tiefsee
                              + *Bakterioplankton*-Biomasse der Tiefsee
                              + *Nekton*-Biomasse der Tiefsee
                              + *Zoobenthos*-Biomasse der Tiefsee.

Definitionen von Nekton-Biomasse, Zooplankton-Biomasse, Zoobenthos-Biomasse, Zoo-Biomasse des Meeres, Zoo-Biomasse des Landes sind im Abschnitt 9.3.02, Bakterioplankton-Biomasse im Abschnitt 9.3 enthalten.

Für das Leben in der Tiefsee sind vor allem drei Parameter maßgebend: die *Lichtabwesenheit*, der *Druck* und die *Temperatur*. Die Temperatur beträgt 2-3°C und ist fast konstant; eine wesentliche Abweichung davon besteht jedoch an den *Hydrothermalquellen*. Der Wasserdruck erhöht sich mit zunehmender Tiefe bis auf ca 1 200 atm (1 atm entspricht ca 10 m Wassertiefe). Die Organismen haben sich diesen Bedingungen in verschiedener Weise angepaßt.

Formen des Zusammenlebens von Tieren (Begriffe)

|Lebensgemeinschaft und Lebensraum|
Der Begriff Lebensgemeinschaft wird hier benutzt im Sinne von: Lebewesen, die einen bestimmten (dreidimensionalen) Raum besiedeln (Lebensraum) und aufeinander einwirken beziehungsweise voneinander abhängig sind. Die Struktur des Lebensraumes kann dabei sehr unterschiedlich und zeitabhängig sein. Dies kommt auch in den Benennungen zum Ausdruck, wie Biotop, Ökotop, Habitat, Standort, Kompartiment...
|Lebenserfordernisse|
Leben erfordert Energie. Um seinen Körper aufbauen und erhalten zu können, benötigt ein Organismus Energie, die er meist durch Nahrungsaufnahme gewinnt. Er benötigt auch Energie, um sich vor Feinden schützen und um sich vermehren zu können. In engem Zusammenhang mit der Nahrungsbesorgung steht die Form des Zusammenlebens von Organismen. Neben der
|Räuber-Beute-Beziehung|
gibt es noch andere Beziehungen: beispielsweise Parasitismus, Konkurrenz, Symbiose, Karpose. In Anlehnung an GIESE et al (1996) können diese Formen des Zu-

sammenlebens, der Vergesellschaftung, etwa wie folgt erläutert werden: Beim
|Parasitismus|
leben Organismen in oder auf anderen Organismen (ihren Wirten). Die Inanspruchnahme des Wirtes durch die Bewohner (beispielsweise wenn sie sich von ihm ernähren) ist allerdings begrenzt; wollen sie weiterexistieren, dürfen sie den Wirt nicht lebensunfähig machen. Haben verschiedenen Organismen gleiche oder ähnliche Ansprüche, so treten sie in
|Konkurrenz|.
Beziehen sich diese Ansprüche auf die Nahrung, spricht man auch von Nahrungskonkurrenz; beziehen sie sich auf die Besiedlung von bestimmten Räumen, spricht man auch von Raumkonkurrenz. Das Zusammenleben zweier Arten zum gegenseitigen Nutzen wird
|Symbiose|
genannt. Ein Wirt kann beispielsweise Nahrungsreste oder einen günstigen Standort bieten und erhält vom vergesellschafteten Partner etwa Reinigungsdienste. Hat einer der Partner Nutzen, der andere lediglich keine Nachteile, dann spricht man von
|Karpose|.
Um welche Beziehung es sich im jeweils vorliegenden Fall handelt, wird nicht immer leicht zu entscheiden sein.

Biolumineszenz
Einige Organismen nutzen die Biolumineszenz, um sich an der Unterseite zu tarnen, denn ihre Silhouette würde sich sonst dunkel gegen die etwas hellere Wasseroberfläche abzeichnen. Das Leuchtvermögen dient darüber hinaus offenbar auch dem Erkennen von Artgenossen und Freßfeinden, dem Anlocken von Beute, dem Abschrecken von Räubern, der Warnung von Partnern vor Gefahr und anderes. In mitteleren Wassertiefen, 200 m und tiefer (dem sogenannten Mittelwasser), können ca 90 % der Fisch- und Wirbellosenarten leuchten (NIBAKKEN/WEBSTER 1998). Obwohl die Biolumineszenz ein häufiges Phänomen bei Tiefseeorganismen ist, fehlen bisher fossile Nachweise. Wissenschaftler der Harbor Branch Oceanographic Institution (USA) haben beim einem Oktopus (Stauroteuthis syrtensis) leuchtende Organe entdeckt. Ihre Morphologie entspricht weitgehend den Oktopodensaugnäpfen, wobei die Muskulatur durch lichtproduzierende Zellen (Photocyten) ersetzt ist. Die maximale Wellenlänge des emittierten blau-grünen Lichts liegt bei ca 470 Nanometern, was nahezu derjenigen Wellenlänge entspricht, die sich am besten im Wasser ausbreitet: 475 Nanometer (Spektrum der Wissenschaft Heft 5, 1999, S.32).

Zur Nahrungsaufnahme der Tiere (Begriffe)
Im Rahmen der Nahrungsbeziehungen in einem Lebensraum, in der *Trophiestruktur* eines Lebensraums, unterscheidet man *Produzenten* und *Konsumenten*. Grüne Pflanzen und autotrophe Bakterien, die mittels Photo- beziehungsweise Chemosynthese

(Abschnitt 7.1.02) energiereiche Nahrung für alle anderen Organismen aufbauen, werden *Primärproduzenten* genannt. Allgemein wird in diesem Zusammenhang von *Primärproduktion* gesprochen. Den Produzenten stehen die Konsumenten gegenüber, wie etwa Filtrierer, Symbioten (auch Symbionten), Pflanzenfresser, Fleischfresser. Bei Tieren kann man folgende Ernährungsweisen, beziehungsweise Arten der Nahrungsaufnahme unterscheiden (CZIHAK et al. 1992, HEINRICH/HERGT 1991, BOYSEN-ENNEN 1987):

|Strudler und Filtrierer (feine Filtrierer)|

können sich von feinsten Partikeln ernähren. Meistens erzeugen diese Organismen einen Wasserstrom, aus dem die Nahrungspartikel durch Filtriereinrichtungen abgefangen werden. Die Strudler und Filtrierer werden oftmals auch als *Suspensionsfresser* bezeichnet.

Die übrigen

|Herbivoren (Pflanzenfresser)|

sind überwiegend Filtrierer, aber teilweise auch *Partikelgreifer* (*Substratfresser*). Pflanzenfressende Tiere werden auch *phytophage* Tiere genannt.

|Omnivoren|

sind ein Freßtyp mit gemischter Nahrungsaufnahme. Die Tiere fressen in wechselnden Teilen Pflanzen **und** Fleisch; sie werden auch *Allesfresser* genannt.

|Carnivoren (Fleischfresser)|

gelten als *Räuber, Aasfresser*. Fleischfressende Tiere, die sich von lebenden Tieren ernähren, werden auch *zoophage* Tiere genannt. Weitere gebräuchliche Begriffe in disem Zusammenhang sind:

|Saprophage Organismen|

ernähren sich von abgestorbenen Tier- und Pflanzenteilen.

|Destruenten|

sind Abbauorganismen.

|Detritus| (lat. abgerieben, zerrieben)

gilt als Abfall. Der Begriff ist in den Geowissenschaften unterschiedlich definiert. Hier wird er benutzt im Sinne von: kleine Teilchen anorganischer Substanzen und zerfallender Tier- und Pflanzenreste (auch als Schwebstoffe oder Bodensatz in Gewässern).

Eurybathe und stenöke Organismen

Bewegliche Organismen bevorzugen meist bestimmte Umweltbedingungen, wobei gewisse *Toleranzbereiche* akzeptiert werden. Auch die Menschen der Gegenwart zeigen ein solches Verhalten. In Analogie zum Toleranzbereich spricht man in der Biologie vom *Präferenzbereich* oder Umweltpräferentum (CZIHAK et al. 1992). Vergleicht man das Verhalten mehrerer Arten (der Fauna oder Flora) bei gleichen Umweltbedingungen, dann zeigen sich oft markante Unterschiede bezüglich dieses Bereichs. Organismen mit generell weiten Toleranz- beziehungsweise Präferenzbereichen nennt man *eurök*, solche mit engen Bereichen *stenök*. Im Zusammenhang mit dem Leben in der Tiefsee ist die *Wassertiefe* sicherlich ein sehr wirksamer Umweltparameter. Man spricht von *Eurybathie* und unterscheidet dementsprechend *eurybathe* und *stenöke* Arten. Beispielsweise gibt es im Südpolarmeer einige Taxa, die eine sehr weite bathymetrische Verbreitung aufweisen. Sie leben benthisch sowohl am Schelf, am Kontinentalhang und auch in noch tieferliegenden Meeresgrundbereichen der Tiefsee. Bild 9.63 gibt eine Übersicht über einige Taxa der Fauna, die in großen Meerestiefen *nachgewiesen* wurden und als eurybath gelten.

W-Tiefe (m)	Taxon
(187-) 2926 (8-) 3397 (83-) 4755 (13-) 3612 (20-) 5000	**(K) Polychaeta, Vielborster (auch Borstenwürmer)** Harmothöe crozetensis Anobothrus patagonicus Eunöa abyssorum Leaena antarctica Amphicteis gunneri
(0-) 8000 ?	(UK) Malacostraca (Höhere Krebse) (O) **Peracarida** :Isopoda, Asseln Für >30 antarktische eurybathe Isopodenarten sind die konkreten Wassertiefen-Angaben enthalten in BRANDT (1991) S. 116. :Amphipoda, Flohkrebse
2725	(S) Mollusca, Weichtiere aus (K) **Bivalvia, Muscheln:** Nucula notobenthalis
4571, 7160	**Fischfauna:** aus (*) Brotulidae: Brassogigas brucei aus (F) Macrouridae: die meisten Tiefseebewohner gehören diesen Familien an.

Bild 9.63 In großen Meerestiefen nachgewiesene *benthisch* lebende Taxa, die als *eurybath* gelten (es gibt noch zahlreiche weitere eurybathe Taxa). W-Tiefe = Wassertiefe. Quelle: Daten aus BRANDT (1991 S.33), HEINRICH/HERGT (1991)

Eurybathie findet sich nicht nur im Arten-Niveau, sondern auch in (niveau-) höheren Kategorien der biologischen Systematik. Neben den Aussagen zur Eurybathie ist aus Bild 9.63 auch ersichtlich, daß der Meeresgrund der Tiefsee bis in die größten Tiefen benthisches Leben aufweist, wobei angenommen wird, daß die Größe der Tiere mit zunehmender Tiefe abnimmt (THIEL 1975, siehe BRANDT 1991 S.188). Offenbar sei dies aber auch eine Folge der Abnahme des Nahrungsangebotes. Größe der Tiere und Zoobiomasse sind korreliert.

Unterwasserfahrzeuge zur Erkundung der Tiefsee

Die Meilensteine zur Erkundung des Meeresgrundes bis ca 1955 sind im Abschnitt 3.1 dargestellt. Der Meeresgrund der Tiefsee kann von Schiffen aus mittels Echolotsystemen kartographiert werden, aber auch aus den von Satelliten aufgezeichneten Radardaten läßt sich auf die Gestalt des Tiefseemeeresgrundes schließen. Ansonsten stehen meist nur örtlich begrenzte Informationen zur Verfügung, etwa solche die mittels Unterwasserfahrzeugen gewonnen werden. Der schweizerische Physiker Auguste PICCARD (1884-1962) erreichte 1953 mit einem Unterwasserfahrzeug erstmals eine Wassertiefe von 3 150 m. Sein Sohn Jaques PICCARD und der usamerikanische Marineleutnant Don WALSH erreichten 1960 mit dem Unterwasserfahrzeug *Trieste* im Marianengraben eine Wassertiefe von 10 916 m. Inzwischen kamen weitere Unterwasserfahrzeuge zur Erkundung der Tiefsee zum Einsatz (etwa solche aus USA, Frankreich, Russland, Japan). Neben *bemannten* Unterwasserfahrzeugen gibt es auch zahlreiche *unbemannte* Unterwasserfahrzeuge. Sie werden entweder von einem Schiff aus ferngesteuert oder werden von einem Schiff aus zu Wasser gelassen und führen ihre Mission dann selbsttätig durch (einschließlich der Rückkehr zum Schiff). Weitere diesbezüglichen Daten sind enthalten in LINSMEIER (1998).

Als Plattform (Mutterschiff) für die Nutzung autonomer und ferngelenkter Unterwasserfahrzeuge kann auch *Polarstern* eingesetzt werden, beispielsweise für das ferngelenkte 4 Tonnen schwere Unterwasserfahrzeug *Victor* des französischen Meeresforschungsinstituts *Ifremer* (HASEMANN/PREMKE 2002).

Leben in den Wasserschichten der Tiefsee

In den *Wasserschichten* der Tiefsee ist das Leben vor allem gekennzeichnet durch das Vorhandensein von Zooplankton und Nekton. Am *Meeresgrund* der Tiefsee ist vorrangig das Zoobenthos beheimatet.

Welche planktisch lebenden Tiergruppen dominieren in der Tiefsee?
Eine oder gar die dominierende Gruppe des marinen Zooplanktons sind die **Copepo-**

da_Ruderfußkrebse. Nach POHL (1992) sind sie nahezu in allen Meeresteilen der Erde anzutreffen und auch in allen Tiefen. Sie sind befähigt, durch aktive vertikale Migrationen Dichtesprungschichten in der Wassersäule zu passieren. Unter den Copepoden gibt es freilebende, parasitisch lebende oder in Symbiose lebende Taxa. Die Copepoden der Ordnung **Calanoida** sind freilebend. Die meisten Taxa dieser Ordnung leben im Meer, nur wenige im Süßwasser. Sie sind zu finden in Wassertiefen von 0-5000 m und tiefer. Sie umfassen Suspensionsfresser (Filtrierer), Allesfresser und Räuber. Neben Taxa, die sich von planktisch lebenden Organismen ernähren, gibt es auch Taxa, die nahe am Meeresgrund leben und sich vorrangig von benthisch lebenden Organismen ernähren. Viele von ihnen führen Vertikalwanderungen täglich, tageszeitabhängig zwischen Wasseroberfläche (Nacht) und 5-100 m Wassertiefe (Tag), oder auch jahreszeitenabhängig durch. Wie die genannten Tiergruppen in der zoologischen Systematik eingeordnet sind, ist im Abschnitt 9.4 dargelegt.

Leben in den Wasserschichten der Tiefsee

	Primärproduktion: keine	**Konsumenten:**	
		Nahrung für die Anfangsglieder der Nahrungskette: **Sink- und Strömungsfracht**	
		Anfangsglieder: Suspensionsfresser, Allesfresser, Räuber...	
Import ⇒ ⇐ Export	**Beitrag dieser Organismen zum Sediment:** ◇ mineralischer Anteil ◇ organische Verbindungen - partikuläres organisches Material (>0,4 μm) - gelöstes organisches Material (<0,4 μm)		Export ⇒ ⇐ Import

Bild 9.64 Nahrungskettenglieder und Sedimentation (Sinkfracht) in diesem Lebensraum der Tiefsee. Import und Export erfolgen in Form von Strömungsfracht.

Leben an Kontinentalhängen der Tiefsee

Nach dem Profil der allgemeinen Meeresstruktur (Bild 9.47) schließt an den Flachsee-Meeresgrund (dem Schelf) tiefseewärts ein Hang an, der vielfach als *Kontinentalhang* bezeichnet wird. Entsprechend den abschnittsweise auftretenden unterschiedlichen durchschnittlichen Hangneigungen kann der Kontinentalhang untergliedert werden in Schelfprofil, Kontinentalhangprofil, Kontinentalfußprofil (LOUIS/FISCHER 1979).

Bild 9.65
Beispiel für die untermeerischen Geländeoberflächenstrukturen: Schelf, Kontinentalhang mit Kontinentalfuß, Tiefsee-Ebene, Tiefsee-Berg (dargestellt ist die Randzone des Nordatlantik im Hudson-Neuschottland-Bereich nach HEEZEN/THARP 1959).

1 = Schelf (Flachsee-Meeresgrund)
2 = sogenannter "Kontinentalhang im engeren Sinne"
3 = sogenannter "Kontinentalfuß" (Fußzone des Kontinentalhanges)
4 = Tiefsee-Ebene mit Tiefsee-Bergen
5 = Canyon

Die Kontinentalhänge im vorgenannten Sinne seien zwar nur mit einem Anteil von ca 20% an der gesamten Meeresfläche beteiligt, dennoch seien sie wichtige Orte des benthischen Lebens, insbesondere der benthischen *Remineralisierung*. Aufgrund des erhöhten Partikelflusses in ihrem Bereich, käme ihnen im marinen Kohlenstoffkreislauf eine hohe Bedeutung zu (siehe beispielsweise SEILER 1999 S.57). Von besonderem Interesse ist die Kohlenstoffmenge, die an den Kontinentalhängen remineralisiert oder durch laterale Advektion exportiert wird.

In diesem Zusammenhang sei angemerkt, daß auch die Tiefsee-Gräben von Hängen begrenzt werden mit wesentlich geringerer Sedimentation als bei der zuvor beschriebenen Hang/Ebenen-Konfiguration.

Leben an Kontinentalhängen der Tiefsee

Primärproduktion: keine	Konsumenten:
	Nahrung für die Anfangsglieder der Nahrungskette: **Sink- und Strömungsfracht** in der Wassersäule
	Anfangsglieder: Suspensionsfresser, Substratfresser, Räuber, Aasfresser...

Import ⇒ ⇐ Export	**Beitrag dieser Organismen zum Sediment:** ◇ mineralischer Anteil ◇ organische Verbindungen - partikuläres organisches Material (>0,4 µm) - gelöstes organisches Material (<0,4 µm)	Export ⇒ ⇐ Import

Lebensspuren im Sediment: Die Tierwelt hinterläßt Lebensspuren im Sediment: Ruhespuren, Fährten, Freßspuren, Wohnbauten, Bohrlöcher.

Bild 9.66
Nahrungskettenglieder und Sedimentation (Sinkfracht) in diesem Lebensraum der Tiefsee. Räuber sind unter anderem Fische aus Nekton-Lebensgemeinschaften und Dermasale (am Meeresgrund lebende Fische). Import und Export erfolgen in Form von Strömungsfracht.

Welche benthisch lebenden Tierguppen dominieren in der Tiefsee?
Als in der Tiefsee heute am häufigsten auftretende benthisch lebende Tiergruppen gelten die **Polychaeta**, gefolgt von den **Peracarida** und den **Bivalvia** (nach HESSLER/JUMARS 1974, siehe BRANDT 1991, S.33). Die Häufigkeitsanteile an der erdweit benthisch lebenden Tiefseefauna werden etwa wie folgt geschätzt:
Polychaeta ca?
Peracarida ca?
Bivalvia ca 10% (die fast vollständig erbracht werden durch Protobranchia, Septibranchia und Thyasiridae; nach ALLEN 1979, CLARKE 1962, siehe BRANDT 1991 S.35).

Wie die genannten Tiergruppen in der zoologischen Systematik eingeordnet sind, ist im Abschnitt 9.4 dargelegt. Die an Hydrothermalquellen auftretenden benthisch lebenden Tiergruppen sind nachfolgend gesondert behandelt.

Schwamm-Lebensgemeinschaften
Die Vergesellschaftung von Schwämmen mit anderen Organismen ist zwar seit langem bekannt, ihre Bedeutung bisher aber kaum dargelegt worden, etwa bezüglich des Beitrages zur Zoobenthos-Biomasse. In der *Antarktis*, im Südpolarmeer mit seinen niedrigen Temperaturen (- 1,8° C), bilden vielerorts Schwämme einen Lebensraum, der von Seesternen, Seegurken, Würmern, Krebstieren und Fischen besiedelt wird (MINTENBECK 2002).
   Eine Studie über bestehende Verhältnisse im *Weddellmeer* hat KUNZMANN (1996) durchgeführt. Die Probenahmen für diese Studie erfolgten von der *Polarstern* aus im Januar/Februar 1989, aus einem Tiefenbereich zwischen 185-705 m (mithin vom Meeresgrund der Tiefsee). Analysiert wurden ausschließlich *Glasschwämme* und *Hornschwämme*. Die in diesen Klassen vorgefundenen Schwamm-Arten sind in der zoologischen Systematik ausgewiesen (Abschnitt 9.4). Vorgefundene *Bewohner* dieser Schwamm-Arten waren: *Weichtiere* (Wurmschnecken, Schnecken, Muscheln), *Wurmförmige Tiere* (Ringelwürmer: Vielborster), *Gliederfüßer* (Acari, Halacarida, Asselspinnen, Asseln oder Gleichfüßer, Flohkrebse), *Stachelhäuter* (Seewalzen, Seesterne, Schlangensterne), wobei die Gruppe *Vielborster* als dominante und artenreichste Gruppe festgestellt wurde. Von den insgesamt bisher bekannten >300 Schwamm-Arten des Weddellmeeres sind eine größere Anzahl zirkumpolar verbreitet. Im Meeresteil *McMurdo Sound* sind nach DAYTON et al. 1974 (siehe KUNZMANN 1996) unterhalb 33 m Wassertiefe 55% des Meeresgrundes von Schwämmen bedeckt.
   Unter Hinweis auf die spezielle Literatur gibt KUNZMANN (1996) eine kurze Übersicht zur Geschichte und zum heutigen Kenntnisstand über die Schwamm-Lebensgemeinschaften, der etwa wie folgt skizziert werden kann: Bereits ARISTOTELES (384-322 v.Chr.) nennt unter den in Schwämmen zu findenden Tieren Ringelwürmer, Hohltiere und Krebse. Die Besiedlung von *Hornschwämmen* ist bereits mehrfach behandelt worden, vorrangig für Hornschwämme in Breiten mit gemäßigtem Klima, wobei meist die *Infauna* (weniger die Epifauna) betrachtet wurde. Die Besiedlung von *Glasschwämmen* ist bisher wenig behandelt worden. Bekannt ist vor allem die Besiedlung des Gießkannenschwamms Euplectella oweni durch den Krebs Spongicola venusta, die besonders in Meeresteilen um *Japan* anzutreffen ist. Weitere Bewohner der Glasschwämme, besonders in Meeresteilen um *Südafrika*, sind die Krebse Richardina spongicola, Axius farreae, Axius acutifrons und Axicus weberi sowie die Asseln oder Gleitfüßer-Krebse Gnathia spongicola.

|Ist das ältestes *lebende* Tier im System Erde ein Schwamm?|
Wird davon ausgegangen, daß die Wachstumsrate innerhalb einer Tiergruppe proportional zur Stoffwechselrate ist und diese durch den Sauerstoffverbrauch geschätzt werden kann, dann läßt sich aus dem Sauerstoffverbrauch verschieden großer Schwämme ein Wachstumsmodell für die Lebenszeit von Organismen ableiten. Nach GATTI et al. (2001) kann danach die langsam wachsende Schwamm-Art *Cinachyra anarctica* 1 550 Jahre alt werden und das im Rossmeer (Antarktis) entdecktes zwei Meter hohes Exemplar der Schwamm-Art *Rossellidae ssp.* sei demnach mehr als 10 000 Jahre alt und mithin das älteste (bisher bekannte) *lebende* Tier im System Erde. Die ältesten *lebenden* Bäume im System Erde erreichen ein Alter von ca 850 Jahren (Abschnitt 7.1.04).

Tiefwasserkorallen, Tiefwasserriffe

Nach bisheriger Auffassung (wie etwa auch in Lehrbüchern aufgezeigt) entstehen große Korallenriffe nur in den oberen, lichtdurchfluteten Wasserschichten warmer Meeresteile. In diesen Regionen beziehen die Korallenpolypen (auch einfach Korallen oder Blumentiere genannt) ihre Nährstoffe aus Mikroalgen, die sie in ihr Gewebe aufnehmen. Aus dieser Symbiose mit Photosynthese treibenden Algen erhalten sie ihre Nährstoffe und versorgen andererseits die Algen mit Stoffwechselprodukten. *Tiefwasserkorallen* beherbergen keine symbiotisch lebenden Algen (FREIWALD 2003), denn diese könnten wegen der in der Tiefe herrschenden Dunkelheit dort nicht leben. Hauptnahrungsgrundlage der Tiefwasserkorallen ist offensichtlich tierisches Plankton. In diesem Zusammenhang ist bemerkenswert, daß solche Korallenvorkommen auf ein vergleichsweise kleines Tiefenintervall begrenzt sind, wobei dieses Tiefenintervall in den verschiedenen Regionen in unterschiedlicher Tiefe liegen kann. Offensichtlich sind in dem Tiefenintervall die Lebensbedingungen (Standortbedingungen) für Gerüstkorallen optimal. Nach bisheriger Kenntnis, bevorzugen Tiefwasserkorallen eine Wassertemperatur zwischen 4-12° C und einen relativ hohen Salzgehalt, denn in solchem Wasser ist reichlich Calziumcarbonat gelöst, das die Korallen zum Bau ihrer Kalkskelette verwerten (FREIWALD 2003). Bedeutung für die Wahl des Standortes haben vermutlich auch sogenannte interne Wellen. Solche Resonanzphänomene, die an den steilen Kontinentalrändern und im Grenzbereich zwischen unterschiedlichen Wassermassen auftreten, konzentrieren Nährstoffe und absinkendes Plankton in bestimmten Tiefenschichten. Tiefwasserkorallen seien in Wassertiefen bis zu 6000 m verbreitet (FREIWALD 2003).

Die von Tiefwasserkorallen aufgebauten *Tiefwasserriffe* liegen in Wassertiefen bis zu 1000 m und dürften in globaler Sicht eine größere Fläche bedecken als ihre tropischen Geschwister. Tiefwasserriffe wachsen auch im Äquatorbereich. Bisher ist unbekannt, wie viel Kalk (in Form von Calziumcarbonat) die Tiefwasserriffe global binden und welche Einflüsse sie auf den Kohlenstoffkreislauf (Abschnitt 7.6.03) haben

Ausführungen über Korallen und Korallenriffe im *Flachwasser* sind im Abschnitt 9.3.01 enthalten. Anmerkungen zur Einordnung der Korallen in die zoologische Systematik enält Abschnitt 9.4.

Leben an hydrothermalen Quellen der Tiefsee

Bei der Erkundung ozeanischer Rücken (Abschnitt 3.2.01) wurden 1977 *erstmals* Hydrothermalquellen am Meeresgrund entdeckt (nahe der Galapagos Inseln). Dabei konnte unter anderem festgestellt werden, daß in der Umgebung dieser Quellen die vorgefundene Biomasse mengenmäßig jene um Größenordnungen übersteigt, die bisher als charakteristisch für diese Tiefenregion galt (MACDONALD/LUYENDYK 1981). In der Folgezeit wurden weitere solche Quellgebiete aufgespürt und untersucht.

Hydrothermale Quellgebiete in Spreizungszonen

Hydrothermalquellen sind am Tiefseemeeresgrund offenbar zahlreich vorhanden. Je nach den chemischen Verhältnissen in den einzelnen Quellgebieten zeigen sie allerdings ein unterschiedliches Erscheinungsbild. *Generell* nimmt die Biomasse am Meersgrund mit zunehmender Tiefe und Entfernung von der Küste ab. Wo größere Mengen Oberflächenwasser einströmen oder ein schneller vertikaler Austausch in der Wassersäule stattfindet, ist sie meist etwas größer als im Normalfall. Ein schneller vertikaler Austausch findet vor allem in den hohen geographischen Breiten statt, in den Tropen dagegen durchmischen sich die Wasserschichten kaum.

Die Überraschung in der Fachwelt war daher groß, als 1977 mitgeteilt wurde, daß an den entdeckten Hydrothermalquellen nahe der Galapagos-Inseln ein außerordentlich reiches Leben bestehe. Es zeigte sich eine üppige *Tierwelt* mit fast unbekannten Organismen. Vor allem Weichtiere und Krebse sowie Seeanemonen und rosafarbenen Fische traten nahe jener Stellen auf, wo 15-20° C warmes, mineralreiches, schwefelwasserstoffhaltiges Wasser aus dem Meeresgrund heraustrat. Die Beobachter vor Ort schätzten die Menge der Biomasse auf mehrere kg/m^2 (DESBRUYERES 1998). Den Anfang der Nahrungskette in diesem Lebensraum bilden offensichtlich *Bakterien*, die aus den chemischen Substanzen der Quellen Energie gewinnen. Die gesamte Lebensgemeinschaft in der Umgebung dieser Quellen ist insofern autark und von der Sonnenenergie unabhängig.

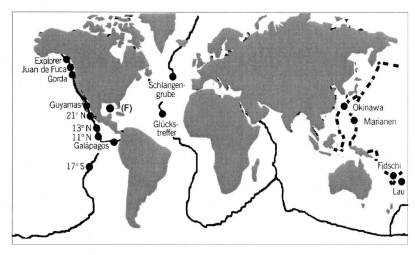

Bild 9.67
Hydrothermalquellen in Spreizungszonen ozeanischer Rücken (volle Linien) und in Subduktionszonen (gestrichelte Linien). Quelle: DESBRUYERES (1998).
Ungefähre Tiefenlage der Quellgebiete:
Galapagos   ca 2 500 m   Lau   ca 2 000 m
13°N   ca 2 600 m
21°N   ca 2 600 m
Schlangengrube   ca 3 700 m
Glückstreffer   ca 1 700 m
Bezüglich Florida Escarpment (F) siehe die nachfolgenden Ausführungen über das Leben an Schlammvulkanen der Tiefsee.

In der Folgezeit wurden zunächst solche Gebiete der ozeanischen Rücken erforscht, wo die tektonischen Platten relativ schnell auseinanderdriften, wie etwa im Ostpazifik. Bei 13° und 21° nördlicher Breite ergab sich in diesem Zusammenhang eine weitere Überraschung. In diesen hydrothermalen Quellgebieten bestanden hochragende, kaminartige Röhren, aus denen eine 350° C heiße mineralreiche Lösung austrat, die wegen des herrschenden hohen Druckes nicht verdampfte (DESBRUYERES 1998). Da diese Röhren wie rauchende Schornsteine aussahen, wurden sie *schwarze* und *weiße Raucher* genannt, je nach der Farbe der ausgestoßenen Partikel. Der chemische Gehalt der austretenden Lösung macht es wahrscheinlich, daß *Schwefelbakterien* den Schwefelwasserstoff oxidieren und die gewonnene Energie zum Aufbau von Biomolekülen nutzen, welche dann direkt oder indirekt den ansässigen Tieren als Nahrung dienen.

1129

Bezüglich des Aufbaues der schwarzen und weißen Raucher ist auf die Wasserzirkulation durch die ozeanische Kruste zu verweisen (Bild 9.72). Der Vorgang ist etwa folgender: Das in den Meeresgrund einsickernde Meerwasser reagiert dort mit heißem Vulkangestein und belädt sich dabei unter anderem mit Schwefelwasserstoff und Schwermetallen. Die resultierende saure, sauerstofffreie Lösung sprudelt aus Klüften wieder empor und nach Kontakt mit kaltem Meerwasser fallen sodann die Schwermetalle als Sulfide aus und tragen schließlich so zum Aufbau der Schlote der Raucher bei (DESBRUYERES 1998).

Die Lebensgemeinschaften im *Umfeld* der heißen Raucher der hydrothermalen Quellgebiete 11° und 13° N ähneln denen des Quellgebietes an den Galapogos-Inseln, doch zeige sich *nahe* der heißen Raucher ein anderes Bild (DESBRUYERES 1998). Auffallend seien besonders verschiedene Borstenwürmer (Polychaeten), die dicht an dicht in selbstgebauten Röhren leben, sowie der riesige Bartwurm Riftia pachyptila, der eineinhalb Meter lang wird und keinen funktionellen Magen-Darm-Trakt hat, sondern sich von Bakterien in seinem Innern ernähren läßt, denen er Schwefelwasserstoff zuführt. Sogar auf den heißen Schloten der Raucher (mit Innentemperaturen von ca 350° C) leben noch Tiere, wie etwa bisher nicht bekannte Borstenwürmer. Sie wurden von Expeditionsteilnehmern Pompeji-Würmer genannt, weil sie einem ständigen Ascheregen ausgesetzt sind. Die Schlote wachsen verhältnismäßig schnell in die Höhe, was die Würmer zum Verlängern ihrer aus einem Sekret gebildeten Röhren veranlaßt. Offensichtlich wollen sie stets im heißen Bereich leben. Der Pompeji-Wurm Alvinella pompejana hat einen funktionalen Verdauungstrakt und lebt offensichtlich von der von Schwefelbakterien synthetisierten organischen Materie. In seinem Lebensraum gibt es nur wenig oder keinen Sauerstoff, dafür jedoch reichlich für die meisten Tiere giftige Substanzen wie Arsen und Blei. Vermutlich ist der Pompeji-Wurm starker Radioaktivität ausgesetzt. Der dichte Bakterienfilz auf seinem Hinterleib könnte zur Entgiftung dienen. Auch die Innenwände seiner (Wohn-) Röhre sind mit zahlreichen, hitzetoleranten Bakterienstämmen besetzt, die teilweise einen hochspezialisierten Stoffwechsel aufweisen (DESBRUYERES 1998). Es wird angenommen, daß zumindest einige von ihnen Schwermetalle (wie Silber, Cadmium, Zink, Kupfer) aufnehmen können und vertragen, da sie über bestimmte Schutzproteine verfügen. Es ist nicht geklärt, ob diese Mikroben (aus der Thyothrix-Gruppe) Parasiten der Würmer sind oder diesen als Nahrung dienen oder chemischer Schutzschild sind gegen die umgebende toxische Flüssigkeit.

Die vorstehenden Ausführungen beziehen sich vorrangig auf die hydrothermalen Quellgebiete des *mittleren* Teiles des ostpazifischen Rückens (Bild 9.67). Sie sollen einige Einblicke vermitteln in die Tierwelt, die diese Quellgebiete besiedelt. Im Vergleich dazu zeigen die Quellgebiete des *nördlichen* Teils des ostpazifischen Rückens eine etwas andere Fauna.

Nach 1986 wurden hydrothermale Quellgebiete auch in der Spreizungszone des *atlantischen* Rückens entdeckt (DESBRUYERES 1998). Wegen der vorgefundenen aalartigen Fische erhielt ein Quellgebiet den Namen Schlangengrube. Drei Garnelenarten besiedeln dort zu tausenden die Wände der Schlote. 1993 wurde nahe der Azoren das Quellgebiet Glückstreffer aufgefunden, das vorrangig von Bartmuscheln und Garnelen besiedelt ist.

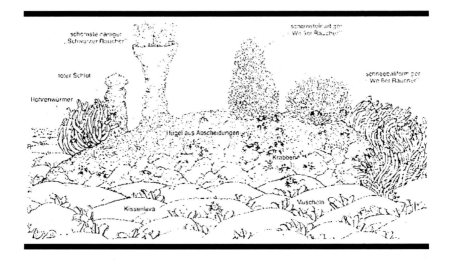

Bild 9.68
Generelle Struktur eines Hydrothermalquellengebietes in der Spreizungszone des ostpazifischen Rückens. Quelle: MACDONALD/LUYENDYK (1981)

Hydrothermale Quellgebiete in Subduktionszonen
Auch in den Subduktionszonen des westlichen Pazifik gibt es hydrothermale Quellgebiete (Bild 9.67). Im 1988 untersuchten Quellgebiet *Okinawa* betrug die Temperatur der aus den Schloten austretenden Lösungen fast 320° C (BMFT 1989 und 1993 S.23). Die genommenen Mineralproben enthielten hohe Gehalte an Zink, Blei, Kupfer, Eisen, Siber und Gold (24 mg/kg). Im Quellgebiet *Marianen* betrug die Temperatur der aus den Schloten austretenden Lösungen ca 250° C (DESBRUYERES 1998). Im 1989 untersuchten Quellgebiet *Lau* betrug die diesbezügliche Temperatur fast 400° C (ERZINGER et al. 1991). Die austretenden Lösungen waren extrem saurer (pH-Wert um 2) und enthielten Barium, Mangan, Zink, Blei, Arsen und Cadmium. Die Sulfide der Schlote enthielten unter anderem freies Gold. Die Fauna unterschied sich deutlich von der in der Spreizungszone des ostpazifischen Rückens.

Lebensdauer und geographische Verteilung der hydrothermalen Quellgebiete
Hydrothermalquellen sind offenbar *flüchtige* Ereignisse. Ihre Lebensdauer wird auf 10-100 Jahre geschätzt (JANNASCH 1987). Beispielsweise können durch Ausfällen von Schwefelverbindungen bisherige Austrittsöffnungen blockiert werden und anderes. Mit dem Versiegen der heißen Quellen stirbt unmittelbar auch die dort beheimatete Tierwelt. Nach heutiger Kenntnis *verschieben* sich die hydrothermalen Quellgebiete entlang der ozeanischen Rücken in Sprüngen von einigen 10 m (DESBRUYERES 1998). So schnell eine Tierwelt verschwindet, so schnell formiert sich eine neue im neu entstehenden Quellgebiet. Hydrothermale Quellgebiete sind offenbar diskontinuierlich verteilt in den Spreizungszonen und in den Subduktionszonen der Plattentektonik. Mithin ist auch die Tierwelt (Fauna) meist unterschiedlich.

Leben ohne Sonnenlicht
Die entscheidende Energiequelle für die *Primärproduktion* von Biomasse in den hydrothermalen Quellgebieten ist der Schwefelwasserstoff (H_2S) der heißen Lösungen, den Mikroorganismen oxidieren. Zum Aufbau von Biomolekülen benötigen diese Organismen außerdem Kohlendioxid, Stickstoff und Wasser, aber auch ausreichend Sauerstoff, den sie aus dem umgebenden Meerwasser aufnehmen. Da Sauerstoff und Schwefelwasserstoff auch spontan miteinander reagieren und somit Schwefel bereits ohne bakterielles Wirken oxidiert würde, ist die bakterielle Chemosynthese dort am stärksten, wo die beiden Komponenten in getrennten Schichten vorliegen, etwa im äußeren, relativ kalten Bereich der heißen Quellen (DESBRUYERES 1998). Eine Chemosynthese ist jedoch auch bei höheren Temperaturen möglich (etwa bei über 85° C). Mikroorganismen, die große Hitze verkraften, bilden dann Methan. Während im ersten Fall der Sauerstoff (als Elektronenakzeptor) die vom Schwefel (als Elektronendonator) abgegebenen Elektronen aufnimmt, wird im zweiten Fall Wasserstoff beim Bilden von Methan oxidiert und Kohlendioxid nimmt die abgegebenen Elektronen auf (Bild 9.69).

Elektronen-donator	Elektronen-akzeptor	Organismen	Prozeß (Freie Energie, $\Delta G_o'$)
Schwefel-wasserstoff Elementarer Schwefel Thiosulfat	Sauerstoff	Schwefel-oxidierende Bakterien	$HS^- + 2O_2 \rightarrow SO_4^{2-} + H^-$ (—190,4 kcal)
Wasserstoff	Sauerstoff	Wasserstoff-oxidierende Bakterien	$H_2 + 1/2\ O_2 \rightarrow H_2O$ (—56,7 kcal)
Wasserstoff	Elementarer Schwefel Sulfat	Schwefel-reduzierende Bakterien	$H_2 + 1/4\ SO_4^{2-} + 1/4\ H^+ \rightarrow 1/4\ HS^- + H_2O$ (—9,1 kcal)
Wasserstoff	Kohlendioxyd	Methanbakterien	$H_2 + 1/4\ CO_2 \rightarrow 1/4\ CH_4 + 1/2 H_2O$ (—8,3 kcal)
Wasserstoff	Kohlendioxyd	Azetogene Bakterien	$H_2 + 1/2\ CO_2 \rightarrow 1/4\ CH_3COO^- + 1/2\ H_2O$ (—4,3 kcal)
Eisen/Mangan	Sauerstoff	Eisen- und Manganbakterien	$Fe^{2+} + 1/4 O_2 + H^+ \rightarrow Fe^{3+} + 1/2\ H_2O$ (—1,4 kcal)
Methan	Sauerstoff	Methylotrophe Bakterien	$CH_4 + 2\ O_2 \rightarrow CO_2 + 2H_2O$ (—177,9 kcal)

Bild 9.69
Chemolithotrophe Prozesse chemoautotropher Bakterien an hydrothermalen Tiefseequellen. Die Elektronendonatoren sind hier *anorganische* Verbindungen, ebenso wie die Elektronenakzeptoren. Quelle: JANNASCH (1987)

Da Wasserstoff und Kohlendioxid im heißen Quellwasser reichlich vorhanden sind, können sie durchaus als Grundlage einer geothermischen Primärproduktion von Biomassen fungieren. Die hohe biologische Produktivität in den hydrothermalen Quellgebieten dürfte jedoch kaum allein durch chemo-autotrophe Mikroorganismen erbracht werden. Offenbar haben hier auch Einfluß die *symbiotischen Beziehungen* zwischen chemosynthetisch lebenden Mikroorganismen und den Wirbellosen, die so weit gehen, daß die Mikroben in den Tierzellen leben. Ein solches System dürfte in der gegenseitigen Nährstoffversorgung wesentlich effizienter sein, als die Produktion (Aufnahme und Verdauung) der Stoffe in getrennt lebenden Organismen. Bezüglich der Temperaturverträglichkeit sei noch angemerkt, daß gewisse *Archaebakterien* über spezielle hitzefeste Enzyme verfügen, die ein Leben und Fortpflanzen auch bei Temperaturen von über 100° C ermöglichen. Gattungen mit einer optimalen Wachstumstemperatur von 100° C und darüber werden oft durch die Silbe Pyro- gekennzeichnet (Pyrodictium, Pyrococcus, Pyrobaculum). Wo die obere Temperaturgrenze von Leben liegt, kann bisher noch hinreichend beantwortet werden. Sie dürfte deutlich unter 250° C liegen, möglicherweise zwischen 110 und 150° C (STETTER 1987). Im Hinblick auf den geringen Verbrauch durch die Tierwelt in den Quellgebieten dürfte auch der Sauerstoffgehalt des Meeres, der ja *photosynthetischen* Ursprungs ist, für einen langen Zeitabschnitt ausreichen. *Anaerob* lebende Mikroorganismen können natürlich fortdauernd ohne diesen photosynthetisch gebildeten Sauerstoff existieren, aber keine uns bekannten höheren Tiere (JANNASCH 1987). Ausführungen zur lichtunabhängigen Energiegewinnung, insbesondere zur bakteriellen aeroben und anaeroben Chemosynthese an hydrothermalen Tiefseequellen, sind enthalten im Abschnitt 7.1.02.

Leben an Hydrothermalquellen der Tiefsee			
	Primärproduktion: *bakterielle Chemosynthese* (Bild 7.25) **Produzenten:**	**Konsumenten:**	
	Bakterien...	Suspensionsfresser, Symbioten, Aasfresser, Räuber... (Röhrenwürmer, Krabben, Muscheln, Seeanemonen...)	
Import ⇒ ⇐ Export	**Beitrag dieser Organismen zum Sediment:** ◆ mineralischer Anteil ◆ organische Verbindungen - partikuläres organisches Material (>0,4 µm) - gelöstes organisches Material (<0,4 µm)		Export ⇒ ⇐ Import
	Lebensspuren im Sediment: Die Tierwelt hinterläßt Lebensspuren im Sediment: Ruhespuren, Fährten, Freßspuren, Wohnbauten, Bohrlöcher.		

Bild 9.70
Nahrungskettenglieder und Sedimentation in diesem Lebensraum der Tiefsee. Die bis zu 3 m langen *Röhrenwürmer* gehören zur *Klasse* Bartwürmer, *Ordnung* Vestimentifera und erhielten als *Art* den Namen: Riftia pachyptila JONES. Als *Aasfresser* wirken hier vorrangig Krebse. Import und Export erfolgen in Form von Strömungsfracht.

Leben an Schlammvulkanen der Tiefsee

In der Tiefsee bestehen neben den hydrothermalen Quellgebieten ähnliche Ökosysteme. Sie sind besonders an Kontinentalrändern zu finden, wo nährstoffreiches Wasser am Kontinentalrand aufsteigt. Außerdem führen einmündende Flüsse neben Sedimenten auch Nährstoffe heran. Das Meerwasser über Kontinentalrändern ist deshalb reich an Mikroorganismen, die nach dem Absterben zum Meeresgrund absinken. Feines, lockeres Gesteinsmaterial, das den Kontinentalhang hinab rutscht, baut diese organischen Reste in das Sediment ein, wo sich diese Reste mit der zum Erdmittelpunkt hin ansteigenden Temperatur chemisch umwandeln. Es entstehen flüchtige Kohlenwasserstoffe, vor allem Methan (CH_4). Dieses Gas und weitere abgelagerte Sedimente erzeugen schließlich eine Dichte-Inversion und steigern so den Auftrieb in Richtung Geländeoberfläche. Wenn das Material aus Ton, Wasser und Gas (Schlamm) der Geländeoberfläche immer näher kommt, dehnt sich das Methan dramatisch aus, was zu starken Ausbrüchen am Meeresgrund (oder an Land) führen kann. Weitere Ausführungen über solche Schlammvulkane sind im Abschnitt 3.2.03 enthalten.

Die Quellen am Meeresgrund im Golf von Mexiko (Bild 9.67, Florida Escarpment (F), in ca 3 200 m Wassertiefe) sind vermutlich nicht tektonischen Ursprungs, sondern Schlammvulkane. Sie enthalten Methan, was nach JANNASCH (1987).zur Symbiose zwischen einer Muschelart und methanoxidierenden Bakterien geführt habe. Auch aus dem vor der norwegischen Küste liegende Schlammvulkan Haakon Mosby Mud Volcano (HMMV) tritt gas- und schlammreiches Sedimentporenwasser aus. Er wurde von BOETIUS et al. (2001) mit Hilfe des unbemannten Tauchfahrzeuges *Victor 6000* (Frankreich) eingehend untersucht. Der Krater des Schlammvulkans hat eine Höhe von 10 m (Wassertiefe 1 260 m). Sein Zentralbereich hat einen Durchmesser von ca 500 m, sein Gesamtbereich von ca 2 000 m. Der innere Rand des Kraters ist von Bakterienmatten besiedelt, sein äußerer Bereich von Röhrenwürmern. Das Vorhandensein dieser chemosynthetischen, also nur von chemischer Energie lebenden Tiergemeinschaften sowie die Carbonatausfällung am Meeresgrund und die gasangereicherten Wasserfahnen darüber zeigen aktive Gasquellen unter der Oberfläche des Meeresgrundes an. Auf und nahe den Schlammvulkanen ernährt das Gas mithin eine vielfältige Lebensgemeinschaft aus Bakterien, Röhrenwürmern, Muscheln und anderen Tierarten. Sogar Fische können in einem solchen Habitat leben

Leben unter extremen Bedingungen

Die Archaebakterien (Abschnitt 7.1.04) umfassen Bakteriengruppen, die unter extremen Bedingungen leben, wie sie auch in früheren Phasen der Erdentwicklung geherrscht haben könnten. Nach KANDLER (1987) kann man folgende Gruppen

unterscheiden:
Methanbakterien
befinden sich überall dort, wo unter Sauerstoffausschluß Kohlendioxid (CO_2) und Wasserstoff (H_2) vorkommen (vulkanische Quellen, Sümpfe, Faultürme...). Sie beziehen die Energie zur CO_2-Assimilation aus der Reduktion von CO_2 zu Methan (CH_4).
Halobakterien (stäbchen- oder kokkenförmig) leben in hochkonzentrierten Salzlösungen der Salzseen. Sie stellen eine frühe Seitenlinie der Menthanbakterien dar. Bisher sind nur Formen bekannt, die sich an die Sauerstoff-Atmosphäre angepaßt haben und mit Hilfe der Sauerstoffatmung heterotroph leben.
Thermo-acidophile Archaebakterien
sind hitze- und säureliebende Bakterien.

Die Lebensweise
|thermophiler Organismen|
ist gekennzeichnet durch eine optimale Wachstumstemperatur >40°C. Sie sind in allen drei Organismenreichen (Archaebakterien, Eubakterien und Eukaryonten) anzutreffen. Die Lebensweise
|extrem thermophiler Archaebakterien|
ist *aerob*, weitaus häufiger jedoch *extrem anaerob*, wobei der anaerobe Zustand des zugehörigen Lebensraumes aufrechterhalten wird durch die Reduktionskraft vulkanischer Gase (etwa Schwefelwasserstoff H_2S, Schwefeldioxid SO_2) sowie durch die geringe Löslichkeit von Sauerstoff in heißem Wasser (STETTER 1987). Die Art der Ernährung ist dabei *anorganisch* (lithoautotroph) oder *organisch* (heterotroph).

Bei *lithotropher* Lebensweise wird Körpersubstanz aus CO_2 aufgebaut, wobei anorganische Reaktionen als Energiequelle dienen. Bei *anaerober* Lebensweise sind die Schwefelwasserstoff-Autotrophie sowie die Methanogenese bekannt, die auf der Reduktion von elementarem Schwefel beziehungsweise von Kohlendioxid durch molekularen Wasserstoff beruhen, welche im vulkanischen Lebensraum vorhanden sind. Diese beiden Ernährungsweisen sind nach STETTER derzeit die einzigen, die unabhängig von der Sonnenstrahlung (also auch ohne Sauerstoff, der über die Photosynthese gebildet wird) existieren können. Bild 9.71 gibt eine Übersicht.

Ernährung	Kultur	Stoffwechseltyp	Energieliefernde Reaktion	Beispiele
litho-autho-troph	extrem anaerob	Methanogenese	$4H_2 + CO_2 \rightarrow CH_4 + 2H_2O$	Methanothermus sociabilis Methanococcus jannaschii
	extrem anaerob	S/H-Autotrophie	$H_2 + S \rightarrow H_2S$	Thermoproteus neutrophilus Pyrobaculum islandicum*) Acidianus infernus**) Pyrodictium occultum
	aerob	S-Oxidation	$2S + 3O_2 + 2H_2O \rightarrow 2H_2SO_4$	Sufolobus acidocaldarius*) Acidianus infernus**)
hetero-troph	extrem anaerob	S-Atmung	$org\ [H] + S \rightarrow H_2S$	Pyrobaculum islandicum*) Desulfurococcus mobilis Thermofilum librum Thermococcus celer
	extrem anaerob	div. anaerobe Atmungstypen	„Hefeextrakt" $\rightarrow CO_2 + ?$	Thermodiscus maritimus
	anaerob	Gärung	„Hefeextrakt" $\rightarrow H_2, CO_2, ?$	Pyrococcus furiosus Staphylothermus marinus
	aerob	O-Atmung	$org.[H] + O_2 \rightarrow 2H_2O$	Sulfolobus acidocaldarius*)

*) fakultativ autotroph. — **) fakultativ aerob

Bild 9.71
Übersicht über den Stoffwechsel extrem thermophiler Archaebakterien. Quelle: STETTER (1987). Siehe hierzu auch Bild 7.21.

Wasserzirkulation durch die ozeanische Kruste

Die globale Wasserzirkulation im Meer und die ozeanischen Strömungssysteme sowie die Bildung von ozeanischem Tiefenwasser und ozeanischem Bodenwasser sind im Abschnitt 9.2 behandelt. Das Auffinden der Hydrothermalquellen in den im Bild 9.67 ausgewiesenen Teilen der ozeanischen Rücken und die in diesem Zusammenhang mit Hilfe des Unterwasserfahrzeuges *Alvin* durchgeführten visuellen Beobachtungen, Messungen und Material-Probenahmen bestätigten die hypothetisch angenommene Existenz einer sogenannten

|Hydrothermalzirkulation|

in diesen Gebieten des Meeresgrundes. Bild 9.72 verdeutlicht das Geschehen. Nach JANNASCH läßt sich das Geschehen am Meeresgrund etwa wie folgt charakterisieren: Das in die ozeanische Kruste eindringende Seewasser wird bei hohen Drucken und Temperaturen zu einer mit Metallen angereicherten Hydrothermalflüssigkeit umgewandelt. Dort, wo diese dann mit einer Temperatur von ca 350°C unvermischt an die Oberfläche des Meeresgrundes gelangt, fallen schlagartig Metallsulfide aus, die als schwarzer Rauch (daher Schwarze Raucher) mit einer Austrittsgeschwindigkeit von ca 2 m/sec in die Höhe schießen und, im Verein mit ebenfalls ausfallendem Kalziumsulfat, schornsteinartige Röhren bilden. An der Austrittsstelle tritt ein Temperaturgefälle von 350°C zu den 2°C des umgebenden Seewassers in einem radialen Abstandsbereich von nur wenigen cm ein. Die Frage, welche oberste Temperaturgrenze noch Leben zuläßt, kann bisher nicht hinreichend beantwortet werden. Beim bakteriellen Leben hängt diese Temperaturgrenze beispielsweise sowohl von der Thermostabilität der Zellbausteine, als auch von der Verfügbarkeit *flüssigen* Wassers ab (STETTER 1987). Bei Temperaturen über 180°C ist Wasser nur unter Druck flüssig (wie etwa am Meeresgrund oder in der Tiefe von Solfatarenfeldern). In 10 m Wassertiefe (Druck ca 1 atm) liegt der Siedepunkt bereits bei 120°C, in 2 600 m Wassertiefe (Druck ca 260 atm) erst bei 460°C. Bei den in Hydrothermalsystemen der Tiefsee vorgefundenen Extremtemperaturen von Wasser (>250°C) sind nach STETTER auch Makromoleküle sehr instabil. Aufgrund solcher Instabilitäten liege daher die
- oberste Temperaturgrenze für Leben

deutlich unter 250°C,
möglicherweise zwischen 110 und 150°C.

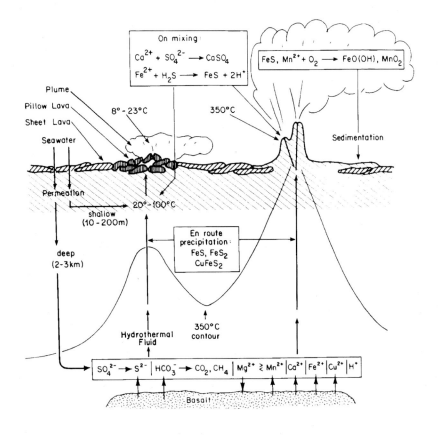

Bild 9.72
Hydrothermalzirkulation am Meeresgrund. Schema der Vorgänge und chemischen Prozesse, die sich während der Seewasserzirkulation durch die ozeanische Kruste innerhalb der tektonischen Spreizungszone vollziehen, nach JANNASCH/MOTTL 1985. Quelle: JANNASCH (1987)

Dichte Tierpopulationen finden sich nicht an den "heißen", sondern an den "warmen" Quellen mit maximalen Temperaturen von 23-25°C und Fließraten von 2-3 cm/sec. Durch eine Gegenströmung des kalten und sauerstoffhaltigen Meerwassers innerhalb der dort vorhandenen porösen Lavaschicht kommt es zu einer Vermischung mit der heißen Hydrothermalflüssigkeit. Es konnte festgestellt werden, daß die Trübung des austretenden Wassers nicht durch kolloiden oder partikulären Schwefel, sondern durch suspendierte Bakterienzellen verursacht wird. Die Basis der Nahrungskette für die reichen Tierpopulationen dürfte demnach die Primärproduktion organischer Substanz mittels bakterieller Chemosynthese sein. Die Zusammenhänge zwischen den unterschiedlichen Formen der lichtabhängigen Photosynthese und der lichtunabhängigen Chemosynthese sowie die Wirkungsweise von Photo- und Chemosynthese wurden bereits im Abschnitt 7.1.04 dargelegt. Eine Übersicht über die chemolitotrophen Prozesse chemoautotropher Bakterien an hydrothermalen Tiefseequellen ist enthalten in JANNASCH (1987). Dort wird auch darauf verwiesen, daß Lebensgemeinschaften von *höheren* Tieren (Eukaryoten) bei ständiger Abwesenheit von Sonnenlicht und in Gegenwart hydrothermaler anorganischer Energiequellen nur solange bestehen können, solange für den chemoautotrophen und lithotrophen Prozeß Sauerstoff (vorrangig photosynthetisch gebildet!) zur Verfügung steht. Dies gilt nicht für *anaerobe* Organismen (siehe Bilder 7.31 und 7.32); sie können ohne Sauerstoff existieren, möglicherweise auch protozooisches Leben, aber keine uns bekannten höheren Tiere. Der enorme Sauerstoffvorrat des Meeres dürfte im Hinblick auf den dazu geringen Verbrauch durch die Tierwelt an den Hydrothermalquellen sehr lange Zeit ausreichen. Das Leben der Tierwelt an den Hydrothermalquellen am Meersgrund ist dennoch nur von kurzer Dauer, denn ein Verstopfen der Kanäle in den oberen Lavaschichten durch Ablagerung von Metallsulfiden führt zum Versiegen einer Quelle an der betreffenden Stelle und zum Ausbrechen am anderen Ort, der mehrere Kilometer entfernt sein kann. Das Versiegen einer Quelle (nach ca 10-100 Jahren) hat ein sofortiges Absterben der Tiere zufolge, die in kurzer Zeit von Aasfressern, vorrangig Krebstieren, beseitigt werden. Eine versiegte Quelle mit ihrem absterbenden Leben kann man ca 20-23 Jahre lang an den sich langsam auflösenden Schalen der weißen Muscheln erkennen. "Lebensoasen" in der "Lebenswüste" Tiefsee sterben und entstehen an einem anderen Ort... ein Kreislaufgeschehen?

Die chemische Zusammensetzung des Meerwassers entsprach bisher nicht jenen berechneten Werten, die sich aus der Gesteinsverwitterung und der Ablagerung von ungelösten Mineralien ergaben. Bringt man die häufig festgestellten Anomalien, besonders den Mangel an *Magnesium* und den Überschuß an *Mangan*, mit der Meerwasserzirkulation durch die ozeanische Kruste in Verbindung, dann kann man nach EDMOND und Mitarbeiter/1982 (siehe JANNASCH 1987) daraus einige Schüsse ziehen. So wurde auf diese Weise berechnet,

● daß das gesamte Wasservolumen des Meeres
alle 7-8 Millionen Jahre einmal durch die ozeanische Kruste
zirkulieren muß,

um der heutigen chemischen Zusammensetzung zu entsprechen. Daraus folgt eine jährliche Produktion von $120 \cdot 10^6$ Tonnen *Sulfat-Schwefel*, der zu 3/4 als *Polymetallsulfid* axial an den Rändern der auseinanderstrebenden tektonischen Platten angelagert wird, während nur 1/4 durch die aus den Tiefseequellen austretende Hydrothermalflüssigkeit als *Sulfid-Schwefel* dem Meerwasser wieder zugeführt wird. Geht man ferner davon aus, daß die Hälfte dieser Sulfidemission für die chemosyntheti-

sche Produktion organischer Substanz verfügbar ist, dann folgt daraus eine
● *chemosynthetische* Produktion des Meeres an
organischem Kohlenstoff ($C_{org.\ chemosyn.}$)
von $16 \cdot 10^6$ Tonnen/Jahr.
Der im "offenen" Meer (in der Hochsee?)
● *photosynthetisch* produzierte
organische Kohlenstoff ($C_{org.\ photosyn.}$)
soll $19 \cdot 10^9$ Tonnen/Jahr
umfassen (nach WOODWELL 1978, siehe JANNASCH 1987). Die chemosynthetische Produktion beträgt danach weniger als 0,1% der photosynthetischen Produktion.

Sedimente am Meeresgrund

Im Meer herrscht ein ständiger langsamer *Sedimentregen*, der im wesentlichen aus absinkenden Resten einstiger Lebewesen, aus anorganischem Staub, gröberen Massen (beispielsweise Moränenmaterial von Eisbergen) sowie aus Schiffsabfall und Überbleibseln von Schiffsunglücken oder Flugzeugabstürzen besteht (LOUIS/FISCHER 1979).

Sinkgeschwindigkeit, Sinkweg
Die Sinkgeschwindigkeiten des absinkenden Materials sind sehr verschieden, denn Meeresströmungen, auch unmittelbar am Meeresgrund, sowie Salzgehalt der Wassersäule beeinflussen das Geschehen erheblich, also auch den Sinkweg, der mithin nicht in der Lotlinie verläuft. Einen großen Einfluß auf den Sedimentregen üben ferner zeitlich begrenzte Stürme aus, die beispielsweise zum Sinken von großen Planktonblütengesellschaften führen können (AWI 1991a). Die Benennungen "Sinkgeschwindigkeit" und "Sedimentationsgeschwindigkeit" sollten nicht als Synonyme benutzt werden, da dies mißverständlich sein kann.

Sedimentbestandteile
ZEIL (1990 S.94) unterscheidet in geologischer Sicht nach der Herkunft drei unterschiedliche Sedimentbestandteile:

◇ Der quantitativ oftmals größte Anteil seien die *Schalen planktisch lebender Organismen*. Die *Kieselschaler* bevorzugen kühleres Wasser, die *Kalkschaler* wärmeres. Die in der Tiefsee *benthisch* lebende Organismen hätten als Sedimentbildner allerdings kaum Bedeutung. Im übrigen betrage die Besiedlung des Tiefseegrundes nach Arten- und Individuenanzahl nur ca 1/1000 des Flachseegrundes.

◇ Ein weiterer Anteil stamme vom *Vulkanismus*, sowohl vom übermeerischen (verwehte Aschen, verschwemmte Bimssteine) wie auch vom untermeerischen.

◇ Ein dritter Anteil umfasse die durch Wind oder durch Meeresströmungen ver-

frachteten *Gelände-Abtragsmassen.*
Der eingangs angesprochene *anthropogen* bewirkte Eintrag wäre hier noch anzufügen.

Geographische Verbreitung der verschiedenen Sedimente
Die *Vielfalt* der Ablagerungen verringert sich in der Regel mit zunehmender Küstenentfernung und Wassertiefe; ab 1000 m und tiefer sind meist nur noch wenige Sedimentarten anzutreffen. Da der Anteil der Tiefseefläche an der gesamten Meeresfläche verhältnismäßig groß ist, belegen die aus Hochsee und Tiefsee kommenden Sedimente entsprechend große Flächen. Die geographische *Verbreitung* der Sedimente des Meeres und die Gliederung des betreffenden Meeresgrundes zeigen die Bilder 9.74 und 9.75.

Sedimente am Meeresgrund der *Tiefsee*		
	Globigerinenschlamm	36
	Roter Ton	28
	Blauschlick	15
	Diatomeenschlamm	8
	Radiolarienschlamm	2
	Grünschlick und Grünsand	1
	restliche Sedimente	2
Sedimente am Meeresgrund der *Flachsee*		8

Bild 9.73
Gegenwärtiger Flächenanteil der genannten Sedimente an der Meeresfläche. Angaben in % bezogen auf die Meeresflächensumme der Erde (=100%), siehe Bild 9.1. Quelle: ZEIL (1990) S.101

In ZEIL (1990) werden die zuvor im Bild genannten "Sedimente am Meeresgrund der Tiefsee" als "hemipelagische und eupelagische Ablagerungen" und die "Sedimente am Meersgrund der Flachsee" als "Flachsee-Ablagerungen" bezeichnet. Im Hinblick darauf, daß das in den Tiefseesedimenten vorliegende Artenspektrum niemals dem vollen Spektrum der in den darüberliegenden Wasserschichten lebenden Arten entspricht (wegen Strömung und anderem), erscheint es zumindest fraglich, ob die Arten, die den Sedimenten am Meersgrund der Tiefsee zugeordnet sind, vor ihrem Absinken im Pelagial beheimatet waren.

Globigerinenschlamm, in diesem kalkreichen Sediment (40-90% Calciumcarbonat, $CaCO_3$) überwiegen die Schalen (beziehungsweise Schalentrümmer) der *Globigerinen*, einer Familie planktisch lebender Foraminiferen mit Schalen aus traubenartig angeordneten, kugeligen und grob perforierten Kammern. Die Globigerinen sind

Einzeller und gehören zur Tiergruppe der *Wurzelfüßer* (siehe Abschnitt 9.3). Der Anteil der Pteropoda und Coccolithophorales (siehe nachfolgende Ausführungen) ist meist auf wenige Prozent begrenzt. Neben einigen Radiolarien- und Diatomeenschalen besteht der unlösliche Rückstand aus feinsten Mineralsplittern. In den hohen südlichen Breiten enthält der Globigenrinenschlamm glazial-marine Beimengungen, gelegentlich auch größere Geschiebe (etwa Moränenmaterial von Eisbergen). Vor den Kapverden sind im Sediment häufig rötlich überkrustete Körner von Saharastaub enthalten. Quelle: NEEF (1981), HOHL et al. (1985), ZEIL (1990).

Pteropodenschlamm, ein kalkreiches Sediment, überwiegend aus Schalentrümmern von *Pteropoden* bestehend. Pteropodenschlamm ist weit weniger verbreitet als Globigerinenschlamm. Pteropoden sind in der Hochsee (meist in riesigen Schwärmen) planktisch lebende Schnecken. Sie gehören zu den *Weichtieren* (siehe Abschnitt 9.3). Quelle: NEEF (1981), HOHL et al. (1985).

Kokkolithenschlamm. Kokkolithe sind Kalksteine organischen Ursprungs; sehr kleine, scheibenförmige Kalkkörperchen. *Coccolithophorales* gehören zu den *Algen* (siehe botanische Systematik im Unterabschnitt: Planktonalgen der Hochsee, Abschnitt 9.2.02). Quelle: HOHL et al. (1985), ZEIL (1990).

Roter Ton, ein eisenoxidreiches Sediment von roter bis brauner Farbe mit nur geringem Kalkgehalt, da Kalkgehäuse der Meeresorganismen durch den größeren Kohlensäuregehalt des Meerwassers in der Tiefe bei zunehmenden Druck gelöst werden. Der sehr feine und zähe Schlick erhält seine Farbe durch die vollständige Oxidation der Eisenverbindungen, veranlaßt vom sauerstoffreichen Tiefenwasser. Vermutlich geht Roter Ton sehr langsam als Lösungsrückstand aus dem Globigerinenschlamm hervor. Die beim Lösungsvorgang freigesetzte Mengen von Eisen und Mangan reichern sich am Meeresgrund zu *Manganknollen* an. Qulle: NEEF (1981), HOHL et al. (1985), ZEIL (1990).

Blauschlick, ein in der Tiefsee (in 800-2500 m Tiefe) gebildeter Schlick, bei dem der Zerfall der organischen Substanz unvollständig ist; unter der obersten, bräunlich oxidierten Rinde ist der tiefere Teil durch Pyrit blauschwarz gefärbt. Quelle: HOHL et al. (1985), ZEIL (1990).

Diatomeenschlamm, seine Eigenschaften sind: gelbgraue Farbe, kalkarm, kieselsäurereich, überwiegend aus kieselhaltigen Resten von *Diatomeen* (Kieselalgen) bestehend (siehe botanische Systematik im Unterabschnitt: Planktonalgen der Hochsee, Abschnitt 9.2.02). Diatomeen leben im Süß-, Brack- und Salzwasser. Kühleres Wasser bietet ihnen günstige Lebensbedingungen. In den Polarmeeren folgt daher nach der Zone der glazial-marinen Sedimente äquatorwärts ein Gürtel von Diatomeenschlamm (siehe Bild 9.75). Quelle: NEEF (1981), HOHL et al. (1985), ZEIL (1990).

Radiolarienschlamm, ein rotes, toniges an Radiolarienresten reiches Sediment; eine Abart des Roten Tons. *Radiolarien* (Strahlentierchen) haben formenprächtige, strahlige Skelette und leben überwiegend planktisch. Sie sind Einzeller und gehören zur Tiergruppe der *Wurzelfüßer* (siehe Abschnitt 9.3). Radiolarien bevorzugen wärmeres

Wasser; man findet sie im Pazifik (nördlich des Äquators), im Atlantik scheinen sie zu fehlen. Quelle: NEEF (1981), HOHL et al (1985), ZEIL (1990).
Grünschlick und **Grünsande**. Grünsande sind ein durch reichlichen Glaukonitgehalt grünlich erscheinendes Sediment (*Glaukonit*: klimmerartiges Mineral; gr. glaukos: blaugrün). Die schlammige Form der Grünsande werden *Grünschlick* genannt. Tonminerale können sich am Meeresgrund umwandeln und sogar neu bilden. Der Glaukonit ist ausschließlich marinen Ursprungs. Quelle: HOHL et al. (1985), ZEIL (1990).

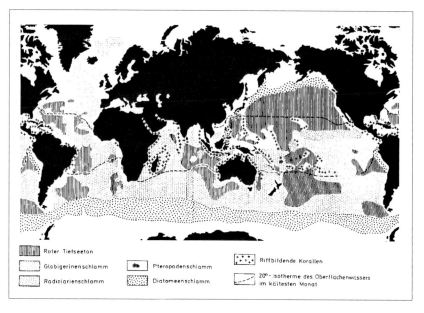

Bild 9.74 Generelle Übersicht über die geographische Verbreitung der Sedimente am Meeresgrund nach DIETRICH 1965. Quelle: ZEIL (1990), verändert

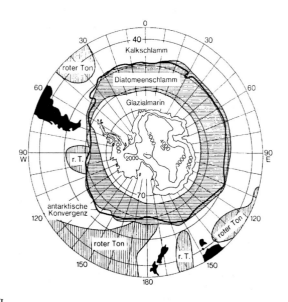

Bild 9.75
Generelle Übersicht
über die
geographische
Verbreitung
der Sedimente am
Meeresgrund
im *Südpolarmeer*
und angrenzenden
Meeresteilen.
Quelle:
GIERLOFF-EMDEN (1980),
S.493 I, verändert
Bezüglich der Benennung
antarktische Konvergenz siehe Abschnitt 9.1.

Sedimentation und benthisches Leben

Der Aufbau der jeweiligen Sedimentschichten am Meeresgrund ist offensichtlich von zahlreichen Parametern abhängig.

*Verbindungen zwischen Sedimentation und Leben am Meeresgrund
(saisonales, kontinuierliches, allochthones Nahrungsangebot)*
Ein wirksamer Parameter ist sicherlich die Verbindung zwischen der Sedimentation und dem Leben am Meeresgrund, dem benthischen Leben. Wie HUBOLD (1992) unter Hinweis auf die spezielle Literatur aufzeigt, wird die Primärproduktion im allgemeinen schnell von herbivoren Plankton-Organismen aufgenommen. Wird ein Teil der Nahrung unvollständig verdaut und als Kotballen abgegeben, dann sinken diese, neben Detrituspartikeln sowie plasmahaltigen Planktonzellen und Sporen, aus der durchlichteten Wasserschicht der Flachsee beziehungsweise der Hochsee ab und erreichen, da der bakterielle Abbau in der Wassersäule unterhalb der durchlichteten Wasserschicht sehr langsam abläuft, den Meeresgrund. Dieser Sedimentationspunkt liegt allerdings in der Regel *nicht lotrecht* unter dem Ausgangspunkt (dem Quellpunkt in der durchlichteten Wasserschicht), da auch die Wasserströmung auf den

Absinkvorgang erheblich einwirkt. Die genannten geringen Abbauraten in der Wassersäule, verbunden mit Advektion und Resuspension bewirken, daß organisches Material in den tieferen Wasserschichten und nahe des Meeresgrundes für die Ernährung eines arten- und biomassereichen Zoobenthos verfügbar ist, auch in Meeresgrundgebieten, die weitentfernt von den Produktionsstätten liegen. Da diese Sedimentationsart viel Zeit benötigt für den Weg des Materials vom Quellpunkt bis zum Ablagerungspunkt am Meeresgrund, ist damit auch eine Abschwächung des *saisonalen* zugunsten eines *kontinuierlichen* Nahrungsangebotes gegeben: die am Meeresgrund lebenden Organismen sind damit nicht unmittelbar an die im allgemeinen saisonale Primärproduktion gekoppelt. Außerdem steht durch diese Sedimentationsart auch solchen benthisch lebenden Organismen Nahrung zur Verfügung, die sich unter Meeresteilen angesiedelt haben, in deren durchlichteter Wasserschicht keine oder nur geringe Primärproduktion stattfindet. Ein solches Nahrungsangebot wird *allochthones* Nahrungsangebot genannt. Im Abschnitt über die Biomasse des Zoobenthos war auf die Bedeutung der *Lipidspeicher von Organismen* hingewiesen worden. Als *Lipoide* bezeichnet man fettähnliche Substanzen mit denselben Eigenschaften (PSCHYREMBEL 1990).

Beschaffenheit des Meeresgrundes (Hartböden, Weichböden)
Wie PIEPENBURG (1988) anmerkt, ist ein weiterer wichtiger Parameter für das benthische Leben die *Beschaffenheit* des Meeresgrundes, vor allem seine Dichte und Festigkeit, die Korngrößenverteilung und der Gehalt an organischer Substanz. Diese Beschaffenheit wird unter anderem bewirkt durch die Aktivität der im Boden lebenden Tiere (Bioturbation), eventuell durch Eiseinwirkung, vor allem aber durch grundnahe Wasserströmungen. Ist die mittlere Strömungsgeschwindigkeit relativ hoch, dann dominieren großkörnige Partikel (Sande und Kies) am Meeresgrund, da die feineren Anteile (Tone und Silte) resuspendiert und mit der Strömung horizontal verfrachtet wurden. Man spricht hier von *Hartböden* (auch Festböden). Die so gelösten feineren Anteile wiederum sedimentieren bevorzugt in Meeresgrundgebieten mit keiner oder nur geringer Wasserströmung. Da deshalb weiche Böden vorherrschen, spricht man hier von *Weichböden*.

Rezente und fossile Flora/Fauna
Ferner ist bei Aussagen zur benthischen Flora und Fauna zu untersheiden zwischen *rezenter* und *fossiler* Flora beziehungsweise Fauna. Die bisher erforschte Fossiliengeschichte der Flora reicht nicht ganz soweit zurück, wie jene der Fauna. Die frühesten Fossilfunde von *Pflanzen* in der Antarktis (im Gebiet Antarktische Halbinsel) reichen bis in den geologischen Zeitabschnitt Perm zurück, die frühen Fossilfunde von *Tieren* in der Antarktis (ebenfalls im Gebiet der Antarktischen Halbinsel) reichen zurück bis in die geologischen Zeitabschnitte zwischen spätem Devon und frühem Trias (BRANDT 1991). Einen umfassenden Einblick in die Historische Geologie (Erd- und Lebensgeschichte), gegliedert nach geologischen Zeitabschnitten mit detaillierter

Darstellung der Fossiliengeschichte, geben KRÖMMELBEIN/STRAUCH (1991). Siehe in diesem Zusammenhang auch Abschnitt 7.1. Will man den Ablauf der Erdgeschichte mittels Sedimentuntersuchungen rekonstruieren, dann sind Ausgangspunkt und Grundlage dafür Kenntnisse über das rezente Ablagerungsfeld, über die Sedimentschicht unmittelbar unter der Meeresgrundoberfläche. Bei Probenahmen bis ca 3 m Sedimenttiefe (mittels Schwereloten) kann man unterstellen, daß der Aufbau der Sedimentkerne dem des Meeresgrundes hinreichend entspricht; bei größeren Probetiefen können Deformationen auftreten (MELLES 1991 S.159).

Zur Problematik der Probenahmen vom Meeresgrund
Zuvor war bereits mehrfach darauf verwiesen worden, daß die benutzten *unterschiedlichen Verfahren und Geräte* bei Probenahmen am Meeresgrund (und auch bei Probenahmen in der Wassersäule) Einfluß haben auf das Ergebnis und somit darauf, ob die Ergebnisse verschiedener Autoren miteinander vergleichbar sind: beispielsweise Ergebnisse, die sich auf Proben beziehen, die mittels *Bodengreifer* oder mittels *Schleppnetz* (mit unterschiedlichen Sieb-Maschenweiten), mittels *Kastengreifer* oder mittels *Schwerelot* gewonnen wurden. So wird etwa beim Bodengreifer meist Epi- und Infauna, beim Schleppnetz meist nur die Epifauna erfaßt.

Lebensgemeinschaften und Biomasse der Tiefsee

Nach bisheriger Kenntnis nehmen Häufigkeit der Arten und Biomasse mit zunehmender Tiefe sehr schnell ab. In ca 3 000 m Wassertiefe betrage die Biomasse nur noch ca 0,8 g/m^2 (nach BELYAEV 1958, siehe BRANDT 1991 S.179). Als darauf einwirkende Parameter werden vielfach genannt: die Größe der Organismen und das Nahrungsangebot. Die Biomasse sei mit beiden Parametern korreliert. Nach JANNASCH (1987) unterliegt die Tierwelt offenbar einer mit der Tiefe zunehmenden Zonierung; dem Maximum von Artenreichtum benthisch lebender Tiere zwischen 3 000 m und 4 000 m folgt eine schnelle Abnahme der Arten- und Individuen-Anzahl.

Lebensgemeinschaften in der Tiefsee (im Abyssal)

Benthos-Lebensgemeinschaften	Nekton-Lebensgemeinschaften	Plankton-Lebensgemeinschaften
◇ Leben an Kontinentalhängen und in anderen Meeresgrundbereichen	◇ Saisonal in der Tiefsee lebende Nekton-Lebensgemeinschaften (Vertikalwanderer)	◇ Saisonal in der Tiefsee lebende Plankton-Lebensgemeinschaften (Vertikalwanderer)
◇ Leben an Hydrothermalquellen	◇ Ständig in der Tiefsee lebende Nekton-Lebensgemeinschaften	◇ Ständig in der Tiefsee lebende Plankton-Lebensgemeinschaften
	Beitrag dieser Organismen zum Nahrungsangebot für die Benthos-Lebensgemeinschaften (in Form von Sinkfracht)	
Lebensspuren im Sediment	Beitrag der Tiefsee-Organismen zum Sediment	

Bild 9.76 Leben in der Tiefsee.

Wie zuvor gesagt, kann die *Biomasse* der Tiefsee als weitgehend identisch mit der *Zoobiomasse* der Tiefsee angesehen werden. Diese setzt sich vorrangig wie folgt zusammen
- Zoobiomasse der Tiefsee
= *Zooplankton*-Biomasse der Tiefsee
   dominierend: **Copepoda**, Ruderfußkrebse (insbesondere **Calanoida**).
+ *Nekton*-Biomasse der Tiefsee
   dominierend: ?
+ *Zoobenthos*-Biomasse der Tiefsee
   dominierend: **Polychaeta**, Vielborster (auch Borstenwürmer),
   Peracarida, Ringelkrebse
   (insbesondere Isopoden, Asseln und Amphipoden, Flohkrebse sowie Tanaidacea, Scherenasseln)

Bivalvia, Muscheln
+ ? (Bakterien)

Hinreichend sichere Aussagen zur Biomasse der Tiefsee sind bisher nicht oder nur begrenzt möglich. Nachstehend einige Daten zur Biomasse der Tiefsee beziehungsweise des gesamten Meeres:
- Biomasse-Primärproduktion (Meer)
C (org. photosynthetisch) = $19 \cdot 10^9$ Tonnen/Jahr (WOODWELL 1978)
C (org. chemosynthetisch) = $0{,}016 \cdot 10^9$ Tonnen/Jahr (WOODWELL 1978)
- Biomasse-Produktion (Meer)
C (gebundener Kohlenstoff) = $37{,}5 \cdot 10^9$ Tonnen/Jahr (Meer), 1/10 000 davon:
C (gebundener Kohlenstoff) = $0{,}00375 \cdot 10^9$ Tonnen/Jahr (Nekton) (CZIHAK et al. 1992)
- Biomasse Reservoir (Tiefsee)
C = $34\,500 \cdot 10^9$ Tonnen (BOLIN 1970)
  = $38\,000 \cdot 10^9$ (EK 1991)

9.4 Zur zoologischen Systematik
Wie die genannten Tiergruppen in der zoologischen Systematik eingeordnet sind

Grundsätzliches zur *biologischen* Systematik wurde bereits zuvor gesagt (Abschnitt 9.3). Die getrennten Übersichten zum *Pflanzenreich* und zum *Tierreich* entsprechen der international vereinbarten Nomenklatur, wonach *botanische* Systematik und *zoologischen* Systematik unabhängig voneinander geführt werden. Die nachfolgenden Zusammenstellungen ermöglichen eine Übersicht darüber, wie die in den einzelnen Abschnitten angesprochenen Tiergruppen in der *zoologischen* Systematik eingeordnet sind. Folgende große Tiergruppen sind erfaßt:

Die **Gliederfüßer** (Arthropoda) sind wirbellose Organismen mit Ausbildung eines Haut-Panzers und gegliederten Extremitäten. Sie sind in allen Lebensräumen des Systems Erde vertreten. Zu den Gliederfüßern gehören unter anderem: spinnenartige Tiere, Insekten und Krebse. Neuere taxonomische Hinweise: BOYSEN-ENNEN 1987, MUMM 1991, DIEL 1991, WEBERLING in CZIHAK et al. 1992, POHL 1992, METZ 1996, DIDIE 2001 (umfassende Angaben).

Wurmförmige Tiere
In der *Allgemeinsprache* werden dem Begriff Würmer eine große Anzahl verschiedenartiger Tiergruppen zugeordnet, wenn diese gewisse Merkmale aufweisen (wie etwa: langgestreckte Körperachse, gegebenenfalls äußere Ringelung und kriechende Fortbewegung...). Neuere taxonomische Hinweise: BOYSEN-ENNEN 1987.

Die **Schwämme** (Porifera) leben sessil am Meeresgrund und ernähren sich von Plankton und suspendierten Partikeln; sie sind Filtrierer (Innere Strudler). Die Größe (Länge) ihres Körpers liegt im Bereich von wenigen mm bis zu 2 m. Es sind ca 6 000 Arten bekannt. Neuere taxonomische Hinweise: GIESE et al. 1996, KUNZMANN 1996.

Die **Weichtiere** (Mollusca) sind in fast allen Lebensräumen des Systems Erde vertreten; die derzeit lebenden (rezenten) Arten werden auf ca 50 000 geschätzt. Zu den Weichtieren gehören unter anderem: Schnecken, Muscheln, Kopffüßer. Neuerer taxonomische Hinweise: VOß 1988, LINSE 1997.

Die zwei typischen Formen der **Nesseltiere** (Cnidaria) sind die *vagile* (schwimmende) Meduse, auch **Qualle** genannt, und der *sessile* **Polyp**. Die vagilen Vertreter der Nesseltiere besiedeln den Wasserkörper und sind ein wesentlicher Bestandteil des Planktons. Die sessilen Vertreter der Nesseltiere siedeln am Hartsubstrat des Meeresgrundes; man bezeichnet sie als Polypen oder Polypenkolonien. Neuere Hinweise zur Biologischen Systematik: GIESE et al 1996.

Die **Manteltiere** (Chordata) wohnen nur im Meer. Es sind meist sessil lebende, manchmal auch schwebende beziehungsweise freischwimmende Tiere. Neuere taxonomische Hinweise: PIATKOWSKI 1987, VOß 1988.

Die **Stachelhäuter** (Echinodermata) leben nur im Meer. Sie gehören den vagilbenthisch lebenden Tieren an.

Wurzelfüßer (Rhizopoda) sind Protozoa, Einzeller.

> Die **Knochenfische** umfassen >24 000 Arten und bilden (nach der Artenanzahl) die größte Klasse unter den Wirbeltieren. Sie leben in fast allen Lebensräumen des Süß- und Salzwassers (GIESE et al. 1996 S.40). Neuere taxonomische Hinweise: BRANDT 1991, HUBOLD 1992.

Abkürzungen für einige systematische Kategorien des Tierreichs:

(A)	= Abteilung	(UO)	= Unterordnung
(UA)	= Unterabteilung	(F)	= Familie
(S)	= Stamm	(G)	= Gattung
(Gr)	= Gruppe	(Ar)	= Art
(US)	= Unterstamm	(*)	= Zuordnung hier zunächst offen
(K)	= Klasse		
(UK)	= Unterklasse		
(O)	= Ordnung		

Die angegebenen Reihenfolgen kennzeichnen zugleich die Rangfolgen: von...(A)(= hoher Rang)..........nach (Ar)(= niedriger Rang)...der systematischen Kategorie. Höherrangige Taxa werden auch *Grobtaxa* genannt.

Gliederfüßer

Die *Gliederfüßer* sind wirbellose Organismen mit Ausbildung eines Haut-Panzers und gegliederten Extremitäten. Sie sind in allen Lebensräumen des Systems Erde vertreten. Zu den Gliederfüßern gehören unter anderem: spinnenartige Tiere, Insekten und Krebse. Neuere taxonomische Hinweise: BOYSEN-ENNEN 1987, MUMM 1991, DIEL 1991, WEBERLING in CZIHAK et al. 1992, POHL 1992, METZ 1996.

(S) **Arthropoda_Gliederfüßer**
(K) Crustacea_Krebse, 50 000 Arten (WÄGELE 2001)
Die Krebse stellen in Flach-, Hoch- und Tiefsee bedeutende Glieder in den Nahrungsketten des Nahrungsgefüges. Ihre Körpergröße reicht von kleinen Formen (die meist planktisch leben) bis zu den großen Formen, wie Hummern, Langusten, Seespinnen...

   (UK) Phyllopoda_Blattfußkrebse
   (UK) Ostracoda_**Muschelkrebse**
   (UK) Copepoda_**Ruderfußkrebse**   Entomostraca
      (O) Cyclopoida   (Niedere Krebse)
      (O) Poecilostomatoida
      (O) Calanoida

(UK) Cirripedia_Rankenfüßer
(UK) Malacostraca (Höhere Krebse)

(UK) Ostracoda, Muschelkrebse
  (G) Conchoecia
  Chonchoecia borealis
  Chonchoecia elegans

(O) Cyclopoida
  (G) Oithona
  Oithona similis (ist eine Kaltwasserart)
  Oithona frigida (kommt nur südlich des Südpolarkreises vor)

(O) Poecilstomatoida
  (G) Oncaea
  Oncaea curvata
  Oncaea antarctica
  Oncaea parila

Die meisten Arten der Cyclopoida und Poecilstomatoida treten *erdweit* mit hohen Häufigkeiten auf, sowohl in tropischen Meeresteilen als auch in den Polarmeeren; in der Flach-, Hoch- und Tiefsee. Die vorgenannten Arten sind im Südpolarmeer zirkumpolar verbreitet. Oithonidae findet man darüberhinaus auch im Brackwasser und im Süßwasser (METZ 1996).

(O) Calanoida
  (UO) Amphascandria
  (F) Calanidae
  Calanus finmarchicus
  Calanus hyperboreus
  Calanus glaciales

(O) Calanoida
  (F) Metriidae
  Metridia longa (*stets* in größere Tiefen lebend)

(O) Calanoida
  (UO) Heterarthrandria
  (F) **Pontellidae** (sie werden dem *Neuston* zugeordnet)

(UK) Cirripedia, Rankenfüßer

:Lebadomorpha_Entenmuscheln
:*, Seepocken

(UK) Malacostraca
(*) Leptostraca_Leptostraken
(O) Eucarida (Thoracostraca)_**Schildkrebse** (mit Rückenschild)
(O) Peracarida (Arthtrostraca)_Ringelkrebse (ohne Rückenschild)

(O) Eucarida (Thoracostraca)_**Schildkrebse**
(UO) Cumacea
(UO) Stomatopoda_Maulfüßer
(UO) Schizopoda_Spaltfüßer
(UO) Decapoda_Zehnfußkrebse

(UO) Schizopoda_Spaltfüßer
Euphausidae
Euphausia superba_**antarktischer Krill**
Er kommt nur im Südpolarmeer vor. Der antarktische Krill ist Nahrungsgrundlage einer Vielzahl von Tieren. Geschätzte Gesamtbiomasse: ca 60-155 Millionen Tonnen. Das nebenstehende Bild zeigt die Stellung von Euphausia superba im Nahrungsgefüge des Südpolarmeeres (AWI 2002/2003).

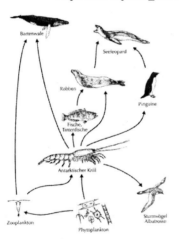

Der nordische Krill ist der Namengeber. Die Benennung "Krill" prägten norwegische Fischer um 1900 (AWI 1998/1999 S.41).
Meganyctiphanes norvegia_**nordischer Krill**

(UO) Decapoda_**Zehnfußkrebse**
Erdweit sind derzeit ca 10 000 Arten decapoder Krebse beschrieben (FREDERICH 1999).
:Nantantia_**Garnelen** (schwimmende Krebse)
    :Penaeidea
    :Stenopodidea

:Caridea (südlich der antarktischen Konvergenz mit ca 24 Arten anwesend)
:Reptantia (südlich der antarktischen Konvergenz nahezu *nicht* anwesend)
  :Astacidae
  :Palinura
  :Anomura
  :Brachyura_Kurzschwanzkrebse oder **Krabben**
    Diese Krabben besiedeln derzeit äußerst erfolgreich die verschiedensten Wasser- und Land-Lebensräume. So beispielsweise die Schelfgebiete in tropischen, borealen und subborealen Meeresteilen, ferner *Hydrothermalquellengebiete*. Landkrabben sind auch zur Luftatmung fähig, können daher sogar Bäume in Mangrovenwäldern besiedeln. Südlich der antarktischen Konvergenz nahezu *nicht* anwesend (FREDERICH 1999).
KÄSTNER hat 1993 eine andere systematische Einteilung vorgelegt (FREDERICH 1999).

(*) Galatheidae
    Weiße Krabben
(*) **Strandkrabben**

....

Peracarida (Arthostraca)_**Ringelkrebse_Ranzenkrebse**
  werden in 9 Ordnungen (O) unterteilt (LÖRZ 2003):
(O) Spelaeogriphacea
(O) Thermosbaenacea
(O) Lophogastrida
(O) Mysida
(O) Mictacea
(O) Amphipoda_**Flohkrebse** (Wechselfüßer)
    Von den 6 000 bekannten Amphipoda-Arten gehören ca 85 % zu den Gammaridea
  :Gammaridea
    :Laemodipodea
    :Hyperiidea
    Themisto abyssorum_**Glaskrebse**?
  :Caprellidea
  :Hyperiidea
  :Ingofiellidea
(O) Isopoda_**Asseln** oder Gleichfüßer   (Pantopoda_**Asselspinnen**)
  :Asellota (in der Tiefsee sehr häufig)
    :Janiroidea (die meisten Tiefseebewohner gehören zu den J.)
  :Tanaidacea_**Scherenasseln**
  Bei Asseln übernehmen weichhäutige Beine des Hinterleibs die Aufgaben

von Kiemen bei der Atmung und bei der Aufnahme von Salzen (AWI 1998/1999 S.107).
(O) Tanaidacea
(O) Cumacea

Häufige Vertreter der benthisch lebenden Tiere in der Flachsee:
(*) Carcinus maenas_**Strandkrabbe**
(*) Cancer pacurus_**Taschenkrebs**
(*) Eupacurus bernhardus_**Einsiedlerkrebs**
(*) Homarus vulgaris_**Hummer**

Wurmförmige Tiere

In der *Allgemeinsprache* werden dem Begriff Würmer eine große Anzahl verschiedenartiger Tiergruppen zugeordnet, wenn diese gewisse Merkmale aufweisen (wie etwa: langgestreckte Körperachse, gegebenenfalls äußere Ringelung und kriechende Fortbewegung...). Neuere taxonomische Hinweise: BOYSEN-ENNEN 1987.

(S) Pogonophora_Bartwürmer
    (K) ?
        (O) Vestimentifera
        Riftia pachyptila_**Röhrenwürmer**

(S) Annelida_Ringelwürmer (siehe SCHNACK 1998 S.15)
    (K) Polychaeta_**Vielborster** (auch **Borstenwürmer**), 13 000 Arten (WÄGELE 2001).
    :Errantia
    :Sedentaria
        Telepus cincinatus
    :Serpulidae
Benthisch lebende Vielborster (Borstenwürmer) sind in der Flachsee durch viele Arten vertreten.

(S) Chaetognatha_**Pfeilwürmer**
    Eukrohnia hamata
    Sagitta elegans

(S) Tentaculata
(K) Phoronida_Hufeisenwürmer
(K) Bryozoa_**Moostierchen**
(K) Brachiopoda_**Armfüßer**
(*) Nemertini_Schnurwürmer
(*) Echiurida_Igelwürmer
(*) Spunculida_Spritzwürmer

Schwämme

Die *Schwämme* leben sessil am Meeresgrund und ernähren sich von Plankton und suspendierten Partikeln; sie sind Filtrierer (Innere Strudler). Die Größe (Länge) ihres Körpers liegt im Bereich von wenigen mm bis zu 2 m. Es sind ca 6 000 Arten bekannt. Neuere taxonomische Hinweise: GIESE et al. 1996, KUNZMANN 1996.

(S) **Porifera**_**Schwämme**, 10 000 Arten (WÄGELE 2001)
(K) Demospongiae_**Hornschwämme** (auch Horn-Kieselschwämme)
(K) Sclerospongiae
(K) Calcarea_Kalkschwämme
(K) Hexactinellida_**Glasschwämme**
(K) Silicea_**Kieselschwämme** (in CZIHAK et al. 1992 als Klasse ausgewiesen)

(K) Demospongiae_**Hornschwämme** (auch Horn-Kieselschwämme)
Sie leben im Salzwasser und auch im Süßwasser. Die meisten marinen Schwämme sind Hornschwämme. Etwa 95% aller rezenten Schwamm-Arten gehören zur Klasse der Hornschwämme, beispielsweise:
    Spongia officinalis_Badeschwamm
    Cliona sp._Bohrschwamm
    Neofibularia nolitangere_Feuerschwamm
    ...
(UK) Tetractinomorpha
    (O) Hadromerida
    (F) Axinellidae
        Pseudosuberites nudus
(UK) Ceractinomorpha
    (O) Halichondrida
    (F) Halichondriidae
        Halichondria hentscheli
    (O) Poecilosclerida
    (F) Mycalidae

Mycale acerata
(F) Esperiopsidae
Isodictya setifer
(F) Tedaniidae
Tedania oxeata
Tedania trirhaphis
Tedania charcoti
(F) Clathriidae
Clathria pauper
Axociella nidificata

(K) Hexactinellida_**Glasschwämme**
sind marine Schwämme und leben vorrangig in der Tiefsee, nur in geringem Unfange in der Flachsee (etwa in kanadischen und antarktischen Meeresteilen).
(UK) Hexasterophora
(F) Rossellidae
Rossella antarctica
Rossella nuda
Rossella racovitzae
Scolymastra joubini

Häufige Vertreter im Zoobenthos der Flachsee:
(*) Halichondria panicea_**Brotkrumenschwamm**
(*) Haliclona ocelata_**Geweihschwamm**

Weichtiere

Die *Weichtiere* sind in fast allen Lebensräumen des Systems Erde vertreten; die derzeit lebenden (rezenten) Arten werden auf ca 50 000 geschätzt. Zu den Weichtieren gehören unter anderem: Schnecken, Muscheln, Kopffüßer. Neuerer taxonomische Hinweise: Voß 1988, LINSE 1997.

(S) **Mollusca_Weichtiere**, 130 000 Arten (WÄGELE 2001)
(K) Aplacophora
    (UK) Caudofoveata
    (UK) Solenogastres_**Wurmschnecken**
(K) Monoplacophora
(K) Polyplacophora_**Käferschnecken**
    (leben benthisch, bei Flut vagil lebend, überwiegend in der Gezeitenzone

vertreten)
(K) Gastropoda_**Schnecken**
  (O) Archaeogastropoda
    (UO) Docoglossa
      (F) Patellidae_**Napfschnecken**
    (UO) Stenoglossa (auch Neogastropoda)
      (F) Buccinidae
        Buccinum maenas_**Wellhornschnecke**
  (*) Prosobranchia (Vorderkiemerschnecken), 60 000 Arten im Meer (WÄGELE 2001)
    :Walzenschnecke
    :Lochschnecke
    :Kreiselschnecke
    (F) Lamellariidae
  (*) Opisthobranchia (Hinterkiemerschnecken), 6000 Arten (WÄGELE 2001)
  (*) Nudibranchia, 3 000 Arten (WÄGELE 2001)
  (*) Pterobranchia_Flügelkiemern
    :**Pteropoda**, Flügelschnecken, Flügelfüßer, auch Flossenfüßer, Ruderschnecken, Schwimmschnecken
    Flügelschnecke
    Clione limacina: ist beheimatet in nördlichen und südlichen Meeresteilen (nicht in tropischen Meeresteilen). Sie ernährt sich ausschließlich von einer anderen Flügelschnecke, der Limacina helicina, die wiederum von Phytoplankton lebt. C. limacina hat kein schützendes Schneckengehäuse (wie andere Arten der Flügelschnecken) (AWI 2002/2003).
(K) Scaphopoda_**Kahnfüßer** oder **Grabfüßer**
  (F) Dentaliidae
  (F) Siphonodentaliidae
(K) Bivalvia_**Muscheln**
  Muscheln leben benthisch. *Vagil* lebende Muscheln können sich im Sediment eingraben. *Sessil* lebende Muscheln sind am Substrat festgewachsen. Muscheln sind Filtrierer (Innere Strudler).
  Arctinula greenlandia
  Bathyarca clacialis
  (*) **Miesmuscheln**
  Calyptogena magnifica_**Weiße Muscheln**
  Bathymodiolus thermophilus_**Blaue Muscheln**
  (UK) Protobranchiata
  (UK) Metabranchiata
    (O) Taxodonta
    (O) Anisomyaria

(O) Heterodonta
(F) Thyasiridae
(UO) Septibranchia
(*) Pectiniden_**Kammermuscheln**, Muschelgruppe mit ca 400 Arten, beheimatet in allen Meeresteilen.
Adamussium colbecki
ist die häufigste der 11 im Südpolarmee vorkommenden Arten. Sie gehört zu den streng wechselwarmen Tieren, deren Körpertemperatur immer dem Umgebungswasser entspricht (AWI 2002/2003).
(*) _**Herzmuscheln**

Häufige Vertreter im Zoobenthos der Flachsee sind außerdem:
(*) **Fadenschnecken**
(*) **Sternschnecken** (Nacktschnecken)
Buccinum maenas_**Wellhornschnecke** (siehe oben)

Cephalopoda_Tintenfische
Octopoda_Tintenfische ?

Nesseltiere

Die zwei typischen Formen der *Nesseltiere* sind die *vagile* (schwimmende) Meduse, auch **Qualle** genannt, und der *sessile* **Polyp**. Die vagilen Vertreter der Nesseltiere besiedeln den Wasserkörper und sind ein wesentlicher Bestandteil des Planktons. Die sessilen Vertreter der Nesseltiere siedeln am Hartsubstrat des Meeresgrundes; man bezeichnet sie als Polypen oder Polypenkolonien. Neuere Hinweise zur Biologischen Systematik: GIESE et al 1996.

(S) **Cnidaria_Nesseltiere**
(K) Hydrozoa_**Hydromedusen**
(K) Cubozoa_Würfelquallen
(K) Scyphozoa_Schirmquallen
(K) Anthozoa_Korallpolypen, Blumentiere, Korallentiere

(*) Actiniaria_**Seeanemonen**
Die Seeanemone hat einen scheibenartigen Körper (ohne Skelett), der mit dem Fuß am Hartsubstrat des Meeresgrundes befestigt oder locker im Sediment eingegraben

ist. Seeanemonen sind einzeln lebende Tiere.

(*) Hydroidea
(*) **Siphonophora**
    Dimophyes arctica,   Schwimmpolypen,
                               Blasen- oder Röhrenquallen
    Diphyes antarctica
Die Skelette (Haut-Skelette) von Korallpolypen und gewissen Hydromedusen nennt man **Korallen**. Nach der Beschaffenheit des Skeletts werden unterschieden: *Hornkorallen, Kalkkorallen*. Verschiedentlich werden auch die lebenden Korallpolypen und gewisse lebende Hydromedusen als Korallen bezeichnet (WAHRIG 1986).
(*) Stauromedusa
    : Scyphozoen_Schirmquallen
    :*, Stielquallen
(*) Sertularia cupressina_**Seemoos** (häufige Vertreter im Zoobenthos der Flachsee)
(*) Metridium senile_**Seenelke** (desgleichen)
(*) Octocorallia
    : Alcyonaria_**Lederkorallen** (auch Meerhand genannt)
        Alcyomium digitatum
    :Gorgonaria_**Hornkorallen**
    : Pennatularia_**Seefedern**
(*) Hexacorallia
    : Actiniaria
    : Madreporaria_Steinkorallen

Manteltiere

Die *Manteltiere* wohnen nur im Meer. Es sind meist sessil lebende, manchmal auch schwebende beziehungsweise freischwimmende Tiere. Neuere taxonomische Hinweise: PIATKOWSKI 1987, VOß 1988.

(S) Chordata_Chordatiere
(US) **Tunicata_Manteltiere**
(K) Appendicularia
(K) Thaliaceae_**Salpen** oder **Feuerwalzen**
    Salpa thompsoni (dominante S. im Südpolarmeer)
(K) Ascidiaceae_Seescheiden

Stachelhäuter

Die *Stachelhäuter* leben nur im Meer. Sie gehören dem vagil lebenden Benthos an.

(S) **Echinodermata_Stachelhäuter**, 6 000 Arten (WÄGELE 2001)
    (K) Crinoidea_Haarsterne
    (K) Holothuroidea_Seewalzen, Seegurken
    (K) Echinoidea_Seeigel
        Echinus esculentus
        (tritt im Schelfmeer zu bestimmten Zeiten in Massen auf)
    (K) Asteroidea_Seesterne (es gibt ca 114 Arten)
        Bathybiaster vexillifer
        Asterias rubens (tritt im Schelfmeer zu bestimmten Zeiten in Massen auf)
    (K) Ophiuroidea_**Schlangensterne**
        Ophiopleura borealis
        Ophiocten serium
        Ophiacantha bidentata
        Ophioscolex glacialis
        Solaster papporus (ist Filtrierer und führt ein verstecktes Leben)

Wurzelfüßer

Wurzelfüßer sind Protozoa, *Einzeller*. Taxonomische Hinweise WOLLENBURG (1992), BRATHAUER (1996), MAYER (2000). *Benthisch* lebende Foraminiferen sind eingehend taxonomisch ausgewiesen (mit zahlreichen Bildern und Längenangaben) in SCHUMACHER (2001). Die Nomenklatur ist nicht einheitlich.

(S) **Rhizopoda_Wurzelfüßer**
    (K) **Foraminifera**_Kammerlinge
        (O) Foraminiferida
        (UO) Allogromiina
        (UO) Textulariina
        (UO) Miliolina
        (UO) Lagenina
        (UO) Robertinina
        (UO) Rotaliina
        (UO) Globigerinina
* Epistominella arctica
Bisher sind ca 30 000 fossile und ca 6 000 rezente Foraminiferenarten beschrieben

worden. Fast alle leben *benthisch*, nur einige hundert (fossile und rezente) Arten leben planktisch. Die benthisch lebenden Foraminiferen gliedern sich in ca 65 % kalkige und 35 % agglutinierte Spezies.

(K) **Radiolaria**_Strahlentierchen
   (O) Spumellaria
   (O) Nassellaria

Knochenfische

Die *Knochenfische* umfassen >24 000 Arten und bilden (nach der Artenanzahl) die größte Klasse unter den Wirbeltieren. Sie leben in fast allen Lebensräumen des Süß- und Salzwassers (GIESE et al. 1996 S.40). Neuere taxonomische Hinweise: BRANDT 1991, HUBOLD 1992.

(S) Chordata_Chordatiere.
(US) Vertebrata_Wirbeltiere
(K) Cyclostomata_Rundmäuler
(K) Chondrichthyes_Knorpelfische
(K) Osteichthyes_**Knochenfische**
   (O) Perciformes (Barschartige)
   (UO) **Notothenioidei** (oder Nototheniiformes)
     (F) **Nototheniidae**
        Pleuragramma antarcticum, Silberfisch
     (F) Artedidraconidae
     (F) Bathydraconidae_Drachenfische
     (F) Chaenichthyidae_Weißblutfische (auch Eisfische)
     (F) Zoareidae

9.5 Die Polarmeere als Lebensraum

Von der Geschlossenheit her und aufgrund der vorliegenden Extremverhältnisse stellen die Polarmeere des Systems Erde sicherlich besondere Meeresteile beziehungsweise Lebensräume dar. Die Begriffe Nordpolarmeer und Südpolarmeer sind im Abschnitt 9.1 erläutert. Bezüglich der Organismenvergesellschaftungen zeigen sich teilweise bipolare Ähnlichkeiten, andererseits sind aufgrund unterschiedlicher geographischer und physischer Eigenschaften ihrer Habitate teilweise sehr große Unterschiede erkennbar.

Zur Biodiversität in Arktis und Antarktis
Ein Vergleich der Megafauna eines Meeresteils im Südpolarmeer (im Weddellmeer) mit der Megafauna eines etwa gleichgroßen Meeresteils im Nordpolarmeer (vor Grönland) erbrachte, daß die Anzahl der Arten im Nordpolarmeer immer etwa halb so groß ist, wie im Südpolarmeer (nach STARMANN 1997 in WÄGELE 2001). Es ergab sich: Gesamtanzahl der Arten Antarktis/Arktis: 164/94, Mollusca 15/7, Porifera 35/16, Echinodermata 33/17. Nach Wägele könnte der Grund dafür sein, daß die Antarktis sich von ca 35 Millionen Jahren abkühlte, die Arktis erst vor ca 5 Millionen Jahren.

9.5.01 Das Nordpolarmeer als Lebensraum

Das Nordpolarmeer und die umgebenden Randmeere beeinflussen die ozeanische und die atmosphärische Zirkulation des Systems Erde in besonderem Maße. Vorrangig erfolgt dieser Einfluß durch die Variationen der Meereisbedeckung in Verbindung mit Eisalbedo-Rückkopplungseffekten durch variierende Strahlungsbilanz sowie durch Transfer von sensibler und latenter Wärme an die Atmosphäre. Die hohen nördlichen geographischen Breiten haben somit einen unmittelbaren Einfluß auf globale Umweltveränderungen.

Ein tieferes Verständnis der gegenwärtigen Abläufe wird sicherlich nur dann erlangbar sein, wenn auch die Variationen der Gesamtverhältnisse im geschichtlichen Zeitablauf betrachtet werden, insbesondere die Paläoklimaveränderungen und die Paläoumweltveränderungen. Nach den Untersuchungsergebnissen von KNIES (1999) wird für den Zeitabschnitt **150 000** Jahre vor der Gegenwart die *Paläozeanographie* am nördlichen Kontinentalrand der Barentssee durch wechselnde Intensitäten der Atlantikwasserzufuhr geprägt, wobei ein Ausbleiben in diesem Zeitabschnitt *nicht* festgestellt werden konnte. Ferner korrespondieren die starken Fluktuationen des *Eisschildes* in diesem Bereich mit den bedeutenden Eisvorstößen und erhöhten Kalbungsraten des Laurentischen Eisschildes. Die *Umweltbedingungen* in diesem Zeitabschnitt entlang des *Eurasischen Kontinentalrandes* seien geprägt (a) im Westen von einem mehr oder weniger stabilen Eisrand-Auftriebs-Regime mit zumindest geringem Atlantikwassereinstrom und stark oszillierenden Eisschildfluktuationen und (b) im Osten von einer permanenten Meereisbedeckung mit niedriger Oberflächenwasserproduktivität und schwach oszillierenden Eisschilden. Der Kohlenstoffhaushalt am nördlichen Kontinentalrand der Barentssee sei dominiert von der Zufuhr terrigener organischer Substanz (TOM). Die marine organische Substanz (MOM) spiegele *nicht* die Oberflächenwasserproduktivität wider. Die höchsten Akkumulationsraten seien gekoppelt an die Absorption von lateral zugeführten TOM-reichen (fossilen) Sedimenten.

Zur Erforschung des Nordpolarmeeres

Die geographische Erkundung des Nordpolarmeeres, ausgehend von den Aktivitäten der Eskimos sowie der Walfänger, ist dargestellt etwa in MEYER (1907), GIERLOFF-EMDEN (1982). Dort sind auch weitere Literaturangaben enthalten. Die Gründungsphase der deutschen Polarforschung 1865-1875 einschließlich der österreichisch-ungarischen Aktivitäten beschreibt in umfassender Form KRAUSE (1992). Seit Mitte des 19. Jahrhunderts richtete sich das Interesse der Forschung zunehmend auf das Eis des Nordpolarmeeres, besonders auf seine geographische Ausdehnung und seine Bewegung im Zeitablauf. Erste Erkundungen mit Schiffen führten meist zum Einfrieren dieser Schiffe und anschließendem Driften mit dem Eis. Expeditionen dieser Art lassen sich einfach kennzeichnen durch die beteiligten Schiffe, wie das Schiff *Tegetthoff* (1872-1873) der österreichisch-ungarischen Expedition, das Schiff *Jeanette* (1879-1881) der USA und andere. Einen wesentlichen Schritt voran kam die Forschung durch die Drift der *Fram* (1893-1896). Im Sommer 1893 segelte der norwegische Polarforscher Fridtjof NANSEN (1861-1930) entlang der sibirischen Küste bis zu den Neusibirischen Inseln und ließ sein Schiff, die *Fram*, dort vom herbstlichen Neueis einschließen. Mit dem Packeis driftete das Schiff quer durch den östlichen Teil des Nordpolarmeeres und erreichte im August 1896 nördlich von Spitzbergen wieder offenes (weitgehend eisfreies) Wasser. Der Driftweg (Bild 9.77) bezeugte zunächst das Vorhandensein eines transpolaren Driftstromes. Die vom driftenden Schiff aus durchgeführten Untersuchungen (Lotungen, Probenahmen u.a.) erbrachten darüber hinaus Erkenntnisse über die Topographie des Meeresgrundes, führten zur Entdeckung des Eurasischen Beckens (Bild 9.204), ermöglichten Aussagen über hydrologische Eigenschaften des Meerwassers in den gebohrten Eislöchern, aus denen die Proben, überwiegend aus Wasserschichten bis zu 300 m Tiefe, entnommen wurden; die Proben erbrachten schließlich auch Erkenntnisse über das Leben in dieser Region (Phyto-, Zooplankton) sowie über den Gehalt von mineralischen Nährsalzen im Wasser. Von den weiteren **Schiffsdriften** sind im Bild 9.201 lediglich noch die Driftwege der Schiffe *Maud* (1922-1924) und *Sedow* (1937-1939) dargestellt (Norwegen, UdSSR). Ein forschungsmethodisch neuer Abschnitt begann mit dem Benutzen von **driftenden Eisschollen** als Beobachtungsstationen. Beachtliche Ergebnisse erbrachten die Driftkörper NP-1 (19371939), T-1 (1946-1965), T-3 (1947-1966), SP-6 (1956-1959), SP-7 (1957-1959), ARLIS II (1959-1965); die Driftwege dieser Driftkörper sind in Bild 9.77 dargestellt. Aufgrund dieser und einiger anderer Driften konnte ein Modell der Eisdrift im Nordpolarmeer bereits recht zuverlässig erstellt werden. Es bedeuten: NP beziehungsweise SP = Nordpol, russ.

Severnyy Polyus. T steht für engl. Target und ARLIS für engl. Arctic Research Laborartorium Ice Station. Die UdSSR benutzte für die NP- beziehungsweise SP- geeignete Eisschollen, die USA für T- beziehungsweise ARLIS sogenannte Eisinseln, bestehend aus Süßwassereis, das vom Ellesmeere Island Schelf stammte.

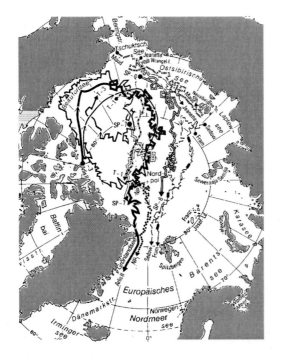

Bild 9.77
Driftwege von Schiffen und Eisschollen im Nordpolarmeer.
Quelle: GIERLOFF-EMDEN (1982) S.818, verändert

Das Packeis driftet nach dieser Darstellung im amerasischen Teil des Nordpolarmeeres rechtskreisend (Beaufortsee-Wirbel des Meeresteils Kanadabecken), im eurasischen Teil des Nordpolarmeeres driftet es mit dem transpolaren Strom der Framstraße zu, wo es mit dem Ostgrönlandstrom südwärts treibt und abschmilzt. Die durchschnittliche Driftgeschwindigkeit des Packeises betrage 1-3 cm/s. Da es teilweise große Mengen Stoffpartikel (Sediment) mitsichführt, ergeben sich beim Abschmelzen entsprechende Ablagerungen am Meeresgrund. Die durchschnittliche Eisdicke des Nordpolarmeeres läge zwischen 2 m und 5 m, an Eisrücken könnte sie >10 m betragen.

Flächenhafte Erkundungen im Nordpolarmeer **aus dem Luftraum**, erfolgten vom Ballon aus (1897), vom Zeppelin aus (1911) und vom Flugzeug aus (1926). Etwa ab 1960 begannen flächenhafte Erkundungen und Vermessungen der Eisgebiete **aus dem Weltraum** mittels erdumkreisender Satelliten.

Als aktiv fahrendes (nicht mehr nur driftendes) Schiff ist das **Unterseeboot** (Unterwasserfahrzeug) als Forschungsmittels zu nennen. Bereits 1931 kam das Unterseeboot der USA *Nautilus* im Meersgebiet nördlich von Spitzbergen zum Einsatz, das mit einem Planktonmeßgerät ausgestattet war. Dem atomkraftgetriebenen Unterseeboot *SSN (571) Nautilus* der USA gelang 1958 in drei Tagen die Fahrt von der

Beringstraße unter dem Packeis bis zum geographischen Nordpol und dann weiter zur Grönlandsee; es führte dabei Lotungen über dem Meeresgrund und mittels Sonargeräten Vermessungen der unteren Eisfläche durch. Das atomkraftgetriebene Unterseeboot *Skate* der USA durchbrach 1959 die Eisdecke und tauchte am geographischen Nordpol auf. Diese Fahrten der Unterseeboote wurden von Booten sowohl der USA als auch der UdSSR mehrfach wiederholt. Die während der Polunterquerung des atomkraftgetriebenen Unterseebootes *Seadragon* der USA 1960 gewonnenen Proben ermöglichten erstmals eine zusammenfassende Darstellung der geographischen Verbreitung einiger Copepodenarten (Zooplanktonarten) im Nordpolarmeer (MUMM 1991). Spezielle Forschungs-Unterwasserfahrzeuge wurden im Nordpolarmeer bisher nicht eingesetzt.

Als aktiv fahrende Überwasserfahrzeuge unternahmen die **Eisbrecher** *Sadko* (1935-1937) und *F.Litke* (1955) der UdSSR Forschungsfahrten im Meeresgebiet nördlich vom Franz-Joseph-Land, wobei Probenahmen bis zu 500 m Wassertiefe erfolgten (MUMM 1991). Als aktiv fahrendes Überwasserfahrzeug gelang es 1977 dem atomkraftgetriebenen Eisbrecher *Arktika* (UdSSR) von der Laptewsee aus in sieben Tagen erstmals den geographischen Nordpol zu erreichen. Mit dem Eisbrecher *Ymer* (Schweden) gab es im Sommer 1980 den ersten Versuch, zur Durchführung von Forschungsaufgaben, in das Meeresgebiet des Nansenbeckens (Bild 9.202) vorzudringen; nordöstlich von Spitzbergen auf 82°30' wurde das Meeresgebiet über dem Nordrand (über der unteren Kante) des Kontinentalhanges im Gebiet der Barentssee erreicht.

Im Sommer 1987 gelang es dem aktiv fahrenden, **eisbrechenden Forschungsschiff** *Polarstern* (Deutschland) in rund 40 Tagen ca 600 sm (>1100 km) im Meeresteil *Nansenbecken* zwischen 81°30' N und 86°N bei dichtem Packeis abzufahren und dabei umfangreiche Messungen durchzuführen sowie zahlreiche meeresbiologische Proben dem Meerwasser zu entnehmen. Mit dieser Fahrt begann forschungsmethodisch ein neuer Abschnitt der Arktisforschung, da die Beobachtungsphase in einem solchen Extremmeer wesentlich *verkürzt* und die verschiedenen wissenschaftlichen Disziplinen (aufgrund der umfassenden Ausstattung dieses Forschungsschiffes) ihre Beobachtungen und Messungen nahezu *zeitgleich* ausführen konnten. Den Fahrtweg von *Polarstern* im Meeresteil Nansen-Tiefsee-Becken zeigt Bild 9.78. Der nördlichste Punkt des Fahrtweges (86° 10.8' N, 22° 04' O) lag danach über der Nordflanke des Gakkelrückens. Die *Beobachtungsphase* (Abschnitt 1.5) betrug bei dieser Expedition mithin nur sechs Wochen gegenüber den mehrjährigen Beobachtungsphasen der Expeditionen mit driftenden Schiffen beziehungsweise Eisschollen. Da saisonale und jahreszeitliche Schwankungen der zu messenden Phänomene mit kleinerer Beobachtungsphase stets besser erfaßt werden können, kann der Einsatz von Forschungsschiffen, die mit vielfältigen Meß- und Laboreinrichtungen ausgestattet sind und in Extremmeeren (wie dem Nordpolarmeer) aktiv fahren können, sicherlich als eine beachtliche Erweiterung und qualitative Verbesserung der Forschungsmöglichkeiten in solchen Gebieten angesehen werden, denn beim Einsatz der zuvor genannten

Eisbrecher waren diese Rahmenbedingungen, die das eisbrechende Forschungsschiff *Polarstern* kennzeichnen, mehr oder weniger nur teilweise erfüllt.

Bild 9.78
Meßfahrten von *Polarstern* im Nordpolarmeer. Fahrtwege:
punktierte Linie **1987**
07. Juli bis 17. August
volle Linie **1991**
01. August bis 09. Oktober ab/an Tromsö).
Quelle: Daten aus AWI (1989a) S.91, AWI (1991a) S. 26, AWI (1992c) S.8

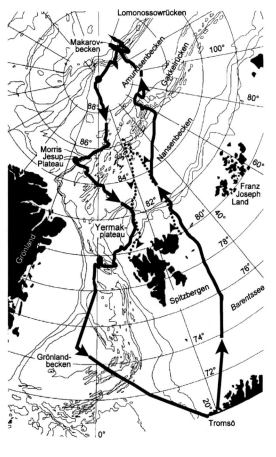

Als ein Meilenstein in der Erforschung des Nordpolarmeeres gilt die Fahrt von *Polarstern* vom 1. August bis 9. Oktober 1991 (ab/an Tromsö) im Nordpolarmeer, an der der Eisbrecher *Oden* (Schweden) und teilweise der Eisbrecher *Polar Star* (USA) teilnahmen. *Polarstern* und *Oden* erreichten am 7. September 1991 den geographischen Nordpol. Den Fahrtweg von *Polarstern* zeigt Bild 9.78. In rund 70 Tagen wurden ca 5 200 sm (>9 600 km) im Nordpolarmeer bei dichtem Packeis abgefahren. *Erstmals* konnten dabei gezielt Messungen und Probenahmen in den eisbedeckten/eisfreien Meeresteilen *Nansenbekken, Gakkelrücken, Amundsenbecken, Lomonossowrücken, Makarovbecken* und in anderen Meeresteilen durchgeführt werden mit dort bisher nicht erreichter kurzer Beobachtungsphase und nahezu zeitgleichen Beobachtungen verschiedener Wissenschaften (bezüglich Meeresteil Nansenbecken war dies erstmals bereits 1987 gelungen). Beim Erreichen des geographischen Nordpols am 7. September 1991 wurde eine Wassertiefe von 4 275 m gemessen. Alle Forschungsfahrten von *Polarstern*

koordiniert das Alfred-Wegener-Institut für Polar- und Meeresforschung in Bremerhaven.

Technische Besonderheiten
des eisbrechenden Forschungs- und Versorgungsschiffes Polarstern
Eigentümer ist das deutsche Bundesministerium für Bildung und Forschung, Betreiber das Alfred-Wegener-Institut für Polar- und Meeresforschung (AWI) in Bremerhaven. *Polarstern* ist ein doppelwandiges Schiff, das bei Außentemperaturen bis zu - 50° C funktionsfähig ist und gegebenenfalls im Eis der polaren Meere überwintern kann. 1,5 m dickes Eis kann mit einer Geschwindigkeit von ca 5 kn (Knoten) durchfahren, dickeres Eis kann durch Rammen gebrochen werden. Höchstgeschwindigkeit ca 16 kn. Länge 118 m, Breite 25 m. Tiefgang max. 11,21 m. Für wissenschaftliche Arbeiten stehen unter anderem zur Verfügung ein Fächer- und Kartierungslot (Hydrosweeb) mit einer Tiefenreichweite von größer 10 000 m sowie ein Tiefsee- und Sediment-Vermessungslot (Parasound) mit einer Eindringtiefe in den Meeresgrund bis 150 m. Das Schiff hat seit seiner Indienststellung **1982** bis 2002 insgesamt 37 Expeditionen in die Arktis und in die Antarktis abgeschlossen und ist dabei über 1 Million Seemeilen gefahren (AWI 2002).

Außer Polarstern sind derzeit im Einsatz die Forschungseisbrecher *Healy* (der us-amerikanischen Küstenwache) und *Oden* (Schweden).

Spitzbergenvertrag
Die gegenwärtig bestehende internationale politisch-rechtliche Situation in der Arktis wird von mehreren Staaten nur teilweise akzeptiert, obgleich es eine größere Anzahl von Verträgen und Absprachen gibt (TREUDE 1983). Mit dem **Spitzbergenvertrag** von 1920 erhielt Norwegen die "volle und absolute Souveränität" über sämtliche Inseln des bis dahin herrenlosen Archipels zwischen 10-35° O und 74-81° N, mußte aber den 39 Signatarstaaten (darunter auch Deutschland) einen ungehinderten Zugang und ein uneingeschränktes, gleichberechtigtes Nutzungsrecht garantieren.
|Deutschland|
ist seit 1925 Mitglied des Spitzbergenvertrages von 1920. Es hat 1991 auf Spitzbergen die *Koldewey-Station* (79°N, 12° O) in der norwegischen Siedlung Ny Alesund eingerichtet. Sie ist ganzjährig besetzt. Im Mai 2003 wurden die deutsche Koldewey-Station und die französische *Charles-Rabot-Station* zu einer *deutsch-französischen Forschungsplattform* zusammengeschlossen (AWI 2002/2003).

Grenzen von Großformen des Meeresgrundes als Grenzen entsprechender Meeresteile

Wie zuvor dargelegt, kann das Meer gegliedert werden in Flachsee, Hochsee und Tiefsee. Unabhängig davon werden Meeresteile vielfach auch benannt nach den Großformen des betreffenden Meeresgrundes. An solchen Großformen des Meeresgrundes (der untermeerischen Geländeoberfläche) sind vorrangig zu nennen (Bild 9.20): das Schelf, der Kontinentalhang, das Tiefseebecken, der ozeanische Rücken, der Tiefseeberg, der Tiefseegraben, die Tiefseeebene. Beispielsweise besteht der *Meeresteil* Nansen-Tiefseebecken mithin aus dem Becken und dem über diesem Meeresgrund liegenden Wasserkörper. Die Bilder 9.79 und 9.80 geben eine Übersicht über die Großformen der untermeerischen Geländeoberfläche des Nordpolarmeeres. Sie verdeutlichen zugleich, daß der Meeresgrund des Nordpolarmeeres vor allem markiert ist durch drei nahezu parallel verlaufenden Rückensysteme.

|Lomonossow-Rücken|
Dieser nichtvulkanogene Rücken ist ca 1 700 km lang und trennt das Nordpolarmeer in zwei Becken: *Amerasisches Becken* und *Eurasisches Becken*. Es könnte sich bei diesem Rücken um ein kontinentales Fragment handeln (AWI 1998/1999 S.120).

|Alpha-Rücken|
Die Tiefenstruktur ist vergleichbar mit der von marinen Plateaus. Das Amerasische Becken wird durch den nichtvulkanogenen Alpha-Rücken unterteilt in das *Makarow-Becken* und in das *Canada-Becken*.

|Gakkel-Rücken|
Dieser ist maximal ca 270 km breit und unterteilt das Eurasische Becken in das *Amundsen-Becken* (bis zu 4 400 m tief) und in das *Nansen-Becken* (bis fast 4 000 m tief). Der Gakkel-Rücken ist als ozeanischer Rücken ein *vulkanogen aktiver* Rücken. Der Gakkel-Rücken enthält offensichtlich die Grenze zwischen der *Nordamerikanischen Platte* und der *Eurasischen Platte* (Abschnitt 3.3.01). Die Eisbrecher *Polarstern* (D) und *Healy* (USA) haben **2001** mittels Hydrosweep-System und Seabeam-System insgesamt 33 000 km^2 des Meeresgrundes im Nordpolarmeer mit hoher geometrischer Auflösung meßtechnisch erfaßt, insbesondere die Gipfelbereiche des Gakkel-Rückens mit dem höchsten Punkt (566 m unter der Meeresoberfläche) und dem tiefsten Punkt (5 670 m unter der Meeresoberfläche) (THIEDE 2002). An zahlreichen Orten konnten *hydrothermale Quellen* nachgewiesen werden. Weitere geowissenschaftliche Meßergebnisse aus dieser Nordpolarexpedition lassen nach Thiede die Aussage zu, daß im Meeresteil Gakkel-Rücken und Umgebung die Eismächtigkeit generell von ca 2,5 m (1991) auf 1,95 m (2001) abgenommen habe.

Bild 9.79
Großformen des Meeresgrundes des Nordpolarmeeres, basierend auf JOHNSON et al. 1978 und FÜTTERER (1988).

Bild 9.80
Profilschnitt des Meeresgrundes im Nordpolarmeer. Meridionales Profil von 140°W/40°O basierend auf JOHNSON et al. 1978 und FÜTTERER (1988).

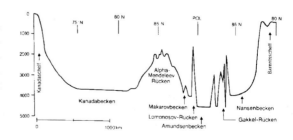

Historische Anmerkung, Synonyme und Schreibweisen

Amundsen, Roald (1872-1928) norwegischer Polarforscher.
Barents, Willem (um 1550-1597) niederländischer Seefahrer.
Bering, Vitus (1680-1741) dänischer Asienforscher, russischer Seeoffizier.
Franz Joseph Land (Franz Joseph I. 1830-1916, Kaiser von Österreich).
Gakkel, Jakov (1901-1965), russischer Geograph (Kurzbiographie in THIEDE 2002)
Laptew, Dmitri Jakovlevic (vor 1714-nach 1762), russischer Naturwissenschaftler, (andere Schreibweise: Laptev).
Lomonossow, Michail Wassiljewitsch (1711-1765) russischer Naturwissenschaftler und Dichter (andere Schreibweise: Lomonosov).
Makarow, Stepan Osipovic (1849-1904) russischer Admiral und Ozeanograph, nach seinen Entwürfen wurde der erste Eisbrecher gebaut.
Mendelejew, Dimitri Iwanowitsch (1834-1907) russischer Chemiker (andere Schreibweise: Mendeleev, Mendeleyev).
Nansen, Fridtjof (1861-1930), norwegischer Polarforscher und Diplomat.
Gakkel-Rücken (auch Nansen-Gakkel-Rücken).
Nordpolarmeer (auch Arktisches Meer)
Spitzbergen, Inselgruppe (Name abgeleitet von den aus dem Eis spitz herausragenden Bergen). Oftmals wird auch **Svalbard** als Bezeichnung für die Inselgruppe benutzt, zu der die Inseln Spitzbergen (auch Nordaustlandet), Edgeoya, Barentsoya und Prins Karls Forland sowie kleinere Inseln, wie Bäreninsel (Bjornoya), Kvitoya, Hopen und Jan Mayen gezählt werden.

Wasserzirkulation und Sedimentation

Der Meeresgrund des Nordpolarmeeres umfaßt neben Tiefseebecken breite Schelfe, besonders an der eurasischen Küste. Es sind die breitesten Schelfe der Erde (maximal bis zu 800 km).
- Die relativ flachen *Schelfmeere* (kaum tiefer als 200 m) haben,
  je nach der zugrundegelegten Definition,
  insgesamt einen Anteil von fast 50 % (oder 30 %) an der Fläche
  des Nordpolarmeeres.

Hier erhält das Nordpolarmeer starke Wasserzuflüsse vom Land, die zu haliner Schichtung des Wasserkörpers führen und das Schelf sowie die angrenzenden Kontinentalhänge und Tiefseebecken reichlich mit Sediment versorgen.

Die Dynamik des Nordpolarmeeres wird nach heutiger Auffassung weitgehend durch den Eintrag dieses Süßwassers geprägt (BAREISS 2003, PRANGE 2003 und andere). Süßwasser begünstige den Wasseraustausch zwischen dem Europäischen

Nordmeer und dem Nordpolarmeer. Außerdem reguliere die Süßwasserzufuhr den ozeanischen Wärmefluß ins Meereis durch Bildung einer stabilen Dichteschichtung über den Meeresbecken. Der oberflächenhafte Wasserabfluß aus Sibirien und Nordamerika in das Nordpolarmeer erfolge zu ca 80 % in den Monaten **Juni** bis **August**. Als *Gesamtmenge* für den kontinentalen Jahresabfluß werden in der Literatur unterschiedliche Werte genannt:

3 300 (0,1 Sv) km³/Jahr	nach Aagaard 1989 (BAREISS 2003)
2 350 (0,075 Sv)	nach Vuglinsky 1998 (BAREISS 2003)
2 808	woran die sibirischen Flüsse mit ca 85 % beteiligt seien (FITZNAR 1999)
1 065 (0,034 Sv)	bezogen auf den Zeitabschnitt 1979-1994, wobei die sibirischen Flüsse einen Anteil bis zu 30 % haben sollen (BAREISS 2003)
2 500 -3 500	(PRANGE 2003)

Für einige Flüsse sei der jährliche Abfluß in das Nordpolarmeer gesondert ausgewiesen (PRANGE 2003):

Amerika:
Mackenzie 287 km³/Jahr

Eurasien:
Jenissei 570
Lena 524
Ob 395
Pechora 147
N. Dvina 105
Kolyma 98
Pyasina 86
Khatanga 66
Indigirka 50

Bild 9.81
Flußeintrag (Süßwassereintrag) in das Nordpolarmeer nach AAGAARD/CARMACK 1989. Die Mengen sind angegeben in km³/Jahr. Die größten Flußsysteme die in das Nordpolarmeer münden sind der *Ob*, der zusammen mit dem *Irtysch* das größte Einzugsgebiet aufweist, der *Jenissei* mit dem größten Eintrag, sowie *Lena* und *Kolyma*. Die vier Flüsse sollen zusammen ca 73 % des jährlichen Gesamteintrages in das Nordpolarmeer leisten, der 2 808 km³/Jahr umfassen soll, wovon ca 85 % aus den sibirischen Flüssen stammen. Die in das Nordpolarmeer einmündenden Flüsse insgesamt liefern den zweitgrößten Frischwassereintrag (Süßwassereintrag) in das Meer (nach dem Amazonas). Quelle: FITZNAR (1999), verändert

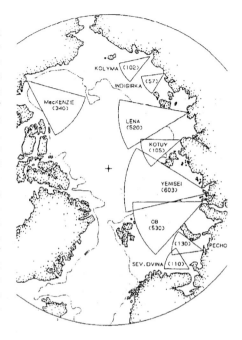

Der *Flußeintrag* erbringt einen wesentlichen Beitrag zum Sedimenteintrag in die sibirischen Schelfmeere. Die Lena liefert beispielsweise aus dem 2,5 Millionen km² großen Einzugsgebiet an Wasser ca 520 km³/Jahr, an Sedimentfracht ca 21 · 10^6 Tonnen/Jahr. Die Wassermasse setzt sich etwa wie folgt zusammen: Schmelzwasser ca 40 %, Regenwasser ca 35 %, Grundwasser ca 25 %. Die Lena liefert zugleich den größten Eintrag von *organischem Kohlenstoff* in das Nordpolarmeer. Bezüglich der Veränderung von organischem Material, das durch die sibirischen Flüsse in das Nordpolarmeer eingebracht wird, siehe beispielsweise FITZNAR (1999). Von **Mai** bis **Juli** beträgt der jährliche Süßwassereintrag in die eurasischen Schelfmeere ca 83 %; von November bis April sind die sibirischen Flüsse weitgehend zugefroren und der Eintrag ist dementsprechend gering.

Verursacht durch Meeresgezeiten, Sturmfluten und Thermoabrasion sei ein Rückzug der Küste anzunehmen von ca 2-6 mm/Jahr. Die entsprechende *Küstenerosion* erbringe einen Sedimenteintrag in das Nordpolarmeer von ca 30 · 10^6 Tonnen/Jahr oder darüber (siehe MÜLLER 1999). Der *äolische* Sedimenteintrag sei vergleichsweise gering, ebenso der Eintrag durch *Eisberge* (weil heute nur kleine Bereiche Sibiriens vergletschert sind). Die *mineralogische* Zusammensetzung der marinen Sedimente ist wesentlich bestimmt durch die Geologie der Einzugsgebiete beziehungsweise des gesamten Hinterlandes. Die Bilder 9.82 und 9.83 geben eine Übersicht über den

Transportweg vom Hinterland bis zu den Tiefseebecken des Nordpolarmeeres.

Bild 9.82
Süßwasser- und Sedimenteintrag in das Nordpolarmeer entlang der eurasischen Küste nach RACHOLD et al. 1996. Im Kreis bedeuten:
obere Zahl = Wassermenge in km³/Jahr
untere Zahl = Sedimenteintrag in 10⁶ Tonnen/Jahr.
Die Einzugsgebiete der genannten Flüsse sind umgrenzt. Quelle: MÜLLER (1999), verändert

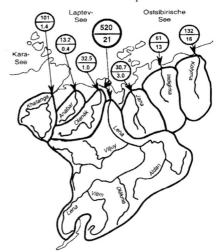

Bild 9.83
Transport und Eintrag von Sedimenten in das Nordpolarmeer entlang der eurasischen Küste nach STEIN/KOROLEV 1994. Quelle: MÜLLER (1999), verändert

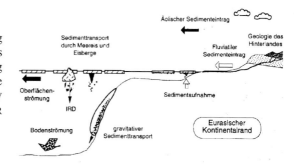

Wasserzirkulation
Das Europäische Nordmeer und das Nordpolarmeer sind durch ein System von Meeresbecken gekennzeichnet, zwischen denen verschiedenartiger Austausch erfolgt. Aus dem Atlantik wird warmes, salzreiches Wasser herangeführt und durch Wärmeabgabe und Eisbildung umgewandelt. Während im Meeresteil Grönlandsee tiefreichende konvektive Vermischung erfolgt, sind im Nordpolarmeer Prozesse in den Schelfmeeren vorherrschend. Die dort umgewandelten Wassermassen werden sodann im Ostgrönlandstrom nach Süden transportiert und leisten einen bedeutenden Beitrag zur Erneuerung des Tiefenwassers im Meer des Systems Erde. Die Tiefenwassererneuerung im Nordpolarmeer wird vor allem bewirkt durch die Bildung von kaltem

Schelfwasser und dessen Abfluß in lokal begrenzten, meeresgrundgeführten Schelfwasserfahnen, die für den Wärme- und Salzaustausch bedeutsam sind. Sie transportieren außerdem auch partikuläres und gelöstes Material von den Schelfen in die Tiefsee. Arktisches Meereis enthält teilweise große Mengen feinkörniger Sedimenteinschlüsse aus den nordamerikanischen und sibirischen Schelfmeeren, die dort durch turbulente Prozesse während der Eiskristallbildung in das Meereis eingebunden werden. Das aus den Schelfmeeren auf diesem Wege transportierte partikuläre und gelöste Material leistet einen erheblichen Beitrag zum Sedimenthaushalt des Nordpolarmeeres und des Nordatlantik.

Der größte Teil des Eises des Nordpolarmeeres bildet sich offenbar in den sibirischen Schelfgebieten, wobei durch das Ausfrieren gleichzeitig Sole mit hohem Salzgehalt entsteht. Die Eisdrift ist wesentlich durch den Beaufort-Wirbel im Meeresteil Canadisches Becken sowie durch die Transpolardrift in Richtung Framstraße bestimmt. Das *Oberflächenwasser* folgt der Eisbewegung bis zu einer Wassertiefe von 20-50 m, was der sogenannten durchmischten Oberflächenschicht entspricht (FITZNAR 1999).

|Wassersäule|

Vielfach wird angenommen, daß die Wassersäule des Nordpolarmeeres aus mindestens drei übereinanderliegenden Wassermassen besteht: Oberflächenwasser, Zwischenwasser, Tiefenwasser. Im Eurasischen Becken entsteht eine obere Halokline vermutlich durch das Absinken von salzreichem Schelfwasser aus der Chukchi-See und der Ostsibirischen See. Sie soll von 50-200 m Wassertiefe reichen (MÜLLER 1999). Ihre Temperaturen liegen nahe dem Gefrierpunkt. Sie verhindert eine thermale Konvektion im Nordpolarmeer und somit das Abschmelzen der Eisbedeckung. Sie wird aus Flußwasser, Schmelzwasser und Sole gespeist und hat deshalb sehr unterschiedliche Salzgehalte aber eine konstant niedrige Temperatur. In einem Bereich von 250-300 m Wassertiefe liege das Temperaturmaximum, hervorgerufen durch Zufuhr von warmen Wasser aus dem Nordatlantik mittels dem Spitzbergen-Strom durch die Framstraße und mittels dem Einstrom durch die Barentssee. Es wird angenommen, daß diese atlantische Wasserschicht sich bis zu einer Wassertiefe von ca 800 m erstreckt (FITZNAR 1999). Andereseits besteht die Annahme, daß die Wassermasse einer unteren Halokline sich von 300-500 m Wassertiefe erstrecken soll und diese sich wahrscheinlich durch absinkendes Schelfwasser aus der Laptev-, der Kara- und der Barents-See bilde (MÜLLER 1999).

Unterhalb der vorgenannten atlantischen Wasserschicht werden das *Zwischenwasser* (bis ca 1000-1500 m Wassertiefe) und darunter das *Tiefenwasser* sowie das *Bodenwasser* angesetzt, wobei alle drei Wasserarten nur relativ geringe Unterschiede in Salzgehalt und Temperatur aufweisen (siehe FITZNAR 1999). Das Tiefenwasser der einzelnen Becken stehe untereinander und über die Framstraße auch mit dem Nordatlantik im Austausch. Seine Entstehung ist noch nicht hinreichend geklärt. Neben dem Grönlandwirbel wird auch eine Bildung durch Absinken stark salzhaltigen und dadurch schweren Wassers entlang der Schelfgebiete diskutiert.

|Oberflächenwasser-Ströme|

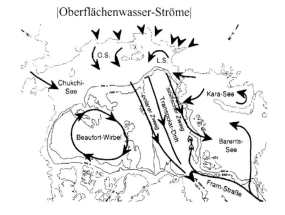

Bild 9.84/1
Oberflächenwasser-Ströme im Nordpolarmeer nach GORDIENKO/LAKTIONOW 1969. Quelle: MÜLLER (1999), verändert

Die Oberflächenwasser-Ströme sind, wie schon gesagt, vorrangig geprägt durch den Beaufort-Wirbel im amerasischen Teil und durch die Transpolardrift im eurasischen Teil des Nordpolarmeeres. Die Transpolardrift entsteht im Bereich von Laptev-See/Ostsibirischer See und läßt sich bis in die Framstraße hinein nachweisen. Sie kann gegliedert werden in einen sibirischen, zentralen und polaren Zweig (MÜLLER 1999). Wesentlichen Einfluß auf die Zirkulation des Oberflächenwassers in den Schelfgebieten haben sicherlich die Wasserzuflüsse entlang der eurasischen Küste. Besonders im Frühjahr und Sommer (wenn das Eis aufbricht) kann der Süßwassereintrag in das Nordpolarmeer große Mengen erreichen. Der Einstrom des Atlantikwassers in das Nordpolarmeer erfolgt sowohl über den Westspitzbergen-Strom durch die Framstraße als auch über die Barents-See.

|Zwischenwasser-Ströme|
Es besteht die Auffassung, daß das Zwischenwasser des Nordpolarmeeres aus dem Einstrom des warmen, salzreichen Atlantikwassers entsteht, dessen Dichte sich durch Abkühlung erhöht und das dabei in größere Tiefen absinkt. In 200-500 m Wassertiefe strömt das Zwischenwasser entlang des eurasischen Kontinentalrandes bis an den Kontinentalhang der Laptew-See, um entlang des Lomonossow-Rückens zurück in das zentrale Nordpolarmeer zu strömen (MÜLLER 1999).

Bild 9.84/2
Zwischenwasser-Ströme im Nordpolarmeer nach RUDELS et al. 1994. Quelle: MÜLLER (1999), verändert

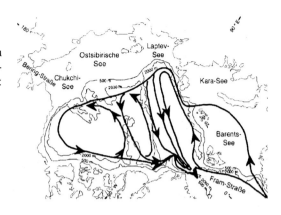

|Tiefenwasser-Ströme|
Das Tiefenwasser befinde sich unterhalb von 1 000 m Wassertiefe (siehe MÜLLER 1999). Seine Temperatur wird mit unter 0° C angenommen. Über die Entstehung des Tiefenwassers gibt es unterschiedliche Auffassungen. Vermutlich bleibt bei der Bildung von Meereis salzreiches Wasser im Schelfbereich zurück, das wegen seiner hohen Dichte schließlich hangabwärts in größerer Wassertiefen abfließt. Das über das Schelfgebiet der Barents-See einströmende Atlantikwasser fließt sehr wahrscheinlich durch den St. Anna-Trog in das zentrale Nordpolarmeer ein. Das über die Framstraße einfließende Tiefenwasser aus der Norwegen-See führt vermutlich zu einem ostwärts gerichteten Tiefenwasser-Strom, der parallel zum Kontinentalhang verläuft und Sedimente bis in die Laptew-See transportiert. Neben dem Europäischen Nordmeer gelten auch die Schelfgebiete entlang der eurasischen Küste als Regionen der Erneuerung des nordpolaren Tiefenwassers.

Bild 9.84/3
Tiefenwasser-Ströme im Nordpolarmeer nach JONES et al. 1995. Quelle: MÜLLER (1999), verändert
⊕ = Meeresteile, in denen sich vermutlich Tiefenwasser bildet.

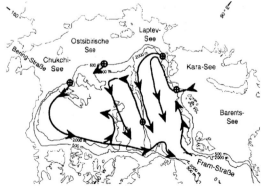

Besiedlung der Schelfe und Kontinentalhänge des Nordpolarmeeres

Bild 9.85 Morphographische Darstellung der Großformen der untermeerischen Geländeoberfläche des Nordpolarmeeres nach JOHNSON et al. 1979. Quelle: NAD (1991) S.14, verändert. ▲ = untermeerischer beziehungsweise übermeerischer Vulkan.

Entsprechend den vorstehenden Ausführungen gelten die Schelfe als Flachsee-Meeresgrund und die Kontinentalhänge als die Randzonen des Tiefsee-Meeresgrundes. Nach Auffassung zahlreicher Wissenschaftler (THORSON 1934, ELLIS 1960, ZENKEVITCH 1963, CAREY/RUFF 1977: siehe PIEPENBURG 1988, S.94) ändern sich die Anteile der verschiedenen höherrangigen Taxa (Grobtaxa) am Zoobenthos des Nordpolarmeeres nach einem *einheitlichen Muster*:

In der Flachsee, am Schelf, dominieren vor allem **Muscheln** (Weichtiere) oder **Flohkrebse** (Gliederfüßer); mit zunehmender Tiefe, abwärts des Kontinentalhanges, werden **Stachelhäuter** und **Vielborster** (wurmförmige Tiere) dominanter. Vielfach unterscheidet man in diesem Zusammenhang zwischen der Benthos-Biomasse *über* der Meeresgrundoberfläche (Epifauna) und der *unter* der Meeresgrundoberfläche (Infauna). Die *Epifauna* dominiert der große **Schlangenstern** Ophiopleura borealis (zu den Stachelhäutern gehörig).

Tiefes Schelf und Kontinentalhang des Nordpolarmeeres bestehen in vielen Abschnitten aus relativ *feinkörnigem, grün-braunem Sand*. PIEPENBURG (1988) vermutet, daß die so charakterisierte *Weichbodengemeinschaft* entlang eines Bereichs Schelfrand/Kontinentalhang *zirkumpolar* verbreitet ist. Wie die genannten Tiergruppen in der zoologischen Systematik eingeordnet sind, ist im Abschnitt 9.4 dargelegt.

Als Tendenz werden die vorstehenden Aussagen etwa bestätigt durch die Untersuchungsergebnisse über den Meeresteil Belgica-Bank (PIEPENBURG 1988), den Meeresteil nördlich der Insel Kvitöya (WOLLENBURG 1992). Auch am ostgrönländische Kontinentalhang konnte SCHNACK (1998) feststellen, daß sich die Makrofauna und Polychaetenfauna nicht grundsätzlich von der Besiedlung der Kontinentalhänge in anderen Meeresteilen der polaren und gemäßigten geographischen Breiten unterscheidet. Die Untersuchungsergebnisse von SEILER (1999) über den Kontinentalhang Ostgrönlands erbrachten, daß die Zoo-Biomasse hier jener in anderen Meeresteilen entspricht. Es konnte festgestellt werden,

● daß in einer Tiefe ab 200 m (also unterhalb der euphotischen Zone) die Zoo-Biomasse am Kontinentalhang *Ostgrönlands* und angrenzenden Meeresgrundbereichen im Tier-Größenbereich |0,5-16 mm|, dem Makrobenthos (Makrozoobenthos), schwankte zwischen den Werten

	am Hang-Meeresgrund	und am Tiefsee-Meeresgrund
nach SCHNACK (1998)	550 mg C / m^2	130 mg C / m^2
nach SEILER (1999)	1 785 mg C / m^2	77 mg C / m^2

In beiden Untersuchungsergebnissen zeigt sich eine Abnahme mit zunehmender Tiefe.

Besiedlung des restlichen Tiefsee-Meeresgrundes des Nordpolarmeeres
Benthisches Leben existiert sowohl am Flachsee-Meeresgrund als auch am Tiefsee-Meeresgrund in sessiler oder vagiler Form. Abgesehen von zuvor genannten Kontinentalhängen ist der Tiefsee-Meeresgrund des Nordpolarmeeres als Lebensraum noch nicht hinreichend erforscht. Es gibt bisher nur wenige Aussagen über das benthische Leben, die auf Messungsergebnisse beruhen. Beispielsweise ist nicht hinreichend

gesichert, ob im ozeanischen Rücken zwischen Nansenbecken und Amundsenbecken außer untermeerischen Vulkanen auch *Hydrothermalquellen* existieren mit entsprechender Besiedlung, etwa wie im Abschnitt 9.3.03 beschrieben.

Nansen Arctic Drilling Program (**NAD**)
Zur Aufklärung des benthischen Lebens am Tiefsee-Meeresgrund könnte sicherlich das Nansen Arctic Drilling Program einen wichtigen Beitrag leisten, obwohl es vorrangig ausgerichtet ist auf die Beantwortung der Fragen (NAD 1991): Wie verlief die klimatische und paläoozeanologische Entwicklung der Arktis und was war ihre Auswirkung auf das globale Klima, die Biosphäre und die Dynamik des Erdmeeres und der Erdatmosphäre? Wie setzen sich die wichtigsten tektonischen Einheiten des Nordpolarmeeres (einschließlich seiner Kontinentalränder) zusammen und wie verlief ihre geologische Entwicklung? Es werden in der genannten Veröffentlichung über die Geschichte des Arktischen Ozeans (einem "Schlüssel zum Verständnis des globalen Wandels") konkrete Vorschläge gemacht, wo Tiefseebohrungen im Nordpolarmeer durchgeführt werden sollten; die Veröffentlichung ist als Initial-Wissenschaftsplan konzipiert. Endziel von NAD soll sein, Daten für globale Modelle zur Verfügung zu stellen, die (erstmals) auf vor Ort gewonnene Messungsergebnisse basieren.

|AWI-Hausgarten|
Das AWI unterhält in der arktischen Tiefsee eine Langzeitstation, den "AWI-Hausgarten" (79° Nord, 4° Ost, Tiefe ca 2 300 m). Eine wiederholte Beprobung dieses Bereichs des Tiefseemeeresgrundes (der unter einem Druck von mehreren Tonnen pro cm^2 steht und das Wasser eine Temperatur von nur wenige Grad über 0° C aufweist) gibt Aufschluß über eingetretene Veränderungen, die sich im Verlauf der Jahreszeiten und von Jahren in den dort aufgefundenen Lebensgemeinschaften vollziehen (HASEMANN/PREMKE 2002).

Eis-Lebensgemeinschaften, Eisalgen

Die Eis-Lebensgemeinschaften setzen sich vorrangig zusammen aus Bakterien, Algen, Einzellern und wirbellosen Tieren. Generelle Ausführungen über diese Lebensgemeinschaften sind im Abschnitt 9.3.01 (Großlebensraum Flachsee) enthalten. Dort ist auch beschrieben die allgemeine Struktur des Lebensraums sowie der Ablauf einiger physikalischer Prozesse im Meereis. Der Abschnitt enthält ferner allgemeine Hinweise zu den Eis-Lebensgemeinschaften in den polaren Meeren.

Im Gegensatz zu planktisch lebenden Algen (Planktonalgen) werden alle im und am Eis lebenden Algen als Eisalgen bezeichnet, auch wenn sie einen Teil ihres

Lebens in der eisfreien Wassersäule verbringen. Wie die Algen in der Systematik des Pflanzenreichs (in der botanischen Systematik) eingeordnet sind, ist ebenfalls im Abschnitt 9.3.01 dargelegt. Weitere Hinweise hierzu sind nachstehend angegeben. Die im Meereis lebenden Algen sind vorrangig *Kieselalgen* (Diatomeen, Spaltalgen). Von wenigen farblosen Arten abgesehen, enthalten die Zellen neben Chlorophyll einen gelbbraunen Farbstoff (Diatomin).

Diatomeen-Vergesellschaftungen in der Arktis
Die Kenntnis über die geographische Verbreitung von Diatomeen (Kieselalgen) im Meereis der Arktis ist noch recht gering. Aus neuerer Zeit liegen nur wenige Nachweise aufgrund von Proben vor. 1987 und 1989 wurden während einer Polarstern-Meßfahrt zahlreiche Meereisproben im Meeresbereich östlich und nördlich von Spitzbergen genommen und auf ihren Diatomeengehalt untersucht. Gemäß der vorgefundenen Häufigkeitsverteilung und der Artenzusammensetzung konnten drei Vergesellschaftungen unterschieden werden (AWI 1991a, S.81):
|1| Die erste Vergesellschaftung bestand überwiegend aus
marin-brackischen benthischen Arten (90%)
sowie aus *marin-planktischen* Arten (Anteil 10%).
Aufgrund ihrer Ähnlichkeit mit bisher beschriebenen Artengemeinschaften in ostsibirischen Schelfgebieten wird gefolgert, daß diese Diatomeen aus dem sibirischen Schelfmeer stammen, wo sie im Herbst während der Neueisbildung ins Meereis eingeschlossen wurden. Während der anschließenden mehrjährigen Drift des Eises werden diese ursprünglich an der Unterseite des Eises angesiedelten Diatomeen durch Anfrieren neuen Eises und durch sommerliches Schmelzen des Eises schließlich in der oberen Eisschicht angereichert.
|2| Die zweite Vergesellschaftung bestand überwiegend aus
planktischen Süßwasserarten (90%)
sowie aus *marin-planktischen* Arten (10%).
|3| Die dritte Vergesellschaftung bestand überwiegend aus
planktischen und *benthischen Süßwasserarten*
sowie (mit wechselnden Anteilen zwischen 20-40%) aus
marin-brackischen benthischen Arten und *marin-planktischen* Arten (10%).
Die limnischen Diatomeen der Vergesellschaftungen |2| und |3| stammen vermutlich aus den großen Flußsystemen (Ob, Jenissei).

In der Küstenregion der Beaufortsee sollen die Eisalgen bis zum Schmelzen des Eises (im Juni) zur gesamten *Primärproduktion im System Erde* ca 2/3 beitragen (HORNER/SCHRADER 1982). Der Beitrag des zentralen Nordpolarmeeres sei wesentlich geringer (HEMPEL 1982, 1987).

Anmerkung zur botanischen Systematik der Algen

Pflanzenreich

In LEHMAL (1999) sind die folgenden Algen-Gruppierungen wiedergegeben mit Abteilung (A), Klasse (K), Ordnung (O), Familie (F), Gattung (G).

● Systematik nach ROUND et al. 1990:
(A) Bacillariophyta_**Diatomeen, Kieselalgen**
(K) Coscinodiscophyceae (= Centrales)
(K) Fragilariophyceae (= Pennales, ohne Raphe)
(K) Bacillariophyceae (= Pennales, mit Raphe)

● Systematik nach VAN DEN HOEK 1993:
(A) Hetrokontophyta
(K) Bacillariophyta_**Diatomeen, Kieselalgen**
    (O) Centrales
    (O) Pennales

● Systematik nach HALSE/SYVERTSEN 1996:
(A) Heterokontophyta
(K) Bacillariophyceae_**Diatomeen, Kieselalgen**

(O) Biddulphiales	(*centrische* Diatomeen, Kieselalgen)
(F) Chaetocerotaceae	
(G) Chaetoceros	

(O) Bacillariales	(*pennale* Diatomeen, Kieselalgen)
(F) Entomoneidaceae	
(G) Entomoneis (auch Amphiprora)	

(O) Bacillarialesales
(F) Bacillariaceae
(G) **Nitzschia**
Nitzschia cylindrus

Artenlisten zu centrischen und pennalen (auch pennaten) Diatomeen sind enthalten in SCHAREK (1991) S.15, KLÖSER (1990) S.42, BARTSCH (1989) S.107.

Phytoplankton-Biomasse, Primärproduktion

Planktisch lebende Pflanzen werden Phytoplankton genannt (Abschnitt 9.3). Die Lebenszyklen der Organismen des Phytoplanktons beeinflussen die Lebenszyklen anderer Organismen, da das Phytoplankton, als *Primärproduzent*, in der Regel den Anfang der Nahrungskette bildet. Wachstum, Wachstum-Menge und Besiedlungsort des Phytoplanktons sind vor allem abhängig von den Umweltfaktoren Licht, Temperatur, Nährstoffe, Vertikalzirkulation in der Wassersäule (im Lebensraum) und Wegfraß. Bezüglich der Lichtverhältnisse ist zu bedenken, daß zunächst wegen schneebedeckter Eisdecke und deren hoher Albedo im allgemeinen nur ein geringes Lichtangebot für die Photosynthese verfügbar ist. Außerdem erreichen (nach ANDERSEN 1989) beispielsweise bei einer Eisdicke von 4,75 m und einer darüber befindlichen Schneedecke von 10 cm nur ca 0,01% des einfallenden Lichts das Wasser unter dem Eis. Ferner sind wirksam, die halbjährige Polarnacht (ca 100 Tage Dämmerung eingeschlossen), und daß während des halbjährigen Polartages der maximale Sonnenstand (am Nordpol) nur 23,5° über dem Horizont liegt und Bewölkung sowie Nebel das Sonnenlicht noch zusätzlich schwächen. Südlich des Nordpols ist der Sonnenstand zwar höher, wird aber relativ schnell durchlaufen. Das Nordpolarmeer dürfte in dieser Sicht insgesamt nur eine vergleichsweise geringe Primärproduktion aufzuweisen haben, obgleich das Phytoplankton offensichtlich gewisse (Über-)Lebensformen dafür entwickelt hat, etwa bei den Eisalgen (ANDERSEN 1989). Die Menge der *Primärproduktion* im Nordpolarmeer sei bisher nicht hinreichend genau angebbar (TUSCHLING 2000 S.118).

Chlorophyll a - Konzentrationen im Nordpolarmeer
Die diesbezüglichen Daten dienen bei marinbiologischen Aussagen vielfach als Maß für die vorliegende Phytoplankton-Biomasse in einem Meeresteil. Angaben zu bisher in verschiedenen Meeresteilen des Nordpolarmeeres vorgefundenen und gemessenen Chlorophyll a-Konzentrationen sind enthalten in TUSCHLING (2000). Sie erlauben etwa folgende Aussage
● Konzentrationen *unter* dem Eis
   Maximalwerte im Bereich   3 bis 9
● Konzentrationen in *eisfreien* Meeresteilen und an der Eiskante
   Maximalwerte im Bereich   10 bis 25
Die Angaben in mg/m^3 beziehen sich auf Chlorophyll a.

Chlorophyll a - Konzentrationen in den Meeresteilen Framstraße und Grönlandsee
Die Ergebnisse von Polarstern-Meßfahrten 1989 und 1990 in den Meeresteilen Framstraße und Grönlandsee sind bereits im Abschnitt 9.3.02 dargestellt worden, soweit sie in Verbindung zum Meeresteil Ost-Atlantik stehen. Wegen der besonderen Bedeutung der Meeresteile Framstraße und Grönlandsee im (für das) Nordpolarmeer, werden die Ergebnisse zum Phytoplanktonbestand, insbesondere zur Chlorophyll a-

Konzentration in den genannten Meeresteilen, hier etwas ausführlicher dargelegt.

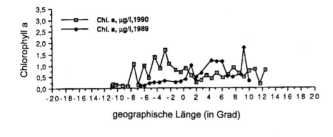

Bild 9.86 Chlorophyll a-Konzentrationen im Meeresteil *Framstraße* ($\mu g/l = \mu g/dm^3$). Quelle: POHL (1992) S.52 (Ergebnisse von HIRCHE, Bremerhaven), verändert

Im Juni **1989**
waren die Chlorophyll a-Konzentrationen westwärts 0° (Länge) <0,5 $\mu g/dm^3$, offensichtlich hatte hier noch keine Primärproduktion (Phytoplanktonblüte) stattgefunden, da die Eisverhältnisse sehr wahrscheinlich eine Lichtbarriere bildeten und damit noch keine Photosynthese ermöglichten. Ostwärts 0° (Länge) stiegen die Chlorophyll a-Konzentrationen dagegen an.

Im Juli **1990**
zeigten die stark fluktuierenden Chlorophyll a-Konzentrationen im *polaren* Wasserkörper zwischen 11-5° (östlicher Länge) zunächst einen Anstieg, nahmen bis zur *Arktikfront* (bei 3° östlicher Länge) ab und zeigten dann im *atlantischen* Wasserkörper zwischen 3-13° (östlicher Länge) wieder einen leichten Anstieg (Beginn der Phytoplanktonblüte?).

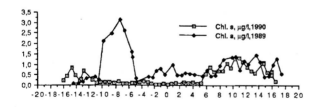

Bild 9.87 Chlorophyll a-Konzentrationen im Meeresteil *Grönlandsee*.
Quelle: POHL (1992) S.55 (Ergebnisse von HIRCHE, Bremerhaven), verändert

Im Juni **1989**
stiegen, nach anfänglicher Fluktuation, die Chlorophyll a-Konzentrationen im Was-

serkörper der *Polarfront* (ab 11° westlicher Länge) an, erreichten ein Maximum von 3,2 µg/dm^3 im Oberflächenwasser und fielen dann wieder ab. Die *Arktikfront* bei 8° (östlicher Länge) zeigte sodann einen geringen erneuten Anstieg der Chlorophyll a-Konzentrationen.

Im Juli **1990** fluktuierten die Chlorophyll a-Konzentrationen um 0,5 µg/dm^3, im Wasserkörper der *Polarfront* (ab 11° westlicher Länge) nahmen sie ab, im Wasserkörper der *Arktikfront* (ab 6° östlicher Länge) nahmen sie wieder zu (Phytoplanktonblüte). Da keine ausgeprägte Phytoplanktonblüte weder im Frontenbereich noch außerhalb davon zu erkennen war, wird vermutet, daß ein großer Teil der Primärproduktion durch Wegfraß dezimiert wurde.

Phytoplankton-Biomasse im Nordpolarmeer
Die Phytoplankton-Biomasse ist in der Regel abhängig von der Jahreszeit. Die Zusammenstellung von TUSCHLING erlaubt etwa folgende Aussage zu den in den verschiedenen Meeresteilen des Nordpolarmeeres vorgefundenen und gemessenen Phytoplankton-Biomassen
Frühjahr-Biomasse
    Maximalwerte im Bereich   um 88,4 (keine weiteren Angaben)
Sommer-Biomasse
    Maximalwerte im Bereich   40 bis 225,8 (oder bis 647, Ausnahme ?)
Herbst-Biomasse
    Maximalwerte im Bereich   um 5,7 (keine weiteren Angaben)
Die Angaben in mg/m^3 beziehen sich auf Kohlenstoff (C).

Zur Biomasse-Primärproduktion im Nordpolarmeer
Die Ergebnisse von Chlorophyllmessungen und Zellzählungen (oder anderweitiger Verfahren) zur Bestimmung der Biomasse kennzeichnen den statischen Zustand zum Zeitpunkt der Probenahme. Aussagen zur Primärproduktion beziehen sich auf die Produktionsleistung im Zeitabschnitt (auch Produktionsrate genannt). Die Zusammenstellungen von TUSCHLING (2000) und AUEL (1999) erlauben etwa folgende Aussagen zu den genannten Meeresteilen
    Nordpolarmeer (zentraler Bereich)   10
    Beaufort Wirbel   1
    Schelfmeeresteile (< 200 m Wassertiefe)   27
    Ostgrönland: Schelf und Kontinentalhang
        um 81° Nord   27
        um 75° Nord   27
    Barentssee: (nördlich)   40
            (südlich)   90

Nansenbecken 9
Yermak Plateau 9
Grönlandsee (zentraler Bereich) 85

Die Angaben in g/m^2 Jahr beziehen sich auf Kohlenstoff (C).

Im Zusammenhang mit der Primärproduktion haben neben dem **Phytoplankton** auch **Bakterien** (Bakterioplankton) eine gewisse Bedeutung (TUSCHLING 2000). Man kann unterscheiden die Primärproduktion des "klassischen" Nahrungsnetzes und die des "mikrobiellen" Nahrungsnetzes. Im mikrobiellen Nahrungsnetz werden unter anderem gelöster organischer Kohlenstoff (DOC) sowie gelöste organische Substanzen von Bakterien assimiliert. DOC wird vor allem von Algen exudiert. Gelöste organische Substanzen gelangen von außerhalb, besonders aus dem Bereich von Flußmündungen, in das marine System. Der in partikulärer Form vorliegende Kohlenstoff kann sodann über heterotrophe (Pico- und Nano-) Flagellaten und Ciliaten in das klassische Nahrungsnetz gelangen.

Zeitgleiche Messungen verschiedener Parameter im Meeresteil Nansenbecken

Meßpunktlage / -nummer	*Chlorophyll* a mg/m^2	*Primärproduktion* mg C/m^2 **Tag**	*Zooplankton* n/m^2
oberer Beckenhang / 280	12	190	37 544
Beginn Hangfuß / 296	23	400	20 192
Ende Hangfuß / 340	30	670	16 169
Beckengrund / 358	12	650	5 456
Beckengrund / 362	16	400	5 840
G-Rücken / 370	11	200	8 096
G-Rücken / 376	6	100	4 815
Beginn Hangfuß / 393	16	250	15 122

Bild 9.88
Zeitgleich bestimmte Chlorophyll a-Verteilung, Primärproduktion (Phytoplankton) und Häufigkeit des Zooplanktons (als *Pflanzenfresser*) im Meeresteil Nansenbecken. Quelle: MUMM (1991) S.18 (Ergebnisse von BAUMANN, Aachen), S.36, Anhang A: 0-500m. Der Meßpunkt 393 mit einer Wassertiefe >3 200 m kennzeichnet den unteren Bereich des Steilhanges des Yermak Plateau. G-Rücken = Nansen-Gakkel-Rücken

Während der Polarstern-Meßfahrt 1987 wurden auf mehreren Meerespunkten des Fahrtweges dem eisbedeckten/eisfreien Meerwasser in verschiedenen Wassertiefen Proben entnommen zur Untersuchung der Primär- und Sekundärproduktion sowie der Phyto- und Zooplanktonverteilung. Die Ergebnisse der Chlorophyll a-Verteilung, der

Primärproduktion (Phytoplankton) und der Häufigkeit des Zooplanktons (als *Pflanzenfresser*) in der 1m^2-Oberfläche umfassenden Wassersäule 0-500 m Wassertiefe für einige dieser Meßpunkte, für die eine *zeitgleiche* Bestimmung der genannten Daten vorliegt, zeigt Bild 9.88.

Zooplankton-Biomasse

Die mit den Meeresströmungen treibenden planktisch lebenden Tiere lassen sich, im Gegensatz zu benthisch lebenden Tieren, meist nicht scharf begrenzten geographischen Regionen zuordnen. Außer der *horizontalen*, besteht auch eine *vertikale* Verteilung des Zooplanktons im Meer, die eine Gliederung in verschiedenen Wasser-Tiefenbereiche erforderlich machen kann.

Die Zoo-Biomasse im Tier-Größenbereich ca |0,2-20 mm|, meist Mesozooplankton genannt, ist im Nordpolarmeer nach LONGHURST 1985 und LONGHURST et al. 1989 (siehe MUMM 1991 S.100) im Tiefenbereich 0-250 m wesentlich bestimmt durch die nachgenannten sechs Tiergruppen. Diese sind nach *abnehmendem* Beitrag der Biomasse geordnet.

    Copepoda, *Ruderfußkrebse*
    Chaetognatha, *Pfeilwürmer*
    Ostracoda, *Muschelkrebse*
    Cnidaria, *Nesseltiere*
    Amphipoda, *Flohkrebse*
    Pteropoda, *Flügelschnecken, Flügelfüßer*

Insgesamt sollen diese sechs Tiergruppen >90% der Zoo-Biomasse des Nordpolarmeeres in diesem Tier-Größenbereich stellen. Wie die genannten Tiergruppen in der zoologischen Systematik eingeordnet sind, ist im Abschnitt 9.4 dargelegt. Eine Übersicht über den Anteil der *Ruderfußkrebse* (Copepoda) an der Biomasse des Mesozooplanktons im Nordpolarmeer gibt Bild 9.89.

Biomasseanteil (%)	Wassertiefenbereich (m)	Jahreszeit
91	0-100	Sommer
70	0-250	Jahresdurchschnitt
66-95	0-500	Sommer
83-89	0-3000	Jahresdurchschnitt
64-99	0-Meeresgrund	Jahresdurchschnitt

Bild 9.89 Anteil der *Ruderfußkrebse* (Copepoda) an der Biomasse des Mesozooplanktons im Nordpolarmeer, gegliedert nach unterschiedlichen Wassertiefenbereichen. Quelle: Daten aus einer Zusammenstellung in MUMM (1991) S.101

Meeresteil	Zoo-Biomasse (in g/m^2)		Die Zoo-Biomasse war wesentlich bestimmt durch
	min	max	
Nansenbecken	0,8	6,3	Ruderfußkrebse (Copeoda)
Laptewsee	0,1	7,2	Ruderfußkrebse

Bild 9.90 Zoo-Biomasse im Tier-Größenbereich ca |0,2-20 mm|, meist Mesozooblankton genannt. Die Daten sind wesentlich abhängig von der Fangnetz-Maschenweite, der Fangtiefe sowie der Jahreszeit und der Eisbedeckung. Sie beziehen sich auf die Trockenmasse. Die Daten entstammen: MUMM (1992), HANSSEN (1997)

Meeresteil	Zoo-Biomasse (max in g/m^2)		
	Sommer	Winter	Jahr
Canadabecken	4,8	0,3	
Beringsee	5,0		15
Eurasienbecken	2,0		
Barentssee	15,0		
Grönlandsee	6,0	1,2	
Norwegensee	5,2	0,2	

Bild 9.91 Zoo-Biomasse im Tier-Größenbereich ca |0,2-20 mm|, meist Mesozooplankton genannt, unterschieden nach Sommer, Winter und Jahresdurchschnitt. Alle Daten beziehen sich auf die Trockenmasse und entstammen der Zusammenstellung in HANNSEN (1997).

9.5.02 Das Südpolarmeer als Lebensraum

Die nachfolgenden Ausführungen zur Erforschung beziehen sich auf das Südpolargebiet, da bisher noch nicht hinreichend geklärt ist, welche Flächenteile der Antarktis der Meeresfläche beziehungsweise der Landfläche zuzuordnen sind (Abschnitt 2.4).

Zur Erforschung des Südpolargebietes

Die Vorstellung, daß es rings um den Südpol ein Festland gäbe, war schon im Altertum aufgekommen. Das von menschlicher Phantasie hinsichtlich Größe und Struktur reich ausgeschmückte *Südland*, die *Terra australis* (incognito) erwies sich jedoch als Trugbild, das durch die zweite Erkundungsfahrt des Engländers James COOK (1728-1779), der die südlichen Meere von 1773-1775 ringsum befuhr und dabei zweimal über den Polarkreis nach Süden vorstieß, endgültig zerstört wurde. Zunächst waren es Walfänger, die, durch COOKs Bericht auf den Walfisch- und Robbenreichtum des Südens aufmerksam gemacht, immer weiter nach Süden vordrangen und dabei zahlreiche geographische Entdeckungen machten. Angeregt durch diese Erfolge der Walfänger verstärkte sich das Forschungsinteresse am Südpolgebiet, wie die zahlreich durchgeführten nationalen Expeditionen bezeugen. Die internationale Zusammenarbeit erfuhr ebenfalls eine Verstärkung: von 1901-1905 fanden fünf große Expeditionen statt (BRUNNER/LÜDECKE 2002), wobei in zuvor festgelegte Arbeitsgebiete gleichlaufende erdmagnetische, wetterkundliche und andere geowissenschaftliche Beobachtungen durchgeführt wurden.

Mit dem ersten Erkundungsflug von den Süd-Shetland-Inseln nach Graham-Land und zurück am 20. Dezember 1928 wurde erstmals das Flugzeug in der Antarktisforschung eingesetzt. Erkundungen **aus dem Luftraum** mittels Fesselballon hatten bereits am 4. Februar 1902 in der Nähe der Walfischbucht und am 29. März 1902 am Gauß-Berg stattgefunden. Am Gauß-Berg entstanden erstmals Luftbilder von einem antarktischen Gebiet. 1973 erschienen in den USA die ersten Satellitenbildkarten von der Antarktis, womit die Erforschung dieses schwerzugänglichen Gebietes **aus dem Weltraum** eingeleitet wurde (SCHMIDT-FALKENBERG et al. 1987).

Nach dem II. Weltkrieg ging ein kräftiger Antrieb zu internationaler Zusammenarbeit besonders vom *Internationalen Geophysikalischen Jahr 1957/1958* aus, an dem 66 Nationen beteiligt waren, wovon 12 sich vorrangig auf Beobachtungen und Messungen in der Antarktis konzentrierten. 1959 unterzeichneten diese 12 Staaten den **Antarktisvertrag**. Deutschland trat 1979 diesem Vertrag bei und ist seit 1981 Mitglied der *Konsultativrunde* dieses Vertrages.

Im Zentrum heutiger Antarktisforschung stehen Fragen zu Veränderungen des globalen Klimas und deren Auswirkungen im System Erde. Es wird davon ausgegangen, daß die Polargebiete mit ihren eisbedeckten Meeren und den Eiskappen einen großen Einfluß auf die Klimaentwicklung haben.

Als eine beachtliche Erweiterung der Forschungsmöglichkeiten in der Antarktis kann der Einsatz des eisbrechenden Forschungsschiffes *Polarstern* und der Aufbau von stationären geodätischen *Meßstationen* zur Durchführung von VLBI-Messungen (siehe Abschnitt 2.1) sowie zum Empfang von Radar-Satellitenbilddaten angesehen werden. Mit der *Polarstern* ist es möglich, erstmals auch im **Südwinter** die eisbedeckten Südpolarmeeresteile aktiv zu befahren und damit erstmals Beobachtungen und Messungen auch zu dieser Jahreszeit in der Antarktis durchzuführen (erster Winter-Einsatz 1986 im Weddellmeer). Die geodätischen Meßstationen (O'Hinggins, Syowa) erlauben erstmals eine hochgenaue Positionsbestimmung dieser Punkte in einem erdfesten und in einem raumfesten Koordinatensystem und damit erstmals Aussagen zur Bewegung (Translation und Rotation) der antarktischen *Lithosphärenplatte* (siehe Abschnitt 3.3.01) sowie (durch exakte Pegelfestlegung) erstmals eine hochgenaue Aussage zu Änderungen des *Meeresspiegels* in der Antarktis infolge Klimaänderungen. Sie ermöglichen ferner den Empfang von digitalen Radar-Satellitenbilddaten, beispielsweise von den Europäischen Fernerkundungssatelliten ERS-1 und ERS-2 sowie des japanischen Radarsatelliten JERS. Da der Lauf der von einem aktiven Satellitensystem ausgesandten elektromagnetischen Radarstrahlung weitgehend *unabhängig* ist von der Wolkenbedeckung, vom Wetter und von der Beleuchtung (Tages- oder Nachtzeit, Jahreszeit), ist damit erstmals eine flächenhafte Erkundung und Erforschung aus dem Weltraum auch im Südwinter in der Antarktis möglich (SCHMIDT-FALKENBERG 1991).

|Deutsche Antarktisstationen|

Georg-von-Neumayer-Station	1981...1992 (70°37'S, 8°22'W), Überwinterungsstation auf dem Ekström-Schelfeis, danach Abbau
Neumayer-Station	1992... (70°39'S, 8°15'W), Überwinterungsstation, ca 42 m über NN, ca 6,5 km bis zur Atkabucht
Georg-Forster-Station	1976...1996, (70°46'S, 11°50'W), als Überwinterungsstation genutzt bis 1993, danach Sommernutzung und Abbau
Filchner-Station	1983...1998 (77°09'S, 50°38'W), Sommerstation, Abbruch eines Eisberges (A 38 B) vom Filchner-Ronne-Schelfeis mit der Station, danach Abbau
Dallmann-Laboratorium	1994...(62°14'S, 58°14'W), angeschlossen an die Argentinische Station Jubany auf King George Island, Sommernutzung
O'Higgins (auch GARS)	1992... (63°19'S, 57°54'W), deutsche ERS/VLBI-Station, angeschlossen an die chilenische Station O'Higgins auf der Antarktischen Halbinsel, saisonale Nutzung für Messungen.

Die deutsche Station wird auch genannt
German Antarctic Receiving Station (GARS). (63°19'16"S, 57°54'04"W)

Sie ist ausgestattet mit einem 9m-Radioteleskop und kann Satellitenbilddaten (auch Radarbilddaten, SAR) empfangen sowie VLBI-Beobachtungen durchführen.

Kohnen-Station 2001... (75°S, 00°) 2 892 m über NN, Sommerstation auf dem Inlandeisplateau des Dronning Maud Land, benannt nach Heiz Kohnen (1938-1997), Entfernung zur Neumayer-Station 757 km

Großformen und Besiedlung des Meeresgrundes

Bezüglich der Gliederung des Meeresgrundes in Flachsee-Meeresgrund und Tiefsee-Meeresgrund ist zunächst anzumerken, daß die *Kante* zwischen Schelf und Kontinentalhang rund um das Polgebiet der Antarktis erheblich tiefer liegt, als die mittlere erdweite Kante, die gemäß Bild 9.4 in ca 200 m Tiefe liegt. Vermutlich bedingt durch die Auflast des Eisschildes dieses Polgebietes, ist sie hier in der Regel zwischen 400-600 m Tiefe angesiedelt, im Rossmeer und im Weddellmeer teilweise in ca 800 m Tiefe, im Weddellmeer (vor Halley Bay) sogar in ca 1000 m Tiefe. Spezifisch ist auch, daß die *Küste* des Polgebietes der Antarktis vielfach charakterisiert ist durch die Schelfeiskante und durch eine Linie, wo das Schelfeis vom Land abhebt (engl. grounding line). Im erdweiten Vergleich zeigt der Flachsee-Lebensraum in der Antarktis somit eine außergewöhnliche Gestaltung.

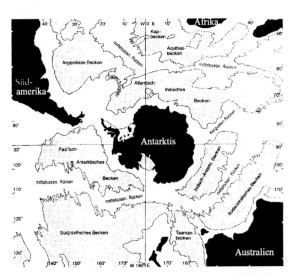

Bild 9.92
Großformen der untermeerischen Geländeoberfläche des Südpolarmeeres und der angrenzenden Meere nach HELLMER et al. 1985. Quelle: FÜTTERER (1988), verändert. Die weißen Flächen kennzeichnen Wassertiefen <4000 m.

Wie BRANDT (1991) überzeugend dargelegt hat, ist eine Gliederung des Südpolarmeeres auch nach *biogeographischen* Kriterien sehr problematisch. Die zahlreich vorliegenden Einteilungen wurden durch neuere Untersuchungsergebnisse zur horizontalen und vertikalen Verbreitung der Fauna im Südpolarmeer meist wieder infragegestellt. Dies trifft auch zu für die nachstehende Gliederung, die hier als *Beispiel* (nur namentlich) dargelegt wird, auch um das begriffliche Zurechtfinden in der diesbezüglichen Literatur zu erleichtern:
 |Magellan-Region|
Es gibt sehr unterschiedliche Auffassungen. Die Region liegt *außerhalb* (äquatorwärts) der ozeanischen antarktischen Konvergenz; Südamerika mit umgebenden Meeresteilen und Inseln.
 |Subantarktis|
Es gibt sehr unterschiedliche Auffassungen. Nach einigen Autoren beginne sie, südwärts verlaufend, bei 48° südlicher Breite; die antarktische Zone beginne, südwärts verlaufend, bei 60° südlicher Breite. Die Region liegt *teilweise außerhalb* der ozeanischen antarktischen Konvergenz.
 |Scotia-Region| = Süd-Orkney-Inseln.
 |Kerguelen-Region|= Kerguelen-Inseln.
 |Macquarie-Region|= Auckland-, Campell- und Macquarie-Inseln.
Die Region liegt *ganz* oder *teilweise außerhalb* der ozeanischen antarktischen Konvergenz.
 |Hochantarktis|= zirkum Polgebiet
Küstennahe Schelfregion von Bellingshausen-See, Antarktische Halbinsel, Weddellmeer, Ostantarktis, Rossmeer.

Phytobenthos-Biomasse
An der Primärproduktion im Südpolarmeer haben benthisch lebende Pflanzen (Phytobenthos) wohl nur einen geringen Anteil; die Primärproduktion wird hier offensichtlich vorrangig vom Phytoplankton und von der Eisalgenflora erzeugt. Trotz der außergewöhnlichen, vom Eis geprägten Struktur des Flachsee-Lebensraumes des Polgebietes der Antarktis gibt es, vor allem an den Küsten (einschließlich der Gezeitenzonen) der Antarktischen Halbinsel, aber auch an einigen anderen Küstenbereichen des Polgebietes sowie an den Küsten einiger Inseln im Südpolarmeer stellenweise *produktive benthische Großalgenzonen* (an den tiefgelegenen Schelfen und Kontinentalhängen wachsen allerdings keine Makroalgen). Da die Sulfoniumverbindung Dimethylsulfoniumpropionat (**DMSP**) fast ausschließlich von einer Vielzahl mariner **Algen** (Mikro- und Makroalgen) synthetisiert wird und dieses DMSP die Vorstufe der leicht flüchtigen Schwefelverbindung Dimethylsulfid (**DMS**) darstellt, kommt diesen Algen eine besondere Bedeutung zumindest im regionalen Klimageschehen zu. DMS gilt als quantitativ wichtigste, gasförmige Schwefelverbindung im Oberflächenwasser der Meere und das von den Algen produzierte und im Meer-

wasser gelöste DMS diffundiert in die marine Atmosphäre, wo es photochemischen Oxidationen unterliegt, so daß dort schließlich Sulfat und Methansulfat entstehen. Diese Moleküle wirken bei der Aerosolbildung als Kerne und die entstandenen Aerosolpartikel wiederum sind wichtig als Kondensationskerne bei der Bildung von Wasserdampf; sie begünstigen mithin das Entstehen von Wolken. Hier sei zunächst noch angemerkt, daß innerhalb der Gruppe der Makroalgen besonders **Grünalgen** hohe DMS-Gehalte erreichen. Anuelle Grünalgen dominieren in den antarktischen Gezeitenzonen. Ihren DMS-Stoffwechsel untersuchte unter anderem KARSTEN (1991); die dort gegebene Übersicht über in der Antarktis vorkommende benthisch lebende Algen zeigt Bild 9.93. Der *globale* Schwefelkreislauf im System Erde ist im Abschnitt 7.7.07 dargestellt. Ausführungen zu den marinen Emissionen von biogenem Schwefel sind im Abschnitt 9.2.02 enthalten.

Chlorophyceae, Grünalgen	Rhodophyta, Florideophyceae, **Rotalgen**	Phaeophceae, **Braunalgen**
Urospora penicilliformis	Iridaea obovata	Adenocistis utricularis
Ulothrix implexa	Iridaea undulosa	Pilayella littoralis
Ulothrix subflaccida	Porphyra endiviifolium	Ectocarpus siliculosus
Ulothrix flacca	Palmaria decipiens	Scytosiphon lomentaria
Prasiola crispa		Caepidium antarcticum
Enteromorpha bulbosa		Chordaria magellanica
Enteromorpha clathrata		Phaeurus antarcticus
Ulva rigida		Ascoseira mirabilis
Acrosiphonia arcta		Himantothallus grandifolius
		Desmarestia anceps
		Desmarestia spec.

Bild 9.93
Im Südpolarmeer vorkommende *benthisch* lebende Algen. Quelle: KARSTEN (1991) S.3 und 5. *Anuelle* Grünalgen dominieren in der *Gezeitenzone* der Antarktis, die nach LUTJEHARMS et al./1985 einen Tidenhub bis zu 3 m aufweist.

Zoobenthos-Biomasse
Tiere sind auch in extremen aquatischen Lebensräumen lebensfähig, wie beispielsweise in Hydrothermalquellenbereichen des Meeresgrundes oder in tropischen Meeresgezeitenbereichen mit hohen oder stark schwankenden Temperaturen. Zahlreiche Arten besiedeln die sehr kalten Polarmeere. Neben planktisch oder nektisch lebenden Tieren (Krill, Fische) ist im Südpolarmeer auch eine große Vielfalt *benthisch* lebender Tiere vertreten.
Weiträumig wurde der Meeresgrund des Südpolarmeeres wohl erstmals **1958-1960**

im Rahmen neuseeländischer Antarktisexpeditionen untersucht (Probenahmen im Rossmeer aus Meeresgrund-Tiefen zwischen 256-752 m). Die Ergebnisse dieser Untersuchungen im *Pazifik-Sektor* des Südpolarmeeres sind vergleichbar mit den im *Atlantik-Sektor* **1983/1984** durchgeführten deutschen Benthos-Untersuchungen im Weddellmeer (VOß 1988), da sie sich beziehen auf ähnliche Tiefenbereiche und auf Meeresteile, die in gleichen geographischen Breiten liegen mit ähnlichen Verhältnissen der Sonneneinstrahlung und der Eisbedeckung. Die bereits um **1965** durchgeführten russischen Benthos-Untersuchungen in Meeresteilen des *Indik-Sektors* des Südpolarmeeres hatten Ergebnisse erbracht, die (nach Voß 1988) mit denen aus den Meeresteilen des Pazifik-Sektors und des Atlantik-Sektors des Südpolarmeeres weitgehend übereinstimmen. Nach Voß bestätigen die genannten Untersuchungsergebnisse, daß die Besiedlung des Tiefsee-Meeresgrundes des Südpolarmeeres generell *zirkumpolaren* Charakter hat, also weitgehend gleichartig strukturiert ist (zumindest bezüglich des Makrobenthos).

Die vorgenannten russischen Benthos-Untersuchungen waren auch auf Biomasse-Bestimmungen ausgerichtet. Es ergab sich, daß am *Schelf sessile Suspensionsfresser* dominieren (meist Schwämme und Moostierchen) und hier 60-90% der Biomasse des Zoobenthos stellen (nach ANDRIASHEV 1965, siehe VOß 1988, S.133). *Unterhalb* 500 m Wassertiefe nehme Anzahl und Biomasse dieser Suspensionsfresser deutlich ab, während *Weidegänger* (die wandernd den Meeresboden abweiden) zunehmen, wie Vielborster, Krebse, Weichtiere, Schnecken und Stachelhäuter.

Nach Voß (1988) läßt sich die Besiedlung des Tiefsee-Meeresgrundes des Südpolarmeeres etwa wie folgt charakterisieren. Vielborster und Stachelhäuter sind in allen Meeresgrundbereichen häufig. *Sessile Suspensionsfresser* erreichen nur in Meeresgrundbereichen mit nahrungsreicher bodennaher (stärkerer) Wasserströmung große Häufigkeiten. Im Vergleich zu Meeresgrund-Hartböden sind bei Meeresgrund-Weichböden *epistratfressende Weidegänger* (wie beispielsweise Seewalzen, Seegurken) stärker vertreten als Suspensionsfresser, denn in Weichbodenbereichen ist die grundnahe Wasserströmung meist schwach und der horizontale Nährstoffeintrag dementsprechend gering. Offensichtlich ist die Zusammensetzung des Makrobenthos (nur hier oder prinzipiell ?) weniger von der Wassertiefe, sondern vielmehr vom Substrat, von der bodennahen Wasserströmung und von der verfügbaren Nahrungsmenge abhängig. Daß bei Schleppnetz-Probenahmen lediglich die benthische Epifauna erfaßt wird, war schon vermerkt worden (bei Bodengreifer-Probenahmen dagegen Epifauna *und* Infauna). Bezüglich benthischer Biomasse wird für das Südpolarmeer vielfach angenommen, daß die *Epifauna-Biomasse* in der Regel größer ist, als die zugehörige *Infauna-Biomasse* (vielleicht um 1-2 Größenordnungen).

Nach RAUSCHERT (1991) umfaßt das Zoobenthos im Südpolarmeer neben *phytophagen* Arten (Pflanzenfresser) vor allem *saprophage* Arten (Tiere, die sich von faulenden Stoffen ernähren). Eine geringe Artenanzahl lebe *räuberisch*, wie beispielsweise bestimmte Fische. Verschiedene benthisch lebende Organismen fungieren auch als *Wirte von Parasiten*. Fast jede größere Gruppe der erdweit bekannten

Zoobenthos-Organismen konnte in der Antarktis nachgewiesen werden, allerdings mit sehr unterschiedlichen Häufigkeiten (BRANDT 1991).

Nach HUBOLD (1992) liegen umfassende Aussagen zur Bodenfischdichte, zu *dermasalen* Fischbeständen im Südpolarmeer, bisher nicht vor. Für den *Atlantik-Sektor* des Südpolarmeeres könne nach Schätzungen verschiener Autoren als Biomasse der dermasalen Fischbestände (in Tonnen/km^2) gelten:

Meeresteil	dermasale Biomasse	Geographische Breite
um Südgeorgien	4,4-6,0	54 °S
um Elephant Island	3,1	61
Weddellmeer	0,9	73
Weddellmeer	0,3	75

|Benthisch lebende **Foraminiferen**|
Foraminiferen (Kammerlinge) sind Protozoa (Einzeller) und taxonomisch dem Stamm Rhizopoda (Wurzelfüßer) zugeordnet (Abschnitt 9.4). Benthisch lebende Foraminiferen besiedeln mehr oder weniger stark den Meeresgrund in allen Meeresteilen der Erde. In ihren kalkigen Gehäusen speichern sie Informationen über herrschende Temperaturen, über die vorliegenden Nährstoffe in der Tiefen- und Bodenwassermasse sowie über die Verhältnisse der stabilen Sauerstoff- und Kohlenstoffisotope. Aus der Zusammensetzung der Fauna am Meeresgrund (rezenter und fossiler Tiere) lassen sich Informationen über das Bodenwasser ableiten, insbesondere Informationen über die Sauerstoffkonzentration des Bodenwassers, die darin befindliche Nährstoffmenge und die Carbonatsättigung des Bodenwassers. Die Gehäuse fossiler Foraminiferen können mithin zur Rekonstruktion paläoökologischer und paläoozeanischer benutzt werden. Fossile Gehäuse kommen seit dem Kambrium vor, präkambrische Vorkommen werden vermutet. Den Stand der Forschung hinsichtlich benthisch lebender Foraminiferen skizziert SCHUMACHER (2001).

Als Ergebnisse der Untersuchungen im *Südatlantik* und im *Atlantik-Sektor* des Südpolarmeeres fand Schumacher unter anderem: Benthisch lebende Tiefsee-Foraminiferen kommen bis in 11 cm Sediment-Tiefe lebend vor. Epifaunale Arten sind auf frisches organisches Material und hohem Sauerstoffgehalt des Bodenwassers angewiesen. Ihre Lebensweise wird von den physikochemischen Eigenschaften des Bodenwassers gesteuert. Insgesamt habe sich gezeigt, daß benthisch lebende Foraminiferen und ihre Artenzusammensetzungen aussagekräftige Informationen über die Eigenschaften des Meeres speichern und sowohl rezente als auch fossile Arten verschiedenen Paläorekonstruktionen dienlich sein können.

|Primärproduktion
und organische Kohlenstoffflußraten zum Meeresgrund|
Vielfach wird angenommen, daß ca 10% des organischen Materials der photischen Zone (der Primärproduktion) zum Meeresgrund absinkt und den dort lebenden Tiergruppen als Nahrung dient. Die Menge des organischen Materials, die den Meeresgrund erreicht, ist dabei vorrangig von der Wassertiefe abhängig. Zur Bestimmung der organischen Kohlenstoffflußraten sind mathematische Beziehungen aufgestellt worden (beispielsweise von BERGER 1989).

Die im Südpolarmee reiche Entfaltung benthisch lebender Filtrierer aus vielen Tiergruppen (Schwämme, Nesseltiere, Ringelwürmer, Moostierchen, Stachelhäuter, Seescheiden) lassen nach RAUSCHERT (1991 S.4) auf eine erhebliche Produktivität in den oberen Wasserschichten schließen. Die Verfügbarkeit von Nahrung am Meeresgrund dürfte allerdings nur lose mit dem saisonalen Produktionszyklus gekoppelt sein, da ein Strom driftender Partikel (Nepheloidschicht), wie er beispielsweise im Weddellmeer nachgewiesen wurde, dort auch im Spätwinter/Frühjahrsanfang (Oktober-November) vorhanden war, obwohl die Oberflächenproduktion noch nicht begonnen hatte (HUBOLD 1992). Daß Benthos-Organismen des Südpolarmeeres in der Regel keine Lipitspeicher anlegen, sei auch ein Hinweis darauf, daß das Nahrungsangebot am Meeresgrund hier nur *geringen* saisonalen Schwankungen unterliege.

Hinsichtlich Nahrungsangebot und Nahrungsqualität ist sicherlich auch zu berücksichtigen, daß *epifaunale* Arten auf frisches organisches Material spezialisiert sind, und den *infaunalen* Arten (die *im* Sediment leben) überwiegend nur älteres, schwer abbaubares organisches Material zugänglich ist. Dies bedeutet zugleich, daß infaunale Arten *unabhängig* von saisonalen Schwankungen der Nahrungszufuhr sind, da das ältere organische Material mengenmäßig meist gleichbleibend im Sediment vorhanden ist. Entsprechend dieser Nahrungsstrategien bestehen offenkundig unterschiedlich lange *Lebenszyklen*. Infaunale Arten haben einen längeren Lebenszyklus als epifaunale Arten, wobei unter Lebenszyklus die Lebensspanne einer Generation verstanden wird.

Wenn eine benthisch lebende Fauna mehr oder weniger vom vorgenannten Kohlenstofffluß abhängig ist, kann dann eventuell (in Umkehrung des Vorganges) auf die Menge der (Primär-) Produktion im Oberflächenwasser geschlossen werden? Unter Berücksichtigung vorgenannter und weiterer Einflüsse hat SCHUMACHER (2001) eine Abschätzung der (Primär-) Produktion im Oberflächenwasser anhand von benthisch lebenden Foraminiferen versucht. Das Vorgehen führte nicht immer zu aussagekräftigen Ergebnissen.

Eis-Lebensgemeinschaften, Eisalgen

Alle im und am Eis lebenden Algen werden als *Eisalgen* bezeichnet, auch wenn sie einen Teil ihres Lebens in der eisfreien Wassersäule verbringen. HOOKER berichtete schon 1847 über organisches Leben im Meereis der *Antarktis*, doch erst nach 1950 fanden diesbezügliche Untersuchungen in der Antarktis statt. Entsprechend den abiotischen Bedingungen (Temperatur, Salzgehalt, Lichtintensität und Nährstoffangebot) und den biotischen Bedingungen (Fraßdruck und Konkurrenz) ist die vertikale Verteilung der Organismen ungleichmäßig. In bestimmten Eishabitaten leben mithin bestimmte Lebensgemeinschaften (Eis-Lebensgemeinschaften). Untersuchungen zu diesen Eis-Lebensgemeinschaften wurden bisher vorrangig im *Mc Murdo Sound* und im *Weddellmeer* durchgeführt (BARTSCH 1989, S.11 und nachfolgende Literatur).

Eis-Lebensgemeinschaften des Weddellmeeres
1986 konnten mit dem auch im Packeis aktiv fahrenden Forschungsschiff *Polarstern* erstmals über einen relativ langen, zusammenhängenden Messungs-Zeitabschnitt (Juli bis Dezember 1986) in einem großen Teil des Weddellmeeres Untersuchungen zu den dortigen Eisalgen durchgeführt werden (BARTSCH 1989). Die Ergebnisse basieren auf Daten von rund 100 Meßpunkten (mit Probenahmen aus der Eis-/Wassersäule bis 270 m Tiefe); an 30 Meßpunkten davon wurden Artenzusammensetzung und Biomasse (Chlorophyll a) der Eisalgengesellschaft bestimmt. Eine umfassende Darstellung der Lebensbedingungen in den Solekanälchen (und Soletaschen) des antarktischen Meereises gibt WEISSENBERGER (1992), wobei die Umweltfaktoren Temperatur, Solevolumen, Nährstoffe und Licht im Eis besonders eingehend behandelt wurden. Untersuchungsgebiet war ebenfalls das Weddellmeer. Messungen und Probenahmen erfolgten von der *Polarstern* aus. Die Darstellung gibt einen fundierten Einblick in die in-situ Lebensbedingungen innerhalb der Solekanälchen.

Bild 9.94
Abiotische Bedingungen im zentralen Weddellmeer im Jahresgang nach EICKEN 1995. Quelle: LEHMAL (1999)

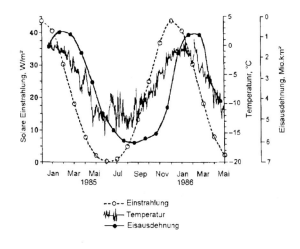

--o-- Einstrahlung
—— Temperatur
—•— Eisausdehnung

Die Strahlungsintensität (Einstrahlung) zeigt im Juni ein Minimum und im Dezember ein Maximum. Vorrangig steigt die Temperatur mit der Tiefe: im Eis baut sich ein Gradient auf zwischen Lufttemperatur ($-40°$ C bis $+5°$ C) und Wassertemperatur (ca $-1,8°$ C). Nach dem Verlauf der Temperaturkurve tritt die niedrigste Temperatur auf etwa im *Juli (Süd-Winter)* und die höchste Temperatur etwa im *Januar (Süd-Sommer)*.

|Primärproduktion|
Bezüglich der Primärproduktion der Eisalgengesellschaft zeigen die Untersuchungen (WEISSENBERGER 1992), daß im Eis lebende Algen den Winter überleben und in dieser Zeit auch wachsen können. Zum Nachweis des Wachstums können sogenannte Marker dienen, den die Pflanzen bei der Photosynthese mit aufnehmen. Die aufgenommene Menge kann als Maß dafür gelten, wieviel die Algen in einem bestimmten Zeitabschnitt und bezogen auf eine bestimmte Fläche gewachsen sind. Eine 1-Tagesmessung 1999 in der Antarktis zeigte, daß Algen auch bei $-15°$ C unter einer mehrere cm dicken Eisschicht wachsen können (MOCK 2002). Mithin wird die Primärproduktion in einer Jahreszeit aufrechterhalten, in der die Wassersäule fast frei von pflanzlicher Biomasse ist. Das Eis ist ein beachtenswerter Lebensraum, auch wenn die dort stattfindende Primärproduktion verhältnismäßig klein sollte, denn die Biomasse kann sich dort über einen Zeitabschnitt von ca 10 Monaten akkumulieren (Bild 9.94), da Verluste durch Sedimentation oder Beweidung in der Regel als gering angenommen werden können.

Chlorophyll a - Konzentration		Zeitabschnitt Region
untere ES	>1000	Januar-Februar 1985 östliches Weddellmeer (Schelfeiskante) - Küstenfesteis (Drescher-Inlet)
untere ES	25	Juli-Dezember 1986 (BARTSCH): nördliches Weddellmeer (Packeisgürtel)
untere ES	um 30	östliches Weddellmeer (Schelfeiskante) - Neueis (entstanden an Küstenpolinja)
untere ES	ca 100	- ältere treibende Eisschollen
untere ES	< 1000	- Küstenfesteis (Drescher-Inlet)
untere ES	30	September-Oktober 1989 (WEISSENBERGER): nördliches Weddellmeer
wechselnd	323	Januar-März 1991 östliches Weddellmeer (nahe Schelfeiskante)

Bild 9.95
Chlorophyll a-Konzentrationen im Eis des Weddellmeeres (in µg/l).
Angegeben ist der im genannten Zeitabschnitt innerhalb einer Meßreihe aufgetretene *größte* Maximalbetrag der Konzentration. Liegen *alle* Maximalbeträge der Meßreihe in der oberen oder unteren Eisschicht (ES) ist dies angegeben. Falls die Maximalbeträge einer Meßreihe sowohl in der oberen als auch in der unteren ES liegen, ist dies durch wechselnd gekennzeichnet.

BARTSCH (1989) fand bezüglich der Primärproduktion im östlichen Weddellmeer am häufigsten die Diatomee *Nitzschia cylindrus*. Diese Aussage bestätigt WEISSENBERGER (1992). Außerdem konnte festgestellt werden, daß die pflanzliche Biomasse im Eis im Süd-Winter und Süd-Frühjahr im Vergleich zu derjenigen der Wassersäule deutlich erhöht war. Dieses Reservoir an pflanzlicher Biomasse im Eis dürfte eine hohe Bedeutung für andere Trophiestufen haben. Bezüglich der Eisalgen ist noch anzumerken, daß das Meereis des Weddellmeeres überwiegend von *pennaten* (auch pennalen) Diatomeen sowie von verschiedenen Geißeltierchen (Flagellatengruppen) besiedelt sei, wobei die Flagellaten-Biomasse (Zoo-Biomasse) geringer als die Diatomeen-Biomasse (Phyto-Biomasse) ist. Über die Besiedlung der Wassersäule werden von SCHAREK (1991) in diesem Zusammenhang als dominant genannt: kleine Flagellaten und Dinoflagellaten. Bezüglich der Systematik der Eisdiatomeen bestehen gewisse Unsicherheiten; beispielsweise dürften die Unterschiede zwischen den Artenlisten der Antarktisstationen *McMurdo* und *Mirny*, die in den 20 häufigsten Arten nicht übereinstimmen, darauf zurückzuführen sein (BARTSCH 1989).

Phytoplankton-Biomasse

Auch für das Südpolarmeer gilt, daß die heutige Flora und Fauna ein sich veränderndes Ergebnis ist aus Eintragungen und Zuwanderungen, dem Aussterben ansässiger Arten und der Entwicklung neuer Arten am Ort. Ebenso wie im Nordpolarmeer sind auch im Südpolarmeer die Lebensbedingungen des Phytoplanktons (im Vergleich zu anderen Meeresteilen außerhalb der Polargebiete) durch bestimmte Umweltfaktoren spürbar eingeschränkt. Wie schon erwähnt, erreichen beispielsweise bei einer Eisdikke von 4,75 m und einer aufliegenden Schneedecke von 10 cm nur ca 0,01% des einfallenden Lichts das Wasser unter dem Eis; die halbjährige Polarnacht (ca 100 Tage Dämmerung eingeschlossen) und der Sonnenstand während des halbjährigen Polartages (am Pol nur 23,5°) sowie Bewölkung und Nebel begrenzen das vor Ort photosynthetisch wirksame Lichtangebot erheblich.

Meeresteil Atlantik-Sektor

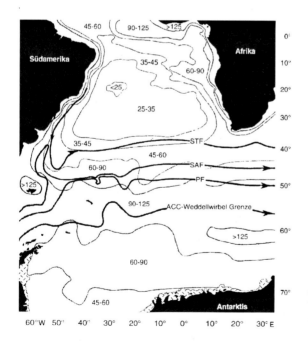

Bild 9.96 Primärproduktion im atlantischen Sektor des Südpolarmeeres und im Südatlantik nach verschiedenen Autoren. Quelle: SCHUMACHER (2001), verändert. Die Zahlen geben die Werte der Primärproduktion an in $gC/m^2/Jahr$ (C: Kohlenstoff). Ferner bedeuten STF = Subtropische Front, SAF = Subantarktische Front, PF = Polarfront.

Die Wasserzirkulation und die Wassereigenschaften im Südpolarmee einschließlich jener im atlanti-

schen Sektor des Südpolarmeeres sind im Abschnitt 9.2 dargelegt. Hier wird vorrangig die *Primärproduktion* (durch Phytoplankton) im Oberflächenwasser dieses Meeresteils betrachtet. Gemäß Bild 9.96 sind Bereiche mit hoher Produktion die Küstenauftriebsbereiche vor der südwestlichen afrikanischen Küste mit 125-180 $gC/m^2/Jahr$, der Angola/Namibia-Küstenauftriebsbereich mit bis zu 180 $gC/m^2/Jahr$ sowie der Antarktische Zirkumpolarstrom (ACC) und ein Küstenauftrieb im Schelfbereich dieses antarktischen Küstenabschnitts. Im Antarktischen Zirkumpolarstrom und im Weddellmeer unterliegt die Primärproduktion starken saisonalen Schwankungen. Im Zirkumpolarstrom nimmt die durchschnittliche Primärproduktion in Richtung Südpol zu und erreicht zwischen der ozeanischen Polarfront (PF) und der Wintermeereisgrenze ihre maximalen Werte (90-125, teilweise >125 $gC/m^2/Jahr$).
Einige der im Bild dargestellten ozeanischen Fronten sind im *östlichen* Teil des Sektors durch folgende Daten (aus SCHUMACHER 2001) gekennzeichnet:
Subtropische Front (STF) mit Oberflächenwasser-Temperaturen von 17,9 bis 10,6 °C
Subantarktische Front (SAF) ... von 9,0 bis 5,1 °C
Polarfront (PF) ... von 4,1 bis 2,5 °C.
Es zeigt sich deutlich eine Temperaturabnahme in Richtung Südpol.

Meeresteil Weddellmeer
Untersuchungen zum Vorkommen des Phytoplanktons im *Weddellmeer* führte SCHAREK (1991) durch. Die Basis dafür bildeten ca 70 Meßpunkte, gelegen im östlichen Weddellmeer und vor der südöstlichen Weddellmeerküste (erste Winter-Weddellmeer-Expedition 1986 des AWI, Bremerhaven). Die Meßpunkte wurden während der Meßfahrten mit der *Polarstern* beprobt, unter anderem durch Entnahme von Wasser aus Wassertiefen zwischen 0 und 600 m zur Bestimmung der zugehörigen Chlorophyll a-Konzentration. Nach SCHAREK (1991 S.40) liegt beim angewandten Meßverfahren die untere Grenze der Erfassungsmöglichkeit zwischen 0,003-0,001 µg/l. Es können danach zwar sehr kleine Chlorophyll a-Konzentrationen erfaßt werden, andererseits muß man berücksichtigen, daß Strömungen durch die Wassersäule schon kurzzeitig nach der ausgeführten Messung andere Chlorophyll a-Konzentrationen erzeugen können. Beispielsweise fließe der durch Ostwinde angetriebene Küstenstrom im nordöstlichen und südöstlichen Schelfmeer (des Weddellmeeres) entlang der Schelfeiskante mit Geschwindigkeiten bis zu 40 cm/s (SCHAREK 1991 S.4). Mithin dürfte eine Zusammenfassung der einzelnen Meßwerte zu Gruppen zu keiner wesentlichen Einschränkung ihres Aussagewertes führen. Im Zusammenhang mit der Messung von Chlorophyll a-Konzentrationen unterscheidet SCHAREK (1991 S.10-12) zwischen "Wassersäule" und "Untereiswasserschicht". Unter *Wassersäule* wird dabei verstanden entweder eine *eisfreie* Wassersäule oder eine unter dem vorhandenen *Festeis* befindliche Wassersäule. Die sogenannte *Untereiswasserschicht* (Untereiswassersäule) umfaßt die Wassersäule unter dem Festeis *einschließlich* der unter dem Festeis eventuell vorhandenen *Plättcheneisschicht*. Die Messungen der

Chlorophyll a-Konzentrationen in dieser Untereiswassersäule erfolgten bis zu einer Tiefe von 1,7 m; ihre Maximalwerte lagen in der Regel in der Plättcheneisschicht, in der darunter befindlichen Wassersäule wurden mithin in der Regel kleinere Werte gemessen. *Zusammengefaßt* kann gesagt werden: die Chlorophyll a-Konzentrationen im östlichen Wedelmeer und vor der südöstlichen Weddellmeerküste waren im Zeitabschnitt 03.10. bis 06.12.1986
in den Wassersäulen (mit Grundfläche 1 m^2) **<0,4 µg/l**,
in den vorhandenen Plättcheneisschichten bis maximal **65 µg/l**.
Das Packeis zeigte teilweise *Waken* (einige Meter bis zu einigen hundert Meter breite Streifen eisfreien Wassers). Die Chlorophyll-Konzentrationen in der 1986 um 75°S vorliegenden *Küstenpolinja* waren meist < **0,3 µg/l**. Bezüglich der Häufigkeit dominierten in der (erfaßten) Biomasse vor allem *kleine* **Flagellaten** und **Dinoflagellaten**. Sie sind nach SCHAREK an die im Oktober-Dezember vor Ort bestehenden Umweltverhältnisse vermutlich besser angepaßt als Diatomeen.

|Primärproduktion|
Als Primärproduktionsraten für das Weddellmeer werden von verschiedenen Autoren für verschiedene Zeitabschnitte die in Bild 9.97 ausgewiesenen Werte genannt, wobei hier offen bleiben muß, ob diese nur vom Primärproduzenten *Phytoplankton* oder auch vom Primärproduzenten *Eisalgen* erbracht wurden.

mg C /m^2/Tag		Meeresteil des Weddellmeeres	Meßzeitabschnitt
Maximum	Minimum		
147	58	Nordwest	1978, Januar/Februar
327	28	Nordwest	1981, Februar
-	39	Nord/Zentrum	1977, Februar/März
680	160	Südost	1964, Januar
680	-	Südost	1977, Februar/März
1670	80	Südost	1983, Februar/März
1560	340	Süd	1968, Februar

Bild 9.97
Primärproduktionsraten (in C, Kohlenstoff) im Weddellmeer (zusammengestellt: v.BRÖCKEL 1985). Quelle: VOß (1988) S.29

Meeresteil Pazifik-Sektor

Zum Vorkommen von Phytoplankton im *Bellingshausenmeer* gibt Bild 9.98 eine Übersicht.

Probenahmen: Nov./Dez. **1992**			Probenahmen: Februar **1994**			Probenahmen: April **1995**		
W	Chlorophyll a		W	Chlorophyll a		W	Chlorophyll a	
m	µg/l	mg	m	µg/l	mg	m	µg/l	mg
			270	<0,4	24,1			
			550	<0,2	10,7			
623	<0,1	5,1	670	<0,2	16,2			
1 390	0,3	20,5	1 240	<0,2	11,1			
			1 700	<0,4	20,3			
3 770	*0,6	*67,5	3 780	<0,4	21,0	3 672	<0,2	11,8

Bild 9.98
Chlorophyll a-Konzentrationen (in µg/l) und daraus berechnete Chlorophyll a-Gehalte (in mg) in der Wassersäule mit Grundfläche 1m^2 und Tiefenintervall 0-100 m. W = Wassertiefe. Der mit einem * gekennzeichnete Meßpunkt lag im eisfreien Wasser, alle anderen Meßpunkte waren eisbedeckt, teilweise nur durch Eisschollen, Eisberge. Das Untereis-Phytoplankton wurde von **Flagellaten** dominiert, im eisfreien Meßpunkt domierten **Diatomeen**. Quelle: Für 1992 nach ROBINS et al. 1995, für 1994 nach BRACHER, für 1995 nach BATHMANN; siehe METZ (1996) S.20

Zooplankton-Biomasse

Planktisch lebende Tiere werden Zooplankton genannt. Organismen können ihr ganzes Leben lang planktisch leben (Holoplankter) oder nur als Larven planktisch leben (Meroplankter). Die mit den Meeresströmungen treibenden planktisch lebenden Tiere lassen sich, im Gegensatz zu bentisch lebenden Tieren, meist nicht scharf begrenzten geographischen Regionen zuordnen. Außer der *horizontalen*, besteht auch eine *vertikale* Verteilung des Zooplanktons, die eine Gliederung in verschiedenen Wasser-Tiefenbereiche erforderlich machen kann. Schließlich werden aus verschiedenen Gründen oftmals bestimmte Fangtiefen gewählt.

Nach bisheriger Erkenntnis unterscheidet sich die Zusammensetzung des Zooplanktons des Südpolarmeeres nicht grundsätzlich von der anderer Meere (HUBOLD

1992): **Ruderfußkrebse** (Copepoda), **Schildkrebse** (Euphausidae), **Salpen** (Thaliaceae), **Flohkrebse** (Amphipoda), **Pfeilwürmer** (Chaetognatha) und **Weichtiere** (Mollusca) dominieren die Lebensgemeinschaften. Nur der antarktische **Krill** (Euphausia superba) ist als Ausnahme anzusehen. Er tritt in Schwärmen auf und ist wohl hinsichtlich Biomasse das "erfolgreichste" Tier im Südpolarmeer. Er hat die größte Biomasse *einer Art* (im System Erde) erreicht. Sie wird auf 400-500 Millionen Tonnen geschätzt (HEINRICH/HERGT 1991).

Meeresteil Atlantik-Sektor

Die in der Literatur genannten Daten für die Zooplankton-Biomasse der Vielzeller im Atlantik-Sektor des Südpolarmeeres hat HUBOLD (1992) übersichtlich zusammengestellt (Bild 9.99). Sie sind (innerhalb der drei Fraktionen) nach der geographischen Breite geordnet, denn aufgrund der aus den Daten gebildeten mittleren Biomassen-Werte ergebe sich, daß die Zooplankton-Biomasse in diesem Meeresteil sich von Nord nach Süd verringere (etwa auf 1/4 des Ausgangswertes). Nach FOXTON 1956 (siehe HUBOLD 1992 S.30) sollen im Südpolarmeer die Maximalwerte der Zooplankton-Biomasse im Breitenbereich zwischen 50-55° S liegen, innerhalb des Antarktischen Zirkumpolarstrom (einer geostrophischen Ostströmung), die durch den vorherrschenden Westwind verstärkt wird. Die über ein Fangintervall von 1 000-0 m integrierte Biomasse des Zooplanktons sei im Jahresverlauf konstant, doch konzentriere sich die Biomasse im Sommer in den oberflächennahen Wasserschichten, im Winter in tieferen Wasserschichten (wegen Vertikalwanderung). Nach Bild 9.99 leistet das Mesozooplankton den größten Beitrag zur Zooplankton-Biomasse, insbesondere durch die (calanoiden) **Ruderfußkrebse**, deren Naßgewicht-Werte für die einzelnen $1m^2$-Wassersäulen fast alle >10 g sind und einen Maximalwert von 29 g aufweisen.

Geogr. Breite °S	F (m)	B (NG)	Arten	Meeresteil
Mikro-Zooplankton (Metazoen<1 mm)				
58	200-0	5	Cy	nördliches Weddellmeer
70	200-0	2	Cy,Ca	Atkabucht
72	200-0	4	Cy,Ca	Vestkapp
75	200-0	1	Cy,Ca	Halley Bay
Meso-Zooplankton (1-15 mm)				
64	1000-0	29	Ca	Küste Antarktische Halbinsel
65-70	200-0	6	Ca	zentrales Weddellmeer
66	1000-0	10	Ca	zentrales Weddellmeer
66-73	300-0	18	Ca	zentrales Weddellmeer
70-74	300-0	18	Ca	nordöstliches Schelf des Weddellmeeres
75-78	300-0	7	Ca	südliches Schelf des Weddellmeeres
Makro-Zooplankton/Mikro-Nekton (>15 mm)				
63	200-0	8	ES	Bransfieldstraße
66-73	300-0	3	E	zentrales Weddellmeer
70-74	300-0	6	ES	nordöstliches Schelf des Weddellmeeres
75-78	300-0	3	EC,PA	südliches Schelf des Weddellmeeres

Bild 9.99
Weddellmeer, Atlantik-Sektor des Südpolarmeeres. Werte für die Zooplankton-Biomasse der Vielzeller (Metazoen). F = Fangintervall. Die Grundfläche des Fangintervalls (des Wassersäulen-Intervalls) ist 1m^2. B = Biomasse der im Fangintervall (mit Grundfläche 1m^2) gefundenen Tiere des Zooplanktons, angegeben als Naßgewicht = NG (in g).
Meso-Zooplankton: Naßgewicht (NG) = Trockengewicht (TG) · 8
Makro-Zooplankton: Naßgewicht (NG) = Trockengewicht (TG) · 5
Cy = Cyclopide Copepoden, Ca = Calanoide Copepoden, E = Euphausiaceen, ES = E. superba, EC = E. crystallorophias, PA = Pleuragramma antarcticum. Quelle: HUBOLD (1992) S.32

Meeresteil Pazifik-Sektor

Nach METZ (1996) erbringen im Bellingshausen-Meer die beiden |Oithonidae| *Oithona similis* und *O. frigida* sowie die |Oncaeidae| *Oncaea curvata, O. antarctica* und *O. parila* den größten Beitrag zur Zooplankton-Biomasse in diesem Meeresteil des Pazifik-Sektors des Südpolarmeeres. Es habe sich gezeigt, daß diese kleinwüchsigen Tiere Häufigkeiten aufweisen, die um Größenordnungen höher sind, als jene der *calanoiden* Arten der Ruderfußkrebse.

Da die Probenahmen nur relativ nahe beiderseits des Breitengrades 70° S erfolgten, sei eine Aussage zur Korrelation von Biomassebetrag und geographischer Breite nicht möglich.

Hinsichtlich Strömungsverhältnisse ist noch anzumerken, daß Geschwindigkeiten von 5 cm/s im Bellingshausen-Meer keine Seltenheit sind; Plankton könnte mithin innerhalb eines Monats bis zu 130 km verdriftet werden. Im Bereich der "südlichen" Polarfront treten sogar Geschwindigkeiten bis zu 30 cm/s auf (nach POLLARD et al. 1995, siehe METZ 1996 S.90).

	Probenahmen	Februar 1994	April 1995
Cyclopoida:	Oithona similis	0 bis < 500	> 0 bis < 600
	Oithona frigida	0 bis > 80	> 0 bis > 60
Poecilostomatoida:	Oncaea curvata	> 100 bis > 600	< 100 bis > 400
	Oncaea antarctica	> 0 bis < 400	< 100 bis > 400
	Oncaea parila	> 0 bis > 140	> 20 bis > 120

Bild 9.100
Zooplankton-Biomassen für die genannten Arten der **Ruderfußkrebse** im Bellingshausen-Meer nach METZ (1996). Die Probenahmen erfolgten mit Fangnetzen der Maschenweite 55 μm im Wassertiefenbereich 270 - 3 874 m mit einer Hievgeschwindigkeit von 0,5 m/s. Angegeben ist das *Trockengewicht* (TG) in mg bei einer Grundfläche der Wassersäule von 1 m^2. Wie die genannten Tierarten in der zoologischen Systematik eingeordnet sind, ist im Abschnitt 9.4 dargelegt.

Die Abschätzung der Biomasse der genannten Arten erfolgte nach den von NASSOGNE 1972 angegebenen Formeln: für *Oithona similis* gilt danach TG = 0,43 · L^{0,9} und für *Oncaea sp.* TG = 0,11 · L^{3,11}, wobei L = Prosoma-Länge des jeweiligen Tieres (Prosoma = bestimmter Körperteil des Tieres). Die Prosoma-Längen (aller Entwicklungsstufen oder "Stadien" einer Art) variierten bei Oithona similis zwischen 249-514 μm, bei Oithona frigida zwischen 291-651 μm, bei Oncaea curvata zwischen 195-377 μm, bei Oncaea antarctica zwischen 189-780 μm, bei Oncaea parila zwischen 163-437 μm (METZ 1996 S.9). Gemäß Abschnitt 9.3 würden die Arten mithin dem Mikro-

und Mesozooplankton angehören, wenn man die Prosoma-Länge (nicht die größere Gesamtlänge) des Tieres zugrundelegt. METZ ordnet sie dem Metazooplankton (= Mesozooplankton) zu.

Nekton-Biomasse, Fische im Südpolarmeer

Nach HUBOLD (1992) kann das Leben der Fische im Südpolarmeer grob etwa so skizziert werden: sie zeigen ein breites Spektrum von Aktivitätstypen, es reicht vom inaktiven Bodenfisch bis zum umherstreifenden Räuber. Die meisten Arten leben jedoch inaktiv am Meeresgrund. Im *Nahrungsgefüge* haben die Fische in den Meeresteilen südlich der ozeanischen antarktischen Konvergenz nur untergeordnete Bedeutung. Hier gehört der antarktische Krill zu den Anfangsgliedern der Nahrungskette und die Fische, sowie die meisten Meeressäuger und Vögel sind Krill-Konsumenten. Weiter polwärts und in den Küstenregionen ändert sich dieses Verhältnis. Im Nahrungsgefüge kommt den Fischen nun größere Bedeutung zu, denn beispielsweise sind die in der Antarktis heimischen Warmblüter Weddellrobbe und Kaiserpinguin typische Fischfresser.

Nach ANDRIASHEV 1965 (siehe BRANDT 1991 S.37) wird die antarktische Fischfauna vorrangig durch **Nototheniiformes** bestimmt (mit einer Häufigkeit des Auftretens von rund 80%). Von den *Nototheniidae* kommen alle 5 Gattungen fast nur im Südpolarmeer vor. Der weitaus häufigste Vertreter ist der antarktische Silberfisch *Pleuragramma antarcticum* (PIATKOWSKI 1987, BOYSEN-ENNEN 1987, HUBOLD 1992). Er ist nach PIATKOWSKI der einzige Nototheniide, der in allen Lebensstadien nektisch lebt. Hinsichtlich Fisch-Biomasse ist die der *wandernden* Pleuragramma-Art größer, als die der *ortstreuen* dermasalen Fischbestände (HUBOLD 1992). Durch ihr Auftreten in Schwärmen sind die Silberfische außerdem für tauchende Warmblüter leichter erreichbar, als jene am Meeresgrund lebende Fische. Die Art Pleuragramma antarcticum ist vor allem als Nahrung für Weddellrobben und Kaiserpinguine bedeutungsvoll; sie selbst ernährt sich carnivor, ist Räuber und Aasfresser (BOYSEN-ENNEN, 1987).

In den *Schelfmeeren* des Südpolarmeeres stellen nach ANDRIASHEV (1987) fünf Fischfamilien, die in der biologischen Systematik die Unterordnung *Notothenioidei* bilden, über 50% der Arten und mehr als 90% der dortigen Fischbiomasse.

9.6 Meerespotential und Kreislaufgeschehen

Im Vergleich zur Landfläche hat das Meer eine sehr große und sichtbar sich bewegende Reaktionsfläche (ca 71%). Offenkundig ist es daher von erheblicher Bedeutung für das globale Kreislaufgeschehen und das Klima im System Erde. Im Meer sollen ca 40% der (Biomasse-) *Primärproduktion* stattfinden. Es liefert mithin einen bedeutenden Anteil zur Primärproduktion im Systems Erde.

Als (Biomasse-) *Primärproduzenten* gelten autotrophe *Pflanzen* und autotrophe *Bakterien*, die mittels (lichtabhängiger) Photosynthese beziehungsweise mittels (lichtunabhängiger) Chemosynthese energiereiche Nahrung für andere Organismen aufbauen. Autotroph bedeutet, daß diese Organismen die drei Elemente Kohlenstoff (C), Stickstoff (N) und Schwefel (S) in oxidierter anorganischer Form als Kohlendioxid, Nitrat- und Sulfation aufzunehmen und zu assimilieren vermögen (Abschnitt 7.1.02).

Die meisten Pflanzen sind autotroph (CZIHAK et al. 1992 S.403). Sie ernähren sich mittels Photosynthese von anorganischen Stoffen, die sie in Gasform und in gelöstem Zustand aufnehmen. Eine Reihe von Bakterien sind ebenfalls autotroph (CZIHAK et al. 1992 S.130). Sie ernähren sich mittels Chemosynthese ebenfalls von anorganischen Stoffen (Chemoautotrophie).

|In der Flachsee|
sind die meisten Pflanzen am Meeresgrund verankert beziehungsweise festgewachsen. Eine Besonderheit existiert in der Sargasso-See (Nordatlantik), in der die tropische Braunalge Sargassum treibt. Alle Organismen, die ständig oder überwiegend am Meeresgrund leben, sind das Benthos. Alle schwebenden oder schwimmenden Organismen, die keinen unmittelbaren Bezug zum Meeresgrund haben und nicht über bedeutende aktive Fortbewegungseinrichtungen verfügen, sind das Plankton (Abschnitt 9.3). *Pflanzen* im Meer leben mithin *benthisch* oder *planktisch*. Demzufolge lassen sich unterscheiden: Phytobenthos, Phytoplankton. *Bakterien* im Meer leben ebenso. Daraus folgt: Bakteriobenthos, Bakterioplankton. Die Biomassen lassen sich entsprechend kennzeichnen.

|In der Hochsee|
sind hinsichtlich Pflanzen vorrangig *planktisch* lebenden Algen (Planktonalgen) anzutreffen. Ebenso befinden sich dort *planktisch* lebende Bakterien. Nach HEINRICH/HERGT (1991) S.133 soll die Primärproduktion der "Hochsee" betragen: 0,5 g Trockenmasse / m^2 Tag (dies sei vergleichbar mit den Wüsten der Erde).

|In der Tiefsee|
fehlen wegen Lichtmangel autotrophe Pflanzen. Autotrophe Bakterien sind jedoch sowohl *benthisch* als auch *planktisch* lebend existent. Zum Leben in der Tiefsee gibt es bisher keine umfassenden Aussagen. Im Hinblick auf das Leben an Hydrothermalquellen sei daran erinnert, daß in bestimmten Einzellergruppen die Grenze zwischen Pflanze und Tier nach heutiger Erkenntnis *gleitend* ist (Abschnitt 9.3).

|Meer|
Vielfach wird davon ausgegangen, daß anorganischer Stickstoff (in Form von Nitrat und Ammonium) einer der *begrenzenden* Nährstoffe für die Primärproduktion im Meer ist. Die Primärproduktion sei also wesentlich durch die Verfügbarkeit von Stickstoff gesteuert. Eine wichtige Klasse organischer Stickstoffverbindungen sind die Aminosäuren. In der Natur kommen die D-Aminosäuren nur in *Bakterien* in größerer Menge vor, während sie in allen anderen Organismen mengenmäßig keine Rolle spielen. Sollte der Anteil des bakteriellen Beitrages zu den Aminosäuren übertragbar sein auf die Gesamtheit des gelösten organischen Stickstoffs, dann stamme ein großer Teil des organischen Materials nicht aus pflanzlicher Primärproduktion, sondern aus bakterieller Primärproduktion (FITZNAR 1999). Dies stehe in Widerspruch zur gängigen Auffassung, daß gelöstes organisches Material vorrangig durch Phytoplankton gebildet wird, Phytoplankton also die Hauptquelle für marines gelöstes organisches Material sei. Die Untersuchungsergebnisse von Fitznar über die Veränderung von organischem Material legen vielmehr die Auffassung nahe, daß gelöstes organisches Material, das durch Phytoplankton freigesetzt wurde, innerhalb kurzer Zeit von Bakterien umgesetzt wird. Möglicherweise offenbare sich hier ein grundlegender Kontrollmechanismus für den Stoffumsatz von Kohlenstoff im Bereich nahe der Meeresoberfläche.

Phytoplankton
und die Kohlenstoffflüsse zwischen den Reservoiren Atmosphäre, Meer, Sediment/Lithosphäre

Der globale Kohlenstoffkreislauf ist im Abschnitt 7.6.03 dargestellt, wo auch die vorgenannten Kohlenstoffflüsse generell behandelt sind. Danach soll das Phytoplankton eine wesentliche Rolle spielen beim Austausch von Kohlenstoff zwischen der Atmosphäre und dem Meer sowie bei der Ablagerung von Kohlenstoff am Meeresgrund. Zu den einzelligen Organismen des pflanzlichen Planktons zählen unter anderem die Planktonalgen (Abschnitt 9.3.02), deren größte Vertreter die Kieselalgen sind. Sie erreichen teilweise eine Größe von 1 mm. Ihre Silikat-Skelette sind reich an geometrischen Formen. Das Phytoplankton bildet als Primärproduzent den Anfang der Nahrungskette der anderen Organismen im Wasser (etwa für das Zooplankton und für die Fische), im Eis (dort etwa für die weiteren Angehörigen der Meereislebensgemeinschaft) und schließlich am Meeresgrund (für die Benthos-Lebensgemeinschaft). Zum Betreiben der Sauerstoff freisetzenden Photosynthese braucht das Phytoplankton neben Licht und Nährsalzen auch Kohlendioxid (CO_2). Die Vorgänge des globalen Kohlenstoffkreislaufs im Meer sind ebenfalls im Abschnitt 7.6.03 behandelt.

Das Phytoplankton ist zwar im gesamten Meer beheimatet, soll aber insgesamt noch nicht einmal 1% der *pflanzlichen* Biomasse des Systems Erde umfassen. Dennoch sei sein Einfluß auf das globale Kreislaufgeschehen wesentlich (FALKOWSKI 2003). Vereinfacht kann gesagt werden, das Phytoplankton entzieht der Atmosphäre Kohlendioxid (CO_2) und lagert es in der Tiefsee bis (nach längerer Zeit) aufsteigende Strömung es größtenteils an die Meeresoberfläche wieder zurückführen.

Primärproduktion von organischem Kohlenstoff (C) im Meer:
(Die Biomasse-Primärproduktion ist *nicht* identisch mit der Biomasse-Produktion)
Schätzwerte zur Primärproduktion im Meer (in 10^9 Tonnen C / Jahr):

1978 **19 Milliarden Tonnen C** nach WOODWELL und Mitarbeiter (JANASCH 1987) und zwar 19 photosynthetisch, 0,016 chemosynthetisch erzeugt. Mithin beträgt C (org. chemosynthetisch) = 0,1 % von C (org. photosynthetisch)

1985 **55 Milliarden Tonnen C** nach MASON/MOORE = Produktion des Meeres (nicht nur Primärproduktion)

1985 **30 Milliarden Tonnen C** nach LÜNING 1985 und SMITH 1981 (KARSTEN 1991 S.91). Darin ist ein Anteil für benthisch lebende Makroalgen und Seegräser eingeschlossen von $2 \cdot 10^9$ Tonnen/Jahr = 6,7 %. Erzeugt durch Photosynthese.

1991 **40 Milliarden Tonnen C** nach EK (I) S.286. Für Seen und Flüsse sind darin eingeschlossen $<1 \cdot 10^9$ Tonnen/Jahr

1992 **37,5 Milliarden Tonnen C** nach CZIHAK et al. 1992 S.835 = Produktion des Meeres an gebundenem Kohlenstoff (nicht nur Primärproduktion). C-Nekton beträgt nach Czihak et al. nur 1/10 000 des vorgenannten Betrages = 0,00 375 $\cdot 10^9$ Tonnen/Jahr

Die Umwandlung von Kohlendioxid (CO_2) in pflanzliche Biomasse, die Primärproduktion, konnte bisher offensichtlich nur recht unsicher quantifiziert werden. Ungleichmäßig über die Meer/Land-Oberfläche verteilte punktuelle Messungen der pflanzlichen Biomasse ergaben eine inhomogene Übersicht und erlaubten nicht die Bildung etwa von globalen Monats- oder Jahresmittel-Werten. Insbesondere sei der Beitrag des Phytoplanktons zur pflanzlichen Primärproduktion massiv *unterschätzt* worden (FALKOWSKI 2003). Eine Verbesserung der Daten sei erst ab **1997** durch den Einsatz des Sea Wide Field Sensor (SeaWiFS) in erdumkreisenden Satelliten erreicht worden der es erstmals ermöglichte, das Phytoplankton *global* zu beobachten und darüber *wöchentlich* Daten bereitzustellen. Trotz unterschiedlicher Analysemethoden (siehe dort) seien verschiedene Forschergruppen um 1998 zur gleichen Auffassung gelangt (FALKOWSKI 2003), nämlich daß das *Phytoplankton* eine Primärproduktion aufweise von

1998 **45-50 Milliarden Tonnen Kohlenstoff / Jahr.**

Das Phytoplankton baut also diese Menge von Kohlenstoff pro Jahr in seine Zellen ein. Ob in dieser Menge das zuvor angesprochene *Bakterioplankton* einzuschließen ist, muß hier offen bleiben.

Bezüglich der Primärproduktion auf dem *Land* wird teilweise angenommen, daß die Landpflanzen bis zu ca 100 Milliarden Tonnen Kohlenstoff / Jahr assimilieren. Nach den Angaben in EK (1991) S.287 I und wie im Abschnitt 7.6.03 eingehend dargestellt, beträgt die *Primärproduktion* der *Landpflanzen* 60 Milliarden Tonnen Kohlenstoff / Jahr. Nach der Analyse von Satellitendaten fand eine Forschergruppe (FALKOWSKI 2003) um 1998, daß die *Primärproduktion* der *Landpflanzen* ca 52 Milliarden Tonnen Kohlenstoff / Jahr betrage.

Falls diese Beträge annähernd zutreffen sollten, dann entzieht das Phytoplankton (einschließlich Bakterioplankton?) der Atmosphäre durch Photosynthese fast ebenso viel Kohlendioxid (CO_2), wie alle Landpflanzen (Bäume, Sträucher, Gräser und sonstige Pflanzen).

Insgesamt (global) werden danach durch *Primärproduktion* von Pflanzen auf dem Land und im Meer gegenwärtig
- ca 100 Milliarden Tonnen Kohlenstoff / Jahr

in die *bestehende* pflanzliche Biomasse aufgenommen (assimiliert).

Bestehende pflanzliche Biomasse im Meer

Angaben zur bestehenden *pflanzlichen* Biomasse im Meer sind rar. Es folgt daher zunächst eine Übersicht über die bestehende *gesamte* Biomasse im Meer. Diese umfaßt *alle* Organismen. Die Daten beziehen sich bei der *lebenden* Biomasse auf Phytoplankton+Zooplankton+Fische und bei der *toten* Biomasse auf den Detritus (teilweise nur auf jenen in der oberen Durchmischungsschicht, teilweise auch auf jenen am Meeresgrund). Vielfach ist aus den Literatur-Angaben leider nicht erkennbar, worauf sie sich beziehen.

Schätzwerte
für die Kohlenstoffmenge (in 10^9 Tonnen) im **Biomasse-Reservoir** |Meer|
1970 **38 000** Milliarden Tonnen Kohlenstoff (C) nach BOLIN (HEINRICH/HERGT 1991 S.62). Der genannte Betrag setzt sich zusammen aus:
                        Wasserschicht 0-75 m = 500
                        Phytoplankton = 5
                        Fisch, Zooplankton < 5
                        Detritus = 3 000
                        "Tiefsee" = 34 500
1980 **40 000** Milliarden Tonnen C nach SIEGENTHALER (HUPFER et al. 1991 S.59)
1989 **36 000** Milliarden Tonnen C nach HOUGTHON/WOODWELL (1989)
1991 **38 700** Milliarden Tonnen C nach EK (I) S.154. Der genannte Betrag setzt sich zusammen aus: Oberflächenwasser = 700
                        "tiefer Ozean" = 38 000

1991 **38 000** Milliarden Tonnen C nach ODUM (1991).
1997 **38 000** Milliarden Tonnen C nach SCHLESINGER (HILLINGER 2002)

Nach BOLIN beträgt demnach die bestehende Phytoplankton-Biomasse **5** Milliarden Tonnen Kohlenstoff. Ob diese Menge gleich jener für die pflanzliche Biomasse im Biomasse-Reservoir |Meer| ist, muß hier offen bleiben. Die pflanzliche Biomasse im Biomasse-Reservoir |Land| soll nach KÖRNER (1997) ca **600** Milliarden Tonnen Kohlenstoff betragen (Abschnitt 7.6.03).

Meeresteil |Tiefsee|
Tote Phytoplanktonzellen, Tierkot und sonstiges organisches Material sinken im Wasserkörper ab, werden von Mikroorganismen aufgenommen und in anorganische Stoffe zurückverwandelt, darunter auch Kohlendioxid (CO_2). Ein Großteil dieser Rückverwandlung vollzieht sich im Oberflächenwasser. Das hier sich ergebende CO_2 ist somit für die Photosynthese wieder verfügbar oder tritt in die Atmosphäre über. Es wird geschätzt, daß auf diesem Wege in 6 Jahren soviel Gas zwischen Meer und Atmosphäre ausgetauscht wird, wie in der Atmosphäre insgesamt enthalten ist (FALKOWSKI 2003). Das Phytoplankton hat einen Lebenszyklus von ca 6 Tagen. Falkowski hat 2001 gemeinsam mit anderen Wissenschaftlern darauf verwiesen, daß
● 7-8 Milliarden Tonnen / Jahr des vom Phytoplankton
im Oberflächenwasser assimilierten Kohlenstoffs
in die Tiefsee verfrachtet werden, wo er als Kohlendioxid (CO_2)
freigesetzt wird, wenn die toten Zellen verwesen.
Im Laufe eines längeren Zeitabschnittes werden das gelöste Gas und andere Nährstoffe durch *Aufwärtsströmungen* sodann wieder in die lichtreiche obere Wasserschicht verfrachtet. Ein kleinerer Teil der toten Phytoplanktonzellen und des Tierkots lagert sich am *Meeresgrund* ab und wird schließlich zu Sedimentgestein (beispielsweise zu Schwarzschiefer, nach Falkowski das größte Reservoir organischer Stoffe im System Erde). Ein noch kleinerer Teil bildet sich um zu Erdöl und Erdgas.
In der Tiefsee beziehungsweise am Tiefsee-Meeresgrund sollen an Biomasse insgesamt gelagert sein:
1978 **34 500** Milliarden Tonnen C nach BOLIN
1991 **38 000** Milliarden Tonnen C nach EK (siehe zuvor).

Wechselwirkungen
zwischen verfügbaren Nährstoffen und Wachstum des Phytoplanktons
Alle Arten von Phytoplankton benötigen zum Leben Stickstoff (N_2) und Phosphor (P). Wie zuvor gesagt, wird vielfach davon ausgegangen, daß anorganischer Stickstoff (in Form von Nitrat und Ammonium) einer der *begrenzenden* Nährstoffe für die Primärproduktion im Meer ist. Die Primärproduktion sei also wesentlich durch die Verfügbarkeit von Stickstoff gesteuert. Seit etwa 1980 wird von einigen Wissenschaftlern davon ausgegangen, daß die wenigsten Phytoplanktonarten molekularen Stickstoff (N_2) in ihre Proteine einbauen können, die meisten benötigen fixierten, also

mit Wasserstoff- oder Sauerstoffatomen verbundenen Stickstoff in Form von Ammonium (NH_4^+), Nitrit (NO_2^-) oder Nitrat (NO_3^-). Den Hauptteil dieser Fixierung bewirken einige wenige Bakterienarten und Cyanobakterienarten. Sie wandeln N_2 in Ammonium um, das bei ihrer Zersetzung sodann ins Meer gelangt. Aus dieser chemischen Umwandlung ergebe sich, daß *Stickstoff* tatsächlich wachstumsregulierend wirkt, allerdings sei der entscheidende Reaktionsschritt auf die Verfügbarkeit von *Eisen* angewiesen (FALKOWSKI 2003). Viele Wissenschaftler würden heute davon ausgehen, daß dieses Metall entscheidend für das Wachstum des Phytoplankton ist und damit für die nachfolgende gesamte Stoffwechselkette. Anhand von praktischen Versuchen sei nachgewiesen, daß ein Eintrag von Eisen ins Meer die Photosyntheseleistung des Phytoplanktons drastisch erhöht und zu einer Blüte führt (die das Wasser grün färbe) (FALKOWSKI 2003). Einen ersten solchen Versuch mit "Eisendüngung" gab es 1993 im äquatorialen Pazifik (mit einem Forschungsschiff der USA), einen zweiten Versuch 1995. Anschließend wurden auch mit dem Forschungsschiff *Polarstern* (Deutschland) und anderen Schiffen solche Versuche zur "Meeresdüngung" mittels Eisen durchgeführt. Eine Düngung der genannten Art rege die Vermehrung der Mikroorganismen an und damit wäre es gegebenenfalls möglich, der (vermuteten) globalen Erwärmung entgegenzuwirken, doch sei (bisher) offen, welche Nebenwirkungen sich dabei ergeben können (FALKOWSKI 2003).

Zur Bestimmung der Biomasse
Die Biomasse kann beispielsweise angegeben werden als Volumen, Feuchtgewicht, Trockengewicht, in Energieeinheiten. Verschiedentlich werden auch abgeleitete Größen benutzt, die einfacher meßbar sind und in einer mehr oder weniger festen Beziehung zur Biomasse stehen, wie etwa die Stickstoff- oder Kohlenstoffmenge. Anstelle von Feuchtgewicht und Trockengewicht wird vielfach auch von Feuchtmasse, Trockenmasse und aschefreier Trockenmasse gesprochen.

Sowohl bei der Bestimmung der *Phytoplankton*-Biomasse als auch der *Zooplankton*-Biomasse sind in der Regel folgende *genauigkeitseinschränkende* Faktoren wirksam: Biologische und physikalische Prozesse (Schwarmbildung, Gezeitenströmungen, Wirbelbildung, Ausbildung von Wasserschichten...) führen meist zu einer fleckenhaften Verteilung des Planktons (engl. Patchiness). Menge und Zusammensetzung des Planktons können sich ändern etwa durch nichtvorhersagbare plötzliche Ereignisse (Änderung der Eissituation aufgrund sich ändernder Windrichtung...) sowie durch saisonale Zyklen (Vertikalwanderungen...). Eine zu lange Meßphase (Zeitabschnitt für alle Probenahmen in einem Meeresteil) bringt somit weitere Unsicherheiten. Die Maschenweite der benutzten Fangnetze (beispielsweise 150 µm, 200 µm, 300 µm) bestimmt weitgehend die Fängigkeit der Organismen und das Größenspektrum des Fanges. Kleine Organismen entschlüpfen durch die größeren Netzmaschen, große Organismen können dem Netz entfliehen.

Die Bestimmung der *Zoo-Biomasse* des Meeres ist im Abschnitt 9.3.02 dargelegt.

Dort sind auch Umrechnungsbeziehungen angegeben zwischen Trockenmasse, Feuchtmasse und aschefreier Trockenmasse. Zum Abschätzen dieser Biomasse dienen meist das *Wiegen* etwa der Zooplankton-Trockenmasse nach bestimmten Verfahren oder das *Berechnen* der Biomasse a) aus Länge-Masse-Beziehungen und b) aus mittleren Individualmassen.

Um die *Biomasse in Sedimenten* mit möglichst geringem Aufwand bestimmen zu können, werden zunehmend biochemische Parameter dafür überprüft. Ein solcher Parameter sollte in allen lebenden Zellen auftreten, nicht mit Detritus assoziiert sein und sich während der Probenahme und Extraktion nicht wesentlich verändern. Die Konzentration des Parameters in der lebenden Zelle sollte darüber hinaus möglichst während aller Lebensphasen und Umweltbedingungen gleich sein. Als ein Parameter der diese Bedingungen weitgehend erfüllt, hat sich offenbar ATP (Adenosintriphosphat) erwiesen (SEILER 1999), das als zentrale Substanz des Energieumsatzes in allen Organismen vorkommt. Obwohl der ATP-Gehalt in Organismen durch physiologische Faktoren beeinflußt sein kann, dürfte er (beziehungsweise das Verhältnis C/ATP) als Näherung brauchbar sein. Auch DNA (Desoxyribonukleinsäure) als Träger der genetischen Information ist offenbar eine sehr stabile Substanz, die in allen eukariotischen und auch prokariotischen Zellen vorkommt, sich nur kurz vor der Zellteilung verdoppelt und erst nach dem Absterben der Zelle abgebaut wird (SEILER 1999). Da diesen Parameter fast keine äußeren Einflüsse beeinträchtigen, dürfte er auch für die Bestimmung von Biomasse der Tiefsee geeignet sein. Ausführungen über die ATP-Produktion in Organismen, die DNA sowie über die prokaryotische und eukaryotische Organisation der Zelle enthält Abschnitt 7.1.02.

Methanhydrat am Meeresgrund

Methan (CH_4) ist eine Kohlenstoffverbindung und wird zu den Kohlenwasserstoffen (KW) gezählt. Der *globale* Methankreislauf ist im Abschnitt 7.6.03 dargestellt. Im Meeresgrund bestimmter Meeresteile haben sich Wasser und Methan aus organischen Ablagerungen zu einer brennbaren Form von Eis vereinigt. Vermutlich speichern diese *Methanhydrate* mehr Energie als alle bekannten fossilen Brennstoffvorräte des Systems Erde.

Hydrate dieser Art werden allgemein auch als *Gashydrate* bezeichnet. 1811 hat der englische Chemiker und Physiker Sir Humphry DAVY erstmals ein Gashydrat beschrieben als eine eisartige Substanz aus Wasser und Chlor. Nach 1960 wurden erste natürliche Vorkommen entdeckt: in den Permafrostgebieten Sibiriens und Nordamerikas. Nach 1970 ließen seismische Fernerkundungsergebnisse vom untermeerischen Bergrücken Blake Ridge (vor der Westküste Nordamerikas) vermuten, daß es im Meeresgrund (unter der untermeerischen Geländeoberfläche) Methanhydrat-

Schichten geben könnte. 1980 gelang es erstmals durch Bohrungen auf dem Blake Ridge von dem us-amerikanischen Tiefbohrschiff *Clomar Challenger* aus ein kleines Stück Methanhydrat zutage zu fördern. 1996 brachte das deutsche Forschungsschiff *Sonne* erstmals Methanhydrate in Mengen von mehreren Zentnern vom Blake-Ridge-Meeresgrund aus einer Wassertiefe von 785 m herauf mit Hilfe eines Greifers, der mittels Videokamera gesteuert wurde (SUESS et al. 1999). Methanhydrat, die eisartige Verbindung von Wasser und Sumpfgas, ist beim hohen Druck am Meeresgrund stabil. Unter den heutigen Bedingungen an der Land/Meeroberfläche zersetzt es sich sehr schnell. Wegen ihres Gehalts an Methan ist diese eisartige Substanz brennbar. Damit sich Methanhydrat *im Meer* bilden kann, müssen nach SUESS et al. (1999) vier Dinge zusammenkommen: (1) Methan, in der Regel aus der Zersetzung organischer Substanz, (2) Wasser, das an dem Gas übersättigt ist, (3) tiefe Temperaturen von höchstens einem Grad über dem Gefrierpunkt, (4) hoher Druck, wie er ab 500 m Wassertiefe herrscht. Die genannten Bedingungen sind besonders an den Kontinentalhängen erfüllt. In fast allen Meeresteilen sind daher in diesen Bereichen Methanhydrat-Schichten am Meeresgrund anzutreffen. Erdweit wurden Gashydrate in den *Schelf- und Kontinetalhangbereichen* des Meeres sowie in *Permafrostgebieten* des Landes nachgewiesen. In SUESS et al. (1999) ist eine kartographische Übersicht gegeben.

Methanfahnen im Meer
Durch tektonischen Druck werden die Poren der Sedimente zusammengedrückt und die darin enthaltenen Wässer und Gase herausgequetscht. *Methanfahnen* zeigen sich im Meerwasser vor allem über Verwerfungen in Gashydratfeldern. Aus Austrittsöffnungen in diesen topographischen Bereichen treten Gase und Fluide (mit Salzen und Gasen beladene Flüssigkeiten) aus. Da auch in ihrer nahen Umgebung keine wesentlich erhöhten Temperaturen anzutreffen sind, werden sie meist als *kalte* Austrittsöffnungen bezeichnet (engl. Cold Vents), im Gegensatz zu den *heißen* Austrittsöffnungen (engl. Hot Vents) in ozeanischen Rücken. Die heißen Austrittsöffnungen am Meeresgrund werden auch Hydrothermalquellen genannt. Über das Leben an diesen Quellen siehe die diesbezüglichen Unterabschnitte im Abschnitt 9.3.03. 1984 wurden die *kalten* untermeerischen Quellen erstmals (vom us-amerikanischen Tauchboot *Alvin* aus) am Meeresgrund beobachtet (SUESS et al. 1999). Nach bisheriger Erkenntnis, findet an den meist dichtbesiedelten kalten Austrittsöffnungen ein erheblicher Stoffumsatz statt. Trotz Aktivität der dort lebenden Organismen und der Carbonatbildung entweichen offensichtlich noch reichliche Mengen Methan ins Wasser, wodurch sich sogenannte Gasfahnen bilden. Noch ist nicht bekannt, wieviel Methan davon im Wasser oxidiert wird und wieviel in die Atmosphäre übergeht (SUESS et al. 1999). Sowohl die Gashydrat-Schichten als auch die vom Meeresgrund aufsteigenden Methanfahnen sind meßtechnisch erfaßbar: mittels seismischer Fernerkundung, beziehungsweise mit einem "Fisch-Sonar".

Ochotskisches Meer - nördliche Lunge des Pazifik?
Die Ergebnisse eines im Sommer 1998 durchgeführten deutsch-russischen Forschungsprojekts (KOMEX: Kurilen-Ochotskisches-Meer-Experiment) lassen sich etwa wie folgt skizzieren (SUESS 1999):
Das Ochotskische Meer bringt Plankton in sehr großen Mengen hervor. Es gehört damit zu den Meeresteilen des Systems Erde, die eine Schlüsselrolle im globalen Kohlenstoffkreislauf einnehmen. Mit seinem bis - 2 °C kalten und damit schweren Oberflächenwasser zählt es zu den Meeresteilen, in denen sauerstoff- und nährstoffreiches Wasser in die Tiefe sinkt, wo es sich weit süd- und ostwärts ausbreitet. Deshalb spricht man von der nördlichen Lunge des Pazifik. Das Ochotskische Meer ist eine bedeutende Quelle für atmosphärisches Methan. Es zeigt Methan-Konzentrationsschwankungen, die global kaum nochmals zu finden sind. Wenn die Eisdecke im Frühjahr zu schmelzen beginnt, entweicht das gespeicherte Methan in die Atmosphäre.

Kohlenstoff-Isotop ^{12}C
Der leichte Kohlenstoff kann als Indikator für Temperaturanstiege in der Erdgeschichte dienen. Bakterien, die im Meeresgrund organische Substanzen unter Luftabschluß abbauen, reichern dabei im erzeugten Methan ^{12}C an. Diese Signatur steckt auch im Methanhydrat. Zerfällt dieses in großen Mengen, breitet sich ^{12}C mit dem freigesetzten Methan und seinem Oxidationsprodukt Kohlendioxid (CO_2) aus. Nach SUESS et al. (1999) könnte der Anstoß zum Zerfall großer Mengen Methanhydrat von Änderungen der Wasserzirkulation im Meer ausgehen. Es wird auf den Zerfall im Paläozän verwiesen.

Kohlenstoff- und Stickstoffflüsse im Bereich Meer/Atmosphäre

Der *globale* Kohlenstoffkreislauf und der *globale* Stickstoffkreislauf sind dargestellt in den Abschnitten 7.6.03 und 7.6.05. An der *Meeresoberfläche* setzen gemäß Bild 7.131 physikalisch-chemische Vorgänge Kohlenstoff frei, verbrauchen jedoch auch Kohlenstoff. Welche Zusammenhänge hierbei zwischen dem Kohlenstoff- und dem Stickstofffluß bestehen zeigt Bild 9.101.

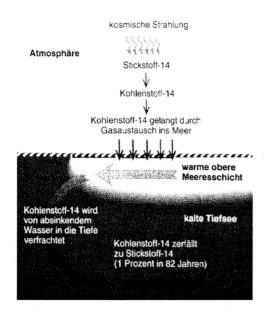

Bild 9.101
Bei der Bildung von Tiefenwasser gelangt auch radioaktiver Kohlenstoff-14, der von der kosmischen Strahlung aus Stickstoff-14 gebildet wird, aus der Atmosphäre und den oberen Meeresschichten in die Tiefsee. Quelle: BROECKER (1996), verändert

Ausführungen zum Carbonat-System, insbesondere wenn atmosphärisches CO_2 in Lösung geht, sind im Abschnitt 7.6.03 enthalten.

Carbonat-Silicat-Kreislauf

Der Kreislauf bewirkt, daß die Temperatur im System Erde in einem Bereich bleibt, in dem Wasser in flüssigem Zustand vorkommen kann (KASTING 1998).

Nach KASTING läßt sich der Kreislauf wie folgt skizzieren: Das Kohlendioxid in der Atmosphäre löst sich in Regentropfen und reagiert mit verwitterndem Silikatgestein zu Calcium- und Bicarbonat-Ionen, die über Fließgewässer in das Meer gelangen. Dort nehmen verschiedene Meeresorganismen (beispielsweise Foraminiferen) die beiden Stoffe auf und benutzen sie zur Bildung von Kalk für ihre Schalen oder Gehäuse. Nach dem Absterben dieser Organismen lagert sich der Kalk am Meeresgrund ab. Später, nach Millionen von Jahren, taucht er mit den wandernden ozeanischen Krustenplatten in Subduktionszonen unter die kontinentale Kruste ab. Bei den im Erdinnern herrschenden hohen Temperaturen und Drücken wird das Kohlendioxid wieder freigesetzt. Durch Vulkanismus nahe der Subduktionszonen wird dieses Kohlendioxid sodann in die Atmosphäre zurückbefördert.

10 Atmosphärenpotential

Globale Flächensumme
= Oberfläche des mittleren Erdellipsoids
als *untere* Grenzfläche
= 510 000 000 km^2

Die *Atmosphäre* des Systems Erde besteht aus einem Gemisch unterschiedlicher Gase sowie fester und flüssiger Teilchen. Sie wird von der Erdschwerkraft festgehalten. Gase und Teilchen können in sehr unterschiedlichen Konzentrationen vorliegen und räumlich unterschiedliche Verteilungen aufweisen. Der Druck in dieser Atmosphäre nimmt exponentiell mit der Höhe ab. Real ist die Erdatmosphäre eine zum umgebenden Weltraum hin diffus auslaufende Schicht. Die diesbezügliche Begrenzung kann mithin nur sinnvoll festgelegt werden. Eine solche Begrenzung kann gegebenenfalls als Begrenzung des Systems Erde gelten.

Das *Klima* des Systems Erde kann als der globale Mittelwert des Wettergeschehens aufgefaßt werden. Vielfach wird das Klima mittels statistischer Methoden bezüglich seiner relevanten Elemente (wie beispielsweise Lufttemperatur, Niederschlag) analysiert. Um statistisch gesicherte Aussagen über Klimaänderungen oder den Trend des globalen Klimas zu ermöglichen, sind Mittelungen über Zeitabschnitte von mindestens 20-30 Jahren erforderlich (EK 1991 S.139, SCHÖNWIESE 1993).

Datenzentren für meteorologische Felder (Wettervorhersage)
    ECMWF (European Centre for Medium Range Weather Forecast)
Europäisches Zentrum für mittelfristige Wettervorhersage in Reading/Großbritannien (gegründet **1973**).
Maschengröße: 2,5° sowie teilweise 1,125° und 0,5°. Höhenbereich: von der Landoberfläche bis in eine Höhe von 10 hPa (ca 30 km). Höhenniveaus in der Stratosphäre: 100, 70, 50, 30, 10 hPa. Wetteranalysen täglich 6, 12, 18, 24 Uhr (UTC). Daten

nach SINNHUBER (1999).
UKMO (United Kingdom Meteorological Office).
NCEP (National Center for Environmental Prediction), USA,
früher: NMC (National Meteorological Center).
Die verfügbaren Daten umfassen den Zeitabschnitt 1948-2000 (DORN 2002).
Ferner besteht CIR/Jahr (Cosbar International Atmosphere/Jahr). Die Datensätze enthalten, abhängig von der geographische Breite, zonale Monatsmittel von Druck und Temperatur im 5-km-Raster bis zu einer Höhe von 120 km (WAHL 2002).
Bezüglich *Wettersatelliten* siehe Abschnitt 10.3.

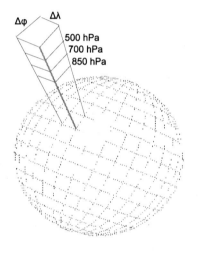

Bild 10.1
Möglichkeit zur unmittelbaren Verbindung variabler Daten mit zugehörigen (zeitgleichen) meteorologischen Daten in verschiedenen Druckhöhen der Atmosphäre. Der Luftdruck "am Boden" beträgt ca 1000 hPa.
$\Delta\varphi$ = Breitendifferenz
$\Delta\lambda$ = Längendifferenz
einer Netzfläche im geographischen Koordinatensystem. In diesem Zusammenhang wird hier sprachlich unterschieden:
Netzfläche = begrenzt durch *gekrümmte* Koordinatenlinien (mit zugehörigen *Netzpunkten*).
Gitterfläche = begrenzt durch *gerade* Koordinatenlinien (mit zugehörigen *Gitterpunkten*). Gemittelte Daten (Monatsmittel, Jahresmittel und andere) beziehen sich oftmals auf eine sogenannte Einheitsfläche (beispielsweise also auf eine definierte Netzfläche oder Gitterfläche). Sie können aber auch (etwa als Vektor) auf bestimmte Netzpunkte beziehungsweise Gitterpunkte (einer solchen Einheitsfläche) bezogen werden. Als Oberbegriff für Netzfläche und Gitterfläche kann die Benennung *Masche* (beziehungsweise Maschenfläche) dienen. Die einzelnen Höhenstufen der Kugel- oder Ellipsoidoberflächen (markiert nach dem Luftdruck in hPa oder nach der Länge in km) werden vielfach Stockwerke genannt.

Zum Stand der Rechenleistung
Hochleistungsrechner (engl. supercomputer) sind nicht einfach *Großrechner* (engl. mainframe computer), sondern in ihrer Grundanlage („Architektur") besonders für die Massenverarbeitung digitaler Daten ausgerichtet. Als erstes System, das diesen Namen verdient, gilt die Entwicklung von Seymour CRAY (1925-1996), der **1974** seinen Cray-1 vorstellte. Die Leistung eines Hochleistungsrechners wird üblicherweise in Flops (*floating point operations per second*) gemessen. Eine *floating point operation* ist ein elementarer Rechenakt, etwa eine Multiplikation mit Gleitkommazahlen, also Zahlen in der Darstellung mit Mantisse und Exponent, wie beispielsweise $3{,}28531 \cdot 10^{13}$. Eine Übersicht (mit Kenndaten) der gegenwärtig erdweit 12 schnellsten Hochleistungsrechner ist enthalten in STERLING (2005).

2002 wurde der "Earth Simulator" in Betrieb genommen, vom Zentrum für Meereswissenschaften und -technik (Japan Marine Science and Technology Center, Jamstec), steht in Yokohama (Japan). Er bewältigt **35** Teraflops (35 Billionen Rechenoperationen pro Sekunde), ist also 5x so schnell wie der bisherige Spitzenreiter "ASCI Withe" im Lawrence-Livermore-Nationallaboratorium in Livermore (Californien, USA) (PÖPPE 2002). Mit einer Netzweite von einem 1/10 Grad (im geographischen Koordinatensystem) und 54 darüber liegenden Stockwerken ist seine Netzauflösung um eine Größenordnung engmaschiger, als die bisher benutzten Netzkonfigurationen zur globalen Wetter*simulation*. Earth Simulator kann beispielsweise die Luftfeuchtigkeit in den einzelnen Stockwerken global mit einer Auflösung von ca 10 km berechnen. „Earth Simulator" war fast drei Jahre lang erdweit der schnellste (stärkste) Rechner.

2004 wurde er überrundet vom Hochleistungsrechner "Blue Gene" (IBM, Rochester), der demnächst vom us-amerikanischen Energieministerium betrieben werden wird. Er kann **91** Teraflops bewältigen.

Weiterentwicklung
Sie zielt auf Hochleistungsrechner mit der Leistung von Petaflops, also 10^{15} Rechenoperationen/Sekunde (erreichbar vielleicht 2006...2009) (STERLING 2005). Das *Rechnen mit Lichtgeschwindigkeit* rückt in die Nähe des Realisierbaren. In „photonischen" Rechnern sorgen für den Datentransfer zwischen den Mikrochips dann nicht mehr Stromimpulse (in Kupferleitungen), sondern Lichtquanten, die den Raum durcheilen. Schon in ca 10 Jahren könnte diese Verknüpfung von Photonik und Elektronik den Bau von Rechnern dramatisch verändern (GIBBS 2005).

Zur generellen vertikalen Struktur der gegenwärtigen Atmosphäre

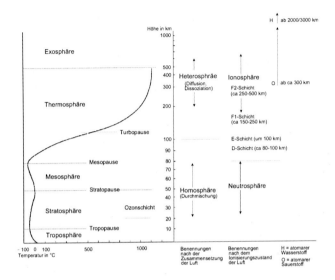

Bild 10.2 Vertikale Struktur der *gegenwärtigen* Atmosphäre nach Daten von SCHIRMER et al. (1987) und UNSÖLD /BASCHEK (1991). Die km-Angaben sind Höhen über der Land/Meer-Oberfläche.

Die generellen Atmosphärenstrukturen der bisherigen Erdgeschichte sind im Abschnitt 7.1.01 beschrieben. Die vertikale Struktur der gegenwärtigen Atmosphäre ist bereits im Abschnitt 4.2.05 kurz angesprochen, da sie für die Festlegung der Oberfläche Systems Erde Bedeutung hat und in Zusammenhang mit der Erdmagnetosphäre steht. Verschiedentlich wird außerdem unterschieden (SINNHUBER 1999):

mittlere Atmosphäre = Stratosphäre + Mesosphäre
obere Atmosphäre = Thermosphäre (einschließlich Ionosphäre).

Die einzelnen Umkehrpunkte des vertikalen Temperaturgradienten (Änderung der Temperatur mit der Höhe) tragen die Benennungen: *Tropopause, Stratopause, Mesopause, Turbopause.*

Die Höhe der *Tropopause* ist abhängig von der geographischen Breite, der Jahreszeit und den vorherrschenden meteorologischen Bedingungen. Im Mittel liegt die Tropopause in den Tropen in Höhen von 16-17 km, in den mittleren geographischen Breiten in Höhen 12-13 km und am Pol in Höhen ca 8-9 km (WEISCHET 1983 S.39). Außerdem steigt die Höhe der Tropopause zwischen den Polen und dem Äquator nicht linear, sondern stufenweise an. An diesen Tropopausenstufen (bei ca 30° und 60° Breite) erfolgt bevorzugt der turbulente Austausch von Luft zwischen Stratosphäre und Troposphäre (ROEDEL 1994 S.73, EK 1991 S.142). Die meridionale atmosphärische Zirkulation ist im Abschnitt 10.4 beschrieben.

Temperaturverteilung und Druckschichtung
Die Druckschichtung der Erdatmosphäre ist vor allem durch die Temperaturverteilung bestimmt, und diese wiederum durch das Zu- und Abströmen von Wärmeenergie in jeder Schicht H bis H+dH.

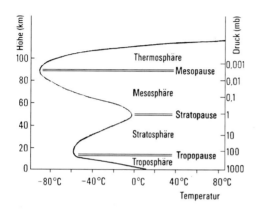

Bild 10.3
Vertikale Temperatur- und Druckverteilung in der *gegenwärtigen* Erdatmosphäre. Quelle: EK (1991) S.142, verändert
Einheit des Drucks ist das *Pascal* (Einheitenzeichen Pa), benannt nach dem französischen Philosophen und Mathematiker Blaise PASCAL (1623-1662). Andere gebräuchliche Druckgrößen sind

1 Megapascal	= 1 Mpa	= 1 000 000 Pa	= $1 \cdot 10^6$ Pa
1 Bar	= 1 bar	= 100 000 Pa	= $1 \cdot 10^5$ Pa,
1 Millibar (mb, vollständig mbar)			
	= 1 mbar	= 100 Pa = 1 hPa = 1 Hektopascal	

Skizze der generellen Vorgänge in der Atmosphäre
Die Skizze kann nach UNSÖLD/BASCHEK (1991) etwa wie folgt gezeichnet werden:
In der
|Troposphäre|
wird die absorbierte Sonnenwärme durch Konvektion abtransportiert. Dies führt zu einer gleichmäßigen Abnahme der Temperatur mit zunehmender Höhe. Die Refraktion des GPS-Signals beim Durchlaufen der Troposphäre (troposphärische Refraktion) ist im Abschnitt 2.2 dargelegt. Oberhalb der Tropopause (ab ca 10 km Höhe) übernimmt die Strahlung den Energietransport. Es ergibt sich eine nahezu isotherme
|Stratosphäre|
denn Warmluft über Kaltluft hält die Luftmischung stabil. Sodann besteht eine Abhängigkeit einerseits von dem Vorgang der Absorption der Sonnenstrahlung, andererseits vom Vorgang der langwelligen Abstrahlung der Erde in den Weltraum. Die Stratosphäre kann gegliedert werden in untere, mittlere und obere Stratosphäre. Weitere Erläuterungen hierzu sind enthalten im Abschnitt 10.4 in Zusammenhang mit dem Ozon. In 25 km Höhe ergibt sich im Verbund mit der Bildung von Ozon O_3

(Trisauerstoff) eine zunehmend wärmere Schichtung bis zur Stratopause in ca 60 km Höhe. In der
|Mesosphäre|
strahlt das Kohlendioxid (CO_2) im Ultrarot (Infrarot) Energie ab, jedoch erfolgt keine Wärmeentwicklung mehr durch Absorption von O_3, so daß die Temperatur zwar absinkt, aber oberhalb der Mesopause (ab ca 80 km Höhe) wieder ansteigt infolge Dissoziation und Ionisation der atmosphärischen Gase Distickstoff (N_2) und Disauerstoff (O_2) durch solare UV-Strahlung in der
|Thermosphäre|
Es ergeben sich Temperaturen bis ca 1000 K auf der Nachtseite der Erde und bis ca 2000 K auf der Tagesseite der Erde. Die elektrisch leitenden Schichten der
|Ionosphäre|
entstehen durch Photoionisation. Die maximalen Elektronendichten der Schichten D, E und F liegen in den genannten Höhen. Die Ionosphäre ermöglicht (im Sinne einer Spiegelschicht) die Ausbreitung elektromagnetischer Wellen (im Wellenlängenbereich der Funkwellen/Kurzwellen: etwa 10-100 m) rund um die Erde herum. In der E-Schicht werden (während der nächtlichen Einstrahlungsruhe) durch Wiedervereinigung (Rekombination) von Elektronen und Ionen die Emissionslinien und Emissionsbanden des Nachthimmelleuchtens (engl. Air glow) erzeugt. Bis zur Turbopause (in ca 120 km Höhe) ist die Atmosphäre relativ gut durchmischt, oberhalb davon trennen sich die einzelnen Gaskomponenten durch Diffusion. Es dominieren oberhalb 300 km atomarer Sauerstoff (O), oberhalb ca 2000/3000 km atomarer Wasserstoff (H). Die Refraktion des GPS-Signals beim Durchlaufen der Ionosphäre (ionosphärische Refraktion) ist im Abschnitt 2.2 dargelegt. Aus der
|Exosphäre|
(oberhalb ca 500 km Höhe) können Teilchen der Atmosphäre in den Weltraum entweichen. Weitere Ausführungen hierzu enthält Abschnitt 7.6.05, in dem unter anderem das Zusammenspiel von säurehaltigen Emissionen, Staubemissionen, saurem Niederschlag, Bodenacidität und Stoffwechsel der Pflanzen, sowie die Wechselwirkungen zwischen dem System Erde und dem interplanetaren Raum dargestellt sind.

Die *Durchlässigkeit* der Erdatmosphäre für elektromagnetische Strahlung und die *Strahlungsflüsse* in der Erdatmosphäre sind im Abschnitt 4.2.08 erläutert. Die *Sauerstoffanreicherung* in der Erdatmosphäre ist im Abschnitt 7.1.02 dargestellt.

Lufttemperatur, Temperaturzeitreihen
Im statistischen Sinne ist eine *Zeitreihe* ein Datenkollektiv, das sich der Reihe nach auf diskrete Zeitpunkte beziehungsweise Zeitdifferenzen (Zeitschritte) bezieht. Zur Analyse solcher Zeitreihen gibt es vielfältige Möglichkeiten. Das Suchen nach periodischen Anteilen in Zeitreihen der Erdrotation war im Unterabschnitt: Rotationsgeschwindigkeit, Tageslänge (Abschnitt 3.1.01) dargestellt worden. Zur Analyse

dienten dort vorrangig Wavelet-Transformationen. Die bei der Bildung beziehungsweise Analyse und Bewertung *klimatologischer* Zeitreihen zu beachtenden statistischen Einwirkungen sind ebenfall sehr komplex (siehe beispielsweise SCHÖNWIESE 1992).

Die *Lufttemperatur* als Maß für den Wärmezustand der Luft an einem bestimmten Ort in der Atmosphäre ist zumindest eine bedeutsame, oder sogar die bedeutsamste unter allen *direkt* meßbaren klimarelevanten Größen (siehe beispielsweise WEISCHET 1983). Welche Gesichtspunkte bei solchen Temperaturmessungen *vor Ort* zu beachten sind, hat WEISCHET sachkundig und übersichtlich dargestellt. Hier stehen vor allem die Meßmöglichkeiten von erdumkreisenden *Satelliten* aus im Mittelpunkt des Interesses.

Wie eingangs bereits angesprochen, sind zur Beschreibung von Klima und Klimaänderungen *Mittelwerte* beispielsweise über die Lufttemperatur in einem längeren Zeitabschnitt erforderlich. Solche *Temperaturzeitreihen* sollten dabei (wie bereits vermerkt) einen Zeitabschnitt von mindestens 20-30 Jahren umfassen, um als klimarelevant gelten zu können. Im allgemeinen kann man erwarten: *Jahr-zu-Jahr-Variationen*, etwa bei Reihen, die sich auf eine Meßstation beziehen (Ortsreihen), oder bei Reihen mit erdweiten Daten (Globalreihen); ferner gewisse, relativ *langfristige* Temperaturschwankungen sowie Aussagen zum linearen oder nichtlinearen *Trend* der Lufttemperaturänderung. Die Bilder 10.4-5 sollen dies verdeutlichen.

Schließlich sei in diesem Zusammenhang auf die Strahlungsreflexion (Albedo) und Strahlungsemission an tätigen Oberflächen der Erde verwiesen (Abschnitt 4.2.08), insbesondere auf die Ausführungen über die Strahlungsemission verschiedener Bereiche der Erde, in dem auch die *Temperaturstrahlung* und die gebräuchlichen *Temperaturskalen* dargestellt sind.

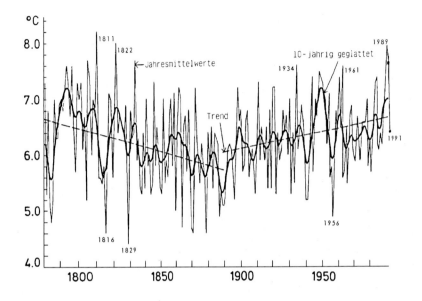

Bild 10.4
Mittelwerte der *landoberflächennahen* ("bodennahen") Lufttemperatur für den Zeitabschnitt 1781-1991 auf der Station *Hohenpeissenberg* im Voralpengebiet in Bayern (geographische Breite 47,8° Nord, Länge 11,0° Ost, Höhe = 983 m).
Unter "bodennaher" Luftschicht wird in diesem Zusammenhang verstanden die Luftschicht bis 1,5/2,0 m über der Land/Meer-Oberfläche (WEISCHET 1983 S.96). Die Lufttemperatur ist angegeben in °Celsius. Es sind zu unterscheiden: (a) 1-Jahres-Mittelwerte (volle Geraden), (b) 10-Jahres-Mittelwerte (Kurve) und (c) linearer Trend (gestrichelte Geraden). *Trendwert* = Endwert der Regressionsgeraden - Anfangswert. Quelle: SCHÖNWIESE (1993), verändert

Wie aus dem Bild entnommen werden kann, ist bei dieser *Ortsreihe* eine Zweiteilung des Temperaturverlaufs ausgewiesen: bis 1890 liegt offensichtlich ein Temperaturrückgang vor, danach ein Temperaturanstieg.

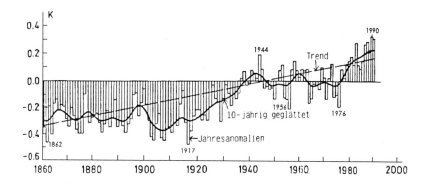

Bild 10.5
Mittelwerte der *oberflächennahen* **globalen** Lufttemperatur für den Zeitabschnitt 1861-1991 (Land + Meer). Grundlage der Darstellung sind die Daten des *Intergovernmental Panel on Climate Change* (IPCC). Die Darstellung zeigt Abweichungen von einem Mittelwert, dessen Wert = 0 gesetzt wurde. Die Abweichungen sind angegeben in K (Kelvin). Ferner zeigt die Darstellung wiederum: (a) 1-Jahres-Anomalien, (b) 10-Jahres-Anomalien (Kurve) und (c) linearer Trend (gestrichelte Gerade). Der *absolute* Wert für 1990 sei ca 15,4 °C. Quelle: SCHÖNWIESE (1993), verändert

Geht man davon aus, daß der Tages- und Jahresgang der Lufttemperatur *generell* vom tages- und jahresperiodischen Strahlungsgang der Sonneneinstrahlung gesteuert wird und andere Faktoren nur *modifizierenden* Einfluß haben (WEISCHET 1983...), dann sind neben dem *solaren Einfluß* vor allem zu nennen: der Einfluß des *Vulkanismus*, der *ozeanische* Einfluß, der Einfluß von *Wüstenstaub* und der Einfluß sonstiger Zufallsprozesse. Der *reguläre* (durch ein mathematisches Modell definierte) solare Einfluß auf die Lufttemperatur basiert auf zahlreiche *erdmechanische* Parameter (Größe, Bewegung, Schwerkraft... des Systems Erde) und *himmelsmechanische* Parameter (Umlauf der Erde um die Sonne, Neigung der Erdachse, Solarkonstante...). Siehe hierzu Abschnitt 3.1.01.

Nach WMO (World Meterological Organization, Genf) ergaben Meßergebnisse an über 1000 Meßstationen auf dem Land und fast 2000 Meßstationen auf dem Meer (Schiffe, Bojen) für das Jahr 1998 eine globale Temperaturzunahme von 0,58°C gegenüber dem Durchschnittswert des Zeitabschnittes 1961-1990. Zwischen diesen Messungsergebnissen der *Land/Meer-Stationen* bezüglich oberflächennaher Luftschicht und den Messungsergebnissen von *Satelliten* aus bezüglich Temperatur in gewissen Höhen der Atmosphäre besteht eine bisher unklare Diskrepanz (Sp 3/1999, S.24).

Zusammensetzung der gegenwärtigen Erdatmosphäre

Die chemische Zusammensetzung von Luft, Erdkruste und Meerwasser war bereits im Abschnitt 7.6.01 angesprochen worden, da diese Stoffgruppen in enger Verbindung zum Waldpotential und dem globalen Kreislaufgeschehen stehen. Die folgenden ergänzenden Ausführungen beziehen sich vorrangig auf die chemische Zusammensetzung der trockenen, wasserdampffreien Atmosphäre. Im Bild 10.6 sind zunächst diejenigen Bestandteile genannt, die räumlich und zeitlich weitgehend konstant sind. Diese heute *permanenten* Luftbestandteile haben jedoch unterschiedliches Alter. Einige sind vermutlich so alt wie die Erde selbst, die jüngsten sind ca 10 000 Jahre vor der Gegenwart entstanden. Die heutige Zusammensetzung der Luft ist bezüglich dieser Gase bis zu einer Höhe von ca 80 km weitgehend homogen, erst in Höhen darüber tritt eine Entmischung durch gaskinetische Effekte auf (ROEDEL 1994).

Bestandteil		Volumen-%	
Stickstoff	N_2	78,09	
Sauerstoff	O_2	20,95	Bild 10.6
Argon	Ar	0,93	Zusammensetzung
		-------	der wasserdampf-
		Summe 99,97	freien Atmosphäre
			(permanente Be-
Neon	Ne	$18,2 \cdot 10^{-4}$	standteile).
Helium	He	$5,24 \cdot 10^{-4}$	Quelle:
Krypton	Kr	$1,14 \cdot 10^{-4}$	ROEDEL (1994)
Xenon	Xe	$0,087 \cdot 10^{-4}$	

Neben diesen permanenten Bestandteilen gibt es eine große Anzahl von weiteren Luftbestandteilen, die in der Regel nur in sehr geringen *Volumenanteilen* vorkommen. Anstelle von Volumenanteil wird auch von Volumenkonzentration eines Stoffes (oder kurz: von Konzentration) gesprochen. Da es sich um ein Mischungsverhältnis handelt, wird außerdem die Benennung Volumenmischungsverhältnis benutzt. Die Volumenanteile dieser Luftbestandteile zeigen mehr oder weniger starke zeitliche und räumliche Schwankungen. Die *Aufenthaltsdauern* in der Atmosphäre (auch Lebensdauern genannt) liegen in der Größenordnung von von Stunden bis Jahren, sie sind somit vergleichsweise kurz. Man kann bei der Luft unterscheiden zwischen partikelförmigen Beimengungen, den sogenannten *Aerosolpartikeln*, und *Gasen*.

Gas	(1)	(2)	(3)	(4)
Hauptelemente		Angaben in Volumen-% = **V%**		
Stickstoff	N_2	78,0840	78,10	78,09	
Sauerstoff	O_2	20,9460	20,90	20,95	
Argon	Ar	0,9340	0,93	0,93	
Summe:		99,9640	99,93	99,97	
Spurenelemente *(Auswahl)*		Angaben in **ppmv** = 10^{-6}			
Kohlendioxid	CO_2	320	354		
Neon	Ne	18,18	18,2	18,2	
Helium	He	5,24	5,2	5,24	
Krypton	Kr	1,14	1,1	1,14	
Xenon	Xe	0,087	0,09	0,087	
Methan	CH_4		1,72	ca 1,7	
Wasserstoff	H_2	0,55	0,5	ca 0,5	
		Angaben in **ppbv** = 10^{-9}			
Distickstoffoxid	N_2O	330	310	ca 300	
Ozon /2/	O_3		10-100 /1/	ca 50-5000	
Schwefeldioxid /2/	SO_2		bis 0,2 /1/		
Ammoniak /2/	NH_3		0,1-1	ca 1-20	
Kohlenmonoxid /2/	CO		40-150 /1/	ca 100	
Formaldehyd	HCHO		0,1-1		
		Angaben in **pptv** = 10^{-12}			
Stickstoffdioxid /2/	NO_2		10-100 /1/		
Stickstoffoxid /2/	NO		5-100 /1/		
Salpetersäure	HNO_3		50-1000 /1/		
FCKW 11	$CFCl_3$		280		
FCKW 12	CF_2Cl_2		480		

Bild 10.7   Zur chemischen Zusammensetzung *trockener* (wasserdampffreier) *troposphärischer* Luft.

Die Daten im Bild 10.7 entstammen:
(1) MASON/MOORE (1985) S.206 (die Daten beziehen sich auf die Zeit um 1982)
(2) EK (1991) S.145 (I) (die Daten beziehen sich auf das Jahr 1989)
(3) ROEDEL (1994) (die Daten beziehen sich auf die Zeit um 1991)

Neben dem Volumenanteil wird bei einigen Autoren auch der zugehörige Gewichtsanteil (Masseanteil) angegeben.
Ferner bedeuten:
/1/ Außerhalb von Belastungsgebieten (in denen noch höhere Konzentrationen auftreten können).
/2/ Spurengas mit stark schwankendem Mischungsverhältnis.
Bezüglich der *Quellen* dieser Gase siehe Abschnitt 7.6.01.

Nach Bild 10.6 stellen die Gase Stickstoff, Sauerstoff und Argon zusammen einen Anteil von 99,97 Volumen-% der wasserdampffreien Atmosphäre. Die restlichen Bestandteile stellen somit nur einen Anteil von < 0,1 Volumen-%. Aus diesem Grunde wird vielfach unterschieden zwischen *Hauptelementen* und *Spurenelementen*. Bild 10.7 zeigt diese Gliederung. Die *Sauerstoffanreicherung* in der Erdatmosphäre während des erdgeschichtlichen Ablaufs ist im Abschnitt 7.1.02 ausführlich dargelegt. Bezüglich früherer Atmosphärenstrukturen siehe Abschnitt 7.1.01.

Für die Einheit 10^{-6} Volumen-%, entsprechend 1 Teil auf 10^6 Teile, wird vielfach die Bezeichnung **ppm** (parts per million) benutzt. Bei noch kleineren Volumenanteilen sind die Einheiten **ppb** (parts per billion) für 1 Teil auf 10^9 Teile und **ppt** (parts per trillion) für 1 Teil auf 10^{12} Teile gebräuchlich. Bei Angabe des Volumens kann geschrieben werden: ppmv, ppbv, pptv. Bei Angabe des Gewichts (der Masse) kann geschrieben werden: ppmg, ppbg, pptg. Siehe hierzu Erläuterungen zu einigen benutzten Einheiten und Bezeichnungen im Abschnitt 7.6.01.

Bezüglich der Luftbestandteile waren zuvor vorrangig die permanenten Gase und die gasförmigen Spurenelemente behandelt worden. Nachfolgend wird auf das nicht permanente Gas Wasserdampf sowie auf die Aerosolpartikel und Wolkenfelder näher eingegangen.

Wasserdampf in der Erdatmosphäre

Wasserdampf ist ein unsichtbares Gas. In der Umgangssprache wird das, was man beim Ausströmen aus Wärmekraftmaschinen, Schornsteinen oder auch beim Ausatmen in kalter Luft sieht, vielfach "Dampf" genannt, obwohl es sich hier um *Schwaden* handelt, die neben dem Wasserdampf auch seine Kondensationsprodukte in Form von kleinsten Wassertröpfchen enthalten (WEISCHET 1983). Die Schwaden sind vergleichbar mit Nebel oder Wolken. Wasserdampf ist der wichtigste Absorber der solaren Strahlung in der Troposphäre. Da er zeitlich und räumlich *stark* variabel ist, kann der integrale Wasserdampfgehalt in der Atmosphäre in der Regel nicht hinreichend zuverlässig aus meteorologischen Standardgrößen (wie Luftdruck, Windrichtung, Windgeschwindigkeit, Temperatur und Luftfeuchte) abgeleitet werden. Zur

Erfassung seiner zeitabhängigen Verteilung in der Atmosphäre werden daher meist direkte oder indirekte Messverfahren eingesetzt. Als Geräte dienen unter anderem
Radiosonden
wo an einem mit Helium gefüllten Trägerballon Messgeräte für Temperatur, Luftdruck, Feuchte und gegebenenfalls Wind befestigt sind, die während des Steigfluges (und gegebenenfalls Sinkfluges) diesbezügliche Daten an eine Bodenstation übermitteln. Die Ballons benötigen ca 25 Minuten um eine Höhe von 9 km zu erreichen, was einem Druckniveau von 300 hPa entspricht. Wegen Luftbewegungen kann meist kein zenit-vertikales Profil bestimmt werden. Radiosonden eignen sich außerdem in der Regel nicht zur direkten Messung von flüssigem Wasser. Seit etwa 1980 sind zur Erfassung des Wasserdampfgehaltes in der Atmosphäre
Wasserdampfradiometer
im Einsatz. Ihre Entwicklung habe einen gewissen Abschluß erreicht, da wesentliche Verbesserungen einen hohen Aufwand erfordern würden. Sie sind derzeit aber die einzigen Geräte, mit denen zuverlässigen Studien zum Verhalten des Wasserdampfes in der Atmosphäre betrieben werden können (NOTHNAGEL 2000). Es existieren sowohl passiv als auch aktive Verfahren, wobei die Messungen von der Geländeoberfläche oder vom Satelliten aus erfolgen können. Zur Bestimmung von Wasserdampfprofilen der Atmosphäre dienen ferner
    Raman Lidar
    Ultrarot-Hygrometer (Infrarot-Hygrometer)
und einige Hybridverfahren.

Bleibt noch anzumerken, daß der größte Teil des Wassers in der Atmosphäre als Wasserdampf vorliegt. Sogar in Wolken ist der Wasserdampfgehalt wesentlich höher als der Flüssigwassergehalt (ROEDEL 1994).

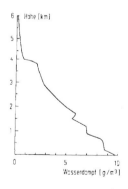

Bild 10.8
Vertikales Profil einer typische Verteilung des Wasserdampfes in der Atmosphäre, gemessen mit einer Radiosonde bei Bewölkung nach SKOOG et al. 1982. Quelle: NOTHNAGEL (2000), verändert

Gleichzeitige Bestimmung vertikaler und horizontaler Wasserdampfprofile
Wasserdampf ist ein gewichtiger Parameter in Modellen zur Wettervorhersage und zur Beschreibung der Klimaentwicklung. Er wirkt besonders mit bei der Erhaltung oder Störung des Temperaturgleichgewichts im System Erde. Der Aufbau engmaschiger GPS-Permanentstationen ermöglicht die *gleichzeitige* Bestimmung von vertikalen Wasserdampfprofilen sowie von horizontalen Wasserdampfprofilen (durch geeignete

Interpolation zwischen den vertikalen Profilen). Bekanntlich werden beim Durchlaufen der Atmosphäre die GPS-Signale verzögert entsprechend dem Brechungsindex der Atmosphärenschichten. Der Brechungsindex ist abhängig vom Druck der trockenen Luft, dem Druck des Wasserdampfes und der Temperatur. Um die GPS-Beobachtungswerte entsprechend korrigieren zu können, ist die Bestimmung der atmosphärische Laufzeitverzögerung bei jeder GPS-Messung erforderlich. Die diesbezüglichen Bestimmungsverfahren liefern zunächst einen Gesamteffekt. Von diesem Gesamteffekt läßt sich sodann, etwa mittels Druckmessungen auf der GPS-Station, der trockene Anteil subtrahieren. Übrig bleibt der feuchte Anteil, der als ein Maß für den integrierten Wasserdampfgehalt oberhalb der Station gilt. Als erreichbare Genauigkeit dafür kann etwa gelten: ±1,5 kg/m^2 (NOTHNAGEL 2000, TORGE 2000 S.231).

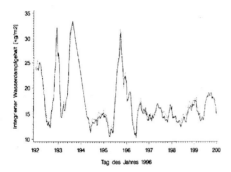

Bild 10.9
Wasserdampfgehalt über Onsala (Schweden) für einen Zeitabschnitt von 8 Tagen. Aus GPS-Daten bestimmt (= volle Linie). Mit einem Wasserdampfradiometer von der GPS-Station aus bestimmt (= punktierte Linie). Die Ergebnisse der beiden unabhängigen Messverfahren stimmen gut überein. Die Abweichungen liegen innerhalb ± 0,5 kg/m^2. Quelle: ROTHACHER (2000), verändert

10.1 Aerosolteilchen

Das *Aerosol* ist eine stabile Suspension fester und/oder flüssiger Partikel in der Luft (MÜLLER 2001). *Aerosolteilchen* (Aerosolpartikel) sind somit luftgetragene Teilchen, wobei der größte Teil der Gesamtmasse des Aerosols im Größenbereich zwischen 0,1 µm und 10 µm liegt. Die Verweildauer (Aufenthaltszeit) in der Atmosphäre für diesen Größenbereich beträgt 5-6 Tage, weniger für größere und kleinere Teilchen. Meßtechnisch erfaßbar sind derzeit Aerosolteilchen bis ca. 0,0016 µm (JAENICKE et al. 1987 S.13 und 327).

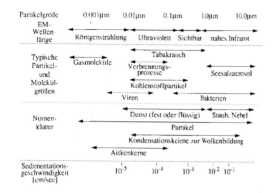

Bild 10.10
Größenbereiche typischer atmosphärischer Aerosolteilchen mit Angabe von zugeordneten Sedimentationsgeschwindigkeiten. Außerdem ist der Gesamtgrößenbereich der Aerosolteilchen den Bereichen des elektromagnetischen Wellenspektrums zugeordnet. Angaben nach verschiedenen Autoren (SCHUMACHER 2001).

In der *Troposphäre* umfaßt das Aerosol meist Staubpartikel und Seesalzpartikel, die vom Land beziehungsweise Meer her aufgewirbelt sein können. WEISCHET (1983) unterscheidet Staub, Rauch, Dämpfe, Mikroorganismen.
Staub
sind feinste Teilchen anorganischer Materie. Als Quellen gelten vor allem die vegetationsarmen Trockengebiete der Erde (Wüsten, Steppen), industrielle- und städtische Ballungsgebiete sowie episodisch auftretende Vulkanausbrüche (Vulkanaerosol). Über dem Meer und an den Küsten gelangt über die Gischt nach Verdunsten kleinster, vom Wind fortgetragener Wassertropfen Salzstaub in die Atmosphäre (Seesalz-Aerosol). Die Wüsten als Mineralstaubquellen sind im Abschnitt 6 behandelt.
Rauch
ist eine Mischung von Kohlebestandteilen (Ruß), Dämpfen und öligen Substanzen. Er entsteht sowohl bei Vulkanausbrüchen sowie bei Wald- und Steppenbränden, ferner bei Verbrennungsprozessen in Industrie- und Wohnanlagen. Auch der im Winter aus nördlichen Industrieanlagen in die *Arktis* transportierte Dunst (engl. arctic haze) enthält Ruß. Ruß ist eine amorphe Form des Kohlenstoffs, Graphit und Diamant gehören zu den kristallinen Formen des Kohlenstoffs.
Mikroorganismen
am Aerosolgehalt sind Bakterien, Pilze, Sporen, Pollen und andere Keime. Die unteren Luftschichten über der Landoberfläche sollen an Mikroorganismen enthalten zwischen 500 bis 1 000/m^3, darunter 100-200 Bakterien (WEISCHET 1983).
|Seesalz-Aerosol|
Das Seesalz-Aerosol ist ein Gemisch, das sich vorrangig zusammensetzt aus Chlorid (Cl$^-$), Natrium (Na$^+$) und Sulfat (SO$^{2-}_4$) (HOFMANN 2000). Die Quelle des Seesalz-Aerosols ist das Meer. Es kann entstehen bei der Ablösung sogenannter Filmtropfen von den Schaumkronen sich überschlagender Wellen ("Riesen-Aerosole" mit Durchmessern bis 100 μm) oder bei aufgewühlter See durch Aufsteigen von Bläschen

(Jetttropfen), die an der Meeresoberfläche zerplatzen und dabei Aerosol in der Größenordnung von 1-10 µm bilden. Über dem Meer reicht das Seesalz-Aerosol bis zur Höhe von ca 1000 m, wobei seine Konzentration mit zunehmender Höhe abnimmt. Die Produktion von Seesalz-Aerosol steigt mit zunehmender Windgeschwindigkeit.

In der marinen Atmosphäre kann sich die zuvor genannte Zusammensetzung des Seesalz-Aerosols wesentlich verschieben, bewirkt beispielsweise durch Oxidation von Schwefeldioxid (SO_2) am beziehungsweise im Aerosol. Da das Seesalz-Aerosol die sogenannte freie Atmosphäre erreichen kann, ist auch ein Transport über lange Strecken zu anderen Orten möglich. Dort wird es schließlich trocken oder feucht deponiert.

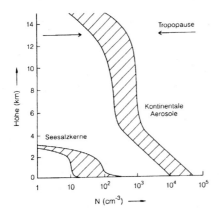

Bild 10.11
Troposphärisches Aerosol: Teilchenzahldichte als Funktion der Höhe nach ROEDEL (1994).

In der *Troposphäre* umfaßt das Aerosol nach den vorstehenden Ausführungen meist Staubpartikel und Seesalzpartikel, die vom Land beziehungsweise Meer her aufgewirbelt sein können. Im Gegensatz dazu bilden sich Aerosole in der *Stratosphäre* nur durch Nukleation und Kondensation.

Aerosolteilchen werden gebildet entweder durch den Übergang aus der Gasphase zu festen Teilchen (Kondensation oder Nukleation) oder durch Zerfall von Flüssigkeiten und festem Material (Dispergierung). Nach Umwandlungsprozessen in der Troposphäre werden sie nach unterschiedlicher Verweildauer (nach unterschiedlichem Lebenslauf) schließlich von dort weitgehend ausgeschieden als Trockendeposition oder als Niederschlag. Als trockene oder nasse Deposition *fallen* sie auf die Landoberfläche (beziehungsweise deren Bedeckung) oder auf die Meeresoberfläche oder auf Eis/Schneeoberflächen. Ein kleiner Teil *steigt* jedoch in die obere Troposphäre (oberhalb ca 5 km) und wird dort praktisch global verteilt. Die Teilchen diffundieren (ebenfalls global) wieder in die untere Atmosphäre zurück und bilden dort ein "troposphärisches Hintergrund-Aerosol" (engl. background-Aerosol) (ROEDEL 1994). Mit zunehmender Höhe nimmt die Aerosolkonzentration rasch ab (Bild 10.10). Oberhalb ca 5 km über der Landoberfläche sind nur noch wenige hundert Teilchen pro cm^3 anzutreffen (ROEDEL 1994).

Nach dem Auftreten in der Atmosphäre durch Emission oder Nukleation führen sodann Kondensationsprozesse zum Wachsen der Teilchen. Im Gegensatz dazu kann die Aerosolmasse aber auch durch Verdampfen (Evaporation) verringert werden. Die wichtigsten Verlustprozesse in der Atmosphäre sind, wie bereits gesagt, die trockene und nasse Deposition.

Bild 10.12
Umwandlung von Partikeln durch aerodynamische Prozesse in der Atmosphäre nach SCHUMACHER (2001).

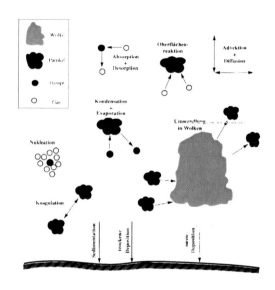

Aerosolquellen
Global sind die Aerosolquellen bisher nicht hinreichend vollständig bekannt.
● Die globale Aerosolquellstärke wird auf ca 2 - 2,5 Gigatonnen/Jahr geschätzt (ROEDEL 1994). 2/3 davon sei eine direkte Emission von Aerosolteilchen in die Atmosphäre (Primäraerosole), 1/3 seien Sekundäraerosole, die durch Kondensation von (aus Gasreaktionen gebildeten) Dämpfen in der Atmosphäre entstehen (SCHUMACHER 2001). Vielfach wird zwischen "natürlichen" und "anthropogenen" Quellen unterschieden. Nach FEICHTER et al. 1997 sind auf der Südhalbkugel ca 1/3 der natürlichen Aerosol-Emissionen anthropogen bedingt, während auf der Nordhalbkugel die anthropogenen Emissionen fünfmal höher sind, als die natürlichen (SCHUMACHER 2001). Auf der Nordhalbkugel würden ca 90 % aller anthropogenen Aerosole entstehen..

Primäraerosole entstehen überwiegend durch Dispergierung von Mineralstaub und durch Bildung von Seesalzaerosolen, hinzukommen organisches Aerosolmaterial (wie Pollen und Sporen) sowie Material aus Vulkanausbrüchen, Wald- und Buschbränden. Schließlich sind vor allem Industrie, Verkehr, Heizung von Wohnraum und dergleichen die Haupterzeuger von Ruß und anderem.

Sekundäraerosole entstehen meist aus kondensierbaren Dämpfen. Beispielsweise kann Sulfat aus marinen und anthropogenen Quellen durch Nukleation zur Teilchenbildung beitragen. Eine wichtige Quelle für Sulfat-Aerosole ist Dimethylsulfid (DMS), das vom Phytoplankton im Meer abgegeben wird. Die DMS-Produktion durch Phytoplankton ist auch im Rahmen des Schwefelkreislaufs (Abschnitt 10.4) angesprochen. Ein großer Teil der Sekundäraerosole entstammt sodann chemischen Reaktionen von freigesetztem Schwefeldioxid (SO_2), der besonders bei der Verbrennung fossiler Brennstoffe entsteht.

Aerosol und Wolkenkerne
Aerosolteilchen sind am Aufbau des luftelektrischen Feldes beteiligt, sie beeinflussen den Energiehaushalt der Atmosphäre, darüberhinaus sind sie für die unterschiedlichsten in der Atmosphäre ablaufenden physikalischen und chemischen Prozesse teilweise von elementarer Bedeutung, insbesondere ist ihr Vorhandensein für die Einleitung von Kondensationsprozessen, also für die Wolkenbildung, notwendig. Auch die weitab aller Verunreinigungsquellen befindliche "Reinluft" enthält Aerosol, das Hintergrund-Aerosol, das in einer Konzentration zwischen 200 (kontinentferne Meeresteile, Polargebiete) und 600 Teilchen/cm^3 (10^8 bis $10^9/m^3$) praktisch überall in der Troposphäre anzutreffen ist. Von besonderer Bedeutung ist, daß auch dieses *global* verteilte Aerosol einen Vorrat von Wolkenkernen enthält, denn *Wolkenkerne* sind die bei Kondensationsprozessen aktivierbaren Bestandteile des Aerosols (WEISCHET 1983), also "Geburtshelfer" bei der Wolkenbildung. Sie werden auch als Anlagerungs-, Kondensations- beziehungsweise Sublimations- oder meist als Wolkenkerne bezeichnet. Nach heutiger Erkenntnis spielt das maritime Seesalzaerosol als Wolkenkerne keine wesentliche Rolle, da es nur bis ca 2 km Höhe reicht und dort nur Konzentrationen von maximal 1 Kern/cm^3 aufweist. Der Anteil *anthropogen* in die Atmosphäre injizierte Wolkenkerne beträgt vermutlich nur wenige Prozent (WEISCHET 1983).

Aerosolteilchen in der Troposphäre, Erwärmung und Abkühlung
Ob Aerosolteilchen in der Troposphäre regional eine Erwärmung oder Abkühlung bewirken hängt nicht nur von den Teilcheneigenschaften ab, sondern auch vom Sonnenstand und von der Albedo der tätigen Oberflächen. Vor allem bei niedriger Albedo, beispielsweise über der Meeresoberfläche, wirken sie abkühlend. Bei hoher Albedo, beispielsweise über Eis/Schnee-Oberflächen oder Wüstenoberflächen, können sie zu einer Erhöhung der Temperatur in der Atmosphäre beitragen (Treibhauseffekt). Global gesehen scheint das atmosphärische Aerosol (nach Meinung mehrerer Autoren, siehe NAGEL 1999) eher abkühlend auf das System Erde einzuwirken und damit entgegengesetzt dem Treibhauseffekt.

Aerosolteilchen in der Stratosphäre
Die Stratosphäre enthält unter anderem aus der Gasphase gebildete Schwefelsäuretröpfchen und andere schwefelhaltige Teilchen bis in Höhen von ca 30 km (NAGEL 1999). Die stratosphärischen Aerosolteilchen sind eine Grundlage für die Entstehung der polaren stratosphärischen Wolken in beiden Polargebieten. Im Vergleich zur Troposphäre schwankt die Verteilung der Aerosolteilchen in der Stratosphäre nur in geringem Maße, da hier die Verweilzeit der Teilchen länger ist. Die in der Stra-

tosphäre befindlichen Teilchen entstammen zunächst aus dem stetigen Fluß aus der Troposphäre. Sie bilden in der Stratosphäre eine einigermaßen stationäre globale Aerosolschicht. Verschiedentlich wird in diesem Zusammenhang von "stratosphärischem Hintergrund-Aerosol" gesprochen (MÜLLER 2001, MEIXNER 1987). Dieser globale Aerosolschleier zwischen 15 km und 25 km trägt den Namen "Junge-Schicht" (so benannt nach dem deutschen Chemiker Christian JUNGE, der sie um 1960 entdeckte). Das Hintergrund-Aerosol besteht aus Tröpfchen verdünnter Schwefelsäure, die ein Oxidationsprodukt natürlicher, schwefelhaltiger Substanzen aus vulkanischen und biogenen Emissionen seien. Als Quelle für die Junge-Schicht gelten langlebige schwefelhaltige Gase troposphärischer Herkunft, die nicht durch Niederschlag in der Troposphäre ausgewaschen werden.

Die weiteren in der Stratosphäre befindlichen Teilchen entstammen Vulkanausbrüchen. Mehrjährige Änderungen des stratosphärischen Aerosols sind meist bewirkt durch einzelne starke Vulkanausbrüche. Wegen der geringen Größe (ca 0,5 µm) und der chemischen Zusammensetzung der Teilchen (vorrangig Schwefelsäuretröpfchen) wird das Sonnenlicht vor allem gestreut und die Wärmestrahlung fast nicht absorbiert (EK 1991). Die Aerosolteilchen in der Stratosphäre tragen mithin zur Abkühlung der unteren Atmosphäre und an den tätigen Oberflächen bei. Der Vulkanismus ist im Abschnitt 3.2.02 dargestellt. Ein langfristiger Trend der stratosphärischen Aerosolkonzentrationen ist bisher nicht festgestellt worden (EK 1991).

Aerosolteilchen und ihr Einfluß auf die optischen Eigenschaften der Wolken (Streuprozesse, Extinktion)
Solare Strahlung wird beim Durchdringen der Erdatmosphäre an den Gasmolekülen und den Aerosolteilchen gestreut und absorbiert. Die *Extinktion* (Streuung und Absorption) ist etwa durch folgende Prozesse gekennzeichnet (SCHUMACHER 2001):
- *Molekühl-Streuung*: Rayleigh-Streuung durch Molekühle (Cabannes- und Rotations-Ramann-Streuung)
- *Partikel-Streuung*: durch Aerosole, Wolkentröpfchen und Eiskristalle
- Aerosol-, Wolken- und Niederschlagsabsorption
- Selektive Absorption in verschiedenen Spektralbereichen durch atmosphärische Spurengase.

Bei der Behandlung der Streuung von Strahlung beim Durchdringen der Erdatmosphäre werden meist benutzt die Rayleigh-Theorie (wenn der Teilchenradius klein im Vergleich zur Wellenlänge der Strahlung ist) und die Mie-Theorie (wenn der Teilchenradius nicht mehr klein im Vergleich zur Wellenlänge der Strahlung ist) (ROEDEL 1994). In der Mie-Theorie (Gustav MIE, 1908) sind die optischen Eigenschaften der Wolken mit den mikrophysikalischen Eigenschaften der Aerosole verknüpft unter der Voraussetzung, daß die streuenden Teilchen *kugelförmig* sind. Die Behandlung der Streuung *asphärischer* Aerosolteilchen ist jedoch weitaus schwieriger (SCHUMACHER 2001).

Aerosolteilchen haben danach Einfluß auf die optischen Eigenschaften der Wolken.

Vertikalgeschwindigkeit, Anzahl und Größenverteilung sowie chemische Zusammensetzung der Teilchen bestimmen weitgehend die Zahl der Wolkentröpfchen, den Flüssigwassergehalt der Wolken und den Beginn der Niederschlagsbildung (EK 1991). Gäbe es die Aerosolteilchen nicht, würden Wolken- und Regenbildung ganz anders verlaufen. Außerdem beeinflußt das Aerosol die Sichtweite in der Atmosphäre. Eine einfache Beziehung zwischen Sichtweite S und Extinktionskoeffizient α hat KOSCHMIEDER 1924 angegeben: $\alpha = 3,9 / S$. Hinweise zu bisher entwickelten *Aerosolmodellen* sind in SCHUMACHER (2001) enthalten.

Aerosol in Polargebieten

Offensichtlich bestehen unterschiedliche Bedingungen für Aerosol in der Antarktis und Aerosol in der Arktis. Beispielsweise wird die Arktis vor allem im Frühling (Nord-Frühling) stärker durch anthropogen verursachte Emissionen verschmutzt, als die Antarktis. Die Arktis weist außerdem einen geringeren Seesalz-Anteil im Aerosol auf, als die Antarktis. In der Arktis treten die Vorgänge die zum Ozonverlust führen später auf, als in der Antarktis.

|Arktis|
In der Arktis zeigt die Aerosolkonzentration starke jahreszeitliche Schwankungen mit einem Minimum im Sommer/Herbst und einem Maximum im späten Winter und Frühjahr (März bis Mai). Ein Überblick über den bisherigen Kenntnisstand mit historischen Anmerkungen ist enthalten in NAGEL (1999). Aufgrund der besonderen Strahlungsbedingungen (Polartag beziehungsweise Polarnacht, teilweise hohe Albedo der tätigen Oberflächen) ist die Arktis eine Region, in der Aerosole vielfältig wirksam sein können. Verschiedentlich wird angenommen, die Region sei eine "Reinluftregion" mit niedrigen Aerosolkonzentrationen. Im Frühjahr (März bis Mai) können jedoch Konzentrationen erreicht werden, die denen in den Quellregionen (Westeuropa, Russland, Nordamerika) vergleichbar sind. Das Phänomen wurde um 1950 erkannt und wird meist *arktischer Dunst* (engl. Arctic Haze) genannt. Mit ihm verbunden ist eine verringerte Sichtweite aufgrund von Schwefelsäure-Aerosolen. Dies zeigt zugleich, daß in der Arktis große Mengen Säure in der Atmosphäre vorhanden sind. Die genannten Phänomene haben offensichtlich auch Bedeutung bei der Ozonzerstörung (siehe dort). Beispielsweise treten die Ozoneinbrüche (Ozonminima) an der Neumayerstation (Antarktis) im Jahresablauf 1-2 Monate früher auf als in Ny Alesund (Spitzbergen) (RIEDEL 2001). Ein weiteres Phänomen ist der sogenannte *Polarschnee* (engl. Diamond Dust oder auch clear sky ice crystal precipitation). Die kleinen Eiskristalle (< 100 µm) entstehen unter bestimmten Bedingungen in der unteren Troposphäre, in geringer Höhe über offenem Wasser bei Temperaturen tiefer

−25° C. Wesentlichen Einfluß auf den Strahlungsdurchgang durch die Erdatmosphäre haben außerdem *Cirruswolken*, die häufig in Höhe der Tropopause beobachtbar sind. Zu den hohen Wolken zählen Cirren (Ci), Cirrocumulus (Cc) und Cirrostratus (Cs) (siehe auch Abschnitt 10.2). Sie existieren nur in Form von Eiskristallen in einem Temperaturbereich zwischen ca − 20° C und ca − 70° C. Die meist schleierartigen Eiswolken befinden sich in der Arktis in Höhen zwischen 3,5 km und 9 km. Eine Beschreibung der in der Arktis vorkommenden troposphärischen Aerosole und die Messung ihrer optischen Eigenschaften gibt SCHUMACHER (2001).

|Antarktis|
Da die (kontinentale) Antarktis weitgehend mit Schnee und Eis bedeckt ist, kann sie als Quelle für Aerosol unberücksichtigt bleiben. Felserosion (wie etwa auf der Antarktischen Halbinsel) ist nur regional von geringer Bedeutung als Aerosolquelle. Über Arten und Quellen des Aerosols in der antarktischen Troposphäre gibt PIEL (2004) eine generelle Übersicht:

Seesalz. Seesalz-Aerosol wird vorrangig durch einen Prozeß erzeugt, bei dem Seesalzaerosoltröpfchen durch Windeinwirkung auf die Meeresoberfläche aus dem Meer suspendiert und danach durch Verdunstung Seesalzaerosolpartikel generiert werden (sogenanntes *Seaspray*). Zu den ionischen Hauptbestandteilen zählen: Na^+, Cl^-, Mg^{2+}, Ca^{2+}, K^+, SO_4^{2-}. Der Seesalzeintrag in die Antarktis zeigt eine große Veränderlichkeit bezüglich der glazialen-interglazialen Zeitabschnitte, wobei der verstärkte Eintrag in glazialen Zeitabschnitten durch größere Sturmaktivitäten bedingt sei. Ein signifikanter Zusammenhang zwischen Meereisbedeckung des Südpolarmeeres und der Seesalzaerosolkonzentration in Küstengebieten konnte bisher nicht festgestellt werden. Neuerdings werden sogenannte Frostblumen (frost flowers), die bei der Bildung von Meereis entstehen, als eine wesentliche Quelle des Seesalzaerosols angenommen.

Biogene Schwefelverbindungen. Methansulfonat (MSA^-) und nicht Seesalz-Sulfat ($nss\text{-}SO_4^{2-}$) sind atmosphärische Oxidationsprodukte von Dimethylsulfid (DMS), das im Meerwasser biogen gebildet und danach in die Atmosphäre emittiert wird. Beide chemischen Verbindungen zeigen erhöhte Aerosolkonzentrationen im (Süd-) Sommer, also etwa zeitgleich mit der maximalen biologischen Aktivität. Die atmosphärische Oxidation von DMS und MSA^- gilt als einzige Quelle, doch kann Sulfat auch durch Seesalzaerosol oder durch Oxidation von SO_2 anthropogenen oder vulkanischen Ursprungs in die Atmosphäre eingetragen werden.

Nitrat. Partikuläres Nitrat und HNO_3 sind stabile atmosphärische Endprodukte der $_{Nox}$-Oxidation (NO und NO_2). Sie gelangen bei Blitzentladungen beziehungsweise durch Absinken stratosphärischer Luftmassen in die antarktische Troposphäre (insbesondere durch Sedimentation polarer stratosphärischer Wolken). Eine marine Quelle für Nitrat wird ausgeschlossen. Effekte im Oberflächenschnee (beispielsweise Reemission von HNO_3) oder photochemische Prozesse sind als weitere Quellen für atmosphärisches Nitrataerosol anzunehmen.

Mineralstaub. Verwitterungen der Erdkruste vorrangig in ariden und semiariden Regionen sind Quellen der Mineralstaubpartikel in der Atmosphäre. Sie sind meist durch einen hohen Gehalt an Silizium, Aluminium, Eisen, Natrium, Kalium, Calcium und Magnesium gekennzeichnet. Während glazialer Zeitabschnitte war der Eintrag stark erhöht. Es wird angenommen, daß der in der Antarktis vorliegende Mineralstaub weitgehend aus Patagonien stammt, dies gelte auch für den rezenten Eintrag. Die Wüsten der Erde als Mineralstaubquellen sind im Abschnitt 6 behandelt.
Anthropogene Quellen. Auch in der Antarktis konnten Aerosolteilchen aus solchen Quellen nachgewiesen werden, vorrangig solche aus, die aus Verbrennungsprozessen in die Atmosphäre gelangten, wie beispielsweise Blei, Zink oder Cadmium.

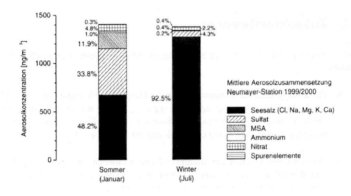

Bild 10.13/1
Mittlere Aerosolzusammensetzung in der antarktischen Troposphäre nach PIEL (2004).

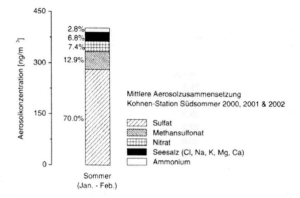

Bild 10.13/2
Mittlere Aerosolzusammensetzung in der antarktischen Troposphäre nach PIEL (2004).

Nach den Bildern 10.13/1 und /2 ist die Gesamtaerosolmasse an der Neumayer-Station (*küstennah*) im Südsommer und Südwinter etwa gleich, etwa 1 400 ng/m^3. An der Kohnen-Station (*küstenfern*) ist die Gesamtaerosolmasse im Südsommer etwa 402 ng/m^3. Auch die Anteile an der Gesamtaerosolmasse sind bei den genannten Stationen unterschiedlich. Hauptanteil bei Neumayer hat das Seesalz, bei Kohnen das Sulfat.

Beobachtungen von Raumfahrzeugen aus

Mit Hilfe von erdumkreisenden Satelliten können Aussagen über die globale horizontale und vertikale Verteilung des Aerosols in der Erdatmosphäre gewonnen werden. Eine kurze Übersicht über die derzeit gebräuchlichen Meßverfahren zur Erfassung des Aerosols in der Erdatmosphäre (von der Landoberfläche und von Raumfahrzeugen aus) ist in SCHUMACHER (2001) enthalten. Mittels SAGE II wurde während des Sonnenauf- und -untergangs die durch die Erdatmosphäre geschwächte Sonnenstrahlung gemessen. Ebenso wurde die extraterrestrische Sonnenstrahlung gemessen. Aus diesen Transmissionsmessungen lassen sich Aerosolextinktionsprofile bis in die mittlere Troposphäre mit einer vertikalen Auflösung von 1 km ableiten. Durch Integration der Profile im Höhenbereich von der Tropopause bis ca 40 km Höhe kann so die stratosphärische spektrale optische Dicke des Aerosols bestimmt werden (Hinweis in SCHUMACHER 2001). Satelliten mit Sensoren zur Aerosolerfassung sind im Abschnitt 10.3 genannt.

10.2 Wolkenfelder, Eigenschaften und Wirkungen

Über ca 40-50 % der Land/Meer-Oberfläche befinden sich ständig Wolken (STR 1993). Sie sind von unterschiedlicher Art sowie auf unterschiedliche Höhen verteilt und beeinflussen wesentlich die Strahlungs-, Energie-, Impuls- und Wassertransporte in der Atmosphäre. Sie sind außerdem an einer Vielzahl von chemischen Prozessen beteiligt. Bild 10.14 gibt eine Übersicht über die Hauptwolkenarten und die Wolkenstockwerke.

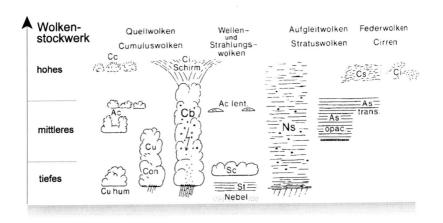

Wolkengruppe	Δ C°	Stockwerk	Tropen	mittl.Br.	Polar-G.
Eiswolken	unter -35	hohes	6-18	5-13	3-8
Mischwolken	-10 bis -35	mittleres	2-8	2-5	2-4
Wasserwolken	bis -10	tiefes	0-2	0-2	0-2

Bild 10.14
Hauptwolkenarten und thermische Wolkenstockwerke über der Land/Meer-Oberfläche. Da die Temperaturbereiche (Δ C°) der genannten Wolkengruppen in den Tropen sowie in den mittleren geographischen Breiten und in den Polargebieten unterschiedlich sind, ergeben sich entsprechend unterschiedliche Stockwerkhöhenbereiche für diese Gebiete. Alle Zahlenangaben sind statistische Mittelwerte. Die Stockwerkshöhen sind in km angegeben. Quelle: WEISCHET (1983), verändert

Zur Benennung der Wolken
Die Eiswolken des hohen Stockwerks werden "Cirren" genannt. Alle Wolkennamen des mittleren Stockwerks erhalten das Präfix "alto-". Konvektionswolken werden durch die bedeutungsgleichen Benennungen "Haufen"-, "Quell"- oder "Cumulus"-Wolken typisiert. Je nach der Vertikalerstreckung werden unterschieden: Cu hum = Cumulus humilis, Cu con = Cumulus congestus, Cb = Cumulonimbus. Die Konvektionswolken im mittleren Stockwerk sind Ac = Altocumulus und im hohen Stockwerk Cc = Cirrocumulus. Der Cirrenschirm (Ci-Schirm) wird auch Amboß genannt. Weitere ausführliche Angaben enthält WEISCHET (1983).

Wolken, Gase und die Abschirmwirkung der Atmosphäre

Wolken sind sehr effektive *Absorber* und *Gegenstrahler*. Ihr Wirkungsgrad ist dabei abhängig von der Art der Wolkenpartikel, deren Konzentration, der Wolkenmächtigkeit und ihrer Höhe über der Land/Meer-Oberfläche. Grundsätzlich gilt, daß Materie, unabhängig vom Aggregatzustand, bei Temperaturen oberhalb 0 K thermische Strahlung in dem Umfange und in dem Wellenlängenbereich emittiert, in dem sie auch zu absorbieren vermag. Gleiches gilt mithin für Land/Meer-Gebiete und für die Atmosphäre. Die Strahlungsemission und die Strahlungsreflexion an den tätigen Oberflächen des Systems Erde ist in ihren Grundzügen bereits im Abschnitt 4.2.08 dargestellt. Bezüglich der Wärmestrahlung können danach zwei Hauptkomponenten unterschieden werden: (a) die von Land/Meer-Gebieten ausgehende Emission und (b) die Wärmestrahlung der Atmosphäre mit Richtung zur Land/Meer-Oberfläche (Gegenstrahlung) und mit Richtung zum Weltraum. Die von den Land/Meer-Gebieten ausgehende Strahlung wird (irreführend) auch "terrestrische" Strahlung genannt. Sowohl diese als auch die Wärmestrahlung der Atmosphäre gelten als *langwellige* Strahlung, im Gegensatz zur *kurzwelligen* Strahlung der Sonne. Bild 10.15 zeigt die wesentlichen kurzwelligen und langwelligen Strahlungsflüsse über der Land/Meer-Oberfläche.

Bei den langwelligen Strahlungsflüssen umfaßt

---

die Energieabgabe der Land/Meer-Gebiete
in die Atmosphäre

---

die nichtradiative Energieabgabe mit den Flüssen fühlbarer und latenter Wärme sowie die thermische Abstrahlung mit 5+27+15+99 = 146 Einheiten als *Summe* der Wärmeabstrahlung (Strahlungsemission) an der Bilanzierungsoberfläche Land/Meer. Als zeitliches und räumliches Mittel soll die Atmosphäre ca 350 Watt/m^2 an Wärmestrahlen absorbieren, die an der Land/Meer-Oberfläche abgestrahlt werden. Etwa 2 Watt/m^2 davon sollen auf den Anstieg von CO_2 (mit 1,5 Watt/m^2), CH_4 (mit 0,5 Watt/m^2) und N_2O (0,15 Watt/m^2) zurückzuführen sein (THAUER 2003).

> Die Ultrarotstrahlung
> **aus** der Atmosphäre in Richtung auf die *Land/Meer-Oberfläche*

umfaßt 95 Einheiten. Diese sogenannte *Gegenstrahlung* in Form von Ultrarotstrahlung (Infrarotstrahlung) geht von Wolken (von Wolkentropfen und Aerosolen) aus sowie vor allem von den Spurengasen Wasserdampf (H_2O), Kohlendioxid (CO_2), Methan (CH_4), FCKW, Distickstoffoxid (N_2O) und Ozon (O_3). An der Wirksamkeit der absorbierenden und strahlenden Gase ist Wasserdampf mit 82 %, Kohlendioxid mit 16 % und Ozon mit 2 % beteiligt (BAUMGARTNER/LIEBSCHER 1990). Da die Unterseiten der Wolken wie schwarze Körper strahlen mit der Temperatur der umgebenden Luft, wächst die Gegenstrahlung mit steigendem Himmelbedeckungsgrad, mit der Wolkendichte und mit der Abnahme der Höhe der Wolkenuntergrenze. Wolken sind im winterlichen Strahlungshaushalt besonders wirksam. Wegen der in dieser Zeit erhöhten Gegenstrahlung sind Tage mit Wolkendecken in niedriger Höhe relativ warme Tage. Bei Inversionen sind warme Wolken meist Auslöser einer raschen Schneeschmelze. Die langwellige Reflexion der Gegenstrahlung an der Land/Meer-Oberfläche liegt in der Größenordnung von 1-10 % (siehe Gegenstrahlungs-Albedo, Abschnitt 4.2.08). Die langwellige Ausstrahlung,

> die thermische Abstrahlung
> **aus** der Atmosphäre in den *Weltraum*

umfaßt die durchgehende Abstrahlung (von der Land/Meer-Oberfläche in den Weltraum), die vom atmosphärischen Wasserdampf und von atmosphärischen Spurengasen ausgehende Abstrahlung und die Abstrahlung aus Wolken mit 15+17+38 = 70 Einheiten als *Summe* der Ultrarotabstrahlung (Infrarotabstrahlung) in den Weltraum. Sie wird auch planetare thermische Abstrahlung genannt.

Die Bilanzierung des Strahlungsumsatzes an der Bilanzierungsoberfläche Atmosphäre, die zugleich als Oberfläche des Systems Erde gilt, ergibt somit:
(solare) *Einstrahlung* in die Atmosphäre des Systems Erde (aus dem Weltraum)
= 100 Einheiten kurzwellige Strahlung
Abstrahlung aus der Atmosphäre in den Weltraum
= 30 Einheiten kurzwellige Strahlung (planetare Albedo)
= 70 Einheiten langwellige Strahlung
Einstrahlung und Abstrahlung sind danach ausgeglichen. Die Einheitenangaben

gelten als langjährige Mittelwerte. Die Größenwerte der hier angegebenen Einheiten entstammen EK (1991). Andere Autoren nennen oftmals andere Größenwerte, doch wird der Strahlungshaushalt des Systems Erde unter der Annahme, daß langfristig ein dynamisches Gleichgewicht zwischen dem System Erde und seiner Umwelt bestehe, allgemein als ausgeglichen ausgewiesen.

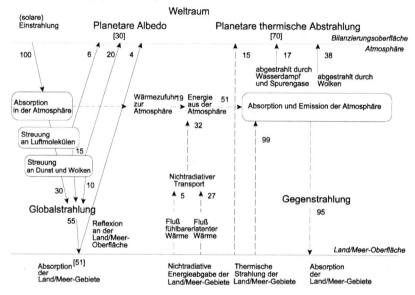

Bild 10.15
Kurzwellige und langwellige Strahlungsflüsse über der Land/Meer-Oberfläche des Systems Erde. Die Zahlenangaben entstammen der Veröffentlichung der *Enquete-Kommission* "Vorsorge zum Schutz der Erdatmosphäre" des *Deutschen Bundestages* (EK 1991 S.40 und 209) und beziehen sich auf die (solare) Einstrahlung, die gleich 100 Einheiten gesetzt wurde. Die Angaben sind langfristige globale Mittelwerte und sollen hier lediglich die Größenordnungen der Werte verdeutlichen. Angaben anderer Autoren weichen teilweise davon ab (siehe Abschnitt 4.2.08).

|nichtradiative Prozesse|
Die bei den langwelligen Strahlungsflüssen in die Atmosphäre genannten Prozesse *Fluß fühlbarer Wärme* und *Fluß latenter Wärme* (Bild 10.15) sind nichtradiative Prozesse. Der Wärmetransport von Energie in Form fühlbarer Wärme umfaßt die unmittelbare Abgabe von Wärme an die Atmosphäre durch Wärmeleitung an der Land/Meer-Oberfläche. Der Energietransport in Form latenter Wärme ergibt sich aus

der Verdunstung von Wasser über der Land/Meer-Oberfläche, das sodann wieder kondensiert und seine Verdampfungswärme an die Atmosphäre abgibt. Beide Prozesse sind über dem Land von gleicher Größenordnung, dagegen ist über dem Meer (und auch über anderen großen Wasserflächen) die Verdunstung wirksamer (ROEDEL 1994). Außer den beiden genannten gibt es weitere Prozesse, die im globalen Langzeitmittel zwar vernachlässigbar sein dürften, aber regional und temporär durchaus bedeutsam werden könnten, wie etwa der Energietransport in *ozeanischen Strömungen* oder beim *Schmelzen und Gefrieren* des Wassers an der Land/Meer-Oberfläche. Die sogenannte *geothermische Energie* (als Wärmefluß aus dem Erdinnern) dürfte für die zuvor skizzierten Strahlungs- und Energiebilanzen an den genannten Bilanzierungsoberflächen in der Regel ebenfalls vernachlässigbar sein.

Treibhauseffekt

Die gegenwärtige Erdatmosphäre enthält Komponenten, die auf die einfallende kurzwellige solare Strahlung nur eine kleine, auf die über die Oberfläche der Land/Meer-Gebiete austretende langwellige Strahlung aber eine große Absorptionswirkung haben. Diese Komponenten sind vorrangig Wasserdampf (H_2O) und Kohlendioxid (CO_2), aber auch Ozon (O_3), Distickstoffoxid (N_2O) und Methan (CH_4). Der Effekt erhöht also die mittlere Temperatur des Systems Erde und hat dementsprechend Einfluß auf dessen Strahlungsbilanz. Vielfach wird *diese* geschilderte Abschirmwirkung der Atmosphäre mit einem Glashaus verglichen, dessen Scheiben die kurzwellige solare Strahlung durchlassen, die langwellige Strahlung (Wärmestrahlung) des Meeres, des Landes und auch der Pflanzen zurückhalten und an das Innere des Glashauses wieder abgeben ("Treibhauseffekt", "Glashauseffekt"). Der so bezeichnete Effekt ist mithin ein natürlicher (also nicht ein durch technisch-wirtschaftliches Vorgehen des Menschen hervorgerufener) Effekt. Die von den Land/Meer-Gebieten abgestrahlte Wärme (ca 390 W/m^2) wird von **Wolken** und **Spurengasen** zu ca 83 % (ca 324 W/m^2) zur Land/Meer-Oberfläche zurückgestrahlt (durch die *Gegenstrahlung*, Abschnitt 4.2.08), wodurch die Land/Meer-Gebiete an ihrer Oberfläche von ca $-18°$ C auf ca $+15°$ C (also um ca $+33°$ C) erwärmt werden.

Ohne diesen *Treibhauseffekt* wäre Leben im System Erde,
insbesondere menschliches Leben,
in heutiger Form nicht möglich,

denn würde im System Erde keine Gegenstrahlung existieren und die gesamte Wärmeabstrahlung der Land/Meer-Gebiete in den Weltraum gehen, dann würde die Temperatur an der Land/Meer-Oberfläche (nach allgemeiner Annahme) ca $-18°$ C betragen. Durch die beschriebene Erwärmung um ca $+33°$ C ergibt sich eine langzeitlich-mittlere Temperatur an dieser Oberfläche von ca $+15°$ C (EK 1991).

Durch die Aktivitäten des Menschen sollen sich die atmosphärischen Konzentrationen der "Treibhausgase" CO_2, CH_4, der Flourchlorkohlenwasserstoffe (FCKW), des O_3 und N_2O in letzter Zeit merklich erhöht haben. Die Auswirkung dieser Erhöhung wird vielfach als „anthropogener" Treibhauseffekt (oder „zusätzlicher" Treibhauseffekt) bezeichnet. Er ist dem „natürlichen" Treibhauseffekt überlagert.

Anteil am heutigen, zuvor beschriebenen Erwärmungseffekt von $\Delta° C = + 33° C = 100\%$ (C = Celsius) bei einer unterstellten *wolkenfreien* Atmosphäre haben nach HEINRICH/HERGT (1991, S.259):

Wasserdampf	$= 20,6° C$	(62,0 %)
Kohlendioxid	$= 7,2° C$	(21,8)
land/meer-oberflächennahes Ozon	$= 2,4° C$	(7,3 %)
Distickstoffoxid	$= 1,4° C$	(4,2 %)
Methan	$= 0,8° C$	(2,4 %)
FCKW *und andere*	$= 0,7° C$	(2,1 %)
Summe	$= 33,1° C$	(99,8 %)

In diesem Zusammenhang sei darauf verwiesen, daß beispielsweise Methan (CH_4) pro Molekül einen fast 30-mal so starken Treibhauseffekt erzeugt wie Kohlendioxid (CO_2). Allerdings ist die Konzentration von CO_2 in der Atmosphäre mit ca 370 ppm rund 200-mal höher, als die von CH_4 mit ca 1,8 ppm (THAUER 2003).

Zum Einfluß der Wolken
 auf die Energieabgabe an den Bilanzierungsoberflächen
 Atmosphäre und Land/Meer
Die genannten Bilanzierungsoberflächen zeigt Bild 10.15. Im Vergleich zu einer wolkenfreien Atmosphäre nehmen *Wolken* vorrangig durch zwei konkurrierende Effekte Einfluß auf die Strahlungsbilanz des Systems Erde (ROEDEL 1994):
(1) Wolken erhöhen die planetare Albedo und reduzieren so den zur Land/Meer-Oberfläche gerichteten kurzwelligen solaren Strahlungsfluß. Dieser Effekt bewirkt tendenziell eine *Abkühlung*. In Gebieten mit kleiner Albedo an der Land/Meer-Oberfläche (irreführend "Bodenalbedo" genannt) wird der Effekt groß und über Gebieten mit großer Albedo klein sein.
(2) Wolken reduzieren die über die Land/Meer-Oberfläche erfolgende langwellige Abstrahlung aus diesen Gebieten. Sie absorbieren diese thermische Strahlung und strahlen sie größtenteils als sogenannte Gegenstrahlung wieder zurück. Die Abstrahlung in den Weltraum wird mithin reduziert, da die Temperatur der Wolkenoberseite meist wesentlich niedriger ist als die an der Land/Meer-Oberfläche. Dieser Effekt bewirkt tendenziell eine *Erwärmung*.
 Beispielsweise geht bei Bedeckung des Himmels mit tiefliegenden und damit relativ warmen Wolken die auf die Land/Meer-Gebiete bezogene Nettoabstrahlung (Differenz zwischen langwelliger Abstrahlung und Gegenstrahlung) nahezu auf Null

zurück. Den starken Einfluß der Wolken auf die Gegenstrahlung können nachstehende Angaben (nach SELLERS 1965) verdeutlichen. Wird die Nettoabstrahlung von Land/Meer bei *wolkenfreiem* Himmel gleich 100 % gesetzt, so bleiben davon übrig bei Bedeckung des Himmels mit
- Cirrus (hochliegende Eiswolken in ca 12 km Höhe) ca 84 %
- Cirrostratus (hochliegende Eisschichtwolken in ca 8,4 km Höhe) ca 68 %
- Altocumulus (mittelhohe Schäfchenwolken in ca 3,6 km Höhe) ca 34 %
- Altostratus (mittelhohe Schichtbewölkung in ca 2,1 km Höhe) ca 20 %
- Stratocumulus (tiefliegende Haufenschichtwolken in ca 1,2 km Höhe) ca 12 %
- Stratus (tiefliegende dünne Schichtbewölkung in ca 0,5 km Höhe) ca 4 %
- Nimbostratus (tiefliegende mächtige Regenschichtwolken, Untergrenze ca 0,1 km) ca 1 %

Die Angaben verdeutlichen, daß beispielsweise ein leichter Cirruswolkenschleier die Nettoabstrahlung um ca 16 % verringert, eine Stratocumulusdecke um ca 88 % und eine dicke Regenschichtwolke (Nimbostratus) sie fast verhindert. Bei bestimmten Bedingungen (etwa einer Schneedecke mit sehr niedrigen Temperaturen und dem Aufzug einer dicken Regenwolkendecke) kann sogar eine effektive (also über dem Abstrahlungsbetrag liegende) Wärmeübertragung von der Wolke ins Land/Meer erfolgen (WEISCHET 1983).

Aerosol
Aerosolpartikel in der Atmosphäre vergrößern ebenfalls die Absorption der langwelligen Ausstrahlung und die entsprechende Gegenstrahlung, jedoch in weit geringerem Maße als Wolken (WEISCHET 1983).

Wolken und Aerosole (sind keine „Glashausfaktoren")
Trotz ihrer Eigenschaft als Strahlungsdämpfer sind Wolken und Aerosole im Hinblick auf den Treibhauseffekt keine "Glashausfaktoren", da ihre Vermehrung gleichzeitig auch die an der Land/Meer-Oberfläche ankommenden kurzwelligen Sonnenstrahlungsumfang mindert.

Kohlendioxid (CO_2)
Im Gegensatz zu Wolken und Aerosolen *kann* die Zunahme des Kohlendioxid-Gehaltes der Luft eine Verstärkung des Treibhauseffekts bewirken. In den folgenden Ausführungen wird darauf noch näher eingegangen.

Nach dem im Bild 10.15 dargestellten und heute allgemein akzeptierten Modell werden von der in das System Erde eingestrahlten Sonnenenergie (100 Einheiten) 30 Einheiten als reflektierte Sonnenenergie an den Weltraum abgegeben (planetare Albedo). Von den 70 Einheiten der Sonnenenergie, die vom System Erde aufgenommen werden, verbleiben 19 in der Atmosphäre und 51 erreichen die Land/Meer-Oberfläche. Diese absorbierten Energien sind in der Atmosphäre und an der Land/Meer-Oberfläche für Prozesse des Wärmeumsatzes verfügbar.
Die Energieabgabe an der Land/Meer-Oberfläche **in** die Atmosphäre umfaßt die

Wärmeabstrahlung (Strahlungsemission) mit 114 Einheiten sowie den Fluß fühlbarer Wärme mit 5 und den Fluß latenter Wärme mit 27 Einheiten. Insgesamt beträgt diese langwellige Abstrahlung mithin 146 Einheiten.

Die Bilanzierung des Strahlungsumsatzes an der **Land/Meer-Oberfläche** ergibt mithin:

Eintrag in den Land/Meer-Bereich
= 51 Einheiten kurzwellige Strahlung
= 95 Einheiten langwellige Strahlung
Summe Eintrag   = 146 Einheiten
Austrag aus dem Land/Meer-Bereich
= 146 Einheiten langwellige Strahlung

Der Einfluß der Wolken und die damit verknüpften Rückkopplungen auf die Strahlungsbilanz und somit auf das Klima des Systems Erde sind demzufolge recht komplex und in Klimamodellen vorerst kaum hinreichend zu berücksichtigen. Mit Hilfe von erdumkreisenden Satelliten ist inzwischen eine meßtechnische Erfassung des Netto-Einflusses der Wolken möglich geworden, wobei die solare Einstrahlung in das System Erde und die Abstrahlung aus dem System Erde zu messen sind (beispielsweise ERBE-Mission).

Wolken in der unteren Troposphäre dämpfen diesen Treibhauseffekt, da ihre Albedo im Spektralbereich der solaren Strahlung meist höher ist als jene der Land/Meer-Oberfläche beziehungsweise deren Bedeckung und außerdem die Wärme mit höherer Strahlungstemperatur abgestrahlt wird als ohne Wolken. Die Albedo der Wolken nähert sich jener der Land/Meer-Oberfläche um so mehr, je tiefer diese Wolken liegen. Hochliegende Eiswolken (oberhalb ca 6 km) dagegen verstärken meist den Treibhauseffekt. Aufgrund ihrer optischen Eigenschaften ist der ("nach vorn") gestreute Anteil der solaren Strahlung hoch. Es dringt mithin reichlich Sonnenstrahlung in die Atmosphäre ein, während die Wärmestrahlung durch die hochliegenden Wolken stark absorbiert wird. Die aus den tieferen Schichten stammende Abstrahlung kann somit nicht direkt in den Weltraum entweichen. Wegen ihrer niedrigen Temperatur strahlen die Eiswolken selbst aber nur wenig Energie in Richtung Weltraum ab. Der beschriebene Effekt ist um so stärker, je höher die Eiswolken liegen. Zusammengefaßt läßt sich sagen

● daß die Richtung der Änderung des Treibhauseffekts
(zusätzliche Erwärmung oder Abkühlung) vorrangig davon abhängt,
ob sich die Häufigkeit
der niedrigliegenden oder hochliegenden Wolken verändert (EK 1991).

Zum Einfluß des menschlichen Handelns auf den Treibhauseffekt

Die sprachliche Unterscheidung von „natürlichem" und „anthropogenem" Treibhauseffekt ist etwas ungenau, denn beide Anteile am sogenannten Treibhauseffekt sind naturbezogen, da der Mensch wohl auch ein Teil der Natur ist. Hier wird mithin vom

Einfluß des menschlichen Handelns auf den Treibhauseffekt gesprochen und demgemäß läßt sich fragen: Wie groß ist dieser Einfluß?

Der durch menschliches Handeln verursachte *Kohlenstoffumsatz* ist im Abschnitt 7.6.03 behandelt. Die *Abschirmwirkung der Atmosphäre*, die zum *Treibhauseffekt* führt, ist zuvor beschrieben (Abschnitt 10.1 und 10.2). Im Abschnitt 7.6.03 ist aufgezeigt (Bild 7.132), daß der Verlauf der atmosphärischen CO_2-Konzentration während der vergangenen **160 000** Jahre vor der Gegenwart größere Schwankungen aufweist innerhalb einer maximalen Schwankungsbreite von **190-300** ppmv.

Im Bild 7.133 ist der Verlauf der atmosphärischen CO_2-Konzentration ab etwa dem Jahre **1750** dargestellt. Danach lag die Konzentration um 1750 bei ca 280 ppmv und kurz vor dem Jahr 2000 bei ca 370 ppmv. Dieser Betrag von 370 ppmv wird für diesen Zeitpunkt auch von HERZOG et al. (2000) genannt. Er liegt mithin ca 70 ppvm über dem vorgenannten, bisher bekannten maximalen Betrag von 300 ppvm. WEDEKIND (2004) weist in diesem Zusammenhang darauf hin, daß demnach die Zunahme der atmosphärischen CO_2-Konzentration also bereits ab etwa 1750 begann und nicht erst etwa um 1860, dem Zeitpunkt, ab dem vielfach der *Beginn* des merkbaren „menschlichen" (anthropogenen) Einflusses angenommen wird. Auch die *Enquete-Kommission* „Vorsorge zum Schutz der Erdatmosphäre" des *Deutschen Bundestages* hatte um 1990 bekennen müssen, daß ein wissenschaftlicher Beweis dafür, daß die ermittelte Zunahme der Temperatur um 0,5° C in den letzten vergangenen 100 Jahren durch den „zusätzlichen" Treibhauseffekt bewirkt wurde, noch nicht hinreichend erbracht worden sei, da sich die genannte Temperaturerhöhung und die daraus resultierenden Klimaänderungen noch im Rahmen statistischer *Klimaschwankungen* bewegen (EK 1991, Teilband I, S.138).

Nach WEDEKIND (2004) habe eine weitere Zunahme der heutigen atmosphärischen CO_2-Konzentration praktisch keinen Einfluß mehr auf den Treibhauseffekt, denn die entscheidende sehr breite CO_2-Absorptionslinie liege bei einer Wellenlänge von 15 μm und sei für einen Treibhauseffekt von ca 7° C maßgebend. Dieses Absorptionsband sei in seinem Zentrum bereits nach 100-200 m (Bodenluft) über der Land/Meer-Oberfläche absolut undurchlässig. Lediglich seine Flanken sind noch etwas offen. Bei einer Verdopplung der CO_2-Konzentration sei zu erwarten, daß der Treibhauseffekt lediglich zu ca 0,2° C Temperaturerhöhung führe. Nach EK (1991, Teilband 1, S.214) bewirke eine solche Verdopplung ca 2,5° C Temperaturerhöhung. Nach HEINRICH/HERGT (1991) bewirke eine Erhöhung des CO_2-Gehaltes in der Atmosphäre von
400 bis 450 ppm eine Temperaturerhöhung von 1 - 1,5° C
600 bis 700 ppm eine Temperaturerhöhung von 2 - 3° C
und nach anderen Berechnungen 4 - 5° C
vom Äquator (+ 1° C) zu den Polen (bis + 14° C) zunehmend.
Der Strahlungsweg der Land/Meer-Abstrahlung ist nachfolgend etwas erläutert.

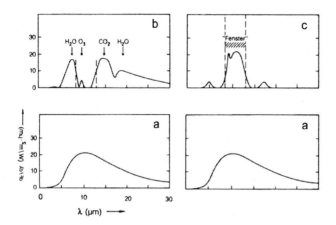

Bild 10.16
Zum Strahlungsweg der Land/Meer-Abstrahlung (Daten nach MÖLLER 1973 und ROEDEL 1994).

Die beiden Bildteile **a** im Bild 10.16 sind identisch und zeigen die spektrale Verteilung der an der Land/Meer-Oberfläche austretenden und in die Atmosphäre eintretende Strahlung. Die spektrale Verteilung dieser Strahlung entspricht praktisch der Schwarzkörperstrahlung (Abschnitt 4.2.08). Die verschiedentlich benutzte Benennung „Bodenstrahlung" für diese Abstrahlung des Landes *und des Meeres* ist ungenau und sollte daher künftig entfallen. Eine zutreffende Kurzbezeichnung wäre *Land/Meer-Abstrahlung*. Wie ersichtlich, liegt das Maximum dieser Abstrahlung bei $\lambda = $ ca 10 µm.
Durch die Land/Meer-Abstrahlung wird der Atmosphäre Energie zugeführt. Maßgebend für die Absorption dieser (thermischen) Abstrahlung in der Atmosphäre sind, wie schon gesagt, vor allem der dort vorhandene Wasserdampf, die Menge (Konzentration) der dort vorhandenen Spurengase Kohlendioxid, Ozon und einiger anderer sowie die vorhandenen Wolken. Umgekehrt bedeutet dies, daß die *Gegenstrahlung* (die Rückstrahlung der Atmosphäre, Abschnitt 4.2.08) von den Konzentrationen dieser Spurengase und ihrer höhenmäßigen Verteilung sowie vom Wolken-Bedeckungsgrad bestimmt ist. In der unteren Atmosphäre haben dabei vor allem Wasserdampf und Wolken maßgebenden Einfluß (ROEDEL 1994). Der Bildteil **b** im Bild 10.16 zeigt die *spektrale* Verteilung der Gegenstrahlung bei **wolkenfreiem** Himmel. Das Maximum des durch Kohlendioxid (CO_2) bewirkten Anteils an der Gegenstrahlung liegt danach bei $\lambda = $ ca 15 µm (umgekehrt somit also auch das atmosphärische *Absorptionsmaximum von Kohlendioxid*, wie zuvor angegeben).

Bildteil c vom Bild 10.16 zeigt das *Differenzspektrum* (Brutto-Land/Meer-Abstrahlung minus Gegenstrahlung = Netto-Land/Meer-Abstrahlung) bei wolkenfreiem Himmel. Die Nettoabstrahlung von Land/Meer ist danach in den Spektralbereichen der Absorptionsbande von Wasserdampf und Kohlendioxid (bei wolkenfreiem Himmel) nahezu Null. Wie außerdem ersichtlich, lassen die Hauptabsorber Wasserdampf und Kohlendioxid in der wolkenfreien Atmosphäre ein sogenanntes *atmosphärisches Fenster* für Wellenlängen zwischen ca 7,5 µm und 13 µm. Dort entfalten Wirkung vor allem die Ozonbande, das Absorptionskontinuum des Wassers und die Banden weiterer Spurengase, vorrangig von Methan und Distickstoffoxid (ROEDEL 1994). Das bisher Gesagte bezog sich auf einen angenommenen wolkenfreien Himmel. Sind **Wolken** vorhanden, schirmen diese auch das angegebene atmosphärische Fenster ab, so daß mit tiefliegenden und mithin vergleichsweise warmen Wolken die Nettoabstrahlung von Land/Meer betragsmäßig gegen Null geht.

Die Anteile der einzelnen *Spurengase* am (natürlichen) Treibhauseffekt für eine *wolkenfreie* Atmosphäre betragen nach den 1984 von KONDRATYEV und MOSKALENKO durchgeführten Modellrechnungen (ROEDEL 1994) bei einem angenommenen Gesamt-Erwärmungseffekt von ΔK = + 33 K = 100 % (K = Kelvin) etwa:

Wasserdampf	= 20,6 K	(ca 62 %)
Kohlendioxid	= 7,2 K	(ca 22 %)
Ozon	= 2,4 K	(ca 7 %)
Distickstoffoxid	= 1,4 K	(ca 4 %)
Methan	= 0,8 K	(ca 2,5 %)
Summe	= 32,4 K	(97,5 %)

Der verbleibende Rest umfaßt noch weitere Spurengase (siehe auch die zuvor genannten Daten nach HEINRICH/HERGT 1991). Wie schon gesagt, sind die Hauptabsorber in der (realen) Atmosphäre für die vom Land/Meer austretenden langwelligen Strahlung der Wasserdampf, das Kohlendioxid *und die Wolken*. Am *gesamten* Treibhauseffekt sollen nach EK (1991) Wasserdampf, Kohlendioxid und Wolken zusammen einen Anteil von ca 90%, der Wasserdampf allein von ca 65% haben. Die unterschiedlichen Zahlen-Angaben der einzelnen Autoren zu den beschriebenen Sachverhalten weisen darauf hin, daß hier noch Bedarf an genauerer Abschätzung beziehungsweise Begriffs-Definition besteht.

Bild 10.17
Absorptionsspektren einiger Treibhausgase in der Atmosphäre, gereiht nach ihrer Wirksamkeit:
Wasserdampf (H_2O)
Kohlendioxid (CO_2)
Ozon (O_3 und O_2)
Lachgas (N_2O)
Methan (CH_4).
Maximale Absorption = 1.
Daten nach EK (1991)

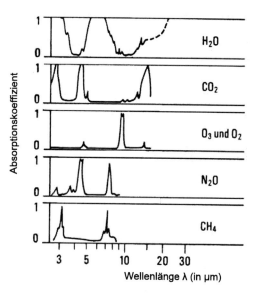

Bild 10.17 zeigt, daß in der Atmosphäre bei 15 µm Wellenlänge nahezu eine vollständige Absorption der langwelligen Land/Meer-Abstrahlung durch Kohlendioxid stattfindet. Demnach führt eine Erhöhung der CO_2-Konzentration in der Atmosphäre nur zu einer vergleichsweise geringen Änderung des Treibhauseffekts durch zusätzliche Absorption der 15 µm - Bande (EK 1991, Teilband 1, S. 214), was der zuvor angeführten Anmerkung von WEDEKIND (2004) entspricht. HELLEBRAND (2005) verweist in diesem Zusammenhang darauf, daß die 15 µm - CO_2 - Bande zwar fast gesättigt seien, jedoch die Absorptionslinien zwischen 9 µm und 11 µm durch anwachsende CO_2 - Konzentrationen unmittelbar zum Treibhauseffekt beitragen würden.

10.3 Satelliten-Erdbeobachtungssysteme
(vorrangig zur Atmosphärenbeobachtung)

Bei den sogenannten *Wettersatelliten* können unterschieden werden *geostationäre* und (nahezu) *polar umlaufende* Satelliten. Die geostationären meteorologischen Satellitensysteme umfassen unter anderem die Serien METEOSAT, GOES, GMS. Zu den polar umlaufenden meteorologischen Satellitensystemen zählen unter anderem die Serien POES und DMSP. Als *erster Wettersatellit* gilt der 1960 gestartete TIROS-1.

1994 entschied der Präsident der USA (Clinton) die militärischen und die zivilen meteorologischen Satellitensysteme der USA zu einem einzigen nationalen System zusammenzufassen. Sie werden nunmehr verstärkt der Wettervorhersage *und* der Umweltüberwachung dienen und sind daher im Abschnitt 8 angegeben.

Einsatz von GPS-Empfängern auf sogenannte LEO-Satelliten
Die Abkürzung LEO-Satellit steht für *Low Earth orbiter satellites*. Wenn das vom GPS-Satelliten abgestrahlte Signal durch die untersten Schichten der Atmosphäre läuft und vom GPS-Empfänger auf dem LEO-Satelliten empfangen wird und später nicht mehr empfangen werden kann, lassen sich durch eine Analyse der auftretenden Dopplerverschiebung Rückschlüsse auf die Zustandsparameter der Atmosphäre ziehen und damit hochaufgelöste Vertikalprofile von Temperatur, Luftdruck und Wasserdampfgehalt bestimmen (TORGE 2000 S.232). Der erste für diese Anwendung vorgesehene LEO-Satellit wurde 1995 gestartet. Daß auch Wasserdampfmessungen mittels GPS sind möglich sind, ist bereits erwähnt worden. Eine kurze übersichtliche Darstellung der "Atmosphärentomographie" mit niedrigfliegenden Satelliten (LEO) ist in NOTHNAGEL (2000) enthalten.

Weitere Aktivitäten
Die USA und Taiwan planen im Projekt COSMIC (Constellation Observing System for Meteorology, Ionosphere and Climate) den Einsatz von 8 Satelliten (H ca 800 km) um die horizontale Auflösung der Beobachtungen zu steigern und somit die Genauigkeit der Wettervorhersagemodelle zu verbessern.

Geostationäre Satelliten zur Wettervorhersage

Die geostationären Satelliten dienen der Wettervorhersage, in zunehmendem Maße auch der Umweltüberwachung. Die den ersten Serien folgenden Serien sind daher im Abschnitt 8.1 genannt.

Start	Name der Satellitenmission und andere Daten
−	**NOAA-GOES** (Geostationary Operational Environmental Satellite) (USA, NOAA) geostationär genähert über dem Äquator in 75° West und in 135° West geographischer Länge
1975	GOES-1
1977	GOES-2
1978	GOES-3
1980	GOES-4

1981	GOES-5
1983	GOES-6
1987	GOES-7
1994	GOES-8 (2. Generation) neue Serie 8-11-M
-	GOES-10 (nicht brauchbar)
2000	GOES-11

▪	**METEOSAT** (Meteorologische Satelliten) (Europa, ESA, EUMESAT) geostationär genähert über dem Äquator in 0° geograph. Länge
	METEOSAT-1
1977	METEOSAT-2
1981	METEOSAT-3
1988	METEOSAT-4 (MOP-1)
1989	METEOSAT-5 (MOP-2)
1991	METEOSAT-6 (MOP-3)
? 1993	METEOSAT-7
? 1996	MSG-1 (2. Generation)
2002	MSG-2 Sensoren: GERB-Instrument

▪	**GMS** (Geostationary Meteorological Satellite) (Japan) geostationär genähert über dem Äquator in 140° Ost geographischer Länge
1977	GMS-1
1981	GMS-2
1984	GMS-3
1989	GMS-4
1994	GMS-5...

▪	**INSAT** (Indian National Satellite System) (Indien) geostationär genähert über dem Äquator in 74° Ost geographischer Länge
1983	INSAT-1...
1990	INSAT-1D...

▪	**GOMS** (Geostationary Operational Meteorological Satellite) (Russland) geostationär genähert über dem Äquator in 76° Ost geographischer Länge
? 1993	GOMS-1

| ? 1994 | ■ Fengyun-2 (= Wind und Wolken) (China) geostationär genähert über dem Äquator in 105° Ost geographischer Länge
FY-2 is |

Bild 10.18
Geostationäre Wettersatelliten (in der äquatorialen Umlaufbahn: H = 35 800 km) mit Angaben zur nominalen Positionierung. Quelle: The Earth Observer (USA, NASA, EOS, 2003) und andere

Satelliten auf polnahen Umlaufbahnen zur Wettervorhersage

Die nachgenannten Satelliten in *polnahen* und *zwischenständigen* Umlaufbahnen dienen ebenfalls der Wettervorhersage, in zunehmendem Maße auch der Umweltüberwachung. Die den ersten Serien folgenden Serien sind daher im Abschnitt 8.1 genannt.

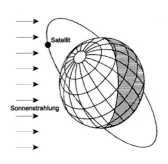

Abkürzungen
H = 35 900 km
äquatoriale Umlaufbahn = geostationärer Satellit
Für die polnah und zwischenständig umlaufenden Satelliten gilt:
H =
    Höhe der Satelliten-Umlaufbahn über der Land/Meer-Oberfläche der Erde
sU = sonnensynchrone Umlaufbahn
I = Inklination der Umlaufbahn-Ebene (Winkel zwischen Äquator-Ebene und Umlaufbahn-Ebene)

ÄÜ = Ortszeit des Äquator-Überfluges (auf der Tagseite) bei Nord-Süd-Überflug oder "absteigend" (engl. decending), Süd-Nord-Überflug oder "aufsteigend" (engl. ascending)
AM = ante meridian, lat. vormittags. (AM-Umlaufbahn)
PM = post meridian, lat. zwischen Mittag und Mitternacht. (PM-Umlaufbahn)

gA = geometrische Auflösung (im Nadirbereich)
λ = Wellenlänge
A = Altimeter-Meßgenauigkeit ("innere" Genauigkeit des bestimmten Punktes)

F = Reflexionsfläche, kreisähnlicher Ausschnitt der momentanen Meeresoberfläche, der den Radarimpuls reflektiert (engl. Footprint)
Die von Sensor-System abgestrahlten Mikrowellen können horizontal (H) oder vertikal (V) *polarisiert* sein. Beim Empfang kann das Sensor-System wiederum auf horizontale oder vertikale Polarisation eingestellt sein. Dadurch sind vier Kombinationen der Polarisation abgestrahlter und empfangener Mikrowellen möglich: HH, VV, HV, VH.
Bezüglich Abkürzung DORIS und andere siehe Abschnitt 2.1.02.

Start	Name der Satellitenmission und andere Daten
▬ 1960	**TIROS** (Television Infrared Observation Satellite) (USA) TIROS-1 erster "Wettersatellit", I= ca 48° Die Serie TIROS 1-10 gilt als 1.Generation, die Serie ESSA 1-9 als 2. Generation. ITOS (TIROS M) gilt als 3. Generation. TIROS-N gilt als 4. Generation.
▬ 1965 1991	**DMSP** (Defense Meteorological Satellite Program) (USA) H: 811-853 km, I = ca 100° DMSP-Block IV... F-11, DMSP-Block 5D-2
▬ 1970 1991	**NOAA-POES** (Polar-orbiting Operational Environmental Satellite) (USA, NOAA) NOAA-1... (Abschnitt 8.1) NOAA-12... (Abschnitt 8.1)

▬ 1969	**METEOR** (UdSSR, Russland) Von 1969-1977 wurden 25 Satelliten der Serie |Meteor-1-...| gestartet. H = ca 650-920 km, I = 81,2°, *nicht* sU
1975	Von 1975-1990 wurden 21 Satelliten der Serie |Meteor-2-...| gestartet. H = ca 870-980 km, I = ca 82°, *nicht* sU
ab 1985	Serie |Meteor-3-...|, H = ca 1200-1260 km, I = ca 82°, *nicht* sU, 1991: Meteor-3-5
? ab 1994	Serie |Meteor-3M-...|, H = 900-950 km, I = ca 82°, *nicht* sU

▬ ab 1974	**METEOR-Priroda** (UdSSR, Russland) Serie |Meteor-Priroda-1...|, H = 600-910 km, I (1-2) = ca 82°, *nicht* sU, I (ab 3) = ca 98°, sU, 1981: Meteor-Priroda-6

■	**Fengyun-1** (= Wind und Wolken) (China)
1988	FY-1A, H = 900 km, I = ca 99°
1990	FY-1B
?	FY-1C (operationell)

Bild 10.19 Wettersatelliten und andere Satelliten der Atmosphärenforschung in polnahen und zwischenständigen Umlaufbahnen.

Satelliten mit speziellen Sensoren zur Atmosphärenbeobachtung

Start	Name der Satellitenmission und andere Daten
2000	**NMP/EO-1** (USA, NASA) Sensoren: ALI, Hyperion, Atmospheric Corrector, H = 705 km, I = 98,2°, ÄÜ = 10.01 Uhr
? 2001	**WINDSAT/CORIOLIS** (USA)
2004	**Aura (CHEM)** (USA) Atmosphären-Chemie, Sensoren: HIRDLS (High Resolution Dynamics Limb Sounder), MLS (Microwave Limb Sounder), OMI (Ozone Monitoring Instrument), TES (Trophospheric Emission Sounder)
2004	**PARASOL** Polarization and Anisotropy of Reflectances for Atmospheric Sciences (Frankreich, CNES)
? 2005	**CloudSat** (USA) Sensoren: CALIOP (Cloud Aerosol Lidar mit Orthogonal Polarization, WFC (Wide Field-of-view Camera), IIR (Infrared Imaging Radiometer) (CloudSat und CALIPSO sind miteinder verbunden und starten somit gemeinsam)
? 2005	**CALIPSO** (Cloud Aerosol Lidar and Infrared Pathfinder Satellite) (USA)
? 2006	**ADM-Aeolus** (Europa, ESA) Windgeschwindigkeit
?	**ACHEM** (Atmospheric Chemistry Earth Explorer Mission) (Europa, ESA)
?	**Earth CARE** (for Clouds, Aerosol and Radiation Explorer) (Europa, ESA) Fortsetzung der Missionen ERM (USA) und ATMOS-B1 (Japan)
?	**SPECTRA** (Surface Processes and Ecosystems Changes Through Response Analysis) (Europa, ESA)
?	**WALES** (Water Vapour Lidar Experiment in Space) (Europa, ESA)

?	WATS (Water Vapour in Atmospheric Troposphere and Stratosphere) coupled with Observations from a Lidar (Europa, ESA)
? 2008	OCO (Orbiting Carbon Observatory) (USA) globale Erfassung des CO_2-Gehaltes der Atmosphäre, Missionsdauer 2 Jahre?

Bild 10.20
Spezielle Atmosphärenbeobachtung. Quelle: The Earth Observer (USA, NASA, EOS, 2004), SANDAU (2002) und andere

Satelliten mit Sensoren zur Aerosolerfassung

Start	Name der Satellitenmission und andere Daten
1984	**ERBS** (Earth Radiation Budget Satellite) (USA) H = 610 km, I = 57°, Sensor: SAGE II Stratospheric Aerosol and Gas Experiment II) ist ein 7-Kanal-Radiometer, Spektralbereich 385-1020 nm, Abtastung bis 57°N
1994	**LITE** (Lidar In-space Technology Experiments) (USA) *Shuttle-Mission*, H = 296 km, I = 28,5°, *erste* Lidarmessungen vom Satelliten aus
2003	**ICESat** (Abschnitt 4.3.01)
? 2003	**?**, Sensor: PICASSO-CENA (Pathfinder Instruments for Clouds and Aerosol - Climatologies Etendue des Nuages et des Aerosol), Lidarmessung

Bild 10.21
Aerosolerfassung.

Satelliten mit Sensoren zur Ozonerfassung

Start	Bezeichnungen und andere Daten
1970	**NIMBUS-4** (USA) Ozonmessung mit Sensor BUV (Backscattered Ultraviolet)
1978	**NIMBUS-7** (USA) Gasmessung mit Sensor LIMS (Limb Infrared Monitor of the Stratosphere), Ozonmessung mit Sensor SBUV/TOMS

	(Solar Backscatter Ultraviolet/Total Ozone Mapping Spectrometer), H = 955 km
1979	**AEM-2** (Explorer-Satellit) (USA)
1984	SAGE I (Stratospheric Aerosol and Gas Experiment I) **ERBS** (Earth Radiation Budget Satellite) (USA) H = 610 km, I = 57° SAGE II (Stratospheric Aerosol and Gas Experiment II)
1991	**UARS** (Upper Atmosphere Research Satellite) (USA) H = 600 km, I = 57°, Ozonmessungen mit Sensor MLS (Microwave Limb Sounder), pssives Mikrowellenradiometer
1995	**ERS-2**, (Abschnitt 8.1) Messung des Ozons und weiterer Spurengase mittels Sensor: GOME (Global Ozone Monitoring Experiment), Messung von der Erde rückgestreuter UV-Strahlung in Nadir-Richtung
1995	**ADEOS-1** (Abschnitt 9.2.01) Ozonmessung mit Sensor ILAS (Improved Limb Atmospheric Spectrometer)
1996	NASA **Earth Probe** (EP) (USA) H = 740 km, I = 98°, Ozonmessung mit Sensor TOMS (Total Ozone Mapping Spectrometer), Messung von der Erde rückgestreuter UV-Strahlung in Nadir-Richtung, Messungen während Polarnacht nicht möglich, da Sonnenlicht erforderlich
2001	**Meteor 3M** (Russland, USA, NASA) Sensoren: SAGE III (Stratospheric Aerosol and Gas Experiment III), H = 1 020 km, I = 99,5°, ÄÜ = 9.30 Uhr
2001	**QuikTOMS** (USA, NASA) Sensoren: TOMS, Fehlstart
2002	**ENVISAT** (Abschnitt 8.1) Sensoren SCIAMACHY, MIPAS...
2004	**AURA** (USA, NASA) Sensoren: OMI (Ozon Monitoring Instrument), HIRDLS, MLS
? 2005	Ein Instrument aus SAGE III soll zur Internationalen Raumstation (ISS, International Space Station) gebracht werden

Bild 10.22
Ozonerfassung. Quelle: The Earth Observer (USA, NASA, EOS, 2004, 2003, 2001) und andere. Eine Übersicht über die Anfänge der Satellitenmessungen des Gesamtozons gibt MATEER (1986).

Systeme, die von der Landfläche oder vom Ballon aus Atmosphärenparameter messen

Eine umfassende Beschreibung der Systeme (einschließlich Meßgeometrien) und Aussagen über die Vergleichbarkeit der mit den verschiedenen Systemen erhaltenen

Meßergebnisse ist enthalten in LANGER (1999). Ausführungen über die Messung des stratosphärischen Ozons mittels Ozon-Sonden und dem Ozon-Dial-Verfahren sind enthalten in WAHL (2002), SCHULZ (2001), MÜLLER (2001) und andere.

	Bezeichnungen und andere Daten
B	**ECC-Sonden** (Electrochemical-concentration-cell), Messung eines Stroms aufgrund chemischer Reaktion, erreichbare maximale Höhen 30-35 km, ab 1969
B	**ULDB** (Ultra Long Duration Ballon) USA, Stratosphärenforschung
L	**FTIR** (Fourier Transform Infrared Spectrometer),direkte Messung der UR-Strahlung von Sonne, Mond; ca ab 1970
L	**DOAS** (Differential Optical Absorption Spectrometer), Messung des gestreuten Sonnenlichts, der Himmelsstrahlung, in Zenitrichtung (im Bereich UV und VIS)
L	**DIAL** (Differential Absorption LIDAR) LIDAR: Light detection and ranging, Messung rückgestreuter UV-Strahlung, aktives Verfahren zur Bestimmung von vorhandenem Aerosol, Ozon... sowie von vorhandenen Wolken in der Stratosphäre, ab ca 1980
L	**RAM** (Radiometer für Atmosphärenphysikalische Messungen), Universität Bremen, Mikrowellenradiometer, passives Verfahren, ab 1992

Bild 10.23
Systeme, die von der *Landfläche* (L) aus oder vom *Ballon* (B) aus messen. Quelle: WAHL (2002) und andere

|Ballonaufstieg am Nordpol|
Polarstern befand sich am 08.09.1991 nahe des Nordpols. Ein in die Atmosphäre aufsteigender Wetterballon sandte Daten über Lufttemperatur und -feuchte, Windrichtung und -geschwindigkeit zum Schiff. Mit steigender Höhe wurden anfangs zunehmend wärmere Luftschichten durchquert (schließlich kommt der Wind am Nordpol immer aus südlichen Richtungen). Die kälteste Luftmasse in ca 10 km Höhe war mit – 60° C um mehr als 20° wärmer als vergleichbare Luftmassen über dem Äquator, die in Höhen *bis* 15 km auftreten (KÖNIG-LANGLO 2002).

10.4 Atmosphärenpotential und globales Kreislaufgeschehen

Das Kreislaufgeschehen ist wesentlich bestimmt durch das Zusammenspiel von Chemie und atmosphärischer Dynamik.

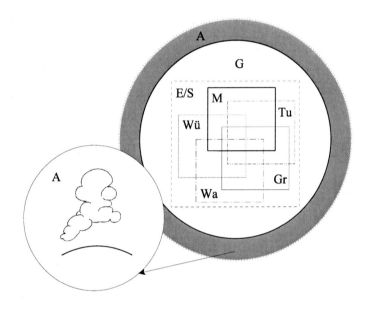

Bild 10.24
Das Atmosphärenpotential (A) und die Verknüpfungen (im Sinne der Mengentheorie) zwischen dem Atmosphärenpotential und den anderen Hauptpotentialen des Systems Erde.

Das Atmosphärenpotential ist in allen anderen ökologischen Hauptpotentialen mehr oder weniger stark eingebunden, insbesondere auch im globalen Kreislaufgeschehen. Wie zuvor dargelegt, wird die Atmosphäre aufgrund des vertikalen Temperaturverlaufs in Schichten unterteilt: Troposphäre, Stratosphäre und weitere. Troposphäre und Stratosphäre unterscheiden sich durch ihre vertikalen Temperaturgradienten sehr deutlich voneinander, was vor allem auf die vertikale Luftbewegungen in diesen Schichten einwirkt. Im zeitlichen und räumlichen Mittel zeigt die *Troposphäre* eine Abnahme der Temperatur mit Zunahme der Höhe (im globalen Mittel um ca 6,5 K/km). Wegen der geringen Stabilität der Troposphäre besteht eine starke Konvektion, die fühlbare und latente Wärme vom Gelände in die obere Troposphäre transportiert, was unter anderem zu einer starken vertikalen Durchmischung führt. In der

Stratosphäre ergibt sich im Gegensatz dazu der vertikale Temperaturverlauf aus dem Gleichgewicht zwischen Strahlungserwärmung beziehungsweise Strahlungsabkühlung und dynamisch bedingter Erwärmung beziehungsweise Abkühlung. Das Strahlungsgleichgewicht ist dabei vorrangig bestimmt durch die ultraviolette Absorption des Ozons und die ultrarote Emission von Kohlendioxid, Wasser und Ozon, währen die dynamisch bedingte Erwärmung beziehungsweise Abkühlung aus diabatischen Absink- und Aufstiegsbewegungen bestimmt ist. Da die Temperatur der Stratosphäre im allgemeinen mit der Höhe zunimmt, zeigt sie eine sehr stabile Schichtung und vertikale Umlagerungenprozesse laufen sehr viel langsamer ab als in der Troposphäre. Der Übergang von der Troposphäre zur Stratosphäre ist also auch durch eine deutliche Änderung der statischen Stabilität markiert (in der Troposphäre niedrige in der Stratosphäre hohe Stabilität). Im Mittel liegt die Tropopause in den Polargebieten in 8-9 km Höhe. Die Tropopausen-Temperatur in polnahen geographischen Breiten ist demzufolge in der Regel höher als nahe des Äquator, wo die Tropopause in 16-17 km Höhe liegt.

|Geostrophischer Wind|
Da in der Stratosphäre Reibungskräfte im allgemeinen vernachlässigbar sind, lassen sich die stratosphärischen Luftströmungen näherungsweise aus vorliegender Druckgradientenkraft und Corioliskraft ableiten. Eine Strömung die durch das Gleichgewicht von Druckgradientenkraft und Corioliskraft bestimmt ist, wird *geostrophischer* Wind genannt.

|Meridionalzirkulation|
Die mittleren stratosphärischen Strömungen können als thermische bedingte Winde aufgefaßt werden. Da die äquatoriale Tropopause und die untere tropische Stratosphäre im *Sommer* sehr kalt sind im Vergleich zur polaren Stratosphäre (die durch starke Sonneneinstrahlung demgegenüber warm ist), ergibt sich aus dem polwärts gerichteten Temperaturanstieg eine kräftige westwärts gerichtete resultierende Strömung (Ostwind). Im *Winter* ist (wegen der geringen Sonneneinstrahlung) die polare Stratosphäre über große Höhenbereiche kälter als die tropische. Die resultierende Strömung ist daher ostwärts gerichtet (Westwind). In der Stratosphäre liegt generell somit im Sommer ein Ostwindregime und im Winter ein Westwindregime vor. Nach bisheriger Erkenntnis erfolgt die Umstellung der Zirkulation vom *winterlichen* auf das *sommerliche* Regime im Mittel auf der Nordhalbkugel im März/April, auf der Südhalbkugel im Oktober/November (WAHL 2002). Diese globale Zirkulation in der Stratosphäre wird auch *Meridionalzirkulation* oder *Brewer-Dobson-Zirkulation* genannt.

Grundgleichungen zur Beschreibung der atmosphärischen Dynamik

Modelle zur Beschreibung sowohl der atmosphärischen als auch der ozeanischen Dynamik basieren auf sogenannte Grundgleichungen. Die Grundgleichungen für die Bewegungsvorgänge in der Atmosphäre beziehungsweise im Meer sind vorrangig die Erhaltungsgleichungen für Impuls, Masse und Energie in einem geschlossenen System, bezogen auf eine Volumen- oder Masseneinheit. Für die *ozeanische* Dynamik umfaßt ein solches Gleichungssystem vielfach die Navier-Stokes-Bewegungsgleichung. Die Massenerhaltung ist durch die Kontinuitätsgleichung gegeben und die Energieerhaltung durch den ersten Hauptsatz der Thermodynamik für thermische Energie (Abschnitt 9.2).

Für die *atmosphärische* Dynamik umfaßt ein solches Gleichungssystem, neben den Erhaltungsgleichungen für Impuls, Masse und Energie, einige gesonderte Erhaltungsgleichungen für einzelne Bestandteile der Atmosphäre, insbesondere Bilanzgleichungen für den atmosphärischen Wassergehalt bezogen auf die gasförmige Phase des Wassers (Bilanzgleichung für Wasserdampf) und bezogen auf die flüssige beziehungsweise feste Phase (Bilanzgleichung für Wolkenwasser). Eine weitere Grundgleichung der atmosphärischen Dynamik ist die Zustandsgleichung für ideale Gase, die den Zusammenhang zwischen den thermodynamischen Zustandsgrößen (Luftdruck, Luftdichte, Temperatur) beschreibt. Die Massenerhaltung ist durch die sogenannte Kontinuitätsgleichung gegeben und die Energieerhaltung durch den ersten Hauptsatz der Thermodynamik. Die Gleichungen zur Darstellung der Erhaltung der Wirbelstärke horizontaler Strömungen (engl. Vorticity) sind weitere Grundgleichungen. Schließlich ist auch der Einfluß von Reibungskräften auf die Bewegung in weiteren Gleichungen zu berücksichtigen. Die zuvor angesprochenen Grundgleichungen stellen insgesamt ein *gekoppeltes, partielles, nichtlineares Differentialgleichungssystem* dar, daß weitgehend jene dynamische Prozesse beschreibt, die die atmosphärischen Bewegungsvorgänge bestimmen. Zur Lösung eines solchen Gleichungssystems sind in der Regel (weitere) Vereinfachungen und Eingrenzungen erforderlich: etwa analytisches Integrieren ersetzen durch numerisches Integrieren oder getrennte horizontale, vertikale und zeitliche Diskretisierung, und anderes. Formelhafte Darstellungen der atmosphärischen Dynamik enthalten beispielsweise ROEDEL (1994), GARBRECHT (2002), DORN (2002). Dorn gibt zugleich Hinweise auf heutige Vorgehensweisen bei der Entwicklung von hochauflösenden Atmosphärenmodellen.

Die auf ein *Luftvolumen* einwirkenden Kräfte sind weitgehend auch jene, die auf ein *Wasservolumen* im Meer einwirken, wie die Gravitationskraft der Erdmasse, Zentralkraft und Corioliskraft (folgend aus der Rotation der Erde), die Gezeitenkräfte, Druckkräfte, Reibungskräfte und andere. Nähere Erläuterungen hierzu sind im Abschnitt 9.2 enthalten.

Globale atmosphärische Zirkulation

Die Luftmenge eines größeren räumlichen Gebietes die hinreichend gleiche Eigenschaften aufweist, also etwa gleiche Temperatur, Feuchte, Lufttrübung und vor allem gleichen vertikalen Aufbau, kann als *Luftmasse* definiert werden. Wird eine solche Luftmasse bewegt und verläßt damit ihren Ursprungsort, dann verändern sich die Eigenschaften der Luftmasse. Besonders einwirkend auf die Luftmasse ist dabei die Charakteristik der Oberflächen jener Gebiete, über die sie sich hinwegbewegt. Die Änderung ihrer Eigenschaften hält so lange an, bis sie wieder in den Einflußbereich eines großen stabilen Hochdruckgebietes gelangt, wo die Luftmasse nun in eine neue "transformiert" wird. Dieser Prozeß kann *Luftmassen-Transformation* genannt werden. Auf ihrem Weg vom Ursprungs- zum Zielort wird die Luftmasse auch *chemisch* geprägt, etwa indem sie Spurengase und Aerosole aufnimmt. Diese nehmen allerdings nur bedingt an der Luftmassen-Transformation teil, denn entsprechend ihrer *Verweildauer* in der Atmosphäre oder ihrer *Halbwertszeit* verbleiben Spurenstoffe Tage oder Jahre in einer Luftmasse. Durch Mischung mit anderen Luftmassen oder durch chemische Reaktionen kann der Spurenstoffgehalt sich jedoch ändern.

Im Rahmen der globalen atmosphärischen Zirkulation treffen auf ihrem Weg zum Äquator beziehungsweise zu den Polen polare und tropische Luftmassen in Bereichen um den 40. und 60. Breitengrad aufeinander. Da die kalte und die warme Luft eine verschiedene Dichte haben, erfolgt zunächst keine Mischung. Es bildet sich eine Luftmassen-Grenze aus, die zirkumpolar verläuft und (atmosphärische) *Polarfront* genannt wird. Aufgrund verschiedener Effekte (Einwirkung der Geländegestalt, der Corioliskraft und anderes) erfolgt eine Erwärmung und Ausdehnung der Luftmassen, die zu sogenannten Kalt- oder Warmluftvorstößen gegen die Polarfront führen. Diese Störung (Verwellung) der Polarfront bewirkt die Bildung von Zyklonen (Tiefdruckgebieten). Es entsteht ein Band von Zonen tiefen Bodenluftdrucks, das *polare Tiefdruckrinne* genannt wird (in der Antarktis zirkumpolar zwischen 60-70° Süd). Wird vom Pol ausgegangen, so nimmt der Luftdruck zunächst ab und danach, in Richtung subtropischen Hochdruckgürtels, wieder zu. Die Druckverteilung ist dabei abhängig von der Jahreszeit.

Luftmassen und Zyklonen können als Teile eines Getriebes aufgefaßt werden, wobei die Zyklonen als eine Art Schaufelräder fungieren, die Luftmassen von Nord nach Süd und umgekehrt befördern. Der reale Ablauf dieser Vorgänge in der Atmosphäre ist allerdings wesentlich komplexer als hier (und im Bild 10.25) dargelegt.

Windsysteme

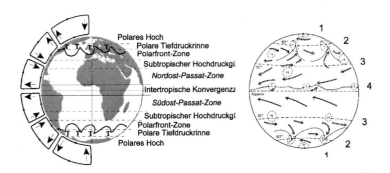

Bild 10.25
Schema der globalen atmosphärischen Zirkulation nach Daten von HOFMANN 2000, ROEDEL 1994 und anderen. Es bedeuten T Tiefdruckgebiet
1 arktische beziehungsweise antarktische Fallwinde
2 aufsteigende Luft in Tiefs
3 absinkende Luft in Hochs
4 aufsteigende Luft in tropischen Konvektionszellen.
In der intertropische Konvergenzzone liegt die atmosphärische "äquatoriale Gegenströmung".

Beiderseits des Äquator bis zu ca 30-35° nördlicher und südlicher Breite ist das System der *Passate* vorherrschend, in dem die Winde meist gleichmäßig wehen, auf der Nordhalbkugel aus Nordost, auf der Südhalbkugel aus Südost. In der Äquatorzone laufen beide Passatströmungen zusammen (in der intertropischen Konvergenzzone). Die an die Passatzone sich polwärts anschließenden "Roßbreiten" bei ca 30-35° sind häufig durch Windstille gekennzeichnet. Der Bodenluftdruck ist hoch (subtropischer Hochdruckgürtel). Weiter polwärts schließt sich die Zone der "planetaren Westwinddrift" an, die von ca 35° bis ca 70° reicht. Hier überwiegen Winde aus westlicher Richtung. In den hochpolaren Gebieten, im Einflußbereich großer Eisbedeckungen, sind zirkumpolare Ostwinde vorherrschend, allerdings begrenzt auf die unteren Luftschichten (bis ca 3 km Höhe). Ihrem Wesen nach sind diese Ostwinde kalte Fallwinde (*katabatische* Winde), die durch Abkühlung der Luft über den großen Eisflächen entstehen und entsprechend dem Einfluß der Corioliskraft nach Westen abgelenkt werden.

Meridionale atmosphärische Zirkulation (Meridionalzirkulation)

Die meridionale atmosphärische Zirkulation ist von grundlegender Bedeutung für den Transport von Spurenstoffen, etwa des Ozons. Sie wird geprägt vom Aufsteigen der Luftmassen in den Tropen, dem Transport zu den Polen hin und dem Absinken der Luftmassen in hohen geographischen Breiten.

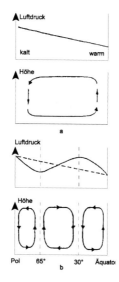

Bild 10.26
Meridionale Verteilung von Luftdruck und Luftbewegung nach TOMCZAK/GODFREY 1994.

Durch Sonneneinstrahlung empfangen die Tropen mehr Wärme als die Pole. Die kältere Luft an den Polen ist dichter (höherer Luftdruck) als am Äquator. Es besteht mithin ein Luftdruckgradient. Würde die Erde nicht rotieren, würde dieser Luftdruckgradient sowohl auf der Nordhalbkugel als auch auf der Südhalbkugel eine Luftzirkulationszelle bilden, die als *Hadley-Zelle* bekannt ist (Bildteil a). Auf einer rotierenden Erde besteht eine einfache Hadley-Zellenbewegung jedoch nicht mehr. Eine ausgeprägte Hadley-Zelle findet sich lediglich zwischen dem Äquator und den geographischen Breiten ca 30°. Im Zusammenhang mit den Landmassen bilden sich spezielle Luftdruckzellen und mithin spezielle Windsysteme (Bildteil b).

|Atmosphärische Wellen|
Die unterschiedlichen Luft-Temperaturgradienten zwischen Äquator- und Polgebieten gelten als der eigentliche Antrieb der Zirkulation. Sie führen, wie zuvor dargelegt, zu einer entsprechenden atmosphärischen Grundströmung, wobei sich, unter Einwirkung der Corioliskraft, ein geostrophisches Gleichgewicht einstellen würde. Zahlreiche weitere Einwirkungen erzeugen jedoch in der Regel Abweichungen von diesem Gleichgewicht. Eine wesentliche Einwirkung in diesem Sinne üben die *atmosphärischen Wellen* aus, die in der Troposphäre entstehen und sich bis in die Stratosphäre ausbreiten (WAHL 2002). Zu ihnen gehören die *planetarischen Wellen*, deren Wellenlängen bis zu 10^4 km betragen können. Sie werden vorrangig angeregt durch die globale Land/Meer-Verteilung, da Land und Wasser durch ihre unterschiedlichen Wärmekapazitäten Temperatur- und Druckunterschiede erzeugen. *Rossby-Wellen*, eine einfache Form der planetarischen Wellen, entstehen aufgrund der Erhaltung der potentiellen Wirbeldichte. Da die Transmission der oberen Atmosphäre mit der Wellenlänge zunimmt, gelangen nur bestimmte planetarische Wellen in die Stratosphäre. Andere Wellen, die sich in die Stratosphäre und darüber aus-

breiten können, sind die *Schwerewellen*, die etwa beim Überströmen von Gebirgen entstehen (und in diesem Fall als *Leewellen* bezeichnet werden). Die Wellenlängen der Schwerewellen sind unterschiedlich und liegen vorrangig im Bereich von 10 km (WAHL 2002). Die Wirkung der genannten Wellen auf den Grundstrom beruht auf Impulsübertragung (siehe zuvor). Eine umfassende mathematische Darstellung der Vorgänge gibt beispielsweise SINNHUBER (1999).

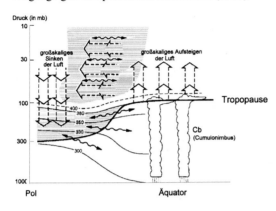

Bild 10.27
Meridionale großskalige atmosphärische Zirkulation nach HOLTON et al. 1995. Einige Cumulonimbus-Wolken reichen bis in die Stratosphäre hinein. Die dünnen vollen Linien kennzeichnen die *Isentropen*, die Flächen konstanter potentieller Temperatur. Punktiert ist jener Bereich der unteren Stratosphäre, wo ein horizontaler Austausch auf Isentropen zwischen Stratosphäre und Troposphäre möglich ist. Quelle: SINNHUBER (1999), verändert

Windgeschwindigkeiten über Landoberflächen

Bild 10.28
Mittlere jährliche Windgeschwindigkeiten über Landoberflächen nach SCHOTT 1985. Quelle: HEMMERS (1990), verändert

Die mittleren jährlichen Windgeschwindigkeiten an den Küsten sind besonders hoch, teilweise

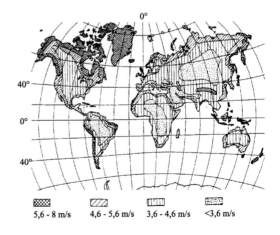

5-8 m/s. Auch in einigen Binnenhochlagen, beispielsweise im Innern der Mongolei, existieren mittlere jährliche Windgeschwindigkeiten von 4-4,5 m/s mit Spitzenwerten von 7 m/s. Die täglichen und saisonalen Schwankungen kommen in diesen Angaben allerdings nicht zum Ausdruck. Außerdem haben örtliche Gegebenheiten Einfluß, wie etwa Berg- und Talwinde.

Zur Entstehung großräumig geordneter Strukturen
Die Erdatmosphäre kann als ein turbulentes Fluid aufgefaßt werden ("Fluid" gilt hier als Oberbegriff für Flüssigkeiten und Gase). Wenn die innere Reibung unter den Molekülen eines Fluids dominiert, ist dessen Strömung geordnet ("laminar"). Strömungen, die uns in der Wirklichkeit umgeben (wie etwa Luftbewegungen) sind meist turbulent, also komplex und ungeordnet. Dies gilt generell auch für die Strömungen in der *Atmosphäre* oder im *Meer*.

Wird davon ausgegangen, daß die Luft in der Atmosphäre inkompressibel ist (ihr Volumen durch Druckerhöhung nicht abnimmt) und daß hier eine 2-dimensionale turbulente Strömung auf einer Ebene oder Fläche stattfindet (weil die vertikale Ausdehnung der Erdatmosphäre im Vergleich zu ihrer horizontalen Ausdehnung vernachlässigbar klein ist), dann kann die Strömung als eindeutig bestimmt gelten durch eine für jeden Punkt definierte Größe, die sogenannte *Wirbeldichte* oder *Wirbelstärke* (engl. vorticity) die die Rotation des Geschwindigkeitsvektor kennzeichnet. Die Wirbeldichte gibt mithin an, wie schnell das Fluid in der Umgebung des jeweiligen Punktes rotiert. Wird jeder Punkt als kleiner Kreisel betrachtet, dann besteht das Fluid mithin aus zahlreichen rotierenden Kreiseln, die nicht unbedingt alle gleiche Drehrichtung haben, jedoch in der Strömung des Fluids mitschwimmen und ihre Rotation dennoch beibehalten, weil sie mangels innerer Reibung keine Wechselwirkung miteinander haben. Es läßt sich zeigen, daß solche 2dimensionale inkompressible Strömungen im Kleinen zwar chaotisch verlaufen, im Großen sich die Turbulenzen aber ordnen und sogenannte *kohärente Strukturen* bilden (ROBERT 2001). In der Erdatmosphäre erstrecken sie sich oftmals über mehrere tausend Kilometer. Sie sind erkennbar (beispielsweise auf Satellitenbildern) an den Wolken, die der Luftbewegung folgen. Die theoretische Begründung für das unterschiedliche Verhalten der mikroskopischen Variablen Wirbeldichte (mikroskopische Variablen) und des makroskopischen Geschwindigkeitsfeldes der Atmosphäre (makroskopische Variablen) läßt sich aus der statistischen Mechanik herleiten (am Ende des 19. Jahrhunderts entwickelt vom österreichischen Physiker Ludwig BOLTZMANN, 1844-1906). Die Erdatmosphäre ist in der Realität zwar wesentlich komplexer als jene Idealvorstellung, die durch das 2-dimensionale Fluid beschrieben wurde, doch soweit es sich um makroskopische Größen handelt, um Mittelwerte aus sehr vielen einzelnen Komponenten, sollte deren chaotisches Verhalten kein Hindernis sein für eine Beschreibung des Entstehens kohärenter Strukturen und ihr Wechselwirken miteinander (wie beispielsweise der Hoch- und Tiefdruckgebiete) sowie einer zeitlich begrenzten

Vorhersage dieses Geschehens (etwa des Wetters).

Bild 10.29
Beispiel für Chaos
im Kleinen, das Ordnung
im Großen ergibt.
Große atmosphärische
Wirbel umrunden den
Südpol. Kleinräumige
atmosphärische Turbulenzen
ordnen sich zu diesen
"kohärenten Strukturen".
Quelle: ROBERT (2001),
Satellitenbilddaten NASA

Wirbelstürme
Nehmen die Wirbelstürme (Hurrikane) erdweit zu? Seit 1995 beträgt das jährliche Mittel bezüglich Anzahl 3,8. Die ist eine deutliche Zunahme sei 1960 und den folgenden zehn Jahren, denn für diesen Zeitabschnitt habe das jährliche Mittel 2,3 betragen (ALPERT 2005).
  Die Anzahl starker Wirbelstürme sei erdweit für Zeitabschnitte über ein Jahrzehnt zwar relativ konstant, doch zeige sich bei einer lebhaften Saison im Atlantik, eine ruhige Saison im Pazifik und umgekehrt. Die jährlichen Schwankungen hängen vermutlich mit dem Auftreten von El-Nino-Ereignissen zusammen, bei denen der östliche Pazifik sich erwärmt und dadurch die Geschwindigkeitsdifferenz zwischen hohen und tieferen Luftströmungen sich verstärkt, was die Bildung von Wirbelstürmen im Atlantik stören sollte. Die Abkühlung des Pazifik durch La-Nina dürfte den entgegengesetzten Effekt haben. Einige Wissenschaftler vermuten einen Zusammenhang mit Trends in der Thermodynamik des Atlantik. Wirbelstürme bilden sich nur über dem Meer, dessen Wasser nahe der Oberfläche wärmer als 26,5° C ist. Wassertemperaturen darüber führen zu lebhafter, solche darunter zu ruhiger Saison. Doch nicht nur die Wassertemperatur entscheide über die Entstehung eines Wirbelsturms, sondern auch die Temperaturdifferenz zwischen dem Betrag an der Meeresoberfläche und dem für die obere Atmosphäre. Einige Wissenschaftler vermuten auch einen Zusammenhang mit der Nordatlantischen Oszillation (NAO), die das regionale Klima zwischen zwei Zuständen hin und her pendeln läßt, wodurch sich die Zugbahnen von Stürmen, die das Meer überqueren, verschieben.

Ozon in der Atmosphäre

Das *atmosphärische Ozon* (O_3) ist giftig und hat einen stechenden Geruch; es wird *nicht* aus natürlichen oder anthropogenen Quellen in die Atmosphäre emittiert, sondern durch photochemische Prozesse in der Atmosphäre gebildet, wobei die Produktionsprozesse in der Stratosphäre und in der Troposphäre unterschiedlich sind. Vom atmosphärischen Gesamtozon enthält die Stratosphäre ca 90 % und die Troposphäre ca 10 %. In der Stratosphäre wird Ozon vorrangig dort produziert, wo die Sonne während des ganzen Jahres am höchsten steht: beiderseits des Äquators, also in den Tropen. Die Dynamik der Stratosphäre bewirkt sodann, daß das Ozon aus seinem Entstehungsgebiet polwärts und abwärts transportiert wird, wobei diese Zirkulation eine gewisse globale Ozonverteilung herbeiführt.

Im Zusammenhang mit der Ozonverteilung in der Atmosphäre wird vielfach von der "Ozonschicht" gesprochen, obwohl es sich lediglich um sehr fein verteilte Luftmoleküle von besonderer Art in einem gewissen Bereich der Atmosphäre handelt. Wäre das Ozon (als Sauerstoffmodifikation) homogen konzentriert, würde es unter Normalbedingungen, also in Meeresspiegelhöhe mit ?°C und 1013 hPa, eine Säulenhöhe beziehungsweise eine globale Schicht von nur 3,5 mm Dicke, also von 350 DU, bilden (ROEDEL 1994, GROß 1995). Die Normtemperatur |?°C| beträgt nach EK (1991) S.443 |= 22°C|, nach ROEDEL (1994) |= 0°C|, nach SCHULZ (2001) |= 15°C|.

Ozonproduktion (Ozonquellen)
Beiderseits des Äquators wird in der Stratosphäre aufgrund der maximalen Sonneneinstrahlung Ozon mengenmäßig am stärksten produziert. Es besteht das stärkste Ozon-Mischungsverhältnis. Dieser Bereich beiderseits des Äquators kann als *global* wirkende Quelle angesehen werden. Die derzeitig maximale Ozonkonzentration liegt in ca 25 km Höhe. Im Gegensatz zur global wirkende Ozonquelle (beiderseits des Äquators) sind die troposphärischen Ozonquellen *lokal* wirkende Quellen. Eine wesentliche "Quelle" für das Ozon in der Troposphäre ist ferner der vertikale Transport aus der Stratosphäre. Der Zufluß aus der Stratosphäre und die Produktion in der Troposphäre sind mengenmäßig etwa gleich (ROEDEL 1994 S.360).

In der *Antarktis* soll keine der vorgenannten Quellen wirksam sein, obwohl Ozon in der antarktischen Troposphäre vorhanden ist (und ebenso bodennahes Ozon) mit einem Jahresgang und einem Maximum im Südwinter. Es wird vielfach angenommen, daß dies auf eine Einmischung von stratosphärischem Ozon zurückzuführen ist (HOFMANN 2000).

Bild 10.30
Globale Verteilung des Ozon-Mischungsverhältnisses (in ppm) nach FORTUIN/KELDER 1998. Grundlage: Ozonmessungsergebnisse im Zeitabschnitt 1980-1991, Monat Januar (Nord-Winter). Das größte Ozon-Mischungsverhältnis besteht danach beiderseits des Äquator (in den Tropen) mit ca 10 ppm im Druckbereich von 10 hPa (der Druckbereich charakterisiert die Höhe über der Land/Meer-

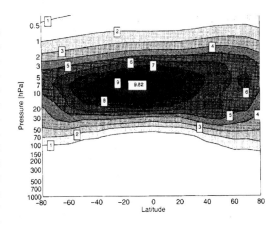

Oberfläche). Die Troposphäre umfaßt den Druckbereich von 1000 hPa bis einschließlich 300 hPa. Quelle: SINNHUBER (1999)

Wie gesagt, findet die größte Ozonproduktion beiderseits des Äquator (in den Tropen) statt. Zu den Polen hin nimmt das Ozon-Mischungsverhältnis ab, weil dort, wegen der tiefer stehenden Sonne, die photochemische Ozonproduktion geringer ist. Die globale Produktionsrate wurde um 1975 im Mittel mit ca $5 \cdot 10^{31}$ Moleküle/s angenommen beziehungsweise mit rund $1,25 \cdot 10^{11}$ t/Jahr (ROEDEL 1994). Das Absinken der Luftmassen in den hohen geographischen Breiten aufgrund der globalen meridionalen atmosphärischen Zirkulation führt dazu, daß dort relativ hohe Ozon-Mischungsverhältnisse in der *unteren Stratosphäre* bestehen (siehe beispielsweise den Verlauf der 100 hPa-Linie über die geographischen Breiten von – 80 bis + 80 Grad im Bild 10.30), während in den Tropen das Aufsteigen der Luftmassen aus der Troposphäre und die vergleichsweise hochliegende Tropopause zu relativ niedrigen Ozon-Mischungsverhältnissen in der *unteren Stratosphäre* führen, diese beginnt bei 300 hPa (SINNHUBER 1999 S.21 und 72).

Vertikale und horizontale Verteilung des Ozons
Die Konzentration des Ozons in der Stratosphäre ist wesentlich bestimmt durch das Zusammenspiel von Chemie und atmosphärischer Dynamik (SINNHUBER 1999). Als Obergrenze der Ozonschicht kann die Höhe von ca 60 km gelten. Oberhalb dieser Grenze entsteht zwar auch noch Ozon, doch nimmt seine Lebensdauer wegen des schnellen photochemischen Abbaus hier rasch wieder ab; entsprechend verringert sich die Konzentration. Bereits oberhalb von

|ca 40 km Höhe|
(in der oberen Stratosphäre und in der Mesosphäre) sei die Photochemie so schnell, daß beim photochemischen Auf- und Abbau ein Gleichgewicht der Ozonkonzentration praktisch erhalten bleibt unabhängig von bestehender atmosphärischer Dynamik (SINNHUBER 1999). Im Höhenbereich von
|ca (25/30)-40 km|
(in der mittleren Stratosphäre) zeigt sich eine sehr hohe Variabilität des Ozon-Mischungsverhältnisses (teilweise Veränderungen von Tag zu Tag um den Faktor 2). Nach SINNHUBER ist sie wesentlich durch die "dynamisch kontrollierte Photochemie" bestimmt. Transportprozesse und Photochemie haben etwa gleichen Einwirkungsumfang auf die Ozonkonzentration. Bei Aussagen über das Ozon in der mittleren Stratosphäre ist mithin die Berücksichtigung der atmosphärischen Dynamik unbedingt erforderlich. Die einfachste Approximation dieses Prozesses stellt die sogenannte *Geostrophie* (geostrophischer Wind) dar, bei der lediglich die Druckgradientkraft und die Corioliskraft berücksichtigt werden. Im Höhenbereich von
|ca 10-30 km|
(in der unteren Stratosphäre) sei die Ozonverteilung nach SINNHUBER vorrangig von der atmosphärischen Dynamik, von den verschiedenen Transportprozessen in diesem Bereich, bestimmt. Die Photochemie laufe hier im Vergleich zu den vorgenannten Prozessen recht langsam ab. Etwa
|unterhalb 20 km|
Höhe, sowie in der *Troposphäre* kann Ozon durch Photosynthese nicht mehr entstehen, da die zur Spaltung von O_2 notwendige UV-Strahlung (mit Wellenlängen < 240 nm) nicht bis in diese Schichten vordringen kann. In der Troposphäre laufen andere Produktionsprozesse ab. Sie erzeugen etwa die gleiche Menge Ozon in der Troposphäre wie sie von der Stratosphäre zufließt (ROEDEL 1994).

Bild 10.31
Ozon-Konzentration in der Atmosphäre (Durchschnittswert).
Da die aktuellen Konzentrationen starke Schwankungen aufweisen, kann das Profil nur als durchschnittliches vertikales Ozonprofil gelten.
links: Höhe in km
unten: Moleküle/cm^3
Der Wert $5 \cdot 10^{12}$/cm^3 entspricht einem Ozon-Mischungsverhältnis von ca 10 ppm
Quelle: BMFT (1987), verändert

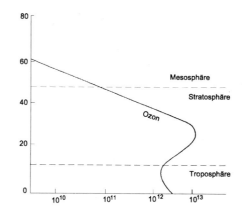

Obwohl das meiste Ozon beiderseits des Äquator produziert wird, liegt hier das globale Ozonminimum, da vorrangig die in der Stratosphäre vorherrschenden Winde das Ozon in die mittleren und hohen geographischen Breiten transportieren. Maximale Ozonwerte treten in den Polarregionen auf: auf der Nordhalbkugel im Nordfrühjahr (...März...), auf der Südhalbkugel im Süd-Frühjahr (...Oktober...).

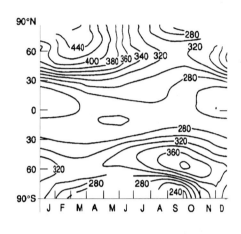

Bild 10.32
Globaler *Jahresgang* der Gesamt-Ozonverteilung nach BRASSEUR et al. 1999. Quelle: WAHL (2002), verändert.
Die Ozonwerte sind in *Dobson-Einheiten* (engl. Dobson Unit, DU) angegeben.
1 DU = 2,687 $\cdot 10^{16}$ Moleküle/cm^2 entspricht einer Ozon-Schichtdicke von 0,01 mm unter Normaldruck (1013 hPa).

Zur Variabilität der Ozonverteilung
Die Ozonkonzentration in der Stratosphäre ist zeitlich und räumlich eine *sehr variable* Größe. Die (periodischen und aperiodischen) Schwankungen reichen von täglichen Veränderungen (aufgrund der atmosphärischen Dynamik) über jahreszeitliche Veränderungen (aufgrund der großräumigen atmosphärischen Dynamik) bis hin zu dem 11-jährigen Zyklus der Sonnenfleckenaktivität (Abschnitt 4.2.03). Darüber hinaus bestehen Schwankungen aufgrund der quasi-zweijährigen Oszillation (engl. quasi-biennial oscillation, QBO), den episodischen Vulkanausbrüchen (deren Partikelwolken bis in die Stratosphäre reichen) und anderes. Neben diesen "natürlichen" Einflüssen bewirken auch *anthropogen* genutzte Substanzen deutliche Variationen, wie beispielsweise die ab ca 1950 industriell produzierten Flourchlorkohlenwasserstoffe (FCKW), die transparent, unlöslich und nicht-reaktiv mit troposphärischen Oxidationspartnern sind und demzufolge von keinem troposphärischen "natürlichen" Reinigungsprozess" erfaßt werden. Aufgrund dieser Reaktionsträgheit haben sie teilweise eine sehr lange Verweildauer (Lebensdauer) in der Troposphäre (Freon-11 ca 50 Jahre, Freon-12 ca 100 Jahre). Gelangen sie mit der globalen Zirkulation in die Stratosphäre, so ist in Höhen > 30 km genügend energiereiche UV-Strahlung vorhanden, um die FCKW unter Freisetzung von Chlor aufzuspalten. Eine kurze Übersicht über die FCKW-Chemie ist in MÜLLER (2001) enthalten. Danach liefern die FCKW den Hauptbeitrag zur Chlorbelastung der Atmosphäre. Die derzeitige *Chlorbelastung*

der Stratosphäre (beachtliches Potential zum *Ozonabbau*) wird trotz internationaler Bemühungen zu ihrer Verringerung wohl noch längere Zeit auf hohem Niveau verharren. Vielfach wird angenommen, daß auch *Brom-* und *Jod*-Verbindungen sowie andere *Halogene* am stratosphärischen Ozonabbau beteiligt sind. Nach der Entdeckung des "Ozonlochs" (einem lokalen Konzentrationsminimum) der Antarktis um 1984 wurden zunehmend Einsichten gewonnen über die Bedeutung der *polaren Stratosphärenwolken* (engl. polar stratospheric clouds, PSC), an deren Partikeloberflächen vorhandene passive Gase zu ozonabbauenden Substanzen aktiviert werden, sobald die solare Einstrahlung im Frühling genügend Wirkung erzeugt. Der beobachtete Ozonabbau in der *Antarktis* und in der *Arktis* ist allerdings von unterschiedlicher Stärke. Einfluß hierbei hat wohl vor allem die größere dynamische Aktivität auf der Nordhalbkugel, insbesondere auch die stratosphärischen Wintertemperaturen, die in der Arktis deutlich höher liegen als in der Antarktis (SCHULZ 2001). Der arktische Ozonabbau ist daher sehr wahrscheinlich (langfristig) geringer als der antarktische Ozonabbau.

Anmerkungen zur Ozon-Chemie
Ein erstes Reaktionsschema für photochemische Bildung (und Abbau) von *stratosphärischen* Ozon stammt von CHAPMANN (1930). Danach entsteht Ozon bei der Photolyse von Sauerstoffmolekülen zu Sauerstoffatomen (unter dem Einfluß kurzwelliger UV-Strahlung) und deren anschließende Rekombination mit einem Sauerstoffmolekül zu Ozon, wobei ein sogenannter Stoßpartner (M) erforderlich ist. Für die *stratosphärische* **Ozonbildung** gilt (HOFMANN 2000):

$$O_2 + h \cdot \nu(\lambda = 180 - 240nm), \rightarrow O + O$$
$$O + O_2 + M, \rightarrow O_3 + M$$

Als Stoßpartner (M) sind Sauerstoff (O_2) und Stickstoff (N_2) gleich geeignet.

Unter *troposphärischen* Bedingungen bildet sich Ozon unter Beteiligung von Stickstoffdioxid (NO_2). Dieses wird gebildet aus Stickstoffmonoxid (NO), das bei der Verbrennung fossiler Brennstoffe entsteht. Es gilt (HOFMANN 2000):

$$NO_2 + h \cdot \nu(\lambda \leq 410nm), \rightarrow NO + O$$
$$O + O_2 + M, \rightarrow O_3 + M$$

Die Ozonproduktion folgt einem zyklischen Prozeß bei dem Ozonbildung und Ozonabbau gleichzeitig ablaufen, wobei beide Reaktionszweige mehr oder weniger im Gleichgewicht stehen. Überwiegt ein Zweig, so ist die lokale Ozonkonzentration höher oder niedriger.

Der *stratosphärische* **Ozonabbau** erfolgt einmal *photolytisch* gemäß

$$O_3 + h \cdot \nu(\lambda = 200 - 320 nm), \rightarrow O + O_2$$
$$O_3 + O, \rightarrow O_2 + O_2$$

oder *katalytisch* etwa gemäß

$$X + O_3, \rightarrow XO + O_2$$
$$XO + O, \rightarrow X + O_2$$

wobei X Stickstoffmonoxid (NO), Wasserstoff (H), ein OH-Radikal, Chlor (Cl) oder ein atomares Brom (Br) sein kann (HOFMANN 2000). Der *troposphärische* Ozonabbau erfolgt nach dem Schema des katalytischen Abbaus, wobei als Katalysator hier vorrangig das OH-Radikal dient. Unter den Bedingungen der polaren Troposphäre sind auch Chlor und Brom geeignet. Weitere *Ozon-Abbauzyklen* sind der NO_x - Zyklus von Crutzen (1970), der ClO_x - Zyklus von Stolarski/Cicerone (1974), der Chlor-Abbauzyklus oder sogenannte Dimerzyklus von Molina/Molina (1987), der ClO/BrO-Zyklus und andere. Nach WAHL (2002) tragen die drei Gruppen von katalytischen Abbauzyklen (NO_x, HO_x, Halogen) abhängig von der Jahreszeit unterschiedlich stark zum Ozonabbau bei. Im Winter und zu Beginn des Frühlings dominiere der Halogen-Zyklus, im Sommer überwiege der NO_x - Zyklus. Es sind heute zahlreiche chemische Ozon-Abbaureaktionen (katalytische Zyklen) bekannt, die voneinander aber nicht unabhängig seien. Es bestehen zahlreiche Querverbindungen, wobei die Wirkungen der verschiedenen Querverbindungen nicht unbedingt additiv sein müssen (EYRING 1999, SINNHUBER 1999).

|Erhöhte Sonnenaktivität und
Änderung der Ozondichte in der Erdatmosphäre|
Gelegentlich auftretende, mit erhöhter Sonnenaktivität (Abschnitt 4.2.03) zusammenhängende sogenannte Solare Protonen-Ereignisse (SPE), können große Mengen von NO_X und HO_X in der polaren Stratosphäre und Mesosphäre erzeugen und auch zu meßbaren Änderungen der Ozondichte in der unteren Stratosphäre führen (GLAßMEIER 2003). Abhängig von der Energie der Protonen (ca 1 bis 500 Megaelektronvolt) und damit der Höhe, in der sie Energie abgeben, können die dadurch bewirkten Ozonverluste über Monate andauern.

|Selbstreinigungskraft der Atmosphäre|
Die Fähigkeit, einen vorhandenen Spurenstoff chemisch umzuwandeln und ihn so aus der Atmosphäre zu "entfernen" beziehungsweise seine dauerhafte Akkumulation zu verhindern, wird verschiedentlich "Selbstreinigungskraft" oder "natürlicher Reinigungsprozess" der Atmosphäre genannt. Die Umwandlung erfolgt dabei vorrangig

durch *Oxidation*. Wirkungsvolle *Oxidationsmittel* in der unteren Atmosphäre dabei sind (RIEDEL 2001): Hydroxyl-Radikale (OH), **Ozon** (O_3) und Hydroperoxide (ROOH). Ihre globale Gesamtheit in der Atmosphäre bestimmt deren Oxidationskraft. Insbesondere OH-Radikale veranlassen den Abbau der meisten "natürlichen" und "anthropogenen" Spurengase, wie beispielsweise Methan (CH_4), Kohlenmonoxid (CO), Schwefeldioxid (SO_2), Dimethylsulfid (DMS) sowie höhere Kohlenwasserstoffe (C_xH_y). Die Stoffe werden dabei in wasserlösliche Verbindungen überführt, die aus der Luft ausgewaschen werden können. Hydroxyl-Radikale gelten daher als das "Waschmittel" der Atmosphäre. Die komplexen *photochemischen* Vorgänge in der Troposphäre seien bisher noch nicht hinreichend erforscht (RIEDEL 2001). Dies gilt so auch für die *Polargebiete*, die heute wohl nicht mehr als "Reinluftgebiete" betrachtet werden können, insbesondere nicht die *Arktis*, da hier vorrangig im Winter und Frühling aus den umgebenden, hochindustrialisierten Regionen sogenannte anthropogene Emissionen eingetragen werden. Bezüglich der Photochemie wird in diesem Zusammenhang unterstellt, daß in der Dunkelheit der Polarnacht (die mehrere Monate dauert) *keine* photochemischen Reaktionen ablaufen, Ozonabbau mithin nur unter dem Einfluß von Sonnenlicht stattfindet (RIEDEL 2001, SCHULZ 2001). Einen besonderen Einfluß auf die Photochemie habe dabei die UVB-Strahlung.

Ozonabbau
Dir Entwicklung des Wissenstandes vollzog sich etwa wie folgt:
1974. Flour-Chlor-Kohlenwasserstoffe (FCKW) sind inert, nicht brennbar und nicht toxisch. Sie sind unter anderem eine ideale Kühlsubstanz in Kühlaggregaten. Die Erforschung ihrer Nachteile führte um 1974 unter anderem zur Auffassung, daß das System Erde derzeit einen *Ozonverlust* erleiden müsse (MOLINA/ROWLAND 1974).
1984. Als 1984/1985 erste Ozon-Messergebnisse der britischen Antarktis-Station Halley Bay veröffentlicht wurden (CHUBACHI 1984, FARMAN et al. 1985) ließ sich daraus ableiten, daß in dieser Region die Dicke der (hypothetisch verdichteten) Ozonschicht nach den Oktober-Mittelwerten von > 3 mm |der Jahre nach 1960| auf < 2 mm |der Jahre nach 1980| abgenommen hatte. 1993 betrug dieser Wert nur noch 0,91 mm (GROß 1995). Ein globaler Vergleich ließ erkennen, daß das Ozon über der *Antarktis*, und hier besonders im antarktischen Frühling (...Oktober...), den stärksten Schwund aufwies. Die Benennung *Ozonloch* kam auf.
1989 wurde erstmals auch ein Ozonschwund in der *Arktis* beobachtet, im arktischen Frühling (...März...) (HOFMANN et al. 1989). Da der im antarktischen und arktischen *atmosphärischen Polarwirbel* beobachtete Ozonverlust durch die Theorie der (reinen) Gas-Chemie nicht erklärt werden kann (SINNHUBER 1999), kam bald die Vermutung auf, daß hier am Ozonabbau nicht homogene, sondern heterogene Reaktionen auf den Oberflächen von Aerosolen der *polaren Stratosphärenwolken* beteiligt sein könnten.

|Polarwirbel|
Der Ozonabbau in der Atmosphäre wird wesentlich durch den atmosphärischen *Polarwirbel* (engl. polar vortex, PV) herbeigeführt. Kühlt sich die Luft (wegen

fehlender Sonneneinstrahlung) über dem Winterpol in der Stratosphäre sehr stark ab, führt dies zum Absinken von Luftmassen. Es bildet sich ein "Trichter" über dem Winterpol, der Polarwirbel. In der Regel umfaßt der Polarwirbel die polaren geographischen Breiten, doch häufig ist er stark verzerrt, seine Form weicht von der zonalen Symmetrie ab. Auf der Norhalbkugel ist der Polarwirbel meist nicht polzentriert, sondern in Richtung der europäischen Arktis verlagert.

In der **Antarktis** beginnt die Bildung dieses Wirbels im Mai (Süd-Herbst). Mit nachlassender Sonneneinstrahlung (im Juni, Polarnacht) sinken die Temperaturen innerhalb des Wirbels. Unterhalb einer kritischen Temperaturgrenze (ca - 76°C, ca 197 K) können sich polare stratosphärische Wolken bilden, die die vorgenannten heterogenen Reaktionen katalysieren, welche zum Ozonabbau beitragen (RIEDEL 2001). Mit Beginn des Süd-Sommers (Dezember), wenn der Wirbel in sich zusammenbricht, können schließlich Luftmassen aus mittleren geographischen Breiten nachströmen und die Ozonwerte wieder "normalisieren". In der Antarktis liegen Wirbelzentrum und Kältezentrum liegen etwa über dem geographischen Pol. Aufgrund dieser "ungestörten" Verhältnisse kann sich die Luft innerhalb des Wirbels sehr stark abkühlen, wobei die kritische Temperaturgrenze zur PSC-Partikelbildung in jedem Süd-Winter unterschritten werden. Die diesbezüglichen Monatsmittel liegen (teilweise großflächig) bei ca - 80°C (ca 193 K) oder sogar bei ca - 85°C (ca 188 K) (MÜLLER 2001).

In der **Arktis** kann es, im Gegensatz zur Südhalbkugel, auch im Winter zu größeren Erwärmungen der Stratosphäre kommen, die sogar frühzeitig den vollständigen Zusammenbruch des Polarwirbels herbeiführen können (SCHULZ 2001, MÜLLER 2001). Die Bildung des Wirbels beginnt in der Regel im Herbst, im November oder früher. Mit dem zuendegehenden "stratosphärischen Winter" bricht der Wirbel sodann schließlich zusammen, was bis in den April/Mai hineinreichen kann (MÜLLER 2001). Das Zentrum des arktischen Polarwirbels ist gegenüber dem geographischen Pol verlagert in Richtung Spitzbergen, was verschiedentlich als Ergebnis einer stehenden "planetaren Welle" gedeutet wird. Sogenannte planetare Wellen bilden sich in der Atmosphäre aufgrund der unterschiedlichen Wärmekapazität von Wasser und Land. Im Mittel liegen Kältezentrum und Wirbelzentrum des arktischen Polarwirbels über Spitzbergen (MÜLLER 2001). Die tiefsten Temperaturen im Kältezentrum betragen im *Mittel* ca - 75°C (ca 198 K).

|Polare Stratosphärenwolken|
In der Stratosphäre liegt Chlor in den stabilen Verbindungen HCl und $ClONO_2$ vor (den sogenannten Reservoirgasen). Der Umfang des Ozonverlustes in diesem Zusammenhang hängt wesentlich davon ab, wieviel Chlor aus diesen Reservoirgasen freigesetzt wird. Es zeigte sich jedoch bald, daß damit die inzwischen bekanntgewordenen erheblichen Ozonverluste über der Antarktis nicht hinreichend erklärt werden konnten.

Die massive Zerstörung des stratosphärischen Ozons in den Polargebieten wird offensichtlich ausgelöst durch heterogene chemische Reaktionen, die sich an der

Oberfläche von Aerosolen vollziehen. Infolge der sehr tiefen Temperaturen innerhalb der Polarwirbel können sich sogenannte polare Stratosphärenwolken bilden, von denen es mehrere Typen gibt. Diese Wolken (engl. polar stratospheric Clouds, PSC) treten in der winterlichen polaren Stratosphäre bei sehr tiefen Temperaturen (unterhalb - 80°C, 193 K) im Höhenbereich 15-25 km auf und führen unter den derzeit vorliegenden Konzentrationen an Chlor- und Brom-Verbindungen zu großräumigem chemischen Ozonabbau (BIELE 1999). Sie bestehen aus flüssigen und/oder festen Aerosolpartikeln, die sich aus Schwefelsäure (H_2SO_4), Salpetersäure (HNO_3) und Wasser (H_2O) zusammensetzen. Sie entstehen im niedrigen Temperaturbereich des stratosphärischen Polarwirbels. In Abhängigkeit von den jeweiligen meteorologischen Bedingungen bilden sich die unterschiedlichen Wolkenpartikel durch Kondensation oder durch Gefrieren (MÜLLER 2001). Unter Einwirkung solarer Strahlung werden die passiven Gase an den Aerosolpartikeln aktiviert und können Ozon zerstören. Der in Verbindung mit den Stratosphärenwolken stehende Ozonabbau durch die zuvor angesprochene heterogene Chemie umfaßt dabei alle Reaktionen, bei denen die Reaktionspartner in verschiedenen Phasen vorliegen (EYRING 1999). Bleibt noch anzumerken, daß die beobachtete Zunahme des stratosphärischen Wasserdampfs (besonders am Polarwirbelrand) Einfluß auf das Entstehen der polaren Stratosphärenwolken (Häufigkeit) und damit auf den Ozonabbau hat (MÜLLER 2001). Schließlich zählen Vulkane zu den stärksten Bromquellen für die Atmosphäre. Als Oxid (BrO) kann das Element bei großen Ausbrüchen fast vollständig die Stratosphäre erreichen, wo es Ozon wirksamer zerstört als Chlor (Sp. 7/2003).

|Ozonverlust in der Antarktis|

Der Ozonverlust an der us-amerikanischen Antarktisstation *Amundsen-Scott* zeigte gemäß den Ergebnissen von Ballonsonden-Ozonmessungen folgenden Verlauf (MÜLLER 2001):
Mittleres Oktober-Ozonprofil 1967-1971: Totalozongehalt 282 DU
Ozonprofil vom 07.10.1986: Totalozongehalt 158 DU
Ozonprofil vom 03.10.1998: Totalozongehalt 98 DU
In der Luftsäule ist nach dem Profilverlauf im Höhenbereich 15-21 km am 03.10.1998 praktisch kein Ozon mehr vorhanden. Die Ergebnisse seien bestätigt durch flächenhafte meßtechnische Erfassung von Satelliten aus. So ergeben beispielsweise Daten des Satelliten Earth Probe, gemessen mit Total Ozone Mapping Spectrometer (TOMS), vom 01.10.2000 für eine (nicht konzentrische) Region um den Südpol mit einer Flächenausdehnung von ca 24 · 10^6 km^2 einen Totalozongehalt von < 125 DU.
  Einen *Jahresgang* von Ozon (O_3), UVB-Strahlung und Sonnenscheindauer an der deutschen Antarktisstation *Neumayer* zeigt Bild 10.31.

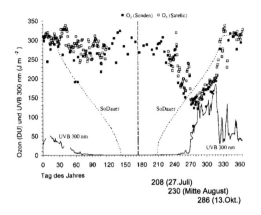

Bild 10.33
Jahresgang 1997 von Ozon, UVB-Strahlung und Sonnenscheindauer an der deutschen Antarktisstation *Neumayer* nach Daten von RIEDEL (2001).

Die Ozondaten kennzeichnen die Ozon-Gesamtsäulendichten und zwar getrennt nach Sonden-Messungen (■) und Satelliten-Messungen (□). Die UVB-Strahlung der Wellenlänge 300 nm wurde mit einem UVB-Spektralradiometer an der Neumayerstation gemessen. Die Sonnenscheindauer ist in relativen Einheiten angegeben: maximale Sonnenscheindauer = 24 Stunden, minimale Sonnenscheindauer = 0. Bei einer Ozonsäulendichte <185 DU (Dobson-Unit) wird vielfach vom "Ozonloch" gesprochen (im Bild der Zeitabschnitt vom 260. - 293. Tag des Jahres, auch "Ozonlochzeit" genannt). Die vertikale gestrichelte Linie in der Mitte des Bildes kennzeichnet die Mitte der Polarnacht (173. Tag des Jahres).

Im Bild 10.31 zeigt sich, daß Sondenwerte und Satellitenwerte gut übereinstimmen. Die Satellitenwerte lieferte TOMS aus NASA Earth Probe. Da TOMS zur Bestimmung der Ozondichte die Rückstreuung des Sonnenlichts benötigt, waren während des Süd-Winters keine Messungen möglich. Gemäß ihrer geographischen Lage bei 70°S liegt die Neumayerstation zeitweise innerhalb, zeitweise außerhalb des atmosphärischen Polarwirbels, was sich offensichtlich in der hohen Fluktuation der Ozonwerte widerspiegelt (RIEDEL 2001). Mit dem Aufgang der Sonne nach der Polarnacht am 27. 07. (208. Tag des Jahres) beginnt der Abbau des Ozons vom mittleren Wert um 300 DU auf 250 DU (Mitte August, 230. Tag des Jahres, Sonnenscheindauer 8 Stunden pro Tag) bis zum Minimum 120 DU (um den 13. 10., 286. Tag des Jahres, Sonnenscheindauer ca 14 Stunden). Wie ersichtlich, geht die UVB-Strahlung auf Null, wenn die Sonne den Horizont nicht mehr übersteigt (Polarnacht). Außerdem zeigt sich, daß mit der Abnahme des stratosphärischen Ozons (O_3) im antarktischen Frühling (Süd-Frühling) eine Zunahme der Intensität der UVB-Strahlung einhergeht.

Bleibt noch der Hinweis, daß diese *ozonarmen* Luftmassen der Stratosphäre auch am Austausch von Luft polarer und mittlerer geographischer Breiten teilnehmen, insbesondere im Süd-Frühling, wenn sich der Polarwirbel auflöst. Ozonmut erreicht so auch die mittleren Breiten.

|Ozonverlust in mittleren geographischen Breiten|
In diesen Breiten sei bisher ein Verlust von stratosphärischem Ozon nur als statistischer Trend meßbar (SCHULZ 2001). Die "natürliche" Variabilität in der Ozonsäule in diesen Breiten sei jedoch stark und vermutlich vor allem durch dynamische Vorgänge bewirkt. Die Variationen im Zeitabschnitt von Tagen können Veränderungen von ca 30%, die jahreszeitlichen Schwankungen gegenüber dem Mittelwert ca 15% umfassen.

|Ozonverlust in der Arktis|
Bisher vorliegende Ergebnisse über den Ozonverlust in der arktischen und subarktischen Stratosphäre zeigen, daß die aktuelle Chlorbelastung der Stratosphäre nicht notwendig zu hohem Verlust führen muß, sondern daß besonders auch die aktuellen Temperaturen einflußreiche Parameter dafür sind (SCHULZ 2001). Wie schon gesagt, sind offensichtlich tiefe Temperaturen notwendig, um den chemischen Ozonabbau auszulösen. Die kritische Temperaturschwelle liege bei ca − 79°C (ca 194 K). Wird diese unterschritten, ergebe sich ein sprunghafter Anstieg der Konzentration des *aktiven* Chlors. Außerdem sei erkennbar, daß Ozonabbau *nur* unter dem Einfluß von Sonnenlicht stattfindet. Der nachgewiesene chemische Ozonverlust zeige erhebliche Änderungen von Jahr zu Jahr und vollzog sich überwiegend im Innern des Polarwirbels, wo die niedrigsten Temperaturen vorliegen. Vermutet wird außerdem ein starker Einfluß der atmosphärischen Dynamik.

|Vergleich Arktis/Antarktis|
WAHL (2002) skizziert einen solchen Vergleich etwa wie folgt: Die Ozonverluste im arktischen Polarwirbel (nur in einzelnen Jahren ca 20-25 % des Gesamt-Ozons) waren bisher stets geringer als im antarktischen Polarwirbel (mit regelmäßig bis zu 60 % des Gesamt-Ozons). Dafür gebe es zwei Ursachen, die miteinander verknüpft seien. Der antarktische Polarwirbel zeige wesentlich tiefere Temperaturen und eine wesentlich höhere Stabilität sowie längere Dauer als der arktische Polarwirbel. Wichtigster Aspekt scheint zu sein, daß der arktische Polarwirbel zwei bis drei Monate vor der Tag-und- Nachtgleiche aufbricht, so daß der Zeitabschnitt, in der sich tiefe Temperaturen und Sonneneinstrahlung überlappen, wesentlich kürzer ist, als beim antarktischen Polarwirbel.

Bromoxid als Bindeglied zwischen Konzentrationsschwankungen von Quecksilber und Ozon
Messungen etwa ab 1995 ergaben, daß in den Polregionen jeweils im Frühjahr der *Quecksilbergehalt der Luft* vorübergehend weit unter den normalen Hintergrundpegel sinkt. Das Schwermetall lagert sich offensichtlich auf Eis und Schnee ab und kann so Eingang finden in die Nahrungskette. Als unmittelbare Ursache dieses Effekts erwies sich der *Abbau von Ozon durch Brom*, das die aufkommende Sonne nach der langen

Polarnacht aus angesammelten *Meersalz-Aerosolen* freisetzt (EBINHAUS et al. 2004). Beim genannten Abbau entsteht Bromoxid und dieses reagiert mit Quecksilberdampf zu schwerflüchtigen chemischen Verbindungen, die sich leicht ablagern.

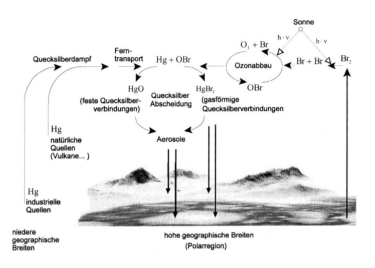

Bild 10.34
Quecksilber-Brom-Ozon-Wechselwirkungen in der Polarregion nach EBINGHAUS et al (2004). Es bedeuten: Hg Quecksilber, HgO Quecksilber(II)oxid, Br Brom, BrO Bromoxid-Radikal, Salze: Bromide, O_3 Ozon

|Arktis|
Auf der Nordhalbkugel kommt es im Frühjahr in der arktischen Atmosphäre zu regelrechten Bromexplosionen. Nach bisherigen Erkenntnissen, lagern sich in der langen Polarnacht feine Schwebeteilchen (Aerosole), die Meersalz enthalten und von der offenen See herangeweht werden, am Rand der Packeiszone ab und sammeln sich dort an. Die im Frühling aufkommende Sonne setzt aus diesen Partikeln einzelne Brom-Atome sowie in deutlich geringerem Maße Chlor-Atome frei, die dann das Ozon zerstören und dabei Bromoxid bilden. Den Nachweis dafür erbrachten sowohl Messungen vor Ort als auch die Daten des Spektrometers *Gome* an Bord des Satelliten ERS-2.

|Antarktis|
Auf der Südhalbkugel kommt es im Süd-Frühjahr zu gleichartigen Vorgängen. Den Nachweis dafür erbrachten wiederum Gome-Daten, die im September hohe Konzentrationen von Bromoxid genau in den Regionen zeigen, wo Rückgänge an Quecksilber und Ozon im Gehalt der Luft auftraten. Im März dagegen sei fast kein hochre-

aktives Gas nachzuweisen (EBINGHAUS et al. 2004).
|"bioverfügbares" Quecksilber?|
Nach bisheriger Kenntnis wird davon ausgegangen, daß ein bedeutender Teil des Quecksilbers, das sich im Frühjahr in der Polarregion ablagert, *bioverfügbar* ist und mithin Eingang in die Nahrungskette findet. Ein anderer Teil kann vermutlich aus dem Schnee wieder entweichen.

Trendumkehr im Ozonabbau?
Meist wird angenommen, daß der überwiegende Teil des Chlors in der Stratosphäre aus *anthropogenen* Quellen stammt. Da FCKWs in der *Troposphäre* chemisch praktisch inert sind, werden sie (wegen dieser Eigenschaft) vor allem als Blähmittel bei der Herstellung von Kunststoffschäumen (FCKW 11 und 12), als Aerosoltreibgase (FCKW 11, 12 und 114), als Kältemittel (FCKW 12 und 114) und als Reinigungsmittel in der Elektronik (FCKW 113) eingesetzt (EK 1991). Sie diffundieren in die *Stratosphäre* und werden dort photolytisch zersetzt. Durch diese Photolyse der FCKWs in der Stratosphäre entsteht aktives Chlor in Form von Cl und ClO, das dann durch katalytische Zyklen die Ozonkonzentration verändern kann.

Die Einwirkung der hochfrequenten Sonnenstrahlung führt hier zu einem Abbau der FCKWs. Die dabei freiwerdenden Chloratome können sodann auf verschiedenen Wegen in den Ozonabbau eingreifen (siehe zuvor). In politischen Absprachen (1985 Wien, 1987 Montreal, 1990 London, 1992 Kopenhagen) wurde festgelegt, daß die Emissionen von halogenierten und auch bromierten Kohlenwasserstoffen (Halone) drastisch zu verringern seien. Da die Lebensdauer der FCKWs aber sehr groß ist, dauert es gewisse Zeiten, bis diese in der Stratosphäre abgebaut werden. Es wird angenommen, daß bei sofortiger Einstellung der Produktion aller halogenierten Kohlenwasserstoffe es ca 50 Jahre dauern würde, bis der Chlorgehalt in der Stratosphäre wieder abnimmt.

● Der Anteil von organischem Chlor in der Stratosphäre soll derzeit bei ca 3,4 ppb liegen. Es wird damit gerechnet, daß die Konzentration von 1975 (von 2 ppb Chlor in der Atmosphäre) erst um das Jahr 2050 wieder erreicht werden kann (EYRING 1999).

Vermutlich gleichen sich die Ozonkonzentrationen in der Stratosphäre langfristig aus über die restlichen geographischen Breiten hinweg (GROß 1995). Sind die Ozonlöcher in den Polargebieten nur ein weitgehend "offener" Bereich im dünner werden-den/gewordenen UVB-Strahlen-Schutzschild des Systems Erde?

Historische Anmerkung
1839 entdeckte der deutsche Chemiker Christian Friedrich SCHÖNBEIN (1799-1868) das *Ozon*. Er prägte auch den Begriff *Geochemie*. Die *stratosphärische* Ozonschicht wurde in den Jahren nach 1920 entdeckt.
1881 bemerkte HARTLEY, daß UV-Strahlung <300 nm in der Atmosphäre durch Ozon

absorbiert wird.

1925 etwa um diese Zeit beobachtete DOBSON, daß das Ozon in der Atmosphäre vorrangig im Höhenbereich zwischen 20 und 40 km vertreten ist.

1930 veröffentlichte der englische *** Sydney CHAPMAN die erste photochemische Theorie des stratosphärischen Ozons. Seine Vorstellungen wurden in den Jahren nach **1960** wesentlich verändert. Eine Übersicht über die Geschichte der atmosphärischen Ozonforschung bis ca 1980 gibt DÜTSCH (1986). Die Frage, ob das Gesamt-Ozon in der Atmosphäre sich verringert, kann bisher nicht hinreichend sicher beantwortet werden.

1991 wurde erstmals eine Analyse von *globalen* Daten vorgelegt, die im Zeitabschnitt 1978-1990 (also über 11 Jahre) an Bord des Satelliten Nimbus-7 mit dem Spektrometer TOMS aufgezeichnet worden waren (STOLARSKI et al. 1991). Diese Daten lassen nach ROEDEL (1994 S.370) einen geringen Abbau des Gesamt-Ozons vermuten.

Aus den Daten der Satellitensensoren SAGE I (1979-1981) und SAGE II (1984-1988) wird gefolgert (EK 1991), daß die absolute Ozonkonzentration in 25 km Höhe, wo sie ihren maximalen Wert erreicht, im Zeitabschnitt 1980-1986 um 3 (±2) % in der Ozon-Gesamtsäule abgenommen habe. Nach den Ergebnissen aus 10 Jahre Ozonforschung des Deutschen Zentrums für Luft- und Raumfahrt (DLR), besonders über der Nordhalbkugel (Arktis), nimmt der Chlorgehalt der Atmosphäre derzeit nicht mehr signifikant zu. Allerdings sei die weitere Entwicklung der Ozonschicht noch immer ungewiß (DAMERIS/SCHUMANN 2000).

2002 wurde mit einem speziellen Analyseverfahren (der "Röntgenabsorption") festgestellt, daß Blätter, Stengel, Wurzeln und Rinde in frischem Zustand Chlorid-Ionen enthalten. Bei der *Zersetzung* dieses Pflanzenmaterials reagieren die Chlorid-Ionen zu chlorierten Kohlenwasserstoffen (zu Molekülen mit ein bis zwei Chloratomen). Chlororganische Stoffe entstehen mithin nicht nur anthropogenbedingt, sondern auch beim biologischen Abbau von Pflanzenmaterial. Dieser Sachverhalt konnte mit dem bisher verfügbaren Analyseverfahren der "Atomabsorption" nicht nachgewiesen werden (Sp.03/2002). Kommt die Natur mit den "natürlichen" und "anthropogenen" sogenannten Schadstoffen besser zurecht, als bisher angenommen?

Abschirmung und biologische Wirkung der von der Sonne ausgehenden UV-Strahlung

Die Sonne sendet ein breites Spektrum sichtbarer und unsichtbarer Strahlung aus. Auch der Ultraviolett-Anteil (UV-Anteil) an dieser Strahlung wird beim Durchlaufen der Erdatmosphäre durch verschiedene Prozesse abgeschwächt. Die spektrale Verteilung der schließlich an der Land/Meer-Oberfläche ankommenden Strahlung zeigt, neben einer Schwächung durch (Rayleigh- und Mie-) *Streuung*, eine Schwächung durch molekulare *Absorption*, die besonders abhängig ist vom jeweils vorhandenen atmosphärischen Ozon (O_3). Vor allem die an der Land/Meer-Oberfläche ankommenden UVB-Strahlung zeigt eine solche Abhängigkeit von der in der Atmosphäre jeweils vorhandenen Ozongesamtmenge.

Bild 10.35
Durchlässigkeit der Erdatmosphäre für elektromagnetische Strahlung nach UNSÖLD/BASCHEK 1991. Die verschiedenen Skalen kennzeichnen: links = Höhe über Meeresspiegel (h), unten = Wellenlänge (λ), rechts = Druck (P) in der betreffenden Höhe.
Das optische Fenster umfaßt den Wellenlängenbereich |ca 0,3 - 1 μm|. Angaben zum Ultrarotfenster (Infrarotfenster) und Radiofenster sind im Abschnitt 4.2.08 enthalten.

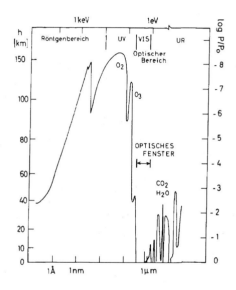

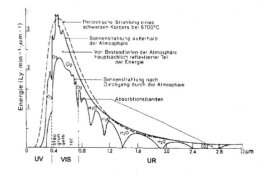

Bild 10.36
Energieverteilung der Sonnenstrahlung vor und nach dem Durchlaufen der Erdatmosphäre sowie die theoretische Energieverteilung für einen schwarzen Körper mit der Oberflächentemperatur der Sonne. Quelle: WEISCHET (1983)

1801 entdeckte der deutsche Chemiker Johann Wilhelm RITTER (1776-1810) mit Hilfe chemischer Reaktionen die Ultraviolettstrahlung. Da die *Sonne* eine sehr bedeutende Quelle der Ultraviolettstrahlung ist, konzentrierten sich zahlreiche diesbezügliche Untersuchungen zunächst auf die Sonne. 1957 wurde erstmals eine *stellare* Ultraviolettstrahlung festegestellt (TL/Astronomie 1990, S.47).

|Zur Gliederung der UV-Strahlung|
Entsprechend ihrer unterschiedlichen biologischen (und medizinischen) Wirksamkeit kann die UV-Strahlung gegliedert werden in

Benennung	Wellenlänge (nm)		
	|1990|	RIEGGER (2001)	POPPE (2003)
UVC (sehr kurzwellig)	100-280	180-280	220-280
UVB (kurzwellig)	280-315	280-320	280-320
UVA (langwellig)	315-400	320-400	320-400

Die Einordnung des gesamte UV-Strahlungsbereichs in das elektromagnetische Wellenspektrum ist im Abschnitt 4.2.02 dargelegt. Dort sind auch andere Gliederungen genannt. Bei der in PSCHYREMBEL |1990| gegebenen Einteilung gilt UVA als Bräunungsstrahlung, UVB als Dorno-Strahlung (erythemerzeugend, bewirkt Vitamin-D-Photosynthese), UVC bewirkt Erythem (Röte), Konjunktivitis (Augenbindehautentzündung) und anderes. Die Benennung Dorno-Strahlung bezieht sich auf den Physiker Carl W. DORNO (1865-1942). Die photosynthetisch wirksame Strahlung (400-700 nm) wird meist mit PAR (engl. photosynthetic active radiation) bezeichnet. Ferner gilt (RIEGGER 2001):

Photonenfluß: Bestrahlungsstärke $\dfrac{\mu mol \ Photonen}{m^2 \cdot s}$

Energiefluß: Energiebestrahlungsstärke $\dfrac{J}{m^2 \cdot s} = \dfrac{W}{m^2}$

Für den PAR-Bereich gilt: $\dfrac{1 \cdot \mu mol \ Photonen}{m^2 \cdot s} = 0{,}22 \ \dfrac{W}{m^2}$

Dosis: Bezogen auf Photonen: $\dfrac{\mu mol \ Photonen}{m^2 \cdot s}$

Bezogen auf Energie: $\dfrac{kJ}{m^2}$

Durch UV-Strahlung hervorgerufene biologische Effekte

Im elektromagnetischen Wellenspektrum bilden die sichtbare Strahlung (visuelle Strahlung, VIS) und die daran anschließende Ultraviolettstrahlung (UV-Strahlung) den Übergang von der *nichtionisierenden* zur *ionisierenden* Strahlung (Abschnitt 4.2). Ionisierende Strahlen wirken auf alle Moleküle in der Zelle und daher auf den Zellstoffwechsel und die Träger der Erbinformation (CZIHAK et al. 1992). Insbesondere die UV-Strahlung kann sowohl „positiv" als auch „negativ" auf das Leben im System Erde einwirken. Auf das positive Einwirken ist im Abschnitt 7.1.01 hingewiesen (in den Ausführungen über das Zusammenwirken von Wasser und UV-Strahlung). Entsprechend den *heutigen* Umweltbedingungen für den lebenden Organismus wird das Einwirken der UV-Strahlung (insbesondere UVC und Teile des UVB) auf die Mehrzahl aller Organismenarten im System Erde in der Regel als schädlich (als negativ) angesehen, wobei generell gilt: je kurzwelliger und damit energiereicher die Strahlung, umso schädlicher die Wirkung. Insbesondere die Wirkung der UV-Strahlung auf den Menschen wird überwiegend als schädlich betrachtet.

Der größte Teil der biologisch schädlichen Sonnenstrahlung (insbesondere UVC und Teile des UVB) wird durch die Erdatmosphäre, besonders durch die stratosphärische Ozonschicht, absorbiert. Die kürzesten auf die Land/Meer-Oberfläche auftreffenden Wellenlängen dieser Strahlung liegen derzeit bei ca 295 nm (POPPE 2003). Mit abnehmender Ozonkonzentration in der Stratosphäre wird mithin zunehmend kürzerwellige Strahlung auf diese Oberfläche auftreffen und auch die Bestrahlungsstärke im Wellenlängenbereich < 300 nm ansteigen. In den einzelnen Meeresteilen und Seen besonders der Polargebiete hat neben der Ozonschicht, der Schnee- und Eisbedeckung, den Wolken und anderes vor allem die Struktur der Wassersäule Bedeutung bei der Absorption von UV-Strahlung. Wie der von Poppe gegebenen Übersicht über biologische Effekte der UV-Strahlung zu entnehmen ist, gelangt die UV-Strahlung in Küstengewässern mit starker Trübung und hoher Gelbstoffkonzentration nur einige Dezimeter tief in die Wassersäule. In klarem Meerwasser wurde UVB in einer Tiefe von 14 m, im Frühjahr sogar noch in Tiefen von 20 m nachgewiesen. Im Südpolarmeer konnte 1% der auf die Land/Meer-Oberfläche aufgetroffenen UVB-Strahlung noch in Tiefen von 10-65 m nachgewiesen werden. Insgesamt führen die durch UV-Strahlung hervorgerufenen Effekte offensichtlich zum Absinken der Photosyntheseaktivität und damit schließlich zur Verringerung der Biomasseproduktion, denn die meisten Primärproduzenten bilden die Grundlage der anschließenden Nahrungsketten. RIEGGER (2001) hat die UV-Schutz- und Reparaturmechanismen bei antarktischen Diatomeen und Phaeocystis antartica untersucht. POPPE (2003) hat untersucht, wie die UV-Strahlung auf die Ultrastruktur von Zellen, ihrer Kompartimente, die Genexpression bestimmter photosynthetischer Proteine und damit auf die Physiologie der *Algenzelle* (Makroalgen) wirkt. Er hat den Zusammenhang zwischen verringerter Photosyntheseaktivität und den strukturellen Änderungen des Photosyntheseapparates, der Membranen und weiterer zellulärer Kompartimente aufgehellt. In Küstenbereichen tragen neben dem Phytoplankton auch Makroalgen und Seegräser zur Primärproduktion bei. Obwohl ihr Lebensraum nur 0,6 % der Meeresfläche umfasse, sollen sie einen Beitrag von 5 % zur globalen marinen Primärproduktion leisten. In diesem Zusammenhang sei noch auf den heutigen Stand der Virusforschung verwiesen (Abschnitt 7.1.02).

Die atmosphärische Ozonschicht als Schutzschild gegen „schädigende" UV-Strahlung
Die schädigende UV-Strahlung der Sonne wird vorrangig von der Ozonschicht der Erdatmosphäre absorbiert oder geschwächt, so die kurzwellige UVC-Strahlung und weite Bereiche der UVB-Strahlung. Vermindert sich der Ozongehalt in der Atmosphäre, dann steigt mithin jener Anteil kurzwelliger UV-Strahlung, der bis zur Land/Meer-Oberfläche vordringt. Die Ozonschicht der Erdatmosphäre kann daher als Schutzschild für das (heutige) Leben im Systems Erde angesehen werden. Die schädlichen Auswirkungen einer globalen Ozonabnahme treffen den Menschen sowie Tiere und Pflanzen auf der *Landoberfläche*, sie treffen aber auch die *marine* Nahrungskette, insbesondere den Primärproduzenten Phytoplankton (und damit das Zooplankton als Primärkonsumenten sowie Fische, Krebse und andere als Sekundärkonsumenten). Schaden nehmen auch die Meeresalgen, die ca 50 % des Atemsauerstoffs der Heterotrophen der Erde produzieren (HEINRICH/HERGT 1991). Allerdings bestehe noch reichlich Unklarheit bezüglich der Wirkungen einer erhöhten UVB-Strahlung auf Phytoplankton (RIEGGER 2001).

UVC (ca 220---280)   **UVB** (ca 280---320)   **UVA** (ca 320---400)
                                                 ---UV | VIS---
Absorptionsbande des Ozons (O_3):
            (220------------------------300-----------------------350)
   Hartley-Bande (220---310), Huggins-Bande (?)   Chappius-Bande (450--------700)
            (240---280)   (310---400)
            (200---320)
Absorptionsbande des Sauerstoffs (O_2):
Schumann-Kontinuum (---170)
Schumann-Runge-Bande (---190)
   Herzberg-Kontinuum (190---220)

Quelle: ROEDEL (1994), SCHULZ (2001) und andere. Angaben in nm.

1287

Sauerstoff (O_2)
Im Wellenlängenbereich <220 nm wird die Absorption solarer Strahlung in der Erdatmosphäre vorrangig durch verschiedene Banden und Kontinua des Sauerstoffs bewirkt (Schumann-Bereich 125-185 nm, ML 1970). Diese sind das für die stratosphärische Ozonproduktion bedeutsame *Herzberg-Kontinuum* (190-220 nm), die *Schumann-Runge-Banden* (< 190 nm) und das starke *Schumann-Kontinuum* (< 170 nm) (ROEDEL 1994). Die Absorption der UV-Strahlung durch Sauerstoff vollzieht sich in der hohen Atmosphäre, nur im Bereich des Herzberg-Kontinuums dringt die solare Strahlung etwas tiefer in die Atmosphäre ein und ermöglicht damit die Ozonproduktion in der Stratosphäre.

Ozon (O_3)
ist der wichtigste Absorber der solaren Strahlung in der *Stratosphäre* (SINNHUBER 1999). Er absorbiert nahezu die gesamte Solarstrahlung im Wellenlängenbereich 230-320 nm. Ozon weist zwei Banden auf: die *Huggins-Bande* und daran anschließend die *Hartley-Bande* (200-300 nm SINNHUBER 1999, S.63). Beide absorbieren die solare UV-Strahlung < 350 nm weitgehend und < 300 nm praktisch vollständig. Daneben zeigt Ozon noch eine schwache Absorptionsbande, die *Chappuis-Bande* (400-730 nm SINNHUBER 1999, S.63), im sichtbaren Wellenlängenbereich (VIS), mit Maximum im grünen Bereich. Die UVB-Intensität an der Land/Meer-Oberfläche ist jedoch stark abhängig von der geographischen Breite (entsprechend der jeweils vorliegenden Solarintensität und Ozonkonzentration). In Äquatornähe ist die UVB-Strahlung daher immer am stärksten, nach den Polen zu nimmt sie ab, wobei die Abnahme im (Nord-, Süd-) Sommer deutlich schwächer sei als im (Nord-, Süd-) Winter (EK 1991). Außerdem bestehe eine weitere Abhängigkeit von der jeweiligen Landhöhe über dem Meeresspiegel, den Schwefeldioxid (SO_2)-Konzentrationen sowie von der jeweiligen Streuung an Molekülen und Teilchen.

Wasserdampf (H_2O)
ist der wichtigste Absorber der solaren Strahlung in der *Troposphäre* (SINNHUBER 1999). Er weist zunächst sehr schwache Kontinuum-Banden auf in den Wellenlängenbereichen bei 0,72 µm, 0,81 µm, 0,93 µm, 1,13 µm, 1,37 µm, und 1,85 µm sowie einige weitere, die jedoch bezüglich der Absorption im solaren Spektralbereich nur geringe Bedeutung haben (ROEDEL 1994).

Spurenelemente und Aerosolteilchen in der Atmosphäre (Schadstoffbelastung)

Die vorrangig durch menschliche Tätigkeit direkt oder indirekt bewirkten gasförmigen, flüssigen und festen *Emissionen* gelangen als *Immissionen* in die Luft, ins Meer und in die sonstigen Gewässer sowie in den Boden. Sie können dort als Schadstoffe beispielsweise toxische (giftige) Wirkungen auf Mensch, Tier und Pflanze ausüben oder Änderungen des Klimas im System Erde herbeiführen. Ob ein Stoff als *Schad-*

stoff wirkt, ist wesentlich von der jeweils vorliegenden Dosis abhängig.

Kohlenstoff-Emission

Neben den "klassischen" Luftschadstoffen ist das Treibhausgas CO_2 in der Klimaforschung zunehmend interessanter geworden. Die Verfeuerung fossiler Brennstoffe (Kohle, Öl, Gas) hat offenbar einen schnellen Anstieg von CO_2 in der Atmosphäre bewirkt. Dadurch kommt es bekanntlich zu einer verstärkten Absorption der Wärmestrahlung und damit zur Aufheizung der unteren Atmosphäre mit verschiedenen Auswirkungen, etwa auf die globale mittlere Temperatur, den mittleren Meeresspiegel, die Niederschläge und anderes. Das produzierte CO_2 wird schneller in die Atmosphäre eingegeben, als es von der Hauptsenke, dem Ozean, absorbiert und in die Tiefschichten eingebunden werden kann.

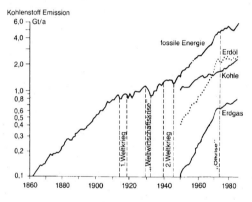

Bild 10.37
Kohlenstoff-Emission (in Milliarden Tonnen pro Jahr) durch Nutzung fossiler Brennstoffe 1860-1986.
Quelle: WAGNER (1990), aus der Zeitschrift Elektrizitätswirtschaft Heft 5, 1989

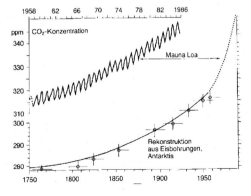

Bild 10.38
Gemessene monatliche (links oben) und jährliche (Punkte rechts oben) Werte der atmosphärischen CO_2 - Konzentration auf dem Mauna Loa (nach KEELING) und Eisbohrrekonstruktionen (nach NEFTEL).
Quelle: WAGNER (1990)

Marine Emission von biogenem Schwefel,
DMSP-Produktion durch Phytoplankton und Wolkenbildung
Die schwefelorganische Verbindung *Dimethylsulfoniumpropionat* (DMSP) läßt sich leicht in Akrylsäure (Probensäure) und *Dimethylsulfid* (DMS) spalten. DMSP gilt daher als Vorläufer von DMS, einer wichtigen Schwefelverbindung in der Atmosphäre. Das flüchtige DMS wird aus dem Meer und aus bestimmten Landgebieten in großen Mengen in die Atmosphäre geleitet. Nach KIRST (1992) gelangten um 19990/1991

ca $(80-100) \cdot 10^6$ Tonnen Schwefel pro Jahr in die Atmosphäre,
davon aus anthropogenen Quellen ca 45-50 %,
aus den restlichen biogenen Quellen ca 35-45 %,
aus vulkanischen Quellen 10-15 %.

Ein erheblicher Teil des Schwefels in der Luft stammt mithin aus biologischen Quellen. Ein großer mariner Anteil davon beruht offensichtlich auf die Anwesenheit des *Phytoplanktons* (insbesondere mariner Algen) und ihrer Lebensweise in den einzelnen Meeresteilen. Diese Auffassung entwickelte sich etwa nach 1980 im Rahmen von Betrachtungen über das Entstehen von Wolken über den großen Meeresregionen der Südhalbkugel. Aufgrund der dort gemessenen kleinen Anzahl von Wolkenkondensationskernen (an denen sich die Wassertröpfchen der Wolken bilden) sollte es dort weniger Wolken geben als auf der Nordhalbkugel. Die Anzahl der Partikel auf der Südhalbkugel betrage nur etwa 1/100 der Anzahl auf der Nordhalbkugel, wo Sand- und Staubstürme über den Kontinenten und industrieller Rauchausstoß reichlich vorhanden sind. Eine Erklärung des Phänomens ergab sich aus der Entdeckung, daß die Sulfationen aus der Oxidation des DMS als Kondensationskerne für den Wasserdampf in der Atmosphäre wirken und somit zur Bildung von Wolken beitragen (KIRST 1992). Bild 10.39 zeigt ein Schema der Abläufe. Zur besseren Übersicht werden die vorstehenden Prozentangaben von KIRST nachstehend in Tonnen ausgewiesen (1 Tonne = 1000 kg):

Gesamteintrag in die Atmosphäre: ca $(80-100) \cdot 10^6$ Tonnen S/Jahr
davon aus anthropogenen Quellen: ca $(36-45) \cdot 10^6$ Tonnen S/Jahr
aus den restlichen biogenen Quellen: ca $(28-35) \cdot 10^6$ Tonnen S/Jahr
aus vulkanischen Quellen: ca $(8-10) \cdot 10^6$ Tonnen S/Jahr
Von BINGEMER et al. (1987) wurden genannt:
Eintrag in die Atmosphäre
aus marinen biogenen Quellen: ca $30 \cdot 10^6$ Tonnen S/Jahr (±50%)
Von JAENICKE (1987) S.10-11 wurden genannt:
Eintrag in die Atmosphäre
aus marinen Quellen: ca $(20-30) \cdot 10^6$ Tonnen S/Jahr
aus vulkanischen Quellen: ca $15 \cdot 10^6$ Tonnen S/Jahr.

Bild 10.39
Zum Schwefelkreislauf im Bereich *Meer/Atmosphäre* (der *globale* Schwefelkreislauf ist im Abschnitt 7.6.07 dargestellt). DMS wird überwiegend oxidiert zu Schwefeldioxid (SO_2) und dann schnell weiter zu Schwefelsäuremolekülen. Ein Teil des DMS oxidiert aber auch zu Methansulfonsäure und dann weiter zu Methansulfonat (MSA). MSA wirkt ebenfalls als

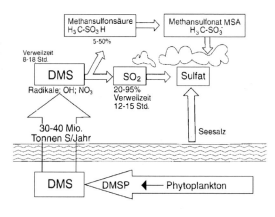

Wolkenkondensationskern, ist relativ stabil und gelangt deshalb bis in die Stratosphäre. SO_2 sowie MSA und andere Partikel fungieren so als Wolkenkondensationskerne. Dieses Sulfat wird auch *Nicht-Seesalz-Sulfat* (NSS) genannt, in Unterscheidung zum *Seesalz-Sulfat*. Die Prozentangaben kennzeichnen zugleich den Streubereich der Angaben verschiedener Autoren. Von DMS und Schwefeldioxid sind die mittleren Verweilzeiten (Lebensdauer) angegeben. Quelle: KIRST (1992)

Nach BINGEMER et al. (1987) ist DMS diejenige flüchtige aerosolbildende Verbindung, die global ca 0,3 $\cdot 10^{14}$ g S/Jahr (±50%) aus dem Meer in die Atmosphäre emittiert. Im Vergleich zu dieser DMS-Emission sei (entgegen früherer Annahmen) die H_2S-Emission im Seesalz-Aerosol des offenen Meeres wesentlich geringer. Weitere Anmerkungen zu marinen Emissionen von biogenem Schwefel sind enthalten im Abschnitt 9.3.02 und im Abschnitt 7.6.07.

Eine zunehmende Wolkenbedeckung erhöht die Albedo, was eine geringere Energieaufnahme bedeutet, die wiederum eine Temperaturabnahme zur Folge hat. Damit geht aber auch die DMSP-Produktion des Phytoplanktons zurück, was dann letztlich die Anzahl der Kondensationskerne und die Wolkenbildung verringert. Nach KIRST ist dies ein Bespiel für eine negative Rückkopplung, die dämpfend und stabilisierend auf ein System wirkt. Nach CHARLSON et al. 1990 sei die Erwärmung der Nordhalbkugel durch den *Treibhauseffekt* teilweise durch die Schwefelemission ausgeglichen worden. Wie schon erwähnt, übersteigt auf der Nordhalbkugel die industrielle Emission von Schwefeldioxid die natürliche Produktion erheblich, so daß hier das DMS-Phänomen keinen meßbaren Effekt zeige. Ferner wird darauf verwiesen, daß ein Anstieg der Anzahl der Wolkenkondensationskerne um 10% über dem Meer eine Temperaturabnahme von 1 K bewirke. Einen indirekten Beweis für eine Beeinflussung des globalen Klimas durch eine Änderung im DMS-Fluß zwischen Meer und Atmosphäre habe auch die Analyse von antarktischen Eisbohrkernen ergeben. Während der letzten Eiszeit lag der NSS-Gehalt um 20-46 % höher als heute (KIRST 1992).

Globale Erfassung einiger Luftschadstoffe
Durch Kombination der Daten aus vier Satellitensystemen ermittelt NCAR (National Center for Atmospheric Research, Boulder, Colorado, USA) als globales Bild die (momentanen) Konzentrationen von Kohlenmonoxid, Stickstoffoxid und Aerosol in der Atmosphäre (Sp. 2/2003).

10.5 Klima- und weitere Umwelt-Rekonstruktionen für vergangene Zeitabschnitte der Erdgeschichte

Wie im Vorwort gesagt, sind die Formen des Lebens nicht nur von ihrer „physischen" Umwelt, sondern auch von ihrer „gesellschaftlichen" Umwelt abhängig. Entsprechend den hier Auskunft gebenden Objekten sind die Aussagen fast ausschließlich auf die mehr oder weniger räumlich ausgedehnte physische Umwelt etwa eines Sedimentbohrkernes oder Eisbohrkernes bezogen. Werden Tierfossilien in die Betrachtungen einbezogen, ist unter Umständen auch die gesellschaftliche Umwelt des Fossils am Fundort zu beachten. Die Umwelt vergangener Zeitabschnitte der Erdgeschichte kann auch als *Paläoumwelt* bezeichnet werden (gr. palaios, „alt"). Einen wesentlichen Teil der Umwelt umfaßt das Klima, entsprechend das *Paläoklima*. Das Klima des Systems Erde kann (wie schon gesagt) als globaler Mittelwert des Wettergeschehens aufgefaßt werden. Offensichtlich bestehen vielfältige Zusammenhänge zwischen dem Klima und dem *globalen Kreislaufgeschehen*. Das Klima des Systems Erde wandelt sich unter anderem, weil ständig Gase ausgetauscht werden zwischen der Atmosphäre und der Erdkruste, dem Erdkernmantel, dem Meer, dem Land mit seinem Bewuchs, den polaren Eiskappen sowie anderen Komplexen. Schließlich besteht ein solcher Gasaustausch auch zwischen dem System Erde und dem umgebenden Weltraum. Ein weiterer Einflußparameter ist die geothermische Energie. Diese Energie wird frei, wenn im Erdinnern radioaktive Elemente zerfallen. Die Abgabe der Wärme aus dem Erdinnern nach draußen, etwa in die Atmosphäre, erfolgt auf verschiedenen Wegen, vorrangig durch Vulkanismus und Plattentektonik. Man kann von einem plattentektonischen Förderband-System sprechen, wo in einem Kreislaufgeschehen ständig Gase umgewälzt werden: Vulkane pumpen Gase in die Atmosphäre, danach werden sie in Verbindung mit der Plattentektonik wieder ins Erdinnere zurücktransportiert. Diese Skizze des Geschehens (gezeichnet in BUL-

LOCK/GRINSPOON 1999) verdeutlicht etwas die komplexen Zusammenhänge zwischen Klima und globalem Kreislaufgeschehen. Bezüglich der Vulkane wurde schon aufgezeigt, daß sie in enger Beziehung zur Plattentektonik stehen (Abschnitt 3.2.02). Einige der größten Vulkangebilde (wie die Hawaii-Inseln) haben sich unabhängig von Plattengrenzen über sogenannten "hot spots" (heiße Flecken) aufgebaut. In früherer Zeit entstanden großflächige vulkanische Gebiete vermutlich durch sogenannte "plumes" (Magmapilze), die kaminartig aus dem Erdkernmantel aufsteigen und sich nahe der Erdkruste pilzförmig verbreitern. Solchen Gebieten enströmten vermutlich enorme Gasmengen, denen Zeitabschnitte globaler Erwärmung des Systems Erde folgten.

Klimaschwankungen in der Kreidezeit

Kanäo-zoikum	Neo-phytikum		Tertiär		65
Mesozoikum	Mesophytikum		Ober-	Maastricht Campan Coniac Santon Turon Cenoman	80
		Kreide	Unter-	Alb Apt Barrem Hauteriv Valangin Berias, Ryanzan	125 140
			Jura	Volg Kimmeridgian Oxfordian	195
			Trias		225

Bild 10.40
Zeitabschnitte der Erdgeschichte in Millionen Jahre (10^6 Jahre). Die Zeitangaben kennzeichnen jeweils den Beginn des betreffenden Zeitabschnittes. Die Unterabschnitte in der Kreidezeit werden vollständig gekennzeichnet durch Anfügen von (lat.) „ium", also: Maastrichtium, Campanium...

Während der Kreidezeit kam es zu tiefgreifenden Umgestaltungen der Paläogeographie. Die Pol-Regionen waren offenbar eisfrei. In der Kreidezeit setzte sich die lange Warmzeit der Erde fort, die gegen Ende des Perm begonnen hatte. Mit dem Alb begann eine der größten Transgressionen (Vergrößerungen der Meeresfläche) der Erdgeschichte (KRÖMMELBEIN/STRAUCH 1991). Alte, seit langem aufragende Hochgebiete wurden dabei überflutet.

Nach WAGNER et al. (2003) kam es im Zeitabschnitt zwischen 125 und 80 Millionen Jahren vor der Gegenwart (zwischen Apt und Unter-Campan) zu langen Phasen vulkanischer Aktivität im Meer, wobei nicht nur gewaltigen Mengen an Lava aus dem Erdinnern austraten und riesige submarine Plateaus entstanden, sondern dabei auch gewaltige Mengen Kohlendioxid (CO_2) ins Meer eingebracht wurden, die teilweise dann in die Atmosphäre gelangten. Das Kohlendioxid in der Atmosphäre läßt das Sonnenlicht passieren, hält aber die an der Geländeoberfläche austretende Wärmestrahlung in der Atmosphäre fest, so daß diese nicht in den Weltraum entweichen kann. Das Kohlendioxid wirkt wie das Glasdach eines Treibhauses (Gewächshauses). Der Gehalt an „Treibhausgas" in der Atmosphäre stiegt dadurch auf das 4- bis 12-fache des heutigen Wertes (0,038 Volumenprozent) an. Der daraus resultierende Wärmeschub hatte weitgehende Auswirkungen auf die Biosphäre sowie den globalen Wasser- und Kohlenstoffkreislauf. Auf dem Höhenpunkt des Ablaufs (vor ca 94 Millionen Jahren) sollen die durchschnittlichen Lufttemperaturen nach Wagner et al. um 7,5 bis 8,5° C höher gelegen haben als heute (Ergebnis aus globalen Klimamodellen). Die Temperaturverhältnisse im Meer (ermittelt aus dem Mengenverhältnis der Sauerstoff-Isotope in kalkschaligen Einzellern, etwa Foraminiferen) soll im oberflächennahen Wasser im Mittel fast 34° C betragen haben, in mittleren geographischen Breiten noch über 25° C. In polaren Meeresregionen soll sie im Jahresablauf zwischen 0 und 18° C variiert haben. Sogar in Wassertiefen von 1 km habe sie noch 15-18° C betragen. Als heutige Werte gelten: für das Oberflächenwasser in Äquatornähe durchschnittlich 27° C, für das Tiefenwasser ca 4° C. Der Meeresspiegel soll nach Wagner et al. bis zu 250 m über dem heutigen Niveau gelegen haben und die Landfläche sei dementsprechend um ca 20% kleiner gewesen als heute. Als Folge werden genannt: es gab ausgedehnte, flache Randmeere über den Schelfgebieten und sogar Wasserverbindungen quer durch die Kontinente (etwa in Nordamerika und Zentralafrika). Große Teile des Meeres verwandelten sich in stinkende Kloaken, an deren Grund sich totes Biomaterial anhäufte, das schließlich zu Schwarzschiefer wurde.

|Schwarzschiefer|

Das Entstehen von Schwarzschiefer in der Kreidezeit läßt sich etwa wie folgt skizzieren (WAGNER et al. 2003): Kohlendioxid vulkanischen Ursprungs verstärkt den Treibhauseffekt. Dadurch erwärmt sich das Meer bis hinab in die Tiefsee und verstärkt sich der Wasserkreislauf auf den Kontinenten, was zugleich die Verwitterung und den Abfluß von Nährstoffen ins Meer steigert. Gleichzeitig nehmen Stärke und Häufigkeit von Stürmen zu. Seewärts gerichtete Winde verstärken den Auftrieb von warmen und nährstoffreichen Wassermassen entlang der gefluteten Kontinentalränder. Diese Vorgänge fördern das Wachstum von Plankton in den Meeresteilen und fördern die Ausbreitung warmer, salzreicher Zwischen- und Tiefenwassermassen in den tieferen Wasserschichten des Meeres. Es bilden sich sogenannte anoxische Zonen mit wenig oder keinem Sauerstoff und eine sich daraus ergebende hohe biologische Produktivität nahe der Meeresoberfläche führt letztlich dazu, daß nach dem Absterben des Plankton große Mengen organischen Materials am Meeresgrund abgelagert werden. Es bildet sich mariner Schwarzschiefer. Insgesamt umfaßt die Kreidezeit drei Phasen, in denen marine Ablagerungen zur Bildung von Schwarzschiefern führen. Sie werden vielfach als *Ozeanische Anoxische Ereignisse* (OAE) bezeichnet.

Bei seiner *Umweltrekonstruktion* kommt LANGROCK (2003) aufgrund der Analyse von *Sedimentbohrkernen* aus einem Bereich längs der norwegischen Küste zu dem Ergebnis, daß in den Paläoumweltbedingungen zwischen niedrigen und hohen geographischen Breiten deutliche Unterschiede bestehen. Zum anderen haben sich vom Volgium bis in das Valanginium (ca 10 Millionen Jahre) die Bedingungen der Sedimentbildung geändert, die zu Schwarzschieferbildungen führte. Das Abklingen der Schwarzerdebildung sei von einem Meeresspiegelanstieg begleitet worden, der seinen Höhepunkt im Valanginium und Hauterivium gehabt habe.

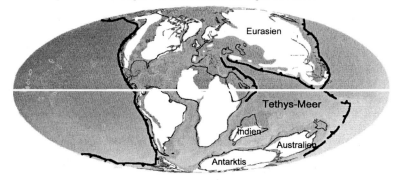

Bild 10.41
Land/Meer-Verteilung zu Beginn des Turon (94 Millionen Jahre vor der Gegenwart) nach WAGNER et al. (2003). Die Subduktionszonen sind durch breite schwarze Linien gekennzeichnet. Bisher ist an über 60 global verteilten Orten das Vorkommen von *marinen Schwarzschiefern* bekannt.

Umwelt-Rekonstruktionen
anhand von Sedimentbohrkernen und Eisbohrkernen

Um 1880 haben der deutsche Geograph Albrecht PENCK (1858-1945) und der deutsche Geologe Konrad KEILHACK (1858-1944) darauf hingewiesen, daß zwischen Moränen eingebettete Ablagerungen *Fossilien* enthalten. Anhand dieser Fossilien ließ sich ein wiederholtes Vorrücken und Abschmelzen von Gletschern, oder allgemeiner ein Wechsel von *Kaltzeiten* und *Warmzeiten* aufzeigen. Die Temperatur-Tiefpunkte der Kaltzeiten waren offensichtlich durch Vereisungen von größeren Teilen der Land/Meer-Oberfläche gekennzeichnet. Der deutsche Geologe Karl KRÖMMELBEIN nennt (um 1980) als herausragende Kaltzeiten jene im Jung-Präkambrium, Ende Ordovizium, Permokarbon und Pleistozän. Eine gewisse Periodizität sei ebenfalls erkennbar: Eiszeiten würden etwa alle 300 Millionen Jahre wiederkehren (KRÖMMEL-BEIN/STRAUCH 1991).

Um 1930 kam der kroatische Astronom Milutin MILANKOWITSCH (1879-1958) in seiner *Theorie der Klimaschwankungen* (veröffentlicht 1941) zu der Auffassung, daß diese mit der Bewegung der Erde und der davon abhängigen solaren Bestrahlungsintensität in Beziehung stehen. Die Klimaschwankungen zeigen danach Perioden von 100 000 sowie von ca 40 000 und ca 20 000 Jahren. Weitere Erläuterungen hierzu und zu den langfristigen und kurzfristigen Änderungen der Eisverhältnisse im System Erde sind im Abschnitt 4.4 enthalten.

● *Sedimentbohrkerne vom Meeresgrund*
Im Rahmen der Erkundung und Erforschung der ozeanischen Kruste wurden ab 1968 erstmals Bohrungen in den Meeresgrund durchgeführt (1968: Deep Sea Drilling Project, 1985... Ocean Drilling Program). Hierzu und zu anderen Bohrungen in die Erdkruste sind weitere Erläuterungen im Abschnitt 3.2.04 enthalten. Die so gewonnenen *Sedimentbohrkerne* enthalten zahlreiche mikroskopisch-kleine Gehäuse von Algen oder fossilen Tieren, die Rückschlüsse auf die damaligen Umweltparameter ermöglichen. Die Geschichte des Meeres läßt sich damit einige 10 000 bis 100 000 Jahre zurückverfolgen.

● *Sedimentbohrkerne vom Binnenseegrund*
Die Rekonstruktion der Paläotemperaturen eines (Binnen-) Sees und damit des Klimaverlaufs im Seebereich und seiner Umgebung kann mit ähnlichen Vorgehensweisen erfolgen, denn auch die Sedimente eines Sees können unter anderem enthalten kieselige und kalkige Skelette und Gehäuse von Mikroorganismen, Aschenlagen von Vulkanausbrüchen, Pollen prähistorischer Pflanzen oder Staubeinträge aus dem umgebenden Land.

|See in den Qilian-Bergen, Tibet|
Aus einem See in 3 200 m Höhe in den Qilian-Bergen am Nordostrand des Tibet-Plateaus wurden zwei 14 m lange Sedimentbohrkerne gewonnen, in denen die Klimageschichte der vergangenen ca 18 000 Jahre vor der Gegenwart archiviert ist (HERZSCHUH/MISCHKE 2002). Die Region, in der der See liegt, ist besonders interessant, weil sie an der Grenze zwischen der Westwindzone und dem asiatischen Sommer-Monsun liegt. Sie dürfte daher besonders empfindlich auf Veränderungen der Windzirkulationssysteme auf der Nordhalbkugel reagieren. Außerdem liegt der See höhenmäßig an der klimatisch sensiblen Baumgrenze und hat ein relativ kleines (also überschaubares) Einzugsgebiet. Die Analyse der Bohrkerne ist derzeit noch nicht abgeschlossen.

|El'gygytgyn-See, Sibirien|
Rund 100 km nördlich des Polarkreises soll auf der Halbinsel Chukotka in Sibirien vor ca 3,6 Millionen Jahren ein Meteorit niedergegangen sein, der einen Krater von ca 12 km Durchmesser hinterließ, der sich mit Wasser füllte. Es wird angenommen, daß der resultierende See (El'gygytgyn) bisher nicht von Gletschern bedeckt gewesen sei und sich daher eine > 100 m dicke Sedimentschicht am Seegrund ablagern konnte. Erste Bohrungen versprechen daher Einblicke in die Klimageschichte zurück bis ca 3 Millionen Jahre (Sp. 6/2004). Ein 16 m-Bohrkern zeigte eine Sedimentabfolge für die vergangenen 300 000 Jahre vor der Gegenwart. Bezüglich Meteoriteneinschläge, Vulkanausbrüche und Änderungen der Land/Meer-Verteilung siehe Abschnitt 3.2.02.

|Vierwaldstättersee, Schweiz
See auf der Halbinsel Yukatan, Mexiko|
Anhand von 8 Sedimentbohrkernen (jeder 8-10 m lang) aus zwei verschiedenen Seebecken des Vierwaldstättersees (Wassertiefe ca 150 m) ließen sich verschiedene Klimadaten vergangener Zeitabschnitte ermitteln (SCHNELLMANN et al. 2004). Es konnten Geländerutschungen am Seegrund nachgewiesen werden, die aus den Jahren 1601 n.Chr., 470 v.Chr. und 1290 v.Chr. stammen. Über das Erdbeben von 1601 liegt ein schriftlicher Bericht von einem Augenzeugen vor. Die Geländerutschung von 1 290 v.Chr. wurde vermutlich nicht von einem Erdbeben ausgelöst. Durch Vergleich mit prähistorischen Vulkanausbrüchen in der Eifel (Deutschland) und im Zentralmassiv (Frankreich) konnte das Alter aller am Seegrund festgestellten Geländerutschungen recht genau eingegrenzt werden. Demnach fanden außer dem Erdbeben vor 1 601 Jahren vier weitere Erdbeben in dieser Region statt: vor ca 2 470, 9 820, 13 960 und 14 610 Jahren (also 470 v.Chr., 7 820 v.Chr., 11 960 v.Chr. und 12 610 v.Chr.).

Nach BOBZIEN (Sp 2/2005) erfolgten die beiden zuletzt genannten Erdbeben in der Schweiz zeitgleich mit signifikanten Temperatursprüngen, wie sie die δ^{18}O-Daten aus Grönland-Eisbohrkernen (NGRIP) ausweisen. Innerhalb kürzester Zeit hätten sich die Temperaturen um |5-7 °C| geändert: vor 14 610 Jahren aus den eiszeitlichen Temperaturen des Dryas 1 ins warme Bölling und vor 13 960 Jahren wieder zurück ins kalte Dryas 2. Die Daten würden so exakt übereinstimmen, daß ein Zufall nahezu ausgeschlossen werden kann. Das Erdebeben vor 9 820 Jahren am Ende der extremen Klimaturbulenzen und am Beginn der relativ ruhig verlaufenden heutigen Warmzeit sei weniger spektakulär verlaufen. Bobzien vermutet, daß es Wechselwirkungen gebe zwischen den signifikanten Klimasprüngen (Dansgaard-Oeschker-Ereignissen) und geologisch-geophysikalischen Ereignissen, die bisher noch nicht oder noch nicht hinreichend bekannt seien.

Bild 10.42/1
Übergang von der Weichsel-Kaltzeit zur Holozän-Warmzeit. Die Daten für die Temperaturkurve (Temperaturverlauf in Zentral-Grönland) sind aus Bild 10.44 entnommen.

Für die *Weichsel-Kaltzeit*, vorrangig in Mittel- und Nordeuropa, wird oft angenommen (HUPFER et al. 1991):
20000-18000
    Inlandeis in der Weichsel-Kaltzeit erreicht seine maximale Entfaltung
17000-16000
    Blankenberg- (Lascaux-) Interstadial (Interstadial = plötzlicher Umschwung der Temperatur, siehe auch Abschnitt 4.4.02)
um 16000
    Pommersches Vereisungsstadium
14000-13000
    Dryas 1
13000-12000
    Bölling (Interstadial)
12000-11800
    Dryas 2
11000-11800
    Alleröd (Interstadial)
11000-10000
    Dryas 3

Der *Beginn der Landwirtschaft* (siehe Bild), die „neolithische Revolution", ist nach GRONENBORN (2005) zumindest für Mitteleuropa als komplexer Prozeß anzusehen, der mehr als tausend Jahre dauerte. Über das Domestizieren von Tieren und Pflanzen siehe Abschnitt 8.

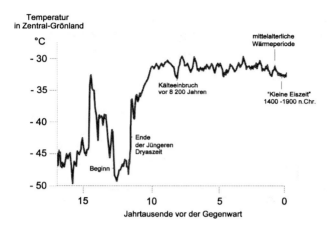

Bild 10.42/2
Temperaturverlauf in Zentral-Grönland, ermittelt aus Eisbohrkernen nach ALLEY (2005).

Bild 10.42/3
Klima und Niederschlag, gefolgert aus dem Verlauf des Sauerstoff-Isotopenverhältnisses in Muschelschalen aus See-Sedimenten von der Halbinsel Yukatan (Mexiko) nach ALLEY (2005).

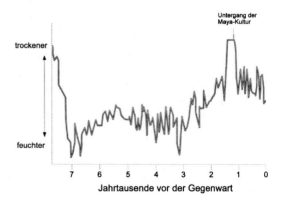

Rechts im Bild zeigt die Kurve eine plötzlich auftretende Dürreperiode an, in der mehr Wasser aus einem See verdunstet, als durch Niederschlag hineingelangt. Derartige plötzliche Veränderungen haben oft menschliche Zivilisationen beeinträchtigt. Viele Wissenschaftler meinen, daß eine solche Dürreperiode in Mexiko den Untergang der Mayakultur vor ca 1 100 Jahren herbeiführte.

● *Sedimentation im Lena-Delta, Sibirien*
Die Sedimentationsgeschichte im Lena-Delta, dem größten Delta in der Arktis und das zweitgrößte im System Erde, behandelt SCHWAMBORN (2004), wobei die Umweltrekonstruktion mit Hilfe von Sedimentanalysen einschließlich Altersbestimmung und geophysikalischen Messungen (Georadar und Seismik) erfolgte. Es ergaben sich drei Hauptstufen (Terrassen) der geomorphologisch-sedimentären Abfolge.

● *Eisbohrkerne Arktis und Antarktis*
Im Rahmen der Arktis- und Antarktisforschung wurden etwa ab 1966 zahlreiche Eisschild-Bohrungen im Grönland-Eisschild und im Antarktis-Eisschild durchgeführt (Abschnitt 4.4). Die gewonnenen *Eisbohrkerne* sind ebenfalls eine wesentliche Hilfe bei der Erforschung der Klimageschichte des Systems Erde. Sie sind ein inhaltsreiches Archiv für zeitlich hochaufgelöste Klimadaten. Jahr für Jahr werden mit dem Niederschlag atmosphärische Spurenstoffe auf den Eisschilden deponiert. Sie unterliegen im Zeitablauf einer Reihe von Einflüssen: etwa dem Wechsel zwischen Warm- und Kaltzeiten, aber auch Einflüssen in kleineren Zeitabschnitten von Jahrzehnten bis hin zu jahreszeitlichen Variationen. Entsprechend den jeweiligen Bohrkerntiefen geben die Bohrkerne mithin Auskunft über vergleichsweise sehr lange Zeitabschnitte der Erdgeschichte.

● *Eisbohrkerne von (Binnen-) Gletschern*
Die Analyse von Eisbohrkernen aus dem Eis des Kilimandscharo ließ erkennen, daß es in dieser Region 3 große Dürreperioden gab (Sp. 12/2002). Die erste Dürreperiode begann ca 8 300 Jahre vor der Gegenwart und dauerte etwa 500 Jahre. Sie verrät sich durch große Mengen Fluorid- und Natrium-Ionen im Eis. Der zweite große Klimawandel begann ca 5 200 Jahre vor der Gegenwart und verrät sich durch einen plötzlich absinkenden Gehalt des Sauerstoff-18-Isotops, welches als Maß für die Niederschlagsmenge gilt. In diesem kühlen und trockenen Zeitabschnitt entstanden dort erste menschliche Siedlungen. Die dritte Dürreperiode begann ca 4 000 vor der Gegenwart. Sie verwandelte das bis dahin bewohnte Sahara-Gebiet in eine Wüste.

Zur Analyse der Sediment- und Eisbohrkerne
Das Jahrzehnt zwischen 1970-1980 brachte wesentliche Neuerungen zur Analyse von Bohrkernen. Die us-amerikanischen Paläontologen John IMBRIE und Nilva KIPP entwickelten eine aussagekräftige Methode zur statistischen Analyse der fossilen Fauna in Bohrkernen. Schicht für Schicht ermittelten sie die Häufigkeit von Arten, von denen bekannt ist, ob sie Wärme oder Kälte bevorzugen. So ließ sich die Oberflächentemperatur des Meeres abschätzen, also jener Wasserschicht, in dem die Tiere gelebt hatten. Die Unsicherheit dieser Temperaturbestimmung war kleiner ± 2° C. Die anschließend entwickelten diesbezüglichen Methoden sind im Abschnitt 4.4 genannt in Verbindung mit Ausführungen über die Paläotemperaturen des Meeres.

Etwa zur gleichen Zeit zeigte der englische Polarforscher Nicholas SHACKLETON, daß das Mengenverhältnis zwischen den Sauerstoff-Isotopen der Masse 18 und 16 ($^{18}O/^{16}O$) in Foraminiferen (einer Gruppe mariner Einzeller, Abschnitt 9,4) vorrangig davon abhängt, wie viel Wasser in Form von Eisschilden gebunden ist. Diese Isotopenanalyse kann daher Aufschluß geben über Zeitpunkt und Dauer von Vereisungsperioden. Die Schwankungen des Verhältnisses $^{18}O/^{16}O$ geben somit Auskunft über die zeitliche Abfolge globaler Klimaparameter, etwa über das Eisvolumen auf den Kontinenten. Außerdem können anhand von Bohrkernen aus verschiedenen Meeresteilen diejenigen Wasserschichten ermittelt werden, die den Höhepunkten einer Kaltzeit oder Warmzeit entsprechen. Im Rahmen des CLIMAP-Projektes (Abschnitt 4.4) ergab sich, daß vor ca 18 000 Jahren (auf dem Höhepunkt der letzten Kaltzeit) Eiskappen Canada und Nordeuropa sowie die nördlichen Meere (einschließlich der Inseln Grönland und Island) bedeckten. Durchschnittlich soll es im System Erde 6° C kälter gewesen sein als heute. Die Lufttemperaturen sanken jedoch nicht in allen Regionen gleich stark. Die Abkühlung war am stärksten in der nordatlantischen Region und in Japan. In den Tropen war sie offensichtlich geringer. In Canada und Nordeuropa erhob sich Inlandeis mit Höhen von 3000-4000 Meter. Da die Atmosphäre relativ trocken war, regnete es kaum, so daß sich Wüsten ausbreiten konnten. Anhand des $^{18}O/^{16}O$-Verhältnisses im Eis konnte auch der Verlauf der Lufttemperatur in den Polargebieten während der letzten 400 000 Jahre vor der Gegenwart bestimmt werden. Weitere Ausführungen über die Paläotemperaturen eisbedeckter Gebiete sind im Abschnitt 4.4 enthalten.

|Zur Analyse der in Eisbohrkernen eingeschlossenen Luftbläschen|
In den Bohrkernen der polaren Eisschilde sind mikroskopisch-kleine Luftbläschen aus den vergangenen verschiedenen Zeitabschnitten eingeschlossen, die ebenfalls analysiert werden können. Es ergab sich, daß der bis dahin als praktisch unveränderlich gehaltene *Kohlenstoffkreislauf* im System Erde abhängig vom Temperaturverlauf in der Atmosphäre ist. In den Vereisungsperioden seien die Konzentrationen der sogenannten Treibhausgase Kohlendioxid und Methan viel geringer, als in Warmzeiten. Dies vermindere den Treibhauseffekt im System Erde und leiste so ebenfalls einen Beitrag zur Abkühlung. Nach DUPLESSY (2003) seien die Gründe für dieses Phänomen noch unklar, doch mache es deutlich, wie anfällig die biochemischen Kreisläufe sind und wie empfindlich sie auf Klimaschwankungen reagieren. Ausführungen zum globalen Kreislaufgeschehen mit besonderen Erläuterungen der speziellen Kreisläufe (Wasserkreislauf, Kohlenstoffkreislauf, Stickstoffkreislauf und andere) sind im Abschnitt 7.6 enthalten.

Eisbohrkerne Antarktis
Die nachstehenden Angaben beziehen sich vorrangig auf die Ergebnisse aus Analysen des bei der Antarktis-Station Wostock gezogenen Eisbohrkernes. Sie sollen

beispielhaft aufzeigen, welche Schlüsse aus den Analysen etwa gezogen werden können.

Bild 10.43
Ergebnisse aus Analysen des 1995 bei der Station Wostok (Antarktis) gezogene Eisbohrkernes nach PETIT et al. 1999.
Quelle: STEFFEN (2000), verändert

Der 1995 bei der Station Wostok (Antarktis) gezogenen Eisbohrkern ist durch zahlreiche Autoren analysiert und bewertet worden. Bild

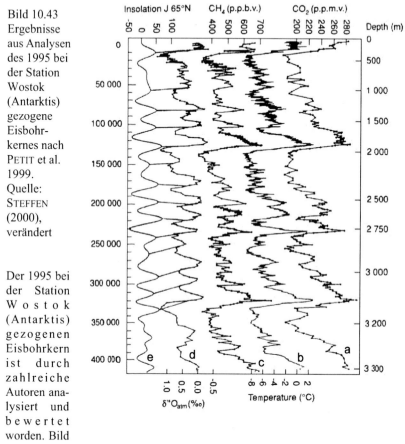

10.43 zeigt ein solches Ergebnis. Es ist daraus ersichtlich, daß langen Kaltperioden (Glazialen) plötzlich kürzere Warmperioden (Interglaziale) folgen. Die atmosphärischen CO_2-Konzentrationen variieren dabei von
180-200 ppmV während der Glaziale
bis
265-280 ppmV während der Interglaziale.
Ferner besteht offensichtlich eine enge Kopplung zwischen der Temperatur (Kurve b) und der atmosphärischen CO_2-Konzentration (Kurve a). Die Kalt- und Warm-Perioden korrespondieren außerdem mit den periodischen Schwankungen der Erdumlauf-

bahn um die Sonne (Kurve e). Diese Kurve kennzeichnet die solare Bestrahlungsintensität (engl. insolation) bezogen auf die geographische Breite 65° Nord wie sie von MILANKOVIC angegeben wurde (Abschnitt 4.4). Die Analyseergebnisse umfassen eine Eisbohrkerntiefe bis 3 300 m und beschreiben damit einen Zeitabschnitt der Erdgeschichte zurück bis ca 400 000 Jahre vor der Gegenwart. Neben der Kohlendioxidkurve (CO_2-Kurve) ist auch die Methankurve (CH_4-Kurve) dargestellt (Kurve c). Ferner ist dargestellt der Verlauf des Sauerstoff-Isotopenverhältnisses $^{18}O/^{16}O$ als relative Abweichung $\delta^{18}O$ (in Promille) (Kurve d). Weitere Ausführungen über stabile Isotope und Variationen der Isotopenverhältnisse sind im Abschnitt 4.4 enthalten.

Eisbohrkerne Grönland
Die nachstehenden Angaben beziehen sich vorrangig auf die Ergebnisse aus Analysen der in Grönland gezogenen Eisbohrkerne. Sie sollen beispielhaft aufzeigen, welche Schlüsse aus den Analysen etwa gezogen werden können. Europäische und us-amerikanische Eisschild-Bohrungen in Grönland (GRIP 1992 und GISP-2 1993) erbrachten Eisbohrkerne, deren Analyse-Ergebnis Bild 10.44 zeigt.

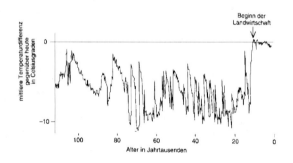

Bild 10.44
Ergebnis aus Analysen der 1992 und 1993 im zentralen Bereich von Grönland gezogenen Eisbohrkerne. Gemessen wurde die relative Konzentration von Sauerstoff-18 zu -16. Atmosphärischer Wasserdampf enthält umsoweniger ^{18}O, je niedriger die Temperatur ist, da Wassermoleküle mit dem schweren Sauerstoff-Isotop bevorzugt kondensieren und ausregnen. Quelle: BROECKER (1996)

Infolge des Zusammenwirkens zahlreicher Einflüsse und der Wechselwirkungen sowie Rückkoppelungen zwischen den einzelnen Klimakomponenten kann das Klima als ein äußerst komplexes Phänomen gelten. Als Verursacher langzeitlicher Klimaänderungen (Änderungen in Jahrzehnten bis Jahrtausenden) werden meist externe Antriebsfaktoren diskutiert, wie etwa Änderungen der Erdbahnparameter, der Solarstrahlung, des Aerosolgehalts der Atmosphäre, der Konzentrationen atmosphärischer

Spurengase und anderes. Darüber hinaus werden auch intern verursachte Fluktuationen in Verbindung mit Instabilitäten und Rückkoppelungen in der Atmosphäre sowie im System Atmosphäre-Meer-Meereis als mögliche Auslöser von Klimavariationen angesehen. Der Arktis kommt in diesem Geschehen offenbar eine besondere Bedeutung zu, da Änderungen hier, wie etwa der Rückzug grönländischer Gletscher, das Abschmelzen des Packeises oder die Tiefenwasserbildung, offenbar globale Auswirkungen haben. Vielfach wird auch die Auffassung vertreten, daß in globaler Sicht die Klimaänderungen in der Arktis am stärksten ausgeprägt sind.

Die Erforschung der jüngeren Klimavariabilität in der Arktis basiert meist auf instrumentellen Beobachtungsdaten etwa ab 1950. Nach DORN (2002) läßt sich das darauf bezogene derzeitige Geschehen wie folgt skizzieren: Insbesondere im Winter und im Frühjahr zeige sich eine deutliche Erwärmung der arktischen Landgebiete und im Nordpolarmeer eine Verringerung der Meereisbedeckung sowie eine Abnahme der Meereisdicke. Eine Ausdehnung des troposphärischen Polarwirbels mit einer Verstärkung des Troges über dem zentralen Nordpazifik und über dem östlichen Nordamerika wird seit etwa 1965 beobachtet. Außerdem konnte in der zentralen Arktis eine Abnahme des Luftdrucks ermittelt werden, die stärker als in den anderen Regionen der Nordhalbkugel sei. Schließlich habe die Häufigkeit von atlantischen Zyklonen zugenommen, die die Barents- und Karasee überqueren.

Da *instrumentelle* Beobachtungsdaten bestenfalls bis ca 1900 zurückreichen, können Aussagen zu langzeitlichen Klimaschwankungen in der Regel nur auf *paläoklimatologische* Daten (sogenannten Proxidaten) aufbauen, etwa solchen, die aus der Analyse von Eisbohrkernen gewonnen wurden. Eine weitere Möglichkeit bieten *Rechner-Simulationen*, die auf möglichst realitätsnahen mathematischen Modellen und Formeln basieren (beispielsweise die Simulationen von DORN 2002 mit dem Modell HIRHAM 4).

Wechselwirkung zwischen der Schließung/Öffnung von Meeresverbindungen und dem Verlauf von Meeresströmungen

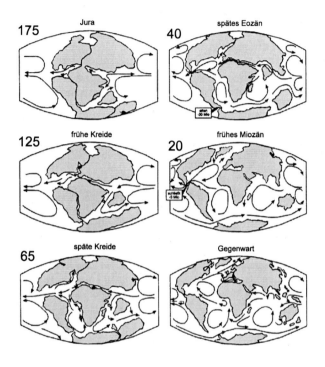

Bild 10.45
Paläogeographie und Meeresströmungen nach WILLIAMS et al. 1993. Quelle: BISCHOFF-BÄSMANN (1997), verändert. Die Zahlen geben den Zeitpunkt vor der Gegenwart an (in Millionen Jahre).

Chronologie der Land/Meer-Verteilung
nach zusammenfassenden Darstellungen von BRAUN/MARQUARDT (2001), BISCHOFF-BÄSMANN (1997) und anderen. Die Superkontinente in der Erdgeschichte (Entstehungs- und Zerfallsabschnitte) sind im Abschnitt 3.2.01 beschrieben. Dort ist auch die Frage angesprochen, ob die Plattentektonik älter als 200 Millionen Jahre ist.

500 Millionen Jahre vor der Gegenwart
Europa ist durch das Meer *Japetus* von Nordamerika/Grönland getrennt.
450
Der Japetus beginnt sich zu schließen. Nordamerika/Grönland und Europa bewegen sich aufeinander zu.
400
Nordamerika und Europa kollidieren. Es entsteht das *Kaledonische Gebirge* (Reste noch heute sichtbar). Bezüglich Gebirgsbildungen siehe Abschnitte 7.1.03 und 3.2.01.
400-290
Globale Vereinigung aller Landmassen zu Pangaea. Noch vor dem Abschluß bilden sich zwischen Skandinavien und Grönland Dehnungen und (Graben-) Brüche.
225 (Ende des Paläozoikums)
Am Ende des Paläozoikums bestand somit eine mehr oder weniger geschlossene Landmasse, die *Pangaea*. Diese umgab ein einziges Meer, die *Panthalassa*. Am Anfang des Mesozoikums beginnt die Trennung von Pangaea in einen Nordkontinent *Laurasia* und einen Südkontinent *Gondwana*.
220
Das Grabensystem zwischen Skandinavien und Grönland hat sich erweitert und zu einem Flachmeer entwickelt.
200
Beginn der Trennung des heutigen Afrika und Südamerika vom heutigen Nordamerika und Entstehung des tropischen Teils des Atlantik (Zentralatlantik, Karibik, Golf von Mexiko).
160
Zwischen dem östlichen Nordamerika und Westafrika beginnt sich der Atlantik zu öffnen.
135
Durch das Auseinanderdriften des heutigen Eurasien und Afrika wurden die Kontinente durch das zirkumglobale tropische *Tethysmeer* voneinander getrennt. Die Temperaturen des tropischen Oberflächenwassers haben vermutlich schon seit ca 700 Millionen Jahren vor der Gegenwart **33° C** nicht wesentlich überschritten.
120
Neufundlandbank und Iberische Halbinsel trennen sich.

80
Die Ausbreitung des Atlantik nach Norden öffnet die heutige Labrador-See.

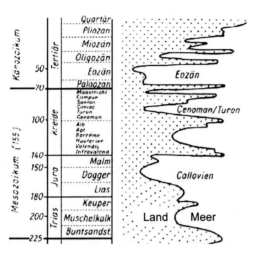

Bild 10.46 Zeitabschnitte der Erdgeschichte und der Land/Meer-Verteilung in Millionen Jahren (Ausschnitt aus Bild 9.6). Die Zeitangaben für die geologischen Epochen können sich ändern entsprechend neuer Erkenntnisse der Forschung, außerdem bestehen unterschiedliche Auffassungen über die Begrenzungen der genannten Zeitabschnitte der Erdgeschichte.

135-65 (Kreidezeit)
In der Kreidezeit existierte das tropische Tethysmeer sowie der Pazifik und das frühe Nordpolarmeer als Ausbuchtung des nördlichen Pazifik. Im späten Mesozoikum trennte sich im Süden Ostgondwana (Antarktis, Australien, Neuseeland) von Westgondwana (Südamerika und Afrika) und Indien. Die Landmasse von Ostgondwana bildete in dieser Zeit die südliche Grenze des Pazifik. Die Wassertemperaturen im frühen Nordpolarmeer lagen bei ca **30-34° C**. Für das Oberflächenwasser im Bereich der Antarktis, die zu dieser Zeit noch mit Australien verbunden war, werden etwa gleiche Temperaturen genannt. Die Öffnung des Atlantik (Auseinanderdriften von Südamerika und Afrika, des früheren Westgondwana) setzte sich fort, einhergehend mit einer Verkleinerung des Pazifik (dem alten Supermeer).

60
Unter Grönland und Island steigt aus dem Erdkernmantel eine riesige Masse heißen Gesteins empor. Der Atlantik stößt mit einem zweiten Ast auch zwischen Grönland und Schottland/Skandinavien nach Norden vor.

Trennung des Pazifik und des Nordpolarmeeres durch eine Landbrücke (im Bereich der heutigen Beringstraße). Der Nordatlantik hatte zu dieser Zeit eine Verbindung mit dem Südatlantik. Dagegen war er im Norden noch durch eine Schwelle Island-Färöer vom Nordpolarmee abgeschlossen.

50-40
Trennung von Ostgondwana in Antarktis und Australien, wobei Antarktis nach Süden und Australien nach Norden driften. Bis ca 35 waren Südamerika und Westantarktis

noch durch eine Landbrücke miteinander verbunden.
38
Vergletscherung der *Antarktis* begann. Höhepunkt ca 14.
Bei Island setzt heftige vulkanische Aktivität ein. Die Spreizung zwischen Grönland und Canada dagegen kommt zur Ruhe.
35 (Übergang vom Eozän zum Oligozän)
Ein drastisches Absinken der Temperatur des tropischen Oberflächenwassers erfolgte vermutlich beim Übergang vom Eozän zum Oligozän, wobei der Durchschnittswert von 27° C (frühes Tertiär und heute) bis auf 20° C abfiel.

Dieser bestehende Warmwassergürtel wurde unterbrochen vor ca 17 mit der Schließung des Seeweges zwischen Indik und Mittelmeer (Meerenge von Suez) und vor 4-3 mit der Entstehung der zentralamerikanischen Landbrücke (Panama).
26
Bildung der Drake-Passage und einer Tiefenwasser-Passage zwischen Ostantarktis und Neuseeland/Tasmanien.
21
Öffnung des Nordatlantik über Norwegen- und Grönland-See.
3,5
Öffnung der Beringstraße. Entstehung der zentralamerikanischen Landbrücke (Panama).
3-2,5
Vergletscherung der *Arktis* begann: Vereisung des Nordpolarmeeres.
2
Die tropischen Regionen sind vermutlich die ältesten Lebensräume. Auch während der Eiszeit des Pleistozäns (vor ca 2 000 000 - 18 000 Jahre vor der Gegenwart) verloren sie ihren Warmwassercharakter nicht.

|Schließung der mittelamerikanischen Meeresverbindung|
Nach HAUG (2002) kann angenommen werden, daß die Schließung der mittelamerikanischen Meeresverbindung (des Isthmus von Panama) eine beachtliche Auswirkung auf die globale Wasserzirkulation im Meer gehabt hat und somit auch auf das Klima im System Erde. Durch die ca 4,6 Millionen Jahre vor der Gegenwart einsetzende Abschnürung dieser Meerenge habe sich der Golfstrom zunehmend verstärkt. Einhergehend gelangte außerdem immer weniger carbonatreiches und gut durchlüftetes Tiefenwasser aus dem Nordatlantik in das überwiegend carbonatarme und schlecht durchlüftete Zwischenwasser der Karibik, was sich in den Kohlenstoff-Isotopen-Verhältnis von Kalkschalen und im Carbonatgehalt der Sedimente zeige (Ergebnisse aus dem "Ocean Drilling Program", *Joides Resolution*). Die mit dem Golfstrom verstärkt in den Nordatlantik und das Nordpolarmeer einströmenden tropisch-subtropischen Wassermassen hätten dort Luftfeuchtigkeit und Niederschlagsmenge erhöht und so die Voraussetzung geschaffen für das Bilden eines

nördlichen Eisschildes. Die Meerenge habe sich ca 2,7 Millionen Jahre vor der Gegenwart endgültig geschlossen

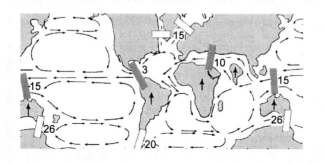

Bild 9.47
Öffnung (hell) und Schließung (dunkel) von Meerespassagen seit dem Eozän nach SEI-BOLD/BERGER 1995. Quelle: EMMERMANN (2003), verändert
Die Zahlen sind Zeitangaben (in Millionen Jahre vor der Gegenwart) und weichen etwas ab von den zuvor genannten.

Rekonstruktion der globalen Meerwasser-Zirkulation in vergangenen Kalt- und Warmzeiten

Nachdem um ca 1970 eine hinreichende Übersicht über die globalen Meeresströmungen, über die globale Wasserzirkulation im Meer, verfügbar war, wies schon um 1979 der us-amerikanische Wissenschaftler Henry STOMMEL darauf hin, daß nicht nur die Atmosphäre sondern auch das Meer erheblich Wärme transportiere. Es kam die Vorstellung auf, daß im Meer ein gigantisches globales Zirkulationssystem bestehe (ähnlich einem Förderband), das Wärme transportiere und wesentliche Auswirkungen auf das Klima im System Erde habe. Ein solches diesbezügliches Modell (nach BROECKER) ist im Abschnitt 9.2 erläutert. Zur Beantwortung der Frage, ob dieses Förderband auch in Vereisungsperioden aktiv war, bedarf es einer Rekonstruktion der damaligen generellen Meeresströmungen (Paläomeeresströmungen). Jean-Claude DUPLESSY (2003) und Mitarbeiter konnten zeigen, daß die Zirkulation des Tiefenwassers mit Schwankungen im $^{13}C/^{12}C$-Verhältnis des darin gelösten Kohlendioxids einhergeht (Bild 10.48). Mit Hilfe der Variation dieses Verhältnisses erstellten 1984 Duplessy und Nicholas Shackleton erstmals Rekonstruktionen der früheren globalen Wasserzirkulation im Meer. Die Rekonstruktionen stützen sich auf benthisch lebende Foraminiferen, die in verschiedenen geographischen Breiten in unterschiedlichen Wassertiefen aufgenommen wurden. Es zeigte sich, daß das Förderband in Kaltzeiten erlahmte. Die im Nordatlantik absinkende Wassermenge hatte sich nach den Erkenntnissen der Autoren um die Hälfte verringert. Dieser Rückgang sei bedingt durch die geringere Dichte des Oberflächenwassers, das wegen tieferer Temperaturen weniger verdunstete, so daß der Salzgehalt relativ niedrig blieb. Mit dem Nachlassen der Fördermenge im Förderband versiegte auch der Wärmestrom in Richtung Nordatlantik, was schließlich zu niedrigen Temperaturen auf den Kontinenten der Nordhalbkugel führte.

Das $^{13}C/^{12}C$-Verhältnis als Zeiger für Wasserzirkulationen

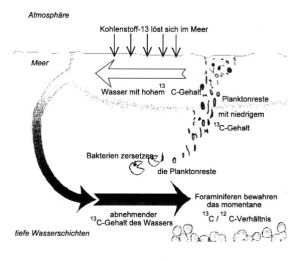

Bild 10.48 Zusammenhang zwischen der Zirkulation des Tiefenwassers und den Schwankungen des $^{13}C/^{12}C$-Verhältnisses des darin gelösten Kohlendioxids (nach DUPLESSY 2003).

Durch Gas-Austausch zwischen der Atmosphäre und dem Meer stellt sich an der Meeresoberfläche das Mengenverhältnis zwischen den beiden Kohlenstoff-Isotopen ^{13}C und ^{12}C auf einen bestimmten Wert ein. Dieses Mengenverhältnis $^{13}C/^{12}C$ kann als *ursprüngliches* Verhältnis gelten. Während dieses oberflächennahe Meerwasser gemäß dem skizzierten Förderband im Nordatlantik in die Tiefe absinkt und danach durch die anderen großen Meeresteile zirkuliert, nimmt es organische Reste von *abgestorbenem* Plankton auf, die von der Meeresoberfläche her herabrieseln. Der Kohlenstoff dieser Reste ist an ^{13}C verarmt. Bakterien verwandeln diesen sogenannten Detritus in Kohlendioxid, das mithin ebenfalls wenig von dem schweren Isotop ^{13}C enthält. Je weiter sich das Tiefenwasser vom Entstehungsort entfernt, um so mehr abgestorbene organische Materie nimmt es auf und um so kleiner wird der ^{13}C-Gehalt pro Volumeneinheit im Vergleich zum Ausgangswert. Benthisch lebende Foraminiferen bauen aus diesem Gas ihre Kalkschalen auf und konservieren so dessen *momentanes* $^{13}C/^{12}C$-Verhältnis. Anhand des Kohlenstoff-Isotops ^{13}C läßt sich mithin die globale Zirkulation des Meerwassers verfolgen beziehungsweise (für vergangene

Zeiten) rekonstruieren, wie DUPLESSY und SHACKLETON dies 1984 erstmals durchgeführt haben (DUPLESSY 2003). Weitere Ausführungen über die Kohlenstoffflüsse zwischen den Reservoiren Atmosphäre/Meer sowie über Vorgänge des globalen Kohlenstoffkreislaufs im Meer sind im Abschnitt 7.6.03 enthalten.

Zum Einfluß von Eisbergen auf die globale Meerwasser-Zirkulation

Die Analyse einer 1993 in Grönland durchgeführten Eisschildbohrung (GISP 2) ergab, daß sich das Jahresmittel der Lufttemperatur an diesem Ort in einem Zeitabschnitt von weniger als 100 Jahren verschiedentlich um 10-20° C geändert hatte. Diese Sprünge erfolgten in Zyklen: auf eine schnelle Abkühlung folgt eine Phase extremer Kälte und nach höchstens einigen Jahrtausenden eine ebenso rasche Erwärmung. Die Oszillationen dieser Art (Dansgaard-Oeschger-Zyklen oder *Dansgaard-Oeschger-Ereignisse*) sind benannt nach ihren Entdeckern, dem dänischen Geographen Willi DANSGAARD und dem schweizerischen Meteorologen Hans OESCHGER. Weitere Ausführungen zu den kurzfristigen Änderungen der Eisverhältnisse im System Erde sind im Abschnitt 4.4 enthalten. 1998 konnten die us-amerikanischen *** Gerard BOND und Laurent LABEYRIC aufzeigen, daß die großen Gletscher, die Europa und Nordamerika bedeckten, in gewissen Zeitabständen eine große Anzahl von Eisbergen freisetzten, die dann schmolzen und auf ihren Zugbahnen mitgeführten Gesteinsschutt ablagerten. Diese Ablagerungen sind heute als durchgängige Schichten in den Sedimenten des Nordatlantik aufzeigbar. Der deutsche Geologe Hartmut HEINRICH hat sie erkannt und erstmals beschrieben, wonach sie vielfach als *Heinrich-Ereignisse* bezeichnet werden.

Schmelzende Eisberge hinterlassen eine salzarme Wasserschicht. Im Nordatlantik, wo das Oberflächenwasser sonst absinkt, überdeckte diese salzarme Schicht zunächst das salzreichere und damit dichtere Meerwasser, das dadurch ein Absinken des Oberflächenwassers verhinderte. Als Folge verlangsamte sich das Förderband beziehungsweise kam vorübergehend gar zum Stillstand, was zu einem dramatischen Kälteeinbruch in der nordatlantischen Region führte. Nachdem sich das Schmelzwasser mit dem Meerwasser vermischt hatte, setzte die ozeanische Zirkulation (das Förderband) wieder ein, führte erneut warme tropische Wassermassen in die hohen geographischen Breiten und sorgte so für rasch ansteigende Temperaturen in Europa, Grönland und Nordamerika. Aufgrund dieser Erkenntnisse hat DUBLESSY (2003) eine Methode entwickelt, anhand des $^{18}O/^{16}O$-Verhältnisses planktisch in den oberen Wasserschichten lebender Foraminiferen den Salzgehalt des Oberflächenwassers in vergangener Zeit abzuschätzen. Wird nach dem Verfahren von Imbrie/Kipp zugleich die Wassertemperatur abgeschätzt, läßt sich die Dichte des Wassers bestimmen, die maßgebend dafür ist, wie bereitwillig es absinkt. Simulationen mit einem Modell hätten bestätigt, daß das ozeanische Förderband aktiv ist, wenn das Oberflächenwasser im Nordatlantik salzreich und kalt ist. Es sei weniger aktiv, wenn der Salzgehalt fällt und/oder die Wassertemperatur steigt.

Nordatlantische und arktische Oszillation

Die *Nordatlantische Oszillation* (NAO) gilt vielfach als eines der dominierenden Schwingungsmuster "natürlicher" Klimavariabilität im System Erde. Sie ist charakterisiert durch großräumige, entgegengesetzte Schwankungen des Luftdrucks im Bereich des Islandtiefs und im Bereich des Azorenhochs. Diese Luftdruckanomalien bewirken a) in der positiven Phase (Positiv-Modus) eine verstärkte zonale Luftströmung über dem Nordatlantik und b) in der negativen Phase (Negativ-Modus) eine schwächere zonale (und damit stärkere meridionale) Luftströmung. Diese Schwankungen der großräumigen Luftströmung über dem Nordatlantik treten verstärkt im Winter auf. Sie haben Einfluß auf das Klima in Europa und an der Ostküste Nordamerikas. Während der positiven Phase der NAO wird warme, feuchte Meeresluft nach Nord- und Mitteleuropa geführt. Südeuropa weist (wegen des stärkeren Azorenhochs) dagegen ein trockenes Winterklima auf. Ferner herrscht an der Ostküste Nordamerikas feuchtes Klima, über dem nordwestlichen Teil des Nordatlantik dagegen trockenes und kaltes Klima.

Die NAO basiert also auf Wechselwirkungen zwischen einem ausgedehnten Tiefdruckgebiet, welches meist bei Island liegt, und einem bedeutsamen Hochdruckgebiet bei den Azoren. Ist die Druckdifferenz zwischen beiden hoch, befindet sich die NAO (wie gesagt) in einem positiven, andernfalls in einem negativen Modus. Seit ca 1970 liegt die NAO im *Winter* größtenteils im positiven Modus fest. Das angesprochene Windmuster dürfte die erhöhten Niederschläge im Norden Eurasiens verursachen und zum Verlust von Meereis im westlichen Nordpolarmeer beitragen (STURM et al. 2004). Schon die *Wikinger* sollen gewußt haben, daß milde Winter in Nordeuropa tendenziell harte Winter in Südgrönland bewirken und umgekehrt.

Bild 10.49
Nordatlantische Oszillation (hier im Positiv-Modus) nach STURM et al. (2004)

Seit etwa 1998 wird auch eine *Arktische Oszillation* (AO) diskutiert, die das Variabilitätsmuster der monatsgemittelten Luftdruckanomalien nördlich der geographischen Breite 20°N im Winter (ca November bis April) kennzeichnen soll. Sie ist eine großräumige atmosphärische Schwingung, die durch entgegengesetzte Luftdruckanomalien in der zentralen Arktis und Teilen der mittleren geographischen Breiten charakterisiert ist, wobei die Anomalien zunächst in der Stratosphäre auftreten und sich dann (in einem Zeitabschnitt von ca 3 Wochen) abwärts bis hin zur Land/Meer-Oberfläche ausbreiten. Die vorgenannten Schwingungsmuster (Oszillationen) beschreiben das gleiche physikalische Phänomen und gelten als "natürliche" Vorgänge der Klimavariabilität (nicht als anthropogen ausgelöste). Die Verwendung der Begriffe (in der Literatur) ist nicht einheitlich (DORN 2002).

Anthropogene Einwirkung auf die Klimavariabilität?

Vielfach wird davon ausgegangen, daß die Zunahme von atmosphärischen Treibhausgasen (etwa durch die Verbrennung fossiler Energieträger) eine Reaktion im globalen Klimasystem verursacht. Ist die Art einer solchen Reaktion schon hinreichend bekannt? Es scheint nützlich, zunächst hinreichende Kenntnisse über die "natürliche" Klimavariabilität einzubringen, um dann auch die anthropogen ausgelösten Änderungen realistisch abschätzen zu können. Allgemein wird zwar angenommen, daß eine solche Einwirkung (in erheblichem Umfange) bestehe, doch einige Wissenschaftler sagen, daß eine diesbezügliche *Abschätzung des Umfanges* derzeit noch nicht mit hinreichender Sicherheit möglich sei. Aussagen über die „Klimaschädlichkeit" des anthropogenen Kohlendioxid-Eintrages in die Atmosphäre würden solider Grundlagen entbehren, da die Mechanismen erdhistorischer Klimaschwankungen noch nicht hinreichen bekannt seien (LÜDECKE 2004). Beispielsweise würden die Alpengletscher zwar zunehmend schmelzen, die *globale* Gletschereis-Bilanz sei aber bisher nicht meßbar kleiner geworden.

Warum fallen in der Übergangszeit von einer Warm- zur Kaltzeit erhebliche Schneemengen?

Geeignete Modelle zur Simulation des Beginns einer Vereisung standen bisher kaum zur Verfügung. Myriam KHODRI soll anhand ihres Modells aufgezeigt haben, daß die Abnahme der sommerlichen Sonneneinstrahlung in den hohen nördlichen geographischen Breiten die ozeanische Zirkulation erlahmen läßt und dadurch die Nordmeere sowie angrenzende Kontinente sich abkühlen, wobei die Temperatur letztlich soweit sinkt, daß gefallener Schnee im Sommer nicht mehr schmilzt und so die Inlandeisdecke zu wachsen beginnt (DUPLESSY 2003). Es sei nach Duplessy dennoch nicht hinreichend geklärt, warum am Beginn der Vereisungen so reichlich Schnee fiel, daß sich in weniger als 10 000 Jahren gewaltige Eismassen auf der Nordhalbkugel aufbauen konnten. Habe auf der Nordhalbkugel vielleicht der Wandel eines Teiles des borealen Nadelwaldes in Tundra und die dadurch bewirkte höhere Albedo in diesen

Regionen zu weniger Aufnahme von Sonnenenergie geführt? Welche Selbstverstärkungseffekte wirken im Klimaverlauf durch Rückkopplungen mit dem Meer und der Vegetation? Nicht hinreichend beantwortbar seien beispielsweise auch die Fragen: Wie konnte die Erde vor ca 600 Millionen Jahren zu einem völlig zugefrorenen "Schneeball" werden und dann wieder auftauen? Warum erhitzte sie sich vor ca 60 Millionen Jahren erheblich?

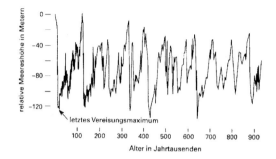

Bild 10.50
Wechselwirkungen (?) zwischen dem Wachsen der Gletscher auf den Kontinenten und der relativen Höhe des Meeresspiegels (der Land/Meer-Verteilung) nach DUPLESSY (2003).

Nach diesen Angaben lag der Meeresspiegel zur Zeit der tiefsten Temperatur der letzten Kaltzeit vor ca 21 000 Jahren 120 m tiefer als heute. Außerdem zeige die Darstellung, daß die Vereisungsmaxima in einem Abstand von ca 100 000 Jahren aufeinander folgen. Diese Periode entspreche der Theorie von MILANKOWITSCH (Abschnitt 4.4). Weitere Ausführungen zur Variabilität des Meeresspiegels und der Land/Meer-Verteilung sind im Abschnitt 9.1.01 enthalten. Dort ist auch die Abhängigkeit der Meeresspiegelschwankungen vom Wachsen und Schwinden großer Eisdecken aus theoretischer Sicht angesprochen.

Welchen Einfluß haben methanproduzierende Mikroben auf das Klima im System Erde?

Nach KASTING (2004) könnten Änderungen der Konzentration bestimmter Atmosphärengase erklären, warum in der Erdgeschichte drei extreme Kaltzeiten (Eiszeiten) auftraten. Zunächst seien methanproduzierende Mikroorganismen (Methanogene) aktiv gewesen. Als dann um 2,3 Milliarden Jahre vor der Gegenwart erster freier Sauerstoff in die Atmosphäre gelangte, hätten die Methanogene einen großen Teil ihres Lebensraumes verloren. Lediglich in tiefere Wasserschichten des Meeres hätten sie noch überleben und eine gewisse Methan-Konzentration in der Atmosphäre aufrechterhalten können. Ein weiterer Sauerstoffschub hätte sodann auch diese Lebensräume für diese Mikroorganismen weitgehend unbewohnbar gemacht. In

Verbindung mit einem Absinken der Kohlendioxid-Konzentration sei es dann zu erneuten Vereisungen gekommen.

In der Hypothese wird davon ausgegangen, daß sich das von Mikroorganismen produzierte Methan in der damaligen weitgehend sauerstofffreien Atmosphäre viel länger aufhielt als heute. Zusammen mit anderen *Treibhausgasen*, etwa Kohlendioxid aus Vulkanaktivitäten, erwärmte es den Bereich unter der Land/Meer-Oberfläche, indem es die dort abgestrahlte Wärme zurückhielt, das von der Sonne kommende Licht aber hindurchließ. Viele Methanogene mögen einen heißen Lebensraum. Mit zunehmender Wärme produzierten sie zunehmend Methan. Diese *positive* Rückkopplungsschleife habe den *Treibhauseffekt* intensiviert und die Temperaturen nahe der Land/Meer-Oberfläche weiter ansteigen lassen. Dieses warmfeuchte Klima begünstigte die Verwitterung der Gesteine auf dem Land und entzog der Atmosphäre Kohlendioxid, so daß deren Kohlendioxid-Konzentration sank, währen die Methan-Konzentration noch immer anstieg. Nachdem schließlich beide Gase in etwa gleicher Menge vorlagen, änderte sich das chemische Verhalten von Methan gegenüber dem Sonnenlicht dramatisch. Bevor die steigende Methan-Konzentration die Erde in eine Art Sauna verwandeln konnte, hätten einige Gasmoleküle, angeregt von der UV-Strahlung der Sonne, sich zu langen Kohlenwasserstoffketten (Paraffinen) verbunden, die in größerer Höhe auf Staubteilchen kondensierten und so einen *organischen Dunst* bildeten. Der organische Dunstschleier verminderte den *Treibhauseffekt*, indem er kurzwelliges Sonnenlicht in den Weltraum zurückstrahlte (reflektierte). Mithin gelangte nun nur wenig Strahlung auf die Land/Meer-Oberfläche. In dem daraus resultierenden kühleren Klima wuchsen die Methanogene schlechter, was die Methanproduktion verringerte. Eine *negative* Rückkopplungsschleife kam in Gang.

|Methan-Konzentration in der Atmosphäre|
Um 1990 soll die mittlere troposphärische Methan-Konzentration 1,72 ppmV betragen haben (EK 1991). In einer weitgehend sauerstofffreien Atmosphäre könne der Betrag sich fast bis zum 600fachen anreichern (KASTING 2004). Der Methankreislauf ist im Rahmen des globalen Kohlenstoffkreislaufs dargestellt (Abschnitt 7.6.03).

|Verweildauer von Methan in der Atmosphäre|
In der heutigen Atmosphäre verweilt Methan nicht sehr lange dort. Nach durchschnittlich 10 Jahren reagiert es mit Sauerstoff und wandelt sich in Kohlendioxid und Wasser um. In einer weitgehend sauerstofffreien Atmosphäre könnte es nach Computersimulationen ca 10 000 Jahre dort verweilen (KASTING 2004). Als die Erdatmosphäre noch größere Mengen Methan enthielt, sei sie kein „blauer Planet" gewesen. Die generellen Atmosphärenstrukturen der bisherigen Erdgeschichte sind im Abschnitt 7.1.01 dargelegt. Die Sauerstoffanreicherung in der Erdatmosphäre ist im Abschnitt 7.1.02 beschrieben.

|Strahlungsleistung der Sonne in der Frühzeit der Erde|
In der Frühzeit der Erde habe die Sonne viel schwächer geschienen, als heute. So habe sie, als sich vor ca 4,6 Milliarden Jahren unser Planetensystem bildete, nur ca 70% der heutigen Helligkeit besessen. Dennoch gebe es bis zum Zeitpunkt ca 2,3

Milliarden Jahre keinen Hinweis auf großräumige Vereisungen. Vermutlich war es im System Erde damals wärmer als im Mittel der letzten 100 000 Jahre vor der Gegenwart (KASTING 2004).

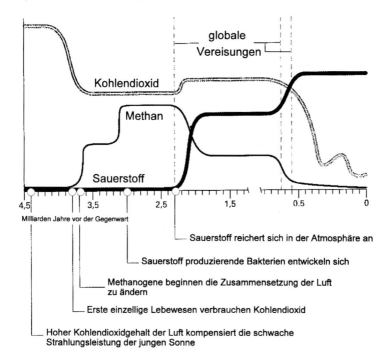

Bild 10.51
Kohlendioxid-, Methan- und Sauerstoff-Konzentration in der Atmosphäre während des erdgeschichtlichen Ablaufs nach KASTING (2004).

Der im Bild gekennzeichnete Zeitabschnitt „globale Vereisungen" umfaßt nach Kasting mindestens drei *globale Eiszeiten*:
(1) 2,3 Milliarden Jahre vor der Gegenwart.
Sie wird meist *Huron-Eiszeit* genannt, weil sie im Gestein nördlich des Huron-Sees in Canada gut nachgewiesen werden kann (Abschnitt 4.4.02).
(2) 750 Millionen Jahre vor der Gegenwart.
(3) 600 Millionen Jahre vor der Gegenwart.
Über *regionale* Vereisungen im Pleistozän (Beginn ca 1,8 Millionen Jahre vor der Gegenwart) siehe Abschnitt 4.4.03.

Aus Eisbohrungen in Grönland und in der Antarktis läßt sich unter anderem folgende Aussage ableiten (ALLEY/BENDER 1998): Die im Eis eingeschlossenen Luftbläschen zeigen, daß beim Übergang von einer Kalt- zu einer Warmzeit der *Kohlendioxid*- und der *Methangehalt* in der Atmosphäre um ca 50% beziehungsweise 75% anstieg (Abschnitt 4.4.02).

|Methanproduzierende Mikroben|
Sie leben nur in weitgehend sauerstofffreier Umgebung. Sie gehören zu den *Archaea* (Abschnitt 7.1.02). Viele Archaea gedeihen nur unter extremen Lebensbedingungen, wie in heißen Quellen, auf Gletschern oder in stark sauren oder versalzenen Böden. Eine Übersicht über die Archaea in Form eines Stammbaumes ist in KASTING (2004) enthalten.

Vulkanausbrüche und Klima

Der Vulkanismus ist im Abschnitt 3.2.02 beschrieben. Entsprechend dem Aggregatzustand der magmatischen Förderprodukte während des Austritts aus dem Krater können unterschieden werden (SCHICK 1997):
◊ vulkanische Gase
◊ feste, plastische und schmelzflüssige Auswurfmassen (explosive Tätigkeit)
◊ glutflüssige, zusammenhängende (kohärente) Laven (effusive Tätigkeit).
Bei explosiver Tätigkeit können mithin flüssige oder feste Lavafragmente zwischen Staubkorngröße und Brocken von mehreren Tonnen Gewicht in die Atmosphäre geschleudert werden. Die festen Lavafragmente werden *Pyroklastika* genannt. Die auf die Geländeoberfläche niedergegangenen vulkanischen Aschen können dort mächtige Sedimentschichten bilden und sich unter dem Einfluß von Wasser zu Tuffen verfestigen. Unverfestigte Pyroklastika werden *Tephra* genannt.

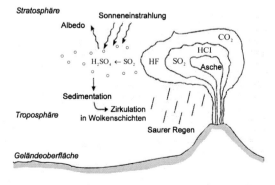

Bild 10.52
Wirkungen vulkanischer Emissionen in Troposphäre und Stratosphäre nach SCHICK (1997).

H_2SO_4 = Schwefelsäure
SO_2 = Schwefeldioxid
HF = Flußsäure
HCl = Salzsäure
CO_2 = Kohlendioxid

Als Beispiele für die Klimawirksamkeit vulkanischer Abläufe seien hier der Ausbruch des Vulkans Tambora auf der Insel Sumbawa in Indonesien (1815) und die Eruptionen der Laki-Spalte in Island (1783) angeführt. Bei der Eruption des Tambora wurden nach Schick 25 km^3 Tephra freigesetzt, die eine maximale Höhe von 45 km erreichten. Darin befanden sich unter anderen 50 Millionen Tonnen Schwefelsäure, 200 Millionen Tonnen Salzsäure und 100 Millionen Tonnen Flußsäure. Diese Gase und Partikel führten in der hohen Atmosphäre zu erhöhter Absorption und Streuung der Sonneneinstrahlung. Darauf folgend sank die Lufttemperatur nahe der Geländeoberfläche ab, während gleichzeitig die Temperatur in der oberen Atmosphäre zunahm. Die kalten Sommer der Jahre nach 1783 (als Folge der Eruptionen der Laki-Spalte) und um 1815/1816 (als Folge der Eruption des Tambora) ergaben landwirtschaftliche Mißernten und Hungersnöte.

SCHICK (1997) verweist darauf, daß entgegen früheren Auffassungen der klimatologische Effekt vulkanbedingter Verschmutzung der Atmosphäre nicht vorrangig vom Volumen der ausgestoßenen Asche- und Staubteilchen abhängt, entscheidend für die Dichte und Streuaktivität der Dunstwolke sei vielmehr ihr Gehalt an Schwefeldioxid. Erdweit soll die vulkanische Fördermenge an Schwefeldioxid für den Zeitabschnitt 1960-1990 ca 15 Millionen Tonnen/Jahr betragen haben. Schwefeldioxid wird in der Stratosphäre in einem komplex ablaufenden Prozeß unter Einwirkung von Sonnenlicht und Wasserdampf zu gasförmiger Schwefelsäure aufoxidiert, die sich an kleinsten Staubteilchen, Ionen und Molekülverbänden anlagert (Bild 10.51). Der photochemische Prozeß laufe jedoch mit einer zeitlichen Verzögerung ab, so daß Monate vergehen können, bis das Gas sich völlig in Aerosole umgewandelt hat, die als Streuzentrum für Licht dienen. Im Vergleich zu Silikatpartikeln sinken Aerosole wegen ihrer niedrigen Dichte viel langsamer zur Geländeoberfläche ab. Zusätzlich führe der kleine Temperaturgradient in der unteren Stratosphäre (10-30 km Höhe) nur zu minimaler Durchmischung, weshalb sich Wolkenschichten in diesen Höhen ausbilden, in die Gase durch Eruption eingetragen wurden. Die Verweilzeit in der Atmosphäre könne mehrere Jahre betragen, wodurch eine Anreicherung der Förderprodukte von zeitlich auseinanderliegenden Eruptionen eines oder mehrerer Vulkane entstehen kann. Einige kleine Ausbrüche können mithin für das Klima ähnlich bedeutsam sein, wie ein großer Ausbruch. Die Ausbreitung der Vulkanwolke in horizontaler Richtung sei abhängig vom jahreszeitlichen Muster des Wetters in der Stratosphäre.

Von der zuvor genannten Fördermenge an Schwefeldioxid stammen nur wenige Prozent von starken eruptiven Zeitabschnitten, der größte Teil stammt nach Schick aus den in vielen Vulkangebieten vorliegenden *Solfataren* und *Fumarolen*. Sie sind gekennzeichnet durch eine ständig auftretende, ruhige und gleichmäßige Förderung von Gasen und Dämpfen aus Spalten und Rissen im Vulkanbau. So treten beispielsweise aus dem Fumarolenfeld des „Großen Kraters" der Insel Vulcano (Sizilien) zwischen 50 und 150 Tonnen Schwefelgase pro Tag aus. Diese vulkanischen Gase verbleiben in der Troposphäre und tragen nach Schick mit höchstens 10% zum

Sauren Regen bei.
Der mögliche Einfluß von Vulkanausbrüchen auf die *Ozonschicht* in der Stratosphäre (Abschnitt 10.4) wird in der Wissenschaft etwa ab 1970 diskutiert (EK 1991). Bereits 1963 kamen nach dem Ausbruch des Mount Agung (Bali) erstmals Vermutungen auf über einen Zusammenhang zwischen der Aerosolmenge in der Stratosphäre und dem Rückgang des Ozongehalts. Die Ozonschicht reagiert offensichtlich empfindlich auf den Eintrag vulkanischer Gase in die Atmosphäre und ist wohl auch stark abhängig von der dort vorliegenden Chlorkonzentration.
Das Klima ist nicht nur durch die herrschenden Temperaturen bestimmt. So kann etwa eine größere Menge von Aerosolen in der unteren Atmosphäre (bis 10 km Höhe) durchaus vermehrt zur Bildung von Wolken und Niederschlag führen.

Plötzliche und allmähliche Klima-Veränderungen

Das Überschreiten einer kritischen Klimaschwelle hat ALLEY (2005) treffend mit dem Umkippen eines Kanu auf einem See verglichen. Wenn der Boots-Insasse sich allmählich zur Seite lehnt, beginnt das Boot sich zu neigen. Es wird auf die Kippschwelle zu gedrückt, einer Schräglage, jenseits derer das Boot nicht länger aufrecht gehalten werden kann. Wird die Kippschwelle nur ein wenig überschritten, kentert das Boot (es kippt um).

Die Erdgeschichte zeige, daß in der Regel ein *bestimmtes* Klima Jahrhunderte oder Jahrtausende herrscht bis zu einem Zeitpunkt, wo eine *allmähliche* Veränderung einen Zustand erreicht, von dem aus ein direktes Zurück nicht mehr möglich ist. Beim Überschreiten einer solchen Schwelle springt das Klimasystem in einen neuen Zustand (in einen neuen „Gleichgewichtszustand"). Bisher gebe es keine glaubwürdige Vorhersage eines *plötzlichen* Klimawandels und dies sei auch in naher Zukunft nicht zu erwarten, da viele solche *Klimaschwellen* beziehungsweise deren *kritische Schwellenwerte* bisher noch nicht bekannt oder nicht hinreichend bekannt seien. Einige solcher klimawirksamen Faktoren mit der (Kreislauf-) Folge: → Schwellenüberschreitung →resultierender Klimaumschwung →soziale Konsequenzen hat Alley näher erläutert, wie die Meeresströmung im Nord-Atlantik, die Meeresströmungen im Pazifik, das Regenwasser, das durch die Wurzeln der Pflanzen aufgenommen und durch Verdunstung an den Blättern in die Luft zurückgeführt wird.

Literaturverzeichnis

AAGAARD, K. (1981): On the deep circulation in the Arctic Ocean. -Deep-Sea Research 28, p.251...

AAGAARD, K. , CARMACK, E. (1989): The role of sea ice and other fresh water in the arctic circulation. -Journal of Geophysical Research 94, C 10, p.14485-14498.

ACKERMANN et al. (1994) = ACKERMANN, F., ENGLICH, M., KILIAN, J. (1994): Die Laser-Profil-Befliegung "Gammertingen 1992". -Zeitschrift für Vermessungswesen Heft 5, Stuttgart (Wittwer).

ACKLEY, S., BUCK, K., TAGUCHI, K. (1979): Standing crop of algae in the sea ice of the Weddell Sea region. -Deep-Sea Res. 26, p.269...

AGUIRRE, A. (2002): Keine schlechte Idee. "Mond" ist umstritten, aber keineswegs abwegig. -Spektrum der Wissenschaft Heft 10, Heidelberg.

ALBERTZ, J. (1991): Grundlagen der Interpretation von Luft- und Satellitenbildern. - Darmstadt (Wiss. Buchgesellschaft).

ALLEY, R. (2005) Das sprunghafte Klima. -Spektrum der Wissenschaft Heft 3, Heidelberg.

ALPERT, M. (2005): Wirbelstürme im Aufwind. -Spektrum der Wissenschaft Heft 1, Heidelberg.

ANDERSEN, O. (1989): Primary production, chlorophyll, light and nutrients beneath the Arctic sea ice. -In: The Arctic Seas, Y. HERMAN, editor, New York, p.147... (Van Nostrand Reinhold Company).

ANGERMANN et al. (2001) = ANGERMANN, D., MÜLLER, H., GERSTL, M., SEEMÜLLER, W., VEI, M. (2001): Laserentfernungsmessungen zu LAGEOS-1 und -2 und ihr Beitrag zu globalen Referenzsystemen. -Zeitschrift für Vermessungswesen Heft 5, Stuttgart.

ANGERMANN, D., BAUSTERT, G., KLOTZ, J. REINKING, J., YUAN ZHU, S. (1996): Hochgenaue Koordinatenbestimmung in großräumigen GPS-Netzen. -Allgemeine Vermessungs-Nachrichten Heft 5, Heidelberg (Hüthig).

ANHUF, D. (1990): Niederschlagsschwankungen und Anbauunsicherheit in der

Sahelzone. -Geographische Rundschau Heft 3, Braunschweig (Westermann).

ANZENHOFER, M. (1998): Zusammenhänge im System Ozean-Atmosphäre über die Analyse verschiedener Fernerkundungsdaten. -GeoForschungsZentrum Potsdam, Scientific Technical Report STR98/11 (Diss. Technische Universität München).

ARGUS et al. (1991) = ARGUS, D., GORDON, R. (1991): No-Net Rotation Model of Current Plate Velocities Incorporating Plate Motion. -Geophys. Res. Lett. 18.

ARNTZ/FAHRBACH (1991) = ARNTZ, W. E.; FAHRBACH, E.: El Nino: Klimaexperiment der Natur. -Basel (Birkhäuser).

ARP/BÖKER (2001) = ARP, G., BÖKER, C. (2001): Was fossile Cyanobakterien über urzeitliche Ozeane verraten. -Innovation Heft 10, Magazin von Carl Zeiss, Jena.

ASPHAUG, E. (2000): Kleinplaneten in Großaufnahme. -Spektrum der Wissenschaft Heft 8, Heidelberg.

AUEL, H. (1999): The Ecology of Arctic Deep-Sea Copepods (Euchaetidae and Aetideidae). Aspects of their Distribution, Trophodynamics and Effect on the Carbon Flux. -Berichte zur Polarforschung Heft 319, Bremerhaven (Diss. Universität Kiel).

AUGSTEIN, E. (1990): Einwirkungen der Polargebiete auf das globale Klima. -in AWI (1990).

AWI = Alfred-Wegener-Institut (für Polar- und Meeresforschung, Bremerhaven). Die Veröffentlichungsreihe des AWI läuft für die Hefte 1-376 unter dem Namen *Berichte zur Polarforschung*, ab Heft 377 unter dem Namen *Berichte zur Polar- und Meeresforschung*. Siehe auch AWS.

AWI (2003): Berichte zur Polar- und Meeresforschung Heft 445, Bremerhaven.

AWI (2002): 20 Jahre Forschungsschiff "Polarstern". -Bremerhaven.

AWI (2002/2003): Das AWI in den Jahren 2002 und 2003. -Zweijahresbericht, Bremerhaven.

AWI (2000/2001): Das AWI in den Jahren 2000 und 2001. -Zweijahresbericht, Bremerhaven.

AWI (1994) = AWI (1993): 125 Jahre deutsche Polarforschung. -Alfred-Wegener-Institut für Polar- und Meeresforschung Bremerhaven, 2.Auflage 1994.

AWI (1994/1995): Alfred-Wegener-Institut für Polar- und Meeresforschung. -Zweijahresbericht, Bremerhaven.

AWI (1992/1993): Alfred-Wegener-Institut für Polar- und Meeresforschung. - Zweijahresbericht, Bremerhaven.

AWI (1990/1991): Alfred-Wegener-Institut für Polar- und Meeresforschung. - Zweijahresbericht, Bremerhaven.

AWI (1980-1990): Alfred-Wegener-Institut für Polar- und Meeresforschung 1980-1990. -Bremerhaven.

AWI (1988/1989): Alfred-Wegener-Institut für Polar- und Meeresforschung. - Zweijahresbericht, Bremerhaven.

AWI (1986/1987): Alfred-Wegener-Institut für Polar- und Meeresforschung. - Zweijahresbericht, Bremerhaven.

AWI (1992,115) = AWI (1992b): Wissenschaftlicher Fahrtbericht über die Arktis-Expedition ARK VIII/2 von 1991 mit FS "Polarstern". -Berichte zur Polarforschung Heft 115, Bremerhaven.

AWI (1992,113) = AWI (1992a): Die Expedition ARKTIS VIII/1 mit FS "Polarstern" 1991. -Berichte zur Polarforschung Heft 113, Bremerhaven.

AWI (1992,107) = AWI (1992c): Arctic '91: Die Expedition ARK-VIII/3 mit FS "Polarstern" 1991. -Berichte zur Polarforschung Heft 107, Bremerhaven.

AWI (1991,93) = AWI (1991e): Die Expedition ARKTIS VII mit FS "Polarstern" 1990 Bericht vom Fahrtabschnitt ARK VII/2. -Berichte zur Polarforschung Heft 93, Bremerhaven.

AWI (1991,87) = AWI (1991c): Scientific Cruise Reports of Arctic Expeditions ARK VI/1-4 of RV "Polarstern" in 1989. -Berichte zur Polarforschung Heft 87, Bremerhaven.

AWI (1991,80) = AWI (1991d): Die Expedition ARKTIS-VII/1 mit FS "Polarstern" 1990. -Berichte zur Polarforschung Heft 80, Bremerhaven.

AWI (1989,59) = AWI (1989a): Die Expedition ARKTIS V/1a, 1b und 2 mit FS "Polarstern" 1988. -Berichte zur Polarforschung Heft 59, Bremerhaven.

AWI (1988,58): Die Expedition ANTARKTIS-VI mit FS "Polarstern" 1987/1988. - Berichte zur Polarforschung Heft 58, Bremerhaven.

AWI (1990,57): Die Expedition ANTARKTIS-V mit FS "Polarstern" 1986/87, Bericht von den Fahrtabschnitten ANT-V/4-5. -Berichte zur Polarforschung Heft 57, Bremerhaven.

AWI (1989,56) = AWI (1989a): Wissenschaftliche Fahrtberichte der Arktis-Expedition ARK IV/1,2,3. -Berichte zur Polarforschung Heft 56, Bremerhaven.

AWI (1996): Filchner Ronne Ice shelf Programme, Report No 10. -Alfred-Wegener-Institut für Polar- und Meeresforschung, Bremerhaven.

AWS = *Alfred-Wegener-Stiftung*. Dieser Name wurde 2003 geändert in: *GeoUnion "Alfred-Wegener-Stiftung"*. Sie vertritt als Dachorganisation alle deutschen geowissenschaftlichen Vereinigungen (derzeitiger Vorsitzender: EMMERMANN/Potsdam, Vertreter: WELLMER/Hannover).

AWS (1991): Mitteilung Nr.18 der Alfred-Wegener-Stiftung, Januar 1991. -Bonn.

AX, Peter (1989): Phylogenese und System: Erkennen und Wiedergabe der stammesgeschichtlichen Ordnung in der Natur. -Verhandlungen der Gesellschaft Deutscher Naturforscher und Ärzte, Stuttgart (Wiss. Verlagsgesellschaft).

AX, Peter (1988): Systematik in der Biologie. Darstellung der stammesgeschichtlichen Ordnung in der lebenden Natur. -Stuttgart (Fischer).

BACHEM, E. (2003): Integral. -DLR-Nachrichten Mai-Heft.

BACHMANN, K. (2002): Wo liegen die Grenzen des Alls? -Zeitschrift GEO Heft 1, Hamburg.

BACHMANN, E. (1965): Wer hat Himmel und Erde gemessen? -Thun, München (Ott).

BAMLER et al. (2003) = BAMLER, R., DECH, S., MEISNER, R., RUNGE, H., WERNER, M. (2003): SRTM. -DLR-Nachrichten Mai-Heft.

BARTELS, J. et al. (1960): Geophysik. -Frankfurt a.M. (Fischer).

BARTSCH, A. (1989): Die Eisalgenflora des Weddellmeeres (Antarktis): Artenzusammensetzung und Biomasse sowie Ökophysiologie ausgewählter Arten. -Berichte zur Polarforschung Heft 63, Bremerhaven (Diss. Universität Bremen).

BAUER, E.W. (1989): Wunder der Erde. -Hamburg (Hoffmann und Campe).

BAUMGARTNER, M. (2001): Simultane Schätzung von Schwerefeldkorrekturen und großskaligen Meeresspiegelschwankungen aus Satellitenaltimeterdaten. -Deutsche Geodätische Kommission Reihe C, Heft 545, München (Diss. Technische Universität München).

BAUMGARTNER, A.; MAYER, H.; METZ, W. (1976): Globale Verteilung der"Oberflächenalbedo". -Meteorologische Rundschau Heft 2, (Borntraeger).

BAUMGARTNER/LIEBSCHER (1990)=BAUMGARTNER, A., LIEBSCHER, H-J.: Lehrbuch der Hydrologie, Band 1: Allgemeine Hydrologie, quantitative Hydrologie. -Berlin, Stuttgart (Borntraeger).

BAYER, T. (1990): Korrektur reliefbedingter radiometrischer Verzerrungen in geocodierten Seasat-A SAR-Bildern am Beispiel des Szenenausschnittes Bonn und Umgebung. -Forschungsbericht DLR-FB 90-54, Oberpfaffenhofen.

BECK/EHLE (1999) = BECK, R., EHLE, M. (1999): Wie eine Balkengalaxie ihr Schwarzes Loch füttert. -Spektrum der Wissenschaft Heft 8, Heidelberg.

BECKER, L. (2002): Tödliche Treffer in Serie. -Spektrum der Wissenschaft Heft 7, Heidelberg.

BELIKOV, M., GROTEN, E. (1995): An attempt to construct the precise gravimetric geoid in Germany. -Allgemeine Vermessungs-Nachrichten Heft 8-9, Heidelberg (Wichmann).

BENESCH/PAETZOLD (1986) = BENESCH, W.; PAETZOLD, K.: Nutzung von METEOSAT-Daten für die Wettervorhersage im Deutschen Wetterdienst. -Fernerkundung und Raumanalyse, Karlsruhe.

BERCKHEMER, H. (1981): Die Entwicklung der Erdrinde. -Verhandlungen der Gesellschaft Deutscher Naturforscher und Ärzte; Berlin, Heidelberg, New York (Springer).

BERGER, W.H. (1989): Global maps of ocean productivity. -Life Sciences Research Report, 44, S.429-455.

BERSTEIN, J. (1996): Albert Einstein und die Schwarzen Löcher. -Spektrum der Wissenschaft Heft 8, Heidelberg.

BERTHON/ROBINSON (1992) = BERTHON, S.; ROBINSON, A.: Das Gesicht der Erde. -

Braunschweig (Westermann).

BERTELSMANN (1957): Weltatlas. -17.Auflage, Gütersloh (Bertelsmann).

BESU (1990): Bedarfsanalyse zur satellitengestützten Umweltüberwachung. -Friedrichshafen, Stuttgart (Dornier, Prof. Dr. Hartl).

BEUTLER, G.; MUELLER, I.; NEILAN, R.; WEBER, R. (1994): IGS - Der Internationale GPS-Dienst für Geodynamik. -Zeitschrift für Vermessungswesen Heft 5, Stuttgart (Wittwer).

BICK, H. (1989): Ökologie. -Stuttgart, New York (Fischer).

BIDWELL/GOERING (2004) = BILDWELL, T., GOERING, P. (2004): Scotobiology - the Biology of Darkness. -Global Change News Letter Heft Juni, Stockholm.

BIELE, J. (1999): Polare stratosphärische Wolken: Lidar-Beobachtungen, Charakterisierung von Entstehung und Entwicklung. -Berichte zur Polarforschung Heft 303, Bremerhaven (Diss. Freie Universität Berlin).

BINDSCHADLER/BENTLEY (2003) = BINDSCHADLER, R., BENTLEY, C. (2003): Auf dünnem Eis. -Spektrum der Wissenschaft Heft 2, Heidelberg.

BISCHOFF, G. (1987): Ein erweitertes, globales Modell der Plattentektonik. -Spektrum der Wissenschaft Heft 3, Heidelberg (Verlagsgesellschaft).

BKG (auch bkg) = *Bundesamt für Kartographie und Geodäsie*, deutsche Bundesbehörde in Frankfurt am Main. Das Amt ist 1997 durch Umwandlung des *Instituts für Angewandte Geodäsie* (Bundesbehörde im Geschäftsbereich des Bundesminister des Innern) entstanden. Das Institut für Angewandte Geodäsie bildete bis 1997 zugleich die *Abteilung II* des Deutschen Geodätischen Forschungsinstituts (DGFI) bei der Bayerischen Akademie der Wissenschaften. Seit 1998 erscheinen die *Mitteilungen des Bundesamtes für Kartographie und Geodäsie*. Sie sind angegeben durch (BKG Band/Jahr).

BKG (2002): Geoinformation und moderner Staat. -Frankfurt am Main (Veröffentlichung des Interministeriellen Ausschusses für Geoinformationswesen IMAGI der deutschen Bundesregierung).

BKG 1/1998 = Geodätische Vernetzung Europas (mehrere Autoren).

BKG 5/1999 = 3. DFG-Rundgespräch zum Thema Bezugssysteme (mehrere Autoren, zusammengestellt von Manfred Schneider).

BKG 6/1999 = EUREF Publication No. 7/I.

BKG 7/1999 = EUREF Publication No. 7/II.

BKG 9/1999 = Das Deutsche Referenznetz 1991, DREF 91 (mehrere Autoren, zusammengestellt von Walter Lindstrot).

BKG 13/1999 = Theorie und Praxis globaler Bezugssysteme (von Hayo Hase).

BKG 23/2002 = EUREF Publication No.10

BKG 33/2004 = EUREF Publication No. 13

BKIE (2000) = Veröffentlichung der Bayerischen Kommission für die Internationale Erdmessung Heft 61, München 2000.

BLAKE/JENNISKENS (2001) = BLAKE, F., JENNISKENS, P. (2001): Kosmisches Eis. Wiege des Lebens? -Spektrum der Wissenschaft Heft 10, Heidelberg.

BLOME, H-J. (1998): Eine Reise an die Grenzen von Raum und Zeit. -DLR-Nachrichten Heft 90, Köln.

BLÜMEL et al. (1988) = BLÜMEL, K., BOLLE, H-J., ECKARDT, M., LESCH, L., TONN, W. (1988): Der Vegetationsindex für Mitteleuropa 1983-1985. -Veröffentlichung des Instituts für Meteorologie der Freien Universität Berlin.

BLÜTHGEN, J. (1966): Allgemeine Klimageographie. -Berlin (de Gruyter).

BMBau (1989) = Schriftenreihe „Forschung" des Bundesministers für Raumordnung, Bauwesen und Städtebau, Heft 471.

BMFB (1996) = Bundesministerium für Bildung, Wissenschaft, Forschung und Technologie (1996): Polarforschung. -Programm der Bundesregierung, Bonn.

BMFT (1993), Bundesministerium für Forschung und Technonologie: Meeresforschung, Programm der Bundesregierung. -Bonn.

BMFT (1990), Bundesministerium für Forschung und Technologie: Global Change. Unsere Erde im Wandel. -Bonn.

BMFT (1989), Bundesministerium für Forschung und Technologie: Erdbeobachtungsprogramm der Bundesrepublik Deutschland. Stellungnahme der BMFT-Arbeitsgruppe "Erdbeobachtung" vom 19.12.1989, Bonn.

BMFT (1989), Bundesministerium für Forschung und Technologie: "Sonne" entdeckt Erzlager im Meer. -BMFT-Journal, Mitteilung aus dem BMFT, Bonn.

BMFT (1988), Bundesministerium für Forschung und Technologie: Ozonforschungsprogramm. -Bonn.

BMFT (1987), Bundesministerium für Forschung und Technologie: Klimaprobleme und ihre Erforschung. -Bonn.

BOCHERT, A. (1996): Klassifikation von Radarsatellitendaten zur Meereiserkennung mit Hilfe von Line-Scanner-Messungen. -Berichte zur Polarforschung Heft 209, Alfred-Wegener-Institut für Polar- und Meeresforschung, Bremerhaven. (Diss. Universität Bremen).

BOECKH, M. (1995): Grundlagenforschung im Urknall. -Zeitschrift Stromthemen Heft 8, Frankfurt a.M.

BOETIUS et al. (2001) = BOETIUS, A., KLAGES, M., SAUTER, E., SCHLÜTER, M. (2001): Leben an untermeerischen Schlammvulkanen. -in AWI (2000/2001).

BOHRMANN, H. (1991): Radioisotopenstratigraphie, Sedimentologie und Geochemie jungquartärer Sedimente des östlichen Arktischen Ozeans. -Berichte zur Polarforschung Heft 95. Alfred-Wegener-Institut für Polar- und Meeresforschung, Bremerhaven.

BOLLE, H-J. (1993): Das System Erde. -Geographische Rundschau Heft 2, Braunschweig (Westermann).

BÖRGER, K. (2001): Das Quantendynamometer - Ein Beispiel zur geodätischen Nutzung der Schrödingergleichung. -Zeitschrift für Vermessungswesen Heft 6, Stuttgart (Wittwer).

BORN, M. (1954): Die begriffliche Situation in der Physik. -Physikalische Blätter Heft 5, Mosbach (Physik Verlag).

BÖRNER, G. (2003): Ein Unversum voll dunkler Rätsel. -Spektrum der Wissenschaft Heft 12, Heidelberg.

BOSCH, W. (2002): Satellitenmissionen - Chancen und Herausforderungen für die

Physikalische Geodäsie. -in DGK, F (2002).

BOSCH et al. (2001) = BOSCH, W., KUHN, M., BAUMGARTNER, R., KANIUTH, R. (2001): Überwachung des Meeresspiegels durch Satellitenaltimetrie - Ergebnisse und Folgerungen für die Geodäsie. -Zeitschrift für Vermessungswesen Heft 5, Stuttgart.

BOUCHER/ALTAMINI (1989) = BOUCHER, C.; ALTAMINI, Z.: The initial IERS Terrestial Frame. -IERS technical Note 1, Observatoire de Paris.

BOURBAKI, N. (1961): Architektur der Mathematik. -Physikalische Blätter Heft 4, Mosbach (Physik Verlag).

BRAM, K. (1994): Neues vom KTB. -DGG Mitteilung 1-2.

BRANDT, A. (1991): Zur Besiedlungsgeschichte des antarktischen Schelfes am Beispiel der Isopoda (Crustacea, Malacostraca). -Berichte zur Polarforschung Heft 98, Alfred-Wegener-Institut für Polar- und Meeresforschung, Bremerhaven (Diss. Universität Oldenburg).

BRAUN/MARQUARDT (2001) = BRAUN, A., Marquardt, G. (2001): Die bewegte Geschichte des Nordatlantiks. -Spektrum der Wissenschaft Heft 6, Heidelberg.

BREKLE, H. (2005): Vom Rinderkopf zum Abc. -Spektrum der Wissenschaft Heft 4, Heidelberg.

BRETTERBAUER, K. (1985): Die Figur der Erde ist ihre Geschichte. -in Deutsche Geodätische Kommission, Jahresbericht 1984. -München (Beck).

BRETTERBAUER, K. (1982): Eismassenänderungen und eustatisches Meeresniveau. - Geowissenschaftliche Mitteilungen Nr. 21, Wien.

BRETTERBAUER, K. (1975): Aspekte einer Glazialgeodäsie. -Geowissenschaftliche Mitteilungen Nr. 7, Wien.

BREUER, H. (1994): dtv-Atlas zur Physik. -Band 1 (1994), Band 2 (1993), München (Deutscher Taschenbuch Verlag).

BREUER, R. (2004): Essen wir zuviel Fleisch? -Spektrum der Wissenschaft Heft 6, Heidelberg.

BREUER, R. (1999): Editorial. -Spektrum der Wissenschaft Heft 3, Heidelberg.

BRIEß/ÖERTEL (2002) = BRIEß, K., Öertel, D. (2002): BIRD, Feuerwächter im All. - Ignition, DLR.

BRIX, H. (2001): North Atlantic Deep Water and Antartic Bottom Water: Their Interaction and Influence on Modes of the Global Ocean Circulation. -Berichte zur Polar- und Meeresforschung Heft 399, Bremerhaven (Diss. Universität Bremen).

BROSCHART, J. (2002): Wo liegen die Grenzen des Geistes? -Zeitschrift GEO Heft 1, Hamburg.

BRODSCHOLL, A. (1988): Variationen des Erdmagnetfeldes an der GvN-Station, Antarktika: Deren Nutzung für ein elektromagnetisches Induktionsverfahren zur Erkennung zweidimensionaler Leitfähigkeitsanomalien sowie zur Darstellung von Einflüssen ionosphärischer Stromsysteme. -Berichte zur Polarforschung Heft 48, Alfred-Wegener-Institut für Polar- und Meeresforschung, Bremerhaven.

BROSCHE, P., SCHUH, H. (1999): Neue Entwicklungen in der Astrometrie und ihre Bedeutung für die Geodäsie. -Zeitschrift für Vermessungswesen Heft 11, Stuttgart (Wittwer).

BROSCHE/SÜNDERMANN (1978) = BROSCHE, P., SÜNDERMANN, J. (1978): Gezeiten bremsen unseren Planeten. Früher drehte sich die Erde schneller. -DFG mitteilungen Heft 2, Boppard (Boldt).

BRUCKER/RICHTER (1980) = BRUCKER, A.; RICHTER, D.: Standort Erde. Grundlagen der Allgemeinen Geographie. -Braunschweig (Westermann).

BRÜCKNER/RADKE (1990) = BRÜCKNER, H.; RADKE, U.: Küstenlinien. -Geographische Rundschau Heft 12, Braunschweig (Westermann).

BRUNNER/LÜDECKE (2002) = BRUNNER, K., LÜDECKE, C. (2002): Kartographische Ergebnisse der ersten deutschen Südpolar-Expedition 1901-1903. -Kartographische Nachrichten Heft 4, Bonn.

BRÜNIG, E. F. (1991): Der Tropische Regenwald im Spannungsfeld "Mensch und Bioshäre". -Geographische Rundschau Heft 4, Braunschweig (Westermann).

BSH (1990) = Bundesamt für Seeschiffahrt und Hydrographie: Nautischer Funkdienst. Wetter- und Eisfunk. -Band 3, Nachtrag 2/90, Hamburg.

BUCHER/SPERGEL (1999) = BUCHER, M., SPERGEL, D. (1999): Was vor dem Urknall geschah. -Spektrum der Wissenschaft Heft 3, Heidelberg.

BULIRSCH, R. (2001): Himmel und Erde messen. -Deutscher Verein für Vermessungswesen, Landesverein Bayern, Mitteilungsblatt Heft 4, München.

BULLOCK/GRINSPOON (1999) = BULLOCK, M., GRINSPOON, D. (1999): Klima und Vulkanismus auf der Venus. -Spektrum der Wissenschaft Heft 5, Heidelberg.

BURCH, J. (2001): Das Wüten der Weltraumstürme. -Spektrum der Wissenschaft Heft 7, Heidelberg.

BURDA, F. (1969): Der Flug zum Mond. -Offenburg.

BUSCH, Leo (1974): Meilensteine in der Entwicklung der phtographisch-chemischen Technik in den letzten 70 Jahren. -Zeitschrift Photo- Technik und -Wirtschaft Heft 6.

CALDWELL/KAMIONKOWSKI (2001) = CALDWELl, R., KAMIONKOWSKI, M. (2001): Der Nachhall des Urknalls. -Spektrum der Wissenschaft Heft 4, Heidelberg.

CAMPBELL et al. (2002) = CAMPBELL, J., NOTHNAGEL, A., STEINFORTH, C. (2002): Operationelle Bestimmung der Erdrotationsparameter Mit VLBI, Arbeiten der VLBI-Gruppe am Geodätischen Institut der Universität Bonn. -Deutsche Geodätische Kommission Reihe A, Heft 118, München.

CAMPBELL, J. (2000): The significance of European VLBI network for the concept of EUREF. -in BKIE (2000).

CAMPBELL, J. (1979): Die Radiointerferometrie auf langen Basen als geodätisches Meßprinzip hoher Genauigkeit. -Deutsche Geodätische Kommission, C 254, München.

CAMPBELL, J.; NOTHNAGEL, A.; SCHUH, H. (1992): Die Radiointerferometrie auf langen Basislinien (VLBI) als geodätische Meßverfahren höchster Genauigkeit. -Allgemeine Vermessungs-Nachrichten Heft 11/12, Karlsruhe (Wichmann).

CAPRETTE, D.S.; MA, C.; RYAN, J.W.(1990): Crustal Dynamics Projekt Data Analysis 1990, VLBI Geodetic Results 1979-1989. -NASA Technical Memorandum 100 765, Goodard Space Flight Center, Greenbelt.

CARSTENS, M. (2002): Zur Ökologie von Schmelzwassertümpeln auf arktischem Meereis - Charakteristika, saisonale Dynamik und Vergleich mit anderen aquatischen

Lebensräumen polarer Regionen. -Berichte zur Polar- und Meeresforschung Heft 409, Bremerhaven (Diss. Universität Kiel).

CARTER, W. E. (1987): Seth Carlo Chandler, Jr. -Discoveries in Polar Motion, Eos June 23.

CERAM, C. (1956): Götter, Gräber und Gelehrte. -Hamburg.

CERCO = Comité Européen des Responsables de la Cartographie Offizielle, Group of European National Mapping Agencies. Mitgliedsorganisationen (teilweise nur mit Beobachterstatus): Nationale Vermessungsbehörden.

CERVELLI, P. (2004): Die Bedrohung durch stille Erdbeben. -Spektrum der Wissenschaft Heft 6, Heidelberg.

CHABOYER, B. (2001): Methusalem-Sterne und die Lösung der Alterskrise in der Kosmologie. -Spektrum der Wissenschaft Heft 8, Heidelberg.

CHEN, J. (1994): Crustal movements, gravity field and atmosphäric refraction in the Mt. Everest aera. -Zeitschrift für Vermessungswesen Heft 8, Stuttgart (Wittwer).

CHERUBINI/ZIERHOFER (1996) = CHERUBINI, P., ZIERHOFER, W. (1996): Bäume als Zeugen der Klimageschichte. -Spektrum der Wissenschaft Heft 11, Heidelberg.

CHRISTEN, H. R. (1974): Chemie. -Aarau, Frankfurt a.M. (Sauerländer, Diesterweg/ Salle).

CHIAPPINI, C. (2002): Die Entstehung der Galaxis. -Spektrum der Wissenschaft Heft 6, Heidelberg.

CLARK, J. (1977): Struktur der Erde. -Stuttgart.

CLOSS, H. (1979): Ozeane und Gebirge aus heutiger erdwissenschaftlicher Sicht. -Verhandlungen der Gesellschaft Deutscher Naturforscher und Ärzte, Berlin, Heidelberg, New York (Springer).

CLOSS, H.; GIESE. P.; JACOBSHAGEN, V.(1980): Alfred Wegeners Kontinentalverschiebung aus heutiger Sicht. -Spektrum der Wissenschaft, Schwerpunktheft "Ozeane und Kontinente" 1987, Heidelberg (Verlagsgesellschaft).

COLLMANN, W. (1958): Diagramme zum Strahlungsklima Europas. -Berichte des Deutschen Wetterdienstes Nr. 42, Offenbach.

CONDIE, K. (1997): Plate tectonics and crustal evolution. -Oxford.

COOK, F.A.; BROWN, L.D.; OLIVER, J.E.(1980): Das Wachstum der Kontinente. - Spektrum der Wissenschaft, Schwerpunktheft "Ozeane und Kontinente" 1987, Heidelberg (Verlagsgesellschaft).

CORDES, Dieter (1990): Sedimentologie und Paläomagnetik an Sedimenten der Maudkuppe (Nödliches Weddellmeer). -Berichte zur Polarforschung Heft 71, Alfred-Wegener-Institut für Polar- und Meeresforschung, Bremerhaven (Diss. Universiät Bremen).

COVEY, C. (1984): The Earth's Orbit and the Ice Ages. -Scientific American Heft 1.

CHOWN, M. (1999): Der Schatten des Mondes bringt es an den Tag. -Spektrum der Wissenschaft Heft 8, Heidelberg.

CRONIN, J.W., GAISSER, T.K., SWORDY, S.P. (1997): Kosmische Strahlung höchster Energie. -Spektrum der Wissenschaft Heft 3, Heidelberg.

CZIHAK et al. (1992): Biologie. -Herausgegeben von G. CZIHAK, H. LANGER, H. ZIEGLER; gemeinschaftlich verfaßt von D. BARON, V. BLÜM, G. CZIHAK, G. GOTTSCHALK, B. HASSENSTEIN, C. HAUENSCHILD, W. HAUPT, J. JACOBS, G. KÜMMEL, O.L. LANGE, H. LANGER, H.F. LINSKENS, W. NACHTIGALL, D. NEUMANN, G. OSCHE, W. RATHMAYER, W. RAUTENBERG, K. SANDER, P. SCHOPFER, P. SITTE, H.WALTER, F. WEBERLING, W. WIESER, H. ZIEGLER, V. ZISWILER. Berlin (Springer).

DABER, R. (1985a): Die Entwicklungsgeschichte der Lebewesen. -in HOHL (1985).

DABER, R. (1985b): Die Entwicklung der Pflanzenwelt. -in HOHL (1985).

DACH, R. (2000): Einfluß von Auflasteffekten auf präzise GPS-Messungen. -Deutsche Geodätische Kommission Reihe C, Heft 519, München (Diss. Universität Dresden).

DÄLLENBACH et al. (1998) = DÄLLENBACH, A., BLUNIER, T., CHAPPELLAZ, J. (1998): Änderungen des atmosphärischen CH_4-Gradienten zwischen Grönland und der Antarktis währen der letzten 45 000 Jahre. -Internationale Polartagung 1998, Programm.

DAMERIS/SCHUMANN (2000) = DAMERIS, M., SCHUMANN, U. (2000): Ergebnisse aus zehn Jahren Ozonforschung im DLR. -DLR Nachrichten Heft 1, Porz-Wahnheide.

DANZMANN, K. (2002): Suche nach Gravitationswellen. -Spektrum der Wissenschaft Heft 3, Heidelberg.

DECH, S.W. (1990): Monitoring des Meereises in der Ostgrönlandsee im Mai 1988 mit Methoden der Fernerkundung. -Forschungsbericht DLR-FB 90-36, Köln.

DECKER, B. (1986): World Geodetic System 1984. -Proceedings of the Fourth International Geodetic Symposium on Satellite Positioning, Austin, Texas, S.69...

DE FRIES et al. (2000) = DE FRIES, R., HANSEN, M., TOWNSHEND, J., JANETOS, A., LOVELAND, T. (2000): A new global 1 km data set of percent tree cover derived from remote sensing. -Clobal Change Biology Heft 6.

DEISTING, B. Das europäische Satellitennavigationssystem Galileo in der Entwicklungsphase. -Mitteilungen DVW Bayern Heft 3, München.

DENKER, H. (1996): Stand und Aussichten der Geoidmodellierung in Europa. - Zeitschrift für Vermessungswesen Heft 6, Stuttgart (Wittwer).

Denkschrift (1991): Zukunftsaufgaben der Lithosphärenforschung. Geowissenschaftliche Grundlagenforschung in Deutschland. -Verfaßt von R. EMMERMANN, P. GIESSE, E. ALTHAUS, K. FUCHS, C. REIGBER, B. STÖCKHERT u.a.

DERENBACH/SCHLEYER (2002) = DRENBACH, H., Schleyer, A. (2002): SAPOS-Satellitenpositionierungsdienst der deutschen Landesvermessung und seine Bedeutung für die Kartographie. -Kartographische Nachrichten Heft 5, Bonn.

DESBRUYERES, D. (1998): Leben am Grunde der Ozenane. -Spektrum der Wissenschaft Spezial-Heft 1, Heidelberg.

DETERMANN, J. (1991): Das Fließen von Schelfeisen - numerische Simulation mit der Methode der finiten Differenzen. -Berichte zur Polarforschung Heft 83, Alfred-Wegener-Institut für Polar- und Meeresforschung, Bremerhaven (Diss. Universität Bremen).

DEWEY, J.F. (1972): Plattentektonik. -Spektrum der Wissenschaft, Schwerpunktheft "Ozeane und Kontinente" 1987, Heidelberg (Verlagsgesellschaft).

DFG = *Deutsche Forschungsgemeinschaft* (Geschäftsstellen in Bonn und Berlin). Aufgabe: Förderung der Wissenschaften.

DFG (1973): Geowissenschaften. -Mitteilung 1, Bonn.

DFG (1975): Geowissenschaften. -Mitteilung 4, Bonn.
DFG (1976): Geowissenschaften. -Mitteilung 5, Bonn.
DFG (1978): Geowissenschaften. -Mitteilung 7, Bonn.
DFG (1979): Geowissenschaften. -Mitteilung 8, Bonn.
DFG (1980): Geowissenschaften. -Mitteilung 9, Bonn.
DFG (1981): Geowissenschaften. -Mitteilung 11, Bonn.
DFG (1982): Geowissenschaften. -Mitteilung 12, Bonn.
DFG (1983): Geowissenschaften. -Mitteilung 13, Bonn.
DFG (1985): Geowissenschaften. -Mitteilung 14, Bonn.
DFG (1987): Geowissenschaften. -Mitteilung 16, Bonn.

DFG/Fernerkundung (1987): Fernerkundung. Physikalische und methodische Grundlagen für die Datenauswertung. -Weinheim (VCH).

DFG (1989): Geowissenschaften. -Mitteilung 17, Bonn.
DFG (1990): Geowissenschaften. -Mitteilung 18, Bonn.
DFG/19 (1991): Geowissenschaften. -Mitteilung 19, Bonn.
DFG/20 (1991): Geowissenschaften. -Mitteilung 20, Bonn.

DFG/21 (1992): Paläontologische Forschung, Stand und Ausblick 1991. -Mitteilung 21, Bonn.

DFG/J (1992): Jahresbericht 1992, Band 1 und Band 2 -Deutsche Forschungsgemeinschaft, Bonn.

DFG/22 (1995): Anorganische nichtmetallische Minerale und keramische Werkstoffe. -Mitteilung 22.

DFG/23 (1997): Fortschritte geowissenschaftlicher Forschung. -Mitteilung 23.

DFG/24 (2000): Fortschritte geowissenschaftlicher Forschung. -Mitteilung 24.

DFG/J (1999): Jahresbericht 1999, Band 1 und Band 2. -Deutsche Forschungsgemeinschaft, Bonn.

DGFI = *Deutsches Geodätisches Forschungsinstitut*, 1950 gegründet auf Beschluß der Deutschen Geodätischen Kommission (DGK) bei der Bayerischen Akademie der Wissenschaften. Es bestand bis 1997 aus den *Abteilungen* I: Theoretische Geodäsie (in München) und II: Angewandte Geodäsie (in Frankfurt am Main). Die Abteilung II wurde durch das Institut für Angewandte Geodäsie gebildet (siehe BKG). Ab **1997** bildet die Abteilung I (in München) das Deutsche Geodätische Forschungsinstitut.

DGFI/Abt. 1 = Deutsches Geodätisches Forschungsinstitut, Abteilung I.
DGFI/Abt. 1 (1991): siehe DGK (1991).
DGFI/Abt. 1 (1995): siehe DGK (1995).
DGFI/Abt. 1 (1996): siehe DGK (1996).
DGFI/Abt. 1 (1997): siehe DGK (1997).
DGFI/Abt. 2 (1995): siehe DGK (1995).
DGFI (2000) siehe DGK (2000).
DGFI (2001) siehe DGK (2001).
DGFI (2002) siehe DGK (2002).

DGK = *Deutsche Geodätische Kommission* bei der Bayerischen Akademie der Wissenschaften (1. Sitzung 1950).

DGK (1991): Jahresbericht 1990. -München (Beck).
DGK (1993): Jahresbericht 1992. -München (Beck).
DGK (1994): Jahresbericht 1993. -München (Beck).
DGK (1995): Jahresbericht 1994. -München (Beck).
DGK (1996): Jahresbericht 1995. -München (Beck)
DGK (1997): Jahresbericht 1996. -München (Beck).
DGK (1998): Jahresbericht 1997. -München (Beck).
DGK (1999): Jahresbericht 1998. -München (Beck).
DGK (2000): Jahresbericht 1999. -München (Beck).
DGK (2001): Jahresbericht 2000. -München (Beck).
DGK (2002): Jahresbericht 2001. -München (Beck).

DGK, F (2002): Am Puls von Raum und Zeit. 50 Jahre Deutsche Geodätische Kommission: -Festschrift, München.

DGK, J (2002): 50 Jahre Deutsche Geodätische Kommission: Am Puls von Raum und Zeit. -Jubiläumsschrift, München.

DGK (2004): Jahresbericht 2003. -München (Beck).

DGPF = Deutsche Gesellschaft für Photogrammetrie und Fernerkundung (WTJ = Wissenschaftlich-Technische Jahrestagung)

DGPF (2001a): 20. WTJ, Band 9, Deutsche Gesellschaft für Photogrammetrie und Fernerkundung.

DGPF (2001b): 21. WTJ, Band 10, Deutsche Gesellschaft für Photogrammetrie und Fernerkundung.

DIDIE, C. (2001): Late Quaterary climate variations recorded in North Atlantic deepsea benthic ostracodes. -Berichte zur Polar- und Meeresforschung Heft 390, Bremerhaven (Diss. Universität Kiel).

DIEL, S. (1991): Zur Lebensgeschichte dominanter Copepodenarten (Calanus finmarchicus, C. glacialis, C. hyperboreus, Metridia longa) in der Framstraße. -Berichte zur Polarforschung Heft 88, Alfred-Wegener-Institut für Polar- und Meeresforschung, Bremerhaven (Diss. Universität Kiel).

DIETRICH, R. (Herausgeber) (2000): Deutsche Beiträge zu GPS-Kampagnen des Scientifc Committee on Antarctic Research (SCAR) 1995-!998. -Deutsche Geodätische Kommission Reihe B, Heft 310, München.

DIEMINGER, W. (1960): siehe BARTELS (1960).

DIERCKE (1985): Wörterbuch der Allgemeinen Geographie. -2 Bände, bearbeitet von H. LESER, H.-D. HAAS, T. MOSIMANN, R. PAESLER. München, Braunschweig (Deutscher Taschenbuch Verlag, Westermann).

DIETRICH, G. (1960): siehe BARTELS (1960).

DILL, R. (2002a): Untersuchung hydrologischer Einflüsse auf die Rotation der Erde. -Deutsche Geodätische Kommission Reihe A, Heft 118, München.

DILL, R. (2002b): Der Einfluss von Sekundäreffekten auf die Rotation der Erde. -Deutsche Geodätische Kommission Reihe C, Heft 550, München (Diss. Technische Universität München).

DIN 18 709 Teil 1 (1993): Begriffe, Kurzzeichen und Formelzeichen im Vermessungswesen. -Deutsches Institut für Normung, Berlin (Beuth).

DIRMHIRN, I. (1964): Das Strahlungsfeld im Lebensraum. -Frankfurt a.M. (Akademische Verlagsgesellschaft).

DIRMHIRN, I. (1957): Zur spektralen Verteilung der Reflexion natürlicher Medien. -Wetter und Leben Heft 9.

DIRMHIRN, I. (1953): Einiges über die Reflexion der Sonnen- und Himmelsstrahlung an verschiedenen Oberflächen. -Wetter und Leben Heft 5.

DISNEY, M. (1998): Quasare - die kosmischen Mahlströme. -Spektrum der Wissenschaft Heft 8, Heidelberg.

DITTRICH, J., KÜHMSTEDT, E., RICHTER, B. (1997): Accurate Positioning by Low Frequency (ALF) - ein Dienst zur bundesweiten Aussendung von DGPS-Korrekturdaten. -Allgemeine Vermessungs-Nachrichten Heft 8-9, Heidelberg (Wichmann).

DLR = *Deutsches Zentrum für Luft- und Raumfahrt* (Zentrale: Köln). Frühere Namen: Deutsche Forschungsanstalt für Luft- und Raumfahrt (DFLR), zuvor: Deutsche Forschungs- und Versuchsanstalt für Luft- und Raumfahrt (DFVLR).

DLR (Jahr/Heft) = „echtzeit": Hauszeitung des DLR.

DLR (2004) = DLR-Nachrichten Heft März 2004.

DLR (2001): Experten diskutierten über Reduzierung von Weltraummüll. -echtzeit, Heft 6.

DLR (1998): Prospekt über LANDSAT-7.

DMA (1987) = Defense Mapping Agency (1987): Department of Defense World Geodetic System 1984. -DMA Technical Report no. 8350.2.

DONNER, R. (2001): Visuelle Interpretation von Fernerkundungsadten, neu ergriffen. -in DGPF (2001b).

DOOLITTLE, F. (2000): Stammbaum des Lebens. -Spektrum der Wissenschaft Heft 4, Heidelberg.

DORN, W. (2002): Natürliche Klimavariationen der Arktis in einem regionalen hochauflösenden Atmosphärenmodell. -Berichte zur Polar- und Meeresforschung Heft 416, Bremerhaven (Diss. Universität Potsdam).

DRESCHER, H. (1983): Das antarktische marine Ökosystem. -Geographische Rundschau Heft 3. Braunschweig (Westermann).

DREWES, H. (2002): Die Entwicklung der geometrischen Referenzsysteme in der Geodäsie. -in DGK, F (2002).

DREWES, H. (1996): Kinematische Refrenzsysteme für die Landesvermessung. - Zeitschrift für Vermessungswesen Heft 6, Stuttgart (Wittwer).

DREWES, H. (1995): IGS-Workshop "Densification of the ITRF through Regional GPS Networks", Pasadena/Kalifornien, 30.11.-2.12.1994. -Zeitschrift für Vermessungswesen Heft 4, Stuttgart (Wittwer).

DREWES, H. (1993): Workshop zur Einrichtung eines geozentrischen Bezugssystems für Südamerika (SIRGAS). -Zeitschrift für Vermessungswesen Heft 12, Stuttgart (Wittwer).

DREWES, H.; FÖRSTER, C.; REIGBER, C.(1992): Ein aktuelles plattenkinematisches Modell aus Laser- und VLBI-Auswertungen. -Zeitschrift für Vermessungswesen Heft 4, Stuttgart (Wittwer).

DUFF, M. (1998): Neue Welttheorien: von Strings zu Membranen. -Spektrum der Wissenschaft Heft 4, Heidelberg.

DUPLESSY, J-C. (2003): Klarheit über das Klima. -Spektrum der Wissenschaft Heft 4, Heidelberg.

DUSCHL, W. (2003): Das Zentrum der Milchstraße. -Spektrum der Wissenschaft Heft 4, Heidelberg.

DÜTSCH, H. (1986): Die Geschichte der atmosphärischen Ozonforschung. -promet Heft 4, Deutscher Wetterdienst.

DE DUVE, C. (1996): Die Herkunft der komplexen Zellen. -Spektrum der Wissenschaft Heft 6, Heidelberg.

DVALI, G. (2004): Die geheimen Wege der Gravitation. -Spektrum der Wissenschaft Heft 7, Heidelberg.

EBINGHAUS et al. (2004) = EBINGHAUS, R., TEMME, C., EINAX, J. (2004): Verschmutzung der Pole mit Quecksilber. -Spektrum der Wissenschaft Heft 5, Heidelberg.

EDMOND/V.DAMM (1983) = EDMOND, J.M.; V.DAMM, K.: Heiße Quellen am Grund der Ozeane.-Spektrum der Wissenschaft, Schwerpunktheft "Ozeane und Kontinente" 1987, Heidelberg (Verlagsgesellschaft).

EHHALT, D.H. (1979): Der atmosphärische Kreislauf von Mthan. -Verhandlungen der Gesellschaft Deutscher Naturforscher und Ärzte; Berlin Heidelberg, New York (Springer).

EHHALT, D.H. (1990): Die Chemie des antarktischen Ozonlochs. -Opladen (Westdeutscher Verlag) mit einem weiteren Beitrag von FLOHN.

EHMERT, A. (1960): siehe BARTELS (1960).

EICKEN, H. (1991): Quantifizierung von Meereiseigenschaften: Automatische Bildanalyse von Dünnschnitten und Parametrisierung von Chlorophyll- und Salzgehaltsverteilungen. -Berichte zur Polarforschung Heft 82, Alfred-Wegener-Institut für Polar- und Meeresforschung, Bremerhaven (Diss. Universität Bremen).

EIGENWILLIG, N.; FISCHER, H. (1982): Determination and midthropospheric wind vectors by tracking pure water vapor structures in METEOSAT water vapor image sequences. -Bull.Amer.Meteor Soc. 63.

EISSFELLER, B. (2002): Das Europäische Satellitennavigationssystem GALILEO. -in Deutsche Geodätische Kommission, Jahresbericht 2001, München.

EK (1992) = Enquete-Kommission "Vorsorge zum Schutz der Erdatmosphäre" des Deutschen Bundestages: Der Schutz unserer Erdatmosphäre. -Bonn.

EK (1991) = Enquete-Kommission "Vorsorge zum Schutz der Erdatmosphäre" des Deutschen Bundestages: Schutz der Erde. -Teil 1 und Teil 2; Bonn, Karlsruhe (Economica Verlag, C.F.Müller).

EK (1990) = Enquete-Kommission "Vorsorge zum Schutz der Erdatmosphäre" des Deutschen Bundestages: Schutz der Tropenwälder. -Bonn, Karlsruhe (Economica Verlag C.F.Müller).

Emmermann, R. (2003) (Herausgeber): An den Fronten der Forschung: Kosmos, Erde, Leben. -Verhandlungen der Gesellschaft Deutscher Naturforscher und Ärzte (122. Versammlung, Halle).

ENGELHARDT, W. (2002): Orientierungshilfe dank Galileo. -Spektrum der Wissenschaft Heft 5, Heidelberg.

ENGELN, H. (2004): Bruder Affe, oder doch nur Vetter? -Spektrum der Wissenschaft Heft 7, Heidelberg.

ENGELN, H. (2002): Die ersten Zellen - echt oder vorgetäuscht? -Spektrum der Wissenschaft Heft 8, Heidelberg.

ENGELN, H. (2001): Bevor der Kosmos Gas gab. -Spektrum der Wissenschaft Heft 7, Heidelberg.

ENZ (1975): Kleine Enzyklopädie/Natur. -Leipzig (Bibliographisches Institut).

ENZ (1959): Kleine Enzyklopädie/Natur. -Leipzig (Enzyklopädie).

ERMEL, H. (1967): Der deutsche Beitrag zur Neuherstellung der General Bathymetric Chart of the Oceans (Gebco). -Kartographische Nachrichten Heft 3, Gütersloh (Bertelsmann).

ERWIN, D. (1996): Das größte Massensterben der Erdgeschichte. -Spektrum der Wissenschaft Heft 9, Heidelberg.

ERZINGER, J., HERZIG, P., VON STACKELBERG, U. (1991): Mit der "Nautile" zur Erzfabrik am Tiefseegrund. Untersuchungen zur ozeanischen Lagerstättenbildung. - Forschung, Mitteilung der DFG Heft 1, Weinheim (VCH).

ESA (o.J.): METEOSAT, the operational Programme.

ESA (1989): Programme Proposal for the First Polar Orbit Earth-Observation Mission using the Polar Platform. -Part 1+2. Issue: 28-08-89.

EUMESAT (1991): The European Organisation for Meteorological Satellites. - Darmstadt.

EUREF-Publication No., Jahr.

EuroGeographics = *European Geographic Information Infrastructure*. Mitgliedsorganisationen (teilweise nur mit Beobachterstatus): Nationale Vermessungsbehörden.

EuroSDR = *European Spatial Data Research*.

EUROSENSE (1998): Produktinformation über Laserscanning. -Wemmel, Belgien.

FABERT, O. (2004): Effiziente Wavelet Filterung mit hoher Zeit-Frequenz-Auflösung. -Deutsche Geodätische Kommission Reihe A, Heft 119, München.

FAHRBACH, E. (1999): Die Expedition ARKTIS XIV/2 des Forschungsschiffes"Polarstern" 1998. -Berichte zur Polarforschung Heft 326, Bremerhaven.

FAHRBACH, E., SCHAUER, U., SELLMANN, L. (1989): Der Einfluß des Ostgrönlandstromes auf die Tiefenwasserbildung. -in Zweijahrebericht 1988/89 des Alfred-Wegener-Instituts für Polar- und Meeresforschung, Bremerhaven.

FALKOWSKI, P. (2003): Der unsichtbare Wald im Meer. -Spektrum der Wissenschaft Heft Juni, Heidelberg.

FARMAN et al. (1985) = FARMAN, J., GARDINER, B., SHANKLIN, J. (1985): Large losses of total ozone in Antarctica reveals seasonal ClO_x / NO_x interaction. -Nature S. 207.

FARRELL, W. E., CLARK, J. A. (1976): On Postglacial Sea Level. -Geoph. Journ. Roy. Astr. Soc. No. 46, Seite 647, London.

FAUSER, A. (1967): Kulturgeschichte des Globus. -(Vollmer Verlag).

FAZ = Frankfurter Allgemeine Zeitung.

FELS, E. (1969): Die Umgestaltung der Erde durch den Menschen. -Paderborn.

FELTENS, J. (1991): Nicht-gravitative Störeinflüsse bei der Modellierung von GPS-Erdumlaufbahnen. -Deutsche Geodätische Kommission Reihe C, Heft 371, München (Diss. TH Darmstadt).

FENGLER et al. (2004) = FENGLER, M., FREEDEN, W., GUTTING, M. (2004): Darstellung des Gravitationsfeldes und seiner Funktionale mit sphärischen Multiskalentechniken. -Zeitschrift für Geodäsie, Geoinformation und Landmanagement (ZfV) Heft 5. Augsburg (Wißner).

FIEG, K. (1996): Der Ozean als Teil des gekoppelten Klimasystems: Versuch der Rekonstruktion der glazialen Zirkulation mit verschiedenen komplexen Atmosphärenkomponenten. -Berichte zur Polarforschung Heft 206, Alfred-Wegener-Institut für Polar- und Meeresforschung Bremerhaven (Diss. Universität Bremen).

FISCHER, J. (1932): Claudius Ptolemäus - Geographia Codex Urbinas graecus 82, Leipzig (4 Bände).

FISCHER (1991): Fischer Weltalmanach 1992. -Frankfurt a.M.

FISHMAN, G.J., HARTMANN, D.H. (1997): Gammastrahlungs-Ausbrüche: Explosionen im fernen Kosmos. -Spektrum der Wissenschaft Heft 9, Heidelberg.

FITZNAR, H. (1999): D-Aminosäuren als Tracer für biochemische Prozesse im Fluß-Schelf-Ozean-System der Arktis. -Berichte zur Polarforschung Heft 334, Bremerhaven (Diss. Universität Bremen).

FLOHN, H. (1990): Treibhauseffekt der Atmosphäre. -Opladen (Westdeutscher Verlag) mit einem weiteren Beitrag von EHHALT.

FLOHN, H. (1979): Eiszeit oder Warmzeit?. -Verhandlungen der Gesellschaft Deutscher Naturforscher und Ärzte; Berlin, Heidelberg, New York (Springer).

FLÜGEL, H. (1980): Alfred Wegeners vertraulicher Bericht über die Grönland-Expedition 1929. -Publikationen aus dem Archiv der Universität Graz Band 10, Graz.

FOCHLER-HAUKE, G. (1959): Allgemeine Geographie. -Frankfurt a.M. (Fischer).

FÖLDES-PAPP, K. (1984): Vom Felsbild zum Alphabet. Die Geschichte der Schrift von ihren frühesten Vorstufen bis zur modernen lateinischen Schreibschrift. -Stuttgart (Belser).

FORD/ROMAN (2000) = FORD, L., ROMAN T. (2000): Wurmlöcher und Überlicht-Antriebe. -Spektrum der Wissenschaft Heft 3, Heidelberg.

FRANKE, D. (1985): Silur. -in HOHL et al. (1985).

FRAUENBERGER , O. (1997): Abbildende Fourierspektrometer - Möglichkeiten und Tendenzen. - Publikation der Deutschen Gesellschaft für Photogrammetrie und Fernerkundung Band 5.

FREDERICH, M. (1999): Ökophysiologische Ursachen der limitierten geographischen Verbreitung reptanter decapoder Krebse in der Antarktis. -Berichte zur Polarforschung Heft 335, Bremerhaven (Diss. Universität Bremen).

FREDERICKSON/ONSTOTT (1996) = Frederickson, J.; Onstott, T. (1996): Leben im Tiefengestein. -Spektrum der Wissenschaft Heft 12, Heidelberg.

FREESE, D. (1999): Solare und terrestrische Strahlungswechselwirkung zwischen arktischen Eisflächen und Wolken. -Berichte zur Polarforschung Heft 312, Bremerhaven (Diss. Universität Bremen).

FREITAG, U. (2004): Mapping the Global Village - Rahmenbedingungen der modernen Kartographie. -Kartographische Nachrichten Heft 3, Bonn.

FREIWALD, A. (2003): Korallengärten in kalten Tiefen. -Spektrum der Wissenschaft Heft 2, Heidelberg.

FRITSCHE, O. (1997): Nobelpreis für Chemie - Herstellung und Nutzung von ATP. - Spektrum der Wissenschaft Heft 12, Heidelberg.

FRITSCHE, O. (1996): ATP-Synthase - und sie dreht sich doch. -Spektrum der Wissenschaft Heft 9, Heidelberg.

FUCHS, K. (1987): Tiefbohrungen in die Erdkruste als direkter Vorstoß in die physikalische Grenzschicht der festen Erde. -Verhandlungen der Gesellschaft Deutscher Naturforscher und Ärzte, Stuttgart (Wissenschaftliche Verlagsgesellschaft).

FUCHS, K.; ALTHERR, R.; STRECKER, M. (1990): Spannung und Spannungsumwandlung in der Lithosphäre. -in DFG/18 (1990).

FUCHS, K. (2000): Synopse Sonderforschungsbereich 108 Spannung und Spannungsumwandlung in der Lithosphäre. -in DFG/24 (2000).

FÜTTERER, D. (1988): Marine polare Geowissenschaften. -Zeitschrift Geographische Rundschau Heft 3, Braunschweig (Westermann).

FÜTTERER, D. (1990): Zur Geschichte des antarktischen Kontinentalrandes. -in AWI (1990).

G (1986) = Guinnes Buch der Rekorde 1987. -Berlin (Ullstein).

GAIDA, M. (2000): 29. Februar 2000, die Entstehung des Schalttages aus astronomischer Sicht. -DLR Nachrichten Heft 96, Köln.

GARBRECHT, T. (2002): Impuls- und Wärmeaustausch zwischen der Atmosphäre und dem eisbedeckten Ozean. -Berichte zur Polar- und Meeresforschung Heft 410, Bremerhaven (Diss. Universität Bremen).

GATTI et al. (2001) = GATTI, S., BREY, T., ABELE, D., PÖRTNER, H-O. (2001): Älter als Methusalem: Leben am Meeresboden der Antarktis. -in AWI (2000/2001).

GAMOW, G. (1961): Das Herz auf der anderen Seite. -Physikalische Blätter Heft 4, Mosbach (Physik Verlag).

GANSSEN, R. (1965): Grundsätze der Bodenbildung. -Mannheim (Bibliographisches Institut).

GANSSEN/HÄDRICH (1965) = GANSSEN, R., HÄDRICH, F. (1965): Atlas zur Bodenkunde. -Mannheim (Bibliographisches Institut).

GASSE, H. (1928): Einführung in das philosophische Denken. -in: Die neue Volkshochschule Band 1, Leipzig (Weimann).

GDNÄ = Gesellschaft Deutscher Naturforscher und Ärzte.

GDNÄ (2003): An den Fronten der Forschung: Kosmos-Erde-Leben. -Stuttgart, Leipzig (Hirzel).

GDNÄ (2001): Unter jedem Stein liegt ein Diamant. Struktur-Dynamik-Evolution. - Stuttgart, Leipzig (Hirzel).

GDNÄ (1999): Gene, Neurone, Qubits und Co. Unsere Welten der Information. - Stuttgart, Leipzig (Hirzel).

GEHRELS et al. (2003) = GEHRELS, N., PIRO, L., LEONARD, P. (2003): Die stärksten Explosionen im Universum. -Spektrum der Wissenschaft Heft 3, Heidelberg.

GELLERT, W., GÄRTNER, R., KÜSTNER, H., SEIDEL, W., SENGLAUB. K. (1975): Natur, Kleine Enzyklopädie. -Leipzig (Bibliographisches Institut).

GENDT, G., DICK, G., REIGBER, C. (1995): Das IGS-Analysezentrum am GFZ Potsdam: Verarbeitungssystem und Ergebnisse. -Zeitschrift für Vermessungswesen Heft 9, Stuttgart (Wittwer).

GENZ (2000): in Sp (2000) H.8, S.106.

GENZEL, R. (1999): Ein massives Schwarzes Loch im Zentrum unserer Milchstraße? -in Unsere Welten der Information (Gesellschaft Deutscher Naturforscher und Ärzte), Stuttgart (Hirtzel).

GERLACH, C. (2003): Zur Höhenumstellung und Geoidberechnung in Bayern. - Deutsche Geodätische Kommission Reihe C, Heft 571, München (Diss. Technische Universität München).

GERMANN, K. ; WARNECKE, G. ; HUCH, M. (1988): Die Erde. -Berlin, Heidelberg, New York, London, Paris, Tokyo (Springer).

GERZER, R. (1999): Leben mit und ohne Schwerkraft. -DLR-Nachrichten Heft 94.
Geo (1993): Auf und Ab eines Gipfels. -Zeitschrift GEO Heft 8, Seite 153, Hamburg (Gruner und Jahr).

GEORGE, K. (1999): Gemeinschaftsanalytische Untersuchungen der Harpacticoidenfauna der Maggellanregion, sowie erste similaritätsanalytische Vergleiche mit Aossoziationen aus der Antarktis. -Berichte zur Polarforschung Heft 327, Bremerhaven

(Diss. Universität Oldenburg).

GEOWISSENSCHAFTEN (1993): Neue Höhe für den Mount Everest. -Zeitschrift Die Geowissenschaften Heft 9, Seite 327 (Ernst und Sohn).

GEYH, M. (2005): ^{14}C dating - still a challenge for users? -Zeitschrift Geomorphologie, Suppl.-Vol 139, P. 63-86, Berlin, Stuttgart (Gebrüder Borntraeger).

GHM (1968) = Großes Handbuch der Mathematik. -Buch und Zeit Verlagsgesellschaft Köln.

GIANNIOU, M. (1996): Genauigkeitssteigerung bei kurzzeit-statischen und kinematischen Satellitenmessungen bis hin zur Echtzeitanwendung. -Deutsche Geodätische Kommission, Reihe C Heft 458, München (Diss. TH Darmstadt).

Gibbs, W. (2005): Rechnen mit Lichtgeschwindigkeit. -Spektrum der Wissenschaft Heft 3, Heidelberg.

GIBBS, W. (2002): Gibt es ein unsichtbares Artensterben? -Spektrum der Wissenschaft Heft 1, Heidelberg.

GIERLOFF-EMDEN, H.G. (2001): Radaraltimetrie von Satelliten zur Erkundung des Reliefs des Meeresbodens. -Mitteilungen der Österreichischen Geographischen Gesellschaft Band 143, Wien.

GIERLOFF-EMDEN, H.G. (1999): Radar-Altimetrie von Satelliten zur Erforschung des Reliefs des Meeresbodens. -Münchener Geographische Abhandlungen Reihe A Band A 50, München.

GIERLOFF-EMDEN, H.G. (1996): Radar-Altimetrie vom Satelliten ERS-1 - eine Innovation für die Erkundung des Reliefs des Meeresbodens. -Petermanns Geographische Mitteilungen Heft 5+6, Gotha.

GIERLOFF-EMDEN, H.G. (1993): Nutzung der Radar-Altimetrie von Satelliten für die Mega-Geomorphologie der Ozeane. -Münchener Geographische Abhandlungen Reihe B Band B 13, München.

GIERLOFF-EMDEN, H.G. (1982): Das Eis des Meeres. -Berlin, New York (de Gruyter).

GIERLOFF-EMDEN, H.G. (1959): Der Humboldtstrom und die pazifischen Landschaften seines Wirkungsbereichs. -Petermanns Geographische Mitteilungen 1, Gotha

(Haack).

GIESE, B. (2000): Schädigung und Reparartur der DNA. -siehe GDNÄ (2000).

GIESE, C., BRÜMMER, F., SIEGEL, V., SONNTAG, R., XYLANDER, W. (1996): Meeresbiologie. -Stuttgart (Naglschmid).

GIESE, P. (1987): Einführung in das Schwerpunktheft "Ozeane und Kontinente". -Spektrum der Wissenschaft, Heidelberg (Verlagsgesellschaft).

GV (1984) = Glöss Verlag (1984): Die Erde im All. -Hamburg.

GLAßMEIER, K-H. (2003): Planetare Magnetfelder - Forschung ohne Ende. -in EMMERMANN (2003).

GÖKTAS, F. (2002): Characterisation of glacio-chemical and glacio-metrological parameters of Amundsenisen, Dronning Maud Land, Antarctica. -Berichte zur Polar- und Meeresforschung Heft 425, Bremerhaven (Diss. Universität Bremen).

GÖKTAS, F. (1999): Ergebnisse der Untersuchung des grönländischen Inlandeises mit dem elektromagnetischen Reflexionsverfahren in der Umgebung von NGRIP. - Berichte zur Polarforschung Heft 336, Bremerhaven (Diplomarbeit Universität München).

GONZALEZ, F. (1999): Tsunami. -Spektrum der Wissenschaft Heft 7, Heidelberg.

GOSSMAN, H. (1991): Infrarot - Thermometrie der Erdoberfläche. -promet Heft 1/2, Deutscher Wetterdienst.

GOULD, S.J. (1990): Die Entdeckung der Tiefenzeit. Zeitpfeil oder Zeitzyklus in der Geschichte unserer Erde. -München (Hanser,dtv).

GRAßL, H. (1995): Klimaänderung durch die Menschheit - aus dem neuen Sachstandsbericht des IPCC für die Vertragskonferenzen zur Klimakonvention. -Global Change Prisma, Bremerhaven.

GREGORY, K.J. et al. (1991): Lebensraum Erde. -Amsterdam (Time Life).

GRENZDÖRFFER, G. (2002): Konzeption, Entwicklung und Erprobung eines digitalen integrierten flugzeuggetragenen Fernerkundungssystems für Precision Farming (PFIFF). -Deutsche Geodätische Kommission Reihe C, Heft 552 (Diss. Universität Rostock).

GROBE, H. (1986): Spätpleistozäne Sedimentationsprozesse am antarktischen Kontinentalhang vor Kapp Norvegia, östliche Weddell See. -Berichte zur Polarforschung Heft 27, Alfred-Wegener-Institut für Polar- und Meeresforschung, Bremerhaven.

GRONENBORN, D. (2005): Freundliche Übernahme. Als Bauern Mitteleuropa besiedelten, verschwanden die Jäger und Sammler wohl weitaus langsamer als bisher angenommen. -Spektrum der Wissenschaft Heft 2, Heidelberg.

GROß, M. (2005): Der Ring des Lebens schließ sich. -Spektrum der Wissenschaft Heft 1, Heidelberg.

GROß, M. (2004): Minimalisten der Meere. -Spektrum der Wissenschaft Heft 2, Heidelberg.

GROß, M. (1996): Leben in tiefen Gesteinsschichten - unabhängig von der Sonne. -Spektrum der Wissenschaft Heft 4, Heidelberg.

GROß, M. (1995): Nobelpreis für Chemie - Mechanismen des Ozonschwunds in der Stratosphäre. -Spektrum der Wissenschaft Heft 12, Heidelberg.

GROSSMANN, W. (1949): Geodätische Rechnungen und Abbildungen in der Landesvermessung. -Hannover (Wiss.Verlagsanstalt), Wolfenbüttel (Wolfenbütteler Verlagsanstalt).

GROTEN, E. (2000): Die Fundamentalkonstanten in der Geodäsie. -Zeitschrift für Vermessungswesen Heft 1, Stuttgart (Wittwer).

GROTEN, E.; BECKER, M.; SAUERMANN, K. (1992): GPS-Information. -Allgemeine Vermessungs-Nachrichten Heft 4, Karlsruhe (Wichmann).

GROTEN, E.; BECKER, M.; SAUERMANN, K. (1994): GPS-Information. -Allgemeine Vermessungs-Nachrichten Heft 7, Heidelberg (Wichmann).

GROTEN, E., MATHES, A., BECKER, M., SAUERMANN, K. (1995): GPS-Information. -Allgemeine Vermessungs-Nachrichten Heft 5, Heidelberg (Wichmann).

GROTEN, E., MATHES, A., BECKER, M., SAUERMANN, K. (1995): GPS-Information. -Allgemeine Vermessungs-Nachrichten Heft 7, Heidelberg (Wichmann).

GROTEN, E., MATHES, A., BECKER, M., SAUERMANN, K. (1996): GPS-Information. -Allgemeine Vermessungs-Nachrichten Heft 1, Heidelberg (Wichmann).

GROTEN, E., MATHES, A., BECKER, M., SAUERMANN, K. (1996): GPS-Information. - Allgemeine Vermessungs-Nachrichten Heft 7, Heidelberg (Wichmann).

GROTEN, E., MATHES, A., BECKER, M., SAUERMANN, K. (1997). GNSS-Information. -Allgemeine Vermessungs-Nachrichten Heft 10, Heidelberg (Wichmann).

GRÜMM, H. (1973): Die Energieversorgung der Menschheit. -Verhandlungen der Gesellschaft Deutscher Naturforscher und Ärzte; Berlin, Heidelberg, New York (Springer).

GRÜNIG, S. (1991): Quartäre Sedimentationsprozesse am Kontinentalhang des Süd-Orkney-Plateaus im nordwestlichen Weddellmeer (Antarktis). -Berichte zur Polarforschung Heft 75, Alfred-Wegener-Institut für Polar- und Meeresforschung, Bremerhaven (Diss. Universität Bremen).

GRUSCHKE, A. (1991): Neulanderschließung in den Trockengebieten der Volksrepublik China. -Geographische Rundschau, Braunschweig (Westermann).

GST (1989): Satelliten-Fernerkundung für das Verkehrswesen. -Gesellschaft für Systemtechnik, Essen.

GUBLER et al. (1999) = GUBLER, E., AGRIA, J., HORNIK, H. (1999): International Association of Geodesy... -Veröffentlichung der Bayerischen Kommission für die internationale Erdmessung, Astronomisch-Geodätischen Arbeiten Heft 60, München.

GUBLER et al. (1992) = GUBLER, E., POODER, K., HORNIK, H. (1992): Report on the Symposium of the IAG Subcommission for the European Reference Frame (EUREF) held in Florence 28-31 May 1990; Report on the Working Session of the IAG Subcommission for the European Reference Frame (EUREF) held in Vienna 14 and 16 August 1991; Report on the Symposium of the IAG Subcommission for the European Reference Frame (EUREF) held in Berne 4-6 March 1992. -Veröffentlichung der Bayerischen Kommission für die Internationale Erdmessung der Bayerischen Akaemie der Wissenschaften, Astronomisch-Geodätische Arbeiten Heft 52, München (Beck).

GUBLER, E., HORNIK, H. (1994a): Symposium der IAG-Subkommission für den European Reference Frame (EUREF), Warschau, 8.-11.Juni 1994 -Zeitschrift für Vermessungswesen Heft 9, Stuttgart (Wittwer).

GUBLER, E., HORNIK, H. (1994b): Report on the Symposium of the IAG Subcommission for the European Refence Frame (EUREF) held in Warsaw 8-11 June 1994, Report of the EUREF Technical Working Group -Veröffentlichung der Bayerischen

Kommission für die Internationale Erdmessung der Bayerischen Akademie der Wissenschaften, Astronomisch-Geodätische Arbeiten Heft 54, München (Beck).

G (1986) = GUINNES/ULLSTEIN (1986): Buch der Rekorde 1987. -Berlin (Ullstein).

GUNTAU (1985): siehe HOHL et al. (1985).

GURNEY et al. (1993): Atlas of satellite observations related to global change. Herausgeber R. J. GURNEY, J. L. FOSTER, C. L. PARKINSON -Cambridge University Press.

GURNIS, M. (2001): Die verbeulte Erde. -Spektrum der Wissenschaft Heft 5, Heidelberg.

HAALCK, H. (1954): Physik des Erdinnern. -Leipzig (Akademische Verlagsgesellschaft Geest+Portig).

HASS, C. (2002): in AWI (2002).

HAAS, C. (2001): Meereis oder weniger Eis? -in AWI (2000/2001).

HAAS, C. (1997): Bestimmung der Meereisdicke mit seismischen und elektromagnetisch-induktiven Verfahren. -Berichte zur Polarforschung Heft 223, Alfred-Wegener-Institut für Polar- und Meeresforschung, Bremerhaven. (Diss. Universität Bremen).

HAAS, R. (1996): Untersuchungen zu Erddeformationsmodellen für die Auswertung von geodätischen VLBI-Messungen. -Deutsche Geodätische Kommission Reihe C, Heft 466, Frankfurt a.M. (Diss. Universität Bonn).

HABRICH, H. (2000): Geodetic Applications of the Global Navigation Satellite System (GLONASS) and GLONASS/GPS Combinations. -Mitteilungen des Bundesamtes für Kartographie und Geodäsie Band 15, Frankfurt am Main (Diss. Universität Bern).

HABRICH/HERZBERGER (1998) = HABRICH, H., HERZBERGER, K. (1998): GPS-Datenzentrum für Europa. -Mitteilungen des Bundesamtes für Kartographie und Geodäsie Band 1, Frankfurt am Main.

HACHTEL, W. (1997): Evolution der Plastiden - die Geschichte einer genetischen Versklavung. -Spektrum der Wissenschaft Heft 1, Heidelberg.

HÄGERMANN, D. (2000): Karl der Große. -München (Propyläen).

HANSSEN, H. (1997): Das Mesozooplankton im Laptevmeer und östlichen Nansen-Becken - Verteilung und Gemeinschaftsstrukturen im Spätsommer. -Berichte zur Polarforschung Heft 229, Bremerhaven. (Diss. Universität Kiel).

HAMMER, E. (1891): Zur Abbildung des Erdellipsoids. -Zeitschrift für Vermessungswesen S.609...

HARD, G. (1973): Die Geographie. Eine wissenschaftstheoretische Einführung. -Berlin, New York (de Gruyter).

HARDER, M. (1996): Dynamik, Rauhigkeit und Alter des Meereises in der Arktis - Numerische Untersuchungen mit einem großskaligen Modell. -Berichte zur Polarforschung Heft 203, Alfred-Wegener-Institut für Polar und Meeresforschung, Bremerhaven. (Diss. Universität Bremen).

HARRISON et al. (1993) = HARRISON, E. F.; MINNIS, P.; BARKSTROM, B. R.; GIBSON, G. G.(1993): Radiation budget at the top of the atmosphere. -in GURNEY et al. (1993).

HASE, H. (2000): Theorie und Praxis globaler Bezugssysteme. -Mitteilungen des Bundesamtes für Kartographie und Geodäsie Band 13, Frankfurt am Main (Diss. Techn Universiät München).

HASE, H., NOTTARP, K., REINHOLD, A. (1994): Die antarktische ERS/VLBI Station O'Higgins. -Allgemeine Vermessungs-Nachrichten Heft 4, Heidelberg (Wichmann).

HASEMANN/PREMKE (2002) = HASEMANN, C., PREMKE, K. (2002): in AWI (2002).

HASINGER, G. (2003): Das Schicksal des Universums. -in EMMERMANN (2003).

HASINGER/GILLI (2002) = HASINGER, G., GILLI, R. (2002): Alles Licht der Welt. - Spektrum der Wissenschaft Heft 5, Heidelberg.

HASTINGS, D.; MATSON, M.; HORVITZ, A.H. (1988): AVHRR. -Photogrammetric Engineering and Remote Sensing.

HAUG, G. (2002) = Mitteilung in Spektrum der Wissenschaft Heft 2, S.103.

HECHT et al. (1999) = HECHT, H., BERKING, B., BÜTTGENBACH, G., JONAS, M. (1999): Die Elektronische Seekarte. -Heidelberg (Hüthig).

HEIDBACH, O. (2000): Der Mittelmeeerraum. Numerische Modellierung der Lithosphärendynamik im Vergleich mit Ergebnissen aus der Satellitengeodäsie. -Deutsche Geodätische Kommission Reihe C, Heft 525, München.

HEINRICH/HERGT (1991) = HEINRICH, D.; HERGT, M. (1991): dtv-Atlas zur Ökologie. -2. Auflage, München (dtv).

HEINZE, O. (1996): Aufbau eines operablen inertialen Vermessungssystems zur Online-Verarbeitung in der Geodäsie auf Basis eines kommerziellen Strapdown Inertialssystems. -Deutsche Geodätische Kommission Reihe C, Heft 459, München (Diss. TH Darmstadt).

HEREDOT: Neun Bücher der Geschichte. -Nach einer Übersetzung von Heinrich Stein, bearbeitet und ergänzt von Wolfgang Stammler (1984), Essen (Phaidon).

HERZSCHUH/MISCHKE (2002) = HERZSCHUH, U., MISCHKE, S. (2002): Eisige Bohrung in Tibets Klima-Archiv. -Spektrum der Wissenschaft Heft 9, Heidelberg.

HEISENBERG, W. (1958): Physikalische Prinzipien der Quantentheorie. -Mannheim (Bibliographisches Institut).

HEISENBERG, W. (1948): Wandlungen in den Grundlagen der Naturwissenschaft. -Stuttgart (Hirzel).

HEITZ, S. (1976): Mathematische Modelle der geodätischen Astronomie. -Deutsche Geodätische Kommission Reihe A, Heft 85, München.

HEKINIAN, R. (1984): Vulkane am Meeresgrund. -Spektrum der Wissenschaft, Schwerpunktheft "Vulkanismus" 1988, Heidelberg (Verlagsgesellschaft).

HELLEBRAND, H. (2005): Beantwortung eines Leserbriefes in Spektrum der Wissenschaft Heft 2, Heidelberg.

HELLMANN, H. (1990): Abhängigkeiten elastischer und rheologischer Eigenschaften des Meereises vom Eisgefüge. -Berichte zur Polarforschung Heft 69, Alfred-Wegener-Institut für Polar- und Meeresforschung, Bremerhaven. (Diss. Universität Bremen).

HELLMER, H. (1989): Ein zweidimensionales Modell zur thermohalinen Zirkulation unter dem Schelfeis. -Berichte zur Polarforschung Heft 60, Alfred-Wegener-Institut für Polar- und Meeresforschung, Bremerhaven (Diss. Universität Hamburg).

HELMS, J. (1985): Die Entstehung des Lebens auf der Erde. -in HOHL et al. (1985).
HEMMERS, Rosa (1990): Einsatz regenerativer Energien zur Infrastrukturverbesserung in Entwicklungsländern. -Geographische Rundschau Heft 10, Braunschweig (Westermann).

HEMPEL, G. (1987): Die Polarmeere - ein biologischer Vergleich. -Polarforschung Heft 3, Organ der Deutschen Gesellschaft für Polarforschung, Bremerhaven.

HEMPEL, L. (1974): Einführung in die Physiogeographie, Pflanzengeographie. -5 Bände, Wiesbaden (Steiner).

HENNECKE, H. (1994): Stickstoffixierung für die Nahrungsmittelgewinnung. -Verhandlungen der Gesellschaft Deutscher Naturforscher und Ärzte, Stuttgart. (Wissenschaftliche Verlagsgesellschaft).

HENNIG, W. (1982): Phylogenetische Systematik. -Berlin, Hamburg (Parey).

HERRMANN, J. (1985): dtv-Atlas zur Astronomie. -München (Deutscher Taschenbuch Verlag).

HERZOG et al. (2000) = HERZOG, H., ELIASSON, B., KAARSTAD, O. (2000): Die Entsorgung von Treibhausgasen, Spektrum der Wissenschaft Heft 5, Heidelberg.

HEYBROCK W. (1957): Gletscherrückgang und Erhöhung des Meeresspiegels. -Petermanns Geographische Mitteilungen Heft 3, Gotha (Haack).

HILLENBRAND, C. (2000): Glazialmarine Sedimentationsentwicklung am westantarktischen Kontinentalrand im Amundsen- und Bellingshausenmeer - Hinweise auf Paläoumweltveränderungen während der quartären Klimazyklen. -Berichte zur Polarforschung Heft 346, Bremerhaven (Diss. Universität Bremen).

HILLINGER, C. (2002): Klimaveränderungen auf der Spur. -Innovation Heft 11, Carl Zeiss, Oberkochen.

HIRSCH, M. (1996): Analyse und Numerik überbestimmter Randwertprobleme in der Physikalischen Geodäsie. -Deutsche Geodätische Kommission Reihe C, Heft 453, München (Diss. Universität Stuttgart).

HODDER, I. (2004): Catal Hüyük - Stadt der Frauen? -Spektrum der Wissenschaft Heft 9, Heidelberg.

HOFMANN, J. (2000): Saisonalität und kurzperiodische Variablität des Seesalz-Aerosols und des bodennahen Ozons in der Antarktis (Neumayer-Station) unter Berücksichtigung der Meereisbedeckung. -Berichte zur Polarforschung Heft 376, Bremerhaven (Diss. Universität Bremen).

HOFMANN, A. (1999): Kurzfristige Klimaschwankungen im Scotiameer und Ergebnisse zur Kalbungsgeschichte der Antarktis während der letzten 200 000 Jahre. - Berichte zur Polarforschung Heft 345, Bremerhaven (Diss. Universität Bremen).

HOFMANN et al. (1989) = HOFMANN, D., DESHLER, T., AIMEDIEU, P., MATTHEWS, W., JOHNSTON, P., KONDO, Y., SHELDON, W., BYRNE, G., BENBROOK, J. (1989): Stratospheric clouds and ozone depletion in the Arctic during January 1989. -Nature S. 117.

HOFMANN-WELLENHOF, B., LICHTENEGGER, H., COLLINS, J. (1994): Global Positioning System - Theory and Practice. -3rd edition, Wien, New York (Springer).

HOGAN, C. (2002): Auf der Suche nach dem Quanten-Ursprung der Zeit. -Spektrum der Wissenschaft Heft 12, Heidelberg.

HOGAN et al. (1999) = HOGAN, C., KIRSHNER, R., SUNTZEFF, N. (1999): Die Vermessung der Raumzeit mit Supernovae. -Spektrum der Wissenschaft Heft 3, Heidelberg.

HOHL et al. (1985): Die Entwicklungsgeschichte der Erde. -Herausgegeben von R. Hohl, Hanau/Main (Dausien).

HOHL, R. (1985a): Geotektonische Hypothesen. -in HOHL et al. (1985).

HOHL/V.BÜLOW (1985) = HOHL, R.; V.BÜLOW, K.: Die Verpflechtung von Erd- und Lebensgeschichte. -in HOHL et al. (1985).

HÖLDER, H. (1989): Kurze Geschichte der Geologie und Paläontologie. -Berlin, Heidelberg, New York, London, Paris,Tokyo (Springer).

HOLTEDAHL, O. (1929): On the geology and physiography of some antarctic and subantarctic islands. With notes on the character and origin of fjords and strandflats of some northern lands. -Scientific results of the Norwegian Antarctic Expedition 1927/28 and 1928/29, Nr. 3, Det Norske Vidensk. Akad. in Oslo.

HORNER, R. (1985): Sea ice biota. -CRS press, Boca Raton/Florida..

HORNER, R., SCHRADER, G. (1982): Relative contributions of the ice algae, phytoplankton, and benthic microalgae to primary production in nearshore regions of the Beaufort Sea. -Arctic 35, p. 485...

HORNIK, H. (1994a): siehe GUBLER, E. (1994a).

HORNIK, H. (1994b): siehe GUBLER, E. (1994b).

HOTH, K. (1985): Präkambrium. -in HOHL et al. (1985).

HOUGTHON/WOODWELL (1989) = HOUGTHON, R., WOODWELL, G. (1989): Globale Veränderung des Klimas. -Spektrum der Wissenschaft, Sonderdruck 2, Heidelberg.

V.HOYNINGEN-HUENE, E. (1985): Perm. -in HOHL et al. (1985).

HUBOLD, G. (1992): Zur Ökologie der Fische im Weddellmeer. -Berichte zur Polarforschung Heft 103, Alfred-Wegener-Institut für Polar- und Meeresforschung, Bremerhaven (Habilitationsschrift Universität Kiel).

HUG, C. (1996): Entwicklung und Erprobung eines abbildenden Laseraltimeters für den Flugeinsatz unter Verwendung des Mehrfrequenz-Phasenvergleichsverfahrens. -Deutsche Geodätische Kommission Reihe C, Heft 457, München. (Diss. Universität Stuttgart).

HUPFER et al. (1991): Das Klimasystem der Erde. -Herausgegeben von P. HUPFER, Berlin (Akademie Verlag).

HUYBRECHTS, P. (1992): The Antarctic ice sheet and environmental change: athree-dimensional modelling study. -Berichte zur Polarforschung Heft 99, Alfred-Wegener-Institut für Polar- und Meeresforschung, Bremerhaven (Diss. Freie Universität Brüssel).

IHDE et al. (1998) = IHDE, J., SCHLÜTER, W., ADAM, J., GURTNER, W., HARSSON, B., WÖPPELMANN, G. (1998): Konzept und Status des European Vertical Reference Network (EUVN). -Bundesamt für Kartographie und Geodäsie Band 1, Frankfurt am Main.

ILK, K-H. (1997) (Herausgeber): Satellitengeodäsie und Langbasis-Interferometrie auf der Fundamentalstation Wettzell. -Deutsche Geodätische Kommission Reihe B, Heft 305, Frankfurt a.M.

ILLNER, M., JÄGER, R. (1995): Integration von GPS-Höhen ins Landesnetz - Konzept und Realisierung im Programmsystem HEIDI. -Allgemeine Vermessungs-Nachrichten Heft 1, Heidelberg (Wichmann).

INGOLD, G-L. (2003): Quantentheorie, Grundlagen der modernen Physik. -München (Beck).

Internationaler Atlas (1991). KÜMMERLY+FREY, RAND MC NALLY, WESTERMANN.
JACHMANN, W. (1992): GPS. Eine Einführung. -Allgemeine Vermessungs-Nachrichten Heft 4, Karlsruhe (Wichmann).

JACOBY, P: (2001): Mit transgenen Pflanzen Schwermetallen auf der Spur. -Spektrum der Wissenschaft Heft 10, Heidelberg.

JAENICKE et al. (1987): Atmosphärische Spurenstoffe, Ergebnisse aus dem gleichnamigen Sonderforschungsbereich. -Herausgegeben von R. JAENICKE, Weinheim (VCH).

JAKOWSKI, N. (2004): Satellitensignale im Kreuzfeuer des Weltraumwetters. -Ignition Heft September, DLR.

JÄNICH, K. (1999): Topologie. -Berlin (Springer).

JANNASCH, H. (1987): Leben in der Tiefsee. Neue Forschungsergebnisse. -in Verhandlungen der Gesellschaft Deutscher Naturforscher und Ärzte München 1986, Stuttgart (Wissenschaftliche Verlagsgesellschaft).

JAUK, G. (2003): Gletscherschwund im Himalaya. -Spektrum der Wissenschaft Heft 8, Heidelberg.

JOHNSEN, K-P. (1998): Radiometrische Messungen im arktischen Ozean - Vergleich von Theorie und Experiment. -Berichte zur Polarforschung Heft 297, Alfred-Wegener-Institut für Polar- und Meeresforschung, Bremerhaven (Diss. Universität Bremen).

JOHNSON, N. (1999): Schrott im Orbit - Gefahr für die Raumfahrt. -Spektrum der Wissenschaft Heft 1, Heidelberg.

JORDAN, E. (1991): Die Mangrove Ecuadors. -Geographische Rundschau Heft 11. Braunschweig (Westermann).

JORDAN, T.H. (1979): Die Tiefenstruktur der Kontinente. -Spektrum der Wissenschaft, Schwerpunktheft "Ozeane und Kontinente" 1987, Heidelberg (Verlagsgesellschaft).

JUNG, K. (1960): siehe BARTELS (1960).

JUNGE, C. (1981): Die Entwicklung der Erdatmosphäre. -Verhandlungen der Gesellschaft Deutscher Naturforscher und Ärzte; Berlin, Heidelberg, New York (Springer).

KAISER, E. (1954): Ideen zu einer Biogeographie der Sahara. -Petermanns Geographische Mitteilungen 2, Gotha (Haack).

KANE, G. (2003): Neu Physik jenseits des Standardmodells. -Spektrum der Wissenschaft Heft 9, Heidelberg.

KANIUTH et al. (2001) = KANIUTH, K., DREWES, H., STUBER, K., TREMEL, H. (2001): Bestimmung rezenter Krustendeformationen im zentralen Mittelmeer mit GPS. - Zeitschrift für Vermessungswesen Heft 5, Stuttgart.

KAPPEN, L. (1988): In den Klimaoasen der antarktischen Kältewüste. Pflanzenleben unter extremen Bedingungen. -forschung, Mitteilungen der DFG Heft 2, Weinheim (VCH).

KÄRCHER, H. (2002): SOFIA. -Ignition, DLR.

KARSTEN, U. (1991): Ökophysiologische Untersuchungen zur Salinitäts- und Temperaturtoleranz antarktischer Grünalgen unter besonderer Berücksichtigung des β-Dimethylsulfoniumpropionat (DMSP)-Stoffwechsels. -Berichte zur Polarforschung Heft 79, Alfred-Wegener-Institut für Polar- und Meeresforschung, Bremerhaven (Diss. Universität Bremen).

KASTING, J. (2004): Als Mikroben das Klima steuerten. -Spektrum der Wissenschaft Heft 9, Heidelberg.

KASTING, J. (1998): Der Ursprung des Wassers auf der Erde. -Spektrum der Wissenschaft Spezialheft 1, Heidelberg.

KASSENS, H. (1997): Laptev Sea System: Expeditions in 1995. -Berichte zur Polarforschung Heft 248, Alfred-Wegener-Institut für Polar- und Meeresforschung, Bremerhaven.

KATTNER, G. (1988): Nährstoffdynamik in ozeanischen Fronten der Grönland-See. - in Alfred-Wegener-Institut für Polar- und Meeresforschung Bremerhaven: Zweijahresbericht 1986/87, siehe AWI (1988).

KAUFMANN/SULZER (1997) = Kaufmann, V., Sulzer, W. (1997): Über die Nutzungsmöglichkeiten hochauflösender Spionage-Satellitenbilder (1960-1972). -Österreichische Zeitschrift für Vermessung und Geoinformation Heft 3.

KAUTZLEBEN, H. (1979): Albert Einstein und die Theorie von Raum, Zeit und Gravitation. -Zeitschrift Vermessungstechnik Heft 3, Berlin (Verlag für Bauwesen).

KEITH/PARSON (2000) = KEITH, D., PARSON, E. (2000): Wirtschaftliche und politische Überlegungen zur Kohlendioxid-Endlagerung. -Spektrum der Wissenschaft Heft 5, Heidelberg.

KELLER, D. (1991): Aufbau eines geodätischen Strapdown Inertialsystems zur Punktbestimmung. -Deutsche Geodätische Kommission Reihe C, Heft 367, München (Diss. TH Darmstadt).

KELLETAT, D. (1990): Meeresspiegelanstieg und Küstengefährdung. -Geographische Rundschau Heft 12, Braunschweig (Westermann).

KELLETAT, D. (1989): Physische Geographie der Meere und Küsten. -Stuttgart (Teubner).

KEN (1975) = Kleine Enzyklopädie, Natur. Leipzig.

KEN (1959) = Kleine Enzyklopädie, Natur. Leipzig.

KERTSCHER, K. (2001): Carl Friedrich Gauß - Universalgenie und Vorbild. -Zeitschrift für Vermessungswesen Heft 3, Stuttgart.

KEYDEL, W. (1991): Radarverfahren zur Satelliten-Fernerkundung am Beispiel des ERS-1. -Die Geowissenschaften Heft 4-5, Weinheim (VCH).

KEYDEL, W. (1991): Microwave Sensors for Remote Sensing of Land and Sea Surfaces. -GeoJournal Vol.24, no.1; Dordrecht, Boston, London (Kluwer).

KING/HERRING (2000) = KING, M., HERRING, D. (2000): Diagnose aus dem All. - Spektrum der Wissenschaft Heft 8, Heidelberg.

KIPFSTUHL, J. (1991): Zur Entstehung von Unterwassereis und das Wachstum und die Energiebilanz des Meereises in der Atka Bucht, Antarktis. -Berichte zur Polarforschung Heft 85, Alfred-Wegener-Institut für Polar- und Meeresforschung, Bremerhaven (Diss. Universität Bremen).

KIRST, G.O. (1992): Die Phytoplankton-Klima-Beziehung am Beispiel der Algen im Meereis. -Geographische Rundschau Heft 9, Braunschweig (Westermann).

KIRSTEN, T. (1993): Neutrinos von der Sonne. -in Verhandlungen der Gesellschaft

Deutscher Naturforscher und Ärzte Aachen 1992, Stuttgart (Wiss. Verlagsgesellsch.).

KISSEL/KRÜGER (2000) = KISSEL, J., KRÜGER, F. (2000): Urzeugung aus Kometenstaub? -Spektrum der Wissenschaft Heft 5, Heidelberg.

KLANNER, R. (2001): Das Innenleben des Protons. -Spektrum der Wissenschaft Heft 3, Heidelberg.

KLATT, O. (2002): Interpretation von FCKW-Daten im Weddellmeer. -Berichte zur Polar- und Meeresforschung Heft 429, Bremerhaven (Diss. Universität Bremen).

KLAUS, G. (1968): Wörterbuch der Kybernetik. -Berlin.

KLEIN et al. (2004): = KLEIN, G., GEDON, R., KLETTE, M. (2004): Basisinformationen zur Einführung von ETRS 89 - Koordinaten in Bayern. -Mitteilungen des DVW Bayern Heft 4, München.

KLEIN/SOMMERFELD (1965) = KLEIN, F., SOMMERFELD, A. (1965): Über die Theorie des Kreisels. -Stuttgart (Erstauflage 1897/1910).

KLEIN, U. (1997): Analyse und Vergleich unterschiedlicher Modelle der dreidimensionalen Geodäsie. -Deutsche Geodätische Kommission Reihe C, Heft 479, München (Diss. Universität Karlsruhe).

KLEINKNECHT, K. (2001): Verletzung der Symmetrie zwischen Materie und Antimaterie. -siehe GDNÄ (2001).

KLEINKNECHT, K. (2000): Verletzung der Symmetrie zwischen Materie und Antimaterie in der schwachen Wechselwirkung von Elementarteilchen. -siehe GDNÄ (2000).

KLEINSCHMIDT, G. (2001): Die plattentektonische Rolle der Antarktis. -Carl Friedrich von Siemens Stiftung, München.

KLÖSER, H., ARNTZ, W. (1994): Untersuchungen zur Struktur und Dynamik eines antarktischen Küstenökosystems. -Zeitschrift Polarforschung Heft 1, Bremerhaven.

KLOTZ, J., ANGERMANN, D., REINKING, J. (1995): Großräumige GPS-Netze zur Bestimmung der rezenten Kinematik der Erde. -Zeitschrift für Vermessungswesen Heft 9, Stuttgart (Wittwer).

KLÖTZLI, F.A. (1989): Ökosysteme. -Stuttgart (Fischer).

KLÜGEL et al. (2005) = KLÜGEL, T., SCHLÜTER, W., SCHREIBER, U., SCHNEIDER, M. (2005): Großringlaser zur kontinuierlichen Beobachtung der Erdrotation. -Zeitschrift für Vermessungswesen Heft 2, Augsburg (Wißner).

KN (Heft/Jahr) = Kartographische Nachrichten (Heft/Jahr), herausgegeben von der Deutschen Gesellschaft für Kartographie (Kirschbaum).

KNAUER (1987): Knauers Großer Weltatlas. -10. völlig neubearbeitete Auflage, München.

KNIES, J. (1999): Spätquartäre Paläoumweltbedingungen am nördlichen Kontinentalrand der Barents- und Kara-See. Eine multi-Parameter-Analyse. -Berichte zur Polarforschung Heft 304, Bremerhaven (Diss. Universität Bremen).

KOBARG, W. (1988): Die gezeitenbedingte Dynamik des Eckström-Schelfeises, Antarktis. -Berichte zur Polarforschung Heft 50, Bremerhaven.

KOBUS, H. (1990): Der Meeresboden als globale Umwälzpumpe. Elementaustausch zwischen Wasser und Ozeankruste. -forschung, Mitteilungen der DFG Heft 1, Weinheim (VCH).

KOCH, A. (2001): Genauigkeitsanalyse Digitaler Geländemodelle für die Shuttle Radar Topography Mission (SRTM). -in DGPF (2001a).

KOEPKE, P. (1990): Fernerkundung von Aerosolpartikeln vom Satelliten aus. -promet, Offenbach a.M. (Deutscher Wetterdienst).

KÖNIG, C. (1990): Über die Differenzierung von Meereisdicke und -oberflächengestalt mit Hilfe von NOAA-AVHRR- und SAR-Daten. -DLR-Mitteilung 90-09, Köln.

KÖNIG, C. (1992) = KÖNIG, C. (1995): Eisfernerkundung mit NOAA-AVHRR und SAR. -Deutsche Hydrographische Zeitschrift Supplement 4, Bundesamt für Seeschiffahrt und Hydrographie, Hamburg, Rostock (Diss. Universiät Trier 1992).

KÖNIG-LANGLO, G. (2002): in AWI (2002).

KONDRATYEV/MOSKALENKO (1984) = KONDRATYEV, K., MOSKALENKO, N. (1984): The role of carbon dioxid and other minor gaseous components and aerosols in the radiation budget. In Houghton, J. (ed): The global climate. Cambridge, Univ Press, Cambridge.

KORTH, W. (1998): Bestimmung von Oberflächengeometrie, Punktbewegungen und

Geoid in einer Region der Antarktis. -Deutsche Geodätische Kommission Reihe C, Heft 505, München (Diss. TU Dresden).

KOPF, A. (2003): Schlote, die Schlamm statt Feuer speien. -Spektrum der Wissenschaft Heft 1, Heidelberg.

KOPPE, K. (1858): Physik. -Essen (Bädeker).

KÖRKEL, T. (2003): Beeinflusst die kosmische Strahlung das Klima? -Spektrum der Wissenschaft Heft 1, Heidelberg.

KÖRKEL, T. (2003): Satellit spürt ozeanische Magnetfelder auf. -Spektrum der Wissenschaft Heft 10, Heidelberg.

KOSACK, H-P. (1967): Die Polarforschung. -Braunschweig (Vieweg).

KOSLOWSKI, G. (1969): Die WMO-Eisnomenklatur. -Deutsche Hydrographische Zeitschrift Heft 6.

KOUROSCH/GROTEN (2002) = KOUROSCH, A., GROTEN, E. (2002): On high-frequency fluctuations of Earth's rotation and LOD. -Deutsche Geodätische Kommission Reihe A, Heft 118, München.

KOUVELIOTOU et al. (2003) = KOUVELIOTOU, C., DUNCAN, R., THOMPSON, C. (2003): Magnetare. -Spektrum der Wissenschaft Heft 5, Heidelberg.

KOWAL, A., DESSINOW, L. (1987): In den Weltraum zum Nutzen der Menschheit. -Moskau.

KRAMER, H.J. (1992): Earth Observation - Remote Sensing Survey of Missions and Sensors. -Berlin (Springer).

KRAUSE, A. (1928): Die Physik im täglichen Leben und in der Technik. -in "Die neue Volkshochschule", Band 3, Leipzig.

KRAUS/SCHNEIDER (1988) = KRAUS, K., SCHNEIDER, W. (1998): Fernerkundung. -Band 1, Bonn.

KRAUSS, L. (1999): Neuer Auftrieb für ein beschleunigtes Universum. -Spektrum der Wissenschaft Heft 3, Heidelberg.

KRAWCZYK, H. (1997): MOS zweimal im Orbit - erste Ergebnisse. -Publikation der

Deutschen Gesellschaft für Photogrammetrie und Fernerkundung Band 5.

KREISEL, W. (1991): Plattentektonik und Vulkanismus. -Geographische Rundschau 11, Braunschweig (Westermann).

KREYSCHER, M. (1998): Dynamik des arktischen Meereises - Validierung verschiedener Rheologieansätze für die Anwendung in Klimamodellen. -Berichte zur Polarforschung Heft 291, Bremerhaven (Diss. Universität Bremen).

KRIEBEL, K-T. (1990): Wolkenanalyse mit Satellitendaten. -promet, Offenbach a.M. (Deutscher Wetterdienst).

KRIEBEL/KOPKE (1985) = KRIEBEL, K.T.; KOEPKE, P.: Reflexion und Emission natürlicher Oberflächen.- promet Heft 2, Offenbach (Deutscher Wetterdienst).

KRIEBEL et al. (1975) = KRIEBEL, K.T.; SCHLÜTER, W.; SIEVERS, J. (1975): Zur Definiton und Messung der spektralen Reflexion natürlicher Oberflächen. -Bildmessung und Luftbildwesen Heft 1, Karlsruhe (Wichmann).

KRIEWS et al. (2001) = KRIEWS, M., REINHARDT, H., MILLER, H., SCHREMS, O. (2001): Atmosphärische Spuren im Eis. -in AWI (2000/2001).

KRING/DURDA (2005) = KRING, D., DURDA, D. (2005): Der Tag, an dem die Erde brannte. -Spektrum der Wissenschaft Heft 2, Heidelberg.

KROME, T. (2002): Neue Fenster für den Blick ins All. -Spektrum der Wissenschaft Heft 12, Heidelberg.

KRÖMMELBEIN/STRAUCH (1991): (Brinkmanns) Abriß der Geologie. Band 2: Historische Geologie, Erd- und Lebensgeschichte. -Neu bearbeitet von K. KRÖMMELBEIN, durchgesehen von F.STRAUCH. -Stuttgart (Enke).

KRÜGER et al. (1998) = KRÜGER, G., REIN, B., KAUFMANN, H. (1998): Reflexionsspektrometrische Analyse von Abraumkippen im Mitteldeutschen Braunkohlenrevier. -Publikation der Deutschen Gesellschaft für Photogrammetrie und Fernerkundung Band 6.

KRULL, P. (1985): Karbon. -in HOHL et al. (1985).

KRUMBIEGEL, G. (1985a): Geochronologie. -in HOHL et al. (1985).

KRUMBIEGEL, G. (1985b): Die Entwicklung der Tierwelt. -in HOHL et al. (1985).

KUA (1992): Erdsicht. -Kunst- und Ausstellungshalle der Bundesrepublik Deutschland et al. (Hatje).

KUCHLING, H. (1986): Taschenbuch der Physik. -Thun, Frankfurt a.M. (Deutsch).

KUDRITZKI, R-P. (2000): Die dunkle Seite des Universums. -siehe GDNÄ (2000).

KUHLE, M. (2003): New geomorphological indicators of a former Tibetan ice sheet in the central and northeastern part of the high plateau. -Zeitschrift Geomorphologie Heft März, Berlin, Stuttgart.

KUHLE, M. (2002): The Tibetan Ice Sheet, Ist Impact on the Palaeomonsoon and Relation to the Earth's Orbital Variations. -Polarforschung Heft 1/2, 2001, erschienen 2002, Bremerhaven.

KUHLE, M. (2001): The Glacian of High Asia and ist Causal Relation to the Onset of Ice Ages. -Die Erde 132.

KUHLE, M. (1998): New Findings on the Inland Glaciation of Tibet from South and Central West Tibet with Evidences for ist Importance as an Ice Age Trigger. -Himalayan Geology, Vol 19(2), India.

KUHLE, M. (1998): Reconstruction of the 2,4 Million km^2 late Pleistocene Ice Sheet on the Tibetan Plateau and its Impact on the Global Climate. -Pergamon, Quaternary International, Vol 45/46.

KUHLE, M. (1996): Die Entstehung von Eiszeiten. -der Aufschluss Heft Juli/August, Göttingen.

KUHLE, M. (1995): Glacial Isostatic Uplift of Tibet as a Consequence of a Former Ice Sheet. -GeoJournal 37.4, Dortrecht, Boston, London.

KUHLE, M. (1989): Die Inlandvereisung Tibets als Basis einer in der Globalstrahlungsgeometrie fußenden, reliefspezifischen Eiszeittheorie. -Petermanns Geographische Mitteilungen Heft 4, Gotha.

KUHN, M. (2000): Geoidbestimmung unter Verwendung verschiedener Dichtehypothesen. -Deutsche Geodätische Kommission Reihe C, Heft 520, München.

KUHN, M. (1983): Die Steuerung des globalen Klimas durch die Polargebiete. - Geographische Rundschau Heft 3. Braunschweig (Westermann).

KUNZMANN, K. (1996): Die mit ausgewählten Schwämmen (Hexactinellida und Demospongiae) aus dem Weddellmeer, Antarktis, vergesellschaftete Fauna. -Berichte zur Polarforschung Heft 210, Alfred-Wegener-Institut für Polar- und Meeresforschung, Bremerhaven (Diss. Universität Kiel).

LABITZKE, K. (1995): Meteorologische Aspekte des Ozonproblems. -in JÄNICKE et al. (1995): Umwelt Global. Berlin (Springer).

LANDY, S. (1999): Die Struktur des Universums. -Spektrum der wissenschaft Heft 9, Heidelberg.

LANG, K.R. (1997): Das Sonnenobservatorium SOHO. -Spektrum der Wissenschaft Heft 5, Heidelberg.

LANGE/KÖRGEL (2003) = LANGE, G., KÖRKEL, T. (2003): Treibhausbombe im sibirischen Dauerfrost. -Spektrum der Wissenschaft Heft 8, Heidelberg.

LANGE, H. (1985):Chemie der Erde (Geochemie). -in HOHL et al. (1985).

LANGER, J. (1999): Messungen des arktischen stratosphärischen Ozons: Vergleich der Ozonmessungen in Ny-Alesund, Spitzbergen, 1997 und 1998. -Berichte zur Polarforschung Heft 322, Bremerhaven (Diss. Universität Bremen).

LANGROCK, U. (2003): Late Jurassic to Early Cretaceous black shale formation and paleoenvironment in high northern latidudes. -Berichte zur Polar- und Meeresforschung Heft 472, Bremerhaven (Diss. Universität Bremen).

LANOUETTE, W. (2001): Fermi, Szilard und der erste Atomreaktor. -Spektrum der Wissenschaft Heft 1, Heidelberg.

LASOTA, J. (1999): Die Enthüllung der Schwarzen Löcher. -Spektrum der Wissenschaft Heft 8, Heidelberg.

v.LAUE, M. (1961): Erkenntnistheorie und Relativitätstheorie. -Physikalische Blätter Heft 4, Mosbach (Physik Verlag).

LAURITSON, L.; NELSON, G.J.; PORTO, F.W. (1988): Data Extraction and Calibration of TIROS-N/NOAA Radiometers. -Planet Working Group: NOAA Technical Memorandum NESS, 107-Ref.1, Washington.

LAUSCH. E. (2004): Streit um das Ende der Dinosaurier.-Spektrum der Wissenschaft Heft 8, Heidelberg.

LAUSCH, E. (2000): Wie tief können Platten sinken? -Spektrum der Wissenschaft Heft 1, Heidelberg.

LAUTERBACH, R. (1985): Isotopengeophysik. -in HOHL et al. (1985).

LEHMAL, H. (1999): Adaption an niedrige Temperaturen: Lipide in Eisdiatomeen. - Berichte zur Polarforschung Heft 317, Bremerhaven (Diss. Universität Bremen).

LEHMANN, R. (1994): Zur Bestimmung des Erdschwerefeldes unter Verwendung des Maximum-Entropie-Prinzipes. -Deutsche Geodätische Kommission Reihe C, Heft 425, München (Diss. Technische Universität Dresden).

LEIK, A. (1995): GPS Satellite Surveying. -2nd edition, New York (Wiley).

LEINEN, S. (1997): Hochpräzise Positionierung über große Entfernungen und in Echtzeit mit dem Global Positioning System. -Deutsche Geodätische Kommission Reihe C, Heft 472, München (Diss. TH Darmstadt).

LEISMANN, K., KLEES, R., BECKERS, H. (1992): Untersuchungen verschiedener Höhensysteme, dargestellt an einer Testschleife in Rheinland-Pfalz. -Deutsche Geodätische Kommission Reihe B, Heft 296, München.

LELGEMANN/NOAK (2003) = LELGEMANN, D., NOAK, M. (2003): Transformation des Deutschen Hauptdreiecksnetzes DHDN in das Europäische Terrestrische Referenzsystem ETRS 89. -ZfV, Zeitschrift für Geodäsie, Geoinformation und Landmanagement Heft 6, Augsburg.

LELGEMANN, D., CUI, C. (1999): Bemerkungen über die Gravitationsfeldbestimmung mittels Satellite-to-Stellite Tracking-Daten. -Zeitschrift für Vermessungswesen Heft 9, Stuttgart (Wittwer).

LELGEMANN, D.; PETROVIC, S. (1997): Bemerkungen über den Höhenbegriff in der Geodäsie. -Zeitschrift für Vermessungswesen Heft 11, Stuttgart (Wittwer).

LEMBKE, D. (1999): Tiefer Blick ins kalte Universum. -Innovation Nummer 7, Zeiss, Oberkochen, Jena..

LEMBKE, P. (1991): Bedeutung der Fernerkundung für die Meereismodellierung. -DLR-Mitteilung 91-09, Köln.

LENZ, K. (1990): Der boreale Waldgürtel Kanadas. -Geographische Rundschau Heft 12, Braunschweig (Westermann).

LIEBSCH, G. (1997): Aufbereitung und Nutzung von Pegelmessungen für geodätische und geodynamische Zielstellungen. -Deutsche Geodätische Kommission Reihe C, Heft 485, München (Diss. Technische Universität Dresden).

LINDENBERGER, J. (1993): Laser-Profilmessungen zur topographischen Geländeaufnahme. -Deutsche Geodätische Kommission Reihe C, Heft 400, Müchen (Diss. Universität Stuttgart).

LINDNER, K. (1993): Taschenbuch der Astronomie. -Leipzig, Köln (Fachbuchverlag).

LINDSTROT, W.; RAUSCH, E.; SCHLÜTER, W.; SEIFERT, W. (1992): Die DREF 91-GPS-Meßkampagne. -Zeitschrift für Vermessungswesen Heft 5, Stuttgart (Wittwer).

LINSE, K. (1997): Die Verbreitung epibenthischer Mollusken im chilenischen Beagle-Kanal. -Berichte zur Polarforschung Heft 228, Alfred-Wegener-Institut für Polar- und Meeresforschung, Bremerhaven. (Diplom-Arbeit Universität Kiel).

LINSMEIER, K-D. (2002): Fischer in der Wüste. -Spektrum der Wissenschaft Heft 11, Heidelberg.

LORENZ, D. (1973): Die radiometrische Messung der Boden- und Wasseroberflächentemperatur und ihre Anwendung insbesondere auf dem Gebiet der Meteorologie. - Zeitschrift für Geophysik, 39, S.627-701.

LOSICK/KAISER (1997) = LOSICK, R., KAISER, D. (1997): Wie und warum Bakterien kommunizieren. -Spektrum der Wissenschaft Heft 4, Heidelberg.

LOVELOCK, J. (1991): Das Gaia-Prinzip. Die Biographie unseres Planeten. -Zürich, München (Artemis).

LORENZ, D. (1990): Fernerkundung in der Meteorologie. Methoden, Anwendungen, Probleme. -promet, Offenbach a.m. (Deutscher Wetterdienst).

LORENZ, D. (1970): Zur Problematik der Fernerkundung der Erdoberfläche mit Hilfe der thermischen Infrarotstrahlung. -Zeitschrift Bildmessung und Luftbildwesen Heft 6, Karlsruhe (Wichmann).

LÖRZ, A. (2003): Untersuchungen zur Biodiversität antarktischer benthischer Amphipoda (Malacostraca, Crustacea). -Berichte zur Polar- und Meeresforschung Heft 452, Bremerhaven (Diss. Universität Hamburg).

LOSCH, M. (2001): Analyse hydrographischer Schnitte mit Satellitenaltimetrie. -

Berichte zur Polarforschung Heft 379, Bremerhaven (Diss. Universität Bremen).

LUCHT, W. (2003): Der Norden ergrünt im Computer. -Spektrum der Wissenschaft Heft 2, Heidelberg.

LÜDECKE, H-J. (2004): Nach uns die Eiszeit? -Spektrum der Wissenschaft Heft 9, Heidelberg.

LÜST, D. (2001): Strings - die elementaren Bausteine der Materie? -siehe GDNÄ (2001).

MACDONALD/LUYENDYK (1981) = MACDONALD, C.K.; LUYENDYK, B.P.: Tauchexpedition zur Ostpazifischen Schwelle. -Spektrum der Wissenschaft, Schwerpunktheft "Ozeane und Kontinente"1987, Heidelberg (Verlagsgesellschaft).

MACHATSCHEK, F. (1949): Geomorphologie. -Leipzig (Teubner).

MADIGAN/MARRS (1997) = MADIGAN, M.; MARRS, B. (1997): Extremisten des Lebens. -Spektrum der Wissenschaft Heft 6, Heidelberg.

MAGNIZKI et al. (1964) = MAGNIZKI, W., BROWAR, W., SCHIMBIREW, B. (1964): Theorie der Figur der Erde. Berlin (Verlag für Bauwesen).

MAGNUS, K. (1971): Kreisel - Theorie und Anwendungen. -Berlin (Springer).

MANNSTEIN, H. (1991): Fernerkundung thermischer Eigenschaften der Erdoberfläche. -promet Heft 1/2, Deutscher Wetterdienst.

MANTEL, W. (1961): Wald und Forst. -Reinbeck bei Hamburg (Rowohlt).

MARTIN/MÜLLER (1998)=MARTIN, W.; MÜLLER, M. (1998): Schweißte Wasserstoff den ersten Eukaryoten zusammen? -Spektrum der Wissenschaft Heft 7, Heidelberg.

MARIENFELD, P. (1991): Holozäne Sedimentationsentwicklung im Scoresby Sund, Ost-Grönland. -Berichte zur Polarforschung Heft 96, Bremerhaven.

MARSHALL, J. (1998): Warum sind Riff-Fische so farbenprächtig? -Spektrum der Wissenschaft Spezialheft 1, Heidelberg.

MATEER, C. (1987): Satellitenmessungen des Ozonprofils. -promet Heft 1-2, Deutscher Wetterdienst.

MATEER, C. (1986): Satellitenmessungen des Gesamtozons. -promet Heft 4, Deutscher Wetterdienst.

MAY, J. (1988): Antarktis. -Deutsche Ausgabe, Ravensburg (Ravensburger Buchverlag).

MAYER, M. (2000): Zur Ökologie der Benthos-Foraminiferen der Potter Cove (King George Island, Antarktis). -Berichte zur Polarforschung Heft 353, Bremerhaven (Diss. Universität Kiel).

MAYER, C. (1996): Numerische Modellierung der Übergangszone zwischen Eisschild und Schelfeis. -Berichte zur Polarforschung Heft 214, Alfred-Wegener-Institut für Polar- und Meeresforschung, Bremerhaven (Diss. Universität Bremen).

MCCLINTOK, J. (1999): Ein Schwarzes Loch auf frischer Tat ertappt. -Spektrum der Wissenschaft Heft 8, Heidelberg.

DE METS et al. (1994) = DE METS, C., CORDON, R., ARGUS, D., STEIN, S. (1994): Effect of Recent Revisions to the Geomagnetic Reversal Time Scale on Current Plate Motions. -Geophys. Res. Lett. 21.

DE METS et al. (1990) = DE METS, C., CORDON, R., ARGUS, D., STEIN, S. (1990): Current Plate Motions. -Geophys. J. Int. 101.

MEINHOLD, R. (1985a): Erdbeben. -in HOHL et al. (1985).

MEINHOLD, R. (1985b): Lagerstätten der Kohlen (Kaustobiolithe). -in HOHL et al. (1985).

MEISENHEIMER, K. (1983): Der neue Weltrekordhalter: Quasar PKS 2000-330. - Zeitschrift Sterne und Weltraum Heft 3.

MEIßNER, B. (1926): Könige Babylons und Assyriens. -Leipzig.

MEIXNER, F. (1987): Troposphärisches Schwefeldioxid: Ein Beitrag zur stratosphärischen Aerosolschicht? -in JAENICKE et al. (1987).

MEL (Jahr) = Meyers Enzyklopädisches Lexikon, 25 Bände, 1971...1979, Mannheim.

MELLER, H. (Herausgeber) (2004): Der geschmiedete Himmel. Die weite Welt im Herzen Europas vor 3600 Jahren. Stuttgart (Theiss).

MELLER, H. (2003): Die Himmelsscheibe von Nebra. Fundgeschichte und archäologische Bewertung. -Sterne und Weltraum Heft 12, Heidelberg.

MELLES, M. (1991): Paläoglaziologie und Paläozeanographie im Spätquartär am Kontinentalrand des südlichen Weddellmeeres, Antarktis. -Brichte zur Polarforschung Heft 81, Alfred-Wegener-Institut für Polar- und Meeresforschung, Bremerhaven (Diss. Universität Bremen).

MENSCHING, H.G. (1990): Desertifikation. Ein weltweites Problem der ökologischen Verwüstung in den Trockengebieten der Erde. -Darmstadt (Wissenschaftliche Buchgesellschaft).

MESCHKOWSKI, H. (1964): Einführung in die moderne Mathematik. -Mannheim (Bibliographisches Institut).

MESSERLI/HOFER (1992) = MESSERLI, B.; HOFER, T.: Die Umweltkrise im Himalaya. -Geographische Rundschau Heft 7-8, Braunschweig (Westermann).

METZ, C. (1996): Lebensstrategien dominanter antarktischer Oithonidae (Cyclopoida, Copepoda) und Oncaeidae (Poecilostomatoida, Copepoda) im Bellingshausenmeer. -Berichte zur Polarforschung Heft 207, Alfred-Wegener-Institut für Polar- und Meeresforschung, Bremerhaven (Diss. Universität Kiel).

MEYER, O. (2004): Blick zurück ins dunkle Zeitalter. -Spektrum der Wissenschaft Heft 4, Heidelberg.

MICHAEL, J. (2005): Streit um das Ende der Dinosaurier. -Spektrum der Wissenschaft Heft 2, Heidelberg.

MIDDEL, B. (1992): Neue Verfahren zur Kombination heterogener Daten bei der Bestimmung des Erdschwerefeldes. -Deutsche Geodätische Kommission Reihe C, Heft 395, München (Diss. Universität Stuttgart).

MILANKOWITSCH, M. (1941): Kanon der Erdbestrahlung. -Belgrad.

MILANKOWITSCH, M. (1930): Mathematische Klimalehre und astronomische Theorie der Klimaschwankungen. -in Handbuch der Klimatologie I, KÖPPEN, W. und GEIGER, R. (Herausgeber), Berlin (Gebrüder Bornträger).

MILGROM, M. (2002): Gibt es Dunkle Materie? -Spektrum der Wissenschaft Heft 10, Heidelberg.

MILLER, H. (1992): Abriß der Plattentektonik. -Stuttgart (Enke).

MINTENBECK, K. (2002): in AWI (2002).

MITTELSTAEDT, P. (1966): Philosophische Probleme der modernen Physik. -Mannheim (Bibliographisches Institut).

MKL (Jahr) = Meyers Konversations-Lexikon, 20 Bände, 1905...1908, Leipzig.

MLT (Jahr) = Meyers Lexikon der Technik und der exakten Naturwissenschaften, 3 Bände, 1969...1970, Mannheim.

MOCK, T. (2002): in AWI (2002).

MOHR, H. (1981): Licht und Entwicklung - das Phytochromsystem der Pflanzen. - Verhandlungen der Gesellschaft Deutscher Naturforscher und Ärzte; Berlin, Heidelberg, New York (Springer).

MOLINA/ROWLAND (1974) = MOLINA, M., ROWLAND, P. (1974): Stratospheric sink for chlorofluoromethanes: chlorine catalysed destruction of ozone. -Nature, S. 810.

MÖLLER, F. (1973): Einführung in die Meteorologie. -2 Bände, BI-Hochschultaschenbücher Nr. 276 und 288, Mannheim.

MÖLLER, P. (1986): Anorganische Geochemie. -Berlin (Springer).

MOORBATH, S. (1977): Die ältesten Gesteine. -Spektrum der Wissenschaft, Schwerpunktheft "Ozeane und Kontinente" 1987, Heidelberg (Verlagsgesellschaft).

MORISETTE et al. (2001) = MORISETTE, J., JUSTICE, C., PEREIRA, J., GREGORIE, J., FROST, P. (2001): Report from the GOFC-Fire: Satellite Product Validation Workshop, Gulbenkian Foundation July 9-11, 2001, Lisbon, Portugal. -in The Earth Obeserver Sept./Oct. 2001, NASA..

MORITZ, H. (1992): Geodetic Reference System 1980. -in Bulletin Geodesique 66 S.187..., The Geodesist's Handbook 1992.

MORSCH, O. (2000): Michelsons Vision - Meisterleistungen in Meßgenauigkeit. - Spektrum der Wissenschaft Heft 5, Heidelberg.

MOSBRUGGER, V. (2003): Die Erde im Wandel - die Rolle der Biosphäre. -in EMMERMANN (2003).

MOSS, T. (1970): Infrarot-Technologie. -Zeitschrift Umschau Heft 20.

MPG (1987): Berichte und Mitteilungen 1. (Max-Planck-Institut für Chemie, Mainz) -Herausgegeben von der Max-Planck-Gesellschaft, München.

MÜHLEBACH, A. (1999): Sterole im herbstlichen Weddellmeer (Antarktis): Großräumige Verteilung, Vorkommen und Umsatz. -Berichte zur Polarforschung Heft 302, Bremerhaven (Diss. Universität Bremen).

MÜLLER, J. (2001): Die Satellitengradiometriemission GOCE. -Deutsche Geodätische Kommission Reihe C, Heft 541, München (Habilitationsschrift Technische Universität München).

MÜLLER, M. (2001): Polare Stratosphärenwolken und mesoskalige Dynamik am Polarwirbelrand. -Berichte zur Polar- und Meeresforschung Heft 398, Bremerhaven (Diss. Freie Universität Berlin).

MÜLLER, C. (1999): Rekonstruktion der Paläo-Umweltbedingungen am Laptev-See-Kontinentalrand während der beiden letzten Glazial/Interglazial-Zyklen anhand sedimentologischer und mineralogischer Untersuchungen. -Bercihte zur Polarforschung Heft 328, Bremerhaven (Diss. Universität Bremen).

MÜLLER-HOHENSTEIN, K. (1979): Die Landschaftsgürtel der Erde. -Stuttgart.

MUMM, N. (1992): Zur sommerlichen Verteilung des Mesozooplanktons im Nansen-Becken, Nordpolarmeer. -Berichte zur Polarforschung Heft Heft 92, Bremerhaven (Diss. Universität Kiel).

MYERS, N. (1985): Gaia, der Öko-Atlas unserer Erde. -Frankfurt a.M. (Fischer), Neuausgabe 1987.

NAD (1991): The Arctic Ocean Record: Key to Global Change (Initial Science Plan). -Nansen Arctic Drilling Program (NAD) Science Committee. Polarforschung Heft 1, 1991 (erschienen 1992), Deutsche Gesellschaft für Polarforschung.

NAGEL, D. (1999): Analyse der optischen Eigenschaften des arktischen Aerosols. - Berichte zur Polarforschung Heft 321, Bremerhaven (Diss. Universität Leipzig).

NaKaVerm (1993): Friedrich Robert Helmert, Akademie-Vorträge. -Nachrichten aus dem Karten- und Vermessungswesen (NaKaVerm), Institut für Angewandte Geodäsie (IFAG) Frankfurt a.M.

NANSEN, F. (1922): The strandflat and isostasy. -Videnskapselskapets Skrifter 1, Math.-Naturw. Klasse 1921, Nr. 11, Kristiania.

NASA (2001): The Earth Observer. -Greenbelt, USA.

NASA (1990): The Earth Observing System Reference Handbook, Earth Science and Applications Division Missions 1990-1997.

NASA (1984): Earth Observing System. -Volume I and Appendix, Greenbelt.

NASDA (1987): Geostationary Meteorological Satellite-4.

NASDA (1988): Earth Resources Satellite-1.

NASDA (1991): Gesamtübersicht.

NAUMANN, C. (2001): Bodendiversität - gibt es eine zweite Chance? - in GDNÄ (2001).

NEEF ,E. (1981): Das Gesicht der Erde. -5.Auflage; Thun,Frankfurt a.M. (Deutsch).

NEMECEK, S. (2001): Wer waren die ersten Amerikaner? -Spektrum der Wissenschaft Heft 2, Heidelberg.

NESME-RIBES et al. (1996) = NESME-RIBES, E., BALIUNAS, S., SOKOLOFF, D. (1996): Magnetismus und die Aktivitätszyklen von Sternen. -Spektrum der Wissenschaft Heft 10, Heidelberg.

NIEMEIER, W. (1992): Zur Nutzung von GPS-Meßergebnissen in Netzen der Landes- und Ingenieurvermessung. -Zeitschrift für Vermessungswesen Heft 8/9, Stuttgart (Wittwer).

NOTHNAGEL et al. (2004) = NOTHNAGEL, A., SCHLÜTER, W., SEEGER, H. (2004): Die geodätische VLBI in Deutschland. -Zeitschrift für Geodäsie, Geoinformation und Landmanagement (ZfV) Heft 4, Augsburg.

NOTHNAGEL, A. (2000): Der Einfluß des Wasserdampfes auf die modernen raum- gestützten Messverfahren. -Mitteilungen des Bundesamtes für Kartographie und Geodäsie Band 16, Frankfurt am Main (Habilitationsschrift Universität Bonn).

NOTHNAGEL, A. (1991): Radiointerferometrische Beobachtungen zur Bestimmung der Polbewegung unter Benutzung langer Nord-Süd-Basislinien. -Deutsche Geodätische Kommission Reihe C, Heft 368, München.

NOVAK, J. (2004): Neutronensterne: ultradichte Exoten. -Spektrum der Wissenschaft Heft 3, Heidelberg.

NOWACZYK, N. (1991): Hochauflösende Magnetostratigraphie spätquartärer Sedimente arktischer Meeresgebiete. -Berichte zur Polarforschung Heft 78. Alfred-Wegener-Institut für Polar- und Meeresforschung, Bremerhaven (Diss. Universität Bremen).

NRC (1997) = National Research Council (1997): Satellite Gravity and the Geosphere. -Washington D.C.

NUSSER, F. (1958/59): Formen des Meereises und Definitionen (Klassifikation). -Geographisches Taschenbuch, Hamburg.

NYBAKKEN/WEBSTER (1998) = NYBAKKEN, J., WEBSTER, K. (1998): Leben im Meer. -Spektrum der Wissenschaft Spezialheft 1, Heidelberg.

ODUM, E.P. (1991): Prinzipien der Ökologie. -Heidelberg (Spektrum der Wissenschaft).

OEEPE = *Organisation Européene d'Etudes Photogrammétriques Expérimentales* (Organisation für experimentelle photogrammetrische Untersuchungen). Diese 1953 gegründete zwischenstaatliche Vereinigung ist 2002 in EuroSDR übergegangen (siehe dort).

OELKE. C. (1996): Atmosphäreneinfluß bei der Fernerkundung von Meereis mit passiven Mikrowellenradiometern. -Berichte zur Polar- und Meeresforschung Heft 208, Alfred-Wegener-Institut für Polar- und Meeresforschung, Bremerhaven. (Diss. Universität Bremen).

OERTEL et al. (2002) = OERTEL, D., BRIESS, K., LORENZ, E., SKRBEK, W., ZHUKOV, B. (2002): Fire Remote Sensing by the Small Satellite on Bi-spectral Infrared Detection (BIRD). -Photogrammetrie, Fernerkundung, Geoinformation Heft 5, Stuttgart.

OERTEL, D. (1995) The Digital Airborne Imaging Spectrometer DAIS: Ist Functioning, Main Characteristics and Staus. -Publikation der Deutschen Gesellschaft für Photogrammetrie und Fernerkundung Band 3.

OESTEN, G.; KUNTZ, S.; GROSS, C.P. (1991): Fernerkundung in der Forstwirtschaft. -Karlsruhe.

OLESEN/SCHLÜSSEL (1990) = OLESEN, F-S.; SCHLÜSSEL, P.: Passive Verfahren zur Vertikalsondierung. -promet, Offenbach a.m. (Deutscher Wetterdienst).

OLZAK, G. (1985): Physik der Erde (Geophysik). -in HOHL et al. (1985).

OSTER/SPATA (1999) = OSTER, M., SPATA, M. (1999): Welche Auswirkungen auf die topographischen Landeskartenwerke Deutschlands hat die Umstellung auf ein neues Koordinatnesystem und auf eine neue Abbildung? -Kartographische Nachrichten Heft 3, Bonn (Kirschbaum).

OSTHEIDER, M. (1975): Möglichkieten der Erkennung und Erfassung von Meereis mit Hilfe von Satellitenbildern (NOAA-2 VHRR). -Münchener Geographische Abhandlungen Heft 18, München (Diss. Universität München).

ÖTTL, H. (2000): Das neue Radar-Bild der Erde. -Spektrum der Wissenschaft Heft 4, Heidelberg.

PAVONI, N. (1988): Das bipolare Modell. -Geographische Rundschau Heft 10, Braunschweig (Westermann).

PERRIER ,G. (1939/1949): Wie der Mensch die Erde gemessen und gewogen hat. - Aus der französischen Sprache übersetzt von E.GIGAS. Bamberg (Meisenbach).

PETRY, W. (2000): Neutronen bringen Licht ins Dunkel. -siehe GDNÄ (2000).

PIATKOWSKI, U. (1987): Zoogeographische Untersuchungen und Gemeinschaftsanalysen an antarktischem Makroplankton. -Berichte zur Polarforschung Heft 87, Alfred-Wegener-Institut für Polar- und Meeresforschung, Bremerhaven (Diss. Universität Kiel).

PICQ, P. (2003): Die Evolution des Menschen. -Spektrum der Wissenschaft Heft 1, Heidelberg.

PICHLER, H. (1988): Einführung in das Schwerpunktheft "Vulkanismus". -Spektrum der Wissenschaft, Heidelberg (Verlagsgesellschaft).

PIECHULLEK, C. (2000): Oberflächenrekonstruktion mit Hilfe einer Mehrbild-Shapefrom-Shading-Methode. -Deutsche Geodätische Kommission Reihe C, Heft 518, München.

PIEL, C. (2004): Variabilität chemischer und physikalischer Parameter des Aerosols in der antarktischen Troposphäre. -Berichte zur Polar- und Meeresforschung Heft

476, Bremerhaven (Diss. Universität Bremen).

PIEPEN, VAN DER, H.; AMANN, V.; DOEFFER, R. (1991): Remote Sensing of Substances in Water. -GeoJournal Vol.24, no.1; Dordrecht, Boston, London (Kluwer).

PIEPEN, VAN DER, H.; DOEFFER, R.; GIERLOFF-EMDEN, H.G. (1987): Kartierung von Substanzen im Meer mit Flugzeugen und Satelliten. -Münchener Geographische Abhandlungen A, Heft 37, München (Universität).

PIEPENBURG, D. (1988): Zur Zusammensetzung der Bodenfauna in der westlichen Fram-Straße. -Berichte zur Polarforschung Heft 52, Alfred-Wegener-Institut für Polar- und Meeresforschungs, Bremerhaven (Diss. Universität Kiel).

PIRAN, T. (1996): Neutronendoppelsterne. -Spektrum der Wissenschaft Heft 6, Heidelberg.

PIRANI, F. (1961): Einführung in die Theorie der Gravitationsstrahlung. -Physikalische Blätter Heft 3, Mosbach (Physik Verlag).

POHL, O. (2003): Mikrobenschleuder Saharastaub. -Spektrum der Wissenschaft Heft 8, Heidelberg.

POHL, C. (1992): Wechselbeziehungen zwischen Spurenmetallkonzentrationen (Cd, Cu, Pb, Zn) im Meerwasser und in Zooplanktonorganismen (Copepoda) der Arktis und des Atlantiks. -Berichte zur Polarforschung Heft 101, Bremerhaven.

POLTERMANN, M. (1997): Biologische und ökologische Untersuchungen zur kryopelagischen Amphipodenfauna des arktischen Meereises. -Berichte zur Polarforschung Heft 225, Alfred-Wegener-Institut für Polar- und Meeresforschung, Bremerhaven (Diss. Universität Bremen).

POPPE, F. (2003): Effekte von UV-Strahlung auf die antarktische Rotalge Palmaria decipiens. -Berichte zur Polar- und Meeresforschung Heft 467, Bremerhaven (Diss. Universität Bremen).

PÖPPE, C. (2002): Die Simulation der ganzen Welt. -Spektrum der Wissenschaft Heft 9, Heidelberg.

PÖRTGE, K-H. (1990): Erdwärme in Island. -Geographische Rundschau Heft 10, Braunschweig (Westermann).

PÖSSEL, M. (2001): All ohne Urknall - das ekpyrotische Universum. -Spektrum der

Wissenschaft Heft 8, Heidelberg.

PÖSSEL, M. (2001): Kosmische Monster der Mittelklasse. -Spektrum der Wissenschaft Heft 5, Heidelberg.

POWELL, C.S. (1991): Innenansichten der Erde. -Spektrum der Wissenschaft Heft 8, Heidelberg.

PRÄVE, Paul (1978): Die Nutzung des mikrobiellen Lebensraumes - moderne Entwicklungen biologischer Technologien. -Verhandlungen der Gesellschaft Deutscher Naturforscher und Ärzte; Berlin, Heidelberg, New York (Springer).

PRECHTEL, N. (1992): Ein Modell des solaren Strahlungsempfangs für Bebauungsmuster in Theorie und Anwendung. -Münchener Geographische Abhandlungen, Reihe A, Heft 46, München, (Diss. Universität München).

PRELL, H. (1959): Die Vorstellungen des Altertums von der Erdumfangslänge. - Abhandlungen der Sächsischen Akademie der Wissenschaften zu Leipzig, Mathematisch-naturwissenschaftliche Klasse Band 46, Heft 1, Berlin (Akademie-Verlag).

PRENZ, A. (2004): Gelöst! Das Rätsel der Sternenscheibe. -Bild-Zeitung 28.09.

PRIESTER, W. (1979): Energiereiche Objekte im Kosmos. -Verhandlungen der Gesellschaft Deutscher Naturforscher und Ärzte; Berlin, Heidelberg, New York (Springer).

QUIRING, H. (1948): Kurzeinführung in die Geologie. -Berlin.

QUIRING, H. (1949): Kurzeinführung in die Gesteinskunde. -Berlin.

RAHMSTORF, S. (2001): Warum das Eiszeitklima Kapriolen schlug. -Spektrum der Wissenschaft Heft 9, Heidelberg.

RAMOND, P. (2003): Strings - Urbausteine der Natur? -Spektrum der Wissenschaft Heft 2, Heidelberg.

RAMPINO, M.R. (1988): Die Verschmutzung der Atmosphäre durch El Chichon. -Spektrum der Wissenschaft, Heidelberg.

RANERO/v.HUENE (2001) = RANERO, C., v.HUENE, R. (2001): Wenn Tiefseeberge das Festland rammen. -Spektrum der Wissenschaft Heft 2, Heidelberg.

RAND MC NALLY (1991): Internationaler Atlas.

RANSON/WICKLAND (2001) = RANSON, K., WICKLAND, D. (2001): EOS Terra: First Data and Mission Status. -Global Change News Letter Heft 3, Stockholm.

RAPP, R. (1995): A World Vertical Datum Proposal. -Allgemeine Vermessungs-Nachrichten Heft 8-9, Heidelberg (Wichmann).

RASCHKE, E.; RIELAND, M.; STUHLMANN, R. (1991): Fernerkundung der planetaren Strahlungsbilanz. -promet Heft 1/2, Offenbach a.M. (Deutscher Wetterdienst).

RAUSCHERT, M. (1991): Ergebnisse der faunistischen Arbeiten im Benthal von King George Island (Südshetlandinseln, Antarktis). -Berichte zur Polar- und Meeresforschung Heft 76, Alfred-Wegener-Institut für Polar- und Meeresforschung, Bremerhaven.

RAUHE, M. (2002): Des Erdendramas letzter Akt? -Unikath Heft November, Universität in Karlsruhe.

REICHERT, U. (2004): Der geschmiedete Himmel. -Spektrum der Wissenschaft Heft 11, Heidelberg.

REICHERT, U. (2002): Der Offene Himmel. -Spektrum der Wissenschaft Heft 6, Heidelberg.

REICHERT, U. (2001): Sehenden Auges in die Klima-Katastrophe? -Spektrum der Wissenschaft Heft 5, Heidelberg.

REICHERT, U. (2000): Quarks außer Rand und Band. -Spektrum der Wissenschaft Heft 4, Heidelberg.

REICHSTEIN, M. (1985): Devon. -in HOHL et al. (1985).

REIGBER et al. (2004) = REIGBER, C., SCHWINTZER, P., FLECHTNER, F., SCHMIDT, R. (2004): CHAMP und GRACE, Meilensteine der Erkundung des Schwerefeldes der Erde. -DLR-Nachrichten Heft 108, Köln.

REIGBER et al. (2003) = REIGBER, C., LÜHR, H., SCHWINTZER, P. (2003): First CHAMP Mission Results for Gravity, Magnetic and Atmospheric Studies. -Berlin (Springer).

REIGBER, C. (2001): Die Mission CHAMP: Erste Ergebnisse. -DLR-Nachrichten Heft

101, Köln.

REINHARDT, H. (2002): Entwicklung und Anwendung eines Laserablations-ICP-MS-Verfahrens zur Multielementanalyse von atmosphärischen Einträgen in Eisbohrkernen. -Berichte zur Polar- und Meeresforschung Heft 414, Bremerhaven (Diss. Universität Bremen).

REINHART/BECKER (1998) = REINHART, E., BECKER, M. (1998): Das Zentraleuropäische Geodynamikprojekt CERGOP. -Mitteilungen des Bundesamtes für Kartographie und Geodäsie Band 1, Frankfurt am Main.

REINHART, et al. (1998) = REINHART, E., RICHTER, B., WILMES, H. (1998): UNIGRACE - Ein Projekt zur Vereinheitlichung der Schwere-Referenzsysteme in Zentral-Europa. -Mitteilungen des Bundesamtes für Kartographie und Geodäsie Band 1, Frankfurt am Main.

REINHARDT, D. (1991): ROSAT - Mit Röntgenspiegeln von Carl Zeiss im All. -Zeiss Information Heft 102, Oberkochen.

REINKE-KUNZE, C. (1986): Den Meeren auf der Spur. Geschichte und Aufgaben der deutschen Forschungsschiffe. -Herford (Koehler).

REINKING, D., ANGERMANN, D., KLOTZ, J. (1995): Zur Anlage und Beobachtung großräumiger GPS-Netze für geodynamische Untersuchungen. -Allgemeine Vermessungs-Nachrichten Heft 6, Heidelberg (Wichmann).

REMY/RITZ (2001) = REMY, F., RITZ, C. (2001): Schmelzen die Polkappen? -Spektrum der Wissenschaft Heft 11, Heidelberg.

REMONDI, B. (1984): Using the Global Positioning System (GPS) Phase Observable for Relative Geodesy: Modeling, Processing, and Results. -Diss. Univerty of Texas at Austin.

REUSCH, H. (1894): Strandfladen, et nyt track i Norges geografi. -Norges Geol. Undersögelse Nr. 14, Aarbog for 1892 og 1893, Christiania.

REY/CUBAYNES (1999) = REY, J., CUBAYNES, R. (1999): Schwankungen des Meeresspiegels in der Erdgeschichte. -Spektrum der Wissenschaft Heft 4, Heidelberg.

RICHTER, B. (1998): COST-Aktion 40 "European Sea Level Observing System" - Beispiel einer konzertierten europäischen Forschungsaktion. -Mitteilungen des Bundesamtes für Kartographie und Geodäsie Band 1, Frankfurt am Main.

RICHTER, B. (1995): Die Parametrisierung der Erdorientierung. -Zeitschrift für Vermessungswesen, Heft 3, Stuttgart (Wittwer).

RICHTER, B. (1992): Datumstransformationen im Bereich der deutschen Landesvermessungen. -Deutsches Geodätisches Forschungsinstitut Abt. I (Interner Bericht), München.

RICHTER, E. (1896): Die norwegische Strandebene und ihre Entstehung. -Globus Band 69, Nr. 20, Mai 1896.

RICHTER, W. (1991): Schmelzwasser und Seen in der Polarwüste. -Geographische Rundschau 6, Braunschweig (Westermann).

RICHTER, R. (1991): Radiometrische Auslegung von Sensoren und quantitative Auswertung von Fernerkundungsdaten im optischen Spektralbereich. -Dresden.

RIEDEL, K. (2001): Untersuchung der Photooxidantien Wasserstoffperoxid, Methylhydroperoxid und Formaldehyd in der Troposphäre der Antarktis. -Berichte zur Polar- und Meeresforschung Heft 394, Bremerhaven (Diss. Universität Bremen).

RIEDEL, J. (1986): RADAR-Flächenniederschlagsmessung. -promet, Offenbach a.M. (Deutscher Wetterdienst).

RIEGGER, L. (2001): UV-Schutz- und Reparaturmechanismen bei antarktischen Diatomeen und Phaeocystis antarctica. -Berichte zur Polarforschung Heft 381, Bremerhaven (Diss. Universität Bremen).

RIESS/TURNER (2004) = RIESS, A., TURNER, M. (2004): Das Tempo der Expansion. -Spektrum der Wissenschaft Heft 7, Heidelberg.

RILL, B. (1998): Über die historische Situation hinaus - Anmerkungen zum 350. Jahrestag des Westfälischen Friedens von 1648. -Politische Studien Heft 361, Hanns-Seidel-Stiftung München (Atwerb-Verlag).

RISCHMILLER, H. (1990): Tiefbohrtechnik. -Die Geowissenschaften Heft 10, Weinheim (VCH Verlagsgesellschaft).

ROBERT, R. (2001): Das Ende des Schmetterlingseffekts. -Spektrum der Wissenschaft Heft 11, Heidelberg.

ROETHER, W. (1978): Wie sich das Wasser im Meer vermischt. Aufklärung durch radioaktive Spurenstoffe. -DFG mitteilungen Heft 1, Boppard (Boldt).

ROTH/HOFFMANN (2004) = ROTH, A., HOFFMANN, J. (2004): Die dreidimensionale Kartierung der Erde. -Kartographische Nachrichten Heft 3, Bonn.

ROTH, A., EINEDER, M., RABUS, B., MIKUSCH, E. (2001): Qualität und Verfügbarkeit der Daten von SRTM/X-SAR. -in DGPF (2001b).

ROTHACHER, M. (2000): Hochgenaue regionale und kleinräumige GPS-Netze: Fehlerquellen und Auswertestrategien. -Mitteilungsblatt des DVW-Landesverein Bayern Heft 2, München.

ROSSBACH, A.; PULS, J.; SEEHOLZER. C. (1991): Atmos - der deutsche Atmosphären- und Ozean-Forschungssatellit. -DLR-Nachrichten, Köln.

RUDOLPH, S. (2000): Regionale und globale Gravitationsfeldanalyse hochauflösender Satellitendaten mittels Mehrgitterverfahren. -Deutsche Geodätische Kommission Reihe C, Heft 528, München (Diss. Universität Bonn).

RÜDORFF, F. (1913): Grundriß der Chemie. -Berlin (Müller).

RUTH, U. (2002): Concentration and Size Distribution of Microparticles in the NGRID Ice Core (Central Greenland) during the Last Glacial Period. -Berichte zur Polar- und Meeresforschung, Heft 428, Bremerhaven (Diss. Universität Bremen).

RUMMEL, R. (2003): Dynamik aus der Schwere - Globales Gravitationsfeld. -in EMMERMANN (2002).

RUYTERS, G. (2002): Biowissenschaftliche Forschung unter Weltraumbedingungen. -DLR-Nachrichten Heft 102.

SAALMANN, K. (2000): Geometrie und Kinematik des tertiären Deckenbaus im West-Spitzbergen Falten- und Überschiebungsgürtel, Broggerhalvoya, Svalbard. -Berichte zur Polarforschung Heft 352, Bremerhaven (Diss. Universität Münster).

SACHER et al. (1998) = SACHER, M., LANG, H., IHDE, J. (1998): Stand und Ergebnisse der Ausgleichung und Erweiterung des United European Levelling Network 1995 (UELN-95). -Mitteilungen des Bundesamtes für Kartographie und Geodäsie Band 1, Frankfurt am Main.

SAGITOV, M. (1971): Gravitationskonstante, Masse und mittlere Dichte der Erde. -Zeitschrift Vermessungstechnik Heft 2, Berlin (Verlag für Bauwesen).

SALIBA, G. (2004): Der schwierige Weg von Ptolemäus zu Kopernikus. -Spektrum der Wissenschaft Heft 9, Heidelberg.

SAMMET, G. (1990): Der vermessene Planet. -Hamburg (GEO).

SANDAU, R. (2002): Sensoren und Plattformen - Ergebnisse des IAA-Symposiums für Kleinsatelliten-Missionen zur Erdbeobachtung. -Zeitschrift Photogrammetrie Fernerkundung Geoinformation Heft 1, Stuttgart.

SAUER, A. (2004): Im Wandel der Gezeiten. -Spektrum der Wissenschaft Heft 5, Heidelberg.

SAUERMANN, K. (1993): GPS-Verfahren für den Nahbereich mit kurzen Beobachtungszeiten in Vermessung und Ortung. -Deutsche Geodätische Kommission Reihe C, Heft 403, München (Diss. TH Darmstadt).

SCANNAPIECO et al. (2002) = SCANNAPIECO, E., PETITJEAN, P., BROADHURST, T. (2002): Die Macht der kosmischen Leere. -Spektrum der Wissenschaft Heft 11, Heidelberg.

SCHACHTSCHABEL. P; BLUME, H.-P.; BRÜMMER, G.; HARTGE, K.-H.; SCHWERTMANN, U. (1989): (SCHEFFER/SCHACHTSCHABEL) Lehrbuch der Bodenkunde. -12. Auflage, Stuttgart (Enke).

SCHAEPMAN, M. (1999): Abbildende Spektrometrie als Mittel zur Umweltanalyse. -in Publikation der Deutsche Gesellschaft für Photogrammetrie und Fernerkundung Band 7.

SCHÄFER/WEBER (2002) = SCHÄFER, C., WEBER, T. (2002): Das Europäische Satellitennavigationssystem GALILEO. -DVW Bayern Heft 4, München.

SCHÄFER, C. (2001): Space Gravity Spectroscopy. The sensitivity analysis of GPS-tracked satellite missions (case study CHAMP). -Deutsche Geodätische Kommission Reihe C, Heft 534, München (Diss. Universität Stuttgart).

SCHAFFMANN+KLUGE (1977): Großer Weltatlas. -Berlin (Schaffmann+Kluge), München (Tomus).

SCHAREK, R. (1991): Die Entwicklung des Phytoplanktons im östlichen Weddelmmer (Antarktis) beim Übergang vom Spätwinter zum Frühjahr. -Berichte zur Polarforschung Heft 94, Alfred-Wegner-Institut für Polar- und Meeresforschung, Bremerhaven (Diss. Universität Bremen).

SCHAUER, U. (2002): in AWI (2002).

SCHEFFERS, G. (1943): Lehrbuch der Mathematik. Berlin.

SCHEINERT, M. (1996): Zur Bahndynamik niedrigfliegender Satelliten. -Deutsche Geodätische Kommission Reihe C, Heft 435, München (Diss. Universität Stuttgart).

SCHICK, R. (1997): Erdbeben und Vulkane. - München (Beck).

SCHIDLOWSKI, M. (1987): Photoautotrophie und Evolution des irdischen Sauerstoffbudgets. -in JAENICKE et al. (1987).

SCHIDLOWSKI, M. (1985): Frühe organische Evolution und ihre Beziehung zu Mineral- und Energielagerstätten: Porträt eines IGCP-Projekts. -in Deutsche Forschungsgemeinschaft Mitteilung 14 der Kommission für Geowissenschaftliche Gemeinschaftsforschung, Bonn.

SCHIEWE, J. (2001): Integration von Digitalen Höhen-Modellen und multispektralen Bilddaten zur automatischen Objekterkennung. -in DGPF (2001a).

SCHIRMER, H., BUSCHNER, W., CAPPEL, A., MATTHÄUS, H. (1987): Meyers Kleines Lexikon Meteorologie. -Mannheim (Meyers Lexikonverlag).

SCHLEIDEN, M. (1867): Das Meer. -Berlin (Sacco).

SCHLITZER et al. (2001) = SCHLITZER, R., SCHNEIDER, B., USBECK, R., WEIRIG, M-F. (2001): Wie produktiv ist der Südliche Ozean? -in AWI (2000/2001).

SCHLOSSER, W. (2003): Astronomische Deutung der Himmelsscheibe von Nebra. - Sterne und Weltraum Heft 12, Heidelberg.

SCHLÜTER et al. (1992) = SCHMETZ, J. (1990): Windfelder aus Verlagerung von Wolken in Satellitenbildern. -promet, Offenbach a.M. (Deutscher Wetterdienst).

SCHMID, J. (1993); Bevölkerungsentwicklung. -in Zeitbombe Mensch, Überbevölkerung und Überlebenschance, Herausgegeben von R. KLÜVER, München (Deutscher Taschenbuch Verlag).

SCHMIDT, M. (2002): Wavelet-Analyse von Zeitreihen. -Deutsche Geodätische Kommission Reihe A, Heft 118, München.

SCHMIDT, M. (2001): Wavelet-Analyse von Erdrotationsschwankungen. -Zeitschrift für Vermessungswesen Heft 2, Stuttgart (Wittwer).

SCHMIDT-FALKENBERG, H. (1991): Die deutschen Beiträge zum ersten europäischen Fernerkundungssatelliten für die Erdbeobachtung. -Zeitschrift für Vermessungswesen Heft 7, Stuttgart (Wittwer).

SCHMIDT-FALKENBERG, H. (1989): Zur Fernerkundung der Planeten unseres Sonnensystems. -Wiener Schriften zur Geographie und Kartographie Band 3, Institut für Geographie der Universität Wien.

SCHMIDT-FALKENBERG, H., SIEVERS, J., GRINDEL, A. (1987): Die Entschleierung der Antarktis mittels Fernerkundung. -Geographische Rundschau Heft 3, Braunschweig (Westermann).

SCHMIDT-FALKENBERG, H. (1971): Wissenschaftliche Redaktion von Heft 6 - Topographie- des FIG-Fachwörterbuchs, Frankfurt am Main.

SCHMIDT-FALKENBERG, H. (1965): Die ‚Geographie' des Ptolemäus und ihre Bedeutung für die europäische Kartographie. -Forschungen und Fortschritte Heft 12, Berlin.

SCHMIDT-FALKENBERG, H. (1965): Kartographie. -Sonderdruck aus Westermanns Lexikon der Geographie, herausgegeben von W. Tietze (Georg Westermann Verlag, Braunschweig).

SCHMIDT-FALKENBERG, H. (1959): Über einige Grundbegriffe der Kartographie. -Forschungen und Fortschritte Heft 7, Berlin.

SCHMIDT-FALKENBERG, H. (1955): Die Darstellung der Geländeformen in großmaßstäbigen Karten. -Filmkopie, Staatsarchiv Nürnberg.

SCHMIDT-FALKENBERG, H. (1953): Die gotische Epoche der mitteleuropäischen Kartographie. -Vortrag, Technische Universität Berlin.

SCHMIDTHÜSEN, J. (1961): Allgemeine Vegetationsgeographie. -Berlin.

SCHMINCKE, H-U. (2000): Vulkanismus. -Darmstadt (Wissenschaftliche Buchgemeinschaft).

SCHMITZ-HÜBSCH, H. (2002): Wavelet-Analysen der Erdrotationsparameter im hochfrequenten Bereich. -Deutsche Geodätische Kommission Reihe A, Heft 118, München.

SCHMITZ-HÜBSCH/DILL (2001) = SCHMITZ-HÜBSCH, H., DILL, R. (2001): Atmosphärische, ozeanische und hydrologische Einflüssse auf die Erdrotation. -Zeitschrift für Vermessungswesen Heft 5, Stuttgart.

SCHMITZ-PFEIFFER/RENGER (1991) = SCHMITZ-PFEIFFER, A.; RENGER, W.: Lidarverfahren. -promet, Offenbach a.M. (Deutscher Wetterdienst).

SCHNABEL, P. (1938): Text und Karten des Ptolemäus. -Leipzig.

SCHNACK, K. (1998): Besiedlungsmuster der benthischen Makrofauna auf dem ostgrönländischen Kontinentalhang. -Berichte zur Polarforschung Heft 294, Bremerhaven (Diss. Universität Kiel).

SCHNEIDER, M. (1989): Forschungsgruppe Satellitengeodäsie, Forschungsprogramm.

SCHNELLE, F. (1955): Pflanzen-Phänologie. -Leipzig.

SCHNELLMANN et al. (2004) = SCHNELLMANN, M., ANSELMETTI, F., MCKENZIE, J., WARD, S. (2004): Ein See als Seismograf. -Spektrum der Wissenschaft Heft 12, Heidelberg.

SCHODLOK, M. (2002): Über die Tiefenwasserausbreitung im Weddellmeer und in der Scotia-See: Numerische Untersuchungen der Transport- und Austauschprozesse in der Weddell-Scotia-Konfluenz-Zone. -Berichte zur Polar- und Meeresforschung Heft 423, Bremerhaven (Diss. Universität Bremen).

SCHOLZ, M. (2001): Neues Gesicht in der Ahnangalerie des Menschen, -Spektrum der Wissenschaft Heft 7, Heidelberg.

SCHÖNE, T. (1997): Ein Beitrag zum Schwerefeld im Bereich des Weddellmeeres, Antarktis. Nutzung von Altimetermessungen des GEOSAT und ERS-1. -Berichte zur Polarforschung Heft 220, Alfred-Wegener-Institut für Polar- und Meeresforschung, Bremerhaven (Diss. Universität Bremen).

SCHÖNWIESE, C-D. (1992): Praktische Statistik für Meteorologen und Geowissenschaftler. -Stuttgart (Borntraeger).

SCHÖNWIESE, C-D. (1993): Globale Klimaänderungen in Vergangenheit und Zukunft. -Geographische Rundschau Heft 2, Braunschweig (Westermann).

SCHREIBER et al. (2002) = SCHREIBER, U., KLÜGEL, T., STEDMAN, G., SCHLÜTER, W. (2002): Stabilitätsbetrachtungen für große Ringlaser. -Deutsche Geodätische Kommission Reihe A, Heft 118, München.

SCHREIBER et al. (2001) = SCHREIBER, U., SCHLÜTER, W., WEBER, H. (2001): Immer genau wissen, wie schnell die Erde sich dreht. -Innovation Heft 10, Magazin von Carl Zeiss, Jena..

SCHREIBER, U. (2000): Ringlasertechnologie für geowissenschaftlicehe Anwendungen. -Mitteilungen des Bundesamtes für Kartographie und Geodäsie Band 8, Frankfurt am main (Habilitationsschrift Techn. Universität München).

SCHRIEK, R. (2000): Licht- und Temperatureinfluß auf den enzymatischen Oxidationsschutz der antarktischen Eisdiatomee Entomoneis kufferathii Manguin. -Berichte zur Polarforschung Heft 349, Bremerhaven (Diss. Universität Bremen).

SCHROEDER, D. (1984): Bodenkunde in Stichworten. -Unterägerie (Hirt).

SCHRÖTER/WENZEL (2001) = SCHRÖTER, J., WENZEL, M. (2001): Wenn NN nicht normal ist. -siehe AWI (2000/2001).

SCHUBERT, F. (2004): Biosensor für Giftalgen. -Spektrum der Wissenschaft Heft 4, Heidelberg.

SCHUH et al. (2003) = SCHUH, H., DILL, R., GREINER-MAI, H., KUTTERER, H., MÜLLER, J., NOTHNAGEL, A., RICHTER, B., ROTHACHER, M., SCHREIBER, U., SOFFEL, M. (2003): Erdrotation und globale dynamische Prozesse. -Mitteilungen des Bundesamtes für Kartographie und Geodäsie Band 32, Frankfurt am Main.

SCHUH et al. (2002) = SCHUH, H., SOFFEL, M., HORNIK, H. (2002): Vorträge beim 4. DFG-Rundgespräch im Rahmen des Forschungsvorhabens 'Rotation der Erde' zum Thema "Wechselwirkungen im System Erde", Höllenstein/Wettzell, 08./09. März 2001. -Deutsche Geodätische Kommission Reihe A, Heft 118, München.

SCHUH, H. (1987): Die Radiointerferometrie auf langen Basen zur Bestimmung von Punktverschiebungen und Erdrotationsparametern. -Deutsche Geodätische Kommission Reihe C, Heft 328, München (Diss. Universität Bonn).

SCHULZ, A. (2001): Bestimmung des Ozonabbaus in der arktischen und subarktischen Stratosphäre. -Berichte zur Polar- und Meeresforschung Heft 387, Bremerhaven (Diss. Freie Universität Berlin).

SCHULTZ, J. (1988): Die Ökozonen der Erde. -Stuttgart (Ulmer).

SCHUMACHER/VAN TREECK (1998) = SCHUMACHER, H., VAN TREECK, P. (1998): Ist der Niedergang der Korallenriffe aufzuhalten? -Spektrum der Wissenschaft Spezialheft 1, Heidelberg.

SCHUMACHER, R. (2001): Messung von optischen Eigenschaften troposphärischer Aerosole in der Arktis. -Berichte zur Polarforschung Heft 386, Bremerhaven (Diss. Universität Potsdam).

SCHUMACHER, S. (2001): Mikrohabitatsansprüche benthischer Foraminiferen in Sedimenten des Südatlantiks. -Berichte zur Polar- und Meeresforschung Heft 403, Bremerhaven (Diss. Universität Bremen).

SCHÜTZ, L. (1987): Atmosphärischer Mineralstaub. -in JAENICKE et al. (1987).

SCHWAB, M.J. (1998): Rekonstruktion der spätquartären Klima- und Umweltgeschichte der Schirmacher Oase und des Wohltat Massivs (Ostantarktika). -Berichte zur Polarforschung Heft 293, Bremerhaven (Diss. Universität Potsdam).

SCHWAB, M. (1985): Magmatismus (Vulkanismus und Plutonismus). -in HOHL et al. (1985).

SCHWAGER, M. (2000): Eisbohrkernuntersuchungen zur räumlichen und zeitlichen Variabilität von Temperatur und Niedrschlagsrate im Spätholozän in Nordgrönland. -Berichte zur Polarforschung Heft 362, Bremerhaven.

SCHWAMBORN, G. (2004): Late Quaternary Sedimentation History of the Lena Delta. -Berichte zur Polar- und Meeresforschung Heft 471, Bremerhaven (Diss. Universität Potsdam).

SCHWARZE, V. (1995): Satellitengeodätische Positionierung in der relativistischen Raum-Zeit. -Deutsche Geodätische Kommission Reihe C, Heft 449, München (Diss. Universität Stuttgart).

SCHWEGMANN, W. (2004): Ein eingebettetes Expertensystem zur Automatisierung der VLBI-Auswertung. -Mitteilung des Bundesamtes für Kartographie und Geodäsie Band 30, Frankfurt am Main (Diss. Universität Bonn).

SCHWERTMANN, U. (1989): in SCHACHTSCHABEL et al.

SCHWINTZER, P. et al. (1992): GRIM 4 - Globale Erdschwerefeldmodelle. -Zeitschrift für Vermessungswesen Heft 4, Stuttgart (Wittwer).

SCLATER, J.G.; TAPSCOTT, C. (1979): Die Geschichte des Atlantik. -Spektrum der Wissenschaft, Schwerpunktheft "Ozeane und Kontinente" 1987, Heidelberg (Verlagsgesellschaft).

SEDLMAYR et al. (1999) = SEDLMAYR, E., SEDLMAYR, K., GOERES, A. (1999) in BROCKHAUS (1999).

SEEBER, G. (1993): Satellite Geodesy: foundations, methods, and applications. - Berlin, New York (de Gruyter).

SEEGER et al. (1998) = SEEGER, H., ALTNER, Y., ENGELHARDT, G., FRANKE, P., HABRICH, H., SCHLÜTER, W. (1998): 10 Jahre Aufbauarbeit an einem neuen geodätischen Bezugssystem für Europa. -Mitteilungen des Bundesamtes für Kartographie und Geodäsie Band 1, Frankfurt am Main.

SEEGER, H. (1992): Bericht über IAG, GM 1. -Zeitschrift für Vermessungswesen Heft 10, Stuttgart (Wittwer).

SEEGER, H.; BREUER, B.; FRIEDHOFF, H.; HABRICH, H.; MÜLLER, A; RAUCH, E.; REICHARD, G.; SCHLÜTER, W. (1992): Der Beitrag des IFAG zu überregionalen GPS-Kampagnen in Europa. -Allgemeine Vermessungs-Nachrichten Heft 11-12, Karlsruhe (Wichmann).

SEILER, D. (1999): Struktur und Kohlenstoffbedarf des Makrobenthos am Kontinentalhang Ostgrönlands. -Berichte zur Polarforschung Heft 307, Bremerhaven (Diss. Universität Kiel).

SEITTER, W., BUDELL, R. (1984): Kurze Einführung in die astronomische Photographie. -Workshop über Photographie in Bericht über die Versammlung in Minden 1984 der (deutschen) Astronomischen Gesellschaft, Miteilungen Nr. 62, Hamburg.

SEITZ, F. (2002): Atmosphärische und ozeanische Massenverlagerungen als Antrieb für ein Kreiselmodell der Erde. -Deutsche Geodätische Kommission Reihe A, Heft 118, München.

SEITZ, K. (1997): Ellipsoidische und topographische Effekte im geodätischen Randwertproblem. -Deutsche Geodätische Kommission Reihe C, Heft 483, München (Diss. Universität Karlsruhe).

SIEGERT et al. (2005) = SIEGERT, M., DOWDESWELL, J., SVENDSEN, J-I., ELVERHOI, A. (2005): Das Ende der letzten Eiszeit. -Spektrum der Wissenschaft Heft 5, Heidelberg.

SIEVERS, J. (1976): Zusammenhänge zwischen Objektreflexion und Bildschwärzung in Luftbildern. -Deutsche Geodätische Kommission Reihe C, Heft 221, München (Diss. Universität Karlsruhe).

SIMPSON, S. (2004): Wie alt sind die ersten Lebensspuren? -Spektrum der Wissenschaft Heft 4, Heidelberg.

SINNHUBER, B-M. (1999): Variabilität der arktischen Ozonschicht: Analyse und Interpretation bodengebundener Millimeterwellenmessungen. -Berichte zur Polarforschung Heft 309, Bremerhaven (Diss. Universität Bremen).

SJ (1990): Statistisches Jahrbuch 1990 für die Bundesrepublik Deutschland. -Stuttgart.

SLG (1975): Handbuch für Beleuchtung. -Essen.

SMETACEK, V. (1990): Die Bedeutung von Planktonalgen im Ökosystem und in marinen Stoffkreisläufen der Antarktis. -in AWI (1980-1990).

SMIL, V. (1997): Weltbevölkerung und Stickstoffdünger. -Spektrum der Wissenschaft Heft 9, Heidelberg.

SMITH, C. (2000): Der große Hadronen-Collider. -Spektrum der Wissenschaft Heft 9, Heidelberg.

SMITH/MARDSEN (1998) = SMITH, E. , MARDSEN, R. (1998): Die Ulysses-Mission. - Spektrum der Wissenschaft Heft 3, Heidelberg.

SMOLIN, L. (2004): Quanten der Raumzeit. -Spektrum der Wissenschaft Heft 3, Heidelberg.

SOFFEL, H. (1993): Deutschlands Kontinentales Tiefbohrprogramm. -Verhandlungen der Gesellschaft Deutscher Naturforscher und Ärzte, Stuttgart (Wissenschaftliche Verlagsgesellschaft).

SÖHNE. W. (1996): Ein hybrides System in der Geodäsie. Einsatz des NAVSTAR GPS mit dem Strapdown-Inertial-Navigationssystems LASERNAV II für kinematische Punktbestimmung und Orientierung. -Deutsche Geodätische Kommission Reihe C, Heft 463, München (Diss. TH Darmstadt).

SOMBROEK, W.G. (1991): Die Bedeutung der Böden für globale Umweltveränderungen. -Global Change Prisma, Bremerhaven.

SOMMER, K. (1987): Wissensspeicher Chemie. -Thun, Frankfurt a.M. (Deutsch).

SOMMERKORN, M. (1998): Patterns and Controls of CO_2 Fluxes in Wet Tundra Types of the Taimyr Peninsula, Siberia - the Contribution of Soils and Mosses. -Berichte zur Polarforschung Heft 298, Bremerhaven (Diss. Universität Kiel).

Sp Heft/Jahr = Spektrum der Wissenschaft, Heidelberg.

SPURK et al. (2001) = SPURK, M., FRIEDRICH, M., KROMER, B. (2001): Bäume als Zeitzeugen. -Spektrum der Wissenschaft Heft 4, Heidelberg.

STÄBLEIN, G. (1983): Antarktis und Arktis. -Geographische Rundschau Heft 3. Braunschweig (Westermann).

STÄBLEIN, G. (1991): Polareis und Eisbergnutzung. -Geographische Rundschau Heft 6. Braunschweig (Westermann).

STAHL, N, GEGE, P. (2001): Ableitung von Wasserinhaltsstoffen zur Überwachung des Bodensees aus Fernerkundungsdaten. -in DGPF (2001b).

STANNER, W. (1957): Leitfaden der Funkortung. -Deutsche RADAR-Verlagsgesellschaft mbH, Garmisch-Partenkirchen.

Statistisches Bundesamt (1992): Schriftenreihe „Forum der Bundesstatistik" Band 20, herausgegeben vom Statistischen Bundesamt (Kohlhammer).

STEFFEN, W. (2000): An integrated approach to understanding Earth's metabolism. - Global Change News Letter No. 41 (May), The Royal Swedish Academy of Sciences, Stockholm.

STEIB/POPP (2003) = STEIB, B., POPP, R. (2003): Albertus Magnus - der große Neugierige. -Spektrum der Wissenschaft Heft 11, Heidelberg.

STEINER, D. (1961): Eine einfache Methode der Reflexionsmessung im Gelände und ihre Anwendung bei Problemen der Landnutzungsinterpretation von Luftbildern.- Bildmessung und Luftbildwesen Heft 4, Berlin (Wichmann).

STEPHENS, G.L. (1978): Radiation profiles in exended water clouds II: Parameterizationschemes. -Journal Atmos.Sci. 35.

STERLING, T. (2005): Supercomputer - die jüngsten Entwicklungen. -Spektrum der Wissenschaft Heft 3, Heidelberg.

STETTER, K. (2003): Feuerezwerge - Zeugen der Urzeit. -in EMMERMANN (2003).

STETTER, K. (1987): Hochtemperaturgrenzen des Lebens. -Verhandlungen der Gesellschaft Deutscher Naturforscher und Ärzte München 1986, Stuttgart (Wissenschaftliche Verlagsgesellschaft).

STEUFMEHL, H. (1994): Optimierung von Beobachtungsplänen in der Radiointerferometrie (VLBI). -Zeitschrift für Vermessungswesen Heft 1, Stuttgart (Wittwer).

STEWART, I. (2003): ein Vierteljahrhundert Mathematik. -Spektrum der Wissenschaft Heft 5, Heidelberg.

STOLARSKI et al. (1991) = STOLARSKI, R., BLOOMFIELD, P., MCPETERS, R. (1991): Total ozone trends deduced from Nimbus 7 TOMS data. -Geophy. Res. Lett S.1015.

STRAHLER/STRAHLER (1989) = STRAHLER, A.N., STRAHLER, A.H.: Elements of Physical Geography. -Fourth Edition; New York, Chichester, Brisbane, Toronto, Singapore (Wiley).

STRAßER, G. (1957): Ellipsoidische Parameter der Erdfigur. -München (Beck).

STRAUCH (1991): siehe KRÖMMELBEIN/STRAUCH (1991).

STRAUSS, M. (2004): Galaktische Wände und Blasen. -Spektrum der Wissenschaft Heft 6, Heidelberg.

STROBACH, K. (1991): Unser Planet Erde. -Berlin, Stuttgart (Borntraeger).

STROBEL et al. (1999) = STROBL, P., MÜLLER, A., OERTL, D., BÖHL, R. FRIES, J., RICHTER, R., OBERMEIER, P., HAUSOLD, A., REINHÄCKEL, G., BEISL, U. BERAN, D. (1999): Das abbildende Spektrometer DAIS 7915. -in Deutsche Gesellschaft für Photogrammetrie und Fernerkundung Band 7.

STROHMAIER, G. (2001): Al-Biruni. -Spektrum der Wissenschaft Heft 5, Heidelberg.

STRÜBING, K. (1990): Fernerkundung des Meereises. -promet, Offenbach a.M. (Deutscher Wetterdienst).

STRÜBING, K. (1974): Eisberge im Nordatlantik, 60 Jahre Int. Ice Patrol. -Der Seewart Heft 1 und 3, Hamburg.

STUMPFF, K. (1957): Astronomie. -Frankfurt a.M. (Fischer).

STRUNZ, G. (2001):Operationelle Bereitstellung von Fernerkundungsdaten. -in DGPF (2001a).

STURM et al. (2004) = STURM, M., PETROVICH, D., SERREZE, M. (2004): Eisschmelze am Nordpol. -Spektrum der Wissenschaft Heft 3, Heidelberg.

SUCCOW/JESCHKE (1986) = SUCCOW, M.; JESCHKE, L.: Moore in der Landschaft. - Thun, Frankfurt a.M. (Deutsch).

SÜMNICH et al. (1997) = SÜMMICH, K-H., ZIMMERMANN, G., NEUMANN, A., SZABO, A. (1984): Anfänge der Astronomie bei den Griechen. -Sterne und Weltraum Heft 12, München.

SZANGOLIES, K. (2001): 48. Photogrammetrische Woche (Bericht). -Photogrammetrie Fernerkundung Geoinformation Heft 6, Stuttgart.

TAMMAN, G. (1997): Die Entwicklung des Kosmos. Ist die Hubble-Konstante konstant? -in: Koordinaten der menschlichen Zukunft: Energie-Materie-Information-Zeit, Verhandlungen der Gesellschaft Deutscher Naturforscher und Ärzte, Stuttgart (Hirzel).

TANCK, H-J. (1985): Meteorologie. -Reinbeck (Rowohlt).

TAYLOR/MCLENNAN (1996) = TAYLOR, R., MCLENNAN, S.: Ursprung und Entwicklung der kontinentalen Kruste. -Spektrum der Wissenschaft Heft 11, Heidelberg.

TEGMARK/WHEELER (2001) = TEGMARK, M., WHEELER, J. (2001): 100 Jahre Quantentheorie. -Spektrum der Wissenschaft Heft 4, Heidelberg.

TESMER, V. (2004): Das stochastische Modell bei der VLBI-Auswertung. -Deutsche Geodätische Kommission Reihe C, Heft 573, München (Diss. Technische Universität München).

TESMER, V. (2002): Untersuchung der mit VLBI gemessenen Erdrotationsparameter. -Deutsche Geodätische Kommission Reihe A, Heft 118, München.

THAUER, R. (2003): Methanogene Archaea: Vom Treibhauseffekt zum Feuerdrachen. -in EMMERMANN (2003).

THIEDE, J., ADAMS, N. (1989): Das Nordmeer und die Klimageschichte. Sedimentationsprozesse verstehen. -forschung, Mitteilungen der DFG Heft 4, Weinheim (VCH).

THIEL, K-H. (1996): Konzeptionelle Untersuchung für ein ziviles Satellitennavigationssystem. -Deutsche Geodätische Kommission Reihe C, Heft 470, München. (Diss. Universität Stuttgart).

THIEMANN, S., STROBL, P., GEGE, P., STAHL, N., MOOSHUBER, W., VAN DER PIEPEN, H. (2001): Das abbildende Spektrometer ROSIS. -in DGPF (2001b).

THOMAS, W. (1995): Die Bestimmung der Reflexionsfunktion orographisch strukturierter Landoberflächen. -Diss. Universität München. Gleichzeitig erschienen als Forschungsbericht der Deutschen Forschungsanstalt für Luft- und Raumfahrt, DLR 95-27.

THORANDT, V., ENGELHARDT, G., IHDE, J., REINHOLD, A. (1997): Analyse von VLBI-Beobachtungen mit dem Radioteleskop des Observatoriums O'Higgins - Antarktis. - Zeitschrift für Vermessungswesen Heft 3, Stuttgart. (Wittwer).

THORSTEINSSON, T. (1996): Textures and fabrics in the GRIP ice core, in relation to climate history and ice deformation. -Berichte zur Polarforschung Heft 205, Alfred-Wegener-Institut für Polar- und Meeresforschung, Bremerhaven (Diss. Universität Bremen).

THROM, G. (1993): Grundlagen der Botanik. -Heidelberg, Wiesbaden (Quelle+Meyer).

THIEDE, J. (2002): Polarstern Arktis XVII/2, Cruise report: AMORE 2001 (Arctic Mid-Ocean Ridge Expedition). -Berichte zur Polar- und Meeresforschung Heft 421, Bremerhaven.

THIEMANN, S. (2001): Chlorophyll-Analyse mit flugzeuggetragenen Hyperspektraldaten des casi und HyMap im Vergleich. -in DGPF (2001a).

TIETZE, W. (2005): Persönliche Mitteilung.

TIETZE, W. (1968): Glazial- und Küstenmorphologie. -Sonderdruck aus Westermanns Lexikon der Geographie, herausgegeben von W. Tietze (Georg Westermann Verlag, Braunschweig).

TIETZE, W. (1962): Ein Beitrag zum geomorphologischen Problem der Strandflate. - Petermanns Geographische Mitteilungen Quartalheft 1, Gotha.

TISCHLER, W. (1990): Ökologie der Lebensräume. -Stuttgart (Fischer).

TITZ, S. (2005): Historische Temperaturwellen. -Spektrum der Wissenschaft Heft 4, Heidelberg.

TL/Kosmos (1989) = TIME-LIFE (1989): Der Kosmos (Reise durch das Universum). -Amsterdam.

TL/Planeten (1989) = TIME-LIFE (1989): Die fernen Planeten (Reise durch das Universum). -Amsterdam.

TL/Sterne (1989) = TIME-LIFE (1989): Sterne (Reise durch das Universum). -Amsterdam.

TL/Leben (1989) = TIME-LIFE (1989): Die Suche nach Leben (Reise durch das Universum). -Amsterdam.

TL/Galaxien (1989) = TIME-LIFE (1989): Galaxien (Reise durch das Universum). -Amsterdam.

TL/Astronomie (1990) = TIME-LIFE (1990): Die neue Astronomie (Reise durch das Universum). -Amsterdam.

TL/All (1990) = TIME-LIFE (1990): Vorstoß ins All (Reise durch das Universum). -Amsterdam

TL/Erde (1990) = TIME-LIFE (1990): Die Erde (Reise durch das Universum). -Amsterdam.

TL/Sonne (1990) = TIME-LIFE (1990): Die Sonne (Reise durch das Universum). -Amsterdam.

TL/Raumfahrer (1990) = TIME-LIFE (1990): Die Raumfahrer (Reise durch das Universum). -Amsterdam.

TOKSÖZ, M.N. (1975): Die Subduktion der Lithosphäre. -Spektrum der Wissenschaft, Schwerpunktheft "Ozeane und Kontinente" 1987, Heidelberg (Verlagsgesellschaft).

THOMAS (1995): Die Bestimmung der Reflexionsfunktion orographisch strukturierter Landoberflächen. -Diss. Universität München.

TOON/TURCO (1991) = TOON, O.B.; TURCO, R.P.: Polare Stratosphärenwolken und Ozonloch. -Spektrum der Wissenschaft, Heidelberg.

TORGE, W. (2003): Geodäsie. Berlin (de Gruyter).

TORGE, W. (Herausgeber) (2000): Berichte zur XXII. Generalversammlung der IUGG Assoziation für Geodäsie im Juli 1999 in Birmingham, U.K.. -Zeitschrift für Vermessungswesen Heft 7, Stuttgart (Wittwer).

TORGE, W. (1998): 100 Jahre Schwerereferenznetze - Klassische und moderne Konzeption. -Zeitschrift für Vermessungswesen Heft 11, Stuttgart (Wittwer).

TORGE, W. (1996): Berichte zur XXI. Generalversammlung der IUGG-Assoziation für Geodäsie. -Zeitschrift für Vermessungswesen Heft 4, Stuttgart (Wittwer).

TORGE, W. (1993): Von der mitteleuropäischen Gradmessung zur Internationalen Assoziation für Geodäsie. -Zeitschrift für Vermessungswesen Heft 12, Stuttgart (Wittwer).

TRAGESER, G. (2005): Die Tsunami Katastrophe. -Spektrum der Wissenschaft Heft 2, Heidelberg.

TRAGESER, G. (2000): Starthilfe aus dem All? -Spektrum der Wissenschaft Heft 5, Heidelberg.

TRETER, U. (1990): Holzvorrat und Holznutzung in den borealen Wäldern. Geographische Rundschau Heft 7/8, Braunschweig (Westermann).

TRETER, U. (1990): Die borealen Waldländer. -Geographische Rundschau Heft 7/8, Braunschweig (Westermann).

TREUDE, E. (1983): Die Polargebiete. Politisch-rechtliche Probleme ihrer Erschließung und Nutzung. -Geographische Rundschau Heft 3, Braunschweig (Westermann).

TUSCHLING, K. (2000): Zur Ökologie des Phytoplanktons im arktischen Laptevmeer - ein jahreszeitlicher Vergleich. -Berichte zur Polarforschung Heft 347, Bremerhaven (Diss. Universität Kiel).

UNIKATH (Jahr/Monat) = Herausgegeben im Auftrag des Rektors der Universität Karlsruhe (TH).

UNSÖLD/BASCHEK (1991) = UNSÖLD, A., BASCHEK, B.: Der neue Kosmos. -Berlin et al. (Springer).

VECSEI, A. (2004): Riffe heizen die Erde auf. -Spektrum der Wissenschaft Heft 8, Heidelberg.

VEIT, A. (2002): Vulkanologie und Geochemie pliozäner bis rezenter Vulkanite beiderseits der Bransfield-Straße/West-Antarktis. -Berichte zur Polar- und Meeresforschung Heft 420, Bremerhaven (Diss. Ludwig-Maximilians-Universität München).

VENEZIANO, G. (2004): Die Zeit vor dem Urknall. -Spektrum der Wissenschaft Heft 8, Heidelberg.

VILLAREAL, L. (2005): Leben Viren? -Spektrum der Wissenschaft Heft 2, Heidelberg.

VIOLETT (1967): Taschenbuch des allgemeinen Wissens. -Köln (Buch- und Zeit).

VOGEL, M. (1995): Analyse der GPS-Alpentraverse. Ein Beitrag zur geodätischen Erfassung rezenter Erdkrustenbewegungen in den Ostalpen. -Deutsche Geodätische Kommission, Reihe C Heft 436, München (Diss. Universität Karlsruhe).

VÖLK, H., GILLESSEN, S. (2002): Der Kosmos im Gammalicht. -Spektrum der Wissenschaft Heft 8, Heidelberg.

VOß, J. (1988): Zoogeographie und Gemeinschaftsanalyse des Makrozoobenthos des Weddellmeeres (Antarktis). -Berichte zur Polarforschung Heft 45, Alfred-Wegener-Institut für Polar- und Meeresforschung, Bremerhaven (Diss. Universität Kiel).

WÄGELE, H. (2001): Die vielfältigen Wege der Evolution Biodiversiät diskutiert am Beispiel der opisthobranchiaten Schnecken. -in GDNÄ (2001).

WAGNER et al. (2003) = WAGNER, T., KUHNT, W., DAMSTE, J. (2003): Klimakapriolen der Kreidezeit. -Spektrum der Wissenschaft Heft 12, Heidelberg.

WAGNER et al. (2001) = WAGNER, D., KOBABE, S., KUTZBACH, L., PFEIFFER, E-M.(2001): Heiße Prozesse in kalten Böden: Mikrobielle Studien tragen zum Verständnis der Methanfreisetzung aus Permafrostlandschaften bei. -in AWI (2000/2001).

WAGNER, W., SCHMULLIUS, C. (2001): Ansätze zur Erfassung der CO_2-Bilanz Sibiriens aus Radardaten. -in DGPF (2001b).

WAGNER, G. (1990): EG-Binnenmarkt für Energie. -Geographische Rundschau Heft 10, Braunschweig (Westermann).

WAGNER, A. (2001): Neues Licht ins Dunkel der Materie. -siehe GDNÄ (2001).

WAGNER, A. (1997): Einführung: Koordinate Zeit. -in: Koordinaten der menschlichen Zukunft: Energie-Materie-Information-Zeit. Verhandlungen der Gesellschaft Deutscher Naturforscher und Ärzte, Stuttgart (Hirzel).

WAHL, P. (2002): Messung und Chrarkterisierung laminarer Ozonstrukturen in der polaren Stratosphäre. -Berichte zur Polar- und Meeresforschung Heft 411, Bremerhaven (Diss. Universität Potsdam).

WAHR, J. (1981): The Forced Nutations of an Elliptical, Rotating, Elastic and Oceanless Earth. -Geophysical Journal of the Royal Astronomical Society 64, S.705.

WALLACE, C. (1997): Mitochondrien-DNA, Altern und Krankheit. -Spektrum der Wissenschaft Heft 10, Heidelberg.

WALTER/SOVERS (2000) = WALTER, H., SOVERS, O. (2000): Astrometry of Fundamental Catalogues. -Berlin (Springer).

WALTER, H. (1986): Allgemeine Geobotanik. -Stuttgart (Ulmer).

WALTHER/WALTHER (2004) = WALTHER, T., WALTHER, H. (2004): Was ist Licht? Von der klassischen Optik zur Quantenoptik. -München (Beck).

WALTHER, H. (1997): Das Atom in der Falle - eine neue Uhr? -in: Koordinaten der menschlichen Zukunft: Energie-Materie-Information-Zeit. Verhandlungen der Gesellschaft Deutscher Naturforscher und Ärzte, Stuttgart (Hirzel).

WALZ et al. (2004) = WALZ, U., WAGENKNECHT, S., CSAPLOVICS, E., LISKOWSKY, G., PRANGE, L. (2004): Eignung von CORONA-Fernerkundungsdaten zur Analyse der Landschaftsentwicklung. -Zeitschrift Photogrammetrie Fernerkundung Geoinformation Heft 5, Stuttgart.

WAMSGANß, J. (2001): Gravitationslinsen. -Spektrum der Wissenschaft Heft 5, Heidelberg.

WANNINGER, L. (2003): Permanente GPS-Stationen als Referenz für präzise kinematische Positionierung. -Photogrammetrie, Fernerkundung, Geoinformation Heft 4, Stuttgart.

WANNINGER, L. (2000): Präzise Positionierung in regionalen GPS-Referenzstationsnetzen. -Deutsche Geodätische Kommission Reihe C, Heft 508, München (Habilitationsschrift Technische Universität Dresden).

WARD, A. (2003): Earth's Hidden Waters Tracked bey GRACE. -The Earth Observer May/June VOl 15, No. 3 (NASA, EOS, USA).

WEBER et al. (1998) = WEBER, G., BECKER, M., FRANKE, P. (1998): GPS-Permanentnetze in Deutschland und Europa. -Mitteilungen des Bundesamtes für Kartographie und Geodäsie Band 1, Frankfurt am Main.

WEBER, D. (2004): Basisinformationen zur Einführung von Normalhöhen im Höhensystem DHHN 92. -Mitteilungen des DVW Bayern Heft 4, München.

WEBER, D. (1998): Die Schweremessungen der Landesvermessung in Deutschland. -Zeitschrift für Vermessungswesen Heft 11, Stuttgart (Wittwer).

WEBER, D. (1994): Das neue gesamtdeutsche Haupthöhennetz DHHN 92. -Allgemeine Vermessungs-Nachrichten Heft 5, Heidelberg (Wichmann).

WEDEKIND, G. (2004): Mehr CO_2 ohne Einfluß auf Treibhauseffekt. -Spektrum der Wissenschaft Heft 11, Heidelberg.

WEDEPOHL, K.H. (1960): siehe BARTELS (1960).

WEDEPOHL, K.H. (1969-1978): Handbook of Geochemistry. -Herausgegeben von K.H. WEDEPOHL, Berlin (Springer).

WEICHELT, H. (1990): Spektroradiometrie und Signaturforschung. -Zeitschrift für Photogrammetrie und Fernerkundung Heft 4, Karlsruhe (Wichmann).

WEISSENBERGER. J. (1992): Die Lebensbedingungen in den Solekanälchen des antarktischen Meereises. -Berichte zur Polarforschung Heft 111, Bremerhaven (Diss. Universität Bremen).

WELLS, D. et al. (1986): Guide to GPS Positioning. -Canadian GPS Associates, Fredericton, New Brunswik..

WENDT, Heinz (1961): Sprachen. -Fischer Lexikon, Frankfurt am Main.

WENDERLEIN, W. (1997): Neue Gestaltungsmittel in der Geodäsie. -Allgemeine-Vermessungs-Nachrichten Heft 5, Heidelberg. (Wichmann).

WENGENMAYR, R. (2003): Ein Lineal aus Licht. -Spektrum der Wissenschaft Heft 11, Heidelberg.

WENZEL, H-G. (1996): Zum Stand der Erdgezeitenanalyse. -Zeitschrift für Vermessungswesen Heft 6, Stuttgart. (Wittwer).

WESTERMANN (1973): Diercke Weltatlas, 171.Auflage. -Braunschweig.

WESTERMANN (1972): Westermann Schulatlas, Große Ausgabe, 3.Auflage. -Braunschweig.

WETTLAUFER/DASH (2000) = WETTLAUFER, J., DASH, G. (2000): Schmelzen unter dem Gefrierpunkt. -Spektrum der Wissenschaft Heft 4, Heidelberg.

WHITEE, G. (2001): Das Umweltsatellitensystem der USA. -DLR-Nachrichten Heft 101, Köln.

WIENHOLZ, K. (2003): Zur Bestimmung der GPS-Phasenmehrdeutigkeiten in großräumigen Netzen. -Deutsche Geodätische Kommission Reihe C, Heft 566, München (Diss. Technische Universität Berlin).

WIENCKE/SCHREMS (2001) = WIENCKE, C., SCHREMS, O.: Ozonabbau in der Stratosphäre: Bedroht die UV-Strahlung auch Küstengroßalgen? -in AWI (2000/2001).

WIECZERKOWSKI, K. (1999): Gravito-Viskoelastodynamik für verallgemeinerte Rheologieen mit Anwendungen auf den Jupitermond Io und die Erde. -Deutsche Geodätische Kommission Reihe C, Heft 515, München (Diss. Universität Münster).

WILDT et al. (2001) = WILDT, J., ROCKEL, P., LAUSCH, E. (2001): Die Stresssignale der Pflanzen. -Spektrum der Wissenschaft Heft 8, Heidelberg.

WILHELM, F. (1989): Die Hydrogeographie und ihre Arbeitsweisen. -Geographische Rundschau Heft 9, Braunschweig (Westermann).

WILHELM, F. (1987)): Der Gang der Evolution. Die Geschichte des Kosmos, der Erde und des Menschen. -Herausgegeben von F. Wilhelm, München (Beck).

WILHELM, F. (1987): Hydrogeographie. -Braunschweig (Höller+Zwick).

WILKE, G., FREUND, H-J., GIERER, A., KIPPENHAHN, R., REETZ, M., NÖTH, H., TRUSCHEIT, E. (1993): Horizonte. Wie weit reicht unsere Erkenntnis heute? -Verhandlungen der Gesellschaft Deutscher Naturforscher und Ärzte Aachen 1992, Stuttgart (Wiss. Verlagsgesellschaft).

WAMBSGANß, J. (2003): Planeten um nahe Sterne - Entdeckung anderer Welten. -in EMMERMANN (2003).

WILSON, R. C. (2001): The ACRIMSAT/ACRIM III Experiment - Extending the Precision, Long-Term Total Solar Irradiance Climate Database. -The Earth Observer Heft May/June, Vol. 13 No.3, Greenbelt, USA..

WILLSON, R. C. (1993): Solar irradiance. -in GURNEY et al. (1993).

WILMANNS, Otti (1989): Ökologische Pflanzensoziologie. -Heidelberg, Wiesbaden (Quelle+Meyer).

WILSON, J.T. (1963): Kontinentaldrift. -Spektrum der Wissenschaft, Schwerpunktheft "Ozeane und Kontinente" 1987, Heidelberg (Verlagsgesellschaft).

WINKLER, A. (1999): Die Klimageschichte der hohen nördlichen Breiten seit dem mittleren Miozän: Hinweise aus sedimentologischen-tonmineralogischen Analysen (OPD Leg 151, zentrale Framstraße). -Berichte zur Polarforschung Heft 344, Bremerhaven (Diss. Universität Kiel).

WINTER, K. (2000): Neutrinos - die einfachsten Elementarteilchen. -siehe GDNÄ (2000).

WB (1993) = Wissenschaftlicher Beirat der Bundesregierung Globale Umweltveränderungen (Jahresgutachten 1993): Welt im Wandel: Grindstruktur globaler Mensch-Umwelt-Beziehungen. -Bremerhaven.

WISSMAN, von, H. (1959): Die heutige Vergletscherung und Schneegrenze in Hochasien mit Hinweisen auf die Vergletscherung der letzten Eiszeit. -Akademie der Wissenschaften und der Literatur, Abhandlungen der MathematischNaturwissenschaftlichen Klasse 14, Wiesbaden.

WOLLENBURG, J. (1992): Zur Taxonomie von rezenten benthischen Foraminiferen aus dem Nansen Becken, Arktischer Ozean. -Berichte zur Polarforschung Heft 112. Alfred-Wegener-Institut für Polar- und Meeresforschung, Bremerhaven.

WOLSCHIN, G. (2004): Fernste Galaxie entdeckt. -Spektrum der Wissenschaft Heft 6, Heidelberg.

WOLSCHIN, G. (2004): Zeitdehnung im Test. -Spektrum der Wissenschaft Heft 3, Heidelberg.

WOLSCHIN, G. (2003b): Nachrichten von den ersten Sternen. -Spektrum der Wissenschaft Heft 9, Heidelberg.

WOLSCHIN, G. (2003a): Einzigartiger Einblick in die Urzeit des Universums. -Spektrum der Wissenschaft Heft 5, Heidelberg.

WOLSCHIN, G. (2002): Ende einer unendlichen Geschichte. -Spektrum der Wissenschaft Heft 10, Heidelberg.

WOLSCHIN, G. (2001d): Nagt der Zahn der Zeit auch an Naturkonstanten? -Spektrum der Wissenschaft Heft 11, Heidelberg.

WOLSCHIN, G. (2001 c): Neutrinomasse - und es gibt sie doch. -Spektrum der Wissenschaft Heft 10, Heidelberg.

WOLSCHIN, G. (2001 b): Von Extra-Dimensionen vorerst keine Spur. -Spektrum der Wissenschaft Heft 5, Heidelberg.

WOLSCHIN, G. (2001a): Gigantsicher Strahlungsblitz in Rekorddistanz. -Spektrum der Wissenschaft Heft 4, Heidelberg.

WOLSCHIN, G. (2000c): Boomerang erforscht Big Bang. -Spektrum der Wissenschaft Heft 8, Heidelberg.

WOLSCHIN, G. (2000b): Die Teleskope der nächsten Generation. -Spektrum der Wissenschaft Heft 6, Heidelberg.

WOLSCHIN, G. (2000a): Fortschritte bei g und G. -Spektrum der Wissenschaft Heft 3, Heidelberg.

WOLSCHIN, G. (1999): Strings, Membranen und Dualitäten. -Spektrum der Wissenschaft Heft 10, Heidelberg.

WOLSCHIN, G. (1998): Neutrinomasse nachgewiesen? -Spektrum der Wissenschaft Heft 8, Heidelberg.

WÜNSCH, J. (2002): Der saisonale Zyklus in der Polbewegung unter spezieller Berücksichtigung des Ozeans. -Deutsche Geodätische Kommission Reihe A, Heft 118, München.

ZARRAOA, N., MAI, W., JUNGSTAND, A. (1997): Das russische satellitengestützte Navigationssystem GLONASS - ein Überblick. -Zeitschrift für Vermessungswesen Heft 9, Stuttgart (Wittwer).

ZEBHAUSER. B. (2000): Zur Entwicklung eines GPS-Programmsystems für Lehre und Tests unter besonderer Berücksichtigung der Ambiguity Function Methode. -Deutsche Geodätische Komission Reihe C, Heft 523, München.

ZEIL, W. (1990): (Brinkmanns) Abriß der Geologie. Band 1: Allgemeine Geologie - Stuttgart (Enke).

ZEISS (Heft-Nr./Jahr): Innovation, das Magazin von Carl Zeiss. -Oberkochen, Jena.

ZENNER, H-P. (2000): Vom Schall zum Hören. -siehe GDNÄ (2000).

ZENTGRAF, E. (1951): Waldbau. -Heidelberg.

ZEPF/ASHMAN (2004) = ZEPF, S., Ashman K. (2004): Kugelsternhaufen in neuem Licht. -Spektrum der Wissenschaft Heft 1, Heidelberg.

ZfV = Zeitschrift für Vermessungswesen. Herausgeber seit 1872: Deutscher Verein für Vermessungswesen (DVW). Ab 127. Jahrgang (ab 2002) lautet der Name der Zeitschrift: zfv - Zeitschrift für Geodäsie, Geoinformation und Landmanagement. Diese Namensgebung folgt dem neuen Vereinsnamen: Deutscher Verein für Vermessungswesen (DVW) - Gesellschaft für Geodäsie, Geoinformation und Landmanagement. Bis 2001: Verlag Wittwer (Stuttgart), ab 2002: Verlag Wißner (Augsburg).

ZfV Heft/Jahr = Zeitschrift für Vermessungswesen...

ZIEGLER, C. (1996): Entwicklung und Erprobung eines Positionierungssystems für den lokalen Anwendungsbereich. -Deutsche Geodätische Kommission Reihe C, Heft 446, München (Diss. TH Darmstadt).

ZIMMERMANN, C. (1997): Zur Ökologie arktischer und antarktischer Fische: Aktivität, Sinnesleistungen und Verhalten. -Berichte zur Polar- und Meeresforschung Heft 231, Bremerhaven. (Diss. Uni. Kiel).

ZIMMERMANN, G. (1991): Fernerkundung des Ozeans. -Berlin.

ZUMBERGE, J.F., NEILAN, R., MUELLER, I. (1995): Densification of the IGS Global Network. -in IGS-Workshop Proceedings 1994, JPL Pasadena..

ZWALLY, H.J.; BRENNER, A.C.; MAJOR, J.A.; BINDSCHADLER. A.; MARSCH, J.G, (1989): Growth of Greenland Ice Sheet: Measurement. -Science, Volume 246.

ZWATZ-MEISE, V. (1990): Das Satellitenbild in der Synoptik: neue Ergebnisse. -promet, Offenbach a.M. (Deutscher Wetterdienst).

Personen- und Stichwortverzeichnis

2,6mm-Linie 403, 404, 442
21cm-Linie 403, 404, 442
3-dimensional 120, 481
4-dimensional 490
Aa-Lava 325
Abbildung 95, 158, 188, 228, 274, 1000, 1349, 1372
Abbot 521
Abendland 178, 185, 202, 204, 503
Abich 334
Abplattung 71, 73, 102, 104, 124-127, 144, 214, 993
Abschätzung 151, 237, 242, 262, 275, 276, 335, 486, 507, 524, 676, 861, 891, 925, 996, 999, 1082, 1087, 1195, 1205, 1250, 1312
Abschirmung 474, 483, 750, 1282
Abschirmwirkung 571, 901, 1241, 1244, 1248
Absorption 433, 441, 442, 462, 540, 560, 561, 569, 574, 575, 579, 584, 585, 603, 607, 608, 631, 769, 865, 1024, 1085, 1086, 1099, 1163, 1221, 1222, 1235, 1246, 1249, 1251, 1259, 1261, 1283, 1285, 1287, 1288, 1317
Absorptionsbande 585, 1054, 1099, 1250, 1286, 1287
Absorptionsgrad 560, 561
Absorptionslinie 404, 442, 1248
Abstoßungskraft 439, 485, 491, 492
Abstrahlung 401, 422, 545, 565, 567, 569, 577, 612, 614, 730, 1025, 1221, 1241, 1242, 1245, 1247-1251
Abstraktion 3, 13, 16-22, 24, 26, 27, 168, 514
Abyssal 1059, 1061, 1117, 1147
Achse 39, 73, 132, 135, 143, 189, 215, 217, 218, 243, 245, 246, 249, 251, 253, 262, 280-283, 286, 288, 302, 313, 361, 404, 428, 552, 1007
Achsen 35, 37, 39, 69, 104, 251, 280-284, 302
Ackerland 583, 888, 945-947, 955
Adelsberger 286, 428
Aerosol 585, 705, 935, 936, 964, 1023, 1230-1237, 1246, 1256-1259, 1290, 1291
Aerosolpartikel 857, 1192, 1228, 1230, 1246
Aerosolquellen 1233
Aerosolteilchen 704, 857, 1230-1236, 1238, 1287
Aerosolzusammensetzung 1238, 1239
Agassiz 656
Agens Eis 371
Agens Gravitation 372
Agens Mensch 374
Agens Wasser 371, 372

Agens Wind 372
Akkad 175, 184
Akkretion 124, 243, 246, 251, 360, 415, 738, 739, 744
aktiv 113, 146, 326, 332, 416, 1090, 1106, 1164, 1165, 1189, 1196, 1308, 1310, 1313
Albedo 170, 556, 566, 567, 573, 574, 576, 578-583, 587, 594, 598, 603, 606, 608, 611, 612, 614, 631, 638, 974, 1086, 1182, 1223, 1234, 1236, 1242, 1245-1247, 1290, 1312
Algen 346, 627, 649, 650, 752, 761, 764, 789, 797, 800, 804, 895, 936, 1066, 1068, 1073, 1075, 1076, 1078-1081, 1085, 1086, 1090-1093, 1099, 1101, 1116, 1126, 1142, 1179-1181, 1185, 1191, 1192, 1196, 1197, 1207, 1289, 1295, 1356
Alkoholische Gärung 768
Allesfresser 768, 1119, 1122
Allgemeinsprache 25, 223, 395, 1057, 1149, 1154
Alma 392, 398
Alpha Magnetic Spectrometer 485
Alphabet 174, 186, 190, 221, 222, 1341
Alphastrahlung 385
Alpher 434
Alter 204, 207, 212, 223, 296, 327, 334, 340, 454, 457, 458, 483, 509, 553, 588, 590, 592, 601, 644, 652-654, 664, 670, 675, 709, 710, 731, 736, 737, 762, 765, 776, 781, 810, 811, 814, 815, 903, 949, 1126, 1226, 1296, 1349
ältere Hypothesen 355
Altersbestimmung 457, 458, 673, 709, 718, 719, 721, 722, 728, 810, 814, 950, 1299
Altgrad 133
Altimetrie 113, 114, 621, 991, 1001, 1053, 1344
Al-Biruni 201, 203, 1388
Ammoniak 397, 745, 858, 868, 919, 922, 924, 927, 928, 930-932, 955, 1227
Ammoniak-Verflüchtigung 927, 930
Ammonium 923, 924, 927-930, 1109, 1208, 1211, 1212
Ammoniumfixierung 930
Ampere 427, 815, 816
Ampferer 294, 295, 313-315
Amphidromie 1020
Amplitude 132, 241, 258, 266, 267, 282, 999
AMS02 485
Amstutz 314
Amundsen 436, 628, 1168, 1170, 1277, 1351
Analyse 29, 42, 125, 219, 249, 257, 271, 340, 348, 353, 429, 434, 436, 442, 465, 494, 526, 609, 611, 619, 651, 652, 655, 656, 663, 665, 669, 673, 675, 730, 738, 861, 915, 917, 964, 986, 988, 997, 1019, 1110, 1210,

1222, 1223, 1252, 1282, 1291, 1294, 1295, 1299, 1300, 1302, 1303, 1310, 1320, 1351, 1357, 1358, 1360, 1364, 1369, 1380, 1386, 1390, 1393, 1394
Anaxagoras 186, 501
Anaximander 174, 185, 188, 189, 501
Anaximenes 185, 189, 501
Änderungen 23, 36, 51, 53, 87, 164, 236, 240, 241, 254, 259, 262, 265, 270, 278, 320, 354, 359, 397, 423, 525, 528, 553, 571, 615, 651, 655, 657, 675, 677, 753, 815, 918, 956, 983-985, 988, 989, 996, 999, 1026, 1086, 1095, 1189, 1215, 1235, 1274, 1279, 1285, 1287, 1295, 1296, 1302, 1303, 1310, 1312, 1313, 1331
Anfänge der Raketentechnik 7
Anfänge der Raumfahrt 8
Angaben 10, 12, 37, 38, 59, 69, 75, 110, 160, 161, 164, 165, 167, 168, 170, 278, 283, 286, 322, 333, 336, 340, 345, 381, 382, 435, 462, 484, 495, 546, 547, 562, 566, 573, 577, 579-581, 583, 589, 602, 636, 648, 649, 685, 720, 727, 795, 811, 845, 854, 856, 857, 859, 862-868, 872, 873, 882-884, 888, 889, 893, 903, 929, 942, 943, 992, 1027, 1037, 1039, 1040, 1043, 1046, 1058, 1063, 1082, 1101, 1110, 1112, 1114, 1120, 1141, 1148, 1182, 1184, 1185, 1210, 1220, 1227, 1231, 1241, 1243, 1246, 1250, 1254, 1267, 1283, 1286, 1290, 1300, 1302, 1313
Angara 809
Angström 408, 521, 578, 584
Anionen 863, 866, 928
anisotrop 471
Anomalie 126, 127, 327, 524, 1043, 1051
Anoxigene Photosynthese 755, 775
Anregungsfunktion 269, 270, 272, 275, 276
Antarktis 53-56, 162, 166, 223, 225, 263, 297, 300, 311, 321, 378, 398, 436, 583, 616, 626, 627, 640-645, 647-649, 651-653, 658, 670-673, 675-678, 682, 687, 703, 711, 713, 719, 777, 887, 891, 896, 897, 905, 982, 998, 1030, 1041, 1045, 1057, 1075, 1082, 1086, 1087, 1093, 1094, 1107, 1125, 1126, 1145, 1162, 1167, 1188-1192, 1194, 1196, 1197, 1206, 1236-1238, 1263, 1269, 1273, 1275-1277, 1279, 1280, 1299-1301, 1306, 1307, 1316, 1322, 1331, 1341-1343, 1347, 1351, 1352, 1356-1359, 1362, 1366, 1367, 1369, 1375, 1377, 1379, 1381, 1382, 1386, 1387, 1390, 1392, 1393
antarktische Divergenz 1044
antarktische Konvergenz 645, 981, 1144
antarktischer Krill 1152
Antarktisstationen 1189, 1198
Antarktisvertrag 1188

Antarktis-Eisschild 641, 643, 647, 649, 653, 670, 1299
Antarktis-Punktfeld 162
Antimaterie 487, 531, 1357
Antiteilchen 485, 531, 534, 539
Anziehungskraft 76, 77, 85, 87, 101, 119, 120, 123, 127, 128, 171, 214, 439, 448, 485, 491, 492, 546, 549, 1004, 1018
AO 170, 605, 822, 823, 1311
aperiodische Schwankungen 240, 241
Apex-Teleskop 397
APKIM 35, 318, 319
Apollonius 215
äquatoriale Anregungsfunktion 270
Aquin 503
Äquipotentialfläche 14, 68, 74, 88, 90, 91, 95-97, 99, 128, 226, 995, 1015, 1027
Äquivalenzprinzip 479
Araber 7, 192, 194, 199-203, 217
Arabidopsis-Testsystem 956
Arabisch 200, 202, 203
Aralsee 262
Archaebakterien 759, 1064-1066, 1076, 1132, 1134-1136
Aristarch 101, 215, 216, 218
Aristarchos 187, 189
Aristoteles 114, 171, 187, 189, 213, 215, 216, 501-503, 1057, 1125
Arktis 225, 583, 626, 627, 631, 632, 635, 637, 648, 671, 673, 704, 821, 1075, 1086, 1087, 1093, 1096, 1107, 1162, 1167, 1179, 1180, 1231, 1236, 1237, 1273, 1275, 1276, 1279, 1280, 1282, 1299, 1303, 1307, 1312, 1321, 1322, 1336, 1339, 1340, 1349, 1373, 1384, 1387, 1390
arktische Oszillation 1311
Arrhenius 355, 356
Artenanzahl 344-346, 1057, 1150, 1161, 1193
Artendiversität 345, 1057
Artenverlust 346
Artenvielfalt 345, 1057
Arthropoda 1069, 1148, 1150
as 139, 142, 146, 217, 254, 263, 266, 267, 394, 578, 645, 864, 1361
Asche 5, 325, 337, 1073, 1317
aschefreie Trockenmasse 1105
Asien-Punktfelder 158
Assur 175
Assyrer 175, 215
Asteroiden 339, 343, 344, 399, 400, 737
Asteroiden-Gürtel 399

Aston 722, 729
Äther 428
Atlantik 155, 167, 230, 300, 313, 549, 628, 645, 657, 658, 667, 705, 706, 948, 954, 979-982, 997, 1030, 1031, 1041, 1046, 1048, 1050, 1096, 1097, 1103, 1111-1114, 1143, 1173, 1182, 1193, 1194, 1199, 1203, 1204, 1268, 1305, 1306, 1318, 1385
Atlas 175, 178, 187, 228, 613, 616, 646, 667, 837, 953, 1327, 1342, 1348, 1350, 1351, 1354, 1369, 1375
Atlas Farnese 178, 187
Atmosphäre 38, 72, 75, 81, 100, 106, 124, 127, 129, 141, 142, 144, 146, 157, 236-240, 249, 259-263, 269, 272, 273, 275, 276, 324, 335-337, 342, 370, 398, 420, 518, 538, 545, 565, 567-569, 571, 577-579, 581, 585, 590, 591, 595, 597-601, 603, 606-608, 611, 613, 615, 626, 627, 631, 638, 643, 668, 672, 673, 696, 703-706, 716, 717, 732, 743-746, 753, 754, 760-762, 764, 765, 767, 769, 772, 790, 791, 795, 797, 814-817, 832, 836, 842, 848, 850, 852, 855-859, 867, 872-874, 877-881, 884, 888-890, 892-896, 898-901, 903-905, 907-909, 912-914, 916-920, 925, 927-929, 934-936, 940, 963, 964, 970, 972-975, 977, 992, 996, 998, 1004, 1005, 1012, 1014, 1016, 1020, 1023-1027, 1032-1035, 1038, 1047, 1048, 1055, 1059, 1081, 1082, 1090, 1093-1095, 1101, 1103, 1104, 1111, 1135, 1162, 1192, 1208-1211, 1214-1218, 1220-1223, 1225, 1226, 1228-1238, 1240-1252, 1257, 1259, 1260, 1262, 1263, 1265, 1267-1269, 1271, 1272, 1274-1277, 1280-1283, 1286-1291, 1293, 1300, 1302, 1303, 1308-1310, 1312-1318, 1320, 1340, 1342, 1374
Atmosphärenpotential 2, 168-170, 545, 556, 1217, 1260
Atmosphärenstruktur 745, 746, 753, 761, 766, 769, 771, 775
atmosphärische Dynamik 1262
atmosphärische Wellen 1265
atmosphärische Zirkulation 260, 581, 703, 704, 711, 1162, 1220, 1263, 1265, 1266
atmosphärisches Reservoir 924
Atmung 761, 764, 766-770, 773, 777, 778, 783, 854, 879, 890, 900, 1154
Atmungskette 769, 771, 776
Atom 138, 407, 501, 505, 723, 730, 734, 863, 1081, 1394
Atomenergie 493
Atomuhren 130, 286, 287, 430
ATP 758-760, 769-773, 775, 778, 1213, 1341
ATP-Produktion 758-760, 1213
ATP-Synthase 760, 1341
Auflasteffekte 234, 236, 237, 240
Ausdruckshilfe 17
Aussterberate 344

Ausstrahlung 556, 562, 563, 565, 570, 579, 1242, 1246
autotrophe Organismen 755, 767-769, 854
Autotrophie 755, 766, 768, 774, 778, 782, 1135
Avogadro 732
AWI 30, 228, 626, 627, 640, 649, 650, 652, 899, 978, 1032, 1045, 1050, 1060, 1075, 1086, 1092, 1094, 1095, 1098, 1102, 1109, 1140, 1152, 1154, 1157, 1158, 1166-1168, 1179, 1180, 1200, 1320-1322, 1326, 1342, 1348, 1349, 1355, 1358, 1360, 1368, 1380, 1383, 1386, 1393, 1396
AWI-Hausgarten 1179
axiale Anregungsfunktion 270
Axiom 484, 485, 514
Babylonier 173, 175, 176, 178, 184, 215, 500
Bacon 294
Baeyer 102, 105, 108
Bahnbeschleunigung 1007
Bahngeschwindigkeit 1007-1009, 1012
Bahnstörung 116
Bahnverfolgung 113, 114, 1052, 1053
bakterielle aerobe Chemosynthese 781
bakterielle anaerobe Chemosynthese 781
bakterielle Chemosynthese 779, 1131, 1133
bakterielle Photosynthese 763, 776, 781
Bakterien 689, 690, 716, 746, 752, 755, 756, 759, 760, 762, 765, 767, 768, 772, 776-779, 782, 785-787, 789, 797, 800, 806, 854, 889, 895, 903, 907, 923, 924, 929, 930, 938, 942, 1061-1066, 1076, 1078, 1083, 1085, 1086, 1091, 1093, 1118, 1127, 1129, 1132-1135, 1139, 1148, 1179, 1185, 1207, 1208, 1215, 1231, 1309, 1364
Bakterioplankton 1062, 1090, 1091, 1104, 1117, 1185, 1207, 1209, 1210
Ballon 436, 438, 1164, 1258, 1259
Ballonaufstieg 1259
Balmer-Serie 407, 442
Barents 630, 1170, 1174-1176, 1303, 1358
Barke 180
Bartels 241, 526, 919, 921, 1322, 1335, 1337, 1354, 1395
basaltische Laven 325, 334
Basiseinheiten 427
Basislinie 48, 49, 121, 153, 164, 246, 320
Basislinienlängen 53, 162, 164, 320-322
Basislinienvektor 49
Bathymetrie 1000
Baum 826, 828, 847
Bäume 241, 718, 722, 801, 810, 811, 813, 817, 826, 827, 831, 834, 835, 840, 1126,

1153, 1210, 1330, 1387
Baumgehölz 817, 819, 844, 847, 945
Baumgrenze 687, 691, 692, 826, 1295
Becquerel 724
Beginn der Landwirtschaft 821, 951, 1297
Begriff 14, 15, 17-19, 24-28, 66, 67, 75, 76, 88, 113, 178, 188, 215, 223, 234, 235, 238, 259, 261, 295, 303, 312, 314, 315, 323, 345, 355, 369, 376, 425, 428, 465, 481, 500-505, 513, 514, 544, 553, 585, 589, 597, 604, 679, 688, 694, 699, 711, 715, 732, 750, 770, 817, 826, 843, 870, 883, 945, 975, 982, 990, 1057, 1071, 1091, 1096, 1106, 1117, 1119, 1149, 1154, 1281
begriffliche Grundlagen 13
Behaim 178, 204, 209, 212, 213
Behm 230
Behrmann 5, 6, 176, 177, 190, 194
Belastung 234, 678, 930, 957
Bellingshausen 553, 1191, 1205
Benennung 14, 15, 18, 19, 25-27, 29, 34, 67, 85, 96, 129, 136, 137, 146, 175, 177, 178, 183, 186, 187, 192, 200, 204, 216, 217, 223, 227, 237-239, 244, 297, 299-301, 312, 314, 323-325, 351, 353, 369, 386, 391, 395, 408, 439, 471, 475, 486, 499-501, 505, 507, 515, 521, 525, 526, 531, 547, 574, 604, 660, 679, 691, 699, 707, 720-724, 745, 746, 758, 769, 774, 775, 778, 791, 792, 807, 833, 838, 854, 855, 913, 923, 941, 945, 949, 961, 962, 978, 981, 983, 990, 991, 1007, 1032, 1033, 1044, 1057, 1059-1062, 1064, 1065, 1073, 1086, 1144, 1152, 1218, 1226, 1241, 1249, 1275, 1284
Benioff 314, 315
benthisch 762, 765, 777, 780, 782, 1061, 1063, 1073, 1080, 1083, 1086, 1101, 1102, 1104, 1107, 1120, 1122, 1124, 1125, 1140, 1145, 1146, 1149, 1154, 1156, 1157, 1160, 1161, 1186, 1191-1195, 1207, 1209, 1308, 1309
benthisches Leben 1060, 1121, 1144, 1178
Benthon 1060, 1061, 1063
Beobachtung 4, 6, 7, 25, 31, 33, 48, 50, 131, 157, 178, 212, 277, 285, 327, 389, 390, 392, 396, 398, 412, 444, 465, 491, 523, 533, 541, 595, 617, 646, 837, 850, 859, 986, 1358, 1376
Beobachtungsfrequenz 25, 31, 42
Beobachtungsphase 25, 31, 42, 233, 1165, 1166
Beobachtungssystem 451
Berechnung 37, 58, 69, 93, 94, 97, 102, 105, 113, 117, 124, 126, 130, 143, 189, 256, 271-274, 277, 413, 465, 575, 647, 676, 957, 993, 1019
Bergbau 364, 365, 916, 942
Bering 631, 1170

Bernoulli 1019
Beschaffenheit 326, 355, 359, 540, 589-593, 741, 1080, 1145, 1159
Beschleunigung 79, 88, 127, 256, 419, 478, 484, 490, 491, 505, 685, 1000,
　　　　　1003-1008, 1010-1012, 1021-1023
Besiedlung 600, 601, 717, 790, 798, 803, 1071-1074, 1083, 1087, 1118, 1125, 1140,
　　　　　1177-1179, 1190, 1193, 1198
Bessel 63, 64, 69, 70, 102-104, 108, 155, 392, 460, 464, 479
Bestimmung 36, 38, 39, 44, 45, 47, 54, 59, 68, 87, 89, 91, 95, 97, 98, 101, 102, 105,
　　　　　106, 112, 114, 120-122, 130, 136, 140, 142, 154, 156, 157, 169, 171,
　　　　　179, 204, 272, 274, 277, 287, 319, 349, 393, 401, 445, 447, 448,
　　　　　458, 462, 472, 476, 520-522, 533, 539, 540, 553, 555, 592, 594, 604,
　　　　　605, 619, 636, 651, 652, 665, 674, 675, 709, 727, 729, 731, 733,
　　　　　735, 783, 828, 866, 988-990, 994, 1021, 1026, 1053, 1096, 1099,
　　　　　1100, 1104, 1105, 1184, 1186, 1195, 1200, 1212, 1213, 1229, 1230,
　　　　　1259, 1278, 1329, 1348, 1355, 1357, 1358, 1363, 1367, 1370, 1383,
　　　　　1390, 1391, 1396
Bestrahlungsintensität 657, 659, 660, 1295, 1302
Betastrahlung 385
Bevölkerung 11, 12, 173, 953, 955
Bevölkerungsexplosion 13, 225
Bewegung 35, 38, 39, 43, 44, 46, 49, 66, 90, 101, 127, 129, 135, 142, 148, 189,
　　　　　215-218, 235-237, 242, 243, 245, 246, 248, 250, 253, 255, 256,
　　　　　264-266, 269, 278, 288, 295, 302, 311, 318, 327, 362, 371, 392, 433,
　　　　　446, 459, 464, 470, 475, 481, 482, 486, 501, 502, 509, 514, 518,
　　　　　527, 599, 609, 615, 715, 750, 760, 774, 983, 985, 990, 996, 1006,
　　　　　1007, 1009, 1011, 1012, 1016, 1017, 1019, 1021, 1023, 1026, 1027,
　　　　　1031, 1032, 1038, 1044, 1065, 1107, 1109, 1163, 1189, 1225, 1262,
　　　　　1295
Bezugssystem 34-39, 41, 45, 46, 48-50, 52, 60, 61, 63, 64, 66, 69, 71, 119, 120, 123,
　　　　　142, 143, 148, 150, 153, 223, 233, 236, 246, 248-252, 262, 263, 265,
　　　　　266, 268-270, 277-280, 282-284, 288, 311, 327, 479, 481, 502, 548,
　　　　　1010, 1012, 1385
Biermann 526
BIH 39, 40, 73, 110
Bilanzierungsoberfläche 568, 1241, 1242
Bildsprache 20
bildsprachliche Abstraktion 20
Bildung 19, 192, 196, 296, 297, 303, 337, 367, 375, 433, 437, 491, 598, 613, 630,
　　　　　641, 650, 716, 717, 721, 728-730, 743, 745, 746, 748, 755, 763-765,
　　　　　770, 773, 775-777, 790, 795, 804, 806, 808, 810, 890, 909, 926, 929,
　　　　　935, 952, 1035, 1041, 1047, 1081, 1085, 1094, 1137, 1167, 1171,
　　　　　1173, 1174, 1176, 1192, 1209, 1216, 1221, 1223, 1233, 1237, 1263,

1268, 1273, 1276, 1289, 1293, 1307, 1318, 1325
Binnenwasser 865
Biodiversität 344, 345, 1057, 1162, 1364
Bioindikatoren 1096, 1110, 1113
Biologie 110, 656, 715, 719, 758, 774, 958, 1060, 1062, 1063, 1119, 1322, 1331
Biologie der Dunkelheit 958
biologische Luftstickstoff-Fixierung 923, 928
Biologische Systematik 1067, 1068, 1091, 1101
Biolumineszenz 1118
Biomasse 241, 261, 346, 764, 769, 777, 782, 842, 853, 854, 879, 883, 884, 887, 888, 890, 891, 896, 899, 900, 902, 907, 926, 927, 930, 936, 940, 941, 1058, 1063, 1070, 1085, 1086, 1089-1091, 1102-1106, 1108, 1109, 1117, 1125, 1127, 1131, 1145-1148, 1178, 1182, 1184, 1186, 1187, 1191-1194, 1196-1199, 1201-1207, 1209-1213, 1322
Biomasseverlust 346
bioverfügbar 921, 1281
Birch 357
Biruni 201, 203, 1388
bkg 29, 36, 37, 39, 40, 51, 54, 144, 150-154, 156, 157, 227, 311, 616, 1324, 1325, 1333
Blaualgen 716, 752, 1066, 1076, 1078
Blauschlick 1141, 1142
Blei 182, 536, 665, 730, 731, 735, 736, 864, 956, 1111, 1112, 1115, 1116, 1129, 1130, 1238
Block 417, 792, 961, 1255
Boden 182, 225, 241, 261, 290, 372, 375, 686, 696, 697, 701, 716, 744, 767, 797, 835, 848, 855, 859, 886, 890, 909, 915, 917, 918, 923, 927-930, 934, 940, 941, 951, 952, 956, 969, 974, 975, 1033, 1145, 1218, 1287, 1364
Bodenacidität 915, 916, 1222
Bodeneis 375, 686, 694
Bodenerosion 952, 954
Bodenfeuchte 275, 276
Bodenfließen 686
Bodengreifer 1146, 1193
Bodennutzung 949, 952, 957
Bodenwärmestrom 974
Bodenwasser 872, 977, 1032, 1033, 1036, 1039, 1041, 1042, 1046-1048, 1050, 1093, 1137, 1174, 1194
Boden-Moos-System 696
Bogenmaß 132-136, 254, 267
Bogensekunde 37, 254, 393, 394, 409, 452, 453, 460

Bohrkern 672, 1296
Bohrung 340, 364, 365, 367, 672, 1350
Bolometer 397, 398
Boltzmann 388, 562, 563, 578, 614, 1267
Bolyai 514
Bolz 578
Bolz/Falkenberg 578
Bond 1310
Bondi 455
boreale Waldzone 692, 694, 838, 841
Bosch 124, 127, 928, 931, 932, 955, 997, 999, 1053, 1326, 1327
botanische Systematik 1142, 1148
Bradley 251, 284
Brahe 101, 102, 108, 393
Brandrodung 836, 849, 850, 900, 902, 916
Braun 9, 10, 649, 793, 794, 835, 994, 1001, 1058, 1087, 1305, 1327
Brauneis 644, 649, 1087
Bretterbauer 676-679, 998, 1327
Brillouin-Sphäre 81
Broecker 681, 1030, 1031, 1216, 1302, 1308
Broeker 673
Bronzeschale 174, 179, 181
Brooke 230
Brunhes 555, 722
Bruno 218, 219, 503, 810
Bruns 102, 103, 106, 108
Bruttogleichung 762
Brutto-Photosynthese 778, 854
Buchstabenschrift 174
Budda 186
Bullen 357
Bunsen 442
Burnight 539
Buttersäuregärung 768
Byzanz 189, 195, 196, 198, 199, 202, 203
C14-Methode 733, 814, 815
Cadmium 596, 864, 956, 1110-1112, 1114, 1115, 1129, 1130, 1238
Calcium 664, 731, 860, 866, 867, 913, 918, 919, 1081, 1094, 1216, 1238
Calciumcarbonat 663, 865, 913, 930, 1081, 1082, 1094, 1110, 1141
Calciumhydrogencarbonat 1081
Caldera 324
Candolle 820

Cantor 3, 17, 505, 506
Canyon 1123
CAP 160
Carbonat-Silicat-Kreislauf 892, 1216
Carbonylsulfid 936
Cardan-Parametrisierung 247
Cardan-Winkel 247
Carnivoren 1119
Carol 27
Cartesius 466, 503, 516
CASA 161
Cäsar 187, 190, 191, 288
Cäsiumuhren 286, 287
Cassinis 70, 105, 109
Catal Hüyük 5, 21, 176, 951, 1351
CATS 158
Cavendisch 476
CCD 397, 465, 596, 1054
CCD-Detektor 397
CCRS 40, 111
Celsius 523, 564, 1245
Centauri 460, 461, 463
CEP 270, 283
Cephie-Sterne 450
Chandler 252, 258, 262-267, 284, 285, 1330
Chandler-Bewegung 266
Chandler-Periode 252, 258, 262-266, 285
Chandler-Schwingung 266, 267
Chaos 1268
Chapman 1282
Chappius-Bande 1286
Charles-Rabot-Station 1167
chemische Verbindung 913
chemische Zusammensetzung 360, 368, 652, 853, 855, 859, 861, 862, 1139, 1226, 1236
Chemoautolithotrophie 779
chemoautotrophe Bakterien 782
chemoautotrophe Symbiose 782
chemolithotrophe Prozesse 1132
Chemosynthese 2, 169, 755, 767, 774, 778-782, 978, 1118, 1131, 1133, 1139, 1207
chemosynthetische Produktion 1140
Chen 308, 1330

Chlorbelastung 1272, 1279
Chlorophyll 601, 668, 778, 1078, 1096-1101, 1105, 1110, 1111, 1180, 1182-1185, 1196, 1198, 1200-1202, 1319, 1338, 1390
Chlorophyll a 601, 1078, 1096, 1098-1100, 1105, 1111, 1182-1185, 1196, 1198, 1200-1202
Chlorophyll a-Konzentrationen 1182-1184, 1198, 1200-1202
Chlorophyllkonzentrationen 667, 668, 1095, 1097
Chloroplasten 760, 769, 772, 774, 786, 787, 804, 1068
Chordata 1149, 1159, 1161
Chorographie 28
chorographisches Landschaftsmodell 28
Christentum 189, 192, 193, 199, 503
Christi 207, 289
Chromit 296
chronographische Vorgehensweisen 722
Chronologie 1305
CIO 39, 283, 1274
CIP 283
Clairaut 88, 102, 103, 108
Clairaut-Theorem 102, 103
Clarke 70, 102, 104, 108, 860-862, 1124
Clerici 315
Cloos 327
CNES 112, 522, 1052, 1256
Cnidaria 1080, 1094, 1149, 1158, 1186
CO_2-Konzentration 896, 897, 899, 1081, 1090, 1094, 1095, 1248, 1251, 1301
Codebeobachtungen 130
Computer 1219, 1365
Cook 307, 1188, 1331
copernicanisches Weltbild 101, 172, 215
Copernicus 101, 102, 108, 209, 213, 215, 217-219, 406, 464, 475
CORINE 956
Coriolis 127, 1003-1006, 1010-1014, 1023, 1256
Coriolis-Beschleunigung 1003, 1004, 1010, 1011, 1023
Coriolis-Kraft 127, 1005, 1006, 1010-1014
Craig 662, 735
Crick 922
Crookes 722
CTRS 40, 111
Curie 724
Cyanobakterielle Photosynthese 752, 777
Cyanobakterien 716, 752, 753, 762, 764, 765, 776, 777, 784, 789, 790, 795, 796,

923, 926, 931, 955, 978, 1064-1066, 1076, 1079, 1095, 1320
da Vinci 209, 213, 913
Dampf 331, 743, 744, 873, 1228
Dansgaard 657-659, 669, 671, 710, 1296, 1310
Dansgaard-Oeschger-Zyklen 657, 710, 1310
Darcy 274
Darwin 285, 394, 785, 950
Datensätze 29, 31, 69, 104, 107, 114, 118, 233, 271-275, 368, 957, 1218
Datenzentren 41, 1217
Daten-Zeitreihe 271
Datierung 182, 660, 664, 665, 674, 675, 708, 709, 718, 720-722, 728, 730, 731, 737, 989
Datierungsverfahren 179, 655, 724, 725, 733, 815
Datumsgebung 50
Davis 57, 163, 164, 321, 536
Davy 1213
de Fermat 516
de Sitter 505, 507
Debus 10
Deckschicht 599, 613, 615, 893, 997, 1025, 1033, 1046, 1096
Defant 313
Definition 3, 17, 19, 21, 25, 27, 28, 34, 39, 40, 45, 60, 67, 69, 75, 88, 93, 97, 99-101, 103, 111, 125, 128, 129, 143, 146, 169, 170, 225, 286, 369, 391, 392, 426-430, 452, 462, 480, 486, 512, 515, 518, 579, 597, 604, 611, 693, 699, 715, 716, 739, 759, 817, 870, 921, 939, 945, 1010, 1042, 1044, 1060, 1061, 1072, 1106, 1170, 1250
Deflation 369, 372, 952
Deformation 43, 66, 67, 102, 214, 235, 236, 238, 239, 307, 676, 1006, 1390
Deformationseffekte 234, 240, 1014
deformierbarer Körper 235, 249, 1004, 1020
Deklination 37, 48, 49, 548-550, 552
Delta-Cephie-Sterne 450
Demokrit 501, 502, 504
Dendrochronologie 722, 810
Denitrifikation 924, 927, 929
Denitrifizierung 929
Denkeinheit 17, 19
Denkhilfe 17
Denudation 369
Descartes 202, 466, 503, 504, 514, 516
Detritus 711, 712, 883, 911, 939, 940, 1119, 1210, 1213, 1309
Deuterium 406, 424, 537, 661, 733, 743

Deutscher Orden 207
Diagenese 225, 590
Diagramm 131, 169, 499
Diatomeenschlamm 1141, 1142
Diatomeen-Vergesellschaftungen 1180
Dichte 77, 84, 99, 116, 127, 128, 237, 260, 305, 336, 354, 356-359, 368, 415, 425, 433, 434, 446, 455, 456, 458, 468, 480, 484-486, 488, 490, 498, 506, 507, 509, 510, 513, 514, 520, 540, 544, 566, 590, 599, 601, 602, 740, 748, 812, 871, 874, 895, 986, 996, 999, 1003, 1006, 1009, 1011, 1020, 1027, 1028, 1033, 1034, 1038, 1074, 1090, 1092, 1097, 1101, 1110, 1115, 1129, 1134, 1138, 1145, 1175, 1176, 1263, 1309, 1310, 1317, 1378
Dielektrizitätskonstante 591, 592
Dielektrizitätszahl 591, 592
Dietz 312, 314, 340
differentielle Interferometrie 236, 330, 364
diffus 545, 567, 572, 573, 1217
digitales Modell 233
Dimension 88, 91, 453, 483, 497, 500, 513, 516, 517, 534
Dimethylsulfid 598, 936, 1101, 1191, 1233, 1237, 1275, 1289
Dinoflagellaten 1080, 1086, 1095, 1198, 1201
Diskreta 44, 499
Dittmar 866, 868
DMS 598, 936, 940, 1101, 1102, 1191, 1192, 1233, 1237, 1275, 1289-1291
DMSP 32, 417, 623, 626, 633, 639, 837, 961, 965, 1101, 1102, 1191, 1251, 1255, 1289, 1290, 1355
DMSP-Produktion 1289, 1290
DNA 783, 789, 922, 923, 1064, 1075, 1213, 1345, 1394
DNS 766, 783, 922, 941
Dobson 619, 1261, 1272, 1278, 1282
Domestizieren 5, 11, 949-951, 1297
Doppelhelix 783, 923
Doppler 46, 65, 112, 141, 441-447, 513, 993, 1052
Dopplermessung 113
Doppler-Effekt 141, 441, 444, 447, 513
DORIS 46, 60-62, 112, 114, 277, 617, 966, 969, 993, 1052, 1053, 1255
Dorno 1284
Douglas 810, 832
Drehimpuls 246, 248, 250, 255, 257, 259, 269
Drehimpulsansatz 249, 250
Drehmoment 248, 249, 251, 255, 256, 269, 278
Drehmomentenansatz 249

Drehtide 1020
Drei-Schluchten-Stausee 262
Drift 262, 268, 294, 295, 356, 630, 636, 645, 680, 695, 1037, 1045, 1163, 1180
Drittkörpergravitation 121
Druck 142, 218, 225, 250, 259, 261, 272, 326, 336, 360, 362, 429, 446, 486, 487,
 491, 510, 511, 527, 584, 728, 871, 975, 996, 1003, 1020, 1021,
 1034, 1110, 1117, 1137, 1142, 1179, 1214, 1217, 1218, 1230, 1283
Druckausgaben 212
Druckgradientenkraft 1003, 1004, 1020-1022, 1261
Druckschichtung 1221
DSDP 366, 367
Düngerversorgung 931, 955
Dungey 528
Düngung 705, 927, 930-932, 940, 954, 1212
Dunkelreaktion 775
Dunkle Energie 437, 439, 458, 483, 484, 486, 490, 491
Dunkle Materie 474, 483, 484, 489, 1367
Duperrey 553
Dupuit 274
Durchlässigkeit 559, 583, 584, 586, 1222, 1283
durchlichtete Wasserschicht 1058, 1059
Durchmusterung 393, 472, 473
Dürer 20, 26
dyn 256
Dynamik 45, 123, 124, 234, 260, 423, 478, 525, 597, 605, 629, 658, 842, 993, 996,
 1002, 1004, 1020, 1035, 1043, 1170, 1179, 1260, 1262, 1269-1272,
 1279, 1329, 1343, 1349, 1357, 1358, 1360, 1369, 1378
Dyson 425
Ebbe 129, 237, 371, 1015, 1018, 1071
Ebene 119, 133, 155, 218, 243, 283, 299, 398, 436, 468, 470, 514-516, 617, 643,
 693, 749, 826, 965, 1010, 1017, 1049, 1051, 1123, 1254, 1267
Echinodermata 1149, 1160, 1162
Eddington 425, 507
effusiv 326, 328, 334
Eigenschaften 2, 27, 34, 86, 88, 99, 114, 141, 142, 169, 279, 375, 395, 428, 433,
 438, 451, 453, 469, 475, 481, 482, 496, 511, 512, 518, 547, 551,
 560, 562, 565, 592, 594, 598, 600, 605, 606, 615, 620, 663, 664,
 723, 747, 748, 772, 782, 816, 921, 952, 975, 1005, 1027, 1042,
 1046, 1065, 1068, 1074, 1094, 1099, 1111, 1113, 1142, 1145, 1162,
 1163, 1194, 1235, 1237, 1240, 1247, 1263, 1350, 1365, 1369, 1384
EIGEN-Modelle 118, 129, 1001
Eindringtiefe 589, 590, 592, 593, 620, 782, 995, 1059, 1167

Einfluß 11, 24, 39, 47, 75, 76, 141, 170, 215, 239, 240, 260, 262, 265, 269, 272, 273, 287, 288, 401, 423, 430, 475, 486, 525, 540, 582, 591-593, 601, 615, 623, 626, 630, 641, 642, 665, 668, 669, 676, 677, 717, 733, 743, 746, 750, 789, 842, 859, 900, 985, 996, 1001, 1006, 1012, 1015, 1019, 1023, 1045, 1047, 1075, 1085, 1097, 1116, 1132, 1140, 1146, 1162, 1175, 1188, 1209, 1225, 1235, 1237, 1244-1249, 1262, 1264, 1267, 1273, 1275, 1277, 1279, 1310, 1311, 1313, 1316, 1318, 1331, 1339, 1370, 1395
Einführung 1, 15, 26, 36, 92, 94, 155, 174, 258, 285, 287, 392, 397, 427, 430, 431, 516, 611, 1342, 1345, 1349, 1351, 1354, 1357, 1367, 1368, 1372, 1373, 1385, 1393, 1394
Einheit des Drehmoments 256
Einheitskreis 133
Einheitsvektor 49, 475
Einschlagkrater 336
Einstein 387, 408, 422, 425, 426, 428, 439, 458, 465-468, 478, 479, 481-483, 485, 491, 495, 502, 504-507, 509-511, 517, 1323, 1356
Einsteinsche Feldgleichungen 478
Einstrahlung 260, 520, 525, 544, 545, 556, 565-568, 573, 577, 598, 607, 971, 1075, 1197, 1242, 1243, 1247, 1273
Eintrag 598, 606, 615, 630, 704, 706, 711, 850, 890, 892, 894, 895, 899, 916, 918, 920, 928, 935, 940, 1033, 1111, 1141, 1170, 1172, 1173, 1212, 1237, 1238, 1247, 1289, 1318
Einwirkung 224, 243, 269, 363, 475, 724, 817, 848, 1004, 1102, 1263, 1265, 1277, 1281, 1312, 1317
Einzelbaum 826
Einzeller 346, 716, 750, 760, 786, 1062, 1065, 1067, 1068, 1095, 1103, 1142, 1149, 1160, 1194, 1300
Eis 2, 106, 168-170, 224, 225, 236, 240, 294, 308, 336, 369-372, 375-377, 385, 401, 544, 556, 563, 570, 579, 581, 583, 587-591, 593, 597-606, 608, 611-615, 620, 621, 625-627, 631, 637, 640, 641, 643-654, 656, 673, 678, 683, 691, 694, 743, 744, 747-749, 820, 872, 873, 894, 964, 970, 977, 981, 998, 1024, 1045, 1046, 1053, 1082, 1085-1087, 1163, 1167, 1170, 1175, 1179, 1182, 1191, 1196-1199, 1208, 1213, 1232, 1234, 1237, 1279, 1299, 1300, 1316, 1324, 1325, 1344, 1348, 1360
Eisalgen 649, 650, 1084, 1085, 1087, 1088, 1092, 1107, 1179, 1180, 1182, 1196, 1198, 1201
Eisbedeckung 261, 272, 378-384, 581, 587, 591, 603, 613, 622, 626, 627, 629, 632, 638-641, 656, 659, 683, 971, 1024, 1038, 1039, 1085, 1096, 1111, 1174, 1187, 1193, 1285
Eisbedeckungsgrad 602-604, 618
Eisberg 602, 644-646, 650

Eisberge 641, 643-646, 648, 650, 708, 1045, 1172, 1202, 1310, 1388
Eisberg-Überwasserformen 644
Eisbohrkern 652, 671, 896, 897, 1301
Eisbohrkerne 651, 652, 655, 657, 669, 670, 674, 708, 813, 1299, 1300, 1302
Eisdecke 600, 631, 638, 649, 675, 676, 1165, 1182, 1215
Eisdriftgeschwindigkeit 605, 608, 615
Eisenerze 746, 765, 791-795, 940
Eisenverbindungen 793, 1142
Eisfeld 602, 609
Eiskappe 647, 658
Eismassenhaushalt 646
Eispolygon-Tundra 689
Eisschild 641-643, 647-649, 651, 653, 654, 669, 670, 1299, 1302, 1366
Eisschild-Bohrungen 651, 653, 654, 670, 1299, 1302
Eisscholle 602, 606, 609, 610, 612, 615, 622, 627
Eisschollenbewegung 609-611
Eisverhältnisse 651, 655, 657, 1183, 1295, 1310
Eiszeiten 421, 652, 656, 674, 675, 679, 682, 684, 1295, 1313, 1315, 1361
Eis-/Schneepotential 2, 168-170, 375, 376, 820, 981
Eis-Lebensgemeinschaften 600, 606, 650, 1085, 1086, 1179, 1196
Eis-Nomenklatur 600, 601
Ekliptik 189, 243-245, 251, 253, 254, 281, 401, 543, 1017
Ekman 1035, 1044
Ekman-Schicht 1035
El Nino 260, 261, 263, 264, 899, 999, 1050, 1051, 1320
elastische Wellen 428
elektromagnetische Strahlung 146, 385, 386, 390, 395, 402, 405, 408, 411, 412, 437, 525, 559, 583-585, 618, 621, 737, 761, 973, 1222, 1283
Elektronenakzeptoren 1132
Elektronendonatoren 1132
Elektronik 1219, 1281
Elementarteilchen 425, 484, 485, 495, 496, 505, 506, 508, 525, 531, 533, 534, 920, 1357, 1397
Elemente 1, 17, 22, 24, 202, 203, 311, 336, 360, 386, 415, 433, 442, 515, 518, 552, 595, 650, 652, 661, 689, 693, 722-724, 728, 730, 733, 735, 738, 742, 744, 745, 747, 755, 792, 825, 853, 859-861, 863, 864, 867, 911, 915, 1100, 1207, 1217, 1291
Ellipsoidische Höhe 63, 94, 95, 98, 126, 143
Emission 112, 402, 407, 433, 442, 560, 565, 567, 569, 570, 577, 614, 625, 626, 730, 858, 870, 910, 935, 936, 963, 1024, 1232, 1233, 1241, 1256, 1261, 1288-1290, 1360
Emissionsgrad 561, 562, 570, 612

Emissionslinie 404, 407, 442
Emissionslinien 407, 415, 440, 442, 1222
Empfindlichkeitsbereich 397
Emulsion 461
Endosymbionten 771, 772, 786, 929
Endosymbionten-Hypothese 771, 772
Energie 14, 30, 33, 80, 88, 90, 255, 349-352, 362, 364, 385-387, 389, 392, 406, 407, 412, 413, 415, 416, 418, 423, 427, 436-440, 458, 468, 469, 474, 479, 480, 482-488, 490, 491, 493, 495, 500, 505, 506, 508, 513, 518, 528, 529, 533, 534, 536, 537, 568, 572, 576, 584, 592, 596, 599, 613, 619, 631, 637, 715, 727, 739, 744, 745, 755, 759, 760, 767-769, 771, 772, 774, 775, 778, 779, 781, 782, 790, 797, 852, 853, 900, 919, 974, 1002, 1005, 1008, 1021, 1022, 1026, 1075, 1117, 1127, 1128, 1134, 1135, 1213, 1222, 1240, 1243, 1244, 1247, 1249, 1262, 1274, 1284, 1291, 1331, 1389, 1393, 1394
Energiebilanz 376, 613-615, 974, 1356
Energiegewinnung 2, 169, 716, 764, 766, 767, 770, 774, 778, 902, 1064, 1095, 1133
Energie-Masse-Relation 386, 506
Engelhardt 146, 162, 429, 1338, 1385, 1390
Entfernungsbestimmung 392, 404, 441-443, 445, 450, 452, 461, 462, 464, 465
Entfernungseinheiten 452
Entschleierung 5, 176, 177, 1381
Entstehung 19, 92, 172, 185, 189, 195, 196, 292, 295-297, 323, 327, 360, 362, 372, 374, 415, 423, 436, 437, 500, 531, 540, 551, 555, 560, 678, 684, 728, 730, 736-738, 742, 743, 748, 749, 753, 759, 806, 814, 903, 977, 1019, 1174, 1176, 1234, 1267, 1268, 1305, 1307, 1324, 1330, 1342, 1350, 1356, 1361, 1377
Entstehungszeitpunkt 437, 729
Entwicklung 3-5, 12, 15, 16, 19, 21, 25, 28, 38, 41, 62, 70, 80, 103, 106, 129, 146, 199, 201, 205, 210, 211, 219, 230, 255, 256, 285, 286, 293, 294, 365-367, 396, 404, 409, 428-430, 434, 441, 442, 451, 455, 456, 458, 463, 492, 500, 511, 514, 595, 600, 613, 615, 618, 621, 651, 685, 716, 718, 740, 747-751, 759, 763, 769, 776, 781, 785, 787, 788, 796, 801, 803-805, 821, 832, 850, 870, 923, 931, 932, 949, 951, 955, 962, 977, 1059, 1082, 1083, 1179, 1199, 1219, 1229, 1262, 1275, 1282, 1323, 1324, 1329, 1331, 1336, 1345, 1353, 1354, 1360, 1368, 1376, 1379, 1389, 1398, 1399
EOSS 154, 991
Eötvös 121, 479
Epifauna 1060, 1063, 1125, 1146, 1178, 1193
episodische Punktverlagerungen 161
Epizentrum 347, 348

Epizykelmodell 216
Epizykeltheorie 215, 216
Epoche 36, 44, 60, 61, 66, 143, 144, 171, 176, 231, 491, 551, 722, 1001, 1381
Erdachse 288, 552, 659, 1225
Erdatmosphäre 2, 33, 47, 82, 120, 123, 238, 341, 389, 391, 393, 396, 398, 403, 404,
406, 409, 412-414, 419, 420, 435, 441, 462, 520, 524, 525, 530, 534,
538, 540, 544-546, 556, 559, 564-566, 568, 571, 573, 576, 577,
583-586, 595, 620, 622-625, 684, 703, 716, 718, 732, 745-747, 749,
753, 754, 760-766, 769, 771, 796, 815, 853, 855, 856, 858, 859, 914,
920, 921, 924, 925, 927, 959, 978, 1013, 1025, 1027, 1179, 1217,
1221, 1222, 1226, 1228, 1235, 1237, 1239, 1243, 1244, 1267, 1274,
1282, 1283, 1285-1287, 1314, 1338, 1354
Erdatmosphäre-Neutrinos 538
Erdäußeres 67
Erdbeben 161, 162, 241, 292, 309, 310, 322, 331, 337, 347-350, 353, 355, 362, 369,
416, 674, 986, 996, 1296, 1330, 1366, 1380
Erdbebenarten 348
Erdbebenmagnitude 349
Erdbebenregistrierung 351, 352
Erdbebenwellen 104, 350-354, 356, 359
Erdbeobachtungssysteme 31, 617, 958, 1051, 1251
Erdbevölkerung 1-3, 11, 12, 29, 904, 905, 954, 955
Erdbewegung 253, 258
Erdbild 295
Erde 1-7, 11-16, 18, 21, 23-26, 28-33, 35, 36, 38, 39, 41, 43-45, 47-51, 54, 58, 59,
63, 65-70, 73, 75, 76, 78-80, 85-88, 98-106, 113-116, 118-129,
141-145, 165-172, 176, 177, 183, 184, 188-190, 194, 195, 198, 203,
204, 212-216, 218, 219, 223-227, 229, 233-258, 261, 262, 265, 267,
269, 270, 275, 277-288, 291-295, 302, 307-309, 314, 318, 322, 328,
330, 335-337, 339, 341, 343-345, 348, 352-354, 356, 357, 360, 364,
372, 373, 375-378, 380, 383-385, 389, 391-394, 396, 399-401, 403,
405, 407, 409, 412, 414, 417-421, 423, 424, 426, 428, 429, 432-435,
438, 439, 441, 443-446, 450, 451, 457, 459-461, 463-465, 474, 475,
477, 484, 489, 490, 501, 502, 518-532, 534-536, 538-540, 542-545,
547, 548, 551-553, 555-559, 564-571, 573, 574, 577-581, 583,
597-599, 602, 603, 617, 621, 626, 634, 637, 641, 643, 646, 651, 652,
655-657, 659, 663, 664, 667, 668, 674-680, 682, 684, 685, 687-689,
693, 696, 699, 700, 703-706, 709, 711-713, 716-719, 722, 728, 729,
731, 736-740, 742-753, 759, 762-766, 769, 771, 774, 777, 779, 780,
785-790, 792, 797-799, 806, 810, 814, 818-824, 836, 838, 840, 842,
844, 845, 847, 850, 852-855, 858, 859, 863, 867, 872-875, 877, 883,
887, 889, 891, 896, 900, 903, 905, 906, 914-917, 919-921, 928, 931,

932, 938, 940, 941, 945-947, 951-953, 955, 956, 958-960, 965, 973, 977-980, 983, 985, 986, 991, 993, 995-997, 999, 1003, 1005-1008, 1010, 1012-1019, 1022, 1023, 1027, 1030-1032, 1035, 1036, 1038, 1051, 1059, 1068, 1070, 1074, 1081, 1083, 1087, 1091, 1100, 1101, 1103, 1122, 1126, 1141, 1148-1150, 1156, 1161, 1162, 1170, 1173, 1180, 1188, 1192, 1194, 1203, 1207, 1209, 1211, 1213, 1215-1217, 1220-1223, 1225, 1226, 1229, 1231, 1234, 1238, 1241-1247, 1254, 1258, 1260, 1262, 1265, 1275, 1281, 1285-1287, 1291, 1292, 1295, 1299, 1300, 1307, 1308, 1310, 1311, 1313-1315, 1322, 1323, 1325-1330, 1335, 1338, 1340, 1342, 1343, 1345, 1348, 1350, 1352, 1353, 1355, 1357, 1360-1362, 1365, 1367-1370, 1372, 1374, 1375, 1378, 1383, 1385, 1388, 1391, 1392, 1396

Erdellipsoid 64, 66-71, 74, 93, 94, 97-101, 104, 107, 125, 143, 155, 158, 164, 168, 214, 223, 226, 244, 548, 677, 679, 959, 987, 991

Erde-Mond-System 23, 737

erdfeste Bezugssysteme 42

Erdgas 345, 364, 365, 688, 806, 881, 882, 903, 907, 911, 935, 1211

Erdgeschichte 31, 296, 297, 324, 336, 369, 553, 655-657, 660, 661, 668, 674, 716-722, 740, 744, 750, 752, 753, 760-762, 764, 766, 768-770, 780, 784, 791, 792, 795, 797, 807, 882, 958, 988, 1081, 1146, 1215, 1220, 1291, 1292, 1299, 1302, 1305, 1306, 1313, 1314, 1318, 1339, 1376

Erdgezeiten 45, 67, 68, 101, 104, 142, 238, 239, 255, 478

Erdglobus 178, 189, 204, 209, 212, 213

Erdinneres 67, 238, 239, 986

Erdkern 67, 125, 238, 239, 354, 355, 357, 361, 551

Erdkernmantel 116, 125, 238, 239, 295, 296, 300, 303-305, 314, 315, 323, 327, 328, 355, 357, 358, 360, 361, 985, 986, 988, 1291, 1292, 1306

Erdkruste 116, 128, 234, 236, 238, 239, 260, 292, 293, 296, 300, 301, 315, 323, 349, 350, 353, 354, 357-369, 716, 738, 740, 741, 744, 745, 761, 793, 855, 859-864, 927, 984, 986, 1016, 1226, 1238, 1291, 1292, 1295, 1342

Erdkugel 189, 214, 245, 248, 254, 520, 548, 553, 959, 1007, 1009, 1012-1014

Erdmagnetfeld 420, 526-530, 546-548, 551-553, 555, 815, 1000, 1032

Erdmagnetosphäre 2, 238, 421, 525-530, 546, 551, 552, 558, 1220

Erdmantel 355

Erdmasse 115, 744, 859, 1003-1005, 1014, 1022, 1262

Erdmessung 64, 105, 204, 1325, 1347, 1348

Erdmond 7, 28, 45, 120, 123, 177, 216, 217, 219, 237-239, 251, 255, 257, 269, 278, 288, 392, 463, 464, 502, 558, 737, 1004, 1015-1018, 1027

Erdorientierung 260, 1377

Erdparameter 144

Erdrotation 1, 39, 45, 48, 49, 54, 59, 71, 72, 87, 103, 119, 204, 237, 240, 242, 248,

253, 255, 257, 259, 260, 262, 263, 265, 269, 271-273, 275, 277-281,
285, 287, 290, 343, 428, 477, 551, 959, 999, 1005, 1015, 1017,
1222, 1358, 1382, 1383
Erdrotationsdienst 37, 40, 41, 58, 66, 110, 148, 149, 271, 280
Erdscheibe 176
Erdschwerefeld 75, 102, 106, 119, 124, 476-478, 551, 986, 995
Erdumfangslänge 70, 171, 189, 204, 213, 1374
Erd-Himmelskarte 174, 179-181
Erfassung 2, 3, 27, 32, 51, 65, 104, 117, 154, 162, 233, 245, 248, 249, 255, 278, 345,
389, 393, 396, 400, 409, 575, 631, 674, 715, 827, 837, 842, 850,
958, 969, 989, 991, 994, 1028, 1052, 1099, 1229, 1239, 1247, 1257,
1277, 1291, 1372, 1393
Erforschung 8, 33, 113, 215, 316, 364, 366, 367, 369, 418, 419, 428, 442, 459, 539,
542, 557, 558, 634, 750, 932, 1086, 1163, 1166, 1188, 1189, 1275,
1295, 1299, 1303, 1326, 1344
Erkundung 4, 5, 7, 224, 228, 230, 317, 334, 353, 364-367, 526, 618, 621, 623, 627,
838, 1001, 1121, 1127, 1163, 1189, 1295, 1344, 1375
Erläuterungen 25, 51, 227, 245, 267, 274, 280, 287, 427, 474, 534, 548, 565, 661,
699, 857, 868-871, 889, 945, 995, 1111, 1113, 1221, 1228, 1262,
1295, 1300
Ernährungsweisen 755, 757, 770, 1119, 1135
Ernteprodukte 927, 929
Erosion 292, 323, 327, 358, 369-372, 849, 889, 927, 930, 941, 952, 953, 985, 1080
Eruption 325, 1317
Erwärmung 238, 293, 339, 341, 397, 599, 603, 637, 674, 684, 744, 745, 830, 971,
997, 1023, 1025, 1046, 1083, 1212, 1234, 1244, 1245, 1247, 1261,
1263, 1290, 1292, 1303, 1310
Eudoxos 187, 189, 215, 216
eukaryotische Organisation 758, 1213
eukaryotische Zelle 758, 1065
Euklid 22, 202, 203, 465, 501-503, 514
euklidische Ebene 515
Euler 169, 247-249, 258, 269, 284, 1003, 1019, 1022
Euler-Kreiselgleichung 248, 249
Euler-Liouville-Bewegungsgleichung 249
Euler-Parametrisierung 247
Euler-Periode 258, 284
euphotische Zone 1059
Euphrat 173, 175-177, 184, 951
EUREF 41, 60, 111, 148-153, 155-157, 1325, 1329, 1339, 1347
EUREF 1989 60, 149-153, 156, 157
EUREF Permanent 41

Euripides 547
EuroGeographics 1339
Europäische Höhen-Punktfelder 153
Europäische Punktfelder 150
europäisches geodätisches VLBI-Punktfeld 55
Europa-Punktfelder 149
EUROPE 54, 150, 155
EuroSDR 1339, 1371
Eurybathie 1120
EUVN 111, 151, 153, 991, 1353
Everest 70, 97, 308, 309, 682, 683, 1330, 1344
Ewing 314
Exiguus 289
Exosphäre 920, 1222
Expandiert der Raum 454
Expandiert unser Kosmos 511, 513
Expansion 46, 314, 423, 424, 432, 436-439, 446, 448, 450, 454-459, 482, 483, 490-492, 507, 510, 511, 513, 804, 1377
Expansion des Kosmos. 454, 455, 507
Expansionsalter 454, 456, 457, 513
Expansionsgeschwindigkeit 443, 483, 509
explosiv 326, 328, 525
Extinktion 462, 583-585, 607, 1235
Extraktion 271, 930, 1213
Extrapolation 355, 472, 675, 838, 840
Exzentertheorie 215, 216
Fahrenheit 564
Fährten 1084, 1124, 1133
fakultativ 770, 773, 774, 835
Fall 20, 83, 106, 116, 127, 197, 198, 296, 372, 477, 487, 490, 507, 594, 990, 991, 1090, 1118, 1131, 1266
Fallbeschleunigung 90, 102, 119, 127, 476, 477, 1006, 1008
FAMOS 266
FAO 817, 821, 822, 824, 845, 849, 947
Faraday 593
Farbe 21, 22, 650, 716, 921, 1074, 1095, 1098, 1099, 1128, 1142
Farbe der Meeresoberfläche 1095, 1098
Farbempfindung 391
Farbstrahler 561, 562
Farnese 178, 187
Fauna 785, 817, 889, 1058, 1071, 1089, 1090, 1094, 1112, 1119, 1120, 1129-1131, 1145, 1191, 1194, 1195, 1199, 1299, 1362

FCKW 568, 858, 859, 1227, 1242, 1245, 1272, 1275, 1281, 1357
Fechner/Weber 391
Fehlerhaushalt 46, 47, 620, 991, 995
Feinstrukturkonstante 493, 494
Feld 14, 75, 79, 121, 177, 354, 416, 430, 436, 474, 482, 491, 546, 547, 553, 555, 591, 815, 940
Feldrelief 290, 291
Fenster-Fourier-Transformation 271
Fermat 516
Fermi 277, 493, 531, 1362
Fermi-System 277
Fernerkundung 3, 4, 227, 231, 315, 354, 357, 364, 366, 404, 595, 619, 1059, 1214, 1323, 1332-1334, 1341, 1347, 1356, 1358-1360, 1363-1365, 1371, 1375, 1379, 1381, 1388, 1389, 1394, 1395, 1399
Ferntransport 703-705, 708
Fersman 862
Feuchtmasse 1104, 1105, 1212, 1213
Feynman-Diagramme 499
Filamente 473
Filterungsverfahren 266, 271
Filtrierer 1103, 1119, 1122, 1149, 1155, 1157, 1160, 1195
Fische 344, 346, 347, 883, 894, 1050, 1061, 1091, 1095, 1106, 1107, 1124, 1127, 1129, 1134, 1192, 1193, 1206, 1208, 1210, 1286, 1353, 1365, 1399
Fixierung 2, 20, 28, 31, 34, 35, 39, 41, 318, 775, 779, 854, 896, 923, 927-929, 996, 1212
Fizeau 428
FK 38
Flachbeben 348
Flächenangaben 870
flächenhafte Ausdehnung 42, 191, 994
Flächenintegral 103
Flächensumme 169, 223, 375, 377, 682, 691, 693, 699, 701, 703, 704, 715, 822-824, 945, 948, 977, 1074, 1217
Flachsee 782, 1057-1060, 1070-1072, 1074, 1080, 1083, 1084, 1087-1090, 1094, 1101, 1103, 1104, 1106, 1113, 1115, 1123, 1141, 1144, 1154, 1156, 1158, 1159, 1168, 1177-1179, 1190, 1191, 1207
Fliehkraft 85, 87, 101, 119, 120, 125-127, 477, 1008-1010, 1018
Flora 717, 803, 889, 1058, 1071, 1089, 1090, 1112, 1119, 1145, 1199
Fluchtgeschwindigkeit 7, 443-445, 447-450, 453, 454, 456, 488, 507
Flüchtige organische Kohlenstoffverbindungen 908
Flughöhe 4, 113, 120, 121, 127, 398, 995
Fluid 1267

Flußeintrag 1172
Flut 129, 237, 371, 1015, 1018, 1058, 1071, 1156
Flutwelle 331, 347, 363, 685
Foraminiferen 342, 664, 813, 989, 1097, 1141, 1160, 1161, 1194, 1195, 1216, 1293, 1300, 1308-1310, 1366, 1384, 1397
Forchheimer 274
Formen des Zusammenlebens 1117, 1118
Forschungsplattform 750, 1167
Forschungsschiff 304, 316, 1059, 1165, 1166, 1196, 1212, 1214, 1320
Forst 817, 1365
fossile Cyanobakterien 765, 1320
Fourier 271, 1019, 1259
Fourier-Transformation 271
Framstraße 599, 610, 630, 634-638, 982, 1035-1039, 1096, 1109, 1111, 1164, 1174-1176, 1182, 1183, 1335, 1397
Fraunhofer 441
Freedman 449, 510, 511
Freibord 606
Freon 1272
Frequenz 136-138, 141, 241, 258, 271, 286, 386, 387, 396, 398, 412, 419, 427, 430, 431, 438, 441, 444, 506, 584, 585, 593, 605, 623, 624, 761, 1052, 1339
Frequenzkamm 430, 431
Fridmann 468, 505, 507, 510
Fridmann-Gleichungen 507, 510
Friis-Christensen 420
Front 981, 982, 1039, 1042-1044, 1199, 1200
Frosthub 593, 693, 694
FUEGO 838
Fumarolen 1317
Fundamentale Materieteilchen 532
Fundamentalstation 1353
Funkverbindung 147
Funkverkehr 530, 553
Furtwängler 105, 107
Gakkel 1168, 1170, 1185
GAL 122, 1000
Galaxiengruppen 472, 473
Galaxienhaufen 404, 425, 433, 434, 472, 474, 483, 489, 508
Galaxienwind 433
Galilei 101, 102, 108, 122, 146, 209, 218, 219, 285, 392, 428, 466, 475, 478, 481, 493, 1000

Galilei-Transformation 466, 481
GALILEO 108, 122, 129, 146, 209, 213, 219, 285, 392, 428, 475, 1332, 1338, 1379
GAM 283
Gammastrahlung 33, 385, 386, 389, 396, 408, 411-415, 417-419, 493, 589
Gamow 434, 435, 455, 1342
Gardner 430
GARS 55, 1189
Gärung 755, 766-770, 773, 778
Gauss 14, 69, 76, 102-104, 108, 416, 417, 490, 510, 514, 549, 551, 722
gebänderte Eisenerze 746, 791, 792, 794, 940
Gebirgsbildung 297, 305, 808, 941
Gebirgsbildungen 718, 807, 808, 1305
gebremste Expansion 456, 458
Gefrieren 372, 375, 598-601, 613-615, 626, 638, 686, 694, 996, 1045, 1244, 1277
Gegenstrahlung 568, 569, 576-579, 614, 974, 1241, 1242, 1244-1246, 1249, 1250
Gegenstrahlungs-Albedo 576, 579, 1242
Gehölze 822, 844
Geiger 539, 540, 557, 576, 727, 1367
Gelände 223, 225, 236, 292, 308, 330, 336, 362, 364, 369, 642, 694, 718, 781, 890, 935, 970, 974, 975, 984, 1001, 1035, 1056, 1141, 1260, 1387
Geländeformen 370, 374, 972, 1035, 1381
Geländeoberfläche 3, 5, 10, 29, 41, 66, 67, 90, 98, 159, 223-227, 230-234, 236-241, 249, 279, 290-293, 304, 305, 309, 313, 317, 322-324, 327-330, 333, 335, 336, 340, 347, 351, 353-356, 361, 364-366, 369, 371, 373, 413, 536, 537, 548, 550, 551, 592, 629, 642, 648, 658, 683, 693-695, 701, 739, 740, 743, 755, 804, 806, 827, 830, 832, 854, 859, 861, 886, 900, 970, 975, 984, 985, 1001, 1003, 1006, 1015, 1022, 1056, 1093, 1134, 1168, 1177, 1190, 1213, 1229, 1293, 1316, 1317
Geländepotential 168, 223, 224, 373
Gellibrand 552
Genauigkeit 36, 37, 43, 45, 46, 48, 50, 51, 55, 62, 65, 75, 82, 87, 100, 113, 117, 118, 120-123, 139-142, 145, 146, 148, 153, 156, 169, 170, 233, 246, 248, 277, 278, 317, 319, 320, 381, 387, 394, 429, 430, 452, 461-464, 467, 498, 558, 572, 617, 730, 731, 837, 966, 993, 995, 1017, 1024, 1051, 1230, 1252, 1254, 1329
Gene 772, 783, 787, 789, 956, 1219, 1343
generelle Atmosphärenstrukturen 744
generelle Wasserzirkulation 1041
Geochemie 736, 855, 862, 1281, 1326, 1362, 1368, 1392
geodätische Punktfelder 44, 148, 318
geodätisches Referenzsystem 68, 75, 111
GEODYSSEA 159

Geograph von Ravenna 194
Geographie 26-28, 188, 189, 197, 211, 223, 500, 1060, 1328, 1335, 1341, 1349, 1356, 1381, 1390
geographische Pole 548
geographische Verbreitung 821, 956, 1141, 1143, 1180
Geoid 14, 63, 66, 68-70, 81, 88, 91, 96-101, 103, 104, 106, 117, 118, 121-123, 126, 128, 155, 226, 244, 287, 355, 677, 678, 986-988, 992, 993, 995, 996, 998-1001, 1015, 1323, 1359
Geoidanomalie 100, 126
Geoiddarstellung 987
Geoidundulation 63, 100, 126
Geometrie 22, 76, 94, 302, 438, 439, 454, 465-469, 482, 496, 499, 502, 506, 507, 514-517, 685, 1378
Geophänologie 2, 15, 16
Geopotential 14, 616
Geopotentielle Kote 14, 63, 89-91, 93, 94
geostationäre Satellitensysteme 32, 959, 960
Geostrophie 1271
geostrophischer Wind 1261, 1271
Geotektonik 295
geotektonische Hypothesen 292, 1352
geozentrisches Koordinatensystem 78, 143, 241
geozentrisches Weltbild 216
Geozentrum 45, 49, 50, 59-61, 68, 82, 101, 130, 142, 143, 234, 241, 245, 249, 252, 281, 283, 548, 993
Germanen 181, 183, 191, 192
Gerondoplasten 758, 772
Gesamtdichte 474
Gesamtwassermenge 983
Geschichte 4, 8, 66, 67, 70, 100, 171, 175, 181, 186, 245, 274, 284, 285, 365, 433, 459, 483, 498, 612, 656, 716, 719, 739, 789, 1086, 1125, 1179, 1282, 1295, 1327, 1337, 1341, 1342, 1345, 1348, 1350, 1352, 1376, 1385, 1396, 1397
Geschwindigkeit 7, 9, 66, 127, 140, 144, 243, 246, 254, 288, 307, 344, 351, 355, 357, 362, 385, 394, 413, 422, 426, 428, 433, 444-446, 448, 450, 466, 467, 480, 481, 484, 489, 493, 498, 506, 527, 609, 610, 724, 737, 920, 926, 1006, 1008, 1010, 1013-1015, 1021, 1035, 1038, 1045, 1110, 1167, 1259
Gestalt 66, 67, 70, 98, 124, 171, 189, 194, 195, 213, 219, 255, 358, 501, 512, 517, 528, 540, 552, 556, 620, 642, 674, 677, 678, 777, 988, 1000, 1093, 1121
Gesteine 223, 296, 323, 324, 337, 351, 354, 361, 362, 367, 368, 555, 661, 716,

718-721, 736, 739, 740, 742, 743, 751, 755, 763, 793, 806, 861, 862, 941, 1314, 1368
Gesteinsverwitterung 225, 370, 985, 1139
Gewicht 234, 372, 427, 429, 430, 853, 872, 874, 1006, 1020, 1316
Gewichtsangaben 870
Gewichtskraft 476, 477, 1005, 1006
Gezeit 1001, 1015
Gezeiten 43, 58, 121, 128, 129, 234, 236-239, 255, 260, 285, 371, 985, 994, 996, 997, 1014, 1015, 1019, 1056, 1071, 1328, 1379
Gezeiten des Erdinnern 238
Gezeiteneffekte 104, 234, 236, 239
Gezeiteneffekte und Auflasteffekte 236
gezeitenerzeugende Kraft 1018, 1019
Gezeitenkräfte 101, 129, 234, 236, 239, 1003, 1014, 1015, 1019, 1022, 1262
Gezeitenrechenmaschine 1019, 1020
Gezeitenreibung 239, 257
Gezeitenreibungen 240, 255
Gezeitenvorhersage 1019
Gezeitenzone 1071, 1074, 1083, 1101, 1156, 1192
Giacconi 408, 409
Giftalgen 1095, 1383
Gilbert 547, 722
Gilgamesch 173
Gitterfläche 602, 604, 606, 608, 611, 1218
Gitterpunkt 497
Glaziale 225, 642, 667, 1301
Gletschereis 372, 375, 587, 588, 593, 1115, 1116, 1312
Gliederfüßer 1083, 1125, 1148, 1150, 1178
globale Flächensumme 169, 223, 375, 377, 691, 693, 699, 701, 703, 704, 715, 945, 948, 977, 1074, 1217
globale Modelle 114, 115, 1179
globales geodätisches VLBI-Punktfeld 52
Globalstrahlung 565, 567, 572-576, 595, 974
Globalstrahlungs-Albedo 573, 578, 579
Globigerinenschlamm 1141, 1142
Globus 178, 189, 190, 212, 213, 1340, 1377
GLONASS 41, 65, 129, 144, 145, 1348, 1398
GLONASS und PZ 90 144
GLOSS 154, 991
Glucose 768-770, 775, 776
Glykolyse 768, 769
GMES 836

Goddard 8, 227, 275
GOK 893
Gold 189, 455, 864, 1130
Goldschmidt 356, 861
Gondwana 297, 298, 311, 328, 341, 656, 809, 1305
GPS 40-43, 45, 46, 54, 58, 60-62, 65, 95, 106, 110-112, 114, 120-122, 129-131, 138-146, 149-153, 156, 157, 159-164, 248, 270, 277, 308, 311, 320-322, 362, 621, 828, 990, 991, 993, 1052, 1053, 1221, 1222, 1229, 1230, 1252, 1319, 1324, 1331, 1335, 1336, 1340, 1346-1348, 1353-1355, 1357, 1363, 1370, 1376, 1378, 1379, 1385, 1386, 1393-1396, 1398
GPS und WGS 84 129
GPS-Dienst 40, 110, 131, 149, 1324
GPS-Empfänger 54, 138, 308, 362, 1252
GPS-Permanentstationen 40, 41, 150, 152, 153, 162, 164, 1229
GPS-Station 1230
Graaff-Hunter 308
Grabenbereiche 328
Grad 14, 56, 58, 79, 85, 115, 117, 118, 121, 122, 130, 133, 144, 218, 245, 436, 453, 523, 553, 582, 668, 678, 691, 863, 1001, 1021, 1031, 1094, 1179, 1214, 1219, 1270
Gradiometrie 120
Gradmaß 133, 134
Gradmessung 70, 105, 108, 1392
Graphen 499
Grasland 699, 849, 888, 945-947
Graslandpotential 168, 170, 716, 945, 946
Graustrahler 561
Gravitation 1, 14, 45, 76, 78, 82, 85, 101, 102, 124, 125, 224, 250, 260, 369, 370, 372, 424, 438, 458, 466-468, 474, 475, 477-479, 481-483, 485-487, 489-491, 494-499, 504, 508, 532, 750, 1000, 1001, 1009, 1337, 1356
Gravitationsaberration 391, 425, 480
Gravitationsbiologie 750, 751
Gravitationskonstante 14, 45, 71, 72, 76, 81, 115, 144, 293, 456, 475-477, 479, 480, 508, 510, 1378
Gravitationskraft 76, 101, 120, 123, 234, 425, 475, 489, 490, 996, 1003-1005, 1009, 1014, 1022, 1262
Gravitationslinseneffekt. 480
Gravitationsstrahlung 33, 389, 419, 422, 438, 1373
Gravitationstheorie 14, 288, 393, 424, 467, 475, 478, 480, 482, 497, 508, 509, 1019
Gravitationswellen 363, 419, 422, 423, 436, 438, 480, 490, 1332

Green 57, 102, 103, 108
Gregor 205, 209, 289, 923
Gregoras Nikephoros 197, 198
Gregorianischer Kalender 289
Grenze 295, 306, 308, 317, 342, 465, 490, 502, 504, 511, 540, 597, 628, 645, 685, 687, 692, 715-717, 737, 789, 826, 843, 956, 982, 1043, 1044, 1059, 1062, 1063, 1068, 1070, 1071, 1091, 1095, 1103, 1168, 1200, 1207, 1263, 1270, 1295, 1306
Grenze zwischen Pflanze und Tier 716, 1062, 1063, 1068, 1091, 1095, 1103, 1207
Grenzen von Großformen 1168
Grenzen von Platten 300, 303
Grenzschicht 525, 611, 696, 974, 975, 1023, 1033, 1035, 1342
Griechisch 172, 185, 187, 196, 199, 201, 202
Griechische Auffassungen 500
Griechisches Alphabet 222
Grobtaxa 1069, 1150, 1177
Grönland-Eisschild 641, 648, 649, 654, 1299
Großalgen 1073-1075
Großer Ozean 979
Großes Jahr 252
Großformen 290, 291, 629, 1168, 1169, 1177, 1190
Großkontinent 297, 328
Großlebensraum Flachsee 1070, 1179
Großlebensraum Hochsee 1090
Großlebensraum Tiefsee 1117
Großlebensräume 1056-1058, 1113
Großlebensräume im Meer 1056, 1058
großmaßstäbig 27, 28, 602
großskalig 602
Growley 673
Grundebene 245, 282
Grundgleichungen 730, 1002, 1004, 1262
Grundlagen 1, 13, 101, 175, 228, 285, 369, 429, 442, 475, 495, 600, 722, 838, 1312, 1319, 1328, 1333, 1350, 1353, 1390
Grundsätzliches 3, 506, 664, 665, 853, 1065, 1075, 1148
Grundwasser 183, 236, 238, 240, 261, 273-276, 326, 667, 872, 877, 926, 929, 977, 1172
Grundwassernutzung 236, 241
grünes Eis 644, 649, 650, 1087
Grünland 945-947
Grünsande 1143
Grünschlick 1141, 1143

Gulatee 308
Gustav Heinrich Tamman 356
Gutenberg 209, 356
Guyot 314
Haber 928, 931, 932, 955
Haber-Bosch-Verfahren 928, 931, 932, 955
Hadley-Zelle 1265
Hafen 362
Hafenwelle 362
Halbraum 562, 589
Halbwertszeit 182, 386, 664, 665, 719, 724-728, 731, 732, 814, 1263
Hale 523, 743
Halley 102, 108, 255, 549, 743, 1190, 1204, 1275
Halo 393
Halobakterien 1135
Halogene 863, 1273
Haloklinen 1034
Handschriften 197, 211
Hänsch 430
Hanse 206, 207
Harrison 286, 545, 566, 1349
Hartböden 1145, 1193
Hartley 1281, 1286, 1287
Hartley-Bande 1286, 1287
Hauptbestandteile 650, 860-862
Hauptelemente 857, 858, 860, 862, 921, 1227
Hauptmondgezeit 256
Hauptpigment 1078, 1098
Hauptpotentiale 1, 14, 15, 30, 31, 168-170, 544
Hauptsprungschicht 1033
Haushalt 973
Hawking 465, 466, 468, 488, 498
Hayford 70, 105, 109
Hazard 439
Healy 1167, 1168
Heaviside 147
Hecker 106, 109
Hedschra 200
Heezen 314, 1123
Heisenberg 18, 501, 504, 505, 508, 1350
Heiskanen 70, 97, 105, 109
Heliopause 421, 525, 540, 541

Heliosphäre 421, 525, 543
heliozentrisches Weltbild 189, 218
Hellenismus 185
Helmert 69, 91, 100, 102-106, 108, 1369
Henderson 460
Herbivoren 854, 1119, 1144
Heredot 1350
Herkunft des Wassers 742, 749
Herman 434, 1319
Hero 425, 428
Herschel 395, 420
Hertz 396, 403, 422
Hertzsprung 444, 445
Herzberg-Kontinuum 1286, 1287
Hess 314, 419
heterotroph 715, 1135
heterotrophe Organismen 754, 755, 767, 768, 774
Heterotrophie 755, 766, 768
Hettner 27
Hey 403
HH 617, 620, 621, 835, 966, 967, 969, 1052, 1255
Hilbert-Räume 516
Himalaja 303, 307, 682, 685, 819, 953, 985
Himalaja-Gebirge 307, 985
Himmel 11, 21, 25, 26, 37, 171, 172, 176-178, 181, 189, 215-218, 285, 391, 401, 415, 425, 448, 512, 575, 578, 1246, 1249, 1250, 1322, 1329, 1366, 1375
Himmelsdurchmusterung 393, 398, 408-410, 435, 465, 472
Himmelsglobus 178, 187, 189, 216, 217
Himmelskarte 174, 179-182, 410, 434, 435, 473
Himmelskarten 180, 393
Himmelskörper 8, 49, 189, 215, 218, 404
Himmelskugel 48, 187, 188, 245, 246, 282, 392, 439, 460, 472
Himmelsstier 173
Hinausschieben 459, 464, 737
Hintergrundstrahlung 401, 402, 404, 405, 410, 414, 433, 434, 436, 437, 483, 484, 625
Hipparch 215, 216, 251, 284, 391, 464
Hipparchos 659
Hipparcos-Katalog 37, 38
Hippasos 501, 502
Historische Anmerkung 62, 101, 230, 247, 279, 290, 352, 403, 428, 500, 526, 595,

619, 868, 913, 994, 1016, 1018, 1170, 1281
Hoch 26, 122, 124, 181, 187, 237, 260, 316, 362, 398, 423, 466, 530, 572, 689, 738, 753, 802, 817, 836, 917, 990, 991, 1074, 1145, 1150, 1151, 1247, 1264, 1266, 1267, 1311
Hochleistungsrechner 1219
Hochsee 782, 943, 1034, 1057-1059, 1087, 1090, 1091, 1095, 1102-1104, 1106-1109, 1113, 1115, 1140-1142, 1144, 1168, 1207
höchster Berg 307, 682
Hochtemperaturereignisse 837
Höhen 8, 62, 63, 66, 68, 92-96, 106, 143, 149, 151, 153, 154, 226, 233, 308, 317, 333, 334, 343, 355, 527, 539, 543, 546, 558, 675, 704, 831, 921, 988, 991, 995, 999, 1220, 1222, 1225, 1226, 1234, 1237, 1240, 1259, 1272, 1300, 1317, 1353, 1380
Höhenanomalie 126
Höheneffekt 670
Höhensysteme 66, 69, 88, 89, 98, 124, 154, 159, 226, 996, 1363
Höhlen 5, 19, 21, 325, 353, 364
Hohlraumstrahlung 405, 434, 435, 560
Holmes 314
Holz 212, 345, 806, 811, 814, 852, 881, 902
Holzverrottung 850
Holzwarth 430
Homer 174
Hominiden-Arten 950
Homo sapiens sapiens 949, 950
homogen 83, 415, 471, 481, 579, 1226, 1269
Homonym 19
Homoseisten 347
Hooker 1086, 1196
Hören 16, 950, 1399
Horizont 25, 26, 113, 177, 181, 378, 575, 1182, 1278
hot spots 326, 327, 329, 836, 1292
Hoyle 455, 456, 796, 798, 1064
HST 393, 394, 406, 435
Hubble 390, 393, 394, 406, 424, 426, 435, 437, 441, 445-450, 453, 454, 456, 457, 459, 483, 505, 507, 510, 513, 1389
Hubble-Beziehung 426, 441, 445-447
Hubble-Effekt 445
Hubble-Zahl 426, 437, 445, 447, 448, 453, 457, 483, 510, 513
Hubble-Zeit 453, 454, 456, 457
Huggins 444, 1286, 1287
Huggins-Bande 1286, 1287

Hulst 403
Humason 445
Humboldt 104, 230, 294
Huron-Eiszeit 656, 1315
Huron-See 656
Huygens 102, 108, 209, 214, 286, 386, 462
HV 617, 966, 1052, 1255
Hyaloklastite 325
hydrologische Daten 238, 273
hydrologische Einflüsse 261, 265
hydrothermale Quellgebiete 1127, 1129-1131
Hydrothermalquellen 2, 169, 1068, 1117, 1125, 1127, 1128, 1131, 1133, 1137, 1139, 1147, 1179, 1207, 1214
Hydrothermalzirkulation 1137, 1138
Hypersphäre 468, 506, 507, 511, 517
Hypothesen 25, 292-295, 355, 481, 483, 490, 491, 528, 674, 1352
Hypozentrum 347, 348
ICDP 339, 369
ICRF 36-38, 42, 59, 111
ICRS 36-38, 42, 49, 246, 284
ICSU 30, 110, 978
ICSU-Weltdatenzentrum 978
IERS 36, 37, 40-42, 58, 66, 110, 148, 149, 238, 248, 259, 266, 268, 271, 272, 276, 280, 287, 1327
IGS 40-43, 54, 110, 131, 149, 152, 163, 1324, 1336, 1343, 1399
ILRS 54
Immissionen 956, 1287
Impakt 337
Indik 167, 230, 305, 349, 363, 549, 645, 979, 980, 997, 1030, 1031, 1048, 1050, 1103, 1193, 1307
Indogermanen 173
Industrialisierung 814, 1081, 1083
Inertialsystem 46, 66, 248, 278, 466, 481, 1003, 1006, 1007, 1010-1012, 1022, 1023
Infauna 1060, 1063, 1125, 1146, 1178, 1193
Inflationstheorie 423, 424, 436, 438
Informationsgewinnung 3, 4
Infrarot 397, 399, 576, 606, 963, 1222, 1229, 1345, 1369
Infrarotstrahlung 33, 385, 389, 395, 400, 559, 568, 1242, 1364
Infrarot-Hygrometer 1229
Initialformen 291, 304, 323
Inkohlung 806, 807
instabile Isotope 724

Interferometrie 41, 45-47, 49, 111, 234, 236, 330, 364, 423, 969, 1353
Interglaziale 1301
intermediäre Koordinatensysteme 280
Internationale Assoziation 105, 110
Internationale Dienste 36, 39
Internationaler Erdrotationsdienst 40, 110
Internationaler GPS-Dienst 40, 110
Interpretation 181, 359, 368, 442, 454, 538, 594, 618, 1053, 1115, 1319, 1336, 1357, 1386
Interstadial 1297
Invarianz 499
IODP 367
Ionen 336, 437, 467, 527, 528, 543, 760, 777, 794, 795, 863, 895, 915, 916, 919, 921, 923, 924, 930, 938, 1032, 1110, 1216, 1222, 1282, 1299, 1317
Ionenwertigkeit 795
ionisierende Strahlung 385, 665, 724
Ionosphäre 47, 141, 146, 147, 526, 552, 585, 1220, 1222
IPMS 39, 40, 110
Isentropen 1266
Isidor von Sevilla 194, 1018
Isobaren 1020, 1035
Isobathen 232, 1035
Isohalinen 1034
Isothermen 1034
Isotope 238, 458, 660-664, 666, 668, 722-725, 729-731, 733-735, 814, 816, 1293, 1302
isotope Nuklide 660, 722-724
Isotopengehalt 655, 668, 669
Isotopenverfahren 719, 722, 737
Isotopie 722, 735, 736
isotrop 435, 471
ISS 485, 750, 751, 1258
Istanbul 197
ITRF 38, 41, 42, 51, 58-62, 66, 111, 143, 144, 148, 150, 151, 155, 241, 242, 319, 320, 1336
ITRF 2000 62, 66, 319
ITRF 88 59, 60, 66, 242
ITRF 89 59, 60, 148, 150, 155
ITRF 90 60
ITRF 91 60, 143
ITRF 92 60
ITRF 93 60, 320

ITRF 94 59-61, 144, 242, 320
ITRF 95 61
ITRF 96 61
ITRF 97 61, 62, 66
ITRF 98 62
ITRF 99 62
ITRS 38, 40, 42, 49-51, 58, 62, 66, 144, 148, 150, 241
IUCN 346
IVS 54
Jacobus von Edessa 194, 195
Jahr 1, 6, 29, 30, 50, 53, 55, 59, 62, 66, 125, 142, 162, 164, 188, 191, 200, 216, 240, 243, 246, 252, 255, 257, 258, 261, 262, 278, 282, 284, 286, 288, 289, 300, 301, 307-310, 314, 318-322, 326, 337, 367, 378, 379, 410, 415, 452, 453, 520, 553, 554, 575, 580, 599, 646-648, 655, 658, 669, 673, 703, 705, 706, 722, 742, 751, 761, 822, 849, 854, 870, 872-874, 878-882, 889-892, 894, 898-900, 902, 903, 907-912, 920, 926, 929, 932, 934, 935, 937, 940, 942, 943, 952, 954, 955, 990, 997-999, 1001, 1002, 1005, 1045, 1080, 1082, 1090, 1096, 1098, 1101, 1103, 1109, 1115, 1140, 1148, 1171-1173, 1185, 1187, 1188, 1199, 1200, 1209-1211, 1218, 1223, 1225, 1227, 1233, 1248, 1270, 1279, 1281, 1288-1290, 1299, 1317, 1324, 1336, 1339, 1343, 1358, 1366, 1368, 1387, 1392, 1399
Jahresgang 378, 380-383, 521, 629, 631, 632, 638, 899, 903, 905, 908, 997, 998, 1059, 1094, 1110, 1197, 1225, 1269, 1272, 1277, 1278
Jahreslänge 255
jahresperiodische Schwankungen 241
Jahresringe 810
Jahreszeiten 243, 244, 285, 288, 378, 626, 821, 834, 1005, 1096, 1112, 1114, 1179
Jahrringbreiten 811
Jahrringe 524, 722, 810, 813, 919
Jansky 403
Japetus 1305
Jeffreys 285
Jericho 5, 951
Jesus 188, 289
Johnson 7, 528, 627, 629, 1169, 1177, 1354
Johnston 220, 1352
Julfest 181
Julianischer Kalender 288
Junge 181, 644, 855, 896, 900, 901, 903, 908, 935-937, 1235, 1354
Kalbung 650
Kalbungsereignisse 643

Kalender 173, 178, 187, 188, 209, 240, 243, 288-290, 378
Kalenderfunktion 180
Kalkbildner 1092, 1094
Kältequelle 1033
Kaltzeiten 652, 655, 656, 679, 685, 1294, 1299, 1308, 1313
Kaluza 497
Kant 255, 504, 505
KAO 398
Karbonwälder 791, 799, 807-810
Karl der Große 172, 192-194, 196, 1348
Kartographie 21, 22, 29, 40, 54, 148, 154, 176, 189, 211, 227, 616, 1324, 1332, 1341, 1348, 1349, 1353, 1358, 1370, 1376, 1378, 1381, 1383-1385, 1394
kartographische Abstraktion 21, 26
kartographische Darstellung 5, 21, 173-176, 183, 184, 410, 414, 549
kartographische Sprache 21
Kaskaden 412, 920
Kastengreifer 1146
katabatische Winde 598, 1264
Kategorien 1062, 1068, 1069, 1120, 1150
Kationen 863, 866, 915, 918, 928
Kaula 114, 116
Keilhack 679, 1294
Keilschrift 173
Kelvin 284, 285, 427, 537, 563, 564, 748, 1019, 1225, 1250
Kennelly 147
Kennelly-Heaviside-Schicht 147
Kepler 7, 101, 102, 108, 113, 124, 146, 209, 213, 218, 219, 253, 393, 464, 1018
Kepler-Gesetz 253
Kerogen 762, 763, 882, 883
Kettenreaktion 493
Kettenrelief 290, 291
Kinematik 35, 41, 42, 45, 50, 154, 159-161, 281, 310, 312, 318, 392, 609, 1357, 1378
Kirche 93, 172, 192, 193, 195, 196, 199, 205, 213, 214, 219, 503
Kirchhoff 442, 561
Klein 36, 87, 91, 114, 153, 156, 158, 181, 250, 418, 423, 454, 461, 464, 497, 571, 578, 599, 620, 730, 811, 856, 930, 994, 1006, 1014, 1017, 1021, 1101, 1103, 1110, 1197, 1235, 1245, 1267, 1357
Kleinasien 174, 185-188, 190, 195-197, 501, 803
kleinmaßstäbig 28, 602
kleinskalig 602

Kleomedes 171, 187, 215
Klima 15, 16, 124, 170, 244, 269, 336, 341, 369, 420, 524, 570, 571, 597, 603, 606, 641, 643, 651, 655, 657, 658, 673, 675, 685, 701, 716, 717, 818-821, 858, 859, 906, 949, 951, 952, 977, 993, 1031, 1050, 1051, 1072, 1074, 1125, 1179, 1207, 1217, 1223, 1247, 1268, 1291, 1292, 1298, 1302, 1307, 1308, 1311, 1313, 1314, 1316-1320, 1329, 1337, 1350, 1355, 1356, 1359, 1375, 1384
Klimageschichte 652, 655, 656, 683, 711, 718, 810, 1295, 1296, 1299, 1330, 1389, 1397
Klimaschwankungen 655, 659, 675, 710, 810, 813, 1248, 1292, 1295, 1300, 1303, 1312, 1351, 1367
Klimavariabilität 1303, 1311, 1312
Knochenfische 1106, 1150, 1161
Knoten 132, 229, 498-500, 1167
Kodama 488
kohärente Strukturen 1267
Kohlelagerstätten 717, 790, 791, 799, 806, 808
Kohlendioxid 335-337, 401, 577, 585, 586, 673, 689, 690, 716, 717, 745, 746, 751, 753-755, 762, 764, 766-769, 773, 774, 778-780, 797, 814, 816, 832, 836, 842, 850, 853, 854, 856, 858, 859, 861, 867, 879, 880, 889, 893, 894, 896, 899, 901, 908, 913, 921, 1081-1083, 1090, 1093, 1094, 1109, 1131, 1132, 1135, 1207-1211, 1215, 1216, 1222, 1227, 1242, 1244-1246, 1249-1251, 1261, 1292, 1293, 1300, 1309, 1312, 1314-1316, 1356
Kohlendisulfid 936, 1101
Kohlenmonoxid 401, 745, 858, 901, 913, 963, 1227, 1275, 1291
Kohlenstoff 342, 345, 347, 433, 465, 524, 661, 665, 688, 716, 722, 731, 733, 735, 747, 748, 751-755, 762-764, 767, 778, 779, 807, 814, 816, 842, 850, 853, 864, 870, 873, 879-883, 886, 888-896, 898, 900, 910, 912, 913, 915, 921, 931, 948, 1074, 1090, 1093, 1103, 1105, 1109, 1140, 1148, 1172, 1184, 1185, 1199, 1201, 1207-1211, 1215, 1216, 1288, 1307, 1309
Kohlenstoffkreislauf 241, 336, 689, 764, 814, 842, 879, 896, 1082, 1083, 1123, 1127, 1208, 1215, 1293, 1300
Kohlenstoffumsatz 344, 345, 880-882, 896, 1248
Kohlenstoffverbindungen 763, 889, 908, 910
Kohlenstoff-Emission 1288
Kohlenstoff-Isotop 814, 913, 1215
Koine 201
Kokkolithenschlamm 1142
Koldewey-Station 1167
Kollisionszonen 305, 309

kompaktifiziert 497
Konfuzius 186, 365
Konstante 81, 88, 274, 284, 349, 386-388, 412, 439, 448, 458, 478, 480, 485-488,
    491, 495, 497, 506, 510, 562, 578, 585, 614, 761, 975, 1096, 1389
Konstantinopel 195-197, 199, 202, 203, 211
Kontaminationskontrollen 1110
Kontinent 303, 311, 327, 328, 359, 361, 377, 382, 641, 981, 997, 1042, 1044
kontinentale Kruste 296, 303-305, 326, 739-742, 859, 862, 880, 1216
kontinentale Rotsedimente 761, 791, 792, 796, 940
Kontinentaleffekt 670
Kontinentalhang 1120, 1123, 1134, 1168, 1175, 1176, 1178, 1184, 1190, 1346,
    1347, 1382, 1385
Kontinentalhänge 629, 1123, 1170, 1177, 1178
Kontinentalverschiebungshypothese 294
Kontinua 1287
kontinuierlich 2, 48, 77, 80, 83, 120, 122, 124, 138, 238, 308, 371, 499, 500, 502,
    508, 639, 641, 690, 792, 810, 879, 880, 903, 931, 954
kontinuierliches Spektrum 442, 486
Kontraktions- und Expansionshypothese(n) 293
Konvektionszelle 1031, 1032
Konzentration 141, 146, 576, 712, 736, 753, 764, 794, 796, 814, 815, 896, 897, 899,
    903, 905, 915, 925, 936, 1027, 1081, 1090, 1093-1095, 1099, 1183,
    1198, 1200, 1213, 1226, 1232, 1234, 1241, 1245, 1248, 1249, 1251,
    1270, 1271, 1279, 1281, 1288, 1301, 1302, 1313-1315
Koordinatensystem 2, 28, 44, 62, 76, 78, 79, 94, 95, 106, 140, 142-144, 155, 241,
    245, 247, 249, 262, 267, 268, 277, 279, 282, 283, 479, 499, 515,
    548, 553, 616, 993, 1003, 1006, 1007, 1014, 1022, 1189, 1218, 1219
Koppe 444, 1359
Köppen 820, 1367
Korallen 342, 722, 813, 1073, 1080-1082, 1094, 1095, 1126, 1127, 1159
Korallenriffe 1073, 1080, 1081, 1094, 1126, 1127, 1384
Korallenuhr 257
Koran 200, 201
Korn-Fraktion 707, 708
Korn-Fraktionen 707
Korrelationskoeffizient 50, 607
Korrelator 50
Koschmieder 1236
Koshiba 536, 538
Kosmas Indikopleustes 194
kosmische Entfernungseinheiten 452
kosmische Objekte 416, 423, 445, 454, 488

kosmische Quellen 390, 395, 396, 402, 404, 405, 407, 408, 411, 439, 440, 442
kosmische Singularität 454
kosmische Strahlung 411, 419-421, 438, 543, 1331, 1359
kosmischer Wind 433
kosmisches Eis 747, 1325
Kosmogonie 188, 500, 501
Kosmologie 444, 479, 482, 486, 498, 500, 508-510, 1330
kosmologische Konstante 439, 480, 485-487, 510
kosmologische Zeitabschnitte 492
Kosmologisches Prinzip 471
Kosmos 3, 13, 46, 65, 188, 215, 230, 239, 245, 292, 385, 391, 393, 398, 400, 401, 403, 404, 412, 415, 419, 423, 424, 426, 427, 432, 434, 436-439, 443, 447, 450, 453-459, 468-475, 477, 478, 482-492, 496-498, 500-507, 509-514, 517, 519, 540, 728, 736, 737, 747, 748, 915, 1065, 1338, 1340, 1343, 1374, 1389, 1391-1393, 1396
Kraft 11, 14, 15, 20, 76, 78, 80, 84, 85, 88, 127, 248, 256, 371, 458, 467, 468, 474, 475, 478, 483-485, 490, 491, 494, 495, 501, 504, 532, 547, 548, 608, 1004-1006, 1008-1014, 1017-1021
Krankheitserreger 706
Krassowski 63, 64, 70, 105, 109, 155
Krates 178, 187, 189
Kraushaar 412
Kreidezeit 343, 1292, 1293, 1306, 1393
Kreiselgleichung 248, 249
Kreiselmodell 250, 252, 1385
Kreislauf 240, 261, 345, 690, 769, 855, 873, 874, 878-882, 892, 900, 909, 925, 939, 942, 1090, 1093, 1216, 1318, 1337
Kreislaufgeschehen 373, 764, 852, 853, 855, 859, 867, 893, 927, 934, 935, 940, 941, 954, 1002, 1050, 1093, 1115, 1139, 1207, 1209, 1226, 1260, 1291, 1292, 1300
Krill 1103, 1152, 1192, 1203, 1206
Kronendach 817, 821, 825, 826, 831, 832, 970, 971
Krümmung 100, 141, 189, 216, 424, 465, 467-471, 480, 487, 488, 507, 510-512, 515, 517
Kruste 225, 255, 290, 296, 300, 301, 303-305, 307, 326, 328, 329, 354, 355, 358, 360, 364-368, 720, 739-742, 781, 859, 862, 874, 880, 986, 1129, 1137-1139, 1216, 1295, 1389
KTB 368, 369, 1327
Kubik-Planck-Länge 499
Kugelfunktionsmodelle 114, 117
Kugelsternhaufen 457, 458, 1399
Kugler 334

Kuhle 674, 681-684, 1361
Kuhn 227, 354, 357-359, 627, 648, 649, 1327, 1361
Kühnen 105, 107, 109
Kuiper 396, 399, 400, 743
Kuiper-Gürtel 399, 400, 743
Kupfer 182, 864, 868, 956, 1111, 1112, 1115, 1116, 1129, 1130
kurzfristige Änderungen 655, 657
Kurztagpflanze 821
kurzwellig 116, 386, 1284
kurzwellige Strahlung 564, 574, 612-614, 1242, 1247
Küstenpegel 154, 991
Küstenpolinja 602, 1198, 1201
Küstner 284, 1343
La Nina 264
Labeyric 1310
Laboca 398
Lager 797
Lagrange 76, 102, 108, 1003, 1022
Lakatgärung 768
Lambeck 240, 285
Lambert 572
Lambertfläche 572
Lambertstrahler 572
laminar 1021, 1267
Land 3, 4, 6, 33, 67, 68, 76, 78, 80-82, 84, 99-107, 113, 117, 122, 124, 126, 127, 139, 147, 163, 168, 175, 181, 184, 189, 216, 224, 233, 237, 239, 260, 273, 275, 288, 334, 337-341, 343, 353, 362, 380, 389-391, 393, 394, 396, 399, 403, 407, 412, 416, 418, 420, 421, 435, 475, 477, 518, 542, 546, 549, 550, 552, 553, 556-558, 564-571, 573-581, 583, 584, 587, 590, 595, 598, 617, 621, 629, 646, 653, 663, 667, 674-676, 703, 716-719, 735, 740, 744, 749, 750, 755, 761, 765, 782, 790, 796-798, 803, 808, 809, 816, 820, 835, 836, 838, 848, 857, 865, 873, 876, 878, 879, 884-886, 888-890, 892, 899, 900, 902, 912, 920, 922, 926, 941, 943, 946, 956, 959, 963-965, 969, 974, 977, 983-985, 988-991, 995, 996, 1005, 1012, 1015, 1017-1019, 1032, 1033, 1035, 1050, 1051, 1056, 1070, 1071, 1099, 1100, 1104, 1111, 1134, 1153, 1165, 1170, 1188, 1190, 1209-1211, 1214, 1220, 1224, 1225, 1231, 1232, 1240-1251, 1254, 1265, 1270, 1276, 1282, 1283, 1285-1287, 1291, 1294-1296, 1305, 1306, 1312-1314, 1345, 1356
Land/Meer-Verteilung 338, 339, 343, 983-985, 1005, 1265, 1294, 1296, 1305, 1306, 1313
Landfläche/Meeresfläche 979

Landflächenabnahme 984, 985
Landflächenzunahme 984, 985
Landgebiete 4, 5, 154, 223, 225, 294, 295, 678, 691, 861, 891, 1303
Landhebung 236, 268
Landnutzung 224, 956, 957
Landoberfläche 4, 11, 95, 98, 106, 127, 148, 157, 171, 223, 237, 274, 292, 320, 326, 334, 336, 347, 422, 571, 575, 595, 667, 972, 991, 1217, 1231, 1232, 1239, 1286
Landpflanzen 717, 791, 799, 800, 804, 808, 843, 853, 890, 900, 912, 1210
Landsat-Programm 962
Landschaft 4, 25-29, 642, 643, 674, 811, 848, 951, 970, 1389
Landschaftsmodell 27, 28
Landsenkung 236
Langbasis-Interferometrie 46, 47, 49, 1353
Längenangaben 427, 1160
Längenkontraktion 467
Längenquant 498
Längenzählung 39
Langtagpflanze 821
langwellig 116, 1284
Laotse 186
Lapilli 324, 325
Laplace 80-85, 102, 103, 108, 214, 1019
Laplace-Gleichung 80-83, 103
Lappland-Expedition 214
Laptew 1170, 1175, 1176
Larmor 467
Lateinisch 195, 203, 206
Lateinisches Alphabet 221
latente Wärme 637, 851, 1260
laterales Eiswachstum 615
Laufzeitänderung 48
Laufzeitdifferenz 47-50, 111, 112
Laufzeitkurven 352, 359
Laufzeitmessung 113
Laurasia 297, 298, 341, 1305
Lautschrift 187
Lautsprache 19, 20
lautsprachliche Abstraktion 19
Lava 324, 325, 333, 355, 742, 1292
Lavoisier 913
Leavitt 444

Leben 2, 11, 169, 190, 245, 287, 288, 336, 343, 401, 484, 518, 593, 674, 685, 689,
715, 716, 718, 719, 747, 749, 750, 752, 755, 764, 766-768, 770, 771,
773, 774, 777, 778, 782, 785, 789, 795, 801, 814, 852, 853, 859,
896, 923, 929, 931, 932, 949, 955, 977, 989, 1056, 1058-1063, 1068,
1070-1074, 1080, 1081, 1083-1089, 1091, 1102, 1106-1109,
1113-1115, 1117, 1118, 1120-1124, 1126-1129, 1131-1135, 1137,
1139, 1142, 1144, 1145, 1147, 1149, 1150, 1155-1157, 1160, 1161,
1163, 1178, 1195, 1196, 1202, 1206, 1207, 1211, 1214, 1244, 1285,
1286, 1316, 1326, 1332, 1335, 1338, 1341-1343, 1346, 1354, 1359,
1371, 1391, 1393
Leben am Meeresgrund 1072, 1083, 1084, 1144
Leben an der Grenze 1070, 1071
Leben an hydrothermalen Quellen 1127
Leben an Kontinentalhängen 1123, 1124
Leben an Schlammvulkanen 336, 1128, 1134
Leben in den Wasserschichten 1087, 1091, 1102, 1107, 1121, 1122
Leben ohne Sonnenlicht 1131
Leben unter extremen Bedingungen 1134
Lebensdauer 531, 612, 726, 774, 969, 1086, 1131, 1270, 1272, 1281, 1290
Lebensgemeinschaft 817, 894, 1057, 1117, 1127, 1134, 1208
Lebensgemeinschaften 341, 600, 606, 650, 938, 1070, 1071, 1085-1087, 1089, 1103,
1108, 1124, 1125, 1129, 1139, 1146, 1147, 1179, 1196, 1203
Lebensraum 2, 4, 5, 11, 12, 29, 31, 176, 224, 225, 344, 638, 650, 854, 952, 958,
1057-1059, 1070, 1071, 1073-1075, 1084, 1086, 1088, 1103, 1104,
1107, 1117, 1118, 1122, 1124, 1125, 1127, 1129, 1133, 1135, 1161,
1162, 1178, 1182, 1188, 1190, 1197, 1286, 1314, 1335, 1345
Lebensräume 19, 341, 343, 766, 769, 776, 1057, 1060, 1071, 1074, 1085, 1153,
1161, 1307, 1313, 1390
Lebensspuren 719, 751, 1084, 1089, 1124, 1133, 1147, 1386
Lebenszyklen 1182, 1195
Leewellen 1266
Legendre 80, 102, 103, 108, 115
Lehmann 357, 807, 1363
Leibnitz 503-505
Lemaitre 435, 455, 507
Lenard 505
Leonardo da Vinci 209, 213, 913
LEO-Satellit 1252
LEO-Satelliten 1252
Leptonen 532
Letztes Glaziales Maximum 681
Leukipp 186, 501

Levitus 999
LGM 667, 681
Libby 661, 725, 814
Licht 33, 179, 277, 385-387, 391, 392, 413, 416, 424-428, 430, 431, 433, 436, 438,
    442, 451, 452, 466, 482, 484, 489, 491, 493, 596, 737, 750, 755,
    771, 774, 778, 781, 782, 804, 805, 820, 821, 826, 894, 971, 1059,
    1074, 1085, 1086, 1090, 1096, 1182, 1196, 1208, 1314, 1317, 1349,
    1368, 1372, 1383, 1393-1395, 1399
lichtabhängig 774, 978
lichtabhängige Energiegewinnung 774
Lichtgeschwindigkeit 45, 49, 144, 147, 386-388, 391, 395, 413, 422, 426-428,
    443-446, 452, 466, 467, 470, 478, 479, 481, 482, 488, 492-494, 498,
    499, 506, 509, 513, 514, 533, 535, 539, 540, 991, 1006, 1219, 1344
Lichtquanten 387, 488, 774-776, 805, 1219
Lichtreaktion 775
lichtunabhängig 778, 978
lichtunabhängige Energiegewinnung 778
Lichtweg 391, 425, 426, 467, 480, 513
Liebig 146, 931
Linie 20, 22, 88, 116, 147, 228, 304, 355, 403, 404, 407, 429, 430, 432, 442, 497,
    499, 628, 687, 806, 812, 942, 1166, 1190, 1230, 1270, 1278
Linienintegral 103
Linienspektrum 407
Linksabweichung 1013
Linkssystem 267, 1007, 1012
Linné 15
Liouville 249, 250, 269, 270
Liouville-Bewegungsgleichung 249, 250, 269
Listing 102, 103, 108
Lithosphäre 66, 128, 234, 236, 238, 295, 299, 315, 335, 350, 355, 357-359, 361, 363,
    744, 746, 879, 880, 882, 889, 890, 892-894, 901, 911, 937, 1208,
    1342, 1391
Lithosphärenplatten 35, 50, 62, 160, 161, 295, 299, 300, 310-312, 318, 321, 326-329
Litoral 1058, 1061, 1070, 1089
LLR 42, 45, 62, 111, 122, 1017
Lobatschewski 514
LOD 51, 254, 259, 270, 271, 1359
Lomonossow 1168, 1170, 1175
Lorentz 466, 467, 481
Lorentz-Transformation 466, 481
Lotrichtung 63, 64, 85-87, 103, 226, 996, 1008, 1027
Love 351

Low 114, 396, 1046, 1252, 1336
Lubbock 1019
Lucretius 547
Luft 3, 9, 142, 156, 189, 225, 336, 345, 376, 385, 386, 413, 429, 433, 501, 518, 567, 570, 573, 578, 592, 594, 601, 608, 651, 673, 686, 688, 690, 694, 695, 744, 746, 753, 767, 796, 797, 816, 855-859, 881, 910, 913, 916-919, 921, 923, 925, 932, 935, 936, 940, 941, 956, 972, 975, 1023, 1025, 1031, 1035, 1081, 1082, 1220, 1223, 1226-1228, 1230, 1242, 1246, 1263-1265, 1267, 1275, 1276, 1278-1280, 1282, 1287, 1289, 1318, 1319, 1336, 1390
Luftbestandteile 857, 1226, 1228
Luftbewegung 830, 971, 1265, 1267
Luftbläschen 652, 673, 1300, 1316
Luftdruck 821, 1012, 1013, 1218, 1228, 1229, 1252, 1262, 1263, 1265
luftleer 127
Lufttemperatur 571, 600, 605, 734, 832, 975, 1005, 1197, 1217, 1222-1225, 1259, 1300, 1310, 1317
Luftzirkulation 2, 169, 855, 1033
Luther 209, 476
Lyman-Alpha-Linie 404, 407, 442
Lyman-Serie 407, 442
Maare 322, 324, 330
Mach 470
MacLaurin 88, 1019
Magma 296, 323, 326, 327, 739, 740, 742
Magmavulkane 324
Magmavulkanismus 323, 333
Magnet 546, 547
Magnetare 416, 417, 1359
Magnetfeld 128, 402, 420, 421, 523, 526, 528, 529, 540, 546, 551, 552, 555, 557, 558, 722, 920, 986, 1032
Magnetfelder 402, 416, 523, 543, 750, 1000, 1345, 1359
magnetische Pole 548-550
magnetische Substürme 530
magnetische Suszeptibilität 709
magnetische Verfahren 722
Magnetopause 526-529, 542, 552
Magnetosphäre 526-528, 530, 552
Magnitude 349, 352, 363
Magnitudenformel 349
Magnus 206, 212, 250, 252, 1365, 1387
Makarow 628, 1168, 1170

Makrokosmos 425
Mangrovewald 847
Mannigfaltigkeit 415, 438, 467, 481, 505, 508, 516
Manteltiere 1149, 1159
Marconi 147
marine Emissionen 1101
marine gebänderte Eisenerze 791, 792, 940
MARK 50, 191
Marker 711, 1197
Marrison 286
Marussi 105, 106, 109
mas 37, 50, 51, 241, 248, 254, 258, 261, 262, 265, 267, 276, 277, 394
Masche 1218
Maskelyne 476
Masse 45, 76-78, 80, 81, 83-85, 87, 90, 106, 121, 125, 128, 178, 246, 256, 351, 352, 354, 376, 386, 387, 415, 427, 451, 454, 462, 468, 469, 474, 475, 477-484, 486-488, 491, 500, 505, 506, 508, 512, 532, 533, 585, 643, 648, 649, 719, 722, 732, 734, 751, 816, 870-877, 920, 927, 1002, 1005, 1006, 1009, 1016, 1022, 1105, 1213, 1228, 1262, 1300, 1306, 1378
Maßeinheiten 69, 391, 426, 427, 429, 452
Massenaussterben 336-339, 343, 344, 369
Massenextinktion 344
Massenhaushalt 376, 641
Massenverlagerungen 59, 87, 100, 234, 238, 241, 249, 250, 259-263, 285, 292, 985, 996, 999, 1385
Maßstab 38, 51, 60, 61, 191, 227, 228, 471, 490, 500, 868
Maßstabsangaben 868
Materie 129, 212, 335, 353, 355, 385, 404, 406, 415, 423, 425, 426, 433, 436, 437, 442, 451, 455-458, 468, 471, 473-475, 479, 482-491, 495, 500-510, 512, 513, 525, 532, 534, 536, 539, 576, 592, 725, 731, 738, 744, 747, 767, 768, 770, 883, 919-921, 1005, 1129, 1231, 1241, 1309, 1357, 1365, 1367, 1389, 1393, 1394
Materiebildung 454
Materieverteilung 465, 467, 471, 473
mathematische Raumstrukturen 514
Matthews 314, 440, 1352
Maunder 523, 524
Maunder-Minimum 523
Maury 230
Maxwell 403, 428, 466, 504
McCrea 455

McDonald 1016
mechanische Wellenstrahlung 385
Meer 2-4, 33, 67, 68, 76, 78, 80-82, 84, 99-104, 106, 113, 117, 120, 122-129, 147,
155, 169, 171, 177, 181, 183, 184, 186, 188, 189, 194, 216, 223,
225, 233, 234, 237, 239, 240, 242, 249, 256, 260-263, 273, 288, 294,
328, 329, 333, 337-340, 342, 343, 347, 361, 362, 370, 389-391, 393,
394, 396, 399, 401, 403, 407, 412, 416, 418, 420, 421, 435, 475,
477, 501, 518, 542, 546, 549, 550, 553, 556-558, 564-571, 573-581,
583, 584, 587, 590, 597-600, 602, 606, 609, 613, 615, 617, 620, 637,
638, 646-648, 657, 674, 675, 678, 684, 706, 717, 718, 734, 738, 742,
744, 749, 750, 765, 777, 789, 790, 794, 795, 797, 798, 809, 814,
816, 821, 836, 838, 848, 857, 865, 868, 872, 873, 875, 878-880, 883,
889, 891-896, 899-901, 912, 935-937, 940-942, 948, 952, 954, 956,
959, 963-965, 969, 974, 975, 977-980, 982-985, 988, 991, 993-995,
998, 1000, 1002, 1004, 1005, 1012, 1014, 1015, 1017-1026, 1028,
1030, 1032-1035, 1045, 1047, 1048, 1051, 1055-1059, 1061, 1073,
1081-1083, 1086, 1090-1095, 1097, 1100, 1101, 1103, 1104,
1109-1111, 1113, 1115, 1116, 1122, 1137, 1140, 1148, 1149, 1157,
1159, 1160, 1168, 1170, 1172, 1173, 1186, 1205, 1207-1212,
1214-1216, 1220, 1224, 1225, 1231-1233, 1237, 1240-1251, 1254,
1262, 1265, 1267, 1268, 1270, 1282, 1283, 1285-1287, 1289-1294,
1296, 1303, 1305-1310, 1312-1314, 1326, 1339, 1371, 1373, 1377,
1380
Meereis 33, 375, 592, 593, 597-600, 603-606, 611-614, 617-621, 623-626, 630, 631,
633, 637, 638, 650, 658, 681, 708, 766, 964, 982, 994, 1039, 1043,
1045, 1085, 1086, 1089, 1108, 1115, 1116, 1171, 1174, 1176, 1179,
1180, 1196, 1198, 1237, 1303, 1311, 1329, 1348, 1356, 1371, 1372
Meereisalter 601, 603, 612
Meereisausdehnung 602, 603, 618, 633, 645
Meereisbewegung 605, 608
Meereisbildung 600, 612, 631, 1047
Meereisdicke 604, 605, 1303, 1348, 1358
Meereisdrift 599, 605, 608, 615
Meereisrauhigkeit 611
Meereisrheologie 615
Meereisscholle 601, 605
Meereisvolumen 604, 605
Meeresfarbe 1054, 1098, 1099
Meeresfauna 339
Meeresfläche 103, 165, 167, 168, 377, 380, 383, 384, 602, 626, 977, 979, 1027,
1074, 1075, 1123, 1141, 1188, 1286, 1292
Meeresgebiete 5, 6, 223, 295, 703, 706, 936, 1101, 1371

Meeresgezeiten 54, 121, 237, 239, 240, 255, 270, 272, 362, 620, 994, 997, 1015, 1172
Meeresgezeitenmodelle 237, 1015, 1016
Meeresgrund 5, 225, 230, 237, 256, 292, 296, 315-317, 328, 333, 334, 336, 337, 340, 362, 605, 629, 631, 636, 637, 663, 672, 740, 782, 792, 795, 814, 880, 883, 889, 893, 894, 896, 906, 912, 985, 989, 996, 1000, 1030, 1045, 1047, 1056, 1058-1061, 1063, 1070, 1072-1075, 1080, 1083, 1084, 1089-1094, 1102, 1103, 1108, 1111, 1115, 1120-1125, 1127, 1129, 1134, 1137, 1138, 1140-1146, 1149, 1155, 1164, 1165, 1167, 1168, 1170, 1177-1179, 1187, 1190, 1192-1195, 1206-1208, 1210, 1211, 1213-1216, 1293, 1295, 1350
Meeresgrundbecken 255
Meeresgrundkarte 994, 1000, 1001
Meeresgrundspreizung 312
Meeresgrundtopographie 98, 1005
Meeresoberfläche 4, 98, 124, 128, 139, 143, 171, 189, 223, 226, 233, 237, 242, 264, 327, 336, 347, 551, 552, 583, 595, 602, 615, 617, 659, 676, 716, 761, 765, 782, 795, 898, 900, 966, 983, 990-992, 994-996, 1000, 1002, 1004, 1005, 1018, 1020, 1021, 1023, 1024, 1026, 1027, 1030, 1033, 1035, 1037, 1038, 1047, 1051, 1052, 1059, 1080, 1095, 1096, 1098, 1168, 1208, 1209, 1215, 1232, 1234, 1237, 1255, 1268, 1293, 1309
Meeresoberflächengestaltung 1000, 1001
Meerespassagen 1308
Meerespotential 2, 168, 169, 891, 900, 977, 978, 1002, 1207
Meeresspiegel 4, 10, 98, 124, 226, 308, 324, 333, 378, 551, 575, 584, 641-643, 648, 675, 679, 682-684, 983, 988, 990, 994-997, 1000, 1027, 1283, 1287, 1288, 1293, 1313
Meeresspiegelschwankungen 154, 264, 674, 675, 677, 679, 983, 988, 991, 1313, 1323
Meeresströmung 334, 601, 1005, 1015, 1318
Meeresteil 184, 328, 340, 599, 634, 638, 981, 982, 1036, 1041, 1045, 1050, 1059, 1103, 1105, 1125, 1165, 1166, 1168, 1173, 1174, 1178, 1182, 1183, 1185, 1187, 1194, 1199-1205, 1211, 1212
Meerestiefe 232, 315, 1005
Meerestopographie 68, 69, 98, 104, 113, 128, 992, 993, 996, 998, 1000, 1028
Meeresverbindung 1307
Meerwasser 324, 325, 345, 375, 570, 597, 598, 600, 601, 613, 625, 631, 638, 643, 648, 661, 665, 666, 670, 725, 734, 735, 746, 765, 790, 793, 795, 847, 855, 865-868, 874, 879, 880, 889, 895, 898, 926, 956, 983, 999, 1024, 1025, 1032, 1054, 1071, 1081, 1083, 1094, 1097, 1110, 1111, 1114-1116, 1129, 1131, 1134, 1139, 1165, 1185, 1192, 1214, 1226,

1237, 1285, 1308-1310, 1373
Mehrgitter 121
Mehrgittermodelle 119
Mehrgitterverfahren 118, 119, 1378
Membrantheorie 425, 496
Mendel 923
Mendelejew 1170
Menge 2, 3, 13, 17, 18, 22, 29, 118, 168, 326, 364, 368, 423, 472, 515, 516, 518, 524, 531, 585, 595, 598, 599, 638, 647, 652, 690, 724, 727, 731, 746, 763, 770, 814, 850, 853, 854, 873-877, 882-886, 888, 893, 898, 922, 923, 929, 977, 1081, 1093, 1094, 1105, 1127, 1182, 1195, 1197, 1208, 1209, 1211, 1212, 1249, 1271, 1314, 1318
Mengenangaben 872, 874, 877, 881, 889, 898, 926
Mengentheorie 3, 13, 17, 18, 22, 29, 168, 169, 224, 376, 423, 696, 700, 820, 946, 978, 1260
Mensch 4, 5, 13, 16, 18, 21, 26, 31, 123, 177, 212, 215, 224, 241, 262, 285, 364, 369, 374, 392, 487, 547, 597, 651, 736, 783, 908, 909, 934, 935, 949, 950, 956, 1115, 1247, 1287, 1328, 1372, 1380, 1397
Menschwerdung 19, 949, 950
Mercator 155, 158, 209, 213, 228
meridionale atmosphärische Zirkulation 1220, 1265
Meridionalzirkulation 1261, 1265
Mesopause 1220, 1222
Mesopotamien 4, 173, 175, 176, 187
Mesosphäre 1220, 1222, 1271, 1274
meßtechnische Erfassung 255, 396, 631, 715, 827, 850, 1247, 1277
Messung 4, 25, 31, 40, 43, 60, 80, 89, 91, 93, 103, 106, 111-113, 120, 130, 138, 145, 151, 153, 159, 161, 213, 227, 233, 248, 278, 308, 320, 321, 392, 405, 431, 435, 442, 444, 448, 460, 462, 464, 472, 539, 542, 547, 548, 557, 605, 619, 637, 642, 665, 730, 731, 733, 735, 825, 828, 835, 1054, 1200, 1229, 1230, 1237, 1258, 1259, 1360, 1364, 1384, 1393
Metallkonzentrationen 956, 1110-1112, 1114, 1116
Metall-Spurenkonzentrationen 345, 1110
Metazoa 1067, 1069, 1103
Meteoriteneinschlag 337, 339, 347
meteorologische Felder 1217
Meter 69, 229, 265, 267, 268, 315, 316, 362, 386, 390, 405, 427, 429-431, 459, 461, 472, 473, 498, 594, 606, 645, 679, 685, 1082, 1086, 1126, 1129, 1201, 1300
Methan 335, 336, 688-690, 745, 754, 773, 807, 836, 850, 858, 859, 870, 903-905, 908, 963, 1083, 1131, 1134, 1135, 1213-1215, 1227, 1242, 1244,

1245, 1250, 1251, 1275, 1300, 1313-1315
Methanbakterien 1135
Methanfahnen 1083, 1214
Methanfreisetzung 688, 1393
Methanhydrat 1083, 1213-1215
Methankreislauf 688, 1213, 1314
Methanogene 689, 690, 773, 903, 1313, 1314, 1389
Methoden-Übersicht 452
Methylmercaptan 936, 1101
Metrik 466, 470, 479, 480, 506, 509, 518, 991
metrische Räume 515
metrischer Raum 515
Michelson 429, 430, 493
Mikrokosmos 425
Mikroorganismen 345, 663, 664, 689, 751, 752, 755, 761, 762, 766, 769, 795, 902, 926-928, 940, 1083, 1131-1134, 1211, 1212, 1231, 1295, 1313, 1314
Mikrowellenstrahlung 591, 618, 621-623, 835, 836
Milankowitsch 657, 659, 660, 673-675, 1295, 1313, 1367
Milchsäure 768
Milchsäuregärung 768
Milchstraße 36, 245, 293, 401, 403, 404, 406, 414-417, 419-421, 423, 433-435, 442-444, 458, 464, 473, 489, 1337, 1343
Millibogensekunde 37, 51, 248, 254, 394
Millisekunde 131, 248, 254, 258, 415
Milne 352, 471
Mineralpartikel 707, 708
Mineralstaub 703-705, 708, 710, 936, 1233, 1238, 1384
Minimalfläche 500
Minkowski 467, 479, 481, 482
Mischungsangaben 868
mißverständliche Benennungen 1060
Mitochondrien 758, 760, 769, 771-773, 786, 787, 1394
Mitteilungshilfe 17
mittleres Erdellipsoid 66, 68, 71, 101, 104, 107, 143, 164, 168, 677
Modell 25, 28, 35, 47, 60-62, 103-105, 113, 117, 118, 123, 126, 189, 217, 227, 233, 239, 247, 248, 273, 274, 280, 294, 295, 315, 318, 319, 334, 335, 356, 360, 373, 386, 421, 424, 446, 458, 465, 468, 482, 483, 485, 495, 502, 503, 506, 507, 511-513, 517, 523, 529, 533, 551, 558, 620, 730, 750, 773, 786-788, 794, 796, 842, 911, 912, 914, 932-934, 939, 942, 988, 991, 993, 995, 1001, 1002, 1016, 1030, 1031, 1035, 1163, 1225, 1246, 1303, 1308, 1310, 1324, 1337, 1349, 1350, 1372, 1374,

1389
Modellierung 45, 113, 118, 119, 122, 237, 241, 247, 248, 269, 271, 272, 275, 279, 363, 364, 485, 615, 975, 1016, 1340, 1349, 1366
Mohorovicic 356, 358, 741, 742
Molekül 732, 759, 770, 778, 919, 920, 1081, 1245
molekularer Aufbau 593
Mollusca 1120, 1149, 1156, 1162, 1203
Molodenski 91, 93, 97, 105, 106, 109
Molodenski-Problem 106
Mond 7, 23, 45, 72, 111, 181, 189, 238, 240, 255-257, 288, 290, 464, 474, 491, 737, 738, 996, 1017, 1019, 1259, 1319, 1329
Mondphänomen 181
Monsun 848, 1295
Morgenland 185
Moritz 75, 97, 109, 356, 1368
Morlet 266, 271, 272
Morlet-Wavelet-Transformation 271
morphotektonische Großformen 291
MS 131, 248, 254, 257, 258, 261, 262, 277, 650, 652, 709-711, 730, 1376
MS-Signal 711
multitemporäre Modelle 25
Munk 285
Musa 217
M-Theorie 496
Nachschwingungseffekt 264
NAD 629, 778, 1177, 1179, 1369
Nadelbäume 803, 819
Nährstoff 941, 1083
Nährstoffkonzentration 638
Nährstoffkonzentrationen 1038, 1095-1097
Nahrung 176, 344, 767, 768, 772, 773, 782, 854, 894, 921, 927, 934, 950, 1068, 1071, 1080, 1093, 1095, 1115, 1118, 1119, 1122, 1124, 1128, 1129, 1144, 1145, 1195, 1206, 1207
Nahrungsangebot 1085, 1089, 1103, 1108, 1115, 1144-1147, 1195
Nahrungsaufnahme 1109, 1116-1119
Nahrungsgefüge 1085, 1152, 1206
Nahrungskette 343, 940, 1058, 1085, 1091, 1097, 1112, 1122, 1124, 1127, 1139, 1182, 1206, 1208, 1279, 1281, 1286
Nahrungskettenglieder 1084, 1088, 1107, 1122, 1124, 1133
Nahrungs- und Energiekrise 766, 768
Nahrungs-Krise 766, 767, 778
Nansen 105, 106, 109, 628, 634, 643, 1163, 1165, 1168, 1170, 1179, 1185, 1349,

1369, 1370, 1397
NAO 260, 605, 1268, 1311
NASA 10, 41, 58, 114, 121, 227, 275, 394, 396, 398, 399, 406, 408, 409, 417, 418, 422, 434, 485, 522, 542, 566, 613, 621, 625, 706, 738, 837, 958, 962, 967, 968, 973, 999, 1001, 1052, 1054, 1055, 1099, 1254, 1256-1258, 1268, 1278, 1329, 1368, 1370, 1394
NASDA 570, 967, 1370
Naturkonstante 426, 492, 493, 498, 870
Navier 1002-1004, 1022, 1023, 1262
Navier-Stokes-Bewegungsgleichung 1002-1004, 1022, 1023
Navigationssysteme 145, 316
NDSI 1099
NDVI 957, 1099
Nebenelemente 862-864
Nebra 174, 179-181, 1367, 1380
Nekton 347, 1060, 1061, 1070, 1084, 1087-1090, 1104, 1106-1108, 1117, 1121, 1124, 1147, 1148, 1204, 1206, 1209
Nekton-Biomasse 1070, 1090, 1104, 1106, 1117, 1147, 1206
Nernst 439
Nesseltiere 1080, 1083, 1094, 1149, 1158, 1186, 1195
Netto-Drehmoment 255
Netto-Photosynthese 778, 854
Netzfläche 1218
Netzpunkt 616
Neudörffer 220
Neustal 1059, 1060
Neuston 1059, 1060, 1070, 1089, 1090, 1103, 1108, 1113, 1114, 1151
Neuston-Biomasse 1070, 1090, 1103
Neutrino 495, 531-534, 536-539
Neutrinofluß 531, 534, 536
Neutronensterne 415, 416, 1371
Newton 7, 14, 76, 78, 83, 84, 102, 108, 124, 209, 214, 218, 219, 269, 386, 393, 409, 428, 464, 466, 467, 475, 478, 479, 481, 482, 485, 491, 503-505, 508-510, 1018, 1019
Newtonsche Gravitationstheorie 480, 497
Newtonsches Gravitationsgesetz 475, 484
Newton-Kosmologie 508-510
Nicephorus Blemmides 197, 198
Nicholson 523
nichtionisierende Strahlung 385
nichtradiative Prozesse 1243
Nichtwald-Vegetation 716, 945

Niederschläge 242, 685, 745, 821, 844, 865, 873, 878, 915-918, 927, 928, 998, 1032, 1045, 1288, 1311
Nier 730
Niggli 661, 725
Nil 175, 177, 186, 951, 954
Nilland 175
Nippfluten 237
Nipp-Tide 1019
Niveauellipsoid 67, 68, 70, 71, 95, 97, 98, 101, 105, 144
Niveaufläche 14, 63, 68, 71, 74, 88-92, 98, 103, 676, 995, 1020, 1021
Nomenklatur 600, 601, 795, 796, 864, 1068, 1069, 1148, 1160
nordatlantische Oszillation 260, 1311
nordatlantisches Tiefenwasser 1042, 1045
Nordpolarmeer 599, 600, 606-608, 613, 627-630, 634-637, 980-982, 1036-1039, 1086, 1087, 1096, 1107, 1109, 1113, 1161-1166, 1168-1176, 1179, 1182, 1184, 1186, 1187, 1199, 1303, 1306, 1307, 1311, 1369
Normalbeschleunigung 1007
Normalized Difference Vegetation Index 957
Normalized Vegetation Index 957
Normalschrift 220
Normalsichtigkeit 390
Normal-orthometrische Höhe 94, 96-98, 100, 126
Nutation 39, 45, 250-252, 278-281, 283, 284
Nutationsbahn 252, 253
Nutationsellipsen 253
Nuttall 727
Nutzung 29, 41, 90, 140, 145, 146, 181, 279, 286, 297, 408, 503, 611, 616, 732, 768, 770, 772, 849, 859, 879, 900, 928, 935, 952, 957, 966, 983, 1024, 1121, 1189, 1288, 1323, 1326, 1328, 1341, 1344, 1364, 1370, 1374, 1382, 1392
NUVEL 59-62, 144, 148, 318, 319
NVI 957
Oase 1384
Oasen-Typen 700
Oberfläche 2, 6, 33, 37, 45, 67, 68, 71, 74, 76-78, 80-84, 87, 94-106, 113, 117, 122, 124, 126-128, 147, 164, 165, 168-170, 181, 189, 216, 223, 225, 226, 233, 234, 237-239, 245, 246, 248, 277, 278, 286, 288, 290, 292, 325, 355, 362, 376, 389-394, 396, 399, 403, 407, 412, 416, 418, 420, 421, 435, 436, 475, 477, 488, 508, 511, 512, 517, 520, 535, 539, 542, 544-551, 553, 556-558, 562, 565-576, 578-581, 584, 587, 590, 592-595, 603, 611, 617, 619, 620, 623-625, 644, 647, 650, 674, 675, 688, 749, 750, 797, 816, 826, 828, 831, 836, 838, 842, 874, 928,

959, 963, 965, 970-972, 974, 975, 977, 983, 989, 991, 1012-1015, 1017-1019, 1023, 1032, 1033, 1035, 1045, 1051, 1052, 1056, 1100, 1114, 1115, 1134, 1137, 1186, 1209, 1217, 1220, 1224, 1240-1249, 1254, 1268, 1270, 1277, 1282, 1283, 1285-1287, 1294, 1312, 1314
Oberflächenauslenkung 992
Oberflächenkräfte 121, 994
Oberflächenschmelze 375
Oberflächenschmelzen 593, 642, 694
Oberflächenwasser 598, 667, 668, 865, 872, 879, 883, 893, 977, 1028, 1030-1032, 1039, 1042, 1044, 1046, 1050, 1095-1099, 1111, 1112, 1127, 1174, 1175, 1184, 1191, 1195, 1200, 1210, 1211, 1215, 1293, 1306, 1310
Oberflächenzirkulation 1036, 1037, 1042
Oberth 9
Objekte 24, 28, 34, 37, 44, 396, 416, 423-425, 433, 442, 445, 447, 450, 453, 454, 459, 465, 467, 472, 478, 484, 488-490, 508, 514, 1374
Ochotskisches Meer 980, 1215
Oden 1166, 1167
ODP 367
OEEPE 1371
Oeschger 657-659, 710, 897, 1310
Offener Himmel 11
Oldham 356
Olympische Spiele 174
Omnivoren 1119
Opel 27
Oppert 175
optisches Fenster 391, 585
Organellen 758, 760, 772, 773, 786
organische Moleküle 747, 748, 751, 769, 1061, 1064
Organismen 345, 602, 638, 650, 665, 715, 716, 719, 722, 746, 747, 749, 750, 752-755, 757-760, 762, 763, 765-772, 774-780, 782, 783, 785-787, 789, 797, 814, 821, 854, 867, 883, 893, 894, 911, 922, 923, 930, 933, 935, 938, 941, 952, 1060-1065, 1068, 1073, 1075, 1081, 1084-1086, 1088-1091, 1093-1095, 1101, 1102, 1104, 1106-1110, 1113-1115, 1117-1119, 1122, 1124-1127, 1131-1133, 1135, 1139, 1140, 1144-1148, 1150, 1182, 1193-1196, 1202, 1207, 1208, 1210, 1212-1214, 1216
Orogenese 292, 297, 303, 985
Orthodoxie 199
Ostwinddrift 1029, 1044
Oszillation 260, 293, 537, 538, 1268, 1272, 1311
Oxidation 342, 689, 765, 766, 769, 771, 778, 782, 790, 795, 797, 900, 902, 924, 935,

936, 939, 1142, 1232, 1237, 1275, 1289
Oxidationsmittel 1275
Oxidationszahl 795
Oxigene Photosynthese 755, 764, 765, 775, 776, 895
Oxigene Photosynthese durch Cyanobakterien 765
Ozean 183, 269, 272, 273, 275, 276, 359, 600, 608, 615, 623-625, 627, 742, 850, 851, 977, 979, 999, 1033, 1053, 1210, 1288, 1320, 1340, 1342, 1354, 1378, 1380, 1397
ozeanische Daten 272
ozeanische Dynamik 1002, 1262
ozeanische Fronten 1038, 1043, 1096, 1111, 1113
ozeanische Kruste 255, 296, 300, 301, 303, 304, 326, 328, 329, 740, 742, 859, 862, 874, 1129, 1137-1139
ozeanische Rücken 1168
ozeanische Strömungssysteme 1027
Ozon 577, 585, 765, 796, 858, 859, 909, 913, 969, 1221, 1227, 1242, 1244, 1245, 1249-1251, 1258, 1259, 1261, 1269-1275, 1277-1283, 1287
Ozonabbau 1075, 1273-1277, 1279, 1281, 1396
Ozonbildung 909, 1273
Ozondichte 1274, 1278
Ozonproduktion 1269, 1270, 1273, 1287
Ozonquellen 1269
Ozonschicht 341, 717, 765, 782, 796, 909, 1269, 1270, 1275, 1281, 1282, 1285, 1286, 1318, 1386
Ozonverlust 1236, 1275, 1277, 1279
Ozonverteilung 1269, 1271, 1272
Ozon-Chemie 1273
Ozon-Konzentration 1271
Paläogeographie 255, 256, 651, 658, 1292, 1304
Paläomagnetik 297, 1331
Paläomagnetismus 553
Paläotemperatur 665
Pangaea 340, 1305
Panthalassa 340, 1305
Parameter 34, 39, 45-47, 51, 67-73, 75, 96, 101, 104, 105, 109, 170, 233, 247, 252, 273, 280, 363, 448, 493, 517, 602, 615, 619, 652, 657, 697, 963, 1101, 1117, 1144-1146, 1185, 1213, 1225, 1229, 1279, 1358, 1372, 1388
Parametrisierung 51, 119, 247, 280, 1338, 1377
Parker 526
Partialtiden 237, 239, 240
Partikel-Streuung 1235

passiv 113, 623, 1090, 1229
Pauli 531
Pazifik 56, 167, 230, 264, 300, 305, 317, 333, 349, 363, 628, 645, 667, 704,
 979-982, 1030, 1031, 1050, 1082, 1103, 1111, 1112, 1130, 1143,
 1193, 1202, 1205, 1212, 1215, 1268, 1306, 1318
Peenemünde 10
Pegel 92, 93, 96, 154, 158, 990, 991
Pegelmessungen 989, 990, 994, 995, 1364
Pelagial 1058, 1061, 1090, 1108, 1141
Penck 227, 679, 821, 873, 1294
Penzias 434, 435
Perioden-Leuchtkraft-Beziehung 444, 445, 448, 450, 462
periodische Schwankungen 257, 657, 659, 684
Periodizität 421, 821, 826, 834, 1294
Periodizität des Pflanzenlebens 821, 826, 834
Perm 256, 339-342, 717, 790, 791, 798, 799, 803, 804, 807, 808, 1145, 1292, 1353
Permafrost 686-688, 841, 842
Permafrostgebiete 686, 687, 689, 694, 839, 969
Permafrostverbreitung 687, 688
permanent messende GPS-Stationen 41, 42, 150, 156
Permittivitätszahl 591
Peru-Expedition 214
Pfannkucheneis 601, 612
Pflanzen 5, 15, 16, 28, 241, 261, 343, 345, 346, 570, 663, 699, 715-718, 758,
 760-762, 764, 766-769, 772, 776, 777, 779, 786, 790, 797-802,
 804-806, 808, 814, 816, 820, 821, 834, 853, 854, 856, 881, 889, 890,
 896, 899, 900, 902, 908-910, 912, 915, 918, 921-923, 927-931,
 939-942, 949-952, 954, 956, 975, 1056-1059, 1061-1066, 1068,
 1071-1076, 1078, 1083-1085, 1087, 1088, 1090, 1097, 1098, 1101,
 1107, 1118, 1119, 1145, 1182, 1191, 1197, 1207, 1210, 1222, 1244,
 1286, 1295, 1297, 1318, 1354, 1368, 1382, 1396
Pflanzen als Quellen 910
Pflanzen besiedeln das Land 790, 808
Pflanzenentzug 927, 929
Pflanzenfresser 1084, 1088, 1107, 1113, 1119, 1185, 1186, 1193
Pflanzenleben 790, 798, 1355
Pflanzenreich 650, 790, 800, 1065, 1066, 1068, 1070, 1075, 1078, 1079, 1092, 1095,
 1148, 1181
Pflanzenwelt 341, 342, 716, 798-800, 803, 804, 916, 1072, 1073, 1091, 1331
Pfund-Serie 407, 442
Phänologie 15, 16, 820, 1382
Phase 131, 134-138, 224, 225, 241, 287, 326, 367, 375, 424, 438, 458, 483, 491,

492, 524, 631, 632, 644, 658, 662, 734, 735, 758, 808, 856, 1065, 1093, 1262, 1310, 1311, 1376
Phasenbeobachtung 131
Phasenbeobachtungen 130
Phasenmessung 138
Phasenregistrierungen 138
Phosphor 747, 778, 853, 864, 867, 873, 931, 941-943, 1110, 1211
Phosphorkreislauf 941
photische Zone 1034
photoautotrophe Organismen 762, 780
Photodissoziation 761
Photogrammetrie 461, 462, 1334, 1341, 1360, 1371, 1379, 1388, 1389, 1394, 1395
photographische Platte 392, 397
Photolyse 761, 765, 775, 1273, 1281
Photometer 391, 462, 522
Photometrie 391, 392, 461, 462, 572
Photomorphogenese 804, 805, 821
Photonen 386, 387, 397, 412, 418, 427, 436, 437, 439, 446, 490, 506, 513, 532, 533, 538, 543, 585, 590, 769, 920, 1284
Photonik 1219
Photosynthese 2, 169, 343, 650, 696, 716, 718, 746, 752, 753, 755, 758, 761-765, 767-769, 772, 774-782, 784, 786, 789, 790, 795, 797, 816, 853, 854, 867, 879, 890, 894-896, 899, 900, 908, 911, 913, 928, 978, 1059, 1073-1075, 1078-1080, 1084, 1088, 1090, 1093, 1095, 1098, 1101, 1107, 1126, 1135, 1139, 1182, 1183, 1197, 1207-1211, 1271, 1284
Photosynthese grüner Pflanzen 777, 853, 854, 890, 1107
Photosyntheserate 816
Photosynthese-Pigmente 1078
Phytobenthos 879, 1063, 1070, 1072, 1073, 1084, 1104, 1191, 1207
Phytobenthos-Biomasse 1070, 1191
Phytoplankton 664, 668, 806, 883, 894, 940, 941, 964, 1058, 1062, 1070, 1073, 1085, 1087, 1088, 1090, 1091, 1097, 1098, 1101, 1103, 1104, 1107-1110, 1112, 1115, 1157, 1182, 1184-1186, 1191, 1199-1202, 1207-1212, 1233, 1286, 1289, 1352, 1356
Phytoplankton-Biomasse 1070, 1090, 1182, 1184, 1199, 1211, 1212
pH-Wert 638, 867, 915, 935, 1094, 1110, 1130
Piccard 315, 1121
Pillow-Lava 325
Planck 50, 386-388, 412, 431, 435, 437, 492, 495, 498-500, 505, 506, 563, 585, 761, 901, 1369
Plancksches Wirkungsquant 386, 494
Planck-Konstante 386-388, 412, 495, 506, 585, 761

Planck-Länge 499
Planck-Zeit 492, 499, 500
Planetare Albedo 566, 567, 574, 1242, 1245, 1246
planetarische Wellen 1265
Planetenbewegungen 101, 189, 215, 216, 253, 1018
Planetoiden 399, 737
Planetoidenringe 399
Plankton 345, 797, 912, 1060-1062, 1086, 1090, 1102, 1108, 1110, 1126, 1144, 1147, 1149, 1155, 1205, 1207, 1215, 1293, 1309
Planktonalgen 650, 894, 895, 1058, 1085, 1087, 1088, 1090-1093, 1096, 1097, 1107, 1142, 1179, 1207, 1208, 1386
Plasma 47, 147, 436-438, 525, 527-530, 652, 730, 793, 920, 922
Plasmasphäre 47, 527, 543, 544
Plasmoide 528
Plasten 772
Plastiden 758, 771, 772, 1068, 1348
Platon 215
Platonisches Jahr 252
Plättcheneisschicht 1200, 1201
Platten 35, 163, 164, 295, 298-303, 306, 309-311, 318, 319, 348, 397, 742, 985, 1128, 1139, 1363
Plattenbewegung 142, 296, 302, 310, 312
Plattenbewegungsmodell 35, 59-61, 144, 148, 318
Plattengrenzen 35, 300-302, 318, 1292
Plattensubduktion 312, 314
Plattentektonik 3, 45, 148, 239, 294-297, 299, 315, 327, 334, 348, 369, 739, 742, 743, 985, 986, 1131, 1291, 1292, 1305, 1324, 1332, 1360, 1368
Pleistozän 643, 679-681, 683, 951, 1294, 1315
Plejade 723
Plejaden 180, 181
Pleustal 1059, 1060
Pleuston 1059, 1060, 1070, 1089, 1090, 1104, 1108
Pleuston-Biomasse 1070, 1090, 1104
Pogson 392, 462
Poincare 428, 466
Poinsot 248
Poisson 83, 84, 87, 102, 103, 108, 128, 480
POK 893
Pol 51, 74, 103, 125, 128, 259, 260, 262, 263, 281-283, 429, 477, 546, 547, 550, 674, 1017, 1199, 1220, 1263, 1276, 1292
polare Stratosphärenwolken 1276, 1277, 1369, 1391
Polarfront 983, 1039, 1042-1044, 1096, 1184, 1199, 1200, 1205, 1263

Polarimeter 403
Polarisation 435, 436, 617, 619, 626, 835, 966, 1052, 1255
Polaritätszeitskala 556, 708
Polarlicht 919-921
Polarlichter 530, 921
Polarmeer 1107
Polarnacht 378, 622, 626, 1182, 1199, 1236, 1258, 1275, 1276, 1278, 1280
Polarstern 228, 282, 605, 627, 1096, 1111, 1113, 1121, 1125, 1165-1168, 1180, 1182, 1185, 1189, 1196, 1200, 1212, 1259, 1320-1322, 1339, 1390
Polartag 378, 1236
Polarwirbel 1275-1279
Polbewegung 45, 51, 59, 104, 236, 241, 246, 248, 251, 252, 259-266, 268-272, 275, 276, 278-280, 283-285, 287, 548, 999, 1370, 1398
Polinja 602, 639, 640
Polis 174
Polkomponenten 262, 263, 267
Polkomponenten-Koordinatensystem 262, 267
Pollen 342, 663, 813, 1231, 1233, 1295
Polwanderung 265, 266, 268, 553
Polyp 1149, 1158
Pontikos 215
Porifera 1149, 1155, 1162
Positionierungssysteme 42, 129
Potential 2, 14, 15, 76-81, 83, 88, 89, 119, 168, 239, 480, 1015, 1094, 1101, 1273
Potentialdifferenz 14, 63, 91, 92
Pouillet 521
ppb 869, 1228, 1281
ppbv 869, 903, 925, 1227, 1228
ppm 652, 704, 869, 905, 1081, 1228, 1245, 1248, 1270, 1271
ppmv 869, 897, 1227, 1228, 1248, 1301, 1314
ppt 730, 869, 1228
pptv 869, 1227, 1228
Prandtl-Schicht 1033, 1035
Präzession 39, 216, 250-252, 278-284, 288, 491, 659
Präzessionsbahn 252, 253
Präzession-Nutation 252, 279, 281, 283, 284
Preßeisrücken 605, 608, 613, 1046
Priestey 896
Primärproduktion 346, 347, 781, 842, 853, 854, 896, 978, 1058, 1075, 1084, 1086-1088, 1090, 1096, 1097, 1101, 1107, 1108, 1111, 1115, 1119, 1122, 1131-1133, 1139, 1144, 1145, 1148, 1180, 1182-1186, 1191, 1195, 1197-1201, 1207-1211, 1286

Prinzip 2, 8, 48, 112, 277, 323, 428, 431, 436, 460, 469-471, 479, 481, 490, 508, 509, 828, 1019, 1022, 1100, 1364
Probenahmen 1096, 1105, 1125, 1137, 1146, 1163, 1165, 1166, 1193, 1196, 1202, 1205, 1212
Produkte 40-42, 326, 750, 778, 836, 837
prograd 253, 265, 276
prokaryotische Zelle 758, 1064, 1065
Protozoa 1067, 1086, 1103, 1149, 1160, 1194
Proxidaten 813, 1303
PSMSL 991
psu 598, 631, 638
ptolemäisches Weltbild 172, 215
Ptolemäus 188, 190, 197, 202, 203, 211, 216-218, 501-503, 1340, 1378, 1381, 1382
Pulsare 46, 403, 404, 416, 417, 420
Pulsationshypothese 293
Punktfeld 41, 46, 52, 54, 55, 60, 64, 107, 111, 148-151, 155-162
Pyknoklinen 1035
Pyroklastika 1316
Pyroklastite 324, 325
Pythagoras 171, 185, 189
Pythagoreer 171, 189, 213
P-Wellen 351, 353-357, 359
Qualle 1149, 1158
Quanten 386, 397, 441, 447, 499, 506, 508, 513, 730, 1352, 1386
Quantendetektoren 397
Quanteneffekte 498
Quantengravitation 418, 425, 427, 455, 488, 493, 496, 498, 534
Quantenzustände 498, 499
Quarks 491, 532, 533, 1375
Quarzuhren 286, 428
Quasar 48, 403, 440, 465, 1366
Quelle 2, 6, 12, 13, 15, 23, 37, 43, 44, 46, 48-50, 52, 58, 70, 96, 116, 118, 119, 122, 123, 145, 151, 154, 157, 159, 169, 191, 193, 208, 229, 230, 259, 264, 268, 273, 274, 281, 282, 294, 298, 299, 301, 302, 304, 306-309, 313, 316-318, 320, 321, 328, 333, 335, 340, 342, 348-350, 354, 355, 358, 359, 363, 366, 373, 375, 377, 380, 381, 383, 385, 386, 388, 394, 397, 399, 406, 407, 413, 415, 416, 418, 422, 423, 426, 431-433, 440, 443, 446, 450, 456, 459, 464, 473, 476, 485, 522-524, 534, 536, 542-544, 550, 552, 555, 556, 558, 559, 570, 571, 576, 579-584, 586, 587, 589, 592-594, 597, 598, 600, 603-605, 607-611, 613, 614, 621, 622, 625-627, 629, 630, 632-636, 639, 640, 642, 646, 649, 653, 654, 656-658, 660, 664-666, 670-672, 677, 679, 685-689, 692-695, 702,

703, 705-707, 709, 710, 719-721, 731, 742-744, 747, 751, 752, 757, 764, 771, 774, 779-782, 784, 787, 788, 798, 802, 804, 805, 807, 809, 816, 822-825, 827-834, 836-840, 843-853, 860-862, 868, 870, 872, 875-879, 881-888, 890-894, 897-899, 902, 904, 905, 907, 911, 912, 914, 917-922, 924, 926, 932-935, 939, 942, 947, 954, 955, 962, 969-973, 980, 984, 988, 990, 992, 997, 998, 1013, 1016-1018, 1020, 1027, 1028, 1032, 1041-1043, 1049, 1050, 1053, 1054, 1056, 1087, 1098, 1100, 1102, 1112-1116, 1120, 1128, 1130, 1132, 1136, 1138, 1139, 1141-1144, 1164, 1166, 1172, 1173, 1175-1177, 1183, 1185, 1187, 1190, 1192, 1197, 1199, 1201, 1202, 1204, 1215, 1216, 1221, 1224-1226, 1229-1231, 1233, 1235, 1237, 1240, 1254, 1257-1259, 1266, 1268-1272, 1283, 1284, 1286, 1288, 1290, 1301, 1302, 1304, 1308, 1390, 1397
Quellen 34, 46, 128, 205, 219, 227, 238, 335, 336, 389, 390, 392, 395, 396, 402-405, 407, 408, 410, 411, 413-415, 419, 422, 439, 440, 442, 519, 534, 553, 585, 623, 625, 652, 655, 689, 822, 823, 855, 857, 858, 860, 900-902, 907, 910, 914, 916, 920, 925, 926, 935, 936, 947, 1101, 1127, 1131, 1134, 1135, 1138, 1168, 1214, 1228, 1231, 1233, 1237, 1238, 1269, 1281, 1289, 1316, 1337
Quellgebiet 1044, 1129-1131
Quellstärken 705, 936, 937
Quintessenz 439, 485, 486, 491
Radarrückstreuung 1026
Radialbeschleunigung 1007
Radialgeschwindigkeit 445, 447, 453
Radialkraft 1008
Radiant 133, 254, 276, 573, 963, 1055
Radikale 761, 783, 1275
Radioaktivität 182, 385, 386, 531, 724, 730, 1129
Radioastronomie 50, 403, 404, 747
Radiocarbonmethode 733, 814
Radiofenster 389, 403, 585, 1283
Radiofrequenzstrahlung 33, 46, 47, 385, 389, 395, 402-404, 407, 416, 435, 439, 440, 442, 619
Radiolarienschlamm 1141, 1142
Radiosonden 1229
Radioteleskop 436, 1190, 1390
Raketenentwicklung 8
Raketentechnik 7-9
Raketenwerkstatt 8
Raketen- und Raumfahrttechnik 7
Randwertproblem 15, 71, 81, 85, 1385

Rangfolgen 1069, 1150
Rankine 564
Rapp 114, 118, 1375
Ratzel 27
Rauch 1137, 1231, 1385
Raum 8, 24, 34, 38, 44, 45, 49, 50, 59, 65, 75, 77, 79, 81, 86, 88, 94, 99, 127, 144,
    172, 173, 199, 200, 212, 213, 223, 243, 288, 301, 330-333, 386, 403,
    418, 423-426, 428, 430, 432, 433, 437, 438, 446, 450, 452-454,
    465-471, 473, 474, 479, 481-483, 487, 490, 491, 495-507, 509-518,
    521, 527, 529, 530, 540, 546, 547, 655, 658, 748, 919, 920, 1003,
    1012, 1013, 1022, 1057, 1080, 1117, 1219, 1222, 1325, 1334, 1356,
    1384
Räume 9, 424, 468, 470, 471, 482, 506, 507, 511, 514-518, 792
Raumfahrt 8, 9, 106, 289, 404, 412, 1282, 1336, 1354, 1390
Raumfahrttechnik 7
Raumkrümmung 468, 469, 510, 511
räumliche Fixierung 2, 31
Raumstrukturen 514, 738
Raumzeit 142, 288, 422, 424, 467, 468, 480, 487, 488, 495, 497, 499, 506, 1352,
    1386
Rayleigh 351, 1235, 1283
Realformen 291, 305
Realisierungen 36, 38, 42-44, 58-61, 66, 148, 150, 152, 153, 241, 242
Reaumur 429, 564
Reber 403
Rebeur-Paschwitz 102, 104, 109
Rechenleistung 616, 964, 1219
Rechtsabweichung 1013
Rechtsdrehung 1007
Rechtssystem 143, 266, 267, 1007, 1012
Referenzsystem 34, 39, 40, 42, 65, 68, 71, 72, 75, 110, 111, 143-145, 150, 160, 241,
    242, 1363
Reflexion 520, 560, 561, 565-567, 569, 571-576, 578-580, 582-585, 587-594, 625,
    828, 992, 1024, 1099, 1242, 1335, 1360
Reflexionsarten 571, 585
Reflexionsgrad 560, 974
Reflexionsmodelle 571-573
Regen 183, 337, 626, 668, 685, 705, 794, 797, 799, 856, 878, 908, 916-918, 923,
    928, 1071, 1318
Regionale geodätische Punktfelder 148
Regression 985
Reibungskraft 1003, 1004, 1020-1022

Reihenfolgen 1069, 1150
Reispflanzen 904
Rekonstruktion 256, 297, 328, 340, 343, 523, 651, 664, 665, 667, 670-672, 683, 736, 813, 1194, 1295, 1308, 1340, 1369, 1384
Rektaszension 37, 48, 49
relative Meßgenauigkeit 124, 729, 868, 869
Relativistische Kosmologie 509
Relativitätstheorie 139, 142, 144, 387, 422, 424-426, 428, 439, 444, 446, 454, 458, 466-469, 478-482, 485, 487, 488, 495-498, 506, 507, 511, 517, 1362
Religion 174, 185, 188, 196, 200, 201
Remineralisierung 1123
retrograd 253, 276
Rheologie 363, 676
Richer 102, 108, 209, 214, 464
Richter 143, 154, 247, 248, 280, 281, 283, 284, 347, 349, 352, 370, 416, 643, 688, 820, 991, 1328, 1336, 1376, 1377, 1383, 1388
Richthofen 27
Riemann 468, 469, 479, 482, 505, 507, 509, 511, 514-517
Riemann-Räume 482, 516
Riesencalderen 324, 329
Riesenwelle 347
Riff 342, 1080, 1365
Riffwachstum 1082
Ringlasertechnologie 277, 1383
Ringmann 213
Ritter 27, 406, 1284
Rittmann 294, 357
RNA 759, 783, 922, 923, 1064
RNS 783, 922, 941
Robertson-Walker-Metrik 509
Rodinia 297
Rodung 900
Römer 187, 190, 196, 204, 428, 444, 493
Röntgen 33, 385, 389, 408-410, 415, 418, 541
Röntgenstrahlung 33, 385, 389, 405, 406, 408, 409, 411, 416, 434, 519, 542
Ross 297, 553, 641-643, 645, 649, 676, 1042
Roßbreiten 1264
Rossby 1265
Rossby-Wellen 1265
Rossmeerwirbel 1042, 1044
Ross-Schelfeis 641-643, 645, 649
Rotation 35, 36, 40, 43, 66, 72, 85, 102, 110, 124, 125, 129, 142, 148, 214, 236, 237,

242, 246-248, 250, 251, 253, 255, 256, 269, 277, 279, 280, 285-287, 302, 318, 404, 416, 428, 459, 477, 525, 609, 610, 659, 674, 760, 959, 1005, 1010, 1011, 1014-1016, 1189, 1262, 1267, 1320, 1335, 1359
Rotationspol 63, 268, 548
rote Liste 346
Roter Ton 1141, 1142
Rotes Nordland 809
Rotsedimente 761, 791, 792, 796, 798, 940
Rotverschiebung 401, 404, 407, 415, 424, 432, 440-444, 446, 447, 450, 451, 454, 464, 465, 483, 510, 513
Ruhemasse 387, 533, 538, 539, 1006
Ruhespuren 1084, 1124, 1133
Ruß 337, 401, 1231, 1233
russische Aktivitäten 8
Rutherford 505, 724, 913
SAGA 160, 161
Sagittarius A 489
Sagnac 277
Sagnac-Effekt 277
Sahel 948, 953
Sahelzone 948, 1320
saisonaler Staubstrom 704
Salinität 601, 638, 665, 866, 874, 1086
Salzgehalt 597, 598, 600, 601, 631, 638, 665, 865-868, 969, 982, 993, 999, 1004, 1020, 1027, 1032-1034, 1043, 1045, 1046, 1110, 1126, 1140, 1174, 1196, 1309, 1310
Salzwasser 597, 847, 865, 872, 1142, 1155
Sandage 440, 448
Sargasso-See 1058, 1091, 1207
Satellitenaltimetrie 72, 113, 117, 619, 620, 989, 991, 994, 995, 997, 999, 1000, 1028, 1052, 1327, 1364
Satellitenfernerkundung 2, 609, 611, 612, 618, 619, 625, 835, 957
Satellitenmission 116, 121, 123, 272, 394, 398, 400, 406, 408, 417, 434, 462, 521, 540, 557, 570, 618, 620, 623, 835, 837, 850, 966, 968, 973, 989, 992, 994, 997, 1052, 1054, 1055, 1100, 1252, 1255-1257
Satellitensystem 592, 619, 964, 965, 1189
Satelliten-Erdbeobachtungssysteme 31, 617, 958, 1051, 1251
Satelliten-Navigations- und Positionierungssysteme 129
Satelliten-Übersicht 973
Satir 217
Sauerstoff 336, 342, 361, 465, 530, 585, 661, 662, 666, 672, 690, 708, 716, 722, 725,

733-735, 743, 746, 747, 754, 761-767, 769-782, 790, 791, 794-797,
807, 853, 855, 856, 858, 860, 863, 867, 873, 882, 895, 896, 901,
903, 908, 913-915, 919, 921, 924, 936, 938, 950, 952, 1054, 1074,
1129, 1131, 1133, 1135, 1139, 1194, 1208, 1215, 1222, 1226-1228,
1273, 1287, 1293, 1298-1300, 1302, 1313-1315
Sauerstoffanreicherung 718, 746, 753, 754, 760, 761, 763, 765, 766, 790, 796, 978,
1222, 1228, 1314
Sauerstoffkreislauf 913, 914
Sauerstoffproduktion 717, 762, 780, 784
Sauerstoff-Krise 766, 771
Säulige Absonderung 325
Säure 913, 915, 931, 938, 1236
Säuregehalt 916, 917
Savanne 824, 945
Savannentypen 833
Scaliger 289
Schadstoffbelastung 956, 1287
Schadstoffe 345, 956, 1287
Schallwellen 336, 443
Schätzwerte 875-878, 882-885, 887, 888, 902, 1209, 1210
Schaukelbewegung 264
Scheele 913
Scheibe 66, 171, 172, 177, 178, 182, 184, 188, 194, 286, 393, 401, 428, 501, 812,
1012
Schelf 375, 629, 1060, 1113, 1120, 1123, 1164, 1168, 1170, 1178, 1184, 1190, 1193,
1204, 1214, 1340
Schelfeis 375, 602, 641-645, 647, 649, 650, 681, 1047, 1189, 1190, 1350, 1366
Schelfmeer 631, 1058, 1070-1072, 1083, 1115, 1160, 1180, 1200
Schelfmeere 628, 631, 632, 1074, 1170, 1172
Schimper 679
Schlamm 323, 332, 336, 347, 810, 1134, 1359
Schlammvulkane 334-336, 906, 1134
Schlammvulkanismus 323, 336, 906
Schleppnetz 1146, 1193
Schlesinger 462, 883, 884, 912, 1211
Schmid 12, 65, 1380
Schmithüsen 817, 821, 834, 835, 945
Schnee 225, 234, 236, 261, 265, 272, 274-276, 308, 375-384, 570, 575, 579, 581,
583, 587-593, 598, 603, 606, 611, 614, 620, 629, 638, 651, 655, 666,
668, 682, 683, 691, 734, 743, 811, 820, 842, 865, 928, 971, 998,
1045, 1234, 1237, 1279, 1281, 1285, 1312
Schneebedeckungsgrad 688

Schneedecke 263, 375, 376, 589, 590, 592, 688, 691, 1182, 1199, 1246
Schneedecken 33, 263, 381, 590, 591, 617, 744
Schneegrenze 381, 674, 683-685, 1397
Schneemengen 1312
Schnee-/Eisbedeckung 272, 378-384, 581, 587, 591, 603, 629, 638, 971
Schönbein 1281
Schöner 209, 213
Schreibschrift 220, 221, 1341
Schreibweise 660, 723, 762, 776, 778, 795, 796, 935, 1003, 1006, 1009, 1011, 1023, 1170
Schriftsprache 20, 186, 190, 200, 201, 207
Schumann 397, 1282, 1286, 1287, 1331
Schumannplatte 397
Schumann-Kontinuum 1286, 1287
Schumann-Runge-Bande 1286
Schüttergebiet 347
Schwaden 744, 873, 1228
Schwamm 1125, 1126, 1155
Schwämme 1083, 1125, 1126, 1149, 1155, 1156, 1193, 1195
Schwankungen 126, 238, 240-242, 251, 257, 258, 260-262, 265, 272-274, 277, 339, 370, 436, 444, 471, 523, 525, 529, 605, 616, 643, 655, 657, 659, 661, 663, 668, 674, 679, 684, 711, 717, 722, 813, 816, 832, 865, 897, 905, 936, 983, 985, 986, 988, 989, 997, 999, 1034, 1038, 1081, 1085, 1107, 1165, 1195, 1200, 1226, 1236, 1248, 1267, 1268, 1271, 1272, 1279, 1300, 1301, 1308, 1309, 1311, 1376
schwarze Raucher 1137
Schwarzer Körper 519, 560
Schwarzes Loch 415, 488, 489, 1323, 1343, 1366
Schwarzkörperstrahlung 1249
Schwarzschiefer 717, 1211, 1293
Schwarzschild 488, 511
Schwebungsperiode 258, 261, 266
Schwefel 337, 360, 361, 415, 661, 733, 735, 747, 751, 754, 762, 775-777, 781, 853, 864, 867, 868, 915, 935-940, 1079, 1101, 1131, 1135, 1138, 1139, 1192, 1207, 1289, 1290
Schwefelbakterien 1128, 1129
Schwefeldioxid 745, 755, 858, 916, 935, 936, 1135, 1227, 1232, 1234, 1275, 1287, 1290, 1316, 1317, 1366
Schwefelkohlenstoff 936, 1101
Schwefelkreislauf 756, 935, 938, 940, 1101, 1192, 1290
Schwefelreservoire 937
Schwefelwasserstoff 745, 763, 775-777, 779, 780, 782, 936, 940, 1128, 1129, 1131,

1135
Schweidler 728
Schwere 82, 85, 90, 100, 103, 113, 332, 343, 363, 433, 475, 478, 743, 864, 1000, 1005, 1006, 1121, 1376, 1378
schwere Masse 475, 1006
Schwereanomalie 100, 126
Schwerebeschleunigung 85, 87, 91, 99, 126-128, 363, 479, 488, 988, 1012, 1020
Schwerefeld 50, 68, 69, 76, 87, 99, 102, 106, 113, 120, 122, 123, 126, 128, 275, 474, 480, 558, 986, 995, 1006, 1027, 1382
Schwerelot 1146
Schwerestörung 126, 127
Schwerewellen 1266
Schwere-Reduktionsverfahren 82
Schwerkraftfeld 98, 99, 113
Schwerkraftgesetz 490
Schwermetalle 345, 956, 1110, 1129
Scotobiologie 958
Sediment 225, 304, 336, 629, 708, 709, 711, 763, 795, 814, 879, 880, 882, 883, 889, 892, 893, 896, 1070, 1084, 1088, 1089, 1093, 1107, 1108, 1111, 1115, 1122, 1124, 1133, 1134, 1141-1143, 1147, 1157, 1158, 1164, 1167, 1170, 1194, 1195, 1208, 1299
Sedimentation 369-371, 663, 703, 793, 890, 940, 941, 988, 1084, 1088, 1107, 1122-1124, 1133, 1144, 1170, 1197, 1237, 1299, 1384
Sedimentbestandteile 1140
Sedimentbohrkerne 813, 1295
See 155, 176, 349, 362, 487, 521, 628, 630, 632, 656, 730, 736, 948, 1058, 1071, 1091, 1174-1176, 1191, 1207, 1231, 1280, 1295, 1296, 1298, 1306, 1307, 1318, 1346, 1355, 1358, 1369, 1382
Seebeben 347, 348, 362
Seegang 992, 1026, 1033
Seegangsmessung 1026
Seegräser 1073, 1074, 1101, 1209, 1286
Seesalz 704, 936, 1231, 1232, 1236, 1237, 1239, 1290, 1351
Seesalz-Aerosol 1231, 1232, 1237, 1290
seismische Fernerkundung 354, 357
seismische Tomographie 306, 986
Sekunde 102, 137, 214, 241, 254, 286, 287, 352, 386, 392, 415, 416, 427-430, 444, 452, 467, 534-537, 539, 558, 732, 920, 1219
Selbstreinigungskraft 1274
Senke 2, 169, 598, 613, 682, 853, 900, 901
Senken 336, 590, 809, 855, 870, 900-902, 907, 914, 925, 926, 935, 936, 984, 985, 1001, 1015

Sequenzen 783
sessil 1063, 1149, 1155, 1157, 1159
Sexagesimalsystem 133, 175
Shackleton 1300, 1308, 1310
Shapley 445
sichtbare Materie 471, 473
sichtbare Strahlung 385, 390, 395, 405, 406, 519, 584, 1285
Siedlungsland 945, 946
Silikatgestein 1081, 1216
Silva 105, 109
Singularität 424, 454, 455, 483, 488, 492, 513, 514, 736
Sinkfracht 1088, 1089, 1107, 1108, 1122, 1124, 1147
Sinkgeschwindigkeit 1140
Sinkweg 1140
SIRGAS 159, 160, 1337
Sittenlehre 186
Sitter 505, 507
Slichter 274
Slipher 445
SLR 42, 45, 58-62, 65, 111, 114, 149, 151, 248, 270, 277, 1052, 1054
Smith 722, 1209, 1386
Smoot 435
Soda-Seen 766
Soddy 722, 724, 729
SOFIA 398, 1355
solare Einstrahlung 520, 566, 598, 607, 1247, 1273
solare Neutrinos 534, 537
Solarkonstante 518, 520, 521, 523, 524, 540, 544, 556, 566, 1225
Soldner 425
Solfataren 1317
Solifluktion 686, 694
Sonnenbewegung 254
Sonnenfleckenaktivität 524, 1272
Sonnenfleckenhäufigkeit 813
Sonnenfleckenzyklen 421, 523, 524, 810
Sonnenwende 181, 285, 843
Sonnenwind 420, 421, 433, 518, 524-530, 540, 541, 552, 745
Sosigenes 289
Southworth 403
Spannungsfeld 350, 1328
Spektralanalyse 442, 443
spektrale Emission 570, 625, 626

spektrale Reflexion 587-589, 591, 594
Spektrometer 400, 403, 435, 485, 543, 595, 596, 1054, 1100, 1282, 1388, 1390
Spektrometrie 594, 595, 730, 1379
Spektroskopie 441-443, 445
spezifische Ausstrahlung 562, 563
Spiegelkabinett 426, 512, 513
Spin 404, 496, 499, 500, 1024, 1055
Spin-Netzwerk 499, 500
Spin-Netzwerke 499
Spin-Schaum 500
Spin-Schäume 499
Spitzbergen 628, 634, 808, 1036, 1037, 1113, 1163-1165, 1167, 1170, 1174, 1180, 1236, 1276, 1362, 1378
Spitzbergenvertrag 1167
Spörer 524
Sprache 8, 16, 19-21, 26, 34-36, 168, 172, 175, 186, 190, 191, 195, 196, 198, 200-203, 205, 211, 217, 219, 499, 1017, 1372
Sprechen 1, 16, 18, 25, 28, 168, 312, 314, 462, 488, 518, 552, 699, 706, 715, 950, 956, 1063, 1291
Spreizungszonen 301, 1127, 1128, 1131
Springfluten 237
Spring-Tide 1019
Spritzwasserzone 1071
Sprungschicht 1033
Spurenelemente 651, 652, 857, 858, 862-864, 867, 956, 1227, 1228, 1287
St. Petersburger Raketenwerkstatt 8
stabile Isotope 660, 722, 724, 1302
Stachelhäuter 1083, 1125, 1149, 1160, 1178, 1193, 1195
Stalagmiten 813
Standardkerzen 450, 451, 462
starrer Körper 235, 248, 1004, 1006
Staub 325, 337, 400, 401, 450, 451, 471, 567, 701, 738, 749, 916, 918, 920, 928, 1140, 1231
Staubgehalt 916, 917
Staubstrom 704
Stefan 562, 563, 578, 614
Steno 721
stenök 1120
Stensen 721
Sternbild 173, 245, 282, 414, 440, 448, 460, 461, 541, 747
Sternenscheibe 179, 1374
Sternexplosion 451

Sternexplosionen 419, 450, 451, 459, 462
Sternkarte 180
Sternkarten 393
Stickstoff 336, 524, 665, 722, 731, 745-748, 754, 807, 853, 855, 856, 858, 864, 867, 873, 915, 919, 921-924, 926, 927, 930-932, 934, 954, 955, 1104, 1109, 1110, 1131, 1207, 1208, 1211, 1212, 1216, 1226-1228, 1273
Stickstoffdüngung 928, 930, 954
Stickstofffixierung 928
Stickstoffkreislauf 921, 924, 934, 1215, 1300
Stickstoff-Sauerstoff-Atmosphäre 746
stille Erdbeben 362, 1330
Stiller Ozean 979
Stöchiometrie 763
Stocker 673
Stockwerk 1241
Stoff 2, 169, 364, 442, 501, 502, 560-562, 572, 591, 592, 715, 783, 956, 1287
Stoffkreislauf 335, 908, 909
Stoffwechsel 753, 758, 760, 767, 770, 789, 912, 915, 935, 1064, 1065, 1101, 1107, 1109, 1129, 1136, 1192, 1222
Stoffwechselreaktionen 756, 757, 923
Stokes 100, 102, 103, 106, 108, 1002-1004, 1022, 1023, 1262
Stokes-Problem 106
Stoßwelle 413, 525, 527
Strabo 188
Strahlenbiologie 750, 751
Strahler 46, 291, 561, 562, 568, 576, 1388
Strahlung 33, 46, 146, 260, 286, 385-387, 389-395, 397, 398, 401-408, 411, 412, 418-421, 423-427, 429-443, 451, 455, 465, 471, 484, 486-489, 491, 492, 506, 510, 511, 513, 519, 520, 524, 525, 536, 539, 540, 543, 559-565, 567, 568, 571-574, 576, 578, 580, 583-587, 589, 591, 595, 607, 608, 612-614, 618, 621, 622, 624, 625, 631, 661, 665, 717, 724-726, 737, 743, 748-750, 761, 765, 774, 782, 789, 796, 815, 830, 831, 859, 909, 919, 920, 957, 971, 973, 974, 1024, 1025, 1059, 1075, 1085, 1086, 1113, 1216, 1221, 1222, 1228, 1235, 1241, 1242, 1244, 1245, 1247, 1249, 1250, 1258, 1259, 1271-1273, 1275, 1277, 1278, 1281-1287, 1314, 1331, 1359, 1373, 1396
Strahlungsabsorption 420, 830, 971, 1099
Strahlungsemission 112, 559, 560, 565, 614, 970, 971, 1055, 1223, 1241, 1247
Strahlungsflüsse 564, 566, 568, 573, 574, 577, 583, 974, 1222, 1241, 1243
Strahlungsgesetz 387, 388, 442, 506, 561, 563
Strahlungshaushalt 564, 565, 578, 704, 858, 1242, 1243
Strahlungsquelle 48, 49, 385, 407, 416, 426, 441-443, 489, 518, 562, 815

Strahlungsreflexion 2, 169, 559, 579, 614, 618, 638, 965, 971, 1054, 1223, 1241
Strahlungstransportgleichung 622-625
Strahlungsumsatz 385, 568, 569, 852
Strahlungsweg 423, 432, 1248, 1249
Strahlungs-Reflexion 566
Strandverschiebung 985
stratigraphische Vorgehensweisen 721
Stratopause 1220, 1222
Stratosphäre 260, 525, 765, 796, 857, 902, 907, 926, 935, 936, 964, 1217, 1220, 1221, 1232, 1234, 1235, 1259-1261, 1265, 1266, 1269-1274, 1276-1279, 1281, 1285, 1287, 1290, 1312, 1316-1318, 1346, 1383, 1393, 1396
Stratosphärenwolken 1273, 1275-1277, 1369, 1391
stratosphärische Ozonschicht 765, 1281, 1285
Strauchgehölz 817, 819, 823, 824, 844
Streuprozesse 1235
String 498
Stringtheorie 424, 425, 438, 496, 498, 534
String-Länge 498
Strom 175, 327, 412, 488, 585, 646, 814, 1029, 1031, 1036, 1038, 1164, 1174-1176, 1195
Stromata 816
Stromatolithen 752
Strömungsfracht 1084, 1088, 1108, 1122, 1124, 1133
Strömungssysteme 599, 1027, 1028, 1030, 1036, 1137
Strudler 1119, 1149, 1155, 1157
Struktur 2, 19, 22, 24, 142, 146, 149, 264, 288, 314, 340, 354-356, 363, 399, 418, 425, 436, 468, 471-473, 481, 482, 486, 496, 500, 505, 515, 525, 544, 545, 551, 552, 572, 602, 686, 701, 715, 748, 758-760, 787, 789, 794, 858, 903, 986, 1046, 1057, 1071, 1075, 1117, 1130, 1179, 1188, 1191, 1220, 1285, 1330, 1343, 1357, 1362, 1385
Strukturen 116, 122, 123, 223, 304, 327, 334, 433, 434, 438, 471, 474, 491, 500, 523, 715, 747, 752, 754, 755, 762, 765, 767, 1064, 1065, 1267, 1268
Struve 460
Stürme 195, 362, 704, 1140
Subduktionszonen 303, 304, 309, 310, 312, 326, 329, 330, 334, 348, 362, 1128, 1130, 1131, 1216, 1294
Subsysteme 1, 3, 24, 25, 718
Südpolargebiet 710, 1188
Südpolarmeer 600, 606, 608, 613, 616, 627, 628, 638, 650, 678, 710, 711, 981, 1039, 1041-1043, 1050, 1086, 1087, 1098, 1101, 1107, 1120, 1125, 1144, 1151, 1152, 1159, 1161, 1162, 1188, 1191-1194, 1199, 1203, 1206,

Suess 297, 882, 885, 888, 1214, 1215
Sumer 175, 184
Sumerer 173, 175, 177, 215
Sumpfgas 689, 903, 1214
Supercomputer 1219, 1387
Superkontinente 296, 297, 1305
Supernovae 415, 419, 448, 449, 451, 458, 459, 1352
Superstrings 496
Superstringtheorien 496, 497
Supersymmetrie 496
Suspension 1230
Suspensionsfresser 1119, 1122, 1124, 1133, 1193
Süßwasser 325, 597, 599, 601, 630, 666, 777, 847, 865, 1032, 1033, 1045, 1113, 1122, 1151, 1155, 1170, 1173
Süßwassereis 375, 593, 1164
Süßwasserkreislauf 998
Sütterlin 220
Suture 307
Svalbard 1170, 1378
Svensmark 420
Sverdrup 636
Symbionten 773, 1119
Symbiose 782, 923, 928, 931, 955, 1073, 1080, 1081, 1083, 1112, 1117, 1118, 1122, 1126, 1134
Synonym 19, 20, 27, 29, 67, 96, 223, 238, 282, 301, 395, 574, 981
Synthese 102, 271, 747, 748, 760, 769, 771, 779, 931, 932, 955
Syntrophie 773
System 2, 3, 5, 11, 13, 14, 19, 22-25, 27-29, 33-40, 46, 48, 54, 64-67, 69, 73, 75, 76, 78, 91, 94, 100, 107, 110-113, 120, 121, 123, 124, 129, 140, 142-144, 146, 148, 150, 153-156, 158, 168, 169, 233, 234, 236-239, 243, 245, 246, 248, 249, 252, 257, 261, 262, 267, 269, 275, 277, 280, 281, 283-286, 308, 330, 335-337, 339, 341, 344, 345, 348, 377, 378, 389, 392, 420, 421, 423, 427, 433, 479, 481, 504, 514, 518, 520, 522, 524, 532, 534, 539, 544, 545, 548, 553, 556, 565-569, 573, 577, 578, 597, 598, 603, 617, 619-621, 623, 626, 641, 643, 651, 655-657, 665, 674, 675, 679, 680, 682, 684, 685, 696, 716-719, 728, 737, 739, 742-744, 746-753, 758, 759, 763-767, 769, 774, 777, 780, 785-789, 814, 822-824, 828, 837, 852, 853, 855, 859, 872-875, 877, 883, 892, 900, 905, 906, 914, 915, 917, 919, 920, 928, 932, 941, 955, 956, 961-964, 966, 968, 970, 977, 983, 985, 991, 993, 995, 996, 999, 1000, 1002, 1003, 1005-1007, 1010-1012, 1014-1016, 1018,

1020, 1022, 1023, 1028, 1029, 1032, 1051, 1052, 1055, 1068, 1086, 1087, 1100, 1101, 1126, 1132, 1168, 1173, 1180, 1185, 1188, 1192, 1203, 1207, 1211, 1216, 1219, 1222, 1229, 1234, 1243, 1244, 1246, 1247, 1252, 1253, 1255, 1262, 1264, 1275, 1285, 1287, 1290, 1291, 1295, 1299, 1300, 1303, 1307, 1308, 1310, 1311, 1313, 1315, 1320, 1322, 1326, 1332, 1336, 1340, 1348, 1352, 1355, 1363, 1368, 1370, 1376, 1383, 1386
Systematik 346, 664, 752, 759, 989, 1062, 1063, 1065, 1067, 1068, 1075, 1078, 1080, 1083, 1091, 1101, 1103, 1109, 1113, 1120, 1122, 1125, 1127, 1142, 1148, 1149, 1158, 1178, 1180, 1181, 1186, 1198, 1205, 1206, 1322, 1351
Systeme höherer Ordnung 23
Systemhierarchie 23, 25
S-Wellen 351, 353, 354, 356-359, 368
Tageslänge 51, 104, 236, 238, 240, 241, 246, 248, 254, 255, 257-262, 265, 269-271, 277-279, 290, 821, 999, 1222
Tag-Nacht-Zyklus 958
Taiga 692, 694, 803, 819, 824, 836, 838, 840, 841
tätige Oberfläche 544, 579, 594, 595, 611, 826, 970-972, 974, 975, 1023
Taxa 342, 1068, 1069, 1120, 1122, 1150, 1177
taxonomisch 1160, 1194
Teilchen 385-387, 401, 402, 412, 413, 419-421, 437, 446, 474, 478, 485-490, 494-496, 499, 501, 518, 525, 527-534, 537-540, 545, 558, 704, 707, 711, 738, 815, 855, 883, 920, 921, 938, 1119, 1217, 1222, 1230-1236, 1287
Teilchenbeschleuniger 500, 533, 534
Teilchengrößen 704
Teleskop 46, 54-57, 390, 392, 394, 396-398, 406, 410, 413, 435, 448, 449, 451, 472, 473, 541, 542, 967
Teleskop-Interferometersysteme 392
Temperatur 142, 336, 337, 355, 365, 387, 388, 396, 398, 402, 405, 420, 427, 433-435, 437, 439, 442, 492, 513, 523, 561-565, 571, 578, 586, 590, 592, 594, 601, 606, 614, 616, 624, 638, 655, 657, 660, 666-669, 673, 675, 685, 686, 690, 728, 743, 748, 750, 810, 813, 821, 831, 836, 837, 843, 867, 874, 964, 970, 975, 986, 993, 996, 999, 1004, 1020, 1023, 1024, 1027, 1034, 1043, 1046, 1073, 1082, 1096, 1110, 1117, 1130, 1134, 1137, 1174, 1176, 1179, 1182, 1196, 1197, 1216, 1218, 1220-1222, 1225, 1228-1230, 1234, 1242, 1244, 1245, 1247, 1248, 1252, 1260-1263, 1265, 1266, 1288, 1294, 1297, 1301, 1302, 1307, 1312, 1313, 1317, 1384
Temperaturgrenzen 1074
Temperaturmessung 435, 1024

Temperaturrekonstruktionen 667
Temperaturskalen 563, 564, 748, 1223
Temperaturstrahlung 560, 1223
Temperaturzeitreihen 1222, 1223
Tensor 479, 480
Tephra 325, 1316, 1317
Tesla 416, 417, 500, 523, 549
Tethys 340
Teufe 365, 367, 368, 652-655, 657, 670, 859
Thales 185, 188, 501
theoretische Betrachtungen 676
Theorie 8, 22, 70, 93, 103, 104, 106, 148, 188, 189, 215, 216, 218, 269, 271, 280, 284, 307, 356, 386, 418, 422, 424, 425, 427, 428, 455, 466, 467, 469, 476, 478, 480-483, 488, 489, 492, 493, 495-500, 505, 508, 513, 514, 519, 533, 607, 659, 675, 736-738, 749, 1017, 1235, 1275, 1282, 1295, 1313, 1325, 1349, 1354, 1356, 1357, 1365, 1367, 1373, 1374
thermische Detektoren 397
thermische Zirkulation 1033
thermohaline Zirkulation 1028, 1033
Thermokline 997
Thermosphäre 1220, 1222
Thermo-acidophile Archaebakterien 1135
Thiem 274
Thomson 564, 722, 729, 1019
Tibet 307, 682, 683, 690, 1295, 1361
Tide 100, 240, 308, 1001, 1015, 1019
Tief 10, 293, 305, 334, 357, 364, 591, 644, 830, 971, 991, 1059, 1168, 1285, 1363
Tiefbeben 348, 349
Tiefbohrung 365
Tiefenwasser 744, 1031, 1032, 1035, 1036, 1039, 1041, 1042, 1045-1047, 1050, 1093, 1115, 1137, 1142, 1174, 1176, 1216, 1293, 1307, 1309
Tiefenzeit 498, 1345
Tiefsee 230, 256, 316, 336, 366, 663, 665, 781, 901, 903, 943, 1050, 1057-1060, 1083, 1090, 1104, 1106, 1108, 1109, 1115, 1117, 1120-1125, 1127, 1128, 1133, 1134, 1137, 1139-1142, 1146-1148, 1150, 1151, 1153, 1156, 1165, 1167, 1168, 1174, 1177-1179, 1190, 1193, 1194, 1207, 1209-1211, 1213, 1216, 1293, 1354
Tiefseebohrungen 255, 1179
Tiefseefernerkundung 315, 334, 1059
Tiefseegraben 305, 1168
Tiefseezirkulation 1110
Tiergruppen 342, 1074, 1083, 1103, 1109, 1113, 1114, 1121, 1122, 1125, 1148,

1149, 1154, 1178, 1186, 1195
Tierphänologie 16
Tierreich 790, 1067-1070, 1076, 1095, 1148
Tigris 173, 175, 951
Tomographie 306, 348, 534, 986
Topographie 5, 27, 28, 223, 350, 621, 647, 699, 964, 1050, 1163, 1381
topographisches Landschaftsmodell 28
Topologie 438, 439, 518, 1354
topologische Räume 514, 518
topologischer Raum 518
Towler 476
träge Masse 478, 1006
Trägheit 470, 475, 504, 1005, 1006, 1019
Trajektorie 609
Transgression 985
Translation 35, 43, 66, 129, 246, 256, 504, 1005, 1189
Transmission 560, 575, 1265
Transmissionsgrad 560
Trapps 340
Traubenzucker 768, 769, 775
Treibhauseffekt 345, 565, 571, 842, 850, 859, 901, 1234, 1244, 1245, 1247, 1248, 1250, 1251, 1290, 1293, 1300, 1314, 1340, 1389, 1395
Treibhausgas 335, 901, 1288
Trendumkehr im Ozonabbau? 1281
Trockenmasse 1104, 1105, 1187, 1207, 1212, 1213
Trojaner 399
Tropenwaldzone 842, 845, 847, 849
Tropisches Jahr 288
Tropopause 1220, 1221, 1237, 1239, 1261, 1270
Troposphäre 47, 141, 142, 260, 420, 525, 608, 857, 897, 901-903, 905, 907-909, 925, 926, 935, 936, 964, 1053, 1220, 1221, 1228, 1231, 1232, 1234-1239, 1247, 1260, 1261, 1265, 1266, 1269-1272, 1274, 1275, 1281, 1287, 1316, 1317, 1372, 1377
Tscherenkow 412-414
Tscherenkow-Technik 413
Tuff 325
Tundra 689-693, 695, 696, 703, 822, 886, 888, 907, 1312, 1386
Tundrapotential 168, 170, 691, 694, 696
Turbopause 1220, 1222
Turbulenz 1005, 1021
Tusi 217, 219
Tusi-Paar 217, 219

überlappende Verlagerungsabfolgen 609, 610
übermeerische Geländeoberfläche 226, 1056
Übersetzung 201-203, 211, 217, 1350
Udem 430
UHSLC 991
Ultrarot 33, 396-399, 402, 451, 576, 596, 606, 837, 838, 850, 963, 970, 1055, 1099, 1222, 1229
Ultrarotdetektoren 397
Ultrarotstrahlung 33, 385, 389, 390, 395, 396, 398, 400-402, 440, 519, 559, 567-569, 584, 586, 1242
Ultrarot-Hygrometer 1229
Ultraviolettstrahlung 33, 385, 389, 390, 395, 400, 404-406, 408, 442, 519, 584, 1284, 1285
Umgestaltung 223, 224, 290, 292, 322, 369, 370, 373, 945, 952, 1340
Umlauf 243, 244, 248, 252, 253, 282, 284, 288, 378, 460, 467, 543, 959, 1005, 1018, 1225
Umlaufbahn 7, 32, 120, 122, 124, 146, 233, 239, 243, 257, 394, 399, 400, 406, 407, 409, 418, 434, 435, 490, 520, 521, 542, 557, 617, 743, 750, 751, 836, 838, 959, 960, 965, 966, 1005, 1015, 1051, 1100, 1254
Umlaufbahnen 4, 31-33, 120, 146, 489, 743, 837, 958-961, 965, 967, 1254, 1256
Umrechnung 69, 143, 444, 452, 453, 815, 1104, 1105
Umrechnungen 122, 390, 394, 396, 408, 412, 417, 520, 533, 549, 584, 862, 882, 912, 1000, 1062, 1064
Umstellung 766, 767, 770, 1261, 1372
Umwelt 2, 3, 16, 22-24, 169, 178, 225, 651, 718, 759, 763, 765-768, 770, 771, 773-775, 778, 786, 804, 920, 949, 952, 956, 957, 964, 969, 1086, 1110, 1243, 1291, 1294, 1362, 1397
Unbestimmtheitsrelation 498
Universum 3, 17, 18, 22, 423, 435, 436, 445, 455, 472, 496, 503, 504, 507, 514, 534, 1343, 1359, 1363, 1373, 1391
Unschärferelation 498
Untereiswasserschicht 1200
untermeerische Geländeoberfläche 227, 304, 629, 1056
untermeerischer Magmavulkanismus 333
untermeerischer Vulkanismus 324
Unterwasserfahrzeug 315-317, 1059, 1083, 1121, 1164
Unterwasserfahrzeuge 315, 316, 1121, 1165
Urbanisierung 958
Urdi 217, 219
Urdi-Lemma 217, 219
Urey 660-662, 725, 735
Urkilogramm 430, 870

Urknall 423, 424, 433, 437, 438, 448, 454-456, 458, 483, 487, 492, 496, 498, 507, 513, 514, 736, 1326, 1328, 1373, 1392
Urknalltheorie 424
UR-Strahlung 390, 395, 587, 1259
USNO-RRF 37
UV-Strahlung 390, 406, 408, 540, 717, 748-750, 761, 765, 782, 789, 796, 815, 859, 909, 919, 1059, 1075, 1222, 1258, 1259, 1271-1273, 1281, 1282, 1284-1287, 1314, 1373, 1396
V2-Rakete 408, 409
vagil 1063, 1149, 1156, 1157, 1160
Validierung 271, 1360
van Allen 539, 540, 557, 558
van de Hulst 403
Variation 59, 121, 248, 257, 264, 285, 290, 590, 672, 1005, 1308
Vegetation 236, 241, 371, 372, 691, 692, 695, 699, 701, 713, 715-718, 821, 822, 830, 842, 846, 848, 886, 912, 945, 957, 964, 968, 971, 975, 1099, 1313
Vegetationsindex 957, 1325
Vegetationszeit 810, 821
Venerabilis 178, 1018
Vening-Meinesz 105, 106, 109
Venn-Diagramm 169
Veränderlichkeit 59, 66, 104, 241, 242, 254, 257, 262, 290, 521, 540, 983, 984, 995-997, 999, 1237
Verbindung 39, 45, 86, 93, 103, 111, 112, 114, 124, 138, 145, 154, 160, 176, 303, 313, 336, 339, 425, 428, 439, 526, 612, 616, 644, 716, 734, 766, 779, 795, 803, 853-855, 899, 905, 913, 915, 919, 923, 931, 936, 945, 971, 986, 991, 993, 1057, 1101, 1139, 1144, 1162, 1182, 1214, 1218, 1226, 1277, 1289-1291, 1299, 1303, 1306, 1314
Verbreitung 174, 191, 214, 220, 681, 687, 688, 702, 720, 801, 818, 820, 821, 823, 824, 846, 956, 1120, 1141, 1143, 1144, 1165, 1180, 1191, 1341, 1364
Verfahren 45, 46, 62, 93, 95, 111, 112, 119, 121, 139, 143, 230, 270, 271, 289, 316, 320, 353, 392, 404, 430, 476, 537, 625, 637, 647, 650-652, 660, 664, 665, 673, 708, 720-722, 724, 730, 766, 769, 783, 785, 842, 928, 931, 932, 955-957, 989, 990, 992, 1019, 1026, 1105, 1146, 1184, 1213, 1229, 1259, 1310, 1348, 1367, 1372, 1379
Verknüpfung 14, 29, 30, 35, 38, 59, 95, 169, 1219
Verlagerungen 87, 129, 242, 259, 263, 983, 997
Verlagerungsvektor 609
Vermischung 1005, 1033, 1037, 1041, 1047, 1111, 1138, 1173
Vernadskij 356

Verrottung 850
Verschiebungsgesetz 387-389
Verteilung 21, 34, 37, 43, 52, 104, 144, 152, 338-340, 343, 352, 368, 404, 406, 415, 426, 437, 442, 468, 471-473, 480, 495, 506, 558, 565, 575, 576, 580, 601, 650, 656, 659, 663, 676, 734, 809, 821, 844, 863, 865, 888, 899, 901, 907, 932, 935, 955, 963, 970, 983-985, 991, 1005, 1017, 1081, 1097, 1102, 1105, 1109, 1115, 1116, 1131, 1185, 1186, 1196, 1202, 1212, 1229, 1234, 1239, 1249, 1265, 1270, 1282, 1294, 1296, 1305, 1306, 1313, 1323, 1335, 1349, 1369
vertikale Struktur 142, 146, 545, 1220
Vertikalwanderung 1108, 1109, 1113, 1203
Vertorfung 806
Vertrag 11, 193, 194, 1188
Verwitterung 292, 323, 369, 370, 704, 735, 889, 918, 941, 942, 952, 1081, 1293, 1314
Vespucci 213
VH 617, 966, 1052, 1255
Vielzeller 760, 768, 782, 1067, 1069, 1103, 1203, 1204
Vinci 209, 213, 913
Viren 346, 716, 758, 789, 889, 923, 1061, 1064, 1393
Virus 790
visuelle Strahlung 390, 395, 406, 1285
VIS-Strahlung 390, 395, 406
VLBI 34, 36, 37, 39, 41, 42, 44-48, 50-56, 58, 60-62, 65, 95, 111, 149, 151, 162, 246-248, 258, 270, 277, 321, 1189, 1190, 1329, 1337, 1348, 1349, 1370, 1384, 1388-1390
VLBI-Beobachtung 50
VLBI-Punktfeld 52, 54, 55
VLBI-Session 50, 53, 54
VLBI-Technologie 39, 44, 46, 50
VOC 902, 908-910
Voigt 467
Volumenänderungen 242, 983, 997
Volumenanteil 856, 857, 859, 860, 862, 869, 1226, 1228
Volumenkonzentration 1226
Vorderasien 186, 197
Vorfahren 19, 772, 789, 801, 949
Vorgehensweisen 92, 113, 114, 140, 247, 271, 275, 276, 279, 280, 282, 297, 484, 518, 533, 660, 675, 718, 721, 722, 1262, 1295
Vorstellung Kugel 171
Vorstellung Scheibe 171
Vor-Urknall-Theorie 424, 455

Vulkan 5, 324, 326, 629, 1177
Vulkanausbrüche 330-333, 336, 338, 363, 813, 1231, 1235, 1296, 1316
Vulkanismus 241, 292, 301, 303, 322-324, 327, 329, 330, 333, 334, 337, 339-342, 369, 657, 739, 743, 858, 880, 900, 935, 941, 996, 1140, 1216, 1225, 1235, 1291, 1316, 1329, 1350, 1360, 1372, 1381, 1384
VV 617, 620, 621, 835, 966, 967, 969, 1052, 1255
Wachstum 11, 261, 600, 695, 715, 750, 755, 767, 834, 1038, 1065, 1075, 1080, 1096, 1110, 1116, 1182, 1211, 1212, 1293, 1331, 1356
Wachstumszeit 821
Waken 1201
Wald 224, 278, 319, 345, 432, 686, 692, 715, 716, 718, 811, 817, 819, 822-824, 829-831, 835, 836, 838, 844, 845, 849, 852, 855, 859, 881, 888, 890, 896, 900, 918, 945, 948, 971, 972, 1231, 1233, 1339, 1365
Waldbrände 836, 902
Wälder 717, 799, 801, 810, 819, 821, 833-836, 839, 841, 842, 844-846, 852, 854, 887, 891, 900, 902, 917, 918
Waldgrenze 691, 812, 841
Waldkarte Sibirien 842
Waldpotential 2, 168-170, 694, 715, 716, 820, 826, 852, 855, 970, 1226
Waldseemüller 209, 213
Waldtyp 818, 819
Waldtypen 818
Waldzone 692, 694, 803, 838, 840-842
Wald-Satellitenfernerkundung 835
Walsh 315, 425, 627, 1121
Walther 286, 287, 428, 436, 439, 441, 1394
Wanderung 552, 553, 555, 1113
Wärmeabstrahlung 567, 569, 571, 970, 972, 973, 1023, 1055, 1056, 1241, 1244, 1247
Wärmeflüsse 583, 631, 971, 1005, 1025
Wärmehaushalt 607, 608, 852, 1025, 1085
Wärmequelle 327, 1033
Wärmeumsatz 1005
Warmzeiten 656, 659, 673, 674, 679, 684, 1294, 1300, 1308
Wasser 91, 92, 188, 224, 225, 230, 241, 261, 274, 285, 323-325, 335, 336, 341, 362, 369-372, 375, 401, 433, 493, 500, 501, 537, 538, 563, 570, 575, 579, 591, 592, 597-599, 601, 604, 611, 613, 622, 625-627, 630, 632, 637, 643, 644, 646, 648, 658, 663, 666-668, 675, 694, 699-701, 707, 717, 734, 740, 742-744, 746, 748-751, 753, 755, 761-767, 769, 773, 775, 776, 778, 780-782, 789, 790, 797, 850, 853-855, 859, 861, 865, 867, 868, 871-874, 877, 883, 893-896, 904, 908, 913, 915, 918, 921, 928-931, 941, 950, 952, 956, 975, 977, 981, 983, 995, 996, 998,

1001, 1004, 1021, 1023, 1025, 1027, 1029-1033, 1035, 1038, 1041, 1043, 1045-1047, 1050, 1056, 1058, 1059, 1071, 1073, 1075, 1080, 1085, 1086, 1090, 1093, 1096-1099, 1102, 1106, 1113, 1118, 1121, 1126, 1127, 1131, 1134, 1135, 1137, 1140, 1142, 1143, 1153, 1163, 1172-1174, 1176, 1179, 1182, 1186, 1199, 1200, 1202, 1208, 1212-1216, 1229, 1236, 1244, 1261, 1265, 1268, 1276, 1277, 1285, 1293, 1296, 1298, 1300, 1314, 1316, 1358, 1377

Wasserdampf 47, 156, 157, 401, 563, 567, 577, 585, 586, 606, 622, 623, 626, 668, 744-746, 755, 853, 857, 859, 873, 874, 879, 1025, 1192, 1228, 1229, 1242, 1244, 1245, 1249-1251, 1262, 1287, 1289, 1302, 1317
Wasserdampfgehalt 578, 1228-1230, 1252
Wasserdampfprofile 1229
Wasserdampfradiometer 1229, 1230
Wasserdampf-Kohlendioxid-Atmosphäre 745, 746
Wassereigenschaften 1035, 1041, 1050, 1199
Wasserkreislauf 743, 848, 872, 873, 977, 1293, 1300
Wassermassenverlagerungen 273, 999, 1000
Wassersäule 600, 601, 650, 1005, 1020, 1047, 1059, 1085, 1086, 1122, 1124, 1127, 1140, 1144-1146, 1174, 1180, 1182, 1186, 1196-1198, 1200-1202, 1205, 1285
Wasserschicht 362, 593, 594, 874, 900, 989, 995, 1004, 1021, 1047, 1056, 1058-1060, 1088, 1093, 1094, 1096, 1097, 1101, 1103, 1104, 1107-1110, 1113, 1144, 1145, 1174, 1210, 1211, 1299, 1310
Wasserstoff 50, 357, 432, 433, 437, 525, 533-535, 661, 666, 672, 688-690, 716, 733, 735, 737, 743, 745-747, 755, 760, 763, 773, 775, 780, 795, 807, 858, 864, 913, 915, 916, 919-921, 932, 938, 1131, 1132, 1135, 1212, 1222, 1227, 1274, 1365
Wasserstoffspektrum 407, 440, 442
Wasserstoffsulfid 936
Wasserstoff-Helium-Atmosphäre 745
Wasserströmung 1144, 1145, 1193
Wasserzirkulation 2, 169, 599, 657, 999, 1004, 1005, 1014, 1028, 1030, 1032, 1033, 1035, 1039, 1041, 1050, 1093, 1129, 1137, 1170, 1173, 1199, 1215, 1307, 1308
Watson 922
Waugh 308
Wavelet 266, 271, 272, 813, 1223, 1339, 1380, 1381
Wavelet-Theorie 271
Wavelet-Transformation 271
Weber 90, 92-94, 146, 156, 391, 422, 695, 989, 1324, 1379, 1383, 1394, 1395
Wechselbeziehungen 2, 3, 11, 12, 29, 225, 465, 524, 600, 718, 815, 816, 821, 850, 851, 951, 1373

Wechselwirkung 3, 141, 255, 481, 484, 486, 494, 495, 504, 508, 531, 533, 534, 543, 561, 600, 615, 804, 853, 867, 1032, 1267, 1304, 1357
Wechselwirkungskraft 474, 483, 508
Weddellmeerwirbel 1042, 1044, 1046, 1047
Wegener 228, 294, 295, 314, 356, 1167, 1320-1322, 1326-1328, 1331, 1332, 1335, 1338-1340, 1346-1350, 1353-1356, 1362, 1364, 1366, 1367, 1371-1373, 1375, 1382, 1390, 1393, 1397
Weichböden 1145, 1193
Weichtiere 346, 1083, 1103, 1120, 1125, 1127, 1149, 1156, 1178, 1193, 1203
Weidegänger 1193
weiße Raucher 1128
Wellen 104, 131, 147, 337, 351-359, 362, 363, 368, 371, 385, 386, 403, 411, 423, 428, 430, 436, 438, 443, 518, 525, 543, 601, 619, 996, 1019, 1033, 1038, 1096, 1126, 1222, 1231, 1265, 1266, 1276
Wellenhöhe 132, 363, 992, 1026
Wellenlänge 116, 122, 137, 138, 241, 277, 385, 387, 388, 390, 391, 396, 412, 429, 430, 432, 435, 443, 506, 560, 561, 570, 571, 584, 585, 617, 619, 623, 837, 966, 973, 1051, 1052, 1118, 1235, 1248, 1251, 1254, 1265, 1278, 1283, 1284
Weltbank 845
Weltbild 101, 171, 172, 176, 177, 184, 188, 189, 215, 216, 218, 219, 425, 464, 502
Weltraum 3, 4, 6-10, 16, 31, 33-35, 38, 39, 50, 58, 67, 101, 130, 235, 236, 242, 246, 288, 339, 403, 410, 419, 421-423, 472, 485, 488, 506, 507, 519, 525, 528, 535, 540, 545, 567-569, 576, 577, 584, 605, 659, 743, 745, 747, 748, 761, 825, 837, 859, 1164, 1188, 1189, 1217, 1221, 1222, 1241, 1242, 1244-1247, 1291, 1293, 1314, 1359, 1366, 1367, 1380, 1389
Weltzeit 36, 39, 51, 286, 287, 351
Westwinddrift 1029, 1044, 1264
Wetter 689, 835, 969, 972, 1189, 1328, 1335
Wettersatelliten 958, 961, 1218, 1251, 1254, 1256
Wettervorhersage 32, 33, 616, 960, 961, 965, 969, 1217, 1229, 1252, 1254, 1323
Wettzell 53, 55, 56, 278, 319-321, 1016, 1353, 1383
Whewell 1019
Wiechert 352, 356
Wiederkäuer 689, 904, 907
Wien 38, 40, 191, 192, 294, 313, 388, 679, 1281, 1327, 1344, 1352, 1381
Wiensches Verschiebungsgesetz 387
Wilson 327, 434, 435, 522, 1396, 1397
Wind 224, 237, 260, 272, 362, 369, 370, 372, 433, 529, 541, 542, 590, 599, 601, 608, 615, 620, 638, 644, 799, 848, 952, 1005, 1021, 1026, 1033, 1060, 1104, 1140, 1229, 1231, 1254, 1256, 1259, 1261, 1271, 1338
Windfeld 259, 261, 272, 637, 1026

Windgeschwindigkeit 600, 616, 706, 969, 975, 992, 1021, 1026, 1027, 1045, 1228, 1232, 1256
Windgeschwindigkeiten 259, 372, 704, 1266, 1267
Windrichtung 371, 1026, 1044, 1045, 1105, 1212, 1228, 1259
Windscatterometer 1026, 1052
Windsysteme 1013, 1264, 1265
Winkelgeschwindigkeit 49, 71, 72, 87, 103, 135, 248, 252, 255, 283, 959, 1007, 1009, 1010, 1013, 1014
Winkelmessung 459, 460
Winogradow 862
Wirbel 436, 501, 645, 1043, 1046, 1047, 1164, 1174, 1175, 1184, 1268, 1276
Wirbeldichte 1265, 1267
Wirbelstärke 1262, 1267
Wirklichkeit 1, 18, 20-22, 24, 27, 178, 189, 424, 445, 446, 465, 482, 485, 501-503, 716, 1267
Wirkung 1, 44, 123, 127, 248, 251, 260, 263, 304, 350, 443, 457, 458, 473, 481, 482, 487, 490, 524, 602, 607, 638, 674, 684, 749, 750, 789, 815, 821, 836, 916, 1009, 1012, 1021, 1026, 1033, 1081, 1250, 1266, 1273, 1282, 1285
Wirkungsquantum 495, 498
Wirtz 445
WMO 601, 604, 693, 703, 885, 887, 891, 1225, 1359
Woldstedt 680
Wölfflin 20
Wolken 400, 401, 420, 434, 565, 567, 568, 573-575, 577-579, 585, 590, 607, 608, 622, 623, 704, 744, 745, 747, 873, 963, 964, 970, 1024, 1099, 1192, 1228, 1229, 1234-1237, 1240-1242, 1244-1247, 1249, 1250, 1254, 1256, 1259, 1266, 1267, 1276, 1277, 1285, 1289, 1318, 1324, 1341, 1380
Wolkenbildung 420, 1101, 1234, 1289, 1290
Wolkenfelder 1228, 1240
Wolkengruppen 1240
Wolkenkerne 1234
Wolkenstockwerke 607, 1240
Wollaston 441
Wolter 409, 410
World Geodetic System 65, 142, 143, 1332, 1336
wurmförmige Tiere 1125, 1149, 1154, 1178
Wurzelfüßer 1067, 1142, 1149, 1160, 1194
Wüsten 176, 372, 594, 691, 699, 701-706, 713, 887, 891, 916, 1097, 1207, 1231, 1238, 1300
Wüstenart 704

Wüstenpotential 2, 168, 170, 691, 699, 700, 916
Zarathustra 185
Zeit 4, 5, 7, 11, 15, 17, 20, 21, 26-28, 31, 34, 44, 45, 58, 70, 87, 92, 101, 104, 105,
        123, 131, 132, 134-136, 140, 171-173, 176, 177, 184, 185, 0, 190,
        192, 194-197, 200, 205, 206, 208-211, 213-215, 217, 218, 220, 225,
        234, 236, 238, 241, 242, 247, 251, 262, 271, 279, 280, 282-288, 292,
        295, 296, 328, 330, 344, 347-349, 351, 352, 356, 359, 364, 386, 396,
        397, 416, 424, 425, 427, 428, 437, 439, 448, 451, 453, 454, 456-458,
        464-468, 470, 478, 481-483, 485, 486, 488, 492, 495, 497-500, 502,
        504-508, 510, 513, 520, 521, 531, 539, 547, 553, 565, 613, 635, 658,
        660, 667, 673, 675, 678, 681-683, 686, 709, 716, 717, 719, 721, 725,
        727, 728, 731, 732, 737, 739, 741, 745, 749, 752, 753, 760-763, 765,
        772, 780, 785, 789, 790, 792, 795-797, 799, 803, 813, 814, 817, 858,
        859, 880, 889, 899-901, 915, 952, 958, 977, 1003, 1011, 1016, 1018,
        1019, 1022, 1056, 1081, 1090, 1107, 1139, 1145, 1180, 1197, 1208,
        1209, 1227, 1242, 1245, 1273, 1282, 1292, 1296, 1300, 1306, 1310,
        1313, 1325, 1334, 1339, 1344, 1352, 1356, 1384, 1389, 1392-1394,
        1398
Zeitdehnung 467, 1397
Zeitmarke 762
Zeitmessung 65, 131, 136, 258, 285, 288, 429, 466, 502
Zeitpfeil 498, 1345
Zeitrechnung 188, 200, 287, 289, 290
Zeitreihen 156, 271, 272, 673, 983, 992, 997, 1046, 1222, 1223, 1380
Zeitskalen 51, 236, 285-287, 429, 638, 893
Zeitstandard 286
Zeitvorstellung 498
Zeitzonen 51, 286, 959
Zeitzyklus 498, 1345
Zelle 397, 716, 758, 760, 768, 771, 773, 774, 783, 786, 787, 922, 923, 1064, 1065,
        1092, 1213, 1265, 1285
Zentralbeschleunigung 1003, 1004, 1007-1009, 1012, 1023
Zentralkraft 120, 1005-1009, 1262
Zentrifugalkraft 85, 87, 101, 214, 477, 1008
Zentripetalkraft 1008
Zerfall 1, 172, 195, 197, 238, 297, 385, 386, 531, 535, 661, 665, 722, 724-726, 728,
        732, 735, 739, 740, 742, 814, 858, 1142, 1215, 1232
Zerfallsgesetz 725, 726, 728
Zerfallsreihe 665, 726, 731, 735
Ziehkraft 1008
Zink 864, 956, 1111, 1112, 1116, 1129, 1130, 1238
Zirkulation 260, 528, 581, 599, 638, 642, 703, 704, 711, 911, 1023, 1028,

1030-1033, 1035, 1037-1040, 1042, 1046, 1048, 1049, 1115, 1162, 1175, 1220, 1261, 1263-1266, 1269, 1270, 1272, 1308-1310, 1312, 1340, 1350
Zirkumpolarstrom 627, 981, 1029, 1042, 1043, 1045, 1047, 1050, 1200, 1203
Zodiakallicht 401
Zöllner 462
Zone 301, 420, 488, 528, 580, 667, 824, 948, 1034, 1054, 1059, 1071, 1080, 1097, 1099, 1100, 1108, 1142, 1178, 1191, 1195, 1264, 1382
Zonen 294, 314, 315, 326, 328, 539, 555, 580, 689, 739, 817, 921, 1074, 1096, 1113, 1263, 1293
Zoobenthos-Biomasse 1070, 1104, 1117, 1125, 1147, 1192
zoologische Systematik 1078, 1113, 1127
Zooplankton 664, 883, 894, 941, 956, 1062, 1070, 1084, 1087, 1088, 1090, 1102-1108, 1110, 1112, 1114, 1116, 1117, 1121, 1147, 1163, 1185, 1186, 1202-1205, 1208, 1210, 1212, 1213, 1286
Zooplankton-Biomasse 1070, 1090, 1104, 1105, 1117, 1147, 1186, 1202-1205, 1212
Zoo-Biomasse 1070, 1103, 1104, 1117, 1178, 1186, 1187, 1198, 1212
Zoroaster 185
Zweistromland 175
Zwischenbeben 348
Zwischenwasser 1038, 1042, 1174-1176, 1307